AF240674

Semaine Nationale du Vin

Compte Rendu des Travaux

(Mars 1922)

Paris

Association Nationale d'Expansion Economique

23, Avenue de Messine, 23

1922

Prix : 35 francs

CHAMPAGNE MONTEBELLO
ALFRED DE MONTEBELLO & Cie
CHATEAU DE MAREUIL-SUR-AY (MARNE)

CHAMPAGNE
DUMINY
Maison Fondée en 1814

FABRIQUE DE BOUCHONS

Henri PIERRE
Charles BAUR, Succr
MAGENTA-ÉPERNAY (Marne)

Bouchons neufs
pour
CHAMPAGNE
et
Spécialité
de
Bouchons bon marché pour
VINS MOUSSEUX
et tous autres vins

EXPORTATION TOUS PAYS
AGENTS DEMANDÉS

L'Hôtel le plus élégant de Paris
Celui qui a conservé, intactes, les grandes traditions culinaires françaises
Et sert les meilleures années des meilleurs crus de France
Le PLAZA-ATHÉNÉE 25, AVENUE MONTAIGNE, 25
PARIS (Champs-Élysées)

COMPTE RENDU

DE LA

Semaine Nationale du Vin

PARIS

13-18 Mars 1922

ORIGINES

DE LA

Semaine Nationale du Vin

L'Association Nationale d'Expansion Economique, sur l'initiative de ses groupements régionaux, avait organisé, en 1921, la Semaine du Commerce Extérieur qui étudia, du 19 au 24 juin, les problèmes généraux relatifs à la production et à l'exportation des produits français.

Dans son rapport général, M. Mathon, Président du Syndicat des Fabricants de tissus de Roubaix-Tourcoing, s'exprimait ainsi :

« Ces Semaines ne doivent pas être limitées au commerce et à l'industrie; pourquoi ne verrions-nous pas la semaine de l'élevage, des cultures maraîchères, des céréales et du vin ? Quels progrès réaliserait notre agriculture, si, pour une de ces grandes catégories de producteurs, elle réunissait tous ceux qui ont une communauté d'intérêts; pour les céréales, par exemple, les cultivateurs, les travailleurs agricoles, les fabricants de machines, les producteurs d'engrais, les transporteurs, les meuniers, les boulangers, les fabricants de pâtes alimentaires, les banques, les hommes de sciences diverses qui s'y rattachent. Ils étudieraient les moyens de développer la production, de faire de l'exportation, de mettre en valeur tout ce que notre pays renferme de richesses dans un sol si varié. L'essentiel est d'attirer l'attention sur la complexité des problèmes en même temps que sur la solidarité des intérêts de tous ceux qui participent à cette branche d'activité; alors l'esprit français, esprit de clarté et de méthode, fera le reste. »

Cette opinion, qui était celle des membres de la Semaine du Commerce Extérieur, fut suivie, et le Comité permanent des Semaines du Commerce Extérieur envisagea immédiatement la réalisation de semaines spécialisées, notamment de semaines relatives aux produits agricoles français.

En ce qui concerne le vin, produit national par excellence, la première Semaine du Commerce Extérieur avait entendu un important rapport de M. Prosper Gervais, vice-président de la Société des Viticulteurs de France, sur l'exportation des vins.

De plus, dans certaines régions, en Gironde notamment, la question du vin avait été traitée dans des réunions spéciales. L'heure paraissait venue d'aborder le problème du vin dans son ensemble, en se plaçant du point de vue national.

Il apparut à M. J.-H. Ricard, ingénieur agronome, ancien ministre de l'Agriculture, membre du Comité permanent des Semaines du Commerce Extérieur, qu'il y aurait utilité d'organiser, en premier lieu, cette Semaine Nationale du Vin. Pour les débuts, les semaines spécialisées s'occuperaient ainsi d'un article dont l'exportation, jadis considérable, pourrait être développée, et qui présenterait, au point de vue des échanges internationaux, des avantages très particuliers.

Un avant-projet, présenté par M. J.-H. Ricard au Comité permanent des Semaines du Commerce Extérieur, reçut son approbation. Il fut ensuite ratifié dans la séance du 19 octobre, par la Commission des Questions agricoles de l'Association Nationale d'Expansion Economique. Cette Commission insista sur l'utilité qu'il y avait à tenir la Semaine Nationale du Vin dans le plus bref délai possible. L'idée de la Semaine Nationale du Vin était lancée.

A Montpellier, le 10 novembre 1921, aux fêtes du septième centenaire de l'Ecole de Médecine, M. le Président de la République annonça que la Semaine Nationale du Vin était en préparation.

Pour la réaliser, un premier contact fut établi entre les producteurs viticulteurs et les négociants en vins, dans des réunions tenues au siège de l'A. N. d'E. E., sous la présidence de M. J.-H. Ricard. A la suite de ces réunions, fut décidée la constitution d'un Comité d'organisation où la production et le commerce des vins seraient largement représentés, en même temps que les différents groupements qui s'intéressent à la propagande en faveur du vin (banques, tourisme, administrations publiques, chemins de fer, syndicats d'armateurs, commissions parlementaires, etc.).

Des exemplaires de l'avant-projet de M. Ricard furent adressés aux principales associations viticoles et aux syndicats de négociants pour recevoir leurs observations avant d'établir un programme définitif.

A une séance tenue le 10 novembre, 103, boulevard Haussmann, par le Syndicat National du Commerce en gros des vins, cidres, spiritueux et liqueurs de France, M. Ricard fit connaître les intentions des organisateurs de la Semaine Nationale du Vin et les raisons inspirées par les circonstances actuelles qui obligeaient à limiter aux vins de France les travaux déjà très nombreux du Congrès projeté. A la suite de cette déclaration, le Président du Syndicat National fit savoir que le groupement présidé par lui apporterait sa collaboration à l'œuvre entreprise.

L'organisation du secrétariat général fut faite de telle sorte que la viticulture et le commerce des vins y fussent représentés.

Furent désignés comme secrétaires généraux : MM. Paul Marsais, ingénieur agronome, chef de travaux à l'Institut National Agronomique, et Camille Martinet, secrétaire général du Comité International des vins, cidres, spiritueux et liqueurs.

Quelques jours plus tard, M. Dupeyrat, ministre plénipotentiaire, directeur de l'Association Nationale d'expansion économique, revenant de mission, effectuée aux côtés du général Mangin dans l'Amérique du Sud, fut prié de bien vouloir accepter les fonctions de rapporteur général.

Le Bureau ainsi constitué sollicita les grandes Associations viticoles, les Fédérations et Syndicats de producteurs et de négociants, les Administrations publiques; les adhésions arrivèrent nombreuses, et, dès la fin de 1921, le Comité d'organisation fut ainsi composé :

COMITE D'ORGANISATION

Président :

M. J.-H. RICARD, ingénieur agronome, ancien ministre de l'Agriculture.

Secrétaires généraux :

M. P. MARSAIS, ingénieur agronome, chef des travaux de viticulture de l'Institut National Agronomique;

M. C. MARTINET, secrétaire général du Comité international des vins, cidres, spiritueux et liqueurs.

Trésorier :

M. C. MARTINET.

Une séance du Comité d'organisation au siège de l'Association nationale d'Expansion économique.

Photo G. & L. Manuel frères, 47, rue Dumont-d'Urville, Paris.

Membres :

Ministère des Affaires étrangères : M. DE VITROLLES, chef de bureau à la sous-direction des Affaires commerciales. — M. DUCOS, attaché à la sous-direction des Affaires commerciales.

Ministère de l'Agriculture : M. GUILLON, inspecteur général de la viticulture. — M. L. MACHEFEL, chef de section à l'Office des renseignements agricoles.

Ministère du Commerce : M. FIGHIERA, directeur des Affaires commerciales et industrielles.

Ministère des Finances : M. LAPOSTOLLE, sous-chef de bureau à la direction des Contributions indirectes.

Ministère des Travaux publics : M. DU CASTEL, directeur des chemins de fer.

Groupe Viticole du Sénat : M. Jean CAZELLES, sénateur du Gard.

Groupe Viticole de la Chambre des Députés : M. BARTHE, député de l'Hérault.

Société des Viticulteurs de France : M. Eugène TISSERAND, membre de l'Institut. — M. Prosper GERVAIS, président de l'Académie d'agriculture.

Fédération des Associations viticoles régionales de France : M. PHILBERT, président.

Syndicat général des Vignerons de la Champagne délimitée : M. PERRIN, secrétaire général.

Association des Viticulteurs Alsaciens : M. BURGER, directeur.

Confédération des Associations viticoles de la Bourgogne : M. le marquis d'ANGERVILLE, président du Comité d'agriculture et de viticulture.

Union Vinicole des propriétaires d'Indre-et-Loire : M. HEURTAULT, vice-président.

Union des Viticulteurs de Maine-et-Loire : M. Maurice MASSIGNON, président.

Fédération des Viticulteurs Charentais : M. VERNEUIL, président.

Semaine Girondine du Vin : Comte BERTRAND DE LUR-SALUCES. — M. PEYRELONGUE.

C. G. V. du Midi : M. le colonel MIREPOIX, vice-président.   M. Elie BURNARD, secrétaire général.

C. G. V. du Sud-Est : M. Gustave COSTE, président.

Confédération des Vignerons Algériens : M. DUROUX, sénateur. — M. SABATIER.

Chambre Syndicale des Courtiers-Gourmets experts de Paris : M. BINET, président.

Syndicat des Courtiers représentants experts en vins et spiritueux en gros de Paris et de la région parisienne : M. GUILBERT, président.

Fédération Nationale des Courtiers représentants en gros du commerce et de l'industrie en France et de ses colonies : M. POUETTRE, président.

Chambre Syndicale du Commerce en gros des vins et spiritueux de Paris : M. DEFERT, président.

Syndicat National du Commerce en gros des vins, cidres, spiritueux et liqueurs de France : M. SAILLARD, vice-président. — M. ROGÉE-FROMY, secrétaire général. — M. MONMESSIN, président du Syndicat des Vins de Mâcon. — M. GINESTET, président du Syndicat des vins et spiritueux de la Gironde. — M. DE LUZE, président du Syndicat des vins mousseux de Saumur. — M. Jules BURCKARD, président de la Fédération des Syndicats d'Alsace et de Lorraine.

Fédération Méridionale du Commerce en gros : M. Emile GÉNIE aîné, président.

Syndicat du Commerce des vins de Champagne : M. B. DE MUN, président.

Fédération des Syndicats du Commerce en gros des vins et spiritueux de la Gironde : M. BUHAN, sénateur.

Fédération du Commerce d'Exportation des vins : M. DE LA MORINERIE.

Association des Représentants du Commerce extérieur : M. J.-J. MARTIN, président.

Comité International des Vins : M. HAVY, président honoraire. — M. MAYET, vice-président.

Chambre Syndicale des Débitants de vins : M. THÉVENOT, président.

Chambre Syndicale parisienne des vins en bouteilles : M. NICOLAS, président.

Union Syndicale des Débitants de vins : M. PRADEL, vice-président.

Confédération des Débitants de boissons : M. SIFFERT, président.

Syndicat des Négociants en vins à succursales multiples : M. Georges LŒVI, vice-président.

Syndicat général des Etablissements à succursales multiples : M. FRANÇOIS.

Syndicat de l'Epicerie française : M. CAILLET, vice-président.

Union Syndicale des Restaurateurs-Limonadiers : M. Charles BENARD.

Union des Sommeliers de Paris : M. VERDIER, président.

Chambre Nationale de l'Hôtellerie : M. Lequime, vice-président.
Office National du Tourisme : M. Famechon, directeur.
Touring-Club : M. Dumesnil, membre du Conseil d'administration.
Club des Cent : M. Ogier, ancien ministre.
Syndicat des Chemins de fer de Ceinture : M. Ain, inspecteur du Service commercial des Chemins de fer du Midi.
Comité central des Armateurs : M. de Rousiers, secrétaire général.
Union Syndicale des Banquiers de Paris et de Province : M. Jean Hulot, secrétaire général.
Banque nationale française du Commerce extérieur : M. Derode.
Comité parlementaire français du Commerce: M. Chaumet, ancien ministre, président.
Comité France-Amérique: M. le baron d'Anthouard, ministre de France. — M. Jules Lefaivre, ministre de France.
Association Nationale d'Expansion économique : M. Fernand David, sénateur, ancien ministre, président de la Commission agricole de l'A. N. d'E. E. — M. Delafoy, président de l'A. I. C. A., à Nantes. — M. Dupeyrat, directeur de l'A. N. d'E. E. — M. Faure, président du Comité de l'A. N. d'E. E. du Sud-Ouest. — M. Fougère, président de l'A. I. C. A., à Lyon. — M. Herrenschmidt, président du Comité régional de l'A. N. d'E. E. du Bas-Rhin.
Comité central des Semaines du Commerce extérieur : M. Mathon, rapporteur général. — M. J.-H. Ricard, ingénieur agronome, ancien ministre.

Rapporteur général : M. DUPEYRAT, ministre plénipotentiaire, directeur de l'Association nationale d'Expansion économique.

MM. P. Viala, Ch. Chaumet, F. David, le baron d'Anthouard voulurent bien accepter la présidence de chacune des quatre sections prévues.

M. le Président de la République, et MM. les ministres des Affaires étrangères, de l'Agriculture, du Commerce, des Finances, de l'Hygiène, des Travaux publics voulurent bien honorer la Semaine Nationale du Vin de leur haut patronage.

Le siège du Comité d'organisation fut fixé, 23, avenue de Messine (A. N. d'E. E.).

La semaine du 13 au 18 mars fut choisie pour la tenue du Congrès, la séance solennelle d'ouverture devant avoir lieu dans le grand amphithéâtre de la Sorbonne, et les séances des sections et les réunions plénières dans les locaux de l'Institut scientifique d'Hygiène alimentaire, 16, rue de l'Estrapade.

Le banquet de clôture donné dans les salons du Grand Hôtel, rue Scribe, fut organisé par une commission présidée par M. Ogier, ancien ministre, et composée de MM. Gerbaud, Ch. Bénard, Martinet, Avisse, Drouant et Guillon.

Les associations donnèrent en grand nombre leur adhésion à la Semaine Nationale du Vin; de plus, de nombreux viticulteurs et négociants adhérèrent, à titre individuel, à cette manifestation qui eut un grand retentissement.

Les réunions du Comité d'organisation se succédèrent pendant les mois de janvier et février 1922. La collaboration de plus de trente rapporteurs fut acquise, grâce aux démarches du bureau, des présidents et des secrétaires de section.

Les détails matériels relatifs aux conditions d'adhésion à la Semaine nationale du Vin et le programme furent définitivement réglés de la façon suivante :

REGLEMENT

Article premier. — Une Semaine Nationale du Vin se tiendra à Paris, en mars 1922.

Art. 2. — Ce Congrès sera ouvert à tout Français intéressé à l'amélioration du marché des Vins de France.

Les adhésions sont individuelles ou collectives. Les droits d'inscription sont fixés à :
Inscription individuelle simple, minimum 25 francs.

— 7 —

Inscription individuelle, donnant droit aux documents et comptes rendus de la « Semaine » minimum 5o francs.

Associations et syndicats professionnels, minimum 3oo francs.

Fédérations professionnelles et associations régionales, minimum 5oo francs.

Art. 3. — La Semaine Nationale du Vin pourra accepter des subventions.

Art. 4. — Tous les versements devront être faits au nom de M. Martinet, trésorier de la Semaine Nationale du Vin, 23, avenue de Messine, Paris (VIIIe).

Art. 5. — Les reçus réguliers de versement assurent seuls l'inscription définitive à la Semaine Nationale du Vin et donnent droit à la remise des cartes, publications, etc. Les groupements adhérents ont droit à une, trois ou cinq cartes, pour leurs délégués, suivant le chiffre de leurs versements.

Art. 6. — La carte sera nécessaire pour l'inscription dans les sections de travail et pour l'entrée dans la salle des séances plénières.

Art. 7. — Les divers groupes de questions seront préalablement examinés par section. Chaque section présentera un exposé sommaire des différents problèmes soumis au Congrès.

Art. 8. — Les congressistes pourront se faire inscrire à une ou plusieurs sections.

Art. 9. — Les sections travailleront séparément sous la direction de leur président et avec le concours de leurs rapporteurs. Elles proposeront au Congrès, par l'organe de leurs rapporteurs, les solutions définitives à adopter en séance plénière.

Art. 10. — Aucune adjonction ne pourra être faite à l'ordre du jour du Congrès. Toutes les suggestions et propositions y relatives devront parvenir au Comité d'organisation au plus tard quinze jours avant l'ouverture de la Semaine.

Art. 11. — En séance plénière, le même orateur ne pourra avoir la parole que pendant dix minutes au plus, et seulement sur les questions à l'ordre du jour.

Art. 12. — Si un groupement envoie plusieurs délégués, ceux-ci devront se mettre d'accord pour désigner celui d'entre eux qui sera chargé de parler au nom de ce groupement.

Art. 13. — Les adhérents qui prendront la parole au cours d'une séance devront remettre le même jour, au Secrétariat du Congrès, *un résumé de leur communication*, afin de faciliter la rédaction des procès verbaux.

Art. 14. — Les votes en séance plénière auront lieu à la majorité absolue des voix. En cas de partage égal, la voix du président sera prépondérante.

Art. 15. — Chaque délégué n'aura qu'une voix dans les votes des sections. Cette voix pourra être passée par un délégué absent à un de ses collègues de la même section, par simple sous-seing privé.

Art. 16. — Le Bureau de la Semaine statuera, en dernier ressort, sur tous les cas non prévus au présent règlement.

Art. 17. — Le siège du Comité d'organisation et le Secrétariat de la Semaine Nationale du Vin sont fixés, 23, avenue de Messine, Paris (VIIIe).

Le Comité « France-Amérique », présidé par M. Hanotaux, ancien ministre, membre de l'Académie Française, voulut bien accepter d'assumer la tâche d'organiser la première journée, entièrement consacrée aux questions relatives à l'exportation et au statut des vins de France dans les deux Amériques.

La *Première Section* dut s'occuper plus particulièrement des questions qui intéressent la production viticole. Les réformes relatives au règlement du transport des vins destinés soit à la consommation intérieure, soit à l'exportation, furent reportées à son programme.

La *Deuxième Section* étudia la situation faite au commerce des vins et les problèmes généraux de l'exportation, ainsi que les régimes douaniers appliqués aux vins.

La *Troisième Section* eut pour programme le concours des différentes professions (industrie hôtelière, offices de tourisme) à la diffusion des vins et les revendications des consommateurs en ce qui concerne la vente des vins.

ORDRE DU JOUR

Section Américaine.

Président : M. le baron d'ANTHOUARD, ministre de France, vice-président du Comité « France-Amérique ».

Secrétaire : M. G. CHABAUD, secrétaire général du Comité « France-Amérique ».

1. **La vente du vin français au Canada.** — (Le régime des provinces « sèches » et des deux provinces « humides » Québec et Vancouver. — Comment les vins à destination de ces provinces sont achetés en France; intervention gouvernementale.)

Rapporteur : M. DASTOUS, président de la Section canadienne de la Chambre de commerce britannique de Paris.

2. **La vente du vin français aux Etats-Unis.** — (Comment l'opinion publique, aux Etats-Unis, envisage le régime « sec » existant; y a-t-il lieu de croire que des modifications y seront apportées? La vente de produits actuellement substitués au vin.)

Rapporteur : M. le baron D'ANTHOUARD, ministre de France, vice-président du Comité « France-Amérique ».

3. **La vente du vin français en Amérique latine.**
    a) Les rivaux du vin français; la production du vin indigène;
    b) Les ennemis du vin français, les fraudes et l'absence d'honnêteté dans le commerce des vins.

Rapporteur : M. Jules LEFAIVRE, ministre de France, membre du Conseil de la Section France-Amérique Latine du Comité « France-Amérique ».

4. **La protection du vin français en Amérique.** — (Accords internationaux, traité, législation intérieure, collaboration entre les Américains, acheteurs de vins français et les producteurs français pour assurer l'authenticité des vins.)

Rapporteur : M. Georges CHABAUD, avocat à la Cour d'appel, secrétaire général du Comité « France-Amérique ».

Première Section.

Président : M. Pierre VIALA, membre de l'Institut, député de l'Hérault.

Secrétaire : M. Paul MARSAIS, ingénieur agronome, chef des travaux de Viticulture de l'I. N. A.

1. **L'influence de la guerre sur l'orientation de la viticulture et du commerce des vins.**

Rapporteur : M. VAYSSIÈRE, sénateur de la Gironde.

Les vins des régions sinistrées. Champagne : *Rapporteur* : M. Etienne HENRIOT, ingénieur agronome, viticulteur. — Lorraine : *Rapporteur* : M. AUTHELIN, vice-président de la Société lorraine de Viticulture.

Les vins d'Alsace. *Rapporteur* : M. G. BURGER, directeur de l'Association des Viticulteurs alsaciens.

2. **La propagande du vin par les armées sur le front.**

Rapporteur : M. Eugène ROUSSEAUX, directeur de la Station OEnologique de l'Yonne.

3. **Mesures prises pour assurer la loyauté des vins de France.**

L'action corporative. *Rapporteur* : M. Gustave COSTE, président de la C. G. V. du Sud-Est.

L'action administrative. *Rapporteur* : M. J.-Ch. LEROY, chef du contentieux du Service des appellations d'origine au ministère de l'Agriculture.

4. **Le rôle des coopératives viticoles dans la vente du vin.**

Rapporteur : M. Elie RAVEL, président de la Cave coopérative de Marsillargues (Hérault).

5. **Le crédit à la production.**

Les caisses de crédit et les coopératives de production. *Rapporteur* : M. Paul MERCIER, député, président de la Fédération des Coopératives des Charentes et du Poitou.

6. **Transport des vins à l'intérieur.** *Rapporteurs* : MM. Ch. VAVASSEUR, député d'Indre-et-Loire; Elie BERNARD, secrétaire général de la C. G. V.

Tarifs d'exportation et tarifs internationaux. *Rapporteur* : M. M. ROUSTAN, sénateur, secrétaire de la Commission du commerce du Sénat.

Transports maritimes. *Rapporteur* : M. FAURE, directeur du Comité régional du Sud-Ouest de l'A. N. d'E. E.

Deuxième Section.

Président : M. Ch. CHAUMET, ancien ministre, président du Comité parlementaire français du Commerce.

Secrétaire : M. MARTINET, secrétaire général du Comité international des Vins, Cidres, Spiritueux et Liqueurs.

1. **Taxes et réglementations qui pèsent sur la vente des vins en France.**
Rapporteur : M. GINESTET, président du Syndicat des vins de la Gironde.

2. **Modes actuels d'achats et de vente dans la métropole et à l'étranger. Améliorations à leur apporter.**
Rapporteur : M. R. DE LUZE, président du Syndicat des vins mousseux de Saumur.

3. **Relations du commerce des vins et des banques.**
Rapporteur : M. SAILLARD, vice-président du Syndicat National des Vins, Cidres, Spiritueux et Liqueurs.

4. **Patente du voyageur de commerce à l'étranger. — Régime de réciprocité.**
Rapporteur : M. MARTINET, secrétaire général du Comité International des Vins, Cidres, Spiritueux et Liqueurs.

5. **Problèmes généraux de l'exportation dans nos colonies et à l'étranger. —** Débouchés à développer ou à rechercher.

a) **Exportation des vins de marque ou d'origine et des grands ordinaires. —** Protection Internationale des appellations d'origine. — Traité de paix.
Rapporteur : M. DUPEYRAT, directeur de l'Association Nationale d'Expansion économique.

b) **Exportation des vins de consommation courante.**
Rapporteur : M. Gaston PASTRE, administrateur de la C. G. V.

6. **Régimes douaniers français et étrangers. — Les accords commerciaux.**
Rapporteur : M. HAVY, président honoraire du Comité International des Vins, Cidres, Spiritueux et Liqueurs.

Troisième Section.

Président : M. Fernand DAVID, sénateur, ancien ministre, président de l'Office National du Tourisme.

Secrétaire : M. Anselme LAURENCE, ancien attaché de Cabinet du Ministre de l'Agriculture et du Ministre du Commerce.

1. **Concours des hôteliers et des restaurateurs à la diffussion des vins de France.**
Rapporteur : M. LEQUIME, vice-président de la Chambre nationale de l'Hôtellerie française.

2. **Education professionnelle des sommeliers et des maîtres de chais.**
Rapporteurs : MM. DROUANT, président d'honneur de l'Union des Sommeliers de Paris; GUILLON, inspecteur général de la Viticulture.

3. **Concours des détaillants à la vulgarisation des vins français.**
a) Rôle de l'épicerie. *Rapporteur* : M. CAILLET, vice-président de la Chambre syndicale de l'Epicerie française et du Comité de l'Alimentation parisienne.
b) Rôle des débitants. *Rapporteur* : M. PRADEL, vice-président de l'Union syndicale des Débitants de vins.

4. **Le vin dans la consommation familiale.**
Rapporteur : M. RISLER, du Conseil supérieur des Consommateurs.
Communication du Dr CHAUVEAU, sénateur de la Côte-d'Or.

5. **Le tourisme et le vin. — Le circuit des vignobles.**
Rapporteur : M. FAMECHON, directeur de l'Office national du Tourisme.

Conférence sur la valeur alimentaire et hygiénique du vin,

par M. le Dr Jacques BERTILLON, chef de la statistique médico-chirurgicale de l'armée.

Conférence sur l'art de bien goûter les vins,

par M. L. MATHIEU, directeur de la Station agronomique et œnologique de Bordeaux.

A. — Groupements du Comité d'organisation
adhérents a la Semaine Nationale du Vin

Association des Viticulteurs alsaciens, 2, rue de Staufen, Colmar.
Association des Voyageurs et Représentants du Commerce extérieur, 23, avenue de Messine, Paris.
Banque Nationale Française du Commerce Extérieur, 33, rue La Boétie, Paris.
Chambre Syndicale des Courtiers-Gourmets Experts de Paris, 75, rue du Port-de-Bercy, Paris.
Chambre Syndicale du Commerce en gros des Vins et Spiritueux de Paris, 2, rue du Pas-de-la-Mule, Paris.
Chambre Syndicale des Débitants de vins, 39, rue Saint-Sabin, Paris.
Chambre Nationale de l'Hôtellerie, 2, rue Caumartin, Paris.
Chambre Syndicale Parisienne des Vins en bouteilles, 19, rue Bergère, Paris.
Club des Cent, 28, rue Louis-le-Grand, à Paris (2e).
Confédération des Associations Viticoles de Bourgogne, 66, rue Chabot-Charny, Dijon.
Confédération Générale des Vignerons du Midi, 3, rue Marcelin-Coural, Narbonne.
Confédération Générale des Vignerons du Sud-Est, 7, rue des Frères-Mineurs, Nîmes.
Confédération des Vignerons algériens, 2, rue Portalis, Alger.
Confédération des Débitants de boissons, 4, rue Milton, Paris.
Comité Central des Armateurs, 73, boulevard Haussmann, Paris.
Comité International des Vins, Cidres, Spiritueux et Liqueurs, 32, rue d'Argout, Paris.
Fédération des Associations Viticoles Régionales de France, à Rilly-la-Montagne (Marne).
Fédération Nationale des Courtiers Représentants en gros du Commerce et de l'Industrie de la France et de ses colonies, 103, boulevard Haussmann, Paris.
Fédération Méridionale du Commerce en gros des Vins et Spiritueux, 3, rue Antoine-Marty, Carcassonne.
Fédération des Syndicats du Commerce en gros des Vins et Spiritueux de la Gironde, à Bordeaux.
Fédération des Viticulteurs charentais, à Cognac.
Office National du Tourisme, 17, rue de Surène, Paris.
Semaine Girondine du Vin, 17, rue du Champ-de-Mars, Bordeaux.
Syndicat des Courtiers-Représentants Experts en Vins et Spiritueux en gros de Paris et de la région parisienne, 55, rue de Graves, Halle aux Vins, Paris.
Syndicat du Commerce des vins de Champagne, 1, rue du Levant, Reims.
Syndicat de l'Epicerie française, 32, rue du Renard, Paris.
Syndicat des Chemins de fer de Ceinture, Paris.
Syndicat général des Sociétés et Maisons d'Alimentation à succursales multiples de France, 48, rue des Petites-Ecuries.
Syndicat des Négociants en vins à succursales multiples, 76, rue de Turenne, Paris.
Syndicat National du Commerce en gros des Vins, Cidres, Spiritueux et Liqueurs de France, 103, boulevard Haussmann, Paris.
Syndicat des Vignerons de la Champagne délimitée, 39, rue Cuissotte, à Epernay.
Société des Viticulteurs de France, 28, rue Godot-de-Mauroy, Paris.
Touring-Club de France, 65, avenue de la Grande-Armée, Paris.
Union des Sommeliers de Paris, 7, rue Saulnier, Paris.
Union Syndicale des Restaurateurs-Limonadiers, 24, rue Richelieu, Paris.
Union Syndicale des Débitants de vins, 24, rue de Sévigné, Paris.
Union Vinicole des Propriétaires d'Indre-et-Loire, 21, rue Nationale, Tours.
Union des Viticulteurs de Maine-et-Loire, 7, rue Saint-Blaise, Angers.

B. — Autres groupements ayant adhéré a la Semaine Nationale du Vin

Association Viticole Champenoise, 3, rue du Collège, Epernay.
Chambre Syndicale du Commerce en gros des Vins et Spiritueux, à Beaune (Côte-d'Or).
Comice agricole et viticole d'Auxerre, rue Marcellin-Berthelot (Auxerre).

Commission d'Exportation des Vins de France, 32, rue d'Argout, Paris.
Comité Républicain du Commerce et de l'Industrie, 1, place de Valois, Paris.
Fédération des Associations et Syndicats agricoles et viticoles de la région de Touraine, 4, rue de Bordeaux, à Tours.
Société d'Agriculture des Bouches-du-Rhône, 19, rue Venture, à Marseille.
Société des Grands Vins mousseux de Bordeaux, 13, place de la Bourse, Bordeaux.
Société des Grands Crus d'Alsace, 44, rue de Lisbonne, Paris.
Syndicat des Négociants en vins, Viticulteurs du vignoble alsacien, 14, rue du Nord, à Colmar (Haut-Rhin).
Syndicat Régional des Vignerons de la Champagne, rue de Belfort, à Bar-sur-Aube (Aube).
Syndicat du Commerce en gros des Vins et Spiritueux de la Côte-d'Or, à Dijon.
Syndicat du Commerce en gros des Vins et Spiritueux de la Gironde, 2, rue Guillaume-Brochon, Bordeaux.
Syndicat du Commerce en gros des Vins et Spiritueux de l'Armagnac, à Condom (Gers).
Syndicat des grands crus classés du Médoc, 29, rue Ferrère, Bordeaux.
Syndicat du Commerce en gros, 11, quai de Bosc, à Cette.
Union Agricole Girondine, 17, rue du Champ-de-Mars, Bordeaux.
Union des Syndicats agricoles du Périgord et du Limousin, 3, rue Salinières, Périgueux.

LISTE DES ADHÉRENTS A TITRE INDIVIDUEL

MM.

Le marquis d'ANDIGNÉ, 5 bis, rue de Berri, Paris.
AIN, inspecteur du Service commercial des Chemins de fer du Midi, 66, rue Pergaminières, Toulouse.
René D'ANTHONAY, 40, rue de Paradis, Paris.
ANTOINE, député de la Somme, Palais-Bourbon, Paris.
J.-B. ARTAUD Frères, rue Plumier prolongée, Marseille.
Louis ARTAUD, au Puy-Sainte-Reparade (Bouches-du-Rhône).
AUDOUSSET, avocat, 4, rue Duphot, Paris.
AUTHELIN, viticulteur, Essey-les-Nancy.
AZIBERT, à Carcassonne (Aude).
BARTHE, député de l'Hérault, 71, avenue de Paris, Versailles.
BERTHONNEAU, du Syndicat des Agriculteurs du Loir-et-Cher, 11, rue Franciade, Blois.
BAILLY, négociant en vins, Nuits-Saint-Georges.
DE BELCASTEL, député du Tarn, 7, square de Latour-Maubourg, Paris.
BELLIQUET, Château Lassègue, par Saint-Émilion (Gironde).
Charles BENARD, 86, rue de l'Abbé-Groult, Paris.
Bertrand POUEY, 7, avenue du Maréchal-Foch, Libourne.
BESSE Père et Fils, 122, rue de l'Escaut, Bruxelles.
Henri BILLOT, conseiller d'arrondissement, à Chablis (Yonne).
BLANCHARD, directeur des Services agricoles de Seine-et-Oise, 55, rue des Sts-Pères, Paris.
BINEY, président de la Chambre Syndicale des Courtiers-Gourmets, 75, rue du Port-de-Bercy, Paris.
BOLLINGER, à Ay (Marne).
BONET (Comte Jean DE), 40, rue François-Ier, Paris.
Baron de BOIXO, 10 bis, rue du Pré-aux-Clercs, Paris.
BORGEAUD (Henri), 1, rue Charras, Alger.
BROYER, négociant, à Saint-Savinien (Cher).
BRUNOT, 90, avenue Kléber, Paris.
BURCKARD, 18, rue de la Bourse, à Mulhouse (Haut-Rhin).
CALMETTE (Gérard), 26, rue Thiers, Libourne.
CARCASSONNE (Henri), 17, rue de la Cloche-d'Or, Perpignan.

Capelle (Prosper), rue Antoine-Marty, Carcassonne.

Castel (Léon), député de l'Aude, Palais-Bourbon, Paris.

Chaix (Robert), 174, rue Montmartre, Paris.

Cazelles, sénateur, 39, Bd Berthier, Paris.

Chauvet, négociant en vins de Champagne, 18, rue Léger-Bertin, Epernay.

Challand, négociant en vins et jus de raisin, à Nuits-Saint-Georges.

Charles (Paul), à Cowens (Var).

Claverie, château Lapeyrache, à Langoiran (Gironde).

Chauvigné, secrétaire perpétuel de la Société d'Agriculture, Sciences, Arts et Belles-Lettres d'Indre-et-Loire, à la Mésangerie, par Saint-Avertin.

Cier (Antonin), château Roques-Mauriac, par Blasimont (Gironde).

Cierco, vice-président de la Chambre de Commerce portugaise, 12, rue Caumartin, Paris.

Docteur Chauveau, sénateur de la Côte-d'Or, 225, boulevard Saint-Germain, Paris.

Camuzet, député, à Vosne-Romanée (Côte-d'Or).

Chappaz, inspecteur général de l'Agriculture, 3, rue du Collège, Epernay.

Chollet, directeur de l'Office National du Vin, 4, rue de Bordeaux, Tours.

Cointreau (Louis), liqueurs, Angers.

Combemale, 8, rue Durand, Montpellier.

Correard, 3, rue Tronchet, Paris.

Couanon, inspecteur général honoraire de la Viticulture, 30, rue Bonaparte, Paris.

Courrègelongue, sénateur, 9, rue Brémontier, Paris.

Couvreur et Cie, 4, boulevard de l'Est, Ay (Marne).

Dabat, ancien directeur général du Ministère de l'Agriculture, 48, boulevard de Latour-Maubourg, Paris.

Dalaise (Adolphe), négociant à Bône (Algérie).

Damoy (Etablissements Julien), boulevard Sébastopol, Paris.

David (Louis), sénateur de la Gironde, 49, rue Pigalle, Paris.

Degrully (Léon), directeur du Progrès agricole et viticole, 1, rue d'Albisson, Montpellier.

Delaude, rue du Marché, à Cuczac-d'Aude.

Delbeck, champagnes, Reims.

Descas Père et Fils, 15, quai de Paludate, Bordeaux.

Delhoumeau (Armand), avocat à la Cour d'appel, 3, rue de Penthièvre, Paris.

Deleury, 34, rue Steffen, Asnières.

Dhenain, 156, rue des Cabœufs, à Gennevilliers (Seine).

Dimoyat (Adrien), 16, rue Fontgiève, à Clermont-Ferrand.

Douvisis, secrétaire, membre de la Chambre de Commerce de Tulle, à Argentat (Corrèze).

Domec et Cie, 82, rue Frère, Bordeaux.

Dubosc, du « Moniteur Vinicole », 6, rue de Beaune, Paris.

Duchein, sénateur, 23 bis, rue Morère, Paris.

Dujardin Frères, 24, rue Pavée, Paris.

Edouard, Domaine de la Bridja, Staoueli, Alger.

Entrepot de Bercy, 14, rue de Mâcon, Paris (12e).

Erhart, 3, rue Oberkampf, Mulhouse.

Fabre, boulevard de la République, Nîmes.

De la Ferronnays, député de la Loire-Inférieure, 10, rue Quentin-Bauchard, Paris.

Marquis de Forton, 11, rue d'Assas, Paris.

Fould (Achille), député, 9, rue Louis-David, Paris.

Gaujal (Ludovic), 5, rue d'Envedel, Béziers.

Gavoty (Georges), 32, rue La Boétie, Paris.

Gavoty (Raymond), député, 30, rue de Lubeck, Paris.

Grande Distillerie Strasbourgeoise Pfister et Daul, 19, bd du Président-Wilson, Strasbourg.

GRANDJEAN (Henri), négociant en vins, 31, rue des Minimes, Mâcon.

GERVAIS (Prosper), vice-président de la Société des Agriculteurs de France, 33, boulevard Raspail, Paris.

GRELAULT, 2, rue Cujas, Paris.

GUILBERT, président du Syndicat des Courtiers et Représentants en vins, 55, rue de Graves, Halle aux Vins, Paris.

GUILLARD, vice-président de l'Union des Sommeliers, 43, rue Lemercier, Paris.

GUIBAL (Louis), député de l'Hérault, 16, rue Cassette, Paris.

GUIBERT, Commission des Liqueurs de Québec, 9, rue du Helder, Paris.

GRANDVIGNE, directeur de la Station agronomique de Dijon, 14, av. Victor-Hugo, Dijon.

GUERRE, 3, rue Daniel, Cette.

HAUDOS, député de la Marne, 20, rue Louis-Bésquet, Vincennes.

HUBSTER, 5, rue du Parchemin, Strasbourg.

HAEGHE, 78, avenue Malakoff, Paris.

JOHNSTON (Georges), 13, place de la Bourse, Bordeaux.

JOUET (Daniel), 5, rue Caussan, Bordeaux.

KUGLER, propriétaire-négociant en vins, rue Principale, à Gertviller (Bas-Rhin).

Laboratoire de Viticulture de l'Ecole de Grignon, Grignon (Seine-et-Oise).

LAFFERRE, sénateur, 170, avenue du Bois-de-Boulogne, Paris.

LAGLENNE, conseiller du Commerce extérieur de France, 5, rue Daunou, Paris.

LAMARRE (René), 35, rue Brunel, Paris.

LAFOND (Comte), 37, rue de Villejust, Paris.

LASCOUX, à Arbois (Jura).

LAURENT, membre du Conseil supérieur de l'Agriculture, 22, rue Gay-Lussac, Paris.

LECHTEN, Entrepôts du Rhin, 5, rue Port-du-Rhin, Strasbourg.

LUR-SALUCES (Bertrand DE), 26, rue Fabert, Paris.

LOUBET, 20, boulevard Diderot, Paris (12e).

LAVOREILLE (Vicomte Serge DE), à Volnay, par Pommard-Meursault (Côte-d'Or).

DE LAVAUR DE LABOISSE, 30, avenue Henri-Martin, Paris.

LEGENDRE, négociant en vins, à Libourne.

LELEU (Félix), négociant en vins, conseiller d'arrondissement, 6, rue Edouard-Adam, à Rouen.

MARCILLY (DE) Frères, propriétaires de vignobles, à Beaune (Côte-d'Or).

MAGALON (DE), député, 252, rue de Rivoli, Paris.

MAILLAC (Henri), 3, rue Marcelin-Coural, Narbonne.

MAILLARD (Albert), 11, avenue de la Gare, Soissons (Aisne).

MAITRE, vins de Champagne, Cumières (Marne).

MARSAIS (Paul), ingénieur agronome, 107, avenue de Gravelle, Saint-Maurice.

MARTINEAU, secrétaire administratif de la Société des Viticulteurs de France, 28, rue Godot-de-Mauroy, Paris.

MARTIN (Alphonse de), 20, rue de Longchamp, Paris.

MARTIN-PLUMEREL, 113, quai d'Orsay, Paris.

MATHIEU, directeur de la Station Œnologique de Bordeaux.

MATHON, président du Syndicat des Fabricants de tissus de Roubaix-Tourcoing, 114, boulevard d'Armentières, Roubaix.

MAXWELL, rue du Palais-Gallien, Bordeaux.

MAUVIGNEY, 57, rue Minvielle, Bordeaux.

METEIL, 3, rue Vasco-de-Gama, Paris (15e).

METZNER, directeur administratif de l'ancienne maison Gerbaud, 1, rue de Seine, Ivry (Seine).

MONMESSIN, Charnay-les-Mâcon (Saône-et-Loire).

MOTTI, président du Syndicat des Imprimeurs, 13, impasse Ronsin, Paris.

MOUISSET, négociant en vins, 5, rue de Paris, à Lyon.

Maurel Léonce, 5, rue de Sfax, Paris.

Nougaret, président du Syndicat agricole de Bessan, 55, avenue Georges Clemenceau, Béziers.

Nodet, 40, boulevard des Invalides, Paris.

Nuss, de l'Agriculture Nouvelle, 18, rue d'Enghien, Paris.

Oberbeck-Clausen (Comtesse), château Mille Secousses, par Bourg-s.-Gironde.

Oberbeck-Clausen (comte), château Saint-Genès, domaine de Pérenne, par St-Serin-de-Cubsac (Gironde).

Pallu de la Barrière, secrétaire général de l'Union des Paysans de France, 5, boulevard de Clichy, Paris.

Plantey (général), propriétaire viticulteur, château Rambaud-Génissac, 35, av. de Breteuil, Paris.

Périen, Société des grands vins mousseux de Saumur, St-Hilaire-St-Florent (Maine-et-Loire).

Piat André, maison Martinet-Piat, 23, rue de la République, à Mâcon.

Pommier, secrétaire du Syndicat des vins du Beaujolais, 37, rue Roland, Villefranche-sur-Saône (Rhône).

Ponsard, secrétaire de la Confédération Nationale des Associations agricoles (C. N. A. A.), 39, rue d'Amsterdam, Paris.

Prieur (Charles), 53, rue de Boulainvilliers, Paris.

Pro Vino, revue, 30, boulevard Saint-Michel, Paris.

Quincenet, 22, rue de Fécamp, Le Havre.

Rampin, président du Syndicat des vins et spiritueux en gros du Jura, Lons-le-Saunier.

Ray (Georges), 6, place du Palais, à Rennes.

Ressier (Gabriel), 39, rue du Général-Foy, Paris.

Roque, 3, rue Bonsi, Béziers.

Royer (Louis), viticulteur, au Mesnil-sur-Oger (Marne).

de Rodez-Benavent, député de l'Hérault, 14, rue de Bourgogne, Paris.

Rouart, président de l'Office agricole de la région du Sud-Ouest, domaine de Bagnols, à Castelnau (Haute-Garonne).

Rousse, 29, rue des Petits-Champs, Paris.

Roustan, sénateur de l'Hérault, 5, rue de Vienne, Paris.

Sahuc Joseph, propriétaire-viticulteur, 3, rue de la Dalbade, Toulouse.

Saillard, vice-président du Syndicat National des Vins, Cidres, Spiritueux et Liqueurs, 1, rue de Castiglione, Paris.

de Saporta, 43, rue de Lisbonne, Paris.

Séverac (Les fils), 79 à 83, quai de Paludate, Bordeaux.

Société Anonyme Paris-Aubevoye, 16, rue d'Aguesseau, Paris (8e).

Servan, Etablissements Calmes et Cie, à Beyrouth, Syrie.

Les fils Séverac, négociants en vins, à Trèbes (Aude).

Silhol André, 69, rue de Courcelles, Paris.

Simonot, professeur d'agriculture, Lons-le-Saunier (Jura).

Société des Vignobles Henriot Marguet, Le Mesnil-sur-Oger (Marne).

Société Genevoise d'Installations frigorifiques, 13, boulevard Rochechouart, Paris.

Strohl, négociant à Wangen (Bas-Rhin).

Studler, 14, rue de Liége, Paris.

de Taberne de Miramont (Commandeur), 98, rue de France, Nice.

Tailliez (Albert), rue de la Gare, à Dijon (Côte-d'Or).

Tisserand, membre de l'Institut, 17, rue du Cirque, Paris.

Teil (baron du), membre de l'Académie d'agriculture, vice-président des Agriculteurs de France, 3, avenue Victor-Emmanuel-III, Paris.

Toche, directeur général de la Compagnie des Vignobles de la Méditerranée, 37 bis, rue Singer, Paris.

Trebillac, Rivesaltes (Pyrénées-Orientales).

Troillet Maurice, conseiller d'Etat, à Sion (Suisse).
Vayssière Marcel, sénateur, 36, rue Gay-Lussac, Paris.
Verdié Henry, boulevard Sadi-Carnot, à Auch (Gers).
Vial (de) (général), 25, place du Parc, Angoulême (Charente).
Vincens, directeur de la Station œnologique de Toulouse, place Dubuy, Toulouse.
Vogué (de), président de la Société des Agriculteurs de France, 2, rue Fabert, Paris.
Weissenburger Pierre, propriétaire du clos Sainte-Odile, à Obernai (Bas-Rhin).
Weissenburger (Henri), 56, rue Larochefoucault, Paris.

TRAVAUX

DE LA

Semaine Nationale du Vin

PARIS

13-18 Mars 1922

ORDRE DES TRAVAUX
de la Semaine Nationale du Vin

Lundi 13 mars : à 9 h. 1/2, à l'Institut scientifique d'hygiène alimentaire : Réception des Congressistes. Vérification des pouvoirs. Réunions des sections.

à 15 heures, dans le Grand Amphithéâtre de la Sorbonne, **Séance solennelle d'ouverture**, sous la présidence de **M. le Ministre de l'Agriculture**. Allocution de **M. J.-H. Ricard**, président de la Semaine Nationale du Vin. Discours de **M. le Ministre de l'Agriculture**.

Mardi 14 mars : à 10 heures (1), séance plénière de la **Section américaine**, sous la présidence de **M. le baron d'Anthouard**.

à 14 heures, suite des travaux de la **Section américaine**.

Mercredi 15 mars : à 9 heures (1), séance plénière de la **Première section**, sous la présidence de **M. Pierre Viala**.

à 14 heures, suite des travaux de la **Première section**.

Jeudi 16 mars : à 9 heures (1) séance plénière de la **Deuxième section**, sous la présidence de **M. Ch. Chaumet**.

à 14 heures, suite des travaux de la **Deuxième section**.

Vendredi 17 mars : à 9 h. 1/2 (1), séance plénière de la **Troisième section**, sous la présidence de **M. Fernand David**.

à 14 heures, suite des travaux de la **Troisième section**. Conférence sur l'Art de bien goûter les vins, par **M. Mathieu**.

Samedi 18 mars : à 15 heures (1), **Séance solennelle de clôture**, sous la présidence de **M. le Ministre du Commerce**. Lecture du rapport général. Allocution du Président de la Semaine. Discours de **M. le Ministre du Commerce**.

à 20 heures, **Banquet** dans les salons du Grand Hôtel, sous la présidence de **M. le Président du Conseil des Ministres**.

---

(1) Dans le grand Amphithéâtre de l'Institut scientifique d'hygiène alimentaire, 16, rue de l'Estrapade (5e).

Séance solennelle d'Ouverture

13 Mars 1922

Grand Amphithéâtre de la Sorbonne

sous la présidence de M. Henry CHÉRON

Sénateur, Ministre de l'Agriculture

M. J.-H. RICARD, ingénieur-agronome, ancien Ministre de l'Agriculture,
Président de la « Semaine Nationale du Foin », dans son cabinet de travail.

Pho'o G. & L. Manuel frères, 47, rue Dumont-d'Urville, Paris.

Séance Solennelle d'Ouverture

13 Mars 1922

La séance solennelle d'ouverture a été tenue le 13 mars à 15 heures, sous la présidence de M. le Ministre de l'Agriculture, dans le Grand Amphithéâtre de la Sorbonne.

Le vaste hémicycle était plein ; de très nombreux congressistes et les invités de la Semaine Nationale du Vin avaient tenu à assister au début de ces travaux.

M. le Président de la République s'était fait représenter par M. le commandant Molard.

Aux accents de la *Marseillaise*, exécutée par la musique du 31ᵉ Régiment d'infanterie, M. Henry Chéron, sénateur, ministre de l'Agriculture, fait son entrée dans la salle, accompagné de M. J.-H. Ricard, ancien ministre de l'Agriculture, président du Comité d'organisation, et des représentants des ministères.

A leurs côtés prennent place MM. Charles Chaumet, Fernand David, Lafferre, Victor Boret, Ogier, anciens ministres; Pierre Viala, membre de l'Institut; baron d'Anthouard, ministre de France; Coignet, Jean Cazelles, Hugues Leroux, sénateurs; Gavoty, Poitevin, députés; Parmentier, intendant militaire, représentant le Gouverneur militaire de Paris; Peretti de la Rocca, directeur au Ministère des Affaires étrangères; Dupeyrat, ministre plénipotentiaire; M. Larnaude, doyen de la Faculté de Droit; M. le Commissaire principal de la Marine, délégué de l'Intendance maritime; M. Prosper Gervais, président de l'Académie d'Agriculture; M. Eugène Tisserand, membre de l'Institut, président de la Société des Viticulteurs de France; M. Georges Risler, les Membres du Comité d'organisation, les Représentants de la Presse française et étrangère, etc., etc.

S'étaient excusés, entre autres, M. de Palaminy, représentant de la Confédération Générale Agricole du Sud-Ouest et M. R. Herrenschmidt.

M. Henry Chéron, Ministre de l'Agriculture, donne la parole à M. J.-H. Ricard, qui prononce l'allocution suivante :

Discours de M. J. H. RICARD

Ingénieur-Agronome - Ancien Ministre de l'Agriculture
Président de la Semaine Nationale du Vin

Monsieur le Ministre,

Mesdames, Messieurs,

La Semaine Nationale du Vin, qui s'ouvre aujourd'hui, est la suite naturelle de celle qui a été provoquée en juin dernier par le Comité Central des Semaines du Commerce Extérieur (groupement créé au cours de 1921 à l'instigation de l'A. N. E. E., laquelle lui donne, en plus de l'asile, un concours actif et généreux).

La Semaine du Commerce Extérieur du mois de juin s'était consacrée à l'étude des problèmes dominants de l'exportation en général. Et, à sa séance de clôture, dans un travail magistral (que n'ont certainement pas oublié ceux qui l'ont entendu ou qui en ont pris connaissance dans le compte rendu qui a été publié depuis) l'éminent rapporteur général, M. Mathon, signalait notamment, parmi les vœux exprimés, celui de voir se tenir des Semaines de spécialités, qui, pour un produit donné, réuniraient tous ceux ayant une communauté d'intérêts à l'expansion dudit produit.

Voici la première de ces Semaines spéciales. Il fait plaisir à voir avec quel empressement l'appel des promoteurs a été entendu. On y a répondu de tous les points du territoire, de toutes les corporations, et de toutes les administrations privées ou publiques intéressées, si bien que l'Institut d'Hygiène Alimentaire, où doivent se dérouler les séances de travail, est apparu trop petit pour l'ouverture de ces assises. Au dernier moment, il a fallu improviser une inauguration dans ce grand et bel amphithéâtre. — Un jour sur semaine !... un lundi !... inviter des gens à quitter leurs affaires, pour venir manifester leur intention de collaborer à la défense des intérêts de la viticulture et du commerce vinicole était, semble-t-il, bien téméraire. L'affluence qui, néanmoins, se presse dans cette enceinte, prouve combien l'opinion française se préoccupe de la question.

En votre nom, et plus spécialement au nom du Comité d'organisation, j'adresse nos remerciements respectueux à M. le Président de la République, qui, dès la naissance de la Semaine Nationale du Vin, lui a accordé son haut patronage, et peu après l'a signalée lui-même à l'attention du pays. (*Applaudissements.*)

J'exprime également notre gratitude à M. le ministre de l'Agriculture, M. Henry Chéron, qui a bien voulu accepter la présidence de cette assemblée, et témoigner de la sollicitude du Gouvernement de la République à l'égard des vins de France. Vous êtes, Monsieur le Ministre, entouré, ici comme ailleurs, de cette chaude sympathie que notre démocratie porte aux hommes de cœur qui, tels que vous, se consacrent au bien public. Un dieu avisé, qui a fort bien fait les choses, a voulu que vous soyez aujourd'hui à cette place, vous qui, il y a bien des années déjà, vous êtes montré un grand propagandiste du vin en prenant l'initiative, comme sous-secrétaire d'Etat à la Guerre, de faire bénéficier le soldat d'un quart de vin. Nous voyons dans cette coïncidence une manifestation de la justice immanente dont nous nous réjouissons pleinement.

Nos remerciements vont en outre : à MM. les membres du Sénat et de la Chambre des Députés, qui n'ont pas hésité à se détacher de leurs absorbantes occupations afin d'honorer de leur présence cette séance d'ouverture. Ils nous apportent un appui précieux dont nous sentons le prix, et pour lequel nous leur sommes profondément reconnaissants; à M. le Maréchal Foch, l'illustre chef des armées victorieuses, qui, en nous assurant qu'il serait avec nous à cette séance solennelle, nous a amenés par le fait même à nous ressouvenir que le bon « pinard » eut aussi sa part dans les heures de douleur et de gloire de la grande guerre. Des mérites du jus de la treille, on peut juger par ce seul fait que la ration du vin aux armées fut portée jusqu'à un litre par homme et par jour. Quant à l'opinion personnelle du Maréchal Foch et des grands chefs militaires sur le vin, nous la connaissons bien, nous autres

Français. Si elle lui avait été défavorable, auraient-ils encouragé sa consommation régulière, quotidienne, dans la troupe, à la dose que je viens de rappeler ? Néanmoins, il nous a été agréable d'apprendre que le Maréchal Foch a bien voulu prendre soin de préciser récemment son opinion par cette déclaration lapidaire : « Du vin ? Il en faut pour se bien porter. »

Enfin, nous adressons nos remerciements aux administrations, aux groupements corporatifs, et à vous toutes, Mesdames, à vous tous, Messieurs, dont le concours était indispensable pour mener l'œuvre entreprise au succès, ainsi qu'à vous, Messieurs les représentants des journaux français et de la presse étrangère. Diffuser largement les conclusions des débats qui vont suivre sera faire œuvre loyale d'informateur; il est temps de donner aux arguments en faveur des vins français, une publicité égale à celle dont on a si souvent fait bénéficier les idées à l'aide desquelles ils ont été injustement attaqués. (*Applaudissements.*)

Mesdames, Messieurs, j'ai maintenant pour tâche de vous exposer les raisons pour lesquelles le Comité Central des Semaines du Commerce Extérieur a estimé qu'il y avait lieu d'organiser cette Semaine Nationale.

Le vin est un facteur si important du bon équilibre économique de la France, qu'il est naturel de poursuivre à son égard une politique favorisant dans toute la mesure du possible son écoulement régulier à des cours rémunérateurs.

De ses revenus dépendent, en effet, le bien-être de 1.500.000 viticulteurs, ainsi que la fortune d'un commerce qui comprend une multitude de maisons grandes ou petites, et la prospérité d'une foule d'industries réparties sur tout le territoire (tonnellerie, verrerie, fabriques de produits insecticides et anticryptogamiques, appareils de culture et de vinification, etc.), mettant en jeu d'énormes capitaux et faisant vivre une armée d'ouvriers. Au total sept millions de personnes sont, estime-t-on, intéressées au trafic auquel le vin donne lieu.

Et combien grande est sa part dans l'activité économique en général (par exemple dans les transports par route, par canaux, par fer, par mer). Combien de métiers, en paraissant au premier abord très éloignés, ont en réalité un chiffre d'affaires conditionné plus ou moins directement par le marché viticole! Que de bourgades, que de villes dont la vitalité est en raison directe de celle de ce marché!

Ces quelques considérations préliminaires permettent déjà de comprendre l'ampleur des répercussions que les moindres événements relatifs à la vigne et au vin ont dans notre pays. Elles font apparaître les raisons pour lesquelles une crise viticole est toujours aiguë : quand il y a détresse dans le vignoble les ondes s'étendent fort loin en surface et en profondeur.

Dans le domaine agricole proprement dit, le vin occupe une des premières places. La culture de la vigne s'étend sur plus de 1.500.000 hectares, utilisant parfois des sols où il serait difficile de lui substituer une culture rémunératrice. Sa production qui, en 1912, avait atteint 59 millions 531.358 hectolitres, représentait cette année-là 1.790.576.000 francs.

En 1920, elle a été de 59.280.569 hectolitres, d'une valeur de 5 milliards
903.235.000 francs.

Oh! je sais, il en est dans les villes qui s'imaginent que les viticulteurs
ont une vie facile. C'est mal la connaître : en réalité, elle est pleine
d'aléas. L'histoire de notre viticulture est faite d'une suite ininterrompue
de luttes, soit contre la nature, les gelées, la grêle, soit contre les maladies cryptogamiques et les insectes parasites menaçant la vie même de
la plante. Jamais nos vignerons ne se sont rebutés.

A peine, vers le milieu du siècle dernier, l'oïdium venait-il d'être
tenu en respect par le soufre, que le phylloxera en 1872 commençait ses
ravages, entraînant de véritables désastres et obligeant à un formidable travail de reconstitution. Puis, dix ans plus tard, ce fut le mildiou
(qui se surajouta au phylloxera et que l'on combattit par la bouillie
au cuivre), le black-rot, l'eudémis, la cochylis, etc... A partir de 1900,
survint une crise économique angoissante, une mévente persistante avec
un cortège de lugubres événements, et une recrudescence de fraudes
contre laquelle l'honnêteté de nos viticulteurs dressa cette belle C. G. V.
(Confédération générale des vignerons du Midi) dont on souhaiterait
voir des similaires, aussi bien conçues, aussi bien outillées, dans chacune de nos régions viticoles.

De ces crises soudaines et variées (qui ont eu naturellement leur
contre-coup sur le commerce et les industries annexes) on n'est sorti
qu'après de pénibles tâtonnements, avec des alternatives de succès et
de revers où chaque fois se sont affirmées l'opiniâtreté au travail et
les facultés novatrices des vignerons, guidés dans les transformations
de culture auxquelles ils ont été obligés par les savantes recherches
des hommes de science, secondés par l'esprit inventif des constructeurs
créant les appareils réclamés par les méthodes nouvelles. Au cours de
ces événements, que de sacrifices, que de ruines! Combien n'ont pu
tenir devant tant d'épreuves, et ont dû céder à d'autres le vignoble sur
lequel ils avaient peiné !

Pour conduire une exploitation viticole moderne, il faut d'abord
du savoir et de l'intelligence, puis beaucoup de main-d'œuvre pour
assurer le travail du sol, les traitements contre les diverses maladies,
la taille, les vendanges, etc. (le manque de bras trouble profondément
notre viticulture et lui cause des inquiétudes grandissantes), il faut
aussi beaucoup de capitaux; car tout au long de l'année des dépenses
sont à faire, quel que soit le sort de la vendange, dépenses auxquelles
il faut ajouter en plus l'amortissement à prévoir, puisque, chose qu'on
oublie trop souvent, tous les trente ans les vignes sont maintenant à
refaire. Et combien problématique est le rendement ! Jusqu'au dernier
moment on ignore quelle sera l'importance de la récolte, parfois à la
veille d'une vendange prometteuse la grêle la réduit à zéro. D'une année
à l'autre il y a des écarts énormes, et souvent plusieurs années à la file
sont d'un mauvais rapport.

Suivant la très juste observation de MM. Prosper Gervais et Paul
Gouy : « La vigne se distingue, en effet, de la généralité des plantes cul-
« tivées par l'extrême inégalité de ses récoltes, due tant à une fructifi-
« cation très variable qu'à l'intensité fort différente selon les années,
« des intempéries ou des maladies ou des accidents qui la frappent. Sous
« ces diverses influences, le rendement d'un vignoble déterminé, celui
« de régions entières ou même du vignoble national tout entier, change
« d'une vendange à l'autre suivant une proportion qui peut aller du

« simple au double, et même trop souvent au delà. Ce vice organique
« peut bien être atténué dans une certaine mesure par divers moyens :
« perfectionnement, choix et sélection des cépages, procédés de culture
« et d'exploitation, soins de protection et de traitements appropriés;
« mais quoi qu'on fasse, il reste toujours très marqué, c'est un mal
« avec quoi il faut se résigner à vivre. » (1)

En 1914, la récolte française était de 59.981.500 hectolitres; en 1915,
elle faisait une chute à 20.442.000 hectolitres; en 1920, elle a dépassé
59 millions d'hectos (auxquels se sont ajoutés 7 millions 1/2 de l'Algérie
et de la Tunisie).

Ces vicissitudes dans la production, qui s'aggravent des aléas de la
vente que nous allons voir dans un instant, expliquent la régression du
vignoble français : depuis 1875, il a perdu plus de 900.000 hectares.
Retenons néanmoins l'œuvre vaste et harmonieuse accomplie malgré tant
d'obstacles, et soyons fiers de ces vignerons dont le labeur tenace donne
à notre pays une gamme de vins rouges, vins blancs, vins rosés, vins
mousseux et vins de liqueur unique au monde.

Du côté des débouchés, les risques réservés aux viticulteurs sont non
moins fréquents et non moins imprévus qu'à la production. Sans doute
la consommation intérieure est assez large; elle est susceptible de quelque
élargissement. En totalisant la consommation en franchise, c'est-à-dire
celle des récoltants, évaluée suivant les années de 10 à 20 millions d'hectolitres, avec la consommation taxée, c'est-à-dire celle soumise au contrôle
de la Régie par l'acquittement des droits, on estime notre consommation
nationale de 50 à 55 millions d'hectos. Mais la production, avons-nous
constaté, s'élève assez souvent au delà de ce chiffre; elle a atteint parfois de
66 à 67 millions d'hectos, c'est-à-dire beaucoup plus que ne peut absorber
le marché intérieur. D'où un excédent difficile à placer.

Quant aux prix de vente, ils sont sujets à des variations déconcer-
tantes. « Tandis qu'en 1899, les cours s'étaient maintenus (dans le Midi)
« à une hauteur de 20 francs environ, en 1900 l'annonce d'une grosse
« récolte les fait soudain s'effondrer à 5 francs, 3 francs, 2 francs et
« même 1 fr. 50 l'hectolitre. L'année 1902 marque une légère amélio-
« ration : les prix pratiqués oscillent autour d'une moyenne de 8 et
« 10 francs environ. En 1903, par suite d'une récolte déficitaire, les cours
« se relèvent jusqu'à 20 et même 25 francs; on pouvait croire la crise
« terminée, et escompter la reprise des affaires : l'accalmie fut de courte
« durée. 1904 vit reparaître la mévente presque aussi aiguë qu'en 1900,
« on vit pratiquer à nouveau les cours de 5 francs et de 3 francs. Puis
« les prix oscillent entre 6 et 10 francs.

« On ne s'écartera pas beaucoup de la réalité, si, pour fixer les idées,
« on assigne à la période 1900-1907 un cours moyen de 8 francs l'hecto-
« litre environ. » (2) Dans le même temps, la valeur moyenne de l'hectolitre dans l'ensemble de la France fut de 17 fr. 80. Elle passa à 38 francs
en 1910 pour tomber à 16 francs en 1914, rebondir à 115 fr. 74 en 1919,
et retomber à 99 fr. en 1920.

Dans ces conditions, il est impossible de baser un raisonnement sur
des moyennes quelconques, l'instabilité est la caractéristique du marché.

(1) L'exportation des vins, par MM. Prosper Gervais et Paul Gouy.
(2) La crise viticole et la viticulture méridionale, par Frédéric Atger.

Il suffit d'une belle récolte ou d'une suite de bonnes années pour effondrer les cours.

Viser à plus de régularité, parer en particulier aux excédents des vendanges surabondantes, est donc faire œuvre de politique prévoyante. Dans ce but, longtemps on a mis sa confiance dans la distillation, mais aujourd'hui, si nombreuses sont les sources d'alcool, qu'elle a perdu de son intérêt au point que M. Prosper Gervais, vice-président de la Société des Viticulteurs de France, a pu dire récemment à l'Académie d'Agriculture : « Désormais la distillation peut bien être un palliatif des plus utiles, elle « n'est plus une solution... La vraie solution, c'est la création de nouveaux « débouchés, et ces débouchés on ne peut les trouver que sur les marchés « extérieurs. »

C'est de toute évidence, et cette conclusion apparaîtrait avec plus de force encore si, au lieu de raisonner sur la production viticole globale, on limitait l'examen aux vins fins. A la vérité, la formule n'est pas neuve. Un économiste anglais réputé, Arthur Young, disait déjà en 1789 : « L'ex-« portation du vin, en fûts et en bouteilles, est aussi essentielle à la « France que celle des soieries de Lyon. »

La participation du vin à notre commerce extérieur a atteint son apogée en 1873, en donnant lieu à une sortie de 3.981.431 hectolitres. Par la suite, les ravages exercés dans le vignoble par l'invasion du phylloxera devaient faire baisser fortement ce chiffre. En 1900, le tonnage des vins exportés fut de 1.905.000 hectolitres, représentant 227.869.824 francs. En 1910, il se relevait à 2.291.744 hectolitres d'une valeur de 243.289.545 francs, pour décroître ensuite jusqu'à un minimum de 434.341 hectolitres en 1918. Depuis l'armistice, une reprise s'est produite ; et en 1920, nos exportations en vins ont été de 2.136.411 hectos, qui, avec l'accroissement des prix, ont fait rentrer en France plus d'un demi-milliard de francs, exactement 531.064.000 francs.

Les statistiques de la douane manquent de données précises pour permettre d'apprécier la part réelle qui revient à chaque catégorie de vins dans ces ventes à l'étranger. Mais on s'accorde à reconnaître que les 2/3 environ sont constitués par les vins de marques, Bordeaux, Bourgogne, Champagne, et 1/3 par les vins de consommation courante. Nombreux sont ceux qui pensent que nous pourrions accroître ce mouvement par un effort mieux conçu. En particulier, il y aurait intérêt à développer, à l'exemple de l'Italie et de l'Espagne, les débouchés à l'extérieur pour les vins ordinaires; on éviterait ainsi, dans certaines années, l'encombrement du marché national et les à-coups décevants qui en résultent à l'improviste sur la propriété, ainsi que l'extrême variabilité des cours.

On a souvent fait observer avec beaucoup de raison qu'une des conditions essentielles de notre relèvement économique est de rechercher dans l'augmentation de nos exportations les moyens de rétablir notre change, de faire reprendre à la monnaie sa valeur réelle, et par voie de conséquence d'améliorer les conditions de la vie. Or, le vin constitue un des principaux articles d'exportation que nous puissions chaque année tirer de notre sol. L'accroissement de sa vente à l'étranger serait donc un facteur d'abaissement des prix en général, qui porterait même sur des articles n'ayant aucun rapport avec le vin. A ce titre, étendre ses débouchés à l'extérieur, c'est l'intérêt de tous les Français, même de ceux qui n'en boivent pas.

Seulement, à ce point de vue, des difficultés sont apparues. qui, à l'heure actuelle, sont particulièrement aiguës, montrant ainsi une fois de plus qu'en viticulture et dans le commerce vinicole les surprises sont incessantes. Les perspectives d'exportation se sont, en effet, assombries.

En dehors de la France continentale de nouveaux vignobles ont surgi un peu partout. La crise phylloxérique qui, pendant plusieurs années, a jeté la perturbation dans nos régions viticoles, a décidé bien des pays à la culture de la vigne. D'autres s'y sont livrés sous l'empire de considérations plus directes. Les uns et les autres se sont instruits de nos exemples et des travaux de nos œnologues, souvent même ce sont de nos compatriotes qui sont allés diriger à l'étranger la plantation des vignes concurrentes.

Ah ! oui, que le monde ne doit-il pas à la France en matière viticole ! Tandis que les travaux de Chaptal et de l'immortel Pasteur sur les maladies des vins, les recherches sur les cépages résistant au phylloxera et aux maladies cryptogamiques de Viala, de Delacroix, etc., la découverte d'insecticides appropriés, etc., dégageaient la viticulture des procédés empiriques auxquels elle était soumise, nos pouvoirs publics dispensaient de larges encouragements, instituaient des cours pratiques dans les différents centres viticoles, des concours de taille et de greffage, des expositions de raisins et de vins, des prix aux vignerons, aux propriétaires, aux hommes de science, et créaient des stations œnologiques et des écoles spéciales, telle que celle de Montpellier, dont l'influence, peut-on dire, est mondiale. « C'est surtout à cette école, devenue la Faculté de « médecine viticole de la France, — a déclaré M. Pierre Viala, le maître « de la viticulture française, — que la plupart des délicats et difficiles « problèmes biologiques et techniques relatifs aux nouveaux fléaux qui « s'abattent sur le vignoble, ont été mis scientifiquement et pratiquement « au point, et que les travaux combinés de savants comme Millardet et « Gayon, Planchon, Foëx, Cazeaux-Cazalet et Capus, Prunet, et ceux de « l'éminent directeur actuel de cette école, M. Ravaz, assuraient le succès « de la défense entreprise. » (1)

Sur tout le territoire français, il y a eu de tout temps une émulation constante, qui se continue sans trêve de nos jours (puisque jamais on ne touchera au terme des progrès possibles) pour améliorer les façons culturales et le matériel, créer des hybrides nouveaux ou des producteurs directs caractérisés par une meilleure adaptation aux besoins de la production, pour lutter plus efficacement contre les insectes et les maladies, développer les services de prévision du temps, perfectionner la vinification, les méthodes de vente, réprimer les fraudes, etc.

En ce domaine, aucune nation ne s'est dépensée et n'a obtenu de résultats autant que la nôtre. De la sorte, sans avoir à surmonter les obstacles que, étape par étape, nous avons dû vaincre, l'étranger a bénéficié librement des expériences et des découvertes françaises. Il a marché sur nos traces en toute quiétude. Résultat, malgré des fluctuations diverses dans sa répartition territoriale, au cours desquelles elle a marqué un recul accentué en France et en Italie, la vigne a fait des conquêtes suc-

---

(1) Discours à la réception de M. le Président de la République, à Montpellier, en novembre 1921.

cessives en Europe, en Algérie, en Tunisie, au Maroc, en Argentine, au Chili, en Australie, etc.

Les effets de cette progression ne se traduisent pas encore par un fort pourcentage dans la production mondiale, mais ils se sont déjà fait sentir sur le marché international par le refoulement de nos produits en bien des pays devenus producteurs, lesquels tendent, en outre, à nous évincer des lieux de consommation de leur voisinage. Dans l'avenir, ces effets menacent d'être beaucoup plus sérieux.

Quelque dommage que nous puissions éprouver de cette extension du vignoble dans les deux hémisphères, nous ne songeons nullement à nous en plaindre, car il représente un fait économique normal, résultant des libertés naturelles de chaque peuple et du jeu ordinaire de la concurrence. Ce qui est moins acceptable, c'est le manque de respect des marques d'origine et les fraudes dont nos produits sont l'objet si souvent, qu'en certains pays, même européens, c'est avec peine qu'on peut se procurer une bouteille vraiment authentique.

En bien des vignobles lointains, on s'efforce de produire des vins analogues aux nôtres; on arrive parfois à d'assez bonnes approximations sans toutefois parvenir à l'égalité rêvée (car enfin, il y a des conditions de végétation : un sol, un encépagement, et surtout un climat qu'on ne peut nous ravir); alors des commerçants sans vergogne recourent hardiment à la falsification. Par eux, l'acheteur est trompé sur la nature et la provenance des produits.

A cela des esprits superficiels répondent : « De la fraude, il y en a partout, il y en a aussi en France ! » C'est vrai; mais il y a une grande différence qu'il importe de souligner, c'est que, chez nous, au lieu d'être le cas le plus répandu, elle est l'exception, et qu'elle soulève tellement de réprobation que, sitôt qu'elle apparaît quelque part, ne serait-ce qu'à titre accidentel, on n'hésite pas à la dénoncer publiquement, parfois aux tribunes les plus retentissantes, pour en accélérer la répression. Nombreuses et sévères sont les mesures législatives prises dans cet esprit, et l'effort de nos pouvoirs publics est activement secondé par les syndicats de producteurs.

De la vigne jusqu'au magasin du débitant, le vin est en France continuellement contrôlé. Le récoltant est astreint à déclarer à la mairie la superficie de ses vignes, la totalité de vin produite, les stocks restant dans sa cave au moment de la vendange et, s'il y a lieu, la quantité de vendanges fraîches ou de moûts, expédiées ou reçues. Ces déclarations sont affichées, nul ne peut expédier de sa propriété plus de vin qu'il n'en a déclaré. Chez le négociant en gros, la Régie exerce un contrôle absolu sur les entrées et sur les sorties. En vertu de la loi du 1er août 1905, est puni quiconque a trompé ou tenté de tromper sur la nature, la qualité substantielle, l'espèce ou l'origine de la marchandise. Une organisation spéciale de surveillance a été mise sur pied, comprenant des agents de l'Administration et des agents désignés par les syndicats viticoles ayant qualité pour pénétrer à l'improviste dans les locaux servant au commerce, même de détail, prélever des échantillons, dresser des procès-verbaux, et poursuivre devant les tribunaux tout contrevenant aux lois et règlements.

La C. G. V. du Midi, qui groupe les syndicats des départements de grosse production, ainsi que le Syndicat de défense de la viticulture bourguignonne, le Syndicat girondin et le Syndicat général des vignerons de la Champagne délimitée, ont entamé une action énergique contre les commerçants qui se livrent à des pratiques répréhensibles. Dans ce but, ils ont, à l'aide de cotisations de leurs membres, rassemblé, depuis 1907, plusieurs millions. Par leurs soins de nombreux procès ont été intentés, à la suite desquels certains négociants ont été condamnés à des amendes élevées, voire à l'emprisonnement. De son côté, le Ministère de l'Agriculture, par le service de la répression des fraudes, fait opérer bon an mal an dix mille prélèvements d'échantillons qu'il analyse avec soin, pendant qu'un bureau spécial veille à l'application d'une série de formalités ayant pour but de donner aux vins de qualité une sorte d'acte de naissance en règle, de manière à éviter, sur un fût ou sur une bouteille, l'apposition d'une indication susceptible de créer au sujet de l'origine du produit livré une confusion dans l'esprit de l'acheteur.

Il s'en faut qu'on fasse partout de même à l'étranger. Aussi demandons-nous qu'en cette matière on nous imite, car nous estimons, d'accord en cela avec le véritable commerce français, que, tant dans l'intérêt du producteur que du consommateur, la loyauté doit être à la base des transactions commerciales. Concurrence : oui; fraude : non.

Là-dessus, il est vrai, nous avons des raisons d'espérer que nous aurons tôt ou tard satisfaction. L'arrangement de Madrid du 14 avril 1891 pour la répression des fausses dénominations d'origine est maintenant plus que jamais à l'ordre du jour en vue d'obtenir l'adhésion des États qui n'y sont pas encore participants. Dans les articles 274 et 275 du traité de Versailles, et dans les traités de Saint-Germain, Trianon, Neuilly et Sèvres, se trouvent des dispositions s'inspirant des principes de la législation française que nous venons de rappeler, et auxquelles nous comptons bien qu'on tiendra fermement la main, en pratique.

L'idée de ne plus tolérer le commerce des contrefaçons fait donc son chemin. Bientôt, peut-on estimer, se verra le jour où il n'y aura plus sur le marché que des vins naturels. Alors, bien que la production soit toujours susceptible de se développer dans les cinq parties du monde, confiants dans la supériorité intrinsèque des vins de France, la concurrence nous paraîtra plus légère.

Toutefois nous ne pourrons être pleinement rassurés sur l'avenir que si les centres de consommation restent accessibles à la vente. Et cette considération nous conduit à aborder la plus vive des préoccupations actuelles des populations viticoles : une campagne ardente, systématique, a été entreprise, voici bien des années, non pas seulement contre les boissons pernicieuses ou contre les vins frelatés (campagne à laquelle nous nous associons), mais même contre les vins les plus purs et les meilleurs. Non contente de combattre l'abus (que nous réprouvons nous aussi), c'est le principe même de la consommation du vin qu'elle entend condamner.

Cette prétention dépasse tellement la raison que lorsqu'elle a été connue en France on s'est borné à en rire (en quoi nous avons eu bien tort). Sans assez y prendre garde, nous avons laissé se répandre des idées qui ont faussé bien des esprits loyaux, lesquels sont honnêtement devenus hostiles au vin. Leur nombre s'est peu à peu multiplié, et il en est résulté une situation où dorénavant c'est nous qui avons le rôle ingrat.

Depuis la guerre, une évolution extra-rapide s'est produite dans la politique de plusieurs grandes puissances. On est loin des espérances des pays viticoles au lendemain du triomphe des Alliés ! A cette époque on escomptait, c'était logique, que les nations dont les soldats avaient goûté au vin des tranchées, et celles surtout dont la fortune publique ou privée s'était accrue dans d'énormes proportions (grâce au commerce qu'elles avaient pu pratiquer au lieu et place des principaux belligérants), deviendraient pour nous de grands clients. Convaincus de cette perspective, partout viticulteurs et commerçants ont redoublé d'efforts de manière à être en mesure d'offrir à la clientèle des vins irréprochables.

Hélas ! quelle déception ! Après la défaillance de la Russie, après la fermeture virtuelle des marchés de l'Europe centrale et des Balkans, par cause d'une trop grande dépréciation de leurs moyens d'achat, c'est une quasi interdiction d'entrée sous forme de tarifications douanières draconiennes, qui nous a été signifiée par divers pays, notamment par l'Angleterre, et même par la Suisse notre principale cliente en vins ordinaires; et c'est une expulsion plus ou moins totale que « le régime sec » nous a opposé, sous forme de prohibition absolue ou relative, dans une grande partie du Canada, aux Etats-Unis d'Amérique, en Suède, en Norvège, en Finlande. Et la liste n'est pas close !...

Voyons, qu'est-ce que cela veut dire ? A quelle situation veut-on acculer la France, elle qui, avec ses vignobles du Nord africain, couvre près de 3o % de la surface consacrée à la vigne dans le monde entier, qui arrive à fournir 42 % de la production vinicole du globe ? A-t-on oublié que les destructions de la guerre ont été chez elle plus étendues que partout ailleurs, qu'elle a des charges énormes à supporter, qu'il lui faut remettre toutes ses productions en pleine valeur pour réparer ses ruines, reconstituer ses richesses, reprendre ses achats aux autres nations (ce qui est une des conditions de reprise de l'activité mondiale), et pour rembourser ses dettes (car elle en a, et, bien qu'elle ne les oublie pas, on sait les lui rappeler).

Comment atteindra-t-elle ces buts si on ferme la porte à l'un de ses principaux articles d'exportation ? Des mesures de ce genre lui créent un préjudice incalculable. Le vin est pour la France un des soutiens de sa vie économique (on l'a vu au début de cette étude). L'attaquer, paralyser son commerce, c'est gêner fortement le relèvement national. Tôt ou tard, par une vague en retour inéluctable, la fermeture des débouchés provoquera sur notre commerce, sur notre viticulture, et parmi les milliers de familles ouvrières qui en retirent des salaires, une crise désastreuse. Nous demandons à nos amis de l'étranger d'y réfléchir.

Qu'ils méditent sur le calcul qu'annonçait dans un livre paru en 1913, un économiste allemand dans les termes suivants : « La guerre prochaine « aura pour but principal le remaniement économique du monde, la « bataille la plus grave par ses conséquences sera celle qui, postérieu- « rement à la cessation des hostilités, se livrera autour du tapis vert pour « la conclusion de nouveaux traités de commerce. » — La guerre prévue par l'auteur germanique a éclaté un an après; nous voici à cette bataille autour du tapis vert qu'il considérait comme la plus grave par ses conséquences. Nul doute que parmi ses compatriotes, habitués à mener à tous propos et en tous lieux une propagande anti-française, il en est qui verraient avec joie les richesses de nos beaux pays de vignobles, avec les revenus que la France en tire dans son commerce à l'extérieur, irrémédiablement compromis... et qui travaillent de leur mieux à obtenir ce résultat.

Dans tous les cas, quelle que soit l'attitude future des Etats importateurs à l'égard du vin, il est de notre devoir, à nous autres, Français, de nous rendre un compte exact de la situation dans laquelle nous sommes et des périls que nous font courir ceux qui poussent à un conflit autour du vin. Il nous faut avoir des vues claires sur les principes directeurs d'une politique nettement favorable au vin, qui permettra à nos viticulteurs et à nos commerçants de mieux contribuer à la prospérité du pays. Cela exige le concert préalable de tous les intéressés.

Tel est le but fondamental qui sera poursuivi par la Semaine Nationale du Vin dans ses assises du 13 au 19 mars 1922. Suivant le programme que j'ai eu l'honneur de soumettre à son Comité d'organisation en octobre dernier, elle aura pour objet essentiel : L'étude de toutes mesures propres à « faciliter et à accroître la consommation de nos vins sur le marché intérieur et sur les marchés extérieurs. » Des efforts sont, en effet, à poursuivre dans tous les domaines.

Du côté national, il y a lieu de se préoccuper des améliorations à apporter dans les transports, les taxes et réglementations (car il faut bien donner l'exemple chez nous de ce que nous demandons à l'étranger de faire chez lui); on doit en outre rechercher comment il est possible de mieux éduquer le consommateur, et comment les négociants, hôteliers, restaurateurs, sommeliers, détaillants peuvent perfectionner leurs méthodes de vente et la présentation des produits.

Du côté étranger, notre situation sur plusieurs marchés est en danger; là il nous faut agir avec vigueur et prudence, car là se trouvent des débouchés qui servent de soupape de sûreté au trop plein de nos vendanges, et qui, en tout état de cause, sont indispensables à nos vins de prix. Une première initiative pratique a été prise récemment par la création du « Comité d'exportation des vins de France », sous la présidence éclairée de M. Bertrand de Mun. La Semaine Nationale du Vin, elle, a déjà soulevé un vaste mouvement d'opinion. On trouvera dans ses travaux des documents d'une haute valeur.

Que l'élan donné ne se ralentisse plus, et pour cela que les intéressés s'entendent sur un plan d'action précis et prennent en mains sa réalisation. Par là il faut entendre non pas une forme spéciale d'entreprise commerciale en vue d'un meilleur placement des marchandises à l'étranger, mais plutôt une organisation collective de la défense des vins en général. Ne demandons pas cette initiative à l'Etat ; nous savons trop ce que coûtent les organismes d'Etat en argent et en fonctionnaires pour le charger de cette mission surtout en ces temps de difficulté des finances publiques et après tant d'expériences infructueuses. L'œuvre doit être créée et dirigée par les corporations qui en tireront des profits directs. Bien entendu, cette opinion ne tend nullement à faire fi du concours de l'Administration. Celle-ci, en effet, a, elle aussi, un rôle à jouer, et un rôle important, en venant en aide aux initiatives privées, en leur préparant la voie sur les marchés extérieurs et en restant en collaboration étroite avec elles. Nous comptons sur les diverses administrations publiques dans la mesure même de leur fonction propre.

Il est temps d'agir ; nous sommes en présence d'une crise d'un aspect nouveau qui menace de devenir aiguë dans un avenir prochain. Ne nous le dissimulons pas, une tâche ardue se dresse devant nous. Les masses populaires doivent être éclairées; même chez nous, elles ne soupçonnent pas l'importance des intérêts en jeu, à plus forte raison au delà de nos frontières.

Tout en étant respectueux de la législation de chaque Etat, il faut se mettre en mesure de remonter les courants antivinicoles et de redresser les erreurs des Ligues puissantes, dotées de fonds se chiffrant par millions, qui ont, à tort, chargé le vin des méfaits de l'alcoolisme. Ce sera plus difficile que ne l'imaginent certains de nos compatriotes, d'autant qu'au sein de la foule sincère et généreuse, à côté des âmes mues uniquement par une pensée de perfectionnement social, il y a les calculs particuliers des hommes d'affaires qui tirent profit de la consommation de boissons concurrentes du vin, et qui, eux, faussent sciemment les idées de la population. Ces bons apôtres-là ne sont pas les moins excités contre le vin. Tout raisonnement les trouve sourds et pour cause !... La tempérance est pour eux un bouclier destiné à couvrir leur négoce, et ils en usent. Que de campagnes mercantiles ils ont inspirées !

Voilà des équivoques qu'il faut faire cesser. Si, consciemment ou non, ceux qui ont la charge de veiller au bien général des peuples se laissaient aller à se faire les auxiliaires de ces parti-pris intéressés et substituaient à la liberté commerciale je ne sais quel protectionnisme nouveau genre, inavoué, dans quelle voie épineuse ne risquerait-on pas de s'engager ? Se lancer à la suite de compagnies anonymes dans une lutte de boissons contre boissons, c'est pour le coup que le consommateur ne saurait plus à quel breuvage se livrer, affolé qu'il serait par les révélations qu'on ne manquerait pas de faire à son ignorance.

Qu'il s'agisse de thé, en faveur duquel s'exerce constamment une propagande habile, de chocolat, de café, d'eaux de source ou d'eaux minérales, il est facile de relever, comme les abstinents le font pour le vin, bien des altérations ou des fraudes, ainsi que bien des désordres qu'ils occasionnent de temps à autre dans l'organisme. De savantes observations médicales les ont maintes fois constatés. Aucune boisson n'est parfaite, pas même l'eau « qui est manifestement convaincue d'être le véhicule de la dysenterie, de la fièvre typhoïde, du choléra et de plusieurs autres maladies virulentes ou contagieuses », a dit le Dr Peton, lequel a conclu : « Le vin nous semble devoir rester la boisson de choix que les hygiénistes autorisés préférèrent de tout temps. »

A propos de la consommation d'eau, tant prônée par certains médecins à une époque, c'est un de leurs confrères, le Dr Delineau, président de la Société médicale des praticiens, qui a dit : « Faites une enquête, et vous verrez que les médecins qui conseillent à tout le monde de boire de l'eau, sont, pour la plupart, des égrotants. »

Des accidents auxquels sont exposés les buveurs d'eau, et des méfaits du « caféïsme » et du « théïsme », faut-il conclure à la prohibition des produits qui en sont cause ? Quelle déraison ! Que diraient les Etats qui fournissent thé, café, cacao, etc., si, tout d'un coup, s'organisaient chez leurs clients des ligues de prohibition pour faire relever les droits de douane sur tel ou tel de ces articles à des taux exorbitants, et si les pouvoirs publics s'associaient à leur action ? Pour sûr, ils trouveraient qu'on dépasse la mesure. C'est pourtant l'attitude qui a été prise soudainement à l'égard des vins, malgré leur antique priorité dans l'alimentation humaine et dans le trafic international.

Le coup porté à la France de ce chef est grave. Pour nous en relever, il nous faut travailler d'arrache-pied, tant de gens ayant été induits en erreur un peu dans tous les pays, le nôtre compris. Ce n'est pas avec des railleries faciles, mais avec des arguments solides (et nous en avons de nombreux à notre disposition) que nous mettrons à nu les vices du raisonnement qui nous est opposé, et que nous aurons chance de modifier l'opinion de ceux du moins de nos adversaires en la droiture et en l'intelligence desquels on peut avoir foi.

Nous avons à montrer qu'on peut combattre l'alcoolisme — dégradant pour la nature humaine — sans les emballements irréfléchis qui font tomber dans l'exagération et l'injustice. Une discrimination s'impose. Si un liquide est reconnu mauvais qu'on le supprime, mais qu'on n'englobe pas dans la même réprobation toutes les boissons ayant peu ou prou d'alcool. En l'espèce, la question à élucider est de savoir si oui ou non le vin est mauvais pour l'organisme.

Sur ce point nous sommes tranquilles. Innombrables, en effet, sont les expériences de savants, de médecins, de physiologistes qui attestent que le vin est la plus saine des boissons, et que, pris à dose modérée, il a des effets salutaires sur le corps humain. Beaucoup ont mis en évidence ses propriétés tonifiantes et son action thérapeutique en de nombreuses maladies. Ces témoignages autorisés prouvent qu'en défendant le vin on est d'accord avec la vérité scientifique. Ils sont ignorés du grand public, il faut les répandre.

C'est pourquoi nous avions demandé à l'homme de science qui a étudié de près les problèmes les plus délicats de la sociologie, le Dr Bertillon, de nous faire une Conférence spéciale sur ce sujet. Il comptait bien être des nôtres aujourd'hui. Malheureusement son état de santé qui l'oblige à de grands ménagements et inspire de vives inquiétudes nous prive de sa présence. L'affectueuse sympathie que nous portons à notre éminent collègue en éprouve beaucoup de peine. Du moins au point de vue des idées qu'il désirait vous exposer, nous ne subirons pas une privation complète, car dominant le mal qui l'immobilise, il a bien voulu annoncer à notre secrétariat des notes qui seront publiées dans le compte rendu général. Pour cette nouvelle contribution à l'œuvre nationale que nous poursuivons, je tiens à renouveler devant vous les sentiments de reconnaissance que je lui exprimai ce matin même au nom du Congrès. Ses notes contiendront des arguments dont nous saurons nous inspirer.

On en trouvera également de probants dans l'intéressant ouvrage que M. Raymond Brunet a publié sous le titre : *La valeur alimentaire et hygiénique du vin* (1). En ce qui concerne spécialement l'alcoolisme, maintes observations impartiales de membres de l'Académie de Médecine et de l'Académie des Sciences ont conclu que le vin n'avait pas de responsabilité dans sa propagation. Bien au contraire, ce sont les pays vinicoles qui lui résistent le mieux. Rationnellement, pour arrêter la marche dévastatrice de ce mal hideux, loin de proscrire le vin on devrait en recommander l'usage. A l'appui de ce dire, je me borne à noter dans le tableau d'ensemble que je dresse ici, deux affirmations catégoriques et concordantes : l'une du Dr Richet : « Le vin naturel ne produit par l'alcoolisme » (2), l'autre, de M. le professeur Monprofit, président honoraire du Congrès français de chirurgie : « Plus les estomacs se familiariseront avec le bon vin, plus ils seront protégés de l'alcoolisme. »

Nous avons aussi à appeler l'attention des ignorants en vin et des

(1) Librairie agricole de la Maison Rustique, Paris 1914.
(2) *Dictionnaire de Physiologie*, article : Alcool (toxicité des).

demi-savants en physiologie sur les conséquences auxquelles aboutit leur doctrine. Il est établi que, sous une forme ou sous une autre, l'organisme réclame une légère quantité d'alcool, et Duclaux, l'illustre directeur de l'Institut Pasteur, a démontré que c'est dans le vin que l'alcool utile a son maximum de valeur. L'expérience prouve qu'à vouloir en priver totalement l'homme, on le contraint à rechercher n'importe quel autre produit alcoolisé, fût-il sous les formes les plus nuisibles. Déployer d'office l'enseigne « régime sec » à la devanture de toutes les boutiques d'un Etat est donc un trompe-l'œil. Sans doute, dans la grande salle ouverte sur la rue, le public ordinaire n'ose pas, exposé qu'il est aux regards de l'autorité, consommer une boisson interdite, mais, dissimulés dans l'arrière-boutique obscure, on peut être certain que se donneront des rendez-vous clandestins où seront débités largement les liquides les moins recommandables. Est-ce un progrès ?

Il y a enfin à faire comprendre aux adversaires du vin combien leur opinion est peu conforme aux enseignements qui se dégagent de l'histoire de l'humanité. Depuis les siècles les plus reculés, le vin est associé au développement de la civilisation. La Bible abonde en hommages envers lui et en a fait un symbole divin. Dans l'Ancien Testament, il est apprécié, au même titre que le blé, comme l'un des grands bienfaits de Dieu. Des peuples entiers ont de tout temps usé de vin couramment : En France, où son acte de naissance date, selon M. Camille Jullian, de l'an 600 avant notre ère (1) il est, dans la majeure partie du pays, la boisson familiale qui se prend à tous les repas.

Les chevaliers de la tempérance puisent l'ardeur de leur prosélytisme dans la pensée qu'il faut arracher l'homme à une cause de dégénérescence. Eh bien, qu'ils étudient les populations où on boit « sec » de père en fils; qu'ils observent les individus, leur valeur intellectuelle et physique, leur longévité, leur descendance, ils trouveront des races pleines de vie, de gaîté, d'intelligence. Qu'ils prennent la peine de passer en revue leurs œuvres littéraires ou artistiques, architecture, sculpture, peinture, musique ; leurs productions scientifiques en physique, chimie, médecine, etc., qu'ils les mettent en parallèle avec celles des autres peuples. Ils seront édifiés. Quant à l'appréciation de la valeur physique des hommes, pour notre compte nous dirons simplement : Voyez nos soldats. (*Applaudissements.*) Au cours de la guerre, la ration du vin dans nos armées fut portée jusqu'à un litre par homme et par jour. Si nos grands chefs militaires, soucieux plus que quiconque de la santé des troupes, avaient vu des inconvénients à cette consommation quotidienne, l'auraient-ils prescrite ? Allons, tout esprit sensé reconnaîtra, je l'espère, combien les théories des extrémistes de la tempérance sont mal fondées : elles font injure à la vitalité des peuples latins, elles méconnaissent tout un passé de gloire de l'humanité.

Oui, malgré tout, il y a des raisons de croire qu'avec de la persévérance et une organisation de défense méthodique on obtiendra des résultats appréciables. La raison finira bien par l'emporter. Déjà, parmi ceux qui ont pris part à la lutte contre le vin, des hommes droits ont reconnu s'être trompés. Une propagande bien conduite ne peut qu'en augmenter progressivement le nombre. Elle favorisera, en outre, la tâche de nos représentants dans les négociations commerciales qu'ils auront à conclure. En retour ceux-ci s'attacheront, nous en sommes convaincus, à faire

---

(1) *Pro vino*, revue, mars 1922.

oublier le reproche que M. Pierre Viala exprimait à la Chambre des Députés, le 4 juillet 1921, en déclarant que trop souvent dans les traités de commerce le vin français paie la rançon des avantages accordés à d'autres produits. Cela ne peut pas être. Le vin est par excellence un article national d'exportation; comme tel il est un élément d'influence mondiale. Notre diplomatie lui doit son appui.

L'œuvre à réaliser est, on le voit, vaste et complexe. Sa réussite exige le concours, l'union de tous ceux qui ont conscience du rôle considérable que joue le vin dans notre économie nationale et qui aspirent à lui faire reprendre sa place légitime. On ne doit plus revoir ce temps (c'était avant guerre) où se faisaient jour des rivalités intestines, qui n'étaient, à nos yeux, qu'une forme d'émulation de région à région, mais qui, exploitées à l'étranger contre nous, étaient, en définitive, préjudiciables aux intérêts de tous et de chacun.

En avons-nous perdu du temps, de l'argent et de la clientèle par nos propres fautes! Sous prétexte de vanter telle ou telle marchandise, on entendait mettre en lutte la Gironde avec la Bourgogne, le Midi avec l'Algérie, etc... Successivement toutes les régions étaient mises en opposition les unes avec les autres : le Médoc avec le Saint-Emilionnais, l'Aube avec la Marne, le Beaujolais avec la Bourgogne, le Roussillon avec le Languedoc, sans parler du conflit persistant entre la propriété et le commerce. Quelle impression produisaient à l'extérieur ces scènes de ménage? Dans le feu de la polémique, des reproches aussi violents que mal fondés étaient échangés. Nos rivaux s'en gobergeaient, les notaient, les amplifiaient et s'en servaient pour leur campagne de presse contre tous nos vins. Ne soyons pas assez sots pour continuer à faire leur jeu de la sorte.

Il y a solidarité étroite entre tous les vignobles, tous les crus, et entre la propriété et le commerce honnête pour le maintien des débouchés, la réouverture de ceux qui se sont fermés, l'établissement d'accords commerciaux et de régimes douaniers favorables. C'est tous les vins de France qu'il nous faut défendre *in globo*, vins de choix et vins de consommation courante, de Bordeaux et de Bourgogne, d'Alsace et de Beaujolais, du Midi et de l'Algérie, d'Anjou et de Champagne. Loin de s'exclure les uns les autres ils se complètent. Ils s'adressent à des besoins, à des goûts, à des bourses différentes; ils ne se concurrencent pas plus qu'un bel assortiment de mets dans un menu bien compris.

Que l'harmonie s'établisse donc autour de nos clochers, qu'elle gagne de région à région, de telle sorte que soit réalisé enfin le bloc des intérêts vinicoles. Alors la marque qui compte le plus aux yeux de l'étranger : la marque nationale, en l'espèce « la marque française », aura chance de reconquérir sa suprématie d'autrefois, et, sa vogue revenue, ce sera la porte ouverte à deux battants à toutes les marques régionales, locales et particulières.

Observons, au reste, que cette adjuration peut être élargie avec fruit. La défense du vin ne bénéficiera pas qu'à notre pays. Introduire de plus grandes facilités dans les transactions internationales actuelles, rétablir celles qui ont été supprimées répondrait aux vœux des consommateurs qui, sous toutes les latitudes, sont restés fidèles au vin, et ce serait faciliter la reprise de multiples échanges commerciaux avec les centres de consommation : En regard d'une exportation active se développe naturellement un commerce d'importation florissant.

De plus, tous les Etats exportateurs de vins : l'Italie, l'Espagne, le Portugal, la Grèce, etc., ont un intérêt identique au nôtre dans la campagne de réhabilitation du vin que nous voulons provoquer. Les mesures prohibitives les atteignent durement eux aussi. Et que sera-ce si la vague de tempérance irraisonnée continue sa marche envahissante? Dans la production moyenne mondiale de 1919 à 1921, qui a été de 145.490.000 hectolitres, l'Espagne a fourni: 22.166.692 hectolitres; la France: 52.464.498; l'Algérie et la Tunisie : 6.959.164 ; l'Italie : 36.765.333 ; le Portugal : 4.000.000 ; l'Etat Serbe-Croate-Slovène : 3.565.154, soit ensemble : 125.920.841 hectolitres.

Comme représentants d'une puissance de production aussi considérable, il est à souhaiter que, parallèlement à l'action collective des corporations lésées, ces pays s'entendent, eux aussi, pour établir un front unique contre la propagande antivinicole et sauvegarder les richesses saines et bienfaisantes que la nature et le labeur de leurs peuples mettent à la disposition de l'humanité

Bref, que, chacun dans sa sphère, particuliers et Etats s'emploient à prendre les initiatives nécessaires pour faire reconnaître les mérites du vin, boisson alimenteuse incomparable, et faire dissiper les nuages qui alarment tant de familles laborieuses. Pour atténuer le marasme des affaires dont souffre le commerce international, et pour ne pas compromettre davantage les bonnes relations économiques entre peuples, il faut qu'au plus tôt soit apaisé le conflit du vin, si malencontreusement soulevé à l'heure où tout citoyen, tout gouvernement doit travailler à rétablir de par le monde les harmonies économiques de la paix. (*Applaudissements prolongés.*)

La musique exécute la *Marche du cortège de Déjanire* (Saint-Saëns).

Discours de M. Henry Cheron

Ministre de l'Agriculture

Messieurs,

Vous me voyez tout confus de prendre la parole devant ce magnifique auditoire. Le Ministre de l'Agriculture, s'il a compris dès le premier jour toute l'étendue de ses devoirs envers vous, n'a pas l'honneur d'appartenir aux régions ensoleillées où la France et le monde trouvent dans la culture de la vigne une source incomparable de richesse et un sujet de légitime fierté. Du moins, si je suis originaire d'une région cidricole, je puis vous affirmer qu'on y apprécie fort le bon vin. On en récoltait, jadis, chez nous. Henri IV en buvait et Olivier Basselin, qui a chanté plus d'une fois le jus de la treille, était un poète du Calvados. Enfin, si l'on a souvent, à tort je l'affirme, médit des Normands, il y a un reproche qu'on ne leur a jamais adressé : c'est celui d'être des buveurs d'eau. Sous ce rapport notre réputation est solidement établie. Nous laissons à d'autres les charmes incompris du régime sec. Nos bonnes gens, qui se piquent justement de logique, déclarent que la nature n'aurait pas fait le bon vin si ce n'était pour le boire.

Quand ils comparent la mine vermeille et réjouie du viticulteur au visage triste et lugubre de ceux qui ont fait vœu de tempérance, leur choix est vite fait en faveur de la vie, de la belle humeur et du soleil.

Messieurs, nous venons d'entendre un excellent discours de M. J.-H. Ricard. Ce discours est si parfait que je me demande ce qu'on pourrait bien y ajouter, si ce n'est un éloge très mérité de M. Ricard lui-même.

C'est à lui que revient l'honneur d'avoir lancé et mis en œuvre cette grande idée de la « Semaine Nationale du Vin », laquelle a été annoncée dès le mois de novembre aux fêtes universitaires de Montpellier par M. le Président de la République qui suit, vous le savez, avec un intérêt passionné, tout ce qui concerne l'évolution économique du pays.

Ceux qui ont vu à l'œuvre M. Ricard et qui ont pu apprécier à la fois son esprit d'initiative et ses aptitudes aux réalisations, ne seront pas surpris du succès qu'obtiennent les grandes assises dont nous célébrons aujourd'hui l'ouverture.

Que mes premières paroles soient pour le féliciter. Mon rôle est d'ailleurs aujourd'hui bien simple. Je dois parler au nom des viticulteurs que j'ai la haute mission de défendre. Il me suffit pour cela de rappeler successivement la richesse incomparable que la viticulture représente pour notre pays; l'effort admirable que les viticulteurs ont donné pour la sauvegarder; les périls qui, aujourd'hui, la menacent; les efforts que nous devons faire pour les conjurer. Ce sera là, Messieurs, tout mon discours.

La France est la première puissance viticole du monde. Elle compte 1.540.000 hectares de vignes et sa production moyenne dépasse 46.000.000 d'hectolitres sur 124.000.000 que donne le monde entier. Cependant, nous ne devons point oublier qu'en 1875, la culture de la vigne s'étendait sur 2.446.000 hectares et que notre production dépassait 83 millions d'hectolitres. La crise phylloxérique a été l'un des principaux facteurs de cette diminution de la surface du vignoble français.

Il est vrai qu'en même temps, cette crise a incité un certain nombre de départements à se spécialiser dans la culture de la vigne et à se défendre à l'aide de tous les progrès de la science. Les grosses récoltes de vin sont localisées. Tandis que la surface totale du vignoble national diminuait d'un tiers, celle du vignoble méridional augmentait de douze et demi pour cent. Les départements de cette région sont ceux qui donnent les rendements les plus élevés par hectare, de sorte qu'ils ont produit, en 1921, cinquante pour cent de la récolte totale de la France. En ajoutant à la production de notre Midi celle de l'Algérie, on obtient un contingent de soixante pour cent de la récolte française.

Si l'on songe à toutes les industries et à tous les commerces nécessaires qui vivent de la production du vin, aux millions d'individus que ces industries et ces commerces occupent chaque jour, on comprend que la vigne constitue pour notre pays un patrimoine de premier ordre. Vous êtes venus ici pour le défendre. Le Ministre de l'Agriculture est là, de son côté, pour vous affirmer que le Gouvernement de la République n'y laissera pas porter atteinte.

Les viticulteurs ne méritent-ils point d'ailleurs d'être défendus ?

Autrefois, la culture de la vigne était l'une des plus faciles. C'est même ce qui explique pourquoi elle était répandue dans les sols les plus divers et les plus pauvres. Mais, le phylloxéra et les maladies de toutes sortes sont venus la compromettre tout à coup. Nos viticulteurs ont subi de tels désastres que beaucoup, à leur place, se seraient découragés. Ils ont fait face au péril de mort qui les menaçait avec un esprit d'initiative, une énergie et une ténacité qui n'ont jamais été dépassés dans l'histoire de notre agriculture française. Ils ont perfectionné leurs procédés, notamment pour la conduite à donner aux plantes. Ils ont amélioré la taille, se souvenant de ce vieux proverbe bordelais : « La fortune du maître est dans la serpe de son vigneron. » Ils ont fait appel à tous les progrès de la

science. Ils ont fertilisé les terres à l'aide des engrais minéraux. Ils se sont protégés contre les maladies par les traitements appropriés et contre les intempéries
elles-mêmes. Ils ont fait une guerre impitoyable à la fraude dans l'intérêt du commerce honnête et de la santé publique. Quand on considère tous les sacrifices
qu'a représentés un pareil effort, on ne peut refuser aux travailleurs qui l'ont
accompli le tribut de l'admiration et de la reconnaissance nationales.

Aujourd'hui, ces hardis défenseurs de la vigne française n'envisagent pas l'avenir sans mélancolie. Ils se heurtent, en effet, aux plus graves difficultés. La hausse
des frais de production, la lourde charge des tarifs de transport; les droits de
douane élevés à la frontière de tous les pays; les prohibitions et enfin les restrictions dans certains Etats se dressent comme autant d'obstacles devant le viticulteur
français.

Pendant la période de prospérité du lendemain de la guerre, les salaires se
sont élevés, toutes choses ont augmenté avec le coût général de la vie, les engrais,
les instruments destinés aux façons culturales ou au traitement des maladies de
la vigne, d'une manière générale, les frais généraux du viticulteur.

Il éprouve aujourd'hui les plus grosses difficultés pour écouler son vin. Les
prix de vente ont sensiblement diminué, mais en revanche, salaires, engrais, achats
d'instruments, frais généraux de toute nature sont demeurés à des cours sensiblement égaux. Le viticulteur a vu diminuer ses recettes, mais il doit faire face
aux mêmes dépenses. Comment résoudre un tel problème ?

Il faut bien constater que les tarifs de transport constituent un autre obstacle
pour la circulation des vins. Notre marché est malheureusement basé presque
uniquement sur la consommation intérieure. Elle devient bien difficile pour les
régions éloignées de la production et pour lesquelles certains tarifs ont véritablement un caractère prohibitif.

A l'étranger, le mal est bien pire encore pour nous. Les prix sont artificiellement accrus par des droits de douane exorbitants. C'est ainsi que nos exportations qui avaient atteint, il y a cinquante ans, 3.500.000 hectolitres, ne s'élevaient plus qu'à 2.786.000 hectolitres en 1917 et à 2.071.000 hectolitres en 1921.
Il y a trois semaines, l'éminent président de l'Académie d'Agriculture observait
que cette décadence est d'autant plus frappante que dans le même temps le trafic
mondial s'est considérablement accru, multipliant le nombre des producteurs et
des consommateurs; il soulignait que les tarifs étrangers ne sont pas seulement
choquants par leur exagération, mais par leur défaut de proportionnalité, puisque
la plupart frappent d'une même taxe les vins fins et les vins de consommation
courante.

Enfin, nous souffrons des prohibitions et des restrictions. Des personnes
austères ont découvert que le vin, dont la consommation remonte à la plus haute
antiquité, à telle enseigne qu'on trouve sur les monuments les plus anciens des
scènes de vendanges, devait être désormais condamné pour faire place au régime
des sirops et de l'eau plus ou moins pure. Si nos soldats n'avaient eu que ces
breuvages-là pour faire la guerre, je ne suis pas sûr que la France existerait
encore.

Et qui donc oserait prétendre que nos vins généreux, dont les crus fameux
constituent autant de gloires pour la France, n'aient point été depuis de longs
siècles un des éléments de notre génie national ? Le jour où l'humanité sera
réduite à boire de l'eau et à absorber, sous la forme d'une pilule, quelques éléments nutritifs concentrés, je suis sûr qu'on regrettera la bonne table des ancêtres
où les jeux de l'esprit s'entrecroisaient, où s'entretenait la belle humeur et où
l'on oubliait un instant dans le choc des verres les soucis inévitables de la vie.

Voilà donc tous les périls qui menacent nos viticulteurs. Il ne suffit pas de
les constater et de gémir. Que faire pour y remédier ?

D'abord, comme l'a dit éloquemment, il y a un instant, M. Ricard, il faut regarder la situation en face. C'est déjà beaucoup que d'envisager les difficultés et d'en mesurer l'importance. La manifestation organisée pendant cette grande semaine doit se traduire par l'exposé complet du problème. C'est le seul moyen d'avoir une politique du vin.

Il faut que, par cette constatation des faits et par l'exposé de cette politique, les viticulteurs se sentent rassurés. S'ils perdaient confiance, la prospérité de notre viticulture serait définitivement compromise.

L'administration de l'agriculture a sa tâche à remplir en leur faveur. Elle consiste d'abord dans un rôle technique. Aucune culture, nous l'avons vu, n'est plus scientifique, aujourd'hui, que celle de la vigne. Nulle part, praticiens et savants n'ont étudié avec une collaboration plus étroite dans le laboratoire et sur le terrain, les problèmes que pose la production. C'est cette alliance de la science et de la pratique qui a permis de sauver des vignobles qu'on croyait irrémédiablement atteints. Il faut perfectionner encore ces moyens de défense.

A cette œuvre, l'Institut des recherches agronomiques récemment créé pourra apporter une contribution efficace, notamment en ce qui concerne la création de nouvelles variétés de vignes adaptées au sol et au climat, la sélection des variétés existantes, les recherches sur les engrais, la lutte contre les insectes et les cryptogames parasites, l'amélioration des procédés de vinification.

Il appartient au service des avertissements agricoles de seconder de son côté nos viticulteurs, par la prévision des gelées et des moyens d'en combattre les effets, par les avertissements sur la température, par la détermination des zones les plus favorables à la culture de la vigne.

Il faut, à tout prix, assurer à nos viticulteurs la main-d'œuvre qui leur fait défaut et faciliter l'accès des ouvriers vinicoles à la petite propriété.

Mais il ne suffit pas de protéger directement la viticulture. Les pouvoirs publics doivent faire tout ce qui dépend d'eux pour faciliter et favoriser la circulation des vins à l'intérieur.

Nous avons, mon collègue des Travaux publics et moi, appelé l'attention de tous les réseaux sur la nécessité d'adapter aux conditions nouvelles du marché des vins les tarifs de transports. C'est l'intérêt des réseaux, comme c'est l'intérêt de la viticulture elle-même.

Nous n'obtiendrons, d'ailleurs, pour le marché des vins, ni stabilité ni sécurité, tant qu'il ne s'appuiera que sur la consommation intérieure.

Le remède est dans l'exportation. Il faut que la France insiste pour la réduction de certains tarifs douaniers, et qu'elle obtienne l'adhésion des différents gouvernements à la Convention de Madrid sur la protection des appellations d'origine. Fourier affirmait, en 1829, qu'on n'aurait pas pu trouver de son temps une goutte de lait, de vin, d'eau-de-vie, qui ne fût plus ou moins sophistiquée. La loi du 1er août 1905 a organisé dans notre pays la répression des fraudes. Nous pouvons proclamer bien haut, aujourd'hui, que les produits de France, les vins spécialement, sont l'objet d'une surveillance rigoureuse qui garantit à l'acheteur leurs qualités et leur salubrité.

Dans ces conditions, comment n'obtiendrions-nous pas des nations qui ont fermé leurs portes à nos vins et à nos eaux-de-vie naturelles par mesure d'hygiène publique, que les prohibitions actuelles soient levées ? C'est par centaines de millions que se chiffreront les gains de notre commerce extérieur, quand la propagande qui convient aura été organisée pour faire connaître, au-delà des mers, l'œuvre accomplie depuis vingt ans chez nous pour garantir nos produits contre la fraude et réaliser le grand programme de la loyauté des transactions à travers le monde ?

Enfin, une action vigoureuse doit être menée pour répondre aux campagnes prohibitionnistes. Il faut démontrer qu'elles sont injustifiées, non seulement à cause des qualités énergétiques incontestables du vin, mais parce que le développement de sa consommation normale est à l'heure actuelle le seul procédé pratique de lutte efficace qu'on ait trouvé contre l'alcoolisme.

Donc, Messieurs, la tâche qui s'impose à nous est considérable.

Je ne puis vous aider utilement à l'accomplir que si vous êtes étroitement unis pour le bon combat. L'affluence des personnalités qui ont pris part à cette manifestation, la présence de mes collègues les plus éminents du Parlement, nous sont un sûr garant que vous avez compris le danger et que vous êtes fermement résolus à y porter remède.

Je vous remercie au nom de nos viticulteurs que je défendrai de toutes mes forces.

Je vous convie à organiser, au dedans et au dehors, une véritable croisade en faveur du vin de France.

En le sauvegardant, en l'exportant, c'est l'âme même de notre patrie que vous ferez mieux connaître. Peut-il être un ambassadeur plus utile pour notre pays que celui qui porte aux autres peuples, avec l'esprit de nos pères, la chaleur et l'enthousiasme sans lesquels on ne fait point de grandes choses et qui nous ont permis, à nous autres Français, à travers le laborieux effort des siècles, de maintenir au monde les bienfaits de la liberté.

(Applaudissements prolongés.)

La musique du 31ᵉ régiment d'infanterie exécute le *Divertissement de Déjanire* (Saint-Saëns).

Mlle Alice RINGÈRE, du Théâtre Antoine, déclame ensuite six poésies de M. Henri Margot à la gloire des vins de France.

LES VINS D'ALSACE	**LES VINS DE BOURGOGNE**
Ce sont les vins de la Victoire, *Ceux qui, vous le rappelez-vous ?* *Sont revenus très secs ou doux* *Radieux dans notre mémoire.*	*Qui donc t'apprit cette chanson* *Chaude, galante et musicale,* *Jolis couplets desquels s'exhale* *L'esprit français, comme à foison ?*
Ils ont laissé passer l'histoire, *Gardant avec un soin jaloux* *Tous les bons fumets de chez nous* *Que nous retrouvons à les boire...*	*Pour chanter Lisette ou Suzon,* *Je veux, comme toi, sans scandale,* *Joindre en ma tendre pastorale* *Tant de folie à la raison...*
Reflets d'or et pierre à fusil, *Moselle ou Rhin, Ciel éclairci* *Qui fait mûrir les vins d'Alsace*	*Et l'ami que je questionne* *Me montrant une Bourguignonne :* *« Ma chanson, dit-il, vient de là... »*
S'ils nous sont chers doublement, c'est *Qu'ils sont des vins de notre race,* *Parfumés de bouquets français.*	*Ah ! chantons en chœur, sans vergogne* *En buvant les crus que voilà :* *Et vivent les vins de Bourgogne !*

LES VINS DE BORDEAUX

C'est une élégante bouteille
Qui contient tous les crus fameux
Rouges ou blancs et savoureux
De Bordeaux... Je vous les conseille.

Charme, délices et merveille
Vins colorés et généreux
Donnant en leurs flots chaleureux
Tout ce que peut donner la treille

Que toujours avec le rôti,
Quand le repas va ralenti,
Apparaisse la Bordelaise

Alors surgira la gaîté,
Cette vieille gaîté française
Dans le cœur de chaque invité...

VINS DE TOURAINE ET D'ANJOU

O coteaux charmants de la Loire,
Quelle fée a jeté sur vous
Sa baguette de bois de houx
Pour vous combler de tant de gloire ?

Vos vins... Ah, laissez-nous les boire,
Doucettement, à petits coups,
Ils sont merveilleux, Vertuchoux,
Divins... C'est à ne pas y croire...

Nous danserons le rigodon
Comme le curé de Meudon
Rabelais, à la grosse panse

Raisins, ô mûrissez parfaits,
Dans le beau Jardin de la France,
Pour le bonheur de nos palais...

LES VINS DE CHAMPAGNE

Pif, Paf, et le bouchon s'envole
On tend sa coupe et le flot d'or
S'écoule, précieux trésor,
Dans le cristal, comme un Pactole

L'esprit bondit et caracole
Et la gaîté prend son essor
Chacun est content de son sort ;
Le désespéré se console...

Champagne de tous les galas
Et des dîners à falbalas
Joli vin qui chante et pétille

O chasseur du nuage épais,
Par qui toute femme est gentille
Tu ne peux être que Français.

LE PINARD

Et toi, Pinard ? Qui donc es-tu ?
Quel soleil a mûri ta vigne ?
Toi qui vins avec nous en ligne,
Toi qui, comme nous, t'es battu ?

Mais ton anonymat s'est tu...
A ta chaleur en vain, j'assigne
Un coteau vert que je désigne,
Pinard, qu'importe à ta vertu ?

Viens-tu d'Auvergne, d'Algérie,
Viens-tu de l'Hérault, de la Brie,
D'Ouest ? Du Sud ? De l'Est ? Du Nord

Je ne sais... Mais joyeux à boire,
Emplissant nos quarts jusqu'au bord,
Tu nous as donné la Victoire...

Ces poésies sont chaleureusement applaudies par l'auditoire et la gracieuse artiste reçoit les félicitation du ministre de l'Agriculture.

La musique du 31ᵉ Régiment d'infanterie exécute la *Marche Lorraine* (Louis Ganne), tandis que le cortège quitte la salle.

M. le docteur Jacques Bertillon très gravement malade n'a pu mettre la dernière main à la rédaction de la conférence qu'il avait préparée pour cette séance d'ouverture. On trouvera ici la reproduction des notes qu'il a bien voulu faire parvenir au Secrétariat du Congrès.

Notes remises par le Dr Jacques **BERTILLON**

Chef de la Statistique Médico-Chirurgicale de l'Armée

SUR LA VALEUR ALIMENTAIRE ET HYGIÉNIQUE DU VIN

OPINIONS DE MÉDECINS, FAVORABLES A LA CONSOMMATION DU VIN

I. — L'usage modéré du vin n'est pas nuisible à la santé.

II. — Valeur alimentaire du vin.

III. — Valeur hygiénique du vin.

IV. — Valeur thérapeutique du vin.

V. — La consommation du vin est un moyen de lutte préventif contre l'alcoolisme.

I. — *L'usage modéré du vin n'est pas nuisible à la santé*

Professeur ARMAND GAUTIER, membre de l'Académie des Sciences et de l'Académie de Médecine : « L'usage du vin, à dose modérée, n'est pas dangereux. Buvez à votre repas une bouteille ordinaire de Bordeaux de 75 centilitres; c'est beaucoup assurément, mais enfin vous n'en éprouverez qu'une légère excitation, un état de réchauffement. »

Dr MOTET, membre de l'Académie de médecine : « Le vin naturel, bu avec modération, n'a jamais été un poison. Bien plus, c'est une liqueur généreuse dont la douce stimulation relève les forces et les entretient. »

Dr PETON, de Saumur : « En ce qui concerne le vin, le vin naturel, le bon vin, fait uniquement avec des raisins frais, nous prétendons que l'abus seul est nuisible. Il en est du vin comme de tant d'autres choses dont l'humanité ne se passera pas de si tôt. Tout est dans la mesure et dans la dose. De ce que certaines gens qui ont trop lu Brillat-Savarin ou Monselet se donnent des indigestions, doit-on se condamner à une diète éternelle? Parce que certains malades ont abusé de la morphine, de l'éther, fermerons-nous les pharmacies? S'il y a malheureusement des gens qui, en buvant trop fréquemment de trop larges rasades de nos bons vins du Médoc, de la Bourgogne, de la Champagne ou de l'Anjou, irritent leur estomac, excitent leur cerveau, stimulent et congestionnent leur foie et leur rein, est-ce une raison suffisante pour nous condamner à perpétuité à ne boire que de l'eau? Ne sommes-nous pas en droit de nous demander si le remède n'est pas pire que le mal? »

Dr ROUX, directeur de l'Institut Pasteur, membre de l'Académie des Sciences : « L'expérience séculaire portant sur des peuples entiers montre que le vin n'a pas d'inconvénients si l'on en boit modérément. »

Dr HUCHARD : « L'usage *modéré* du vin est, à mon avis, favorable à la santé. Oui, très certainement. J'ajoute que le régime sec, né de la crainte de la dilatation d'estomac (maladie rare dont on a tant abusé), a fait bien des victimes, a créé bien souvent des affections rénales et la gravelle. La crainte d'un mal vous fait tomber dans un pire. »

M. DUCLAUX, directeur de l'Institut Pasteur, membre de l'Académie des Sciences : « L'usage modéré du vin est sans inconvénient. La science, en effet, ne

montre dans le vin bien préparé aucun sujet nocif, et l'expérience, pendant des
siècles, a témoigné que l'usage modéré de cette boisson était inoffeusif. »
Etc., etc.

II. — Valeur alimentaire du vin.

Le vin est un aliment pour les animaux. — Expériences méthodiques de Roos
(1900) sur les cobayes; de Roos et Giret (1901) sur les chevaux; de Moulineau (1902)
sur les chevaux. Non seulement le vin a pu remplacer dans la ration d'autres
aliments (avoine par exemple) sans que les animaux perdent du poids, mais à
valeur nutritive égale les résultats ont montré une supériorité très nette en faveur
du vin.

Le vin est un aliment pour l'homme. — Un litre de vin ordinaire apporte
à l'homme 700 calories.

Expériences classiques d'Atwater avec l'alcool seul. — Travaux de Duclaux,
Rosemann, Benedict et Roos.

Opinion de Duclaux : « La glycérine, 3 à 4 grammes par litre de vin,
qui est brûlée dans l'organisme, sert également; de l'acide tartrique, aliment très
utile et assez rare, qui existe à l'état de crême de tartre; d'autres acides, fixes et
volatils, en faible quantité; un peu de matière extractive, mal connue, contribuent à augmenter la valeur alimentaire du vin. »

Dr Ammerlynck : « Si le vin n'est pas un aliment au même titre que les albuminoïdes, les féculents, les hydrocarbures, les graisses, il est un succédané très
acceptable de ceux-ci et joue un rôle qui n'est pas négligeable dans l'alimentation. »

Dr Monin : « Les grands vins sont très riches en matières minérales : fer, chaux,
potasse, phosphore surtout; or, on sait combien les sels acides du phosphore sont
stimulants et nutritifs. »

Dr Brouardel, doyen de la Faculté de médecine de Paris : « La proportion de
matières albuminoïdes dans le vin est trop faible pour qu'on puisse le considérer
comme un aliment dans le sens rigoureux de ce mot. Cependant, il garde, sous
ce rapport, une grande supériorité sur les alcools qui ne renferment rien de ses
substances albuminoïdes, non plus que des acides ou sels organiques du vin, dont
l'utilité est incontestable. »
« L'utilité des substances albuminoïdes, des acides et des sels organiques du
vin est incontestable. »

Dr Sellier, chef des travaux physiologiques à la Faculté de Médecine de
Bordeaux, président de la Section d'hygiène et d'alimentation de l'Alliance
d'hygiène sociale : « Le vin naturel est une boisson hygiénique qui participe,
dans une large mesure, à l'alimentation. »

Dr Jules Guyot : « Le vin est la boisson la plus alimentaire, la plus précieuse
et la plus énergique. »

Dr Proust, professeur d'hygiène à la Faculté de Médecine de Paris et membre
de l'Académie de médecine : « Le vin est un excitant du tube digestif et des
centres nerveux. Par ses sels, il contribue à réparer les pertes de l'organisme. »

Dr Lancereaux, membre de l'Académie de Médecine : « Au point de vue
national, il y aurait grand intérêt à en développer la consommation, parce que
le vin donne aux populations une vigueur particulière. »

« Le vin est un aliment nervin. » (A. Gautier, Dr Arnozan, Dr Proust.)

MM. Albertoni et Rossi ont montré dans un travail présenté par eux à l'Académie des Sciences de Bologne que le vin est un aliment d'épargne. Voici comment i's organisèrent leurs expériences : « Ils ont dressé d'abord le bilan alimentaire de six individus, des paysans, qui n'avaient jamais bu de vin. Ils employèrent pour cela les procédés chimiques de l'analyse des aliments, des fèces et des urines. Après, ils ajoutèrent à l'alimentation habituelle des susdits individus un demi-litre de vin, et cela pendant vingt jours. Ce temps une fois écoulé, les auteurs dressèrent de nouveau le bilan alimentaire des gens en expérience. »

« Voici ce qu'ils constatèrent : 1° l'alcool du vin ingéré est presque totalement brûlé et sert à maintenir la température du corps et à produire du travail; 2° pris à une dose très modérée, il augmente la sécrétion des sucs digestifs et surtout de l'acide chlorhydrique : en somme, action bienfaisante sur la digestion; 3° le vin est un aliment d'épargne pour la graisse et l'albumine du corps; 4° d'autre part, l'alcool du vin agit comme stimulant, comme tonique du système nerveux, et il augmente l'hémoglobine du sang. »

Le Dr Fabre, dans le laboratoire du Dr Duclert, a donné à des animaux, étant au voisinage de l'équilibre azoté, dans leur alimentation une certaine quantité de vin, et noté l'influence de cette modification sur la proportion d'azote éliminé.

Le Dr J. Fabre a opéré sur deux lapins d'un poids total de 4 kilogrammes. Il a constaté que l'introduction du vin dans la ration a diminué de 10 o/o l'élimination azotée et a provoqué une fixation supplémentaire de 4 gr. 494 d'azote correspondant à 28 gr. 088 d'albumine. Il a pu conclure que le vin a un pouvoir d'épargne pour les matières albuminoïdes, et que ce pouvoir subsiste même quand la quantité d'alcool ingérée atteint la dose de 2 grammes par kilogramme du poids vif de l'individu alimenté. (D'après Raymond Brunet.)

Dr Bazerolle. Thèse de 1912, consacrée à la défense du vin. Le vin est un aliment.

Pierre Peytel : « Le vin est un aliment économique. »

Dr Jacques Bertillon (1922) : « Faut-il rappeler les admirables expériences des auteurs américains Atwater et Bénédict. Ils ont prouvé que le vin, pris en quantité raisonnable, est un aliment bienfaisant. Le tanin qu'il contient, la glycérine et quelques autres aliments utiles contribuent à cet heureux résultat.

« Il y a une soixantaine d'années, un vétérinaire, M. Crouzel, donnait à cette vérité une application industrielle. Il n'hésita pas à nourrir les bestiaux de vins défectueux mêlés à du son ou à de l'avoine, plutôt qu'à les nourrir avec du foin. Il continua ainsi aussi longtemps qu'un litre de vin et 500 grammes de son valurent moins qu'un kilogramme d'avoine. Nulle part, après plusieurs années d'application, on ne s'est aperçu qu'il altérât la santé des animaux ou leur aptitude au travail, et, cependant, un affaiblissement quelconque n'eût pas échappé à l'œil si observateur des travailleurs des champs.

« MM. les professeurs Roos et Hédon, de Montpellier, reprirent ces expériences vers l'an 1900 et arrivèrent au même résultat. »

III. — Valeur hygiénique du vin.

Dr Peton : « C'est un fait d'observation que l'alcoolisme, les affections scrofuleuses et tuberculeuses sont plus rares dans les pays où l'on récolte du vin que dans les autres.

« Le vin est un apéritif et un digestif pour les gens bien portants. Il excite la sécrétion de la salive et du suc gastrique. Il facilite l'excrétion des mucosités bronchiques. Il apporte à la nutrition générale de l'alcool à petite dose, des acides végétaux, de la glycérine, des sulfates et des phosphates de potasse et de chaux, du tanin, des chlorures. C'est une sorte de lymphe végétale, un sérum dont l'action remontante et tonique est si remarquable qu'il faudrait l'inventer comme agent thérapeutique s'il n'existait comme boisson courante.

« L'action tonique du vin rouge, l'action stimulante du vin blanc, l'action digestive du vin mousseux ne sont pas niables.

« Si l'on défend le vin comme une boisson malsaine ou sujette à inconvénients, que nous proposera-t-on comme boisson parfaite et à l'abri de tout reproche? Ce n'est pas l'eau, qu'il est à l'heure actuelle si difficile de se procurer irréprochable; ce n'est pas l'eau, qui est manifestement convaincue d'être le véhicule de la fièvre typhoïde, de la dysenterie, du choléra et de plusieurs autres maladies virulentes ou contagieuses.

« Ce n'est pas le cidre, boisson froide, qui porte à boire en abondance et qui, comme on le voit en Bretagne et en Normandie, est loin de garantir les populations contre les dangers de l'alcoolisme. Ce n'est pas la bière, qui a les mêmes inconvénients que le cidre et qu'on accusait dernièrement de favoriser le développement du cancer.

« Le vin nous semble donc devoir rester la boisson de choix que les hygiénistes autorisés préférèrent de tout temps. »

Dᵣ JULES GUYOT : « Le vin est la boisson la plus alimentaire, la plus précieuse et la plus énergique. »

Dᵣ BOUCHARDAT, ancien professeur d'hygiène à la Faculté de Paris : « Le vin est, parmi les boissons fermentés, la plus importante, la plus utile, lorsque son emploi est bien réglé, et la moins nuisible à certains égards, même lorsqu'on en abuse. »

Dᵣ ARNOULD, professeur d'hygiène à la Faculté de Lille : « Le vin est la plus louable des boissons alcooliques. La stimulation qu'il produit est moins offensive que celle de l'alcool, fût-il dilué au même point que l'alcool de vin l'est naturellement. Beaucoup de vins parfaitement stimulants sont moins riches en complexité merveilleuse de substances utiles, bien équilibrées, que rien ne remplace. »

Professeur ARMAND GAUTIER : « Il n'y a pas encore bien longtemps que tous nos médecins français recommandaient, et avec raison, aux convalescents, aux anémiques, aux scrofuleux, les bons vins rouges toniques de Bordeaux, de Mâcon de trois à quatre ans, et même les vins moins fins (mais non moins toniques), tels que Roussillons, Saint-Georges ou autres vins du Midi récoltés dans des conditions favorables de maturité pas trop avancée. Mélangés d'eau sur nos tables, ils fournissent une boisson hygiénique fort réconfortante et fort économique.
« A celui qui peut choisir, je conseille, en mangeant, l'usage du vin coupé d'eau, et particulièrement du vin rouge léger, pour les raisons que je viens d'exposer. C'est la moins coûteuse, la plus saine, la moins dangereuse des boissons alcooliques. »

Dᵣ E. MONIN : « Riche en tanin et en éléments minéraux, en principes aromatiques et en alcool à l'état naissant, le vin est la boisson hygiénique par excellence. »
Etc., etc.

IV. — Valeur thérapeutique du vin.

Dr PETON (Congrès d'Angers pour l'avancement des sciences) : « Nous pensons qu'il faut recommander l'usage quotidien du vin à la dose minimum d'un demi-litre par jour : 1° aux anémiques; 2° aux scrofuleux; 3° aux convalescents; 4° aux paludéens; 5° aux diabétiques; 6° aux tuberculeux; 7° aux surmenés; 8° à certains dyspeptiques; 9° à certains névropathes; 10° aux cachectiques. »

Dr ARNOZAN, professeur à la Faculté de Médecine de Bordeaux, médecin des hôpitaux : « Introduit dans notre organisme, le vin exerce son action d'abord sur les voies digestives, puis sur le système nerveux, sur les grandes sécrétions, et enfin sur la nutrition. A son contact l'estomac devient le siège d'une légère sensation de chaleur agréable, et donne à celui qui l'éprouve le sentiment d'une force nouvelle.

« On peut affirmer que le vin rouge active la digestion à l'état physiologique, qu'il est dans toute la force du terme un agent eupeptique.

« Le vin développe à l'excès, avant de les pervertir et de les annihiler, les qualités intellectuelles de celui qui l'absorbe. Pris chaque jour à dose raisonnable, il excite doucement ces mêmes qualités et finit par donner à celui qui en fait sa boisson quotidienne certains caractères spéciaux. Un esprit vif, animé, aimable, une grande sensibilité, un peu de vanité, une forte confiance en soi-même, une grande facilité d'assimilation et peut-être une mobilité de caractère excessive, tels seront les traits de l'homme qui fait chaque jour usage du vin. Et, en réalité, ne sont-ce pas là quelques-uns des caractères de ces populations gasconnes qui, dans notre Sud-Ouest, s'abreuvent depuis d'innombrables générations de nos vins généreux?

« Enfin, le vin fait sentir son action sur les fonctions organiques et sur la nutrition en général.

« Le vin est donc une boisson utile, exerçant une action heureuse sur la digestion, sur le système nerveux, sur la nutrition, une boisson véritablement hygiénique; et au point de vue national, il y aurait autant d'intérêt à en développer la consommation qu'à restreindre celle de l'alcool. Mais, parmi tous les vins, le vin rouge de Bordeaux est certainement celui qui réunit au plus haut point toutes les qualités requises. Moins diurétique que les vins blancs secs, moins capiteux que les vins blancs liquoreux trop chargés de principes enivrants, moins excitant que les Bourgognes, plus corsé que la plupart des vins du Midi, qui cachent actuellement leur pauvreté alcoolique sous une couleur très foncée, il est plus capable que tout autre de constituer une boisson dont l'usage quotidien, non seulement ne fatigue pas, mais même contribue à l'heureux développement de l'homme et de la race. »

Dr LEREBOULET, secrétaire général de l'Association des médecins de France : « Le bon vin français restera ce qu'il a toujours été : un aliment de premier ordre et, dans certains cas, un médicament précieux. »

Classification thérapeutique des vins par Fonssagrives. — Les vins de Bordeaux sont indiqués pour les malades et les vieillards à la dose de 600 à 800 centimètres cubes par vingt-quatre heures. Ils provoquent une stimulation générale, une réparation plastique et une exhilaration cérébrale. Les vins de Bourgogne ont une influence plus stimulante; les vins de Roussillon offrent une action encore plus brutale; ils conviennent surtout dans les cas diarrhéiques. Les vins blancs, qui sont riches en éthers et qui renferment beaucoup d'acétate d'éthyle, sont diurétiques; ils constituent un médicament préventif dans les cas de goutte et de gravelle urique. Les vins mousseux sont des antiémétiques, surtout quand ils sont frappés. Leur action stimulante sur le système nerveux est doublée par la présence de l'acide carbonique, et devient beaucoup plus rapide. Les vins très alcooliques ont leur place dans le codex, notamment dans la fameuse potion de Todd. Les vins liquoreux donnent des résultats utiles par les fermentations naturelles d'acides qu'ils provoquent; ils sont à rejeter pour tous les dyspeptiques.

Professeur Armand Gautier, membre de l'Académie des Sciences et de l'Académie de Médecine : « Non seulement le vin, le cidre, la bière et l'alcool lui-même, nous nourrissent, mais ils nous mettent en état de résistance contre les maladies ambiantes : de deux troupes d'ouvriers ou de jeunes soldats, l'une recevant du vin ou de la bière, l'autre n'en recevant pas, la première, au bout de l'an, a moins de malades que la seconde. L'observation en a été faite chez nous, comme en Allemagne. »

Dr Peton : « Le goitre diminue de fréquence et d'intensité parmi les populations où se répand l'usage du vin. Le Dr Jules Guyot affirmait que le crétinisme tendait à disparaître de la Savoie par l'usage alimentaire des vins du pays, à l'exclusion presque absolue de l'eau, comme les fièvres ont en grande partie disparu des Landes, de la Sologne et des Dombes, où l'on a prescrit la substitution des vins, même des demi-vins, aux eaux malsaines de la région. »

Dr Arnozan : « Il est certain que, dans bien des cas, le Bourgogne a d'excellents effets, mais il ne vient qu'en seconde ligne, et Fonssagrives, dont les travaux en hygiène n'ont jamais été démentis, n'hésite pas à le classer après le Bordeaux, « après ces vins à saveur austère, sans astringence que recherche le monde entier ». Le Bordeaux est le plus utile de tous les vins, celui qui, à la rigueur, peut remplacer tous les autres et que nul ne pourrait suppléer. Il est le vin par excellence des valétudinaires, qui ont besoin d'être tonifiés, mais qui portent dans quelques-unes de leurs organes une épine inflammatoire ou congestive qu'il importe de ne pas réveiller.

« Débarrassé de ses concurrents déloyaux, de ces vins falsifiés ou guéris avec lesquels la diététique alimentaire n'a rien à voir, mieux connu des médecins qui ont peut-être trop oublié que la dégustation des vins destinés à leurs malades rentre dans le cercle de leurs attributions professionnelles, le vin de Bordeaux reprendra, dans le traitement des maladies et dans l'hygiène générale, la place qui lui est aujourd'hui injustement contestée. »

Dr Mauriac : « Le vin de Bordeaux est un admirable médicament, et l'on peut dire avec juste raison que, de même qu'il y a une hydrothérapie ou traitement des maladies par l'eau, il existe une vinothérapie ou traitement des maladies par le vin. »

Boddaert, Dumoulin, Poirier avaient coutume d'ordonner le vin à leurs malades, et surtout à leurs convalescents.

Dr Goizet, de la Faculté de Paris : « Le vin est pour les gens bien portants un moyen de ne pas devenir malades, et pour les malades un moyen de retrouver des forces et de revenir à la santé. »

Dr Rouget : « Les vins de paille du Jura valent mieux pour les convalescents et pour les malades épuisés que les meilleurs cordiaux », et les docteurs du Jura ordonnent souvent le vin de paille à leurs malades.

Dr Gagey : « L'éminent praticien cite une famille de seize personnes, comprenant cinq frères ou sœurs ayant des enfants et n'habitant pas ensemble. En l'espace de quatre ans, six personnes ont été opérées de l'appendicite. Or, les six opérés seulement étaient buveurs d'eau, et la plupart ne buvaient que de l'eau minérale.

« La présence de l'appendicite a considérablement augmenté depuis un quart de siècle, c'est-à-dire depuis l'époque de la grande crise phylloxérique qui a eu comme conséquence la falsification du vin et l'habitude de boire de l'eau. »

« L'eau agit non par ce qu'elle apporte, mais par ce qu'elle ne détruit pas. A l'instar des autres boissons fermentées, le vin est un antiseptique certain; on peut donc admettre qu'il agit en détruisant les microbes intestinaux, et que, s'il manque, il se produit une pullulation anormale de microbes qui peuvent devenir dangereux. »

Dr Arnozan : « Quant aux maladies de l'estomac, que le vin rouge soit à éviter chez les personnes dont le suc gastrique est trop riche en acide chlorydrique, et aussi chez celles dont l'estomac dilaté est le siège de fermentations acides anormales, c'est parfaitement juste, car il ne peut qu'exagérer l'acidité du contenu stomacal, provoquer des aigreurs, accentuer la difficulté de digestion et, dans ce cas, le vin blanc de Bordeaux est préférable au vin rouge. En est-il de même chez les individus affaiblis dont le suc gastrique appauvri ne contient plus assez d'acide chlorhydrique, et aussi chez ces personnes anémiées dont la digestion languit comme les autres fonctions et qui semblent mal digérer parce qu'elles n'ont plus ni la force, ni les substances nécessaires pour élaborer de bons sucs digestifs. On ne saurait l'admettre, et rien au contraire n'est plus capable de remonter l'organisme et de redonner à l'estomac sa fonction peptique que l'usage régulier du bon vin de Bordeaux rouge. »

Dr Marvaud, J. Sabrazès et A. Marcadier : Le vin et la fièvre typhoïde.

Dr Arnozan : « Si, au début des fièvres, le vin est un excitant à éviter, on sait que lorsque la fièvre persiste et devient dangereuse par la faiblesse, par l'usure organique qu'elle détermine, le meilleur remède c'est encore le vin, vin que l'état saburral de la langue rend parfois désagréable au malade et qui ne lui en est pas moins utile. Quant au délire enfin, soit qu'il provienne d'une intoxication alcoolique antérieure, soit de diverses causes (infections, anémie cérébrale), les circonstances où le vin est nécessaire sont des plus nombreuses; et sans prétendre l'appliquer à tous les cas, ce qui serait un paradoxe dangereux, on peut dire que bien des délires cèdent plus facilement à l'usage qu'à l'abstinence du vin. »

« Le typhique qui reprend peu à peu possession de lui-même, le paludéen qui vient d'échapper à l'infection malarienne, le diphtérique récemment sauvé, le scarlatineux ou le varioleux affaiblis par leur fièvre éruptive, croient sentir, et ils ont raison, la force leur revenir à mesure qu'ils ingèrent le précieux nectar, et le pellagreux trouve par lui la guérison, même sans se soustraire aux causes toxiques et hygiéniques qui ont provoqué sa bizarre, mais inexorable maladie. »

Dr Jacques Bertillon : « Dans les régions où l'on consomme du vin, la *tuberculose* est moins répandue que dans les autres. »

Au-dessus de la limite de la culture de la vigne, le nombre des décès provenant de phtisie varie par an de 125 à 338 pour 100.000 habitants; dans l'Est, il varie de 114 à 178, alors que dans les autres régions situées au sud de la ligne, et où le vin est la boisson courante, il n'est que de 68 à 150. Le Dr Bertillon a calculé que si les habitants des 28 départements du nord de la France buvaient du vin dans la même proportion que ceux des départements du Centre et du Midi, ils n'auraient que 25.500 décès annuels par phtisie, au lieu de 42.190, soit un gain annuel de 16.500 vies humaines.

Le Dr Bertillon voudrait que, pour remédier à cette situation, on donnât intérêt aux débitants à débiter du vin et que l'on fît campagne pour engager les populations septentrionales à boire du vin. Il ne croit pas à l'efficacité des sanatoriums et autres moyens de guérison et estime que les mesures précitées, qui sont préventives, pourront seules enrayer le développement de la phtisie. (RAYMOND BRUNET.)

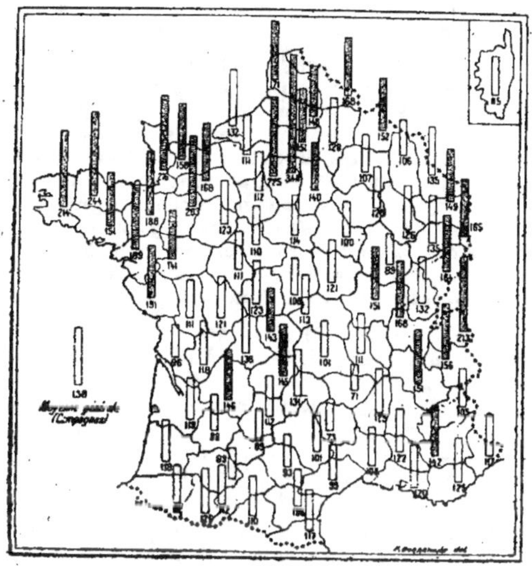

Tableau de la phtisie pulmonaire en France en 1907. (Décès en 1 an par 100.000 habitants. Campagne seulement).

V. — La consommation du vin est un moyen de lutte préventif contre l'alcoolisme.

Dr CHARRIN, professeur au Collège de France, à la Faculté de Médecine de Paris, médecin des hôpitaux de Paris :

« Le développement de l'alcoolisme a suivi une marche dont les allures ont paru aller à l'encontre de l'évolution de la crise phylloxérique, de la disparition des vignes : c'est que, pendant que la production du vin fléchissait, l'utilisation des liqueurs subissait un accroissement considérable.

« D'un autre côté, on est amené à reconnaître, par les statistiques dressées, en tenant compte de la consommation des boissons alcooliques, que cette consommation porte de préférence sur les départements de la Seine-Inférieure, de la Somme, de l'Aisne, de la Mayenne, de l'Eure, du Calvados, du Pas-de-Calais, du Finistère, du Nord, c'est-à-dire sur ceux qui ne produisent pas de vin. Les chiffres à cet égard ont leur éloquence; c'est ainsi que, pour la fabrication de l'absinthe, les quantités d'alcool employées, qui étaient, en 1881, de 25 hectolitres, ont atteint, en 1892, 129; d'autre part, en 1898, à Paris, on a vu la consommation du vin s'abaisser de 400.000 hectolitres, pendant qu'un supplément dans le débit absinthique venait malheureusement combler ce déficit. Du reste, sur les causes de ce déficit, les enquêtes médicales fournissent d'utiles renseignements. Des 41 malades composant, en 1899, une salle de l'hôpital Tenon (Le Gendre), 24 étaient alcooliques; de ces 24, 15 absorbaient quotidiennement des doses répétées de cette fameuse liqueur verte, jusqu'à 5 et 6 par jour : 9 en prenaient de temps en temps; aucun ne limitait sa consommation au vin pur.

« Une autre statistique plus importante livre des données analogues. Sur 639 personnes hospitalisées, 58 boivent uniquement du vin, 68 du vin associé à des liqueurs; 191 ajoutent de l'absinthe, et 322 font des mélanges de plusieurs prétendus apéritifs! Il n'existe plus guère que deux ou trois professions, les déménageurs, par exemple, demeurées fidèles au jus de la treille!

« En présence du flot montant de l'alcoolisme, il serait aisé de multiplier ces statistiques, grandes ou petites, mais les résultats varient peu. Sans doute, on décèle quelques nuances relatives au sexe ou à l'âge, bien que les femmes ou les enfants, comme nous l'avons vu, ne soient pas absolument indemnes; sans doute encore, quelques influences dépendent des professions; néanmoins, le coupable le plus habituel n'est pas le vin, qu'on charge pourtant si communément des péchés d'Israël! Lorsqu'en effet on examine les choses de près, sans parti pris, on reconnaît que le mal doit surtout être attribué à d'autres éléments. Il suffit, d'ailleurs, pour s'en convaincre, de comparer, au point de vue clinique, les troubles, aigus ou chroniques, provoqués par l'alcoolisme vinique rapprochés de ceux que cause l'intoxication par les liqueurs. »

Professeur Armand Gautier : « L'alcoolisme devient de jour en jour une plaie de notre civilisation, un véritable fléau de l'humanité! En Europe, en Amérique, en Australie, l'alcool est en train de faire disparaître des populations entières. Il menace plus particulièrement la race blanche. En France, la consommation de l'alcool s'élevait à 1 litre 46 par tête et par an en 1850; elle est montée à 3 litres 80 en 1899, à 4 litres 17 en 1904. Il est vrai qu'elle a depuis un peu baissé; elle tombait à 3 litres 33 en 1907. Mais à Paris, elle dépasse 7 litres par tête, en Hollande 9 litres, à Cherbourg 18 litres!

« Qui ne connaît les ravages de l'alcoolisme! Ils sont effrayants. Ne voulant que les indiquer ici en passant, je me borne à citer le cas suivant signalé à l'Académie de Médecine (14 mars 1907) par le Dr Brunon, des hôpitaux de Rouen : Une jeune fille de dix-neuf ans a un enfant; il est superbe. Elle se marie à un alcoolique; elle en a cinq enfants : le premier est rachitique, il marche sur des béquilles; le second est idiot; le troisième a une luxation congénitale de la hanche; le quatrième est normal; le cinquième est arrivé mort, avec quatre doigts à chaque main! Peut-on imaginer rien de plus probant et de plus triste! L'épouvantable fléau frappe le corps, l'esprit, l'être moral, la descendance.

« Devant ses menaces se sont créées un peu partout des Ligues de tempérance, mais elles dépassent la mesure pratique. En France, en Hollande, en Angleterre, en Suède, généralement partout leurs adhérents s'engagent à renoncer à toute boisson fermentée : ni alcool, ni vin, ni bière. L'eau, le thé et la camomille suffisent à ces adeptes d'une religion nouvelle! Mais allez faire accepter cette solution à nos ouvriers et leur demander, au nom d'intérêts généraux, indirects et lointains, de se priver d'un aliment qui leur procure momentanément une aide précieuse! Pourquoi, écrit avec raison le Dr Landouzy, professeur à la Faculté de Médecine de Paris, pourquoi ne pas user sagement d'une bouteille d'un bon vin naturel quand on peut y trouver le huitième environ de sa ration globale et à si bon marché?

« Mais ces ultra-tempérants se trompent encore pour une autre raison ; le vin, au point de vue des intérêts de la santé publique que compromet si fâcheusement l'alcoolisme, jouit d'un précieux avantage : les buveurs de vin ne sont pas des buveurs d'alcool. Dans les pays vinicoles, on trouve très peu d'alcooliques. En somme, à prix égal, le vin satisfait mieux l'instinct dont je disais plus haut la cause, qui pousse l'ouvrier vers les liqueurs fermentées. L'usage habituel du vin est presque partout exclusif de celui de l'alcool en nature. Les Sociétés de tempérance, celles du moins qui nous proposent l'eau claire et les tisanes, font donc fausse route, et le bon sens populaire ne les suit pas.

« En conseillant l'usage modéré du vin, de la bière et du cidre, nous pensons indiquer la solution satisfaisant le mieux cet instinct à peu près universel qui pousse les hommes à chercher dans les liqueurs fermentées un complément passager de vigueur et de résistance. La consommation raisonnable de ces boissons, du vin surtout, est le moyen le plus sûr de guérir la plaie saignante de l'alcoolisme qui ronge notre civilisation. Elle frappe l'Europe et l'Amérique. Puisque, à cette heure, toutes les nations se préoccupent de réglementer sévèrement la vente et la consommation des spiritueux, que nos économistes, nos philanthropes, nos médecins, tenant compte des faits et des nécessités inéluctables, demandent le dégrèvement et la libre circulation internationale du vin. »

Dr JACQUES BERTILLON : « L'étude statistique de la production des vins d'une part, et de la consommation de l'alcool d'autre part, montre qu'à chaque crise

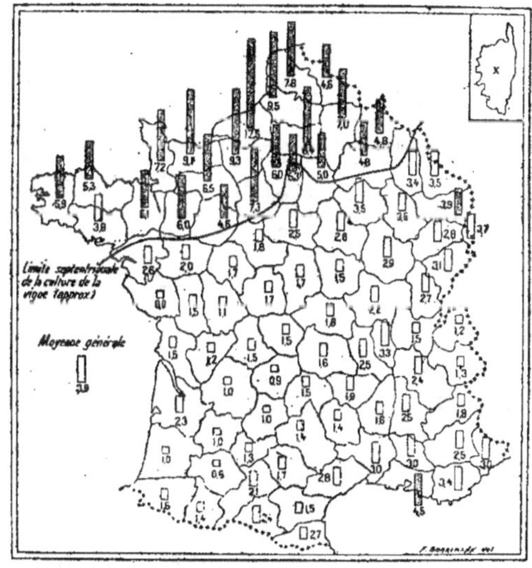

L'alcoolisme tenu en respect par la culture de la vigne.

Le chiffre marqué dans chaque département indique le nombre de litres d'alcool pur consommés par un habitant en 1906. La colonne a une hauteur proportionnelle à ce chiffre ; lorsqu'il dépasse la moyenne générale la colonne est ombrée.

viticole (oïdium (1851-1857); phylloxéra (1879-1892) correspond un accroissement de l'alcoolisation du pays. Les départements où le vin est la boisson habituelle consomment beaucoup moins d'alcool que ceux où le vin n'est pas de consommation courante. Les graphiques suivants montrent que les causes qui ont favorisé la consommation du vin (dégrèvement des boissons hygiéniques, droits sur l'alcool, production locale du vin) ont entraîné une réduction heureuse de la consommation de l'alcool et des fléaux qui en sont la conséquence.

« Les constatations irréfutables qui précèdent prouvent surabondamment

La Consommation des vins, les Droits d'Octroi et l'Alcoolisme.

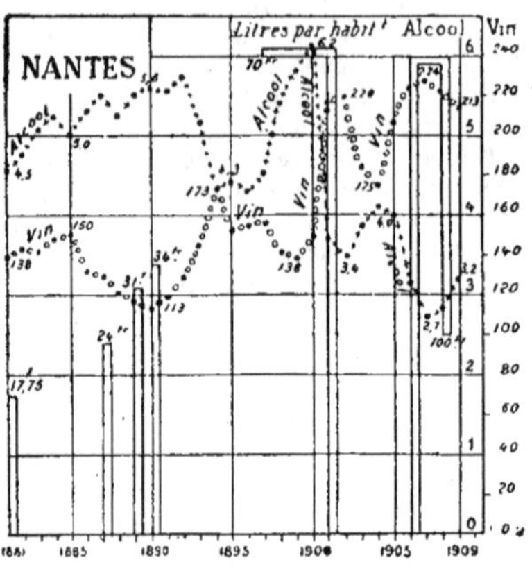

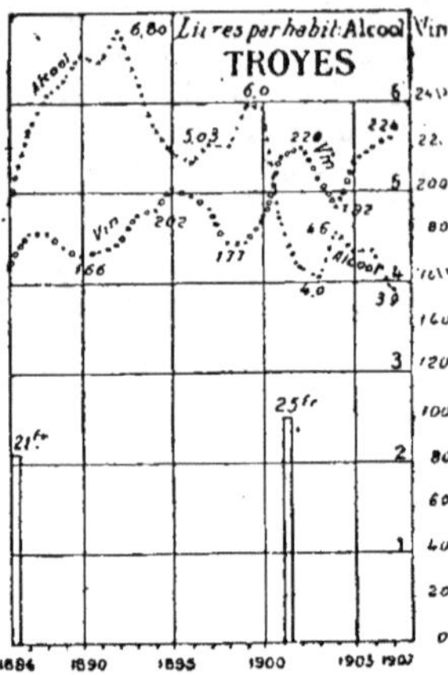

NANTES. — Droits d'octroi considérables depuis 1901 et 1906. L'alcool subit une chute considérable à chacune de ces deux dates.

En 1885-1890 la consommation de l'alcool augmente ; celle du vin diminue.

En 1862-1894 la consommation de l'alcool diminue ; celle du vin augmente.

En 1895-1900 la consommation de l'alcool augmente ; celle du vin diminue.

TROYES. — Litres d'alcool pur, litres de vin, par tête d'habitant en chaque année (indiquée au bas de la figure).

Les rectangles figurés en regard des années 1886 et 1901 représentent le tarif d'octroi pour un hectolitre d'alcool pur pendant ces années et les suivantes.

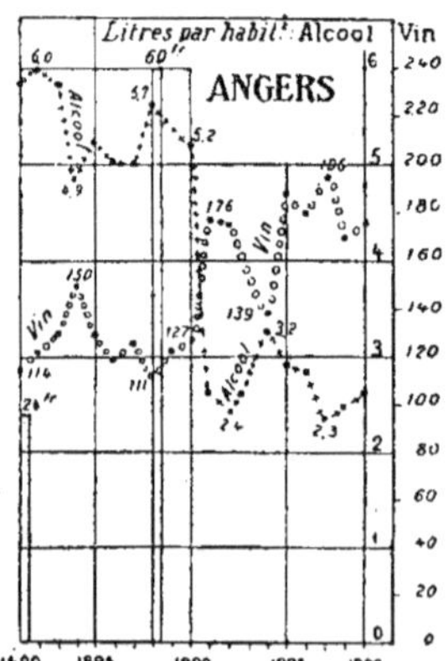

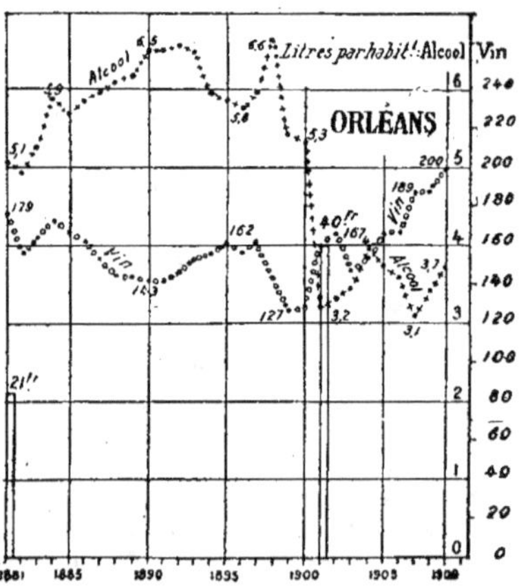

ANGERS. — La consommation de l'alcool depuis 1900 n'est plus que la moitié de ce qu'elle était antérieurement.

La consommation du vin augmente.

ORLEANS. — Forte buveuse d'alcool. La consommation se réduit presque de moitié depuis 1900.

La consommation du vin augmente.

que la consommation du vin peut être le meilleur remède préventif contre l'alcoolisme. On s'étonne que nos amis d'Amérique aient choisi une voie toute différente, qui les oblige à frapper très gravement, mortellement peut-être, nos grands vins de France, qui les auraient aidés dans leur lutte généreuse, s'ils avaient connu les faits que nous signalons et que nous résumons ainsi :

« Sur la carte de France, tirez une ligne qui suive le cours de la Loire, remonte vers Paris, descende un peu en Champagne et aille se perdre dans les Ardennes. Tout ce qui est au nord de cette ligne boit de six à douze litres d'alcool

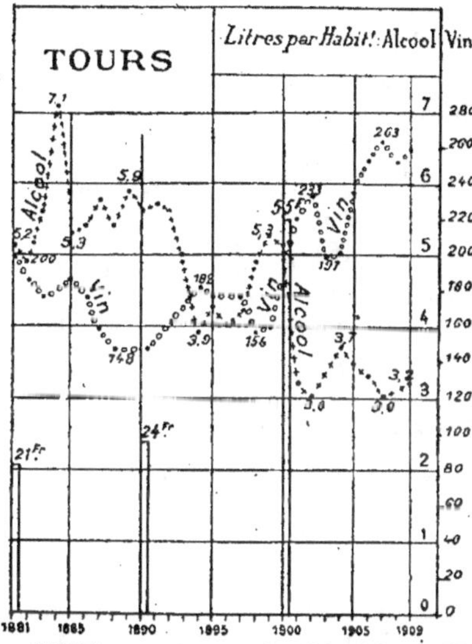

TOURS. — La consommation d'alcool depuis 1900
a sensiblement diminué.
La consommation du vin augmente.

pur par tête d'habitant et par an. Tout ce qui est au sud boit incomparablement moins (un litre ou deux au plus, par exemple).

« Cette ligne qui sépare la contrée saine de la contrée alcoolique n'est autre que la ligne de culture de la vigne. Les faits se traduisent donc ainsi :

« Dans les pays où la boisson populaire est le vin, on boit peu d'alcool. Dans tous les pays où la boisson populaire est le cidre ou la bière (ces deux régions sont séparées à peu près par le cours de la rivière la Somme), le vin ne suffit pas à satisfaire l'homme grossier : il lui faut quelque chose de plus corsé, et il boit de l'alcool.

« Donc, si l'on trouvait moyen de décider les Normands, Bretons, Picards et Flamands à prendre le goût du vin, ils n'éprouveraient pas le besoin d'y joindre de l'alcool. Ce serait un grand avantage.

« Entre autres bienfaits qui en résulteraient, se traduirait celui qui est exprimé par la carte qui nous représente la fréquence de la phtisie pulmonaire dans chaque département. Les pays qui boivent de l'alcool sont beaucoup plus sujets à cette terrible maladie que ceux qui boivent du vin.

« Ainsi, si l'on déterminait le nord de la France à boire du vin, et spécialement du vin rouge, on ferait d'un seul coup trois bonnes actions; on ferait plaisir aux viticulteurs du Midi; on guérirait les gens du Nord de la phtisie et on les protégerait contre tous les maux qui dérivent de l'alcoolisme (folie, suicide, divorce, coups de couteau, etc., etc.).

« Cela se retrouve jusque dans les détails : par exemple, l'Est de la France, où le vin blanc fait concurrence au vin rouge, boit plus d'alcool que le reste du pays. Il est aussi plus sujet à la tuberculose.

« Il ne suffit pas de cultiver la vigne pour être protégé contre l'alcoolisme : il faut surtout en boire la purée septembrale.

« Ainsi, le Cantal ne produit pas un seul litre de vin : le climat y est trop rude; mais la boisson populaire du Cantal est le vin, et il en résulte que les habitants en sont protégés, à la fois contre l'alcool et contre la phtisie. On pourrait multiplier les exemples sans fin.

« Nos amis d'Amérique devraient savoir cela; ils commencent à se rendre compte que ce n'est pas à coups de défenses, de prohibitions, de confiscations, d'amendes et de prison qu'ils parviendront à vaincre une passion aussi tenace.

« On a beau menacer du fouet un enfant récalcitrant, il trouvera moyen de recommencer. Ce qu'il faut, c'est lui ôter l'envie de mal faire.

« Les Américains veulent empêcher leurs concitoyens de boire de l'alcool : ils en boiront tout de même tant qu'ils auront envie d'en boire.

« Ce qu'il faut, c'est qu'ils n'en aient plus envie.

« Aucune prédication, aucune menace n'y peut parvenir. Il faut des moyens plus simples et plus efficaces.

« Dans l'hôpital où j'ai fait mes études, mes ivrognes d'infirmiers buvaient de l'alcool camphré, de l'alcool à brûler, en un mot les substances les plus répugnantes, plutôt que de se priver de leur vice favori.

« Il y avait beaucoup plus simple à faire, et nous venons de leur donner la bonne formule. C'est le vin, le bon vin qui constitue la plus solide fortification contre l'alcoolisme assaillant.

*
* *

« Ainsi donc, répandons largement l'usage du vin parmi les hommes; nous améliorerons leur santé et surtout nous diminuerons d'autant les fléaux qui ruinent l'humanité.

« C'est ce que les Américains n'ont pas encore compris. Ils recommencent l'expérience désastreuse des Scandinaves qui, pour avoir voulu trop bien faire, ont obtenu des résultats très mauvais.

« En Amérique, on fait ce que faisaient mes infirmiers, qui buvaient de l'alcool à brûler. Les Américains, à présent, boivent de l'alcool méthylique, c'est-à-dire le plus horrible poison qu'on puisse imaginer.

« Ils feraient bien mieux de boire tout simplement du vin, et particulièrement du vin français.

« Dr JACQUES BERTILLON. »

SECTION AMÉRICAINE

Président : M. le baron d'ANTHOUARD, Ministre de France, Vice-Président du Comité " France-Amérique ".

Secrétaire : M. G. CHABAUD, avocat à la Cour d'Appel, Secrétaire Général du Comité " France-Amérique".

Rapporteurs : MM. DASTOUS, Président de la Section Canadienne de la Chambre de Commerce britannique de Paris ;

Le baron d'ANTHOUARD ;

Jules LEFAIVRE, Ministre de France, Membre du Conseil de la Section France-Amérique latine du Comité "France-Amérique";

G. CHABAUD.

Bureau de la Section Américaine

M. le Baron d'Anthouard,
Ministre de France,
Président
de la Section Américaine.

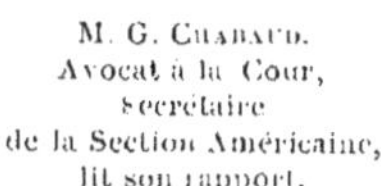

M. G. Chabaud,
Avocat à la Cour,
Secrétaire
de la Section Américaine,
lit son rapport.

Travaux de la Section Américaine

La section américaine s'est réunie, le mardi 14 mars, dans le grand amphi-théâtre de l'Institut scientifique d'Hygiène alimentaire, sous la présidence de M. le baron d'Anthouard, ministre de France, assisté de M. J.-H. Ricard, président de la Semaine Nationale du Vin, de M. Georges Chabaud, secrétaire de la section et de M. Dastous, rapporteur.

M. Dastous donne lecture de son rapport qui est accepté à l'unanimité, avec la rédaction suivante :

La Vente du Vin au Canada

SOMMAIRE : *Le régime des provinces « sèches » et des deux provinces « humides »: Québec et Vancouver. Comment les vins à destination de ces provinces sont achetés en France. Intervention gouvernementale.*

Dans le rapport dont l'élaboration m'a été confiée par MM. les organisateurs de la *Semaine nationale du vin*, je me suis attaché à développer la question telle que posée par le *Comité France-Amérique*, et que j'ai fait suivre de quelques considérations personnelles sur l'avenir du vin au Canada.

Vente des vins au Canada

D'abord, *la vente des vins au Canada* : les différentes provinces du Dominion n'ont pas encore publié de statistiques permettant de donner des chiffres exacts depuis que les lois concernant les liqueurs alcooliques sont opérantes. Toutefois, dans un récent banquet, le premier ministre de la province de Québec, qui, comme vous le savez, est une province humide, a pu déclarer que la Commission des liqueurs de Québec, pour sa première année d'opérations, escomptait un bénéfice de 4.000.000 de dollars, soit au cours du change à peu près 40.000.000 de francs.

Il est logique de conclure que la consommation des alcools, spiritueux, vins et bières dans cette province n'est pas le fait de ses seuls habitants. Limitrophe des Etats-Unis et de la province d'Ontario qui sont prohibitionnistes, Québec reçoit constamment de nombreux visiteurs qui ne sont pas encore réconciliés avec le régime de l'eau. Et puis il doit être difficile de rendre complètement étanches des frontières aussi étendues.

En ce qui concerne la **Colombie britannique**, qui, à l'instar de la province de Québec, a placé la vente de ses liqueurs alcooliques sous le contrôle de son Gouvernement, nous n'avons pas non plus de données précises, mais je suis persuadé que le contrefort des Montagnes Rocheuses n'est pas un obstacle à l'affluence des touristes assoiffés venant de l'Ouest canadien ou du Nord-Ouest des Etats-Unis.

Toutes les autres provinces sont prohibitionnistes et la consommation du vin y est forcément très limitée, car ce n'est que sur ordonnance du médecin qu'on peut obtenir la valeur d'une bouteille à la fois. Si à la consultation médicale, qui coûte deux dollars, doit s'ajouter le coût d'origine de la bouteille de vin, plus son transport, ses droits d'entrée et le bénéfice du revendeur, vous comprendrez qu'il faut être assez fortuné pour pouvoir se payer une bouteille de vin d'une façon régulière, même en cas de nécessité.

Régime des provinces sèches et des deux provinces humides. — Afin de mieux comprendre le régime qui préside à la vente des liqueurs alcooliques dans le Dominion, il est utile que l'on vous explique sa situation politique : en 1864, le Parlement canadien vota une Constitution nouvelle approuvée par l'Angleterre, et grâce à laquelle le Canada n'est pas inférieur aux Etats-Unis sous le rapport des libertés nationales.

Division politique du Canada

Le pays se divise en provinces et les provinces en comtés. Ceux-ci envoient en Chambre des députés dont les uns représentent les intérêts dudit comté au Parlement fédéral dont le siège est à Ottava, et les autres au Parlement provincial appelé Assemblée Législative et dont le siège est situé dans la capitale de chaque province respective. De là, vient que, tout en étant gouvernées par le Parlement fédéral en ce qui concerne les questions de politique générale, les provinces sont administrées par leur Assemblée Législative respective, lorsqu'il s'agit de questions de politique locale. Voilà pourquoi il s'en est suivi que certaines provinces ont été déclarées sèches alors que d'autres sont restées humides, tout en plaçant le commerce des liqueurs alcooliques sous le contrôle de leur Gouvernement, car d'après le décret dit *Canadian Temperance act,* le Parlement fédéral a concédé le droit aux provinces de légiférer elles-mêmes sur ces questions d'intérêt local.

Le Dominion comprend neuf provinces et deux territoires. De ces neuf provinces, deux sont sous le régime humide et toutes les autres, y compris les deux territoires, sont sous le régime sec. Les deux provinces humides sont la province de Québec, située à l'extrême Est du Canada et la province de la Colombie Britannique située à l'extrême Ouest, sur les bords de l'Océan Pacifique. Il faut nécessairement que les frontières des provinces ainsi enclavées soient bien imperméables pour que le trop-plein des provinces humides ne déborde pas, aussi les lois contre la contrebande et la fraude sont-elles excessivement sévères et les délinquants sont-ils punis avec la plus grande rigueur.

Régime de la province de Québec

C'est le 3 février 1921 que fut sanctionné par le Conseil législatif et l'Assemblée législative de Québec la loi concernant les liqueurs alcooliques de cette province, mais ce n'est que le 1er mai de la même année qu'elle fut mise en vigueur.

Il est intéressant de noter en passant que dans l'article 2 de ce décret il est spécifié que cette loi s'applique à toute la province, mais l'application en est suspendue dans toutes les municipalités où la loi de tempérance du Canada est en vigueur, ce qui revient à dire que certaines localités peuvent s'appliquer le régime sec même dans une province humide; ainsi Levis, ville assez importante située de l'autre côté du fleuve en face de Québec, est tout à fait « dry », tandis que cette dernière est aussi humide que le permettent les lois de la province dont elle est la capitale. Cependant, l'inverse n'est pas toléré, car dans Ontario, où la prohibition fut décrétée à la suite du referendum, certaines villes comme Toronto, bien que s'étant prononcées contre la prohibition, se sont vu appliquer le régime sec à l'instar de toutes les autres localités de cette province.

Définition du mot « vins »

Il est curieux de noter aussi que dans le décret le mot « vins » est ainsi défini : boissons alcooliques obtenues par la fermentation des éléments sucrés que les fruits (raisins, pommes, etc.) ou autres produits agricoles (miel, lait, etc.) contiennent à l'état naturel.

Commission

Une Commission composée de cinq membres fut créée sous le nom de Commission des Liqueurs de Québec, et constitue une corporation revêtue de tous les droits et pouvoirs appartenant en général aux corporations. C'est dans la cité de Montréal que la Commission a installé son bureau principal (une clause de la loi en décrète ainsi) et toutes commandes de liqueurs alcooliques doivent être faites par elle, et doivent porter la signature de trois de ses membres. Elle a un magasin et un entrepôt principal dans la métropole et des succursales de ce magasin et de cet entrepôt dans plusieurs centres importants.

Distribution

C'est par l'entremise de postes distributeurs que se fait à l'intérieur de la province la vente au public. Les articles 23 et 24 du décret indiquent qu'il est défendu de vendre ou livrer des alcools potables ou non potables, des vins et toutes autres liqueurs alcooliques, à l'exception de la bière. La Commission seule ou la personne qu'elle autorise à cet effet possède ce droit. La vente des alcools et des spiritueux est limitée à une bouteille par personne et par jour. La quantité de vin par personne n'est pas spécifiée.

J'attire votre attention sur l'article 40, que je me permets de citer en entier, car il contribue à appuyer les lois du Canada contre la fraude et la contrefaçon. Le voici textuellement :

Article 40

« Les bières ou vins embouteillés qu'une personne, munie d'un permis pour en vendre, se procure dans le but de les distribuer à ses clients où à ses hôtes doivent être, pendant qu'ils sont dans le local où cette personne exerce son commerce de liqueurs, gardés dans les bouteilles dans lesquelles ils lui ont été livrés. Tant que ces bouteilles portent la marque ou étiquette qu'elles portaient lors de leur livraison, il est défendu d'y mettre aucune autre liqueur, substance ou liquide, et ni le permissionnaire ni une personne agissant pour lui, après que la liqueur embouteillée dans une desdites bouteilles en a été retirée, ne peuvent remplir celle-ci, entièrement ou partiellement, en vue de fournir une liqueur, substance ou liquide à un client ou à un hôte.

« Ledit permissionnaire ne doit ni faire usage, ni permettre qu'il soit fait usage sur une bouteille dans laquelle des liqueurs sont gardées en vente dans son local, d'une marque ou étiquette n'indiquant pas avec précision et clarté la nature du contenu de cette bouteille, ou pouvant de quelque manière induire en erreur un client ou un hôte sur la nature, la composition ou la qualité de ce contenu.

« Ledit permissionnaire ni une autre personne ne doivent, pour aucune raison, mêler, permettre de mêler ou faire mêler une liqueur alcoolique qu'il n'est pas autorisé à vendre, avec une liqueur alcoolique que son permis l'autorise à vendre. »

Colombie britannique

Régime de la Colombie britannique. — La province de la Colombie britannique a sanctionné, le 2 avril 1921, la loi régissant la vente des liqueurs alcooliques sous le contrôle de son gouvernement. Au point de vue des restrictions qu'elle impose aux consommateurs, cette loi se rapproche de celle de la province de Québec. Elle spécifie que tous breuvages contenant 1 p. 100 d'alcool entrent dans la catégorie des liqueurs dites alcooliques.

Control Board

Le décret n'a pas prévu, comme dans la province de Québec, la création d'une commission d'achats. On a constitué tout simplement un bureau appelé : « Liquor Control Board » comprenant trois membres dont les fonctions relèvent du lieutenant-gouverneur en conseil. Ce dernier a le pouvoir de nommer un agent appelé : « Perchasing Agent », et dont le rôle est d'assister le « Control Board » en achetant, au nom du gouvernement, toutes les boissons alcooliques nécessaires à l'approvisionnement des magasins gouvernementaux.

Vendors

Le « Board » a le pouvoir de nommer des « vendors » salariés qui sont autorisés à émettre sur demande des permis individuels autorisant le titulaire à acheter des alcools, vins ou spiritueux, sous certaines conditions et en quantités limitées. De plus, des permis spéciaux sont consentis à des pharmaciens, médecins, dentistes et vétérinaires, les autorisant à vendre des boissons alcooliques pour des fins médicinales seulement.

Provinces sèches

Régime des provinces sèches. — Les provinces d'Ontario, capitale Toronto, du Nouveau-Brunswick, capitale Fredericton; de la Nouvelle-Ecosse, capitale Halifax; de l'île du Prince-Edouard, capitale Charlottetown; du Manitoba, capitale Winnipeg; de l'Alberta, capitale Edmonton; de la Saskatchawan, capitale Regina, ainsi que les territoires du Nord-Ouest et du Yukon sont sous le régime de la prohibition complète.

Province d'Ontario

C'est pendant la session législative de 1921 et à la suite du referendum que la province d'Ontario, la plus peuplée du Dominion, promulgua son décret prohibant et restreignant le commerce et l'usage des boissons alcooliques dans les limites de la province. C'est vers le mois de mars de la même année que le décret entra en vigueur et que la Commission racheta les stocks des Vendors existant à cette époque. Cette prohibition ne s'étend pas aux vins, spiritueux et alcools utilisés en thérapeutique médicale, dans l'industrie ou pour les besoins du culte. Les médecins et les dentistes peuvent prescrire à leurs clients une quantité de vin ne dépassant pas un litre à la fois et par personne (one quart).

Des licences sont octroyées par les bureaux de contrôle à des pharmaciens les autorisant à vendre sous ordonnances de médecins.

Spécialités pharmaceutiques

La clause 124 spécifie, en faveur des fabricants de spécialités pharmaceutiques, que si les pharmaciens, marchands ou sociétés faisant le commerce des spécialités pharmaceutiques livrent à la consommation un produit contenant une quantité suffisante de drogue pour en prévenir l'usage en tant que breuvage, ils sont autorisés à en faire le commerce libre.

Commission

La Commission d'achats de l'Ontario s'appelle « Provincial Board of Liquor Commissioners » et est composée de trois membres, dont l'un est président. Le siège de cette Commission est à Toronto. C'est elle qui nomme dans la cité de

Toronto et les autres centres de la province, des bureaux de distribution appelés :
« Sales Agencies ».

Les autres provinces sèches moins importantes ont calqué leur législation sur celle de l'Ontario, et je vous ferai grâce d'entrer dans les détails des différents décrets qui ont été promulgués, ce qui ne saurait d'ailleurs vous intéresser. Toutefois, dans la province d'Alberta, une plus grande latitude est donnée aux médecins, aux vétérinaires et aux dentistes. On peut obtenir assez facilement une ordonnance moyennant le prix de la consultation qui est fixée à 2 dollars 1/2. Vous comprendrez que dans ces conditions les consommateurs préfèrent se faire prescrire une bouteille d'alcool ou d'eau-de-vie de 12 onces qu'une bouteille de vin.

Quant aux provinces du Nouveau-Brunswick et de la Saskatchawan, elles se sont réservé le droit de placer le commerce et l'usage des vins et liqueurs sous le contrôle du gouvernement et on dit que celle-là a déjà même l'intention de légiférer dans le sens de la province de Québec. C'est le 17 avril 1919 que le Nouveau-Brunswick a promulgué le décret légiférant la vente des vins et alcools.

Comment les vins à destination du Canada sont achetés en France

Dans la *province de Québec*, la Commission des liqueurs a seule le droit de faire le commerce des alcools et des vins. C'est un monopole comme celui des allumettes et du tabac en France. Cette Commission n'a pas encore créé de bureau d'achats à Paris, mais elle y a créé un service de renseignements au n° 9, rue du Helder, sous la direction de M. Guibert. M. Guibert a pour mission de rechercher les vins conformes au goût des habitants de la province de Québec, à recevoir les offres que pourraient leur faire les maisons françaises, à trouver les meilleures sources et à soumettre à la Commission des liqueurs de Québec les échantillons et les prix. Ce bureau de renseignements a pour objet de faire une sélection et de permettre à la Commission des liqueurs de livrer aux consommateurs, non seulement les grands crus de France, mais des vins ordinaires de façon à vulgariser l'emploi des vins de table et d'en faire pour ainsi dire un breuvage national en le mettant, comme en France, à la portée de toutes les bourses. C'est donc à M. Guibert que tous ceux qui veulent vendre leurs vins au Canada doivent faire tout d'abord leurs propositions avant d'espérer recevoir des commandes directement.

Colombie britannique. — La Colombie britannique s'approvisionne différemment : l'article 47 du décret spécifie en effet que toute personne, engagée dans la province dans le commerce des liqueurs, a droit de vendre à l'agent du gouvernement. Vous pouvez donc vous adresser soit directement au Perchasing Agent du Liquor Control Board à Victoria, soit à des importateurs de Vancouver ou de Victoria.

Manitoba. — Au Manitoba, comme ce sont les Vendors nommés par le gouvernement qui contrôlent la vente des vins et alcools, c'est à eux qu'il faut s'adresser pour faire des propositions. Ceux-ci reçoivent leur nomination des mains du lieutenant-gouverneur en conseil et en vous adressant au gouvernement même à Winnipeg, vous pourrez obtenir les noms et adresses des différents Vendors de la province.

L'Alberta. — Dans la province de l'Alberta, un seul vendeur officiel est nommé par le lieutenant-gouverneur et vous devez adresser vos propositions de la façon suivante : « Public liquor vendor » gouvernement d'Alberta, Edmonton.

Dans la province de la Saskatchawan, vous devez adresser vos offres de la façon suivante : « Liquor commission of Saschatchawan, Regina, Canada ».

Dans la Nouvelle-Ecosse, veuillez faire vos offres directement à : « The Board of vendor commissioners of Nova Scotia, Halifax, Canada ».

Dans le Nouveau-Brunswick, c'est la même forme et c'est au « Liquor Board du Nouveau-Brunswick » à Saint-Jean, qu'il faut faire des offres de services.

Dans l'île du Prince Edouard, c'est au « Liquor Board of the Prince Edward Island à Charlottetown » qu'il faut s'adresser, mais ici je n'ai pas devers moi le texte du décret et je vous donne ces renseignements sous réserves. D'ailleurs, cette province maritime est très peu peuplée et j'ai lieu de croire qu'elle s'approvisionne soit à Saint-Jean, soit à Halifax.

L'avenir du vin au Canada

D'après les intéressantes remarques faites dernièrement par le premier ministre de la province de Québec, tout le monde a pu constater avec satisfaction que la première année d'exercice de la Commission des liqueurs de Québec semblait être très encourageante. D'un autre côté, les restrictions que comporte la loi sur la vente des liqueurs dans cette province devraient, dans une certaine mesure, réprimer les abus que causait l'usage des alcools, principalement lorsque la consommation en était illimitée et le commerce libre.

M. Guibert m'a annoncé que les autorités officielles ont constaté avec satisfaction que l'alcoolisme était en régression évidente dans cette province, ce qui augure bien pour la vitalité du régime.

Devant cette constatation et devant les résultats matériels acquis, vous pensez bien que les provinces sèches doivent observer attentivement et même avec envie la province de Québec qui a vu les touristes des Etats-Unis affluer sur son territoire la saison dernière. Déjà le Nouveau-Brunswick et la Nouvelle-Ecosse se sont émus, et ont l'intention d'adopter le même régime que la province de Québec.

Celles de nos provinces qui sont devenues tout à fait prohibitionnistes à la suite d'une propagande persistante et organisée, faite dans le Canada entier par les fervents apôtres du régime sec, se sentiront désavantagées et voudront faire pression, soit pour que les provinces humides deviennent prohibitionnistes totalement, soit pour qu'elles adoptent le même régime que Québec.

Gare à la propagande prohibitionniste !... elle va faire rage plus que jamais et comme le Nouveau-Brunswick annonce son intention d'évoluer dans un sens favorable au régime humide, elle agira pour ne pas perdre le terrain gagné.

Lors de la campagne qui s'est faite au Canada, surtout par la Dominion Alliance Cº avant que la majorité ne suive l'exemple des Etats-Unis, les anti-prohibitionnistes sont demeurés inactifs. On se demande quels auraient été les résultats des différents referendums, si les partisans du régime humide n'avaient pas pratiqué la politique des bras croisés et étaient entrés en lice en s'appuyant sur une propagande en faveur du vin.

Pourquoi les grandes maisons de Champagne, de Bordeaux, de Bourgogne, de Saumur, etc., ne se syndiquent-elles pas en vue d'entreprendre une campagne de presse discrète au Canada ? L'argent dépensé en publicité autrefois pourrait être réparti dans ce but pratique. Les arguments ne manquent pas : n'est-il pas prouvé que le vin est l'antidote de l'alcool. A Madagascar, l'alcoolisme est en régression depuis que seule la consommation du vin est permise.

Il faudrait éduquer l'opinion publique et faire admettre par les hygiénistes de là-bas que le vin est une boisson non seulement saine, mais tonique, moins dommageable à la santé que ces boissons sucrées et gazeuses employées couramment et qui, souvent, abîment l'estomac. Les médecins ne prescrivent-ils pas du vin aux cachectiques, aux anémiés ? Les pharmaciens l'associent au quinquina, à la peptone, à la pepsine, à la viande de bœuf, que sais-je enfin, et toutes les pharmacopées du monde le considèrent comme un excellent tonique.

J'ai lieu de croire que cette vulgarisation du vin au Canada entrera dans les vues de la Commission des liqueurs, qui verra d'un bon œil son emploi comme breuvage national. Il serait désirable que l'opinion publique se familiarisât avec la véritable définition du mot vin; qu'on ne le classifie pas avec les cidres ou avec les boissons fermentées de certains produits agricoles. Le jus de raisin frais fermenté semble également déclassé sous la rubrique : « Liqueur intoxiquante » (intoxicating liquor) qui le range au nombre des boissons enivrantes à l'instar du whiskey, du gin, du rhum et de l'eau-de-vie.

Votre propagande pourrait être instructive, elle ferait l'historique de la vigne dans les différentes régions de France. Elle démontrerait que le vin est un produit vivant possédant des qualités qui lui sont propres et dont les vertus thérapeutiques ont été reconnues par toutes les pharmacopées du monde.

Naturellement, loin de moi la pensée de discréditer, au profit du vin, les eaux-de-vie charentaises qui se distinguent par des qualités spéciales, des alcools de grains, et qui ont propagé partout la renommée des distillateurs français, mais je crois que ce serait une erreur de tactique que de les associer au vin, dans une campagne de propagande à l'heure actuelle.

Commençons d'abord par ceux-ci, et lorsque nous aurons atteint notre but, il sera temps de démontrer combien l'usage modéré des bons cognacs de France est loin d'être préjudiciable à la santé publique, au contraire. Nos médecins en prescrivent souvent l'usage à leurs malades et chez nous le cognac est non seulement une liqueur fine, mais il fait partie de la pharmacie des familles.

Pour en revenir à la question de propagande du vin, vous trouverez là-bas un terrain bien préparé : nos soldats, dans les plaines de Flandre et de Picardie, ont appris à aimer le vin à table. Dans la province d'Ontario, qui est pourtant prohibitionniste, l'usage des vins indigènes est permis et selon les termes de la clause 44, les viticulteurs peuvent les livrer à la consommation en quantités qui ne sont pas inférieures à cinq gallons, c'est-à-dire vingt litres, en petit tonnelet, et en bouteilles en quantité non inférieure à une douzaine à la fois.

Déjà des signes favorables apparaissent, qui semblent prouver que la prohibition perd du terrain au Canada.

Au début de ce mois de mars un journal anglais publie la note suivante :

« La prohibition ne semble pas faire grand progrès dans les provinces sèches du Canada. Le Gouvernement du Nouveau-Brunswick envisage une modification de la loi de prohibition et l'application d'un système de vente par les « Vendors » du Gouvernement des liqueurs en bouteilles cachetées, par un système calqué sur le régime en vigueur à Québec et dans la Colombie britannique. »

De plus, on apprend que la « Moderation League » fait du progrès au Manitoba et dans la Saskatchawan et il ne serait pas surprenant que dans un avenir prochain le Nouveau Brunswick et les quatre provinces de l'Ouest substituent la vente des liqueurs sous le contrôle du Gouvernement à la prohibition dite « **Bone dry** ».

Remarquons que la taxe sur la vente de la bière a rapporté au Trésor provincial de Québec la somme de 515.750 dollars, pour la période d'opérations du 1er mai au 31 décembre, et que les recettes de la Commission des liqueurs de Québec, ont été de 9.325.866 dollars avec des dépenses de gestion de 1.235.184 dollars.

Dans la même période de temps, on a constaté dans tout le Canada 580 infractions à la loi sur l'usage des stupéfiants.

En somme, nous avons dans le dominion du Canada en général, et dans la province de Québec en particulier, un excellent point d'appui pour vulgariser l'usage du vin dans l'Amérique septentrionale, et qui sait si une propagande intelligemment conduite, sous les auspices de vos syndicats viticoles et avec l'autorisation des autorité canadiennes, ne dépassera pas nos frontières et ne fera pas revenir les Américains des Etats-Unis sur une décision qui fut si désastreuse au commerce français. (*Vifs applaudissements.*)

M. le Président félicite M. Dastous de son remarquable exposé. La discussion du rapport de M. Dastous est réservée pour la fin de la séance.

M. le baron d'Anthouard donne lecture de son rapport, qui est adopté sans discussion.

La vente du Vin aux État-Unis

SOMMAIRE : *Comment l'opinion publique aux Etats-Unis envisage le régime sec existant. — Y a-t-il lieu de croire qu'une modification y sera apportée en ce qui concerne le vin ? — Quelles sont les fraudes au régime actuel ?*

Le Congrès des Etats-Unis de l'Amérique du Nord, dans sa 65° session, commencée le 3 décembre 1917, a adopté une résolution tendant à ajouter à la Constitution le 18° amendement suivant :

Un an après la ratification de cet article, la fabrication, la vente, le transport des liqueurs enivrantes, leur importation ou leur exportation seront interdits aux Etats-Unis et sur tout territoire soumis à leur juridiction.

Le Congrès et les Etats respectifs auront pouvoir pour faire exécuter cet article au moyen d'une législation appropriée.

Cet article ne sera opérant que s'il est ratifié comme amendement à la Constitution par les législatures des Etats, comme l'exige la Constitution, dans le délai de sept années à compter de la date à laquelle le Congrès l'aura soumis aux Etats.

Le 29 janvier 1919, cet article ayant été ratifié par 36 Etats, c'est-à-dire les trois quarts d'entre eux, proportion exigée par la Constitution, cet article devenait le 18° amendement à la Constitution.

Le régime « sec », comme on l'appelle, était étendu légalement à tous les Etats-Unis.

Son application a causé au commerce français des vins un préjudice annuel que l'on peut estimer à 20 milions de francs or au moins, d'après la moyenne des années 1914 à 1918. Encore certains renseignements venant de sources autorisées permettent-ils de l'évaluer à un chiffre sensiblement plus élevé.

Ce préjudice est-il définitif ou peut-il être réparé un jour ou l'autre ? Voilà la question que se posent nos viticulteurs et nos commerçants et à laquelle ce rapport vise à donner une réponse.

*
**

Le 18° amendement est un fait et nous devons le considérer comme tel, objectivement. Ses caractères sont donc à déterminer exactement, ensuite nous en calculerons les conséquences.

Mon devoir est de vous exposer ce fait et avec les documents recueillis, de vous le montrer sous son véritable aspect, de vous dire la vérité, en un mot. Je m'efforcerai de le remplir complètement.

Son origine est lointaine, on peut sans exagération en voir le point de départ

vers 1789, époque de la fondation de la première société américaine de tempérance. Cette société essaima peu à peu dans tous les Etats qui, les uns après les
autres, votèrent des lois pour enrayer l'abus de l'alcool dont les ravages s'exer-
çaient avec une gravité particulière chez les populations noires et indiennes.

Les sociétés de tempérance firent d'abord campagne pour modérer l'usage
des spiritueux, puis pour en proscrire l'usage, enfin, en 1869, naquit à Chicago
le parti prohibitionniste visant à obtenir la suppression totale des boissons
alcooliques par mesures législatives.

L'esprit qui les inspira dès le début, l'ardeur qui les anima et continue à les
lancer en avant, n'ont d'analogue que chez les croyants. C'est une Foi nouvelle
qui a surgi lentement mais dont la force s'est jusqu'ici montrée irrésistible, sous
l'influence des églises protestantes d'abord, puis de l'église catholique, enfin avec
l'appui des savants et des hommes d'affaires : la Foi dans la malfaisance sociale
de l'alcool, dans son action destructrice du sens moral et par là de la liberté, car
d'après les voix les plus autorisées, c'est au nom du respect de la liberté que les
tempérants ont déclaré la guerre à l'alcool qui, selon eux, détruit la liberté par
l'esclavage des passions.

« Le peuple américain, affirment-ils, croit à la liberté naturelle et personnelle de l'homme » et la prohibition de l'alcool est réellement « le seul moyen
d'obtenir la vraie liberté, c'est-à-dire le droit d'exercer les facultés dont nous
sommes doués : instinct de conservation, amour du foyer, travail ».

Voilà l'idée dominante et conductrice de la croisade prêchée dans le Nouveau
Monde et que ses apôtres ont la volonté bien arrêtée de lancer sur l'Ancien Monde.
C'est leur conception de la liberté qui les anime, et leur cri de Liberté! éveille
des échos puissants, des sympathies singulièrement agissantes sur la terre
classique de la démocratie.

Mais cette croisade ne tarda pas à se heurter aux forces coalisées des défenseurs
de l'alcool dont la puissance affirma sa prépondérance dans la politique durant
la première moitié du xixe siècle. Les Parlements des divers Etats la subissaient,
ainsi que les deux grands partis politiques républicains et démocrates. Elle
dominait les élections et le résultat fut un développement excessif des « saloons »,
débits, avec comme corollaire les maux engendrés par l'alcoolisme.

La réaction se produisit progressivement. En 1833, la première convention
nationale de tempérance se tenait à Philadelphie. En 1851, l'Etat du Maine, après
une campagne qui avait duré quatorze ans, prit l'initiative d'interdire sur tout
son territoire la consommation, la production, le commerce de toute boisson
alcoolique. Cette date est à retenir; elle marque le commencement des grandes
mesures législatives dont l'acte du 29 janvier 1919 est le couronnement.

Cependant la consommation des boissons enivrantes continuait d'augmenter :
annuellement et par tête, elle passait, de 1850 à 1917, de 4 gallons à 20, c'est-
à-dire de 18 litres à 90 litres. Elle donnait naissance à une puissante industrie
et à un commerce actif qui payaient au Trésor des taxes dont l'ensemble couvrait
le quart des dépenses du Gouvernement, et employaient plus d'un million
d'hommes.

Les adversaires de l'alcool ne se laissaient pas intimider, au contraire, ils
redoublaient d'énergie. En 1880, l'Etat du Kansas devenait prohibitionniste.
L'exemple était suivi, en 1899, par le North Dakota, en 1907, par l'Alabama, puis
par d'autres Etats. Les mesures restrictives se multipliaient dans toute l'Union.
Dès lors, les territoires « secs » gagnaient chaque année sur les territoires
« humides ».

On pense bien que cette conquête n'allait pas sans les plus vives résistances
de la part des producteurs et des consommateurs touchés dans leurs intérêts,
leurs habitudes ou leurs passions. Cette résistance revêtait toutes les formes

possibles, faisait appel à toutes les ressources de la justice, de la procédure, s'ingéniait à inventer les fraudes les plus subtiles, mais elle était vaincue pied à pied par le mouvement prohibitionniste qui enregistrait les succès les plus significatifs.

En 1915, le whisky et le brandy furent exclus de la pharmacopée officielle des Etats-Unis; en 1917, l'Association médicale américaine décidait de déconseiller l'usage de l'alcool comme agent thérapeutique.

Depuis 1870, les hommes d'affaires s'étaient peu à peu associés aux campagnes de tempérance pour des raisons pratiques. Les compagnies de chemins de fer furent les premières à recommander la sobriété à leurs employés, puis à leur interdire, dans certaines conditions, l'usage des boissons enivrantes. La société fraternelle des mécaniciens a imposé à ses membres l'abstinence totale.

Des sociétés de travailleurs refusent d'admettre les délégués des débitants de boissons.

Les compagnies d'assurance ont également adhéré au mouvement, car elles ont constaté que ses succès réagissaient effectivement sur les risques dont elles ont la charge.

Ainsi a-t-on vu depuis plusieurs années la question de l'antialcoolisme s'élargir; elle n'a plus été seulement du domaine moral, elle est devenue un des éléments importants du problème de la production; la résoudre d'après les données de l'expérience scientifique c'est augmenter les forces économiques du pays. Envisagée sous cet aspect elle avait partie gagnée dans l'esprit d'un peuple pratique comme les Américains.

En 1884, la Convention du parti démocratique adhère au mouvement en faveur de la tempérance; quatre ans plus tard, c'est le tour de son concurrent, le parti républicain.

La jurisprudence des tribunaux incline de plus en plus à renforcer dans la pratique la législation et la réglementation prohibitionniste. Enfin, les élus du peuple, sénateurs, députés, fonctionnaires, manifestent de plus en plus leur sympathie à l'égard du régime « sec ».

Les adversaires de la prohibition en contestent la légalité : les lois votées par les Etats, les règlements édictés par les municipalités ne sont-ils pas contraires à la Constitution? Aux Etats-Unis, les juridictions ont l'obligation de vérifier la constitutionnalité des lois et de se refuser à appliquer toute loi qu'elles jugent inconstitutionnelle. Les prohibitions de la fabrication et de la vente de l'alcool ne sont-elles pas contraires à la Constitution américaine qui garantit la liberté du commerce et de l'industrie? Non, répondirent les plus hauts magistrats du pays et dans des considérants catégoriques, ils refusèrent de reconnaître au citoyen américain le droit absolu d'user de boissons enivrantes, de les vendre, en raison des inconvénients graves qui peuvent en résulter pour la santé publique, la morale et la production nationale. « Il n'est pas vrai, déclare la Cour Suprême « des Etats-Unis, que le mal provenant de cet abus reste confiné à la personne « qui s'y livre... L'usage de l'alcool conduit à négliger son travail, à dissiper « son bien, à affecter gravement ainsi la situation de ceux qui dépendent de lui « et à répandre une démoralisation générale. »

Ces sentences marquent le point de départ des grands succès prohibitionnistes, car elles encouragèrent le zèle des tempérants. Ainsi furent obtenues les lois locales de prohibition dans 27 Etats sur 48 et des mesures restrictives plus ou moins étendues dans beaucoup d'autres Etats ainsi que dans un grand nombre de villes.

En 1876, les ligues antialcooliques croient pouvoir atteindre le but qu'elles visent. Elles font auprès du Congrès une démarche solennelle afin d'obtenir l'insertion de la prohibition dans la Constitution fédérale. Un amendement dans ce sens est présenté et est voté, en 1913, par une majorité qui n'atteint pas les 2/3 requis par les règlements; il est en conséquence écarté.

Présenté de nouveau en 1917, il recueille cette fois la majorité nécessaire qui, la chose est à noter, se compose par parties égales de membres des deux partis politiques. A la ratification par les Etats, il réunit l'unanimité sauf trois. La population des Etats favorables représente 95 o/o de la population totale de l'Union. Le 18e amendement à la Constitution est promulgué le 29 janvier 1919.

La prohibition ainsi édictée n'était donc pas un fait nouveau, d'origine récente. Non, elle n'était que la généralisation de mesures législatives dont les premières datent de soixante-dix ans et qui, dès 1915, touchaient 80 o/o du territoire des Etats-Unis et 65 o/o de la population totale. En réalité, le régime actuel n'est une innovation que pour 35 o/o de cette population.

Voilà donc déterminé un premier trait du caractère du régime « sec » national. C'est l'aboutissement d'un mouvement social remontant à près de cent quarante-cinq ans et qui a progressé successivement jusqu'à s'étendre enfin à toute l'Union.

Comme on le pense bien, un pareil mouvement ne s'est pas produit sans rencontrer les plus vives résistances. D'un côté des intérêts énormes, des passions ardentes réclamaient pour l'homme le droit d'user de la liberté à son entière convenance; de l'autre, des idéalistes animés d'un prosélytisme infatigable exigeaient la soumission de l'individu à un intérêt général, à un idéal supérieur.

En face des brasseurs, distillateurs, commerçants, débitants, soutenus par les consommateurs, se dressaient les tempérants. Si les premiers possédaient d'abord l'avantage de l'organiation et des capitaux, les seconds, qui n'avaient que la Foi dans leur cause, mais la Foi qui soulève les montagnes, ne tardèrent pas, eux aussi, à pouvoir lutter d'abord à armes égales, puis, ensuite, avec des moyens supérieurs.

Les brasseurs et distillateurs, avons-nous déjà dit, avaient acquis une puissance politique considérable. Au moment de l'entrée en guerre des Etats-Unis, ils furent l'objet de graves accusations. On alla jusqu'à prétendre qu'ils pactisaient avec les Allemands et servaient leur propagande. Le procureur général Palmer n'hésita pas à soutenir énergiquement ces accusations et les étaya de preuves impressionnantes.

Les tempérants avaient créé leur première société en 1789, elle groupait 200 fermiers de l'Etat du Connecticut. En 1830, ils comptaient environ 1.000 sociétés avec 100.000 membres. Cinq ans plus tard le nombre des associations dépassait 8.000.

Les Américains tempérants ont tenu le raisonnement suivant : nous avons un Gouvernement qui obéit à la majorité; aussi longtemps que la majorité des électeurs désirera que les « saloons » soient ouverts, il sera impossible de les fermer d'une façon permanente. Pour que la majorité comprenne la question de l'alcool et abandonne les vieilles idées fausses, il faut instruire le peuple. L'espoir de réformes durables repose donc dans l'enseignement antialcoolique à donner aux enfants. Et ils ont agi en conséquence.

Les femmes créèrent l'Association des Femmes chrétiennes pour la Tempérance, forte aujourd'hui de plus de 500.000 membres cotisants, et qui mena avec succès une campagne éducatrice avec l'appui des écoles et des églises.

Les adhérents des sociétés de tempérance s'engagent par serment à s'abstenir totalement de liqueurs fortes ou à n'en user que modérément. En cas d'infractions, il est prévu des sanctions morales et matérielles. Ces engagements étaient et sont encore tenus en honneur dans un grand nombre de familles.

« L'Anti-Saloon league » se constitua il y a plus de vingt-cinq ans. Composée d'hommes et de femmes de tous les partis politiques, elle s'étendit à tout le territoire de l'Union et intervint dans les élections, soutenant les candidats sans distinction de parti ni de nuance, à la condition qu'ils promissent de voter « sec ». Cette promesse devait être faite sous la foi du serment. Le rôle électoral de la Ligue fut considérable.

Auprès de ces deux grandes associations, bien d'autres se sont formées, puisque leur énumération remplit quarante pages de l'annuaire de l' « Anti-Saloon league ».

D'après M. Frédéric-W. Roman, collaborateur spécial du Bureau d'éducation des Etats-Unis dont le Comité France-Amérique a publié récemment un article remarquable, beaucoup de grandes sociétés et de syndicats ont pris nettement position contre la consommation des boissons enivrantes.

Ainsi se dégage le second trait-caractéristique du fait qui nous occupe : il est le fruit d'efforts persévérants menés par une partie de plus en plus importante de la population américaine; il est l'enjeu d'une lutte formidable entre deux adversaires extrêmement puissants qui n'ont reculé devant aucun sacrifice; les deux volontés qui se sont affrontées étaient d'une énergie peu commune. Enfin, créé d'abord sous l'influence d'une exaltation mystique pour obéir à des fins morales, il est soutenu aujourd'hui par des intérêts économiques de première importance que guident surtout la froide raison et un égoïsme bien compris.

*
* *

Voilà pour le passé.

Mais dans l'avenir, qu'est-il permis de conjecturer? Ici, nous pénétrons sur un terrain où la marche est singulièrement difficile, car demain n'est à personne. Toutefois, sans faire œuvre d'imagination, deux observations sont permises.

La première, nous l'avons déjà mise en évidence, c'est que le mouvement prohibitionniste s'est étendu d'un mouvement continu à tout le territoire de l'Union, surmontant tous les obstacles, brisant toutes les résistances.

La deuxième c'est que la généralisation de la prohibition par le 18ᵉ amendement à la Constitution a lésé des intérêts américains extrêmement importants, sans qu'il en soit résulté des difficultés économiques ou politiques sérieuses.

Ces intérêts, quelques chiffres vont en indiquer la valeur. En 1890, l'Association des Brasseurs aux Etats-Unis représentait un capital investi de 195 millions de dollars, soit, au cours de l'époque, près d'un milliard de francs or. En 1918, les recettes fiscales fédérales provenant des boissons ont été de 444 millions de dollars. Plus d'un million d'hommes vivaient du commerce ou de l'industrie des boissons. Il existait aux Etats-Unis, 1.092 brasseries, 236 distilleries, 131.000 débits de boissons; enfin, les vignobles de la Californie produisaient 42 millions de gallons de vin, soit près de 2 millions d'hectolitres.

En 1917, la consommation des Etats-Unis en alcool, vin et liqueurs fermentées était de 2.094 millions de gallons (soit 94 millions d'hectolitres). En 1919, elle était de 992 millions de gallons (soit 45 millions d'hectolitres).

Le vote du Congrès fédéral, ratifié par les Congrès de 45 Etats sur 48, a supprimé ces industries, ce commerce, elle a exproprié les propriétaires, privé de leurs emplois le personnel directeur et ouvrier sans aucune compensation. Les protestations qui se sont élevées, avec quelle violence, vous pouvez l'imaginer, n'ont eu aucun effet sur le Parlement ni sur le Gouvernement. Et les victimes n'ont eu d'autre parti à prendre que de s'adapter à la loi, ce que la plupart ont fait.

De ces deux observations il est permis, je crois, de conclure que jusqu'ici aucun signe d'affaiblissement dans le mouvement prohibitionniste n'apparaît et qu'en conséquence s'il est certain qu'il renferme comme toute création humaine des germes de mort, pratiquement pour les années que nous avons à envisager, nous n'avons pas de motif de croire à un recul des idées qui l'ont propagé et soutenu.

Mais, objectera-t-on, la loi est-elle appliquée sérieusement? Les fraudes ne sont-elles pas si nombreuses que le régime « sec » ne l'est qu'en apparence.

D'abord on conviendra que la suppression radicale et d'un trait de plume, sans indemnité, d'industries employant des centaines de millions de dollars et un personnel de plus d'un million d'hommes, est une mesure d'application qui dénote chez ceux qui l'ont décidée le courage et la volonté, de même qu'elle révèle chez ceux qui l'ont acceptée une profonde résignation devant l'inévitable.

Peut-être objectera-t-on que la facilité relative avec laquelle une expropriation de pareille envergure a été accomplie n'est qu'une apparence, en ce sens qu'elle indiquerait plutôt que la loi n'a pas été appliquée réellement et qu'en somme les intérêts en cause auraient été ainsi apaisés. Ce serait, je crois, une erreur.

D'abord s'il n'y a pas eu de crise grave cela ne signifie pas que la lutte entre les adversaires du régime « sec » d'une part, les partisans et les autorités d'autre part, se soit ralentie. Au contraire, elle se poursuit âprement, tous les témoignages à cet égard sont concordants et elle tourne toujours à l'avantage des prohibitionnistes. Déjà un grand nombre d'industriels et de commerçants en boissons ont transformé leur activité et ainsi ont fait acte de soumission; mais d'autres s'obstinent et fraudent.

Ces fraudes atteignent-elles une importance telle qu'on soit autorisé à penser que la loi soit en échec? La question est l'objet de très vives controverses, ne le dissimulons pas. Aussi convient-il de s'y arrêter un instant.

Au préalable disons tout de suite qu'au point de vue qui retient notre attention, c'est-à-dire celui du vin, le problème de la fraude ne nous touche que fort peu : les Américains boivent peu de vin — 0,41 gallon, soit litre 1,85 par tête en 1917; le peu qu'ils consomment est surtout de provenance américaine — en 1917, 37 millions et demi de gallons contre 5 millions d'importation étrangère. Ils sont avant tout consommateurs d'alcool et de bière en 1917, 19,5 gallons, soit près de 90 litres par tête.

En passant et sans ajouter plus d'importance qu'il ne convient aux statistiques, surtout dans une affaire comme celle qui nous occupe, constatons que, de 1917 à 1919, elles enregistrent une chute sensible de la consommation des boissons alcooliques : 2.094 millions de gallons à 992 millions, soit, par tête, 20,20 gallons à 9,34; en 1920, la consommation par tête est descendue à gallons 3,01. Ce sont les chiffres du département fédéral du commerce, qui naturellement ne visent que le commerce légal.

CONSOMMATION AUX ETATS-UNIS DES BOISSONS ALCOOLISEES
Statistique du Département fédéral du Commerce
(Gallon = 4 litres 1/2)

ANNÉES	PAR TÊTE		CONSOMMATION TOTALE DU VIN	
	TOUTES BOISSONS ALCOOLIQUES y compris le vin	VIN	INDIGÈNE	IMPORTÉ
1850	4,08	0,27	221,000	6,095,000
1881-1890	13,20	0,48	22,484,000	5,034,000
1911	22,81	0,67	56,655,000	7,204,000
1914	22,66	0,53	44,973,000	7,445,000
1915	19,99	0,33	27,256,090	5,656,000
1917	20,20	0,41	37,640,000	5,082,000
1918	16,18	0,49	48,264,000	3,333,000
1919	9,34	0,51	52,308,000	1,964,000
1920	3,01	0,12	12,565,000	152,000

Donc la fraude s'exerce sur une large échelle depuis que l'Union tout entière est « sèche », ce qui permet à quelques plaisants de prétendre qu'elle n'a jamais été si « humide ». La fraude a-t-elle jusqu'ici paralysé le mouvement d'extension du régime « sec ». Non, certainement et cependant Dieu sait si elle a été tenace et ingénieuse depuis qu'ont débuté, il y a près d'un siècle, les campagnes de tempérance et leurs résultats législatifs. Les appuis les plus hauts placés ne lui ont pas manqué et cependant elle n'a pu arrêter le mouvement. Si l'on en juge par le passé, il est permis de penser qu'il en sera de même aujourd'hui, car quelle que soit l'activité des fraudeurs il est difficile de prétendre que leurs produits seront aussi bon marché et aussi abondants que ceux du commerce légal; leur clientèle est singulièrement limitée et ce résultat n'est pas négligeable aux yeux des partisans du régime « sec ». Je me dispenserai de vous donner des détails sur cette fraude, car les journaux les ont reproduits abondamment; cette fraude est énorme, mais surtout à nos yeux européens et beaucoup moins suivant l'échelle des proportions américaines.

Le Gouvernement ne s'émeut pas outre mesure de cette fraude qu'il réprime d'ailleurs énergiquement. Il n'ignore pas les ressources dont elle dispose, mais l'expérience déjà ancienne des Etats au régime « sec », lui a appris qu'à la longue la plupart des consommateurs se lassent des efforts qu'ils font pour tourner la loi et finissent par s'y soumettre.

Les prohibitionnistes rencontreraient-ils des déceptions dans les résultats sociaux et moraux qu'ils escomptaient ? Leurs adversaires le prétendent et en concluent à l'inefficacité de la prohibition, donc à son abandon tôt ou tard. Nous n'alignerons pas ici les statistiques pour ou contre cette thèse; nous n'en avons ni le loisir ni le goût, car encore une fois c'est aux Américains à apprécier leur loi.

Ils répondent d'abord qu'il est un peu tôt pour ouvrir une pareille enquête trois ans à peine après la promulgation de la loi. Puis ils remarquent que les résultats des prohibitions partielles, dont certaines remontent à des dates déjà fort anciennes, ont été encourageants et en concluent naturellement qu'il n'y a pas de motifs pour penser qu'il en sera autrement de la prohibition générale. Le raisonnement est solide et ce qui importe avant tout, les plus hautes personnalités américaines y souscrivent; car à nos yeux, le meilleur argument en faveur de la loi est encore la sympathie que lui témoignent les hommes politiques. Eux qui professionnellement sont intéressés à scruter l'opinion publique, à en déterminer les tendances, à en pressentir les mouvements, à s'en faire les interprètes, ne cachent pas leur adhésion, quel que soit le parti auxquels ils appartiennent.

Le président des Etats-Unis, l'Hon. W.-G. Harding, immédiatement avant son élection déclarait :

« Dans chaque commune, les hommes et les femmes ont eu l'occasion de savoir ce que la prohibition signifie. Ils savent que sous le régime de la prohibition les dettes sont plus vite payées, les hommes rapportent à la maison le salaire qu'ils gaspillaient autrefois au cabaret, les familles sont mieux vêtues et mieux nourries, on dépose davantage à la caisse d'épargne. Le commerce de l'alcool était destructeur d'une grande partie de ce que la vie américaine avait de plus précieux. En présence d'une telle évidence, quel homme consciencieux voudrait se laisser influencer par ses désirs égoïstes jusqu'à voter le retour à l'état de choses ancien. »

Est-ce qu'une telle déclaration du sénateur Harding, à la veille de l'élection présidentielle, n'aurait pas été l'équivalent d'un suicide de sa fortune politique si la majorité du peuple des Etats-Unis avait été opposée à la prohibition ?

De très nombreux gouverneurs de province, députés, juges, maires, hauts fonctionnaires de chaque parti politique des Etats-Unis s'accordent pour se louer des avantages de la prohibition sur la santé publique, le bien-être, l'ordre, la prospérité, etc.

Citons, entre autres, ce que dit M. N.-E. Harris, gouverneur de l'Etat de Géorgie, au régime « sec » depuis onze ans.

« Les résultats de la prohibition dans cet Etat sont incalculables. Notre peuple est sobre, travailleur, prospère et dans d'excellentes conditions. Ceci s'applique aux blancs et aux noirs. »

Le Gouverneur de l'Etat de Colorado, prohibitionniste depuis cinq ans, M. Shoup, dit : « C'est un fait d'expérience que dans chaque Etat de l'Union américaine où la Prohibition a été adoptée, il y a eu diminution des cas d'ivresse et de tous les crimes qui en dépendent, la situation morale et matérielle du peuple a été grandement améliorée. »

M. Harry M. Daugherty, procureur général, chef de la Cour suprême des Etats-Unis, a dit, entre autres choses, le 31 août 1921, parlant au Congrès de la Société des Bars américains :

« La question de la limitation de la liberté individuelle est une question de philosophie politique non une question de loi..., chacun a le droit de penser ce qu'il lui plaît à ce sujet, mais quand le sentiment public s'est cristallisé sous forme de loi, le devoir des bons citoyens ne peut faire de doute. Ils peuvent douter de la sagesse de cette loi, mais ils n'ont qu'une seule alternative devant eux c'est de lui obéir.

« Si la loi paraît odieuse au peuple, il lui appartient de la faire rapporter. Jusqu'à ce qu'elle soit rapportée elle doit être observée et exécutée sans crainte et sans faiblesse.

« Le Gouvernement s'en tiendra fermement à l'application de la loi, ou il périra dans les sables mouvants de l'anarchie.

« Ceux qui ne croient pas en notre Gouvernement et dans l'application de nos lois n'ont qu'à aller dans un pays qui leur donnera leur liberté personnelle.

« Il convient de faire bon accueil à ceux qui abordent nos rivages pour profiter des avantages que l'Amérique leur offre. Mais nous devons les avertir de demeurer au large s'ils ont l'intention de ne pas observer nos coutumes, ou de ne pas obéir à nos lois.

« Mon devoir est clair, aussi longtemps que je serai responsable du ministère de la justice, la loi sera appliquée avec tout le pouvoir dont dispose le Gouvernement et auquel j'ai droit de faire appel. »

Dans l'Etat du Maine, doyen des Etats prohibitionnistes, le gouverneur élu, ne l'oublions pas, déclarait, en 1919, que jamais les idées de tempérance n'avaient été plus fortes.

Au Kansas, voici le télégramme qui fut envoyé, le 11 décembre 1919, par le Gouverneur et les plus hautes autorités, aux journaux de la Nouvelle-Zélande, au moment où en ce pays une loi sur les boissons était devant le Parlement.

La prohibition au Kansas est âgée de trente-huit ans. Il n'y a aucune tendance à rendre aux débits la liberté d'exister. Les lois sur la prohibition ne sont pas violées plus que les autres lois. Les hommes d'affaires et les banquiers sont unanimes à voir dans la prohibition de grands avantages. Toute la Cour suprême, les fonctionnaires, les associations ouvrières, les associations médicales, la presse, 95 o/o de la population adhèrent sans réserve à la prohibition. La législature soutient la prohibition et a ratifié la prohibition nationale à l'unanimité.

Au Mississipi, prohibitionniste depuis onze ans, le gouverneur, dans son rapport annuel, en 1919, faisait des déclarations analogues. D'après lui, la criminalité avait diminué sensiblement et la production s'était accrue.

Même note et mêmes déclarations officielles dans les Etats d'Oklahoma et de la Caroline du Nord, très anciens également dans le régime « sec ».

Et nous pourrions rapporter des attestations analogues du Tennessee, de la Virginie, de l'Arizona, du Colorado, de Washington, de l'Oregon, dont l'expérience date de cinq ans.

Dans ce dernier Etat, les rapports du gouverneur font ressortir, entre 1915 et 1919, les résultats suivants attribués à la prohibition : diminution de la criminalité, de la population des prisons, augmentation des dépôts dans les banques, diminution du paupérisme, augmentation de la fréquentation scolaire.

A ces arguments en faveur de l'efficacité de la prohibition et de la satisfaction qu'en éprouvent ceux qui l'ont votée, j'en ajouterai un singulièrement probant, on en conviendra.

La loi fédérale de prohibition avons-nous dit, a été votée par le Congrès à la forte majorité de plus des deux tiers des voix, exactement 282 voix contre 128, la dite majorité se partageant à peu près également entre les deux grands partis politiques, les démocrates et les républicains. Elle a été ensuite ratifiée par l'unanimité des Etats, sauf trois, mais il y a mieux : les 32 Etats déjà sous l'empire des lois locales de prohibition, en ayant par conséquent éprouvé les effets depuis plus ou moins longtemps, ont donné leur acceptation par l'unanimité des votants ou avec d'écrasantes majorités, comme il apparaît dans le tableau suivant :

VOTE DE LA PROHIBITION NATIONALE PAR LES ETATS

		DURÉE de l'expérience	MAJORITÉ	
			Sénat	Chambre
1	Maine	70 ans.	unanimité.	120 contre 22
2	Kansas	39 ans.	unanimité.	unanimité.
3	Dakota du Nord	30 ans.	43 contre 2	96 contre 10
4	Géorgie	11 ans.	34/2	129/24
5	Mississipi	Idem.	31/6	65/10
6	Caroline du Nord	Idem.	unanimité.	93/10
7	Oklahoma	Idem.	unanimité.	90/8
8	Tennessee	10 ans.	28/3	90/6
9	Virginie de l'Ouest	7 ans.	unanimité.	unanimité.
10	Arizona	5 ans.	unanimité.	29/3
11	Colorado	Idem.	29/1	63/2
12	Oregon	Idem.	unanimité.	53/3
13	Virginie	Idem.	32/5	93/3
14	Washington	Idem.	unanimité.	unanimité.
15	Alabama	4 ans.	23/11	64/34
16	Arkansas	Idem.	unanimité.	92/2
17	Idaho	Idem.	unanimité.	unanimité.
18	Iowa	Idem.	42/7	86/13
19	Caroline du Sud	Idem.	27/5	66/28
20	Michigan	3 ans.	unanimité.	88/3
21	Montana	Idem.	34/2	67/8
22	Nebraska	Idem.	unanimité.	unanimité.
23	Dakota du Sud	Idem.	unanimité.	unanimité.
24	Indiana	2 ans.	41/6	8/11
25	Utah	Idem.	unanimité.	unanimité.
26	Floride	1 an.	25/2	61/3
27	Nevada	Idem.	14/1	32/3
28	New Hampshire	Idem.	19/4	221/121
29	New Mexico	Idem.	12/4	45/1
30	Ohio	Idem.	20/12	84/29
31	Texas	Idem.	15/7	71/29
32	Wyoming	Idem.	unanimité.	unanimité.

Et voici mantenant les votes des 13 Etats qui n'étaient pas auparavant sous l'empire d'un régime « sec ».

		Sénat	Chambre
1	Kentucky	30 contre 8	84 contre 13
2	Maryland	18/7	58/36
3	Delaware	13/3	27/6
4	Massachusetts	27/12	145/91
5	Louisiane	21/20	60/51
6	Illinois	30/15	84/66
7	Californie	25/14	48/28
8	Missouri	22/10	104/36
9	Minnesota	48/11	96/32
10	Wisconsin	19/11	58/39
11	Vermont	renseignement manque	
12	New-York	27/24	81/66
13	Pensylvania	29/16	104/93

N'apparaît-il pas clairement que l'adhésion des Etats déjà prohibitionnistes a été plus énergique que celle des autres?

Après ces voix autorisées ne sommes-nous pas fondés à dire que l'application de la loi suit le cours normal résultant des contingences américaines et que jusqu'ici elle a plutôt renforcé la prohibition qu'elle ne l'a affaiblie.

Enfin, nous avons réservé pour la fin un argument qui, lui aussi, n'est pas sans valeur. Pour faire cesser les effets du 18° amendement à la Constitution, il faut une procédure législative non moins sévère que celle qu'a nécessitée son adoption. Or, rien ne permet de supposer que dans l'état de choses que nous pouvons envisager utilement, il y ait possibilité de succès pour une pareille tentative. C'est, encore une fois, l'opinion des personnes les plus qualifiées.

Nous sommes donc maintenant en état de noter chez le régime « sec » ce troisième trait de son caractère : jusqu'ici les résultats qu'il a donnés soit dans des applications partielles, soit dans son application générale, l'ont fortifié dans l'opinion américaine.

En présence d'un fait caractérisé de la sorte, quelle sera l'attitude des viticulteurs et négociants français qui voient disparaître pour longtemps un marché de leurs vins de l'importance que nous avons déjà chiffrée? Il ne semble pas qu'elle puisse être autre que l'adaptation aux conditions nouvelles imposées légalement en Amérique. Car, naturellement, nous n'avons pas à nous occuper ici des débouchés aléatoires qu'offre la fraude.

Et nous allons examiner de quelles manières cette adaptation peut être conçue.

*
* *

Actuellement, le régime « sec » est radical; il est sec comme un os, *bone dry*, suivant l'expression américaine, car il s'étend non seulement à toutes les boissons renfermant un volume d'alcool d'un demi pour cent, mais encore les tolérances accordées pour les besoins du culte et de la pharmacie ont été retirées aux importations étrangères, au moins jusqu'à nouvel ordre.

Il est permis cependant d'envisager qu'un moment viendra où cette rigueur fléchira. Sans que la prohibition soit supprimée, il n'est pas téméraire de croire que des tempéraments y seront apportés. Le pouvoir législatif est investi à cet égard d'un droit d'application dont il usera lorsque les circonstances l'y engageront. Voilà la porte ouverte à l'espérance.

Dans l'adaptation qui s'impose, il y a donc à examiner la conduite à tenir pour le présent et pour l'avenir.

Le présent commande aux importateurs qui s'intéressent au commerce local de n'introduire des produits de la vigne française que ceux qui ne renferment pas d'alcool. Ces produits existent, en faible quantité, il est vrai, mais les viti-culteurs et industriels français peuvent développer cette production en proportion des besoins de l'Amérique.

Ce serait sortir du cadre de cette étude que de passer en revue les ressources fort étendues qu'offrent à la consommation et par conséquent à l'industrie et au commerce, le raisin et son jus. Je me contenterai de rappeler très brièvement quelques faits, laissant aux spécialistes le soin de traiter un sujet aussi technique.

Il y a d'abord le jus de raisin non fermenté fixé par divers procédés. Ce « grape juice », comme on l'appelle, est de vente courante aux Etats-Unis, surtout depuis la prohibition. A ma connaissance, on en importe de France et de Suisse des quantités déjà importantes.

La consommation française elle-même y prend goût, notamment dans les milieux sportifs.

Le jus de raisin non fermenté, le moût, en un mot, est la matière première d'une assez grande variété de boissons, toujours non alcooliques. Jusqu'à ces derniers temps, les produits français, en raison de leurs qualités supérieures, étaient plus appréciés aux Etats-Unis que les produits d'autres origines et même que les produits indigènes.

Ce jus de raisin, traité comme il convient, donne des concentrés qui fournissent également une nouvelle gamme de produits susceptibles de servir aux usages les plus divers, puisqu'ils vont de l'alimentation à la pharmacie, aux industries de la parfumerie et des couleurs.

A la base de cette fabrication se trouve donc le jus concentré de raisin. M. Emile Barbet, industriel, ancien président de la Société des Ingénieurs civils de France, dans une étude très complète des débouchés nouveaux pour les fruits à boisson, a traité ce sujet de la façon la plus complète. Il a fait ressortir les avantages considérables que tirerait notre pays de l'emploi de nouvelles méthodes.

« Les jus concentrés à consistance de sirop, écrit-il, représentent la forme idéale pour la conservation, le magasinage, le transport indigène ou pour l'exportation, parce que sous cette forme-là, le commerce possède une matière première susceptible de se transformer de toutes les façons que l'on désire, selon les besoins du moment du marché. »

Il a fait ressortir les économies de magasinage, de manutention, de transport surtout qui peuvent être faites, économies dont l'intérêt touche aussi bien les particuliers que l'Etat à une époque comme la nôtre.

Parmi les applications de ces jus concentrés, il en a cité une qui nous ramène aux Etats-Unis.

« Devant l'interdiction absolue et brutale de faire fermenter leurs jus de raisin, les Californiens ont vite pris leurs résolutions : ils ont demandé aux fabricants de sucre, leurs voisins, d'utiliser leurs énormes appareils d'évaporation des jus de betterave pour faire la concentration des jus de raisin et ils ont envoyé tous ces sirops dans les régions peuplées de l'Est. Aujourd'hui, dans tous les hôtels et cafés de New-York ou de Philadelphie, on fournit aux consommateurs de petites topettes de sirop de raisin au prix de 20 cents, sirop qui se boit après dilution avec une eau gazeuse. »

Ce sirop californien n'est pas bien merveilleux pour plusieurs raisons et il sera facile en France de faire mieux avec nos cépages de choix. 100 millions de consommateurs américains ont été brusquement sevrés de vin, de whisky, de bière; voilà un énorme débouché pour les boissons saines et agréables qu'il est possible de tirer des jus concentrés. La Californie est la seule région viticole des Etats-Unis et sa distance de New-York est telle que les frais de transport par fer sont bien supérieurs au fret maritime depuis l'Europe.

J'ajouterai que ce jus de raisin concentré additionné de ferments spéciaux a permis à quelques familles américaines de fabriquer leur vin à domicile, à telle enseigne que les viticulteurs californiens ne suffisent plus à la demande depuis l'application du régime « sec ».

M. Bill, président de la Bourse des fruits, de Sacramento, a déclaré que les viticulteurs n'ont pas éprouvé la fameuse ruine financière qui leur était prédite du fait de la prohibition et il a ajouté : « Les viticulteurs vendent leurs raisins au même prix et même à des prix plus élevés que les années passées. Le fruit est vendu pour faire du jus de raisin et des vins sans alcool. L'industrie du raisin est en pleine prospérité. »

Du jus concentré, on tire aussi ce qu'on appelle le miel de raisin, susceptible d'être consommé pur ou employé dans la pâtisserie ou la confiserie.

Ce miel de raisin ayant la propriété de digérer les œufs, la viande, le sang offre une mine inépuisable de produits de régime.

Enfin, l'extrait de raisin retiré de la peau du fruit contient des ferments solubles, des vitamines agissant énergiquement sur les matières organiques.

Le Congrès antialcoolique de Lausanne, en septembre 1921, a entendu à ce sujet une communication des plus suggestives de l'ingénieur Monti, dont les découvertes ont attiré déjà l'attention, surtout hors de France, malheureusement, sur les innombrables dérivés sans alcool qui pouvaient être tirés du raisin et de son jus. D'après ce savant, et son opinion est confirmée par ailleurs, il y a un mouvement très significatif orienté dans ce sens en Italie, en Grèce, au Chili, en Californie où des industries se créent pour utiliser les résultats de recherches méthodiquement poursuivies par des laboratoires institués par des particuliers et subventionnés par l'Etat. Je crois qu'il serait prudent en France de suivre ces études et d'y participer sérieusement, afin d'éviter la surprise pénible de nous trouver un jour distancés par nos concurrents. J'ai entendu dire que pendant la guerre on a consommé chez nous du miel de raisin qui venait de Californie.

Enfin, pour clore cette rapide revue des produits de la vigne non alcoolisés, n'oublions pas le raisin conservé ou sec.

Ceci dit, en m'excusant d'avoir abordé ce sujet très spécial, qui est du domaine de la technique, je voudrais envisager les possibilités d'avenir aux Etats-Unis.

Le vin, ne nous le dissimulons pas, a affaire à de rudes adversaires. En effet, si l'alcool est visé surtout dans les mélanges à haute teneur, il n'est pas oublié dans les boissons qui n'en renferment qu'une faible quantité, la bière, par exemple. Ses adversaires estiment que sous cette forme en apparence anodine, il constitue un danger plus grand parce qu'insidieux; l'« Anti-Saloon League » a affirmé qu'aux Etats-Unis la question de l'alcoolisme était avant tout la question de la bière, cette boisson alcoolique étant la plus usitée. La bière ne renferme que 4 à 5 o/o d'alcool; peut-on concevoir que si une boisson indigène si peu alcoolisée est interdite, un vin étranger titrant de 10 à 15 o/o d'alcool sera permis ?

D'ailleurs, nous vendions surtout aux Etats-Unis des vins fins en bouteilles : bordeaux, bourgognes et champagnes, et il est difficile de supposer que la tolérance en alcool jouera dans leur cas. A tout le moins, conviendrait-il d'employer pour eux d'autres moyens. Et c'est ici qu'il me paraît opportun de se rappeler que la France est le pays qui a poussé le plus loin l'art de faire bonne chère, la gastronomie, en un mot. Les vins français sont un des éléments essentiels des fins repas et certaines conséquences découlent de ce fait, conséquences qui devraient dicter leur conduite aux intéressés, dans l'espèce, les viticulteurs et les négociants de nos grands crus.

Si nous quittons un instant cet art de bien manger pour en envisager d'autres, ne voyons-nous pas des exemples suggestifs ? La guerre a ouvert les yeux de l'opinion française sur un état de choses dénoncé depuis longtemps par tous les Français qui avaient vécu à l'étranger et y avaient eu la charge de soutenir nos intérêts. Dans les domaines artistiques, la France détient une primauté. Elle la doit à son génie particulier, à son milieu, à son histoire, mais encore faut-il que sa production soit appréciée au dehors, que le goût ne soit pas perverti à l'étranger, mieux encore, qu'il soit cultivé, affiné. Des concurrents étrangers se sont avisés, depuis pas mal d'années, qu'avec de l'habileté, de la méthode et de la ténacité, on pouvait parfois façonner le goût du consommateur au gré du producteur. L'humble soumission de chacun et de chacune aux modes nouvelles, lancées souvent en vue de fins commerciales, nous montre chaque jour jusqu'où l'on peut aller dans cette voie. A leur tour, les représentants de l'art français sous ses différentes manifestations : littérature, peinture, ameublement, architecture, etc., déplorant la diminution de leur clientèle extérieure et remontant des effets aux causes, ont découvert une des origines du mal dont ils souffraient. Ils l'ont attaqué résolument, ils ont entrepris de faire l'éducation du goût à l'étranger au lieu de l'abandonner au hasard et surtout aux mauvaises directions; à l'attitude passive, ils ont substitué l'attitude active, ils luttent aujourd'hui pour empêcher qu'un mercantilisme sans scrupule ne dégrade à son profit le désir des satisfactions que l'on demande aux différents arts. Ils se sont organisés et les premiers résultats les ont encouragés.

C'est une leçon à méditer par les producteurs français que l'art de la bonne chère intéresse. Qu'ils s'organisent pour apprendre aux étrangers qui ne l'ont point, le goût des grands vins français sans lesquels il n'y a pas de repas délicats et pour étendre cette clientèle de notre cuisine et de nos vignobles. Cette propagande ne sera certainement pas embarrassée pour démontrer irréfutablement que l'usage du vin ne conduit pas à l'alcoolisme, au contraire.

Je n'insisterai pas sur ce sujet, qui sera repris par d'autres rapporteurs; je voudrais simplement, m'autorisant d'une longue expérience, appuyer sur la nécessité de donner à cette propagande les moyens techniques les plus utiles et les plus puissants. Un industriel qui veut lancer un produit nouveau ou soutenir un produit ancien s'adresse pour ce faire à des spécialistes en publicité dont il n'hésite pas à payer les services très cher, parce qu'il sait combien la publicité est un art difficile qui exige de l'expérience, du savoir-faire et du tact. Que ceux à qui incombe la responsabilité de la propagande française à l'étranger agissent de même et ils en reconnaîtront bien vite les avantages. Malheureusement, ils ont trop souvent méconnu ces vérités et leurs choix ont mérité fréquemment cette critique, que nous avons entendue ailleurs : pour la propagande à l'étranger on a pris n'importe qui, on l'a envoyé n'importe où, pour faire n'importe quoi. Etonnez-vous ensuite que des personnes autorisées constatent unanimement que nous sommes mal connus à l'étranger, que la France est ignorée, quand elle n'est pas calomniée, que toutes les manifestations de son activité matérielle ou intellectuelle sont dénaturées, dépréciées ? A qui la faute ? Est-ce aux étrangers ? Non, car leur ignorance s'explique par notre insouciance et notre incurie ? C'est à nous de les instruire de ce qu'il importe qu'ils sachent sur la France et ses produits !

En organisant cette propagande sérieusement, on préparera l'exportation aux Etats-Unis pour l'époque que les circonstances rendront favorable et on développera une exportation intérieure qui pourrait bien compenser, et au delà, celle que nous avons perdue, je veux parler de la consommation en France, par des Américains, de nos grands vins. Ces ventes ont le même résultat que l'exportation; elles sont payées en or étranger. Elles ont lieu chez nous, personne ne peut les entraver. Il nous appartient d'agir en sorte qu'elles se multiplient. C'est un sujet qui sera traité par d'autres rapporteurs, je n'y insiste pas.

**

Ma conclusion est donc celle que vous conseillaient MM. Chéron et Ricard dans leur discours d'ouverture. Organisez-vous pour l'exportation. Dès à présent vendez à l'Amérique les produits non alcoolisés qu'autorisent les lois; préparez des campagnes de propagande : en Amérique, pour défendre le vin contre les reproches injustes dont il est accablé; en France, pour apprendre aux Américains qui viennent nous visiter à déguster, à apprécier nos vins, à s'en faire les champions dans leur pays.

Mais ne vous dissimulez pas l'importance de l'effort à accomplir. Je vous ai montré que vous aviez affaire à de rudes adversaires, puissamment armés. Attendez-vous d'ailleurs à ce qu'ils viennent prêcher leur croisade en Europe et même en France. Donc soyez forts, tenaces et organisés. (*Vifs applaudissements.*)

M. Ricard souligne l'intérêt des exposés qui viennent d'être faits et adresse aux rapporteurs les remerciements de l'Assemblée.

M. le comte B. de Mun pense qu'il convient d'entreprendre une action commune pour démontrer aux Etats-Unis qu'ils se sont trompés en édictant une mesure radicale de prohibition, qu'il faut distinguer les bons produits des mauvais produits et que la législation de protection que nous possédons permet de faire cette distinction. Une telle campagne permettra vraisemblablement de développer les licences et de conduire à une transaction. Elle pourra aussi détourner d'autres pays de la tentation d'imiter les Etats-Unis.

Pour l'entreprendre, il faut que tous les intéressés se groupent et apportent leur contribution. Il faut aussi lutter contre les derniers défenseurs de la thèse selon laquelle la vente des Portos français serait justifiable, information qui est colportée et exagérée à l'étranger et qui nous y nuit considérablement.

M. Barbet ne croit pas qu'on puisse, avec des paroles, amener les Américains à modifier le régime qu'ils ont adopté dans les conditions exposées par les rapporteurs. Il faut nous adapter à leur loi et tâcher de leur donner des boissons qui leur plaisent, jus non fermenté, etc., si nous ne voulons pas voir les étrangers nous supplanter sur ce terrain. Mais pour cela il faut organiser l'industrie de la vinification rationnelle.

M. Pierre Viala montre que la vinification **rationnelle**, telle que la préconise M. Barbet est très difficile à réaliser et que les tentatives faites avant la guerre ont toutes échoué. Elle risquerait de faire perdre à la France sa situation privilégiée de productrice de vins de grands crus inégalables.

Etant donnée l'heure tardive, cette discussion est interrompue et la suite reportée à la fin de la séance suivante.

La deuxième séance est ouverte à 14 heures, sous la présidence de M. le baron d'Anthouard.

M. le Président informe l'Assemblée que M. Guibert, contrôleur de la Commission des liqueurs de la province de Québec, a bien voulu accepter de venir fournir des indications sur le régime institué par cette province, ce dont il croit devoir le remercier très vivement au nom de l'Assemblée.

M. Guibert donne connaissance des nouvelles dispositions qui viennent d'être adoptées par la province de Québec et d'après lesquelles :

1° Tous restaurants, hôtels ou autres marchands de victuailles ont obtenu des permis pour vendre du vin;

2° Aucune bouteille ne sera vendue par la Commission autrement que scellée, ce qui constituera une garantie d'origine (amendement à la loi du 3 février 1921).

M. Guibert tient à rendre hommage à l'honorable M. Simart, président de la Commission des liqueurs de Québec, qui l'a nommé à l'effet de vulgariser les vins français au Canada.

M. Simart pense que pour bien combattre l'alcool il faut boire du vin. Les dernières statistiques ont d'ailleurs montré que l'alcoolisme était en régression là où l'on boit du vin.

La Commission des liqueurs a dû, pour commencer, racheter les stocks des importateurs ne vendant que certaines marques et la Commission se propose, au contraire, d'ouvrir le marché canadien à tous les bons vins français et de demander à cet effet le concours du Gouvernement français.

Il se propose également, en faisant des achats directs aux producteurs de supprimer les intermédiaires de façon à vendre le vin à des prix qui le rendent plus facilement accessible à toutes les bourses.

M. Guibert est chargé des achats dans de nombreux pays. Il a ouvert un bureau, 9, rue du Helder. Il doit faire une sélection parmi les vins et demande qu'on lui envoie des tarifs établis franco bord. Muni de ces tarifs, il étudie, compare et fait venir des échantillons. Il demande qu'on lui envoie trois échantillons en indiquant sur la bouteille le degré alcoolique et la quantité disponible en chais. Après dégustation, il demande des demi-bouteilles scellées et signées du producteur des vins sur lesquels il a cru pouvoir porter son choix.

Ces bouteilles envoyées à Montréal y seront dégustées par cinq personnes (viticulteur et négociants). La commande sera passée par cette Commission probablement à M. Guibert. Elle devra être livrée à un des deux centres : Montréal ou Québec. A ce moment, le paiement sera fait par câble sur Paris et il faut compter dans un délai de trente jours environ. Cependant, pour les bonnes maisons qui l'accepteront très vraisemblablement, la Commission se propose de ne payer qu'après comparaison entre les marchandises reçues et les échantillons qui auront servi à faire la commande.

M. Guibert fait ressortir que le système employé par la province de Québec supprimera les frais de publicité et que la meilleure réclame résultera du fait de la vente, car les bouteilles seront vendues avec la marque de la maison qui les aura livrées et probablement aussi avec une marque de la Commission.

M. Robin fait des réserves en ce qui concerne la compétence de la Commission et les conditions douanières imposées au vin au Canada.

M. Martin demande quelles sont les quantités approximatives de vins que la Commission estime devoir importer.

M. Guibert répond qu'il est très difficile de donner des indications sur ce point. En effet, on ne peut se référer à ce qui se passait auparavant, car les importateurs qui n'étaient guère qu'au nombre de vingt-cinq, vendaient à l'ensemble du Canada et également à l'Amérique. A l'heure actuelle le système de la province de Québec ne vise que les importations dans cette province. M. Guibert croit pouvoir indiquer seulement qu'il a été prévu de 100 à 200 millions de francs d'achats.

M. Ricard. Les achats s'adresseront-ils à toutes les catégories de vins?

M. Guibert. D'ores et déjà il existe des goûts canadiens. C'est ainsi que l'Anjou est peu connu au Canada, mais le but de la Commission est de faire l'éducation du pays et de généraliser la consommation des divers vins de France.

Des questions sont ensuite posées par divers orateurs qui demandent si la Commission acceptera des vins en fûts et si elle dispose des chais nécessaires.

M. Guibert répond que la Commission acceptera, en effet, des vins en fûts qui seront mis en bouteilles par les services que la Commission a créés à cet effet. Il indique qu'elle a aménagé des chais spéciaux, notamment dans les locaux de l'ancienne prison. Il indique d'ailleurs que l'organisation en est à ses débuts et que, par conséquent, tout ne peut être absolument au point immédiatement, mais que tout a été prévu pour un fonctionnement aussi parfait que possible.

M. Viallon, au nom de l'agence canadienne de publicité que dirigent MM. Lefrançois et Fontaine, fait connaître que la presse canadienne reproduira très volontiers toutes les communications qui pourront lui être faites de nature à faire connaître les vins français et à en propager l'usage. Il a le regret de constater que, malheureusement, on ne lui fait jamais de telles communications.

M. le baron d'Anthouard et M. Ricard remercient M. Guibert ainsi que M. Viallon. Ils insistent sur la nécessité de s'organiser pour profiter du système qui a été établi par le Gouvernement de la province de Québec et qu'il ne nous appartient pas de discuter. Il faut féliciter chaleureusement ladite province de Québec d'avoir pris l'initiative qui offre un débouché à nos vins en Amérique et qui, il faut l'espérer, constituera un exemple pour les autres provinces et pour les Etats-Unis eux-mêmes.

M. Henriot montre, chiffres en mains, que, rien que pour la Champagne, les conséquences de la prohibition se traduisent par une diminution de trafic atteignant près de 20 millions de francs or.

M. le baron d'Anthouard informe l'Assemblée que M. J. Lefaivre, ministre de France, se trouvant malade, ne peut assister à la réunion et il donne la parole à M. Chabaud pour la lecture du rapport de M. J. Lefaivre qui est adopté, après observations de MM. Viala et Dupeyrat, avec la rédaction suivante .

La Vente du Vin en Amérique Latine

1re Partie: Les rivaux du vin français; la production du vin indigène.

De toutes les parties du monde, l'Amérique du Sud est probablement celle qui est appelée à prendre, au xxᵉ siècle, le développement le plus brillant. Si le xixᵉ siècle a vu l'essor prodigieux de l'Amérique du Nord, le xxᵉ siècle verra sans doute l'apothéose de l'Amérique du Sud, et, par elle, la revanche de la race latine dans le monde.

L'Europe latine n'a jamais connu rien d'analogue au développement soudain de villes immenses et superbes comme Rio de Janeiro, Buenos-Aires, Montevideo. Malheureusement pour elle, l'Europe n'a pas non plus connu une ère de paix comme celle dont jouit, depuis un siècle, cet heureux continent, ni des relations internationales aussi cordiales, aussi fraternelles que celles de ces vingt républiques entre elles.

Dans ce magnifique essor de l'Amérique latine vers ses hautes destinées, que les moins clairvoyants peuvent aujourd'hui prévoir, la France, tout au moins par son influence morale, a joué un rôle prépondérant. Parmi ces vingt républiques, diverses par la race, par le climat, par le sol, un trait commun se révèle partout à nos yeux : les sympathies hautement avouées pour la France, le respect pour sa personnalité morale et le rôle qu'elle joue dans le monde. Ces sympathies, nous devons le reconnaître, s'expriment et se manifestent surtout dans l'élite intellectuelle et parmi les classes éclairées de chaque pays. Que de fois, nous les avons entendu proclamer en une sorte d'acte de foi ! « En ce pays, nous « disait-on, nous aimons tous la France, nous nous reconnaissons ses fils intel- « lectuels. La France est la grande et généreuse nation qui nous a révélé les

« voies les plus sublimes de l'humanité. Son flambeau nous a guidés, il y a un
« siècle, vers l'affranchissement et la liberté. Aujourd'hui encore, nous nous
« efforçons de la suivre, nous la prenons pour modèle, nous nous déclarons ses
« disciples. »

On retrouvera la même pensée répétée, en termes presque identiques, tantôt
par un Président de République, ou un Ministre d'Etat, ou un simple citoyen.
C'est ainsi que, le 30 septembre dernier, le Président de la République de l'Uruguay, recevant en audience solennelle le général Mangin, envoyé en ambassade
extraordinaire à Montevideo, lui faisait les déclarations suivantes :

« L'Uruguay est le fils spirituel de la France ! Les dogmes de la Révolution
« ont enflammé les âmes de nos ancêtres d'amour pour la liberté. Vos savants,
« vos écrivains, vos artistes, vos historiens ont donné à l'esprit de notre peuple
« la sève dont il se nourrit. Notre sol même a été fécondé par le sang français,
« généreusement versé pour cette patrie nouvelle, avec un héroïque désinté-
« ressement. »

Il semble qu'en des pays où la France bénéficie de sympathies si hautement,
si noblement exprimées, où elle jouit d'un si grand prestige, elle devrait également exercer une action économique correspondante, équivalente à son patronage
intellectuel et moral. Il n'en est rien, ou, du moins, il s'en faut de beaucoup.
Au lieu de paraître au premier rang par son commerce, comme il semblerait
naturel, la France ne figure dans les statistiques d'importation qu'après d'autres
puissances européennes ou américaines, le plus souvent après la Grande-Bretagne, les Etats-Unis, parfois la Belgique. Et cependant les Américains du Sud
ne visent nullement à s'affranchir de notre marché et souhaitent, au contraire,
voir se développer nos importations en leurs pays. Se voyant obligés, et pour
longtemps encore, de recourir aux importations de l'étranger, de l'Europe notamment, ils donneraient volontiers la préférence à nos produits: leur goût naturel
les y pousse. Mais, trop souvent, nos produits sont absents de leurs marchés
lorsqu'on souhaiterait les y voir.

On ne saurait assimiler le commerce d'exportation des vins français à celui
de nos autres produits. Ce commerce offre assurément un caractère tout à fait
spécial, non seulement en raison de son importance pour nos plus belles provinces, mais aussi parce que le vin français est essentiellement représentatif de
la culture française, du génie de notre race. De plus, le commerce du vin français
non seulement marche de pair avec celui d'autres produits français, mais le
précède, le détermine. Ce commerce nous inspire une légitime fierté. D'autres
pays peuvent offrir, comme nous, des tissus, des draps, des velours. Mais nul
autre ne peut offrir l'équivalent du Chambertin, du Château-Laffitte, du Château-
Yquem.

Aussi le commerce de nos vins a-t-il été, de tout temps, l'objet de la sollicitude du Gouvernement. Nous ne doutons pas que, dans les circonstances difficiles que traverse aujourd'hui notre commerce extérieur, le Gouvernement ne
s'efforce de soutenir, comme elle le mérite, cette branche si importante de nos
exportations.

La guerre, en paralysant nos exportations par mer, a porté un coup fatal
à notre commerce de vins en Amérique du Sud. Privés de nos arrivages de vins
français, nos clients habituels se sont tournés vers les vins indigènes, ceux du
Chili et de l'Argentine surtout. Les vins espagnols, portugais, italiens ont
également bénéficié, dans une certaine mesure, de la paralysie de notre commerce. De tout temps d'ailleurs, ces vins ont fait l'objet d'un commerce important vers l'Amérique du Sud : les vins italiens s'expédient à Buenos-Aires et en
Argentine où vivent des centaines de milliers d'Italiens, fidèles aux vins de leur
pays d'origine. Les vins portugais, en vertu d'une tradition séculaire, vont à

Rio et au Brésil, dont la population, en grande partie portugaise, conserve des attaches historiques et puissantes avec la mère patrie. Les vins espagnols s'exportent en Argentine, en Uruguay, au Brésil, et, comme il est naturel, partout où se rencontrent des immigrants espagnols, anciens ou nouveaux. Mais les rivaux les plus redoutables de nos vins sont assurément ceux du Chili et de l'Argentine et les autres boissons nationales dont la consommation s'accroît en même temps que la population. Examinons les dangers auxquels nous exposent ces redoutables rivaux de nos vins.

Latine par la langue, l'Amérique du Sud est généralement aussi regardée comme latine par sa population. On dit, avec raison, que Buenos-Aires est la plus grande cité latine du monde après Paris. Il est exact que les éléments des populations sud-américaines avec lesquels nous sommes le plus fréquemment en relation, en contact par le commerce, se rattachent étroitement à la race latine. Il est même probable que dans des villes telles que Buenos-Aires, Montevideo, la population est plus purement latine qu'en France.

Mais en étudiant la question de plus près, on reconnaît en Amérique du Sud de nombreux éléments allogènes, indiens, noirs, qui représentent même la majorité dans certains pays. Si, dans l'ensemble, les Espagnols, les Portugais ont su imposer aux populations de ces vastes contrées leur langue, leur religion, les formes extérieures de leur civilisation, les éléments autochtones sont restés fidèles, dans une certaine mesure, aux mœurs de leurs ancêtres.

Aussi l'usage du vin est-il loin d'être général parmi les habitants de l'Amérique du Sud et c'est justement parmi les populations les plus latines ou latinisées que son usage est le plus répandu. Dans une grande ville comme Buenos-Aires, Montevideo, Rio, on verra, au cours d'un dîner, nos meilleurs crus figurer selon la même ordonnance qu'à Paris. Mais au Pérou, la boisson populaire est la « chicha », breuvage fermenté, préparé par les femmes indiennes, avec des grains de maïs. Au Mexique, on boit, dans le peuple principalement, mais aussi dans toutes les classes de la société, le « pulque », boisson analogue au cidre mousseux, résultant de la fermentation de l'agave.

Partout où l'on cultive la canne à sucre (Brésil, Guyanes, Antilles), le rhum et le tafia sont produits en abondance. Mentionnons encore le pisco ou eau-de-vie du Pérou.

Ainsi l'Amérique du Sud produit, dès à présent, des quantités importantes de boissons fermentées ou distillées, et cette production s'accroît rapidement. Nous parlerons plus loin des vins et des vignobles de l'Argentine, du Chili, de l'Uruguay, du Rio Grande do Sul.

Depuis une vingtaine d'années, la consommation de la bière s'est développée d'une manière extraordinaire en Argentine, au Brésil, en Uruguay, au Chili. On voit à Rio, à Buenos-Aires, à Montevideo, à Santiago, à Valdivia et en diverses autres villes, d'immenses brasseries admirablement organisées, pourvues de l'outillage le plus moderne, fabriquant des bières comparables aux meilleures d'Europe, parfois même supérieures. La consommation croissante de la bière porte, naturellement, grand préjudice à celle du vin. Elle s'est développée sous l'influence et sous la direction des Allemands résidant dans ces trois Etats. A Rio, et surtout à Buenos-Aires, la « Brasserie », de style allemand, où la bière est débitée au verre, tend à concurrencer et même à se substituer au « café ».

Nous ne parlons là que des établissements de ce nom, ouverts au public, dans le centre de ces grandes villes. Car, malgré tout, la véritable boisson nationale du Brésil, c'est le café. Il est naturel que le Brésil, principal producteur du café dans le monde, en soit aussi l'un des premiers consommateurs.

A côté du café, le « maté » joue un rôle important au Brésil, dans le Sud principalement, et domine partout dans le peuple, en Argentine, au Paraguay et en Uruguay. On sait que le maté ou « yerba mate » est la feuille d'un arbre du Paraguay que l'on torréfie et pulvérise. On en fait, comme du thé de Chine, dont il rappelle l'arome et les propriétés, des infusions chaudes et sucrées. C'est la boisson que dans tout le sud du continent, à la campagne et dans les villes, on consomme du matin au soir, sans qu'il résulte d'ailleurs, même de son abus, aucun inconvénient pour l'organisme.

Par ce rapide aperçu, on voit que les vins français ont à lutter, dans l'Amérique du Sud, contre des adversaires fort redoutables. S'ils ne sont pas sujets, comme dans l'Amérique du Nord, à des prohibitions, ils ont pour rivaux, selon les pays, les vins indigènes, la bière, le café, le maté, la chicha, le pulque, le rhum.

Ainsi, dans toute l'Amérique latine, l'homme du peuple n'est pas un client pour nos vins. On ne peut compter comme consommateurs de vins que les populations purement latines ou fortement latinisées. Or ce sont justement celles qui habitent les pays producteurs de vins. Le péon, l'ouvrier de la ville ou de la campagne en Argentine, en Uruguay, au Chili veut boire du vin rouge. Il veut en boire largement et que ce vin soit rude et lui râcle le gosier. Les vins du pays lui conviennent à cet égard parfaitement. Par contre, dans les classes supérieures de la Société, partout où s'exerce notre influence morale, nos vins sont recherchés et forment l'accompagnement obligé des fêtes, banquets, dîners, réunions. On en fait usage, mais avec modération et non d'une manière habituelle, car l'homme bien élevé de race espagnole ou portugaise est sobre. Sa boisson habituelle aux repas est l'eau pure. L'ivresse, en ces pays, est considérée comme la pire dégradation. Elle est extrêmement rare, presque inconnue. Aussi les Gouvernements n'auront-ils jamais de tendance à y établir les prohibitions du régime sec, comme en Amérique du Nord.

Le goût dont témoignent les classes supérieures de l'Amérique latine pour nos vins est l'une des manifestations de leur goût pour la culture française. Les milieux où l'on boit nos vins sont aussi ceux où l'on parle notre langue, où nos livres sont lus, où l'on suit nos modes, ceux, en un mot, où notre influence morale est la plus grande. On peut dire qu'il y a quelque chose de littéraire dans le goût des Sud-Américains pour les vins de France. A ce titre, le champagne règne en maître souverain. Il est l'inspirateur de tous les discours, de tous les toasts en ces pays où fleurit l'éloquence la plus abondante, où l'on a le culte de la parole majestueuse et sonore, où presque tout homme est un orateur.

Toutefois, à côté de nos grandes marques de Champagne, on trouve, sur les rives du Rio de la Plata, bien des marques de vins mousseux inconnues chez nous et qui, néanmoins, se vendent avantageusement. Cela tient à ce qu'elles sont bien lancées dans le public par des réclames habiles.

En tout état de cause, nos crus ne seront jamais appelés à figurer journellement sur les tables bourgeoises en Amérique du Sud. Ceci est la conséquence des mœurs essentiellement patriarcales et familiales de ce continent. On n'y donne pas de dîners chez soi: la maison est comme le sanctuaire inviolable de la famille; elle s'ouvre rarement aux visiteurs, aux étrangers; on n'est guère invité à dîner dans les maisons particulières; les repas se prennent toujours en famille. Les dîners priés, sur invitations, sont dénommés « banquets », et ont lieu dans les grands restaurants ou hôtels. Ils sont donnés, fréquemment d'ailleurs, à l'occasion de quelque circonstance politique, de fêtes ou d'anniversaires. Il résulte de là que les hôtels et restaurants sont, pour nos vins, nos meilleurs clients.

***

Les pays producteurs de vin, en Amérique du Sud, sont par ordre d'importance : l'Argentine, avec une production annuelle de 5 millions d'hectolitres, le Chili, avec une production de 4 millions, puis avec une production bien moindre, l'Uruguay, le Rio Grande do Sul (Brésil), enfin le Pérou.

Pour la qualité, les vins du *Chili* sont au premier rang. Les vignobles du Chili s'étendent parallèlement à la côte du Pacifique, du nord au sud, de Huasco à Valdivia, sur une longueur de plus de 1.000 kilomètres. La culture de la vigne fut introduite au Chili dès les premières années de· la conquête du pays par les Espagnols. Elle débuta dans la vallée de Huasco (province d'Atacama) par des pieds de muscat. Les cépages français ne s'acclimatèrent qu'au milieu du xixᵉ siècle. Mais on les cultive maintenant dans tous les districts viticoles, et surtout dans la grande vallée centrale du Chili, qui, de Santiago, s'étend vers le sud, entre les grandes Andes et la chaîne cotière. Les vins récoltés dans cette magnifique contrée, dont le climat rappelle celui des plus belles parties de l'Europe méridionale, sont les meilleurs de toute l'Amérique et se rapprochent, à certains égards, de nos vins ordinaires. Les uns rappellent nos Bourgognes rouges, d'autres nos Bordeaux blancs, mais de loin, et sans jamais les égaler. En général, ce sont des vins forts. Les vignes, qui appartiennent le plus souvent à de très grands propriétaires, sont parfaitement cultivées, d'après les méthodes bordelaises les plus perfectionnées.

Pour atteindre ce résultat, les propriétaires ne reculent devant aucun sacrifice et font venir de France les maîtres vignerons les plus experts.

On conçoit, dans ces conditions, que nos exportations de vins au Chili ne soient pas considérables. Elles ne s'élevaient, en 1919 (vins et liqueurs réunis) qu'à 1.583.086 piastres (1 piastre : 1 fr. 875), représentant 274.224 litres.

Mais le plus inquiétant pour nous, ce sont les efforts faits par le Chili pour développer l'exportation de ses vins vers l'Equateur, la Bolivie, la Colombie, l'Amérique centrale, Cuba, l'Uruguay, le Brésil. Ces efforts paraissent couronnés de succès. Ajoutons qu'au début de 1921, le·Chili a majoré de 100 o/o les droits d'entrée sur les vins étrangers. Le Gouvernement français a protesté contre ce relèvement de droits et menacé le Chili de représailles en cas d'augmentation nouvelle.

Outre le vin, on produit au Chili un vin doux très estimé, nommé « chicha » qui n'a d'analogue que le nom avec la « 'chicha » du Pérou, préparée au moyen du maïs. Dans les régions du Sud du pays, on prépare du cidre de pommes nommé « chicha de manzana ».

· La production de vin de l'*Argentine* paraît encore supérieure, en quantité, à celle du Chili. En 1981, elle était de 4.529.830 hectolitres; en 1919, de 4.698.189 hectolitres; en 1920, de 5.137.665 hectolitres.

Les vignobles argentins sont situés principalement dans la région de Mendoza et dans la région voisine de Sàn Juan, au pied des plus hauts sommets des Andes, sous la même latitude que Santiago, Buenos-Aires et Montevideo. Le climat y est favorable à la vigne, mais plus sec que dans ces trois capitales. On remédie à l'insuffisance des pluies par un système d'irrigation très complet et très bien combiné, qui emprunte l'eau des torrents qui descendent des montagnes voisines.

Comme au Chili, les vignobles de Mendoza appartiennent en général à des grands propriétaires et sont parfaitement cultivés.

Ainsi, les plus beaux, les plus importants vignobles de l'Amérique du Sud se trouvent groupés sur les deux versants du plus haut massif montagneux de tout le continent. Exposés, ceux de l'Argentine au levant, ceux du Chili au couchant, ils sont dominés, tous deux, par les cîmes suprêmes des Andes qui atteignent, dans cette région des altitudes himalayennes. Une faible distance sépare les vignobles des deux versants, 150 kilomètres environ, à vol d'oiseau. Mais cette distance représente l'épaisseur de la formidable muraille des Andes, hérissée dans cette région de pics de 6.000 et 7.000 mètres d'altitude. La cime suprême du massif, l'Aconcagua, se dresse à 7.500 mètres ; un pic voisin, le Mercedario, a plus de 7.000 mètres. Grâce au chemin de fer transandin, le voyageur qui a vu l'aurore éclairer les vignobles argentins autour de Mendoza, peut, au coucher du soleil, admirer les vignobles du Chili sur l'autre versant, en arrivant à Santiago.

On voit que les vignobles argentins et chiliens sont situés sous un ciel merveilleux, au milieu des paysages les plus grandioses.

Des neiges éternelles de ces altitudes suprêmes descendent des torrents qui permettent d'irriguer les vignes sur le versant Atlantique comme sur le versant Pacifique. Mais le versant chilien, plus favorisé, bénéficie, en outre, de pluies, sinon fréquentes, du moins suffisantes, tandis que le versant argentin souffre de la sécheresse.

Aussi les vins de l'Argentine n'égalent-ils pas, en qualité, ceux du Chili. Les vignobles de la région de Mendoza et de San Juan sont, comme ceux du Chili, parfaitement cultivés et appartiennent à des sociétés ou à des grands propriétaires. On y prépare des vins des genres les plus variés, analogues tantôt aux vins italiens, tantôt aux vins espagnols, ou se rapprochant de certains types du Midi de la France et de l'Algérie.

Il n'est pas surprenant que, dans ces conditions, le marché argentin se ferme de plus en plus à nos importations de vins. Avant la guerre, la France était l'un des principaux fournisseurs de l'Argentine, surtout pour les vins fins ; mais pendant la guerre, le marché s'est peu à peu fermé pour nous parce que nous ne pouvions plus l'alimenter. Le Gouvernement français a même acheté, au cours de la guerre, d'importantes quantités de vins à Mendoza, pour le ravitaillement de nos troupes au front. La France a donc perdu la situation prépondérante qu'elle occupait et il semble qu'il lui sera bien difficile de la récupérer. Non seulement le consommateur s'est habitué de plus en plus à boire les vins de son pays, mais, ces mêmes vins, fabriqués d'après les méthodes perfectionnées, sont vendus sous les dénominations classiques de : Médoc, Chablis, Sauternes. Le consommateur, jouet d'une illusion parfois complète, trouve que les vins argentins sont les égaux des nôtres et se détourne de nos marques vendues à des prix supérieurs. Les chiffres suivants (1) font ressortir la diminution des importations, en Argentine, de vins étrangers :

Importation en 1895............................ 234.423 barriques
Importation en 1914............................ 110.140 barriques
Importation en 1920............................ 23.031 barriques

Ainsi, en vingt-cinq ans, l'importation des vins en barriques est tombée au dixième de ce qu'elle était. D'ailleurs, sur cette importation de 23.031 barriques, en 1920, la part de la France était assez faible, car ce chiffre se décompose comme il suit :

3.856 barriques de vins français.
2.720 barriques de vins espagnols.
16.455 barriques de vins italiens.

---

(1) Chiffres donnés par le Syndicat du commerce en gros des vins et spiritueux de la Gironde. D'après d'autres statistiques que nous reproduisons plus loin, la chute de nos importations serait encore plus grave.

La marche décroissante de l'importation de vins étrangers en caisses (autres que les vins mousseux) est aussi à noter :

Importation en 1913................... 29.463 douzaines de bouteilles.
Importation en 1920................... 17.339 douzaines de bouteilles.

L'importation de 1920 se décomposait comme il suit :

7.992 douzaines de bouteilles de vins français.
2.845 douzaines de bouteilles de vins italiens.
3.582 douzaines de bouteilles de vins espagnols.
  714 douzaines de bouteilles de vins portugais.
2.206 douzaines de bouteilles de vins chiliens.

Par contre, l'exportation des vins argentins s'est grandement accrue en quelques années :

1911 .... 3.500 litres.
1914 .... 206.500 litres.
1917 .... 341.000 litres.
1918 .... 516.000 litres.

La République Argentine n'a pas adhéré à la Convention de Madrid sur la répression des fausses indications de provenance.

Deux projets de loi, ayant pour objet la répression de ces fraudes, ont été élaborés par les députés Raffo de Leta et Lencinas. Il est vivement à désirer qu'ils soient adoptés par le Parlement argentin, car la protection des appellations d'origine est absolument nécessaire à nos exportations vers ce pays.

L'*Uruguay* se range après l'Argentine et le Chili pour la production du vin, mais à une grande distance en arrière. Le climat et le sol y sont très favorables à la culture de la vigne. Mais jusqu'à ces derniers temps l'élevage (race bovine et race ovine) était tellement rémunérateur que les possesseurs du sol n'avaient aucune tendance à se livrer à une autre industrie et que tout le pays était en pâturages. Quelques grands propriétaires seulement avaient planté des vignobles dans la région de Montevideo. Le succès a été tel que ces cultures se développent rapidement. L'Uruguay produit assez de vin pour la consommation populaire. Seuls nos vins fins entrent en quantité appréciable dans le pays. Les vins rouges de l'Uruguay sont d'ailleurs, en général, de qualité ordinaire et forts. Quelques crus blancs font exception et rappellent nos bordeaux.

Au *Brésil*, la culture de la vigne commence à se développer dans l'Etat de Rio Grande do Sul sur le versant des montagnes situées au nord de Porto Allegre. Caxias est le centre de ces cultures qui produisent, dit-on, des vins excellents mais encore peu connus. Au point de vue économique, elles représentent un facteur négligeable, au moins à l'heure actuelle.

Le *Pérou* est également producteur de vins, inférieurs aux nôtres en qualité, mais très buvables et d'une consommation courante dans le pays. Grâce au climat très tempéré dont jouit la côte péruvienne, la vigne prospère partout où le sol est convenablement irrigué. Aux environs mêmes de Lima, on produit des vins doux blancs et rouges, rappelant notre Frontignan. Mais la région vinicole par excellence du pays se trouve vers Pisco. On y produit cependant plus d'eau-de-vie que de vin.

En résumé, depuis un certain nombre d'années, nos importations de vins en Amérique du Sud ont diminué dans des proportions désastreuses dans presque tous les Etats. Il est vrai que tous ces Etats souffrent en ce moment d'une crise économique qui n'est pas moins profonde que la nôtre et qui, dans certaines régions, la dépasse en gravité. De l'aveu général, dans toute l'Amérique du Sud, les achats sont paralysés.

Mais cette stagnation générale n'est pas la seule cause qui affecte nos impor
tations de vins vers l'Amérique latine. De tout temps, nos vins ont eu à supporter,
à l'entrée dans ces Etats, des droits de douane fort élevés. Toutes nos importations d'objets fabriqués sont, de même, soumises à des taxes très lourdes. Les
recettes en douane représentent en effet pour la plupart de ces jeunes Républiques
la partie fondamentale de l'assiette du budget. Ainsi c'est par nécessité et
nullement par mauvaise volonté à notre égard que nos vins sont si lourdement
taxés.

De plus, par l'effet de la baisse de notre change, ces droits, déjà lourds par
eux-mêmes, se sont trouvés majorés, à certains moments même presque doublés
depuis cinq ans. Le dollar américain qui, avant la guerre, cotait 5 fr. 25, vaut
aujourd'hui 12 francs. Par suite, la piastre argentine, la piastre uruguay, dont
les fluctuations suivent toujours de près celles du dollar, ont monté dans des
proportions analogues par rapport à notre franc. (Montevideo 1 piastre
or — 8 fr. 40, Buenos-Aires, 1 peso or — 9 francs, 1 peso papier — 3 fr. 95,
Valparaiso 1 peso — 1 fr. 16, Rio de Janeiro 1 mil reis — 1 fr. 50.)

En dehors de ce relèvement automatique des droits de douane résultant de la
dépréciation de notre franc par rapport aux unités de monnaie américaines,
certains Etats comme l'Uruguay ont, eux-mêmes, relevé ces droits dans de fortes
proportions ou les ont doublés, comme le Chili.

Un autre élément défavorable résultait de la hausse exagérée des frais de
transport vers l'Amérique du Sud. On sait que les cours des frets en provenance
ou à destination de l'Amérique du Sud se sont relevés, depuis le commencement
de la guerre, dans des proportions inouïes, atteignant, à certains moments, plus
de dix fois leur valeur d'origine. De tels frais de transport avaient un caractère
presque prohibitif. A l'heure actuelle les frets, pour les vins, atteignent entre
trois et quatre fois leurs cours d'avant-guerre (1).

Enfin, les prix de revient des vins ont subi, eux-mêmes, une hausse considérable en France. Mais nous devons reconnaître que cette hausse se trouvait
atténuée, dans une certaine mesure, par celle des monnaies américaines servant
à effectuer les payements.

On voit qu'à l'heure actuelle, la situation générale du commerce de nos vins
dans l'Amérique latine est, à tous les égards, extrêmement défavorable. Les
causes perturbatrices sont principalement les suivantes :

1° *Crise économique dans toute l'Amérique latine;*

---

(1) Le tableau suivant permet de comparer les cours des frets vers Rio, Montevideo
et Buenos-Aires, par la Cie des Chargeurs Réunis en 1914 et en 1921 :

1914. — Vins en futs : 1° Brésil, 52 fr. 50 + 10 p. 100 (primage) les 1.000 kilos;
— 2° Plata, 45 fr. + 10 p. 100 (primage) les 1.000 kilos.

1914. — Vins en caisses : 1° Brésil, 52 fr. 50 + 10 p. 100 (primage) les 1.000 kilos;
— 2° Plata, 45 fr. + 10 p. 100 (primage) les 1.000 kilos.

1921. — Vins en futs : 1° Brésil, 100 fr. + 75 p. 100 (surtaxe) + 10 p. 100
(primage) le mètre cube ou les 1.000 kilos; — 2° Plata, 90 fr. + 75 p. 100 (surtaxe)
+ 10 p. 100 (primage) le mètre cube ou les 1.000 kilos.

1921. — Vins en caisses : Brésil, 90 fr. + 75 p. 100 (surtaxe) + 10 p. 100 (primage) le mètre cube ou les 1.000 kilos; — 2° Plata, 90 fr. + 75 p. 100 (surtaxe)
+ 10 p. 100 (primage) le mètre cube ou les 1.000 kilos.

Ainsi, avant la guerre, les vins en fûts payaient, vers le Brésil, environ 57 fr. 75
les mille kilos, vers le Rio de la Plata, environ 50 fr. ; en 1921, vers le Brésil, environ
200 fr. les mille kilos, vers le Rio de la Plata, environ 175 fr. ; pour les vins en caisses,
le fret est le même.

2° Relèvement des droits de douane sur nos vins, par suite de l'abaissement de notre change ou de la décision spontanée de certains Etats;

3° Hausse des prix de transport vers l'Amérique latine et des frais accessoires divers;

4° Hausse des prix des vins en France;

5° Développement considérable de la production des vins en Amérique du Sud.

Toutefois si le tableau général est assez sombre, la situation est loin d'être désespérée.

Par une coïncidence heureuse et qui résulte de la prévoyance de notre Gouvernement, tous nos traités de commerce avec l'Amérique latine sont actuellement dénoncés et de nouveaux traités vont être négociés. Les discussions qui vont avoir lieu avec les Gouvernements des diverses Républiques latines d'Amérique pour la conclusion de nouvelles conventions commerciales sont, pour le développement du commerce de nos vins, de la plus haute importance et nous permettent d'espérer, grâce à l'habileté de notre diplomatie, de sérieux avantages.

Remarquons que, dans la plupart de ces Etats, nous achetons plus que nous ne vendons. Il en est auxquels nous achetons quatre et cinq fois plus qu'ils ne nous achètent. Un argument de cette force ne peut être méconnu et doit nous valoir des concessions sérieuses en retour.

Si nous pouvons compter sur le concours du Gouvernement, nous devons exiger plus encore de l'initiative individuelle. Un grand effort s'impose à nos producteurs, à nos négociants. L'emploi des moyens les plus divers est nécessaire pour déjouer les fraudes et favoriser la vente de nos vins.

Pour lutter contre les fraudes sur les appellations d'origine, il semble que, dans certaines grandes capitales sud-américaines, nos négociants importateurs pourraient s'organiser en groupement syndical et créer un dépôt central de vins français, où ne seraient vendus que des vins absolument authentiques, garantis quant à l'origine et quant à la marque. De semblables organisations ont été créées en d'autres pays et en d'autres temps, notamment à Hambourg, pour permettre aux vins italiens de supplanter les vins français.

Des syndicats régionaux pourraient se former en France pour poursuivre en Amérique du Sud le respect des appellations d'origine. Un particulier ne saurait, en effet, soutenir un procès de ce genre. Quand du vin américain est mis en bouteilles et vendu sous le nom de « Médoc », c'est tout le Médoc qui se trouve lésé. Seul un syndicat est en mesure de soutenir les frais considérables qu'entraînerait un tel procès.

Une propagande intelligente doit être créée et développée en faveur de nos vins. On doit les faire mieux connaître par des annonces, des articles de journaux. A l'occasion de banquets, de fêtes patriotiques, les vins français devraient être donnés gratuitement, à titre de réclame, par une grande maison de vins ou un syndicat.

Une des causes qui contribuent le plus efficacement à entraver le développement du commerce de nos vins en Amérique latine, c'est l'insuffisance du système bancaire que nos négociants ont à leur disposition. Par suite de la distance qui sépare la France de l'Amérique du Sud et du temps considérable que les marchandises mettent à parvenir à destination, les expéditeurs français sont dans l'obligation d'accorder aux importateurs sud-américains des crédits qui pèsent lourdement sur leurs bilans. Il serait désirable que nos négociants puissent disposer, dans les principales capitales, d'organisations bancaires nettement françaises, ou tout au moins de banques locales qui seraient presque des correspondants associés et qui, mieux que nos institutions financières de la Métropole, connaîtraient le crédit et la mentalité des clients américains avec lesquels nos négociants ont à traiter. En somme, ce qu'il faudrait réaliser, c'est une coopération étroite entre le commerce et la finance, comme celle qui existe en d'autres pays.

2ᵉ Partie : La concurrence déloyale au vin français; les fraudes et l'absence d'honnêteté dans la vente des vins.

On devait s'attendre à ce qu'en des pays si éloignés, producteurs eux-mêmes de vins, les fraudes à notre préjudice soient fréquentes. Elles le sont en effet, et revêtent les formes les plus variées.

La production vinicole de l'Argentine et du Chili s'élève, en total, à près de 10 millions d'hectolitres par an. Parmi ces vins sud-américains, il en est qui rappellent nos bourgognes (Chili), d'autres ressemblent à nos vins de Bordeaux et du Midi (Argentine). Rien de plus facile, par conséquent, que de les vendre sous l'étiquette Chambertin, Musigny, Saint-Emilion, Lunel, Frontignan. Cette fraude est, sans aucun doute, la plus fréquente, la plus généralement répandue, celle qui porte le plus grand préjudice à nos exportations de vins, non seulement en Argentine et au Chili, mais aussi en d'autres pays de l'Amérique du Sud où ces vins falsifiés sont exportés.

On voit combien il serait désirable que nos appellations d'origine puissent bénéficier en Amérique latine d'une protection efficace. Nous devons malheureusement reconnaître que, dans l'état actuel de la législation des diverses Républiques Sud-Américaines et de notre régime contractuel, cette protection est absolument insuffisante, tant pour les appellations d'origine que pour les marques de fabrique et de commerce.

En ce qui concerne les vins rouges et blancs, non mousseux, ce sont les fraudes sur les appellations d'origine qui sont les plus fréquentes et les plus nuisibles à notre commerce. Il est plus rare que l'on contrefasse la marque d'un négociant importateur.

Pour les champagnes et les vins mousseux, au contraire, ce sont les marques elles-mêmes qui sont l'objet d'une contrefaçon. Mais on lance aussi dans le public un grand nombre de marques inexistantes en France.

Des vins mousseux, des simili-champagnes sont expédiés de Belgique et d'Allemagne vers l'Amérique du Sud. Les bouteilles ne portent, au départ, ni marque ni étiquette. Elles en seront munies plus tard, au moment de la vente, selon la demande de la clientèle.

Il ne nous appartient pas d'exposer ici les moyens, juridiques ou diplomatiques, sur lesquels repose la protection de nos importations de vins en Amérique du Sud. Cette étude sera faite plus loin, avec la haute compétence d'un spécialiste éminent.

Nous nous bornerons à dire qu'un long séjour en Amérique du Sud nous a convaincu de l'insuffisance aussi bien de l'action judiciaire que de l'action administrative.

Pratiquement, le recours aux tribunaux présente de grandes difficultés. Il est coûteux et lent. (Dépôt d'une forte provision entre les mains d'un avocat; acquit de la caution *judicatum solvi*.) Quelques causes célèbres ont pu être gagnées, comme celle du Bitter-Sécrestat à Buenos-Aires, il y a une dizaine d'années. Mais, le plus souvent, la partie lésée reculera devant les frais énormes et les délais qu'entraînerait un procès. Seule, une maison disposant de forts capitaux sera en mesure d'entreprendre et de soutenir un procès de ce genre en Amérique du Sud. Dans le plus grand nombre de cas, l'action judiciaire est à déconseiller.

Pour bien caractériser la complexité que présente, au point de vue juridique, la fraude sur les appellations d'origine, envisageons un cas simple et concret : un particulier, en Amérique du Sud, achète à un négociant de la ville de sa résidence, du vin de Bordeaux, mettons du Médoc, du Saint-Emilion. Or, il se trouve qu'on lui livre un vin du pays, modifié ou non, par un « bouquet » spécial. Quelle est la partie lésée ? Le consommateur tout d'abord, mais à nos yeux, principalement, le propriétaire français de Saint-Emilion ou Médoc. Ce dernier ne pourra se plaindre ou agir que si la législation intérieure de l'Etat le favorise et s'il a connaissance du préjudice qui lui est causé. Pratiquement, une telle action ne peut guère être entreprise par un particulier. Elle serait plutôt l'œuvre d'un syndicat constitué à cet effet. Quant au consommateur américain, il serait en droit d'intenter un procès au vendeur, mais obligé de prouver que le vin vendu ne répond pas à la définition « Médoc » ou « Saint-Emilion », ce qui serait pratiquement bien difficile. Le plus souvent, le consommateur local ne connaît nos vins que de réputation et n'est pas en mesure de distinguer les crus. En présence d'un vin falsifié, il se bornera à trouver que les vins français ne sont pas à la hauteur de leur réputation.

On voit combien il serait important de réprimer la contrefaçon de nos appellations d'origine en Amérique du Sud. Car tout d'abord la fraude porte préjudice à la quantité de vin exporté de France, puisque, de l'aveu de la plupart de nos agents, on peut admettre que pour une bouteille de vin authentique exportée, on en consomme une dizaine, de même étiquette, mais contrefaites. De plus, cette falsification ruine la réputation de nos vins, puisque le consommateur n'est guère en mesure de faire la comparaison avec des vins authentiques qu'il est difficile de se procurer. Après un certain nombre de déceptions successives, il juge que la réputation de nos vins est surfaite et y renonce.

Il est d'autres circonstances encore qui contribuent à rendre la répression de la contrefaçon difficile ou impossible, c'est que le délit se trouve réparti, pulvérisé en quelque sorte, entre plusieurs personnes et plusieurs pays.

Ici encore, imaginons, pour fixer les idées, un exemple concret : supposons que, dans un restaurant, un consommateur, ayant consulté la carte des vins, fixe son choix sur une marque déterminée et demande une bouteille de champagne « duc de Beaumont »... marque imaginaire, mais analogue à celles qu'on voit figurer, en ces pays, sur les menus. Pour répondre au désir du client, le sommelier prendra à la cave une bouteille de champagne sans aucune étiquette et y collera rapidement une étiquette (dont il a une provision variée) portant « duc de Beaumont »; puis la bouteille sera plongée dans un seau de glace, où d'ailleurs elle se décollera rapidement, ce qui rend le constat de la fraude encore plus difficile, et présentée ainsi au client.

On se demandera qui a commis le délit principal, qui est responsable de la fraude : un négociant de la ville a importé, de France, du champagne sans étiquette, ce qui n'est pas un délit. Il l'a vendu au restaurateur tel quel, ce qui est admissible. Le restaurateur peut alléguer : « J'ai fourni ce qui m'a été demandé . » Il se peut que la législation locale lui en fasse un grief. Mais ce sera plutôt rare.

L'imprimeur de l'étiquette s'est borné à exécuter une commande d'étiquettes : duc de Beaumont, Vve Clicquot, Rœderer, etc., il n'est pas coupable. Parfois, l'étiquette aura été imprimée à Buenos-Aires et collée à Montevideo.

Si, à la demande du client lésé, la justice voulait ouvrir une information complète, elle devrait porter ses investigations en France, en Argentine, en Uruguay. Le procès serait interminable et l'on ne trouverait, en chaque pays, qu'une fraction de délit, ou moins encore.

Presque tous les Etats de l'Amérique latine ont institué des registres officiels pour le dépôt de marques de fabrique et de commerce et, presque invariablement, le dépôt est attributif de la marque. Il en résulte que, sous la forme où elles fonctionnent, ces institutions ne donnent pas à nos négociants, à nos producteurs, les garanties désirables. Ici encore, il ne nous appartient pas d'aborder une question qui, au rapport suivant, sera traitée par M. Chabaud avec la plus rare compétence. Nous nous bornerons à dire que, à notre connaissance, le plus souvent toute marque qui n'est pas encore enregistrée peut être déposée par toute personne, sans enquête préalable à l'effet de savoir si elle est déjà en usage.

Ainsi, une marque française, appartenant à un Français, peut être enregistrée à Buenos-Aires par un Argentin qui n'en est pas propriétaire. On imagine les abus qui en résultent : on a vu des propriétaires légitimes d'une marque française se trouver dépossédés de leur marque en Argentine, parce que cette marque y avait été déposée à leur insu par des tiers, et être obligés de racheter à ces tiers le droit d'en faire usage en ce pays.

Est-il possible de porter remède à ces abus ? Nous nous permettons, à cet égard, de faire la suggestion suivante :

Tous nos traités de commerce avec les Républiques de l'Amérique latine ont été dénoncés au cours de la guerre. Les anciens traités restent néanmoins provisoirement en vigueur, en vertu de reconduction tacite. Des négociations ont été entreprises, dans divers Etats Sud-Américains, en vue de la conclusion de nouvelles conventions. Mais, nulle part, elles n'ont été menées à bonne fin, parce que les lignes générales et définitives de notre politique économique d'après-guerre n'ont pas encore été fixées.

Il semble que notre Gouvernement pourrait profiter de cet état de choses et de la latitude dont il jouit pour faire insérer dans les prochaines conventions commerciales des clauses nouvelles relatives, les unes à la protection des marques de fabrique, les autres à la protection des appellations d'origine. Ainsi, pour assurer le producteur français contre le dépôt frauduleux de sa marque par un tiers en Amérique, on pourrait stipuler :

« Lors du dépôt d'une marque relative à un objet français (marque de « fabrique, invention, etc.), le Gouvernement du pays où a lieu le dépôt pré- « viendra la Légation de France, en lui envoyant la copie de l'acte de dépôt. »

La Légation de France communiquerait cette copie à notre Ministère des Affaires étrangères, qui la transmettrait, à son tour, à l'Office de la Propriété Industrielle. Tous les négociants ou industriels intéressés seraient prévenus par l'Office National et pourraient agir en vue de sauvegarder leurs droits s'il y a lieu.

Pour que cette mesure fût efficace, il faudrait stipuler, en outre, que la propriété de la marque dans le pays du dépôt ne deviendra définitive qu'après le délai d'un an. Des sanctions pourraient être prévues pour le cas de fausse déclaration, c'est-à-dire de déclaration d'une marque existante par celui qui n'en est pas propriétaire.

Quant aux appellations d'origine, leur protection en Amérique latine présente, comme nous l'avons vu, de grandes difficultés. Dans des pays producteurs eux-mêmes de vins, et de vins excellents, comme le Chili et l'Argentine, comment empêcher le marchand de vendre des vins indigènes sous l'étiquette Bordeaux, Médoc, Mâcon, Beaune, alors surtout que ces vins indigènes ressemblent parfois étrangement aux nôtres. La répression des abus de cette nature, déjà si difficile dans nos pays, devient pratiquement presque impossible dans ces vastes régions peu peuplées, où la surveillance est faible.

Devant cette impuissance où nous nous trouvons de protéger efficacement nos appellations d'origine, il importerait évidemment de rechercher une solution nouvelle.

Nous ne prétendons pas apporter ici un remède souverain à un mal aussi grave. Toutefois, en présence des difficultés de l'heure présente, nous nous permettons une suggestion qui nous est inspirée par une longue étude des milieux américains : nous croyons que le Gouvernement français pourrait, au cours des négociations pour le renouvellement de nos conventions commerciales, proposer aux Gouvernements américains une clause dont le sens serait à peu près le suivant :

« Les vins français importés de diverses régions (Bordeaux, Bourgogne, « Anjou, ou Médoc, Saumur, Chablis, etc.) seront accompagnés de certificats « d'origine délivrés par les chambres de commerce de la région et visés par « les consuls du pays d'importation.

« Les autorités du pays d'importation s'efforceront de sauvegarder les appel- « lations d'origine mentionnées au traité par tous les moyens dont elles dispo- « seront. »

Nous ne méconnaissons pas ce qu'une protection stipulée en ces termes a d'un peu platonique. Toutefois, ce serait l'introduction du principe de la protection de l'appellation d'origine et, avec le temps, cette protection pourrait être rendue plus efficace et devenir effective. L'Etat Sud-Américain finira par se rendre compte qu'il a le devoir d'assurer l'acheteur contre la fraude et que lui-même est lésé si l'acheteur reçoit autre chose que ce qu'il attend.

Nous croyons savoir, d'autre part, que certains Etats Sud-Américains sont disposés à nous accorder des réductions de droits importantes sur les vins importés dans ces conditions, c'est-à-dire accompagnés de certificats d'origine. Il nous semble qu'il serait d'une bonne politique de profiter de ces heureuses dispositions en nous efforçant de conclure des traités tout d'abord avec les Etats en question. Nous savons, en effet, qu'en Amérique du Sud, une stipulation admise par un Etat est souvent adoptée facilement par les Etats voisins. La clause suggérée ci-dessus n'a rien d'inconciliable avec le système résultant de l'Arrangement de Madrid, ni avec les efforts que l'on pourra faire pour l'étendre à de nouveaux Etats. Elle peut, en quelque sorte, se superposer à lui.

Il nous importerait d'autant plus de conclure prochainement un nouveau système de traités de commerce avec les Etats sud-américains que, dans ces dernières années, plusieurs de ces Etats, ceux du Sud de ce continent surtout, ont témoigné d'une tendance à adopter une politique économique nouvelle, visant à se favoriser entre eux, au détriment de l'Europe. Autrefois, le commerce des diverses Républiques Sud-Américaines était orienté surtout vers l'Europe. Plus récemment, et surtout depuis la guerre, elles se sont rendu compte que la variété et l'abondance de leurs produits leur permettait de se libérer, à bien des égards, de l'Europe. Divers accords ont été conclus depuis quelques années (notamment pendant la guerre) entre l'Uruguay, l'Argentine, le Brésil, la Bolivie, le Chili, le Paraguay, par lesquels ces divers Etats s'accordent réciproquement des réductions de tarifs douaniers, de taxes télégraphiques et postales et d'autres avantages. La tendance de ces Etats serait de former, à certains égards, un groupement économique opposé à l'Europe; chacun de ces Etats accorderait aux autres des modérations de tarifs dont les Etats européens, la France elle-même, ne seraient pas admis à bénéficier.

On voit combien ce système est profitable à la diffusion des vins argentins et chiliens dans le continent sud-américain, et combien, par suite, il doit porter de préjudice à nos exportations.

On ne saurait méconnaître le côté panaméricain de ces nouvelles tendances économiques. Elles ont pour origine une sorte de nationalisme sud-américain, parfois un nationalisme d'Etat. L'arrière-pensée serait de former une Union douanière, un « Zollverein » sud-américain, de constituer un vaste ensemble d'Etats, se suffisant à lui-même. L'essence même du système panaméricain serait de grouper économiquement les vingt Républiques sous l'égide des Etats-Unis. Fort heureusement pour nous, un certain nombre d'Etats échappent encore à ces tendances.

En tout état de cause, aux moyens que nous proposons, qui dépendent à la fois de nos dirigeants et des gouvernements étrangers, s'en ajoutent d'autres qui ne dépendent que du commerçant français lui-même : il importe d'y joindre le travail intensif de nos négociants exportateurs, la visite fréquente de nos clients d'outre-mer, soit par les chefs de maison eux-mêmes, soit par des agents sérieux. Nos négociants obtiendront toujours les résultats les plus heureux pour leurs affaires par l'action personnelle. L'initiative privée, se dépensant largement et soutenue par des organes financiers bien outillés, constituera le meilleur élément de défense de nos produits en Amérique latine.

Statistiques, Notices sur le Commerce des Vins dans divers Etats de l'Amérique Latine (Argentine, Bolivie, Brésil, Chili, Colombie, Mexique, Pérou, Uruguay).

En traitant dans sa généralité, comme il nous était prescrit, la question du commerce de nos vins en Amérique Latine, nous avons dû, précédemment, nous limiter à l'exposition des causes et des circonstances générales qui le conditionnent, aux caractères communs qu'il présente dans les divers Etats.

Nous avons dû nous interdire des digressions ayant pour objet d'entrer plus avant dans le détail, éviter l'étude de questions intéressant plus spécialement notre commerce en tel ou tel pays, sous peine de dépasser le cadre qui nous était imposé.

Mais, quand il s'agit de vingt Etats, présentant, il est vrai, des caractères communs, mais embrassant, outre un vaste continent, l'Amérique du Sud, une notable partie d'un autre, l'Amérique du Nord, on ne saurait, surtout en matière commerciale, rester dans la généralité sans tomber dans le vague. Car en matière commerciale, souvent les détails les plus arides, les plus techniques se trouvent être les plus importants, les plus utiles à connaître.

Il nous a donc paru utile de compléter les notions générales exposées précédemment par un certain nombre de notices particulières au commerce de nos vins dans les principaux Etats de l'Amérique du Sud.

Nous devons ces notices à l'obligeance de M. le Directeur de l'Office National du Commerce Extérieur et nous sommes heureux de lui exprimer ici notre reconnaissance pour ces intéressantes communications. Les renseignemnts qu'elles contiennent résultent d'une enquête récente entreprise par l'Office dans l'Amérique Latine. On verra que les conclusions résultant de cette enquête sont en parfaite harmonie avec celles de notre rapport d'ensemble. Toutefois, certaines des statistiques reproduites (dans le cas de l'Argentine notamment) présentent des différences sensibles avec celles que nous avons données ci-dessus. Le lecteur saura ne pas s'en étonner. D'après les statistiques argentines, la décroissance de nos importations de vins en ce pays serait encore plus rapide qu'elle n'apparaît d'après les statistiques françaises que nous avons reproduites. Les statistiques des divers pays sont rarement en concordance, quant aux chiffres. L'essentiel est qu'il y ait concordance quant à la loi de croissance ou de décroissance qu'on y cherche. Or, nous le constatons à grand regret, cette loi de décroissance de nos importations de vins se trouve ici pleinement vérifiée et la différence des chiffres, ici et là, n'atténue pas la sévérité de la leçon qui s'en dégage pour nous.   .

Pour faire mieux ressortir l'unanimité des diverses statistiques (françaises. argentines et autres), sinon dans les chiffres, du moins dans la loi de décroissance de nos importations, nous présenterons tout d'abord au lecteur le tableau comparatif de nos importations des vins en Argentine et au Brésil, en 1913 et 1920, d'après les dernières statistiques françaises :

Importations de vins de France en Argentine et au Brésil :

Argentine :

	1913		1920	
Vins ordinaires de la Gironde en fûts......	63.198 hectolitres.		6.866 hectolitres.	
— d'ailleurs	21.004	—		
— de la Gironde en bouteilles..	1.136	—		
— d'ailleurs	876	—		
Champagne	8.707	—	5.462	—
Vins de liqueur.........................	26.750	—		

Brésil :

	1913		1920	
Vins ordinaires de la Gironde en fûts......	13.805	—	4.560	..
— d'ailleurs				
— de la Gironde en bouteilles..	1.840	—	2.678	—
— d'ailleurs				
Champagne	1.743	—		
Vins de liqueur.........................	3.596	—		

Le tableau suivant, moins significatif puisqu'il n'embrasse que la période de guerre et la période immédiatement subséquente, montre du moins à quel niveau infime étaient tombées nos exportations vers les deux principaux Etats de l'Amérique du Sud. Un léger relèvement se manifeste depuis lors.

Exportations de vins français vers l'Argentine et le Brésil,
selon les derniers tableaux statistiques publiés par les douanes françaises.

VINS ORDINAIRES EN FUTAILLES

	Années.		
	1920	1919	1918
	en hectolitres.	en hectolitres.	en hectolitres.
Vers le Brésil (de la Gironde)......	4.500	2.731	2.400
Vers la République Argentine......	6.866	2.940	4.634

VINS ORDINAIRES EN BOUTEILLES

Vers le Brésil (de la Gironde)......	2.378	722	761

VINS DE CHAMPAGNE

Vers la République Argentine......	5.462	4.592	2.527

Tableau des accords commerciaux entre la France et les divers Etats de l'Amérique Latine.

Argentine. — Traité de commerce du 19 août 1892.
Clause de la nation la plus favorisée.
Pas de clause particulière aux vins.
Ordonnance municipale à Buenos-Aires (en date du 30 avril 1921), édictant des dispositions compliquées et des plus gênantes pour le commerce des vins étrangers.
N. B. — Production, 5.000.000 d'hectolitres. Pays exportateur, fait concurrence aux vins ordinaires français sur les marchés de l'Uruguay, du Brésil, de la Colombie.

Bolivie. — Pas de traité de commerce.

Brésil. — *Modus vivendi* commercial 26-30 juin 1900.
Taxes minima du tarif brésilien en faveur des produits français.
La taxe de consommation sur les vins a été élevée et portée à 120 reis par bouteille.

Chili. — Traité du 15 septembre 1846.
Les clauses concernant le commerce sont devenues caduques (dénonciation par le Chili en 1895).
Pas de nouveau traité de commerce.
Majoration de 100 o/o des droits sur les vins, au début de 1921.
Protestation du Gouvernement français.
Menace de représailles en cas d'augmentation nouvelle.
N. B. — Production annuelle, 4.000.000 d'hectolitres.

Colombie. — Traité de commerce, 30 mai 1892.
Clause de la nation la plus favorisée.
Pas de clause particulière aux vins.

Costa-Rica. — Traité de commerce, 12 mars 1848.
Clause de la nation la plus favorisée.
Pas de clause particulière aux vins.
Des surtaxes douanières établies en 1920 frappent les liqueurs et les vins mousseux autres que le champagne.
Les droits applicables aux autres vins français sont ceux du tarif de 1912 que le Costa-Rica a accepté en 1921 de consolider en faveur de la France.

République Dominicaine. — Traité de commerce, 9 septembre 1882.
Clause de la nation la plus favorisée.
Pas de clause particulière aux vins.

Equateur. — Convention de commerce, 3o mai 1898.
Clause de la nation la plus favorisée.
Pas de clause particulière aux vins.

Guatémala. — Traité de commerce, 8 mars 1848, dénoncé par le Guatémala.
Clause de la nation la plus favorisée.
Pas de clause particulière aux vins.
Nouvel accord en voie de négociation (réduction des droits de douane prévue: 3o o/o en faveur des vins français).

Haïti. — Convention commerciale, 3o janvier 1907.
En faveur des vins français (en fûts ou en bouteilles), réduction de 33 1/3 o/o sur l'ensemble des droits principaux et des surtaxes inscrits au tarif minimum haïtien.

Honduras. — Traité de commerce, 11 février 1902.
Les produits français ne seront pas grevés de taxes de douane supérieures à celles établies sur les produits similaires de toute autre origine étrangère, à l'exception des autres républiques du Centre Amérique.

Mexique. — Traité de commerce, 26 novembre 1886.
Clause de la nation la plus favorisée.
Pas de clause particulière aux vins.
Décret publié et entré en vigueur au mois de juin 1921, créant un impôt additionnel de 100 o/o *ad valorem* sur les vins.

Nicaragua. — Traité de commerce, 27 janvier 1902.
Les vins français bénéficient, à l'importation au Nicaragua, d'une réduction de 25 o/o sur le montant des droits d'entrée inscrits dans le tarif douanier de ce pays.

Panama. — Voir Convention avec la Colombie, 3o mai 1892.

Paraguay. — Traité de commerce, 21 juillet 1892.
Clause de la nation la plus favorisée.
Pas de clause particulière aux vins.

Pérou. — Traité de commerce, 9 mars 1861.
Clause de la nation la plus favorisée.
Pas de clause particulière aux vins.
Les droits sur les vins ont subi une augmentation de 10 o/o.
N. B. — Production annuelle, 160.000 hectos; toutefois, la consommation des vins français est assez régulière et tend à se développer.

Salvador. — Traité de commerce, 9 janvier 1901.
Vins blancs de table : Droit consolidé, 0,05 centavos par kilo; droits de 1 dollar or au kilo, établis par le décret du 11 mai 1921, sur l'importation.

Uruguay. — Traité de commerce dénoncé (prorogé par entente verbale entre les deux gouvernements).

Venezuela. — Convention commerciale, 19 février 1902.
Clause de la nation la plus favorisée.
Pas de clause particulière aux vins.
N. B. — Tous ces traités ont été dénoncés par la France en 1918. Ils se prorogent de trois mois en trois mois par tacite reconduction.

RÉPUBLIQUE ARGENTINE

Importation des vins en Argentine.
Importation totale 1913-1919 et 1920 en valeur et quantité. — Part de la France.
— Provenances principales :

Les tableaux statistiques ci-dessous indiquent la valeur et la quantité des importations de vins en Argentine par provenances.

Marques de fabriques étrangères rivales sur le marché :

1° Les vins chiliens de la maison Subercaseaux dont il ne s'importe qu'une infime quantité;

2° Les vins italiens dont les marques les plus répandues sont :

Di Mirafiore de Alba (Italie), la marque Bosca, la marque Fratelli Narice;

3° Les vins de provenance espagnole, tels que vins de Passajes et de Bilbao, vin rouge catalan et de Valence, vin sec espagnol, vin Priorato espagnol, vin Garnacha espagnol (Grenache);

4° Les vins Moscatel mousseux de provenance italienne.

Marques nationales concurrentes :

Les vins élaborés en Argentine et plus spécialement ceux vendus en bouteilles par les maisons Tirasso, Benegas, etc., sous les marques respectives de Tirasso et Trapiche, font en quelque sorte une concurrence déloyale aux vins d'origine française en se servant des dénominations de Médoc, Chablis, Sauternes, Champagne, etc... Les vins nationaux proviennent des provinces vinicoles de Mendoza et San-Juan, et sont les principaux concurrents des vins français, sauf toutefois pour les vins en caisses.

Principales maisons de vente dans le pays :

MAISONS	ADRESSES	MARQUES
Summer Permain & Cie.....	Paseo de Julio 102.	Française.
Wattinne-Bossut & Fils......	25 de Mayo 195.	Française.
Echecopar & Cie.............	Oruguay 22.	Sautu & Cie, Jerez (Esp.).
J.-B. Grenier................	Juncal 1001.	
E. Semmartin & Cie........	Salta 188.	
Albisu & Larroudé..........	Rivadavia 1046.	
Dufaur Louis...............	Victoria 1279.	Ribeiro Joa Mesquita (Portugal); Riuz y Ruizfeliz, Jerez; Rivero J.-M., Jerez (Espagne).
Pédefous & Cie.............	Almagro 356.	
A. Hauré & Cie............	Suipacha 983.	
Succ. de J. Laroquette......	G. Pellegrini 1047.	
Hostein Edmond...........	Viamonte 843.	
Teyssandier Ch............	Oro 2270-72.	
Lissarague M...............	Av. de Mayo 917.	
Delor & Cie...............	Viamonte 200.	Française; Robertson, Brode & Cie, de Jerez; O. Porto, Londres; Ingham & Whitaker.
A. Fournier...............	Balcarce 621.	Française.
Laurent Frères.............	Sarmiento 2742.	
J. Lebègue & Cie...........	Victoria 2150.	Française.
H. Lévy & Cie.............	Lima 75.	
Lopez Frères & Cie.........	Reconquista 452.	W. & A. Gilboy, de Londres.
Poss & Cie................	Av. de Mayo 1260.	
H. Py....................	Reconquista 433.	Française.
Decle's Sth Amer Trade Cie..	Humbert-Ier 1462.	Française.

MAISONS	ADRESSES	MARQUES
Calvet & Cie...............	Av. L. N. Alem 401.	Française ; Delaforce Sons & Cie, de Londres ; Marsale Woadouse
G. Gazaux & Cie...........	Cordoba 688.	Française.
Le Chevalier de la Sauzaye..	Moreno 3431.	Française.
E.-M. de Santa-Coloma......	Chacabuco 319.	
A. & G. Cahen............	Esperalda 723.	Française.
Honoré & Ramirez..........	Victoria 788.	
Girard Eug...............	Florida 401.	
Carrey Armand............	San Martin 676.	
Beaux Sarthou & Cie........	Bmé Mitre 2148.	
Bouvier L.-M..............	Bolivar 623.	Française.
Crocsel & Gibert...........	25 de Mayo 267.	Française..
Cie Gle « La Importacion ».	Venezuela 847.	Smith Woodouse Oporto, Londres.

Droits de douane :

Les droits de douane pour les vins de Bordeaux ou de Bourgogne en caisses de 12 bouteilles sont d'environ, tous frais compris, de $ m/n 9,25 par caisse.

Ceux pour les vins en barriques sont d'environ $ m/n 0,26 par litre pour les vins communs et de $ m/n 0,332 pour les vins ordinaires et de $ m/n 0,684 pour les vins fins.

Pour les champagnes, les droits qui étaient, il y a quelques mois, de $ m/n 9,70 par caisse de 12 bouteilles ou 24 1/2 viennent d'être augmentés au moyen d'une estampille fiscale d'une valeur de 1 piastre papier par bouteille entière et de 0,50 centavos par demi-bouteille.

Les mousseux paient environ $ m/n 9,30 par caisse plus une estampille fiscale de $ m/n 0,50 par bouteille entière et de $ m/n 0,25 par demi-bouteille.

Cette nouvelle disposition d'estampilles a causé un certain préjudice à la vente de ces deux derniers produits qui, par suite des prix élevés d'Europe, étaient déjà suffisamment chers, et de ce fait le chiffre d'affaires a beaucoup diminué.

Système commercial des importateurs étrangers.

En général ce sont les représentants ou les agents qui font venir la marchandise pour leur compte et qui la vendent dédouanée aux grossistes de la place, ces derniers préférant éviter les ennuis et les difficultés auxquelles on se heurte actuellement pour importer un produit quelconque en Argentine : longueur du voyage, difficultés au débarquement, attente prolongée de l'analyse, vols dans les dépôts de douane, etc.

Prix et conditions :

Les prix et conditions sont variables en raison du change et de la qualité du produit.

Les vins en caisses vendent à des prix variant entre $ m/n 30 et $ m/n 100 la caisse.

Les prix des vins en barriques varient entre $ m/n 110 et $ m/n 500 la barrique. Les vins de champagne entre $ m/n 100 et $ m/n 140 la caisse; les vins mousseux entre $ m/n 50 et $ m/n 60 la caisse.

Moyens d'augmenter les ventes françaises :

Il en existe un seul : Que les fabricants abaissent leurs prix de façon à permettre à leurs représentants ou agents de lutter avantageusement avec les vins élaborés dans le pays, dont la qualité, nous devons le reconnaître, s'améliore constamment et qui, profitant de l'arrêt subit et prolongé des importations de vins européens, et ensuite de leurs prix élevés, sont arrivés à s'implanter et à

4

s'imposer au goût de la clientèle à un point tel que l'on est en droit de se demander si même lorsque les vins français seront revenus à des prix abordables, ils retrouveront leur clientèle d'autrefois.

Il est nécessaire d'avoir sur place des agents vendeurs et des voyageurs venant à chaque saison visiter la clientèle.

Formes de crédit :

Les ventes s'opèrent généralement au comptant, 3o jours 5 o/o d'escompte, ou contre traite sans escompte payable à six mois ou même 9o jours de la date de la facture, acceptation documentaire au besoin.

· Importation des Vins étrangers en Argentine.

Depuis quelques années, comme on pourra le constater par les statistiques ci-dessus, l'importation des vins en Argentine diminue de plus en plus. Par contre, la production du pays augmente tous les ans et fait une concurrence sérieuse aux vins étrangers.

Droits de douane : Les droits de douane pour les vins de Bordeaux et de Bourgogne en caisse de 12 bouteilles, sont d'environ, tous frais compris, de $ m/n 9,25 par caisse (la piastre $ vaut au change au pair 2 fr. 20).

Ceux pour les vins en barrique sont d'environ $ m/n 0,26 par litre pour les vins communs, de $ m/n 0,332 pour les vins ordinaires et de $ m/n 0,684 pour les vins fins.

Système commercial : En général, ce sont les représentanst ou les agents qui font venir la marchandise pour leur compte et qui la vendent dédouanée aux grossistes de la place.

Prix : Les prix des vins en barriques varient de $ m/n 1100 et 5oo la barrique.

Agents susceptibles de s'intéresser au placement des vins :

Succ de J. Larroquette......	C. Pellegrini 1047.........	*Buenos-Aires.*
E. Fournier................	Balcarce 621..............	*Buenos-Aires.*
G. Cazaux & Cie............	Cordoba 688..............	*Buenos-Aires.*
Le Chevalier de la Sauzaye..	Moreno 3431..............	*Buenos-Aires.*
Carrey Armand..............	San Martin 676...........	*Buenos-Aires.*
Beaux, Sarthou & Cie........	Bmé Mitre 2148..........	*Buenos-Aires.*

TABLEAUX DES IMPORTATIONS DE VINS EN ARGENTINE

Importation en Argentine de vins communs en fûts.

	1913		1914		1918		1919	
	Litres	Valeur	Litres	Valeur	Litres	Valeur	Litres	Valeur
Afrique du Sud	»	»	»	»	1.739	174	7.918	792
Allemagne	150.654	15.065	36.608	3.660	»	»	»	»
Australie	»	»	»	»	»	»	»	»
Autriche-Hongrie ...	5.488	549	6.142	614	»	»	»	»
Belgique	880	88	»	»	»	»	»	»
Bolivie	515	58	795	80	160	16	»	»
Brésil	»	»	132.133	13.213	»	»	11.068	1.107
Chili	»	»	»	»	1.157	116	55.811	5.581
Espagne	14.922.021	1.492.202	9.638.328	963.333	2.363.034	226.303	2.119.733	201.973
Etats-Unis	»	»	»	»	»	»	60	5
France	7.112.066	711.206	4.198.681	419.868	614.095	61.410	279.354	27.935
Italie	12.984.489	1.298.449	9.868.855	986.886	478.591	47.849	295.175	29.517
Portugal	13.778	1.378	13.197	1.320	950	95	1.710	174
Royaume-Unis	»	»	11.663	1.166	9.771	977	214	22
Uruguay	15.053	1.505	13.225	1.323	»	»	60	6
Pays-Bas	»	»	»	»	»	»	50	5
Poss. Anglaises	394	40	»	»	»	»	»	»
Suisse	123	12	»	»	»	»	»	»
Totaux	35.205.461	3.520.546	23.914.627	2.391.463	3.469.397	346.940	2.671.153	267.115

N.-B. — *Toutes ces valeurs sont exprimées en piastres argentines* OR.

Importation en Argentine de vins de table en fûts.

	1913		1914		1915	
	Litres	Valeur	Litres	Valeur	Litres	Valeur
Allemagne	11.524	1.729	4.702	705	380	57
Autriche-Hongrie	4.010	602	1.007	151	24.139	3.621
Belgique	2.780	417	»	»	»	»
Brésil	70	10	»	»	»	»
Cuba	1.961	294	»	»	»	»
Espagne	2.435.320	365.328	1.698.138	254.721	1.376.535	216.420
France	484.822	72.723	197.555	29.630	108.139	16.221
Grèce	113.157	16.974	31.638	.746	57.660	8.649
Italie	1.032.855	289.928	1.604.533	240.681	1.019.030	152.854
Portugal	3.107	466	4.240	636	68.833	10.325
Royaume-Uni	1.293	193	441	66	418	63
Suisse	»	»	5.276	791	»	»
Turquie	8.270	1.241	»	»	3.344	502
Uruguay	2.531	380	1.140	172	»	»
Totaux	5.001.900	750.285	3.548.648	532.298	2.658.478	398.778

N.-B. — *Toutes ces valeurs sont exprimées en piastres argentines* OR.

Importation en Argentine de vins fins en fûts.

	1913		1914		1918		1919	
	Litres	Valeur	Litres	Valeur	Litres	Valeur	Litres	Valeur
Allemagne	1.602	801	418	209	»	»	»	»
Chili	»	»	»	»	»	»	480	240
Espagne	8.020	4.040	1.700	850	14.150	7.075	»	»
Etats-Unis	480	240	494	247	»	»	»	»
France	14.274	7.137	1.990	995	2.800	1.750	5.967	2.983
Italie	»	»	3.950	1.975	»	»	6.023	33.012
Pays-Bas	6.798	3.399	»	»	»	»	34	17
Portugal	16.561	8.280	13.043	6.521	24.123	12.061	2.555	12.075
Royaume-Uni	380	190	»	»	»	»	»	»
Russie	»	»	418	209	»	»	1.976	987
Totaux	50.015	25.057	22.113	11.056	41.075	20.786	17.035	38.514

N.-B. — *Toutes ces valeurs sont exprimées en piastres argentines* OR.

Importation en Argentine de vins en bouteilles.

	1913		1914		1918		1919	
	Bout.	Valeur	Bout.	Valeur	Bout.	Valeur	Bout.	Valeur
Allemagne	2.413	19.304	787	13.496	»	»	32	256
Autriche-Hongrie	76	608	14	112	»	»	»	»
Belgique	108	864	»	»	»	»	8	64
Brésil	»	»	»	»	»	»	2	16
Chili	226	1.300	24	192	1.347	10.776	3.605	28.840
Chine	50	400	»	»	»	»	»	»
Danemark	3	»	»	»	»	»	»	»
Espagne	4.821	38.568	1.926	15.488	1.881	15.048	5.045	40.360
Etats-Unis	»	»	113	1.144	59	472	225	2.040
France	9.596	76.768	5.113	40.904	2.712	21.696	4.009	32.062
Italie	11.333	90.664	5.796	46.368	1.280	10.240	712	5.695
Japon	»	»	»	»	3	24	»	»
Mexique	3	24	»	»	»	»	»	»
Pays-Bas	95	760	»	»	2	16	»	»
Portugal	1.728	13.824	1.646	13.168	563	4.504	178	1.424
Poss. portugaises	11	88	»	»	»	»	»	»
Royaume-Uni	507	4.056	421	3.668	»	»	233	1.864
Suisse	89	712	21	168	»	»	»	»
Uruguay	»	»	»	»	»	»	7	57
Totaux	31.056	248.448	16.801	134.408	7.847	62.776	14.086	112.678

N.-B. — *Toutes ces valeurs sont exprimées en piastres argentines* OR.

Importation en Argentine de vins de Bordeaux en bouteilles.

	1913		1914		1918		1919	
	Bout.	Valeur	Bout.	Valeur	Bout.	Valeur	Bout.	Valeur
Allemagne	30	240	4	32	»	»	»	»
Espagne	»	»	»	»	»	»	»	»
France	1.159	9.272	336	2.268	257	2.056	109	872
Portugal	»	»	»	»	»	»	»	»
Totaux	1.189	9.512	341	2.720	257	2.056	109	872

N.-B. — *Toutes ces valeurs sont exprimées en piastres argentines* OR.

Importation en Argentine de champagnes.

	1913		1914		1918		1919	
	Bout.	Valeur	Bout.	Valeur	Bout.	Valeur	Bout.	Valeur
Allemagne	1.323	13.230	939	9.390	»	»	»	»
Autriche-Hongrie ...	14	140	47	470	»	»	»	»
Belgique	»	»	»	»	»	»	»	»
Brésil	»	»	»	»	147	1.470	»	»
Chili	38	380	»	»	24	240	215	2.150
Espagne	159	1.590	24	240	107	1.070	229	2.290
Etats-Unis	»	»	2	20	21	210	247	2.470
France	61.465	614.650	28.565	285.650	22.234	222.340	37.507	375.070
Italie	444	4.440	218	2.180	86	860	»	»
Japon	»	»	»	»	1	10	»	»
Pays-Bas	»	»	»	»	»	»	»	»
Portugal	1	10	»	»	2	20	234	2.340
Royaume-Uni	351	3.510	287	2.870	336	3.360	419	4.190
Suisse	24	240	»	»	»	»	»	»
Uruguay	»	»	»	»	3	30	3	30
Totaux	83.826	38.260	30.107	301.070	22.961	229.610	38.854	388.540

N.-B. — *Toutes ces valeurs sont exprimées en piastres argentines* OR.

Importation en Argentine de vins mousseux.

	1913		1914		1918		1919	
	Bout.	Valeur	Bout.	Valeur	Bout.	Valeur	Bout.	Valeur
Allemagne	185	1.480	74	592	»	»	»	»
Autriche-Hongrie ...	»	»	»	»	»	»	»	»
Belgique	»	»	»	»	»	»	»	»
Brésil	1.009	8.072	»	»	»	»	»	»
Chili	»	»	»	»	270	2.160	98	384
Espagne	207	1.656	159	1.272	561	4.488	672	5.376
France	6.650	53.200	1.953	15.624	753	6.024	3.101	25.448
Italie	15.904	127.232	9.807	78.456	7.635	63.080	5.761	46.088
Pays-Bas	»	»	19	152	»	»	»	»
Portugal	49	392	10	80	»	»	»	»
Royaume-Uni	1.414	11.312	»	»	49	392	»	»
Totaux	25.418	203.344	12.022	96.176	9.268	74.144	9.712	77.296

N.-B. — *Toutes ces valeurs sont exprimées en piastres argentines* OR.

Le Commerce des Vins Français en Bolivie

COMMERCE DE VINS ET LIQUEURS

1° Importations :

	1913		1919	
	Poids ks.	Valeur bs.	Poids ks.	Valeur bs.
Vins mousseux...............	85.417	234.492	29.683	142.673
Vins généreux................	284.590	364.431	75.623	92.982
Vermouths			27.541	59.010
Vins de table rouges et blancs..	386.047	485.356	158.344	166.002
Eaux-de-vie, whisky..........	486.364	374.090	149.075	352.285
Liqueurs sucrées, anis........	104.949	124.763	16.932	38.242
	1.347.367	1.583.132	475.198	851.194

Les statistiques pour 1920 n'ont pas encore été publiées.

2° Provenances principales :

VINS MOUSSEUX CHAMPAGNE

	1913		1919	
	Poids ks.	Valeur bs.	Poids ks.	Valeur bs.
France	49.711	141.371	16.598	101.258
Belgique	10.952	21.150		
Allemagne	9.745	32.655		
Grande-Bretagne	7.281	14.942	6.297	36.090
Chili	4.165	13.933	4.275	24.306
Argentine	1.158	3.366	1.288	6.176
Espagne	159	650	1.195	4.395
Brésil	39	488		

VINS GÉNÉREUX, PORTOS, XÉRÈS, etc.

	1913		1919	
	Poids ks.	Valeur bs.	Poids ks.	Valeur bs.
Espagne	106.334	150.187	46.567	49.626
Allemagne	31.943	52.018		
Portugal	56.865	89.878	14.616	20.202
Pérou	2.422	3.120	3.917	4.111
Brésil	4.770	6.597	3.313	9.879
France	18.654	21.808	2.490	1.491
Chili	4.035	6.426	1.286	2.322
Argentine			1.147	2.081
Italie	3.283	4.357		
Grande-Bretagne	14.362	21.002		

VERMOUTHS

	1919	
Italie	16.415	35.342
Brésil	2.386	9.287
Argentine	4.610	4.680
Chili	1.595	3.082
France	996	2.485

VINS BLANCS ET ROUGES DE TABLE

	1913		1919	
	Poids ks.	Valeur bs.	Poids ks.	Valeur bs.
Chili	82.873	79.277	89.320	82.553
Italie	66.453	87.933		
Espagne	21.632	25.952	15.516	13.440
Brésil	27.526	35.494	14.802	25.289
France	83.559	109.285	13.872	24.273
Argentine	4.393	5.923	8.081	7.189
Portugal	20.971	27.450	8.572	5.839
Pérou	4.729	7.225	3.811	2.995
Allemagne	45.364	69.229		
Belgique	16.966	23.184		
Uruguay				

EAUX-DE-VIE, COGNACS, WHISKY

	1913		1919	
	Poids ks.	Valeur bs.	Poids ks.	Valeur bs.
Grande-Bretagne	176.095	130.953	57.135	137.910
Allemagne	91.693	71.124		
France	133.423	103.338	23.639	60.759
Etats-Unis	8.452	6.603	21.868	30.757
Espagne	15.632	14.182	17.366	29.533
Chili	19.060	15.304	15.285	38.243
Brésil	26.629	21.487	7.406	42.678
Argentine	3.166	2.453	2.745	6.187
Pérou	4.005	3.316	2.318	4.036

LIQUEURS DOUCES, ANIS, MENTHE, CHARTREUSE, etc.

	1913		1919	
	Poids ks.	Valeur bs.	Poids ks.	Valeur bs.
Allemagne	20.018	21.432		
Espagne	29.305	38.202	5.782	9.618
France	29.338	34.938	4.920	14.288
Grande-Bretagne	9.849	10.477	1.201	4.157
Argentine	1.766	2.102	1.973	3.973
Pérou	»	»	1.455	2.470
Chili	3.357	4.505	1.187	2.234
Italie	4.010	5.418	»	»
Brésil	3.266	3.204	»	»
Etats-Unis	2.014	2.289	»	»

Tous les champagnes vendus en Bolivie portent des marques françaises. Il n'y a que deux marques de champagnes espagnoles : Codornu et Premier.

Pour les vins génreux, la plupart sont de marques espagnoles, les principales sont: Marques del Réal Tesore, Félix Ruiz & Ruiz, Pucheco-Hinos, Compania Vinicola Portuguesa, Pedro Domecq.

Pour les cognacs, eaux-de-vie, whisky, les principales marques connues sont: Johnis Walker, James Buchanan & C°, Usber Ltd, W. & A. Gilbeg, Watson & Sons, Alex Ferguson, Caterell & Combrabe.

Cognacs espagnols des mêmes maisons que les vins généreux. Pour les vins de table, en dehors des marques françaises très connues, il y a les marques chiliennes : Santa-Rita, San Pedro, Vina Lontué, Errazuriz Panquelme, Concha y Tero.

Toutes les marques de liqueurs douces sont en général des marques françaises.

Il n'y a guère que les eaux-de-vie qui se fabriquent dans le pays et qui sont le produit de diverses propriétés établies spécialement dans le département de la Paz. La production en vins est très réduite et la qualité laisse beaucoup à désirer.

Principales maisons de vente en Bolivie

La Sevillaha de Pablo Saena Hnos, à La Paz.

La Balanza de José R. Barballa, à La Paz.

La Jeñezara de Trancisco Hojanis, à La Paz.

Noé Levy & Cie, vendeurs en gros, à La Paz.

W.-R. Grace & Cie, vendeurs en gros, à La Paz.

Flores Hermanos, vendeurs en gros, à La Paz.

La Princesa de José Floresm. Spécialités pour les vins espagnols.

Salom Pullmann, très fréquenté et bien assorti.

A. Harburger, maison vendant en gros et au détail.

Portillo & Cie, à Utani, maison très importante.

Guth & Cie, à Potossi, maison très importante française.

Droits de douane

Apéritifs comme Byrrh, Vermouth, Bitters et en bouteilles courantes	Dz. Bs	24	»
Liqueurs douces comme : Cassis, Curaçao, Chartreuse, Marrasquin, Kummel, Kirsch, Bénédictine, et toute autre crême douce..	»	24	»
Liqueurs non sucrées en bouteilles ordinaires comme Old Tom, Gin, Cognac, Whisky, Gengibre, etc..............	»	24	»
Vins de table blancs ou rouges, en bouteilles ordinaires......	»	9	60

Vins mousseux, blancs ou rouges, sous la présentation du champagne, comme le Chambertin, Asti, Pommard, Barbera, Muscato, etc. . . . .   »   12   »

Vins généreux secs ou doux comme Xérès, Malaga, Moscatel, Porto, Manzanille, Madère, Malveiria, Marsala, Frontignan, Chypre, etc. . . . .   »   10 80

Champagnes et vins blancs mousseux ou leurs imitations avec la présentation du champagne, soit avec la capsule, collier et étiquette. . . . .   »   24   »

Prohibitions

L'entrée est défendue pour l'absinthe. Tout alcool naturel ou fabriqué est interdit, étant un monopole de l'Etat.

Système commercial d'importations étrangères

Les ventes se font en général lors du passage du commis-voyageur représentant ces maisons. Envoi de catalogues, réclames, prix courants et même d'échantillons envoyés aux commerçants.

Conditions de vente

Les conditions de vente sont toujours les mêmes, par traites acceptées contre remise des documents et généralement à quatre-vingt-dix jours et aussi à six mois, date de facture.

Moyens d'augmenter les ventes françaises

Faire des conditions de paiement plus larges et faire connaître nos produits par la réclame et l'envoi d'échantillons à distribuer, etc.

Le Commerce
des Vins Français au Brésil

VINS ET LIQUEURS

Région de Rio-de-Janeiro.

Les Brésiliens consomment très peu de boissons alcooliques en général. Deux raisons expliquent ce fait : 1° La vigne ne pousse pas au Brésil, exception faite de la région la plus méridionale du pays;

2° Les vins importés au Brésil sont assez fortement imposés à leur entrée, et constituent généralement un article de luxe.

On ne trouve de vin ni à l'ordinaire de l'ouvrier, ni sur la table du riche, ni même dans les réunions joyeuses des cabarets de nuit. Le Brésilien se contente le plus souvent de l'eau minérale que lui fournissent quelques sources de son pays. C'est seulement dans les grands banquets que le Brésilien use du jus de la vigne.

Et encore, nos vieux crus nationaux figurent-ils généralement bien plus pour l'ornement d'un menu destiné à être reproduit dans tous ses détails par la presse locale, que pour la satisfaction des convives, dont les lèvres se trempent à peine dans le breuvage agréable et tonifiant qui fait en France la force et le plaisir des dîneurs.

Le Brésilien ne boit pas ou boit peu. Son vin, c'est le « café ».

Mais il y a au Brésil de nombreux étrangers qui, par habitude, ne peuvent se passer du jus de la treille : Portugais et Italiens ont connu dans leur patrie le goût du « Collares » et du « Chianti ». Ils continuent à en boire au Brésil. Et voilà la raison qui explique, avec le bon marché, pourquoi le Brésil importe surtout des vins portugais et italiens. Les nationaux de ces deux pays préfèrent leurs crus, et ne constituent aucunement une clientèle pour les vins français.

Si nos compatriotes étaient aussi nombreux qu'eux au Brésil, l'importation des vins français serait supérieure à celle de tous les autres pays. Il n'en est pas ainsi, et c'est pourquoi nos vins ordinaires ne constituent qu'une faible partie des vins de même qualité importés au Brésil, alors qu'au contraire, nos liqueurs et vins de Champagne, qui s'adressent à une clientèle riche et connaisseuse, détiennent au Brésil une supériorité incontestable.

Les Brésiliens n'admettent pas d'autres vins mousseux que le vrai Champagne.

Si par l'action d'une réclame intelligente et opportune, quelque nouvelle marque française parvenait à se faire favorablement accueillir sur le marché brésilien, ce ne serait qu'au détriment des marques déjà connues et acceptées, car, actuellement, il est difficile d'indiquer un moyen quelconque d'augmenter l'exportation française vers le Brésil des vins de Champagne qui sont exclusivement consommés dans des circonstances spéciales et seulement par les classes privilégiées.

Les grands vins français, comme les vins ordinaires, ont aussi une consommation très limitée. Ceux-là parce que le prix en est élevé et que la classe aisée, qui seule pourrait en boire, n'en a pas le goût. Ceux-ci, parce que les Portugais et les Italiens, qui sont les grands buveurs de vin au Brésil, préfèrent leurs crus nationaux.

Ainsi donc, ce n'est guère que dans les grands restaurants et les hôtels et chez nos compatriotes que l'on trouve des vins français ou étiquetés comme tels.

A noter, pour mémoire, tout d'abord la concurrence trompeuse de certains vins étrangers.

Des bouteilles de vins portugais portent de superbes étiquettes où se détache en grosses lettres le nom de « Chambertem ».

Le consommateur qui s'imagine commander un de nos « Bourgognes » les plus fameux, paye cher à tous points de vue cet escamotage de deux lettres.

Mais il est connu que des vins, donnés comme authentiquement français, subissent chez des négociants peu scrupuleux, une manipulation qui ne les rend que médiocrement recommandables.

On croit même qu'il existe à Sao Paulo de véritables usines qui fabriquent de la « Veuve Clicquot », du « Sauterne » et du « Pommard ».

Il est certain que la fraude et la falsification sont très fréquentes dans ce pays. Peut-être même faut-il leur attribuer le fait que les Brésiliens consomment peu de vins. S'ils avaient la certitude de ne plus être victimes de grossières contrefaçons, peut-être se trouveraient-ils amenés à goûter davantage des produits de nos bons vignobles, à s'y attacher et à en assurer une consommation plus importante.

Le moyen d'arriver à ce but serait que les viticulteurs français, s'intéressant au Brésil, se réunissent en « Consortium » afin d'établir ici un entrepôt de vins français dont la provenance et la pureté seraient garanties d'une façon indiscutable.

De l'avis des commerçants français en vins de Rio-de-Janeiro, cette mesure serait actuellement la seule propre à influer favorablement sur l'exportation française de vins au Brésil.

Maisons d'importation de Rio-de-Janeiro
Vins et Liqueurs

MARQUES PRINCIPALES ET PRIX

Teixeira Borges & C°, rua de Rosario, 112, à Rio-de-Janeiro. Vins : « Adriano Ramos Pinto », « Villar de Allen », « Macedo W », « Reserva Meneres », « Reserva Pereira », « Da Costa », « Moscatel Meneres ».

Camillo Mourao & C°, rua de Rosario, 162. Vins : « Duas Americas » (38 $ par caisse), « Portella Reserva » (38 $ par caisse).

Barbosa Albuquerque & C°, rua da Rosario, 102-104. Vins : « Porto », « Villar », « Mecedo », « Adriano ».

A. Bebiano & C°, rua San Pedro, 114. Vins : « Porto », « Adriano ».

M. Welloso & C°, rua San José, 18. Vins : « Macedo », « Moscatel », « Villar d'Allen ».

J. Carrazedo & C°, rua dos Ourives, 101. Vins : « Granja » 60 $ oo, « Adriano » 60 $ oo, « Moscatel de Setubal » 55 $ oo, « Villar d'Allen » 55 $ oo, « Madeira Izidro » 65 $ oo, « Collares Viuva Gomes » 38 $ oo, « Clarete de Real Companhia » 38 $ oo. (Prix par caisse)

Correia Ribeiro & C°, rua 1° de Marco, 22. Vins « Portuguezes » (principalement), importés en France, et avant la guerre d'Allemagne.

J. C. V. Mendes, rua da Assembléa, 40. Vins : « Portugueze Joe », « Moscatel de Setubal », « Moscatel Portugueze », « Bordeaux », « Sauterne », « Médoc Margaux ». Liqueurs : Anisette, Pippermint, Cacau, Curacau.

Note : Les firmes indiquées ci-dessus importent presque exclusivement du Portugal.

G. Monamicq (Français), rua San José, 66. Vins : Français, spécialement de Bordeaux.

J. Lanneluc & C° Ltd (Français), rua da Assembléa, 24. Vins : Français et Allemands avant la guerre.

Viuva Emilio Kahn, rua da Assembléa, 121.

J. Arthur Wraubck, rua da Assembléa, 117-119. Vins : Français, allemands et de l'Amérique du Nord.

On peut encore citer les firmes :

Guimaraes Irmao & C°, vins portugais, à Rio.
Alberto Amarante & C°, vins portugais et français.
Vieira Monteiro & C°, vins portugais, français et allemands (avant la guerre).
Monteiro Junior & C°, vins portugais et allemands, rua Visconde de Inhauma, 82.
Oliveira Lopes Silva & C°, vins portugais.
Azevedo Torres, vins portugais et français.
J. C. Etchebarne, avenida Passos II (français.)
Marques Fonseca & C°, rua San José, 66 (portugais).
Narbonne & C°, rua General-Camara, 132 (portugais).
Gonçalves Zenha & C°, rua 1° de Março (portugais).
F. J. de Souza & C°, rua San José, 54 (portugais).

Coelho Martins, rua Uruguayana, 21 (portugais).
Laport, rua Alfandega, 77-79 (belge).
Alexandre Albuquerque, rua 7-Setembro, 38.
Araujo Silva & Irmao, rua 7-Setembro, 111.
Carvalho Rocha & C°, rua 7-Setembro, 111.
Fernandes & Alvares, rua Assembléa, 61.
Figueredo Marinho & C°, rua Buenos-Ayres, 115.
Joaquim Fernandes & C°, rua Rosario, 136.
Pereira Castro & C°, rua Rosario, 140.
Pereira Lima, rua Rosario, 171.
Silva Neves & C°, rua Sao Pedro, 28.

Importation des vins à Sao Paulo

De Vecchi, largo Guayanazes, 20-22, Sao Paulo.
A. P. de Almeida & C°, rua Quintino Bocayura, 17 A.
Adega Rio Grandenso, rua José Paulino, 125.
Cocité, Irmao, rua Paula Souza, 54, 56, 58, 60.
David Garofalo & C°, trav. Grande Hotel, 1, & rua Canindé, 38 B & C.
Francesco Pistone, rua Seminario, 12.
Irmaos Fiaccadori, rua Brigadeiro Tobias, 79.
J. Franco & C°, rua Libero Radaro, 67.
José Augusto dos Santos, rua Conselheiro Ramalho, 53.
José Luccherini, rua Tamandaré, 5.
Julio Gradidole, rua 11-Agosto, 74.

VINS ET LIQUEURS

Région de Bahia

Le commerce des vins et liqueurs n'est pas encore très développé dans l'Etat de Bahia; la population de race blanche pure ne représente, en effet, qu'un cinquième de la population totale (3 millions) et l'on sait que le nègre ne boit du vin que très rarement.

Cependant, au cours de ces dernières années, on a remarqué une augmentation constante de la consommation du vin et l'on peut calculer que le port de Bahia importe annuellement, entre 4 et 5.000 hectolitres de vin.

Voici les statistiques pour 1920, par provenance; les chiffres ci-dessous comprenant les envois en barriques et en caisses :

En provenance de :

Buenos-Aires	Lisbonne	Leixoes	Porto	Havre	Bordeaux
10	4.104	17.011	3.412	432	2.207 dont 500 barriques environ

	Montevideo	Barcelone	Hambourg	Gênes
	40	42	312 caisses	850 caisses

Pour les quatre premiers mois de 1921, les chiffres ont diminué considérablement par rapport à la période correspondante de 1921, soit de 50 o/o environ.

Le simple examen du tableau ci-dessus démontre suffisamment que les vins portugais occupent, et de loin, la première place dans l'importation par Bahia.

Alors que les maisons portugaises envoient 25.000 colis, les maisons françaises n'en envoient que 2.600 environ.

Voici le tableau des arrivages par cabotage :

Alagoas	Pernambouc		Para	Rio		S. Paul		Rio Grande Sul	
	Barr.	Caisses	Cais.	B.	C.	B.	C.	B.	Caisses
78	402	775	20	927	1.023	480	1.237	567	17

Il est intéressant de remarquer que le commerce des vins indigènes du Rio Grande do Sul prend de plus en plus d'importance. Ces vins sont en général excellents et laissent loin derrière eux les vins argentins, dont on avait essayé, pendant la guerre, d'introduire de grandes quantités au Brésil; il est incontestable que dans un avenir plus ou moins proche, les vins indigènes feront une concurrence redoutable aux vins étrangers.

Quelle est la raison de la grande faveur dont semblent jouir les vins portugais dans l'Etat de Bahia ?

D'abord la question de sympathie, l'élément portugais est très nombreux ici; ensuite la question de prix, les vins portugais reviennent ici en moyenne 10 o/o meilleur marché que les vins français.

Les principales maisons d'importations de vins de l'Etat de Bahia sont :

Garde et Busquet, maison française très recommandable.

Cory & C°.

Silva & C°, à Bahia.

Jor da Cunha & C°.

Tudo & C°. Ce dernier a actuellement en magasin plus de 300 caisses de vins français, c'est-à-dire au moins pour deux ans.

Geraldo Irmaos.

Pereira de Miello.

Cassiano Perez & C°.

Luzo-Brazileiro, largo de Theatro.

Alfredo Motta, à Bahia.

Nous croyons que les principales maisons de Bordeaux auraient intérêt à envoyer un voyageur en Amérique du Sud uniquement pour vérifier si des commerçants malhonnêtes ne se servent pas de leurs étiquettes pour vendre des vins inférieurs du Portugal ou d'Algérie comme vins français de marque. Il est à croire que les représentants eux-mêmes de maisons bien connues en France, vendent ici cinq fois plus de vins français qu'ils n'en reçoivent en réalité. Le système employé par certaines maisons de Bordeaux (Delor & C°, par exemple) et qui consiste à envoyer leur vin en barriques en y joignant un certain nombre d'étiquettes destinées à être collées sur les bouteilles, incitent, en effet, la plupart des importateurs à faire fabriquer à leurs frais des étiquettes identiques ou à peu près, ici, et à les coller sur des bouteilles de vins portugais.

Champagnes

La consommation du champagne est très réduite dans l'Etat de Bahia, et cela tient surtout à l'élévation des droits d'entrée et des taxes de consommation. Le champagne paie en effet, à l'entrée, 1 $ 600 par kilo, dont 55 o/o payables en or, c'est-à-dire actuellement environ 5 milreis papier pour 1 milrei or. L'impôt de consommation est en ce moment de 3 milreis par bouteille.

Ces droits sont les mêmes pour les mousseux, ce qui fait que l'on n'a aucun intérêt à importer du mousseux.

Bahia est approvisionné en champagne, au moins pour deux ans. La maison Tudo et Cie en a près de 300 caisses en magasin.

Le Commerce
des Vins Français au Chili

Monographie sur le commerce des vins et liqueurs

Importation totale	Année 1913	Année 1919	$ or = 1 fr. 875
Valeur	4.844.281	3.676.365	$ oro 18d
Quantité	2.312.028	893.495	Litres
Part de la France............	1.526.540	1.583.086	$ oro 18d
	694.150	274.224	Litres

Provenances principales : Grande-Bretagne, France, Espagne, Italie, Etats-Unis, Portugal.

Marques et fabriques étrangères rivales : Porto, Xérès, Vermouth, Rhum, Whisky, Gin, Vin du Rhin.

Marques nationales concurrentes : Rossard, Guérin frères, Despouy.

Principales maisons de vente : Weir, Scott & C°, Sanchez & C°, Melossi, à Santiago.

Droits de douane : Eaux-de-vie et amers, $ 6 et $ 7.50 or le litre. Vins, $ 2.25 et $ 2.70. Vins mousseux, $ 7.50. Cidre et bière, $ 2 et 1.50 le litre.

Il n'y a pas de prohibition.

Mode de paiement : En général à 90 jours avec acceptation des traites contre remise des documents pour les maisons qui n'ont pas de commissionnaires en Europe.

Avant la guerre, le commerce pratiquait un crédit allant jusqu'à un an, et pour certains articles, les importateurs avaient des arrangements spéciaux sous forme de consignation à échéance plus ou moins éloignée avec règlement tous les six mois, sous le contrôle des banques allemandes de la place.

Moyens d'augmenter les ventes françaises, formes de crédit : Il est de la plus grande importance de faire des conditions de prix susceptibles d'affronter la concurrence, de fabriquer des articles au goût du pays, et, en outre, accepter de faire des crédits plus ou moins longs.

Avant la guerre, quand il n'y avait pas de Banque Française au Chili, il était naturel que les exportateurs français hésitassent à faire des crédits à longs termes, mais maintenant qu'il y a sur la place la « Banque Française du Chili » correspondant de la Société Générale et de la Banque Franco-Italienne de Paris, il est facile aux fabricants exportateurs français de se procurer toutes les garanties voulues pour assurer leur crédit et la surveillance de leurs intérêts. Il serait donc désirable que les exportateurs français, ayant en vue au Chili des affaires où des crédits à long terme leur seraient demandés, aient recours aux établissements de Banque indiqués ci-dessus, qui sont en mesure de les renseigner exactement sur la situation des maisons de commerce au Chili.

Au point de vue de l'exportation de nos vins en Amérique Latine, il est nécessaire de signaler le fait suivant :

Il est formé un groupement appelé ASSOCIATION DES VITICULTEURS, qui a pour but de développer l'exportation des vins chiliens à l'étranger et notamment en *Equateur, Bolivie, Colombie, Amérique Centrale, Cuba, Uruguay* et' *Brésil.*

Dans le début de cet organisme, les essais d'exportation n'avaient pas donné de résultat par suite du manque d'organisation des producteurs, et faute de pouvoir préparer et maintenir des types de vins uniformes. Aujourd'hui, l'entente s'est faite et les résultats sont meilleurs ; l'Association achète, après axamen, la récolte de ses membres, les vins sont soignés par des spécialistes en la matière, des types uniformes ont été constitués. Des envois faits au Mexique une première fois ont été écoulés facilement, et cette Association se prépare à envahir les marchés de l'Equateur, de la Bolivie, de la Colombie et de l'Amérique Centrale.

Le Commerce
des Vins Français en Colombie

COMMERCE DES VINS ET LIQUEURS

Tableau de l'importation des vins et liqueurs en Colombie pendant l'année 1919 (en kilogrammes et en dollars)

Cognacs et whiskys : 313.274 k. 500 valant 287.671 dollars, 17 cents, et provenant de : Antilles Hollandaises (14.017 k. 500 valant 15.067 dol. 30); Espagne (16.490 k. valant 11.091 dol. 40); Etats-Unis (18.831 k. 700 valant 13.412 dol. 32); France (119.514 k. 500 valant 125.345 dol. 40); Grande-Bretagne (136.762 k. 98 valant 114.457 dol. 16); Italie (1.213 k. 770 valant 4.393 dol.).

Crèmes et pousse-café : 4.449 k. 500 valant 2.662 dol. 17 et provenant de : Espagne (379 k. valant 221 dol. 60); Etats Unis (508 k. 500 valant 326 dol. 88); France (1.788 k. valant 1.356 dol. 24); Italie (206 k. valant 150 dol.); d'autres pays (1.568 k. valant 608 dol. 20).

Genièvre : 585 k. 250 valant 302 dol. 72 et provenant de : Espagne (36 k. valant 16 dol. 80); Etats-Unis (175 k. valant 139 dol. 82); France (64 k. valant 22 dol.); Grande-Bretagne (305 k. 250 valant 124 dol. 10); d'autres pays (590 k. 250 valant 302 dol. 72).

Amer de Angostura : 639 k. 547 valant 340 dol. 15 et provenant de : Espagne (240 k. valant 114 dol.); Etats-Unis (224 k. 447 valant 131 dol. 65); France (116 k. 100 valant 47 dol. 40); d'autres pays (698 k. 547 valant 387 dol. 25).

Liqueurs distillées : 7.543 k. 480 valant 4.962 dol. 70 et provenant de : Antilles Hollandaises (664 k. valant 583 dol.); Espagne (1.687 k. valant 924 dol. 41); Etats-Unis (424 k. valant 241 dol. 90); France (3.148 k. 480 valant 2.117 dol.); Grande-Bretagne (1.402 k. valant 1.016 dol. 39); Italie (230 k. valant 72 k.); autres pays (8 k. valant 8 dol).

Vins rouges et blancs (15°) : 661.697 k. 200 valant 205.129 dol. 50 et provenant de : Antilles Hollandaises (4.117 k. valant 1.140 dol.); Espagne (39.992 k. valant 74.858 dol. 36); Etats-Unis (54.305 k. 100 valant 18.566 dol. 41); France (114.387 k. valant 68.170 dol. 53); Grande-Bretagne (15.487 k. valant 9.559 dol. 81); Italie (35.291 k. valant 13.905 dol. 90); autres pays (38.186 k. 400 valant 18.928 dol. 49).

Vins rouges et blancs (22°) : 46.712 k. valant 8.667 dol. 10 et provenant de : Espagne (42.349 k. valant 7.438 dol. 19); Etats-Unis (4.174 k. valant 1.160 dol. 87); France (189 k. valant 68 dol. 04).

Vins de Banyuls et de Saint-Raphaël : 46.245 k. valant 23.782 dol. et provenant de : Espagne (29.994 k. valant 14.543 dol. 80); Etats-Unis (1.437 k. valant 816 dol. 50); France (12.375 k. valant 6.716 dol. 90); Grande-Bretagne (2.334 k. valant 1.629 dol. 80); d'autres pays (105 k. 75).

Vins généreux (22°) *Muscat* : 653.837 k. 243 valant 192.329 dol. et provenant de : Antilles Hollandaises (1.690 k. valant 655 dol.); Espagne (344.534 k. 800 valant 93.819 dol. 20); Etats-Unis (166.680 k. 943 valant 38.465 dol. 60); France (4.130 k. valant 2.433 dol. 30); Grande-Bretagne (25.513 k. 600 valant 14.050 dol. 04); Italie (93.530 k. valant 40.298 dol. 37); autres pays (17.758 k. valant 2.607 dol. 60).

Vins rouges mousseux (22°) : 1.100 k. 600 valant 707 dollars et provenant de : Etats-Unis (904 k. 600 valant 640 dol.); Italie (196 k. valant 67 dol.).

Vins blancs mousseux (22°) : 46.232 k. 100 valant 25.357 dol. 45 et provenant de : Antilles Hollandaises (1.041 k. valant 520 dol. 30); Espagne (12.024 k. valant 5.688 dol. 89); Etats-Unis (2.637 k. 100 valant 1.516 dol. 26); France (5.012 k. valant 3.298 dol.); Grande-Bretagne (58 k. valant 21 dol.); Italie (25.460 k. valant 14.413 dol.).

Vins de Champagne : 31.625 k. valant 36.424 dol. 40 et provenant de : Antilles Hollandaises (783 k. valant 861 dol. 60); Etats-Unis (5.449 k. valant 5.215 dol. 60); France (13.765 k. valant 17.186 dol. 80); Grande-Bretagne (11.118 k. valant 12.470 dol. 40); autres pays (510 k. valant 800 dol.).

Vins médicinaux : 27.212 k. 572 valant 14.868 dol. 18 et provenant de : Espagne (1.324 k. valant 878 dol. 35); Etats-Unis (13.539 k. 082 valant 6.467 dol. 373); France (7.021 k. 820 valant 5.419 dol. 78); Grande-Bretagne (3.355 k. 070 valant 1.434 dol. 68); Italie (1.370 k. valant 210 dol.); autres pays (610 k. valant 458 dol.).

Le total des importations en 1919 des vins, boissons, liqueurs, s'est donc élevé à 1.841.153 kilos 992 valant 803.304 dollars 40. Le total de l'importation pour chacun des pays qui suivent s'établit par les chiffres ci-dessous :

	Kilos.		Dollars.
Antilles Hollandaises	22.414.500	valant	18.866,50
Espagne	848.982.100	—	209.595,00
Etats-Unis	269.290.522	—	87.101,18
France	281.510.510	—	232.131,45
Grande-Bretagne	196.335.800	—	154.763,38
Italie	157.496.000	—	70.282,56
Panama	3.883.000	—	3.527,58
Autres pays...............	61.241.170	—	27.036,75

De ce tableau il résulte que :

Pour les vins rouges et blancs ne dépassant pas 15°, l'Espagne est notre principale concurrente, ayant introduit en 1919 :

Espagne : 399.923 kilos pour une valeur de piastres or 74.858, et nous
France : 114.387   —   —   —   68.170 ;

Mais la valeur des vins importés indique bien que les vins espagnols étaient des vins ordinaires alors que les nôtres étaient de qualité supérieure.

Pour les vins mousseux blancs, l'Espagne et l'Italie viennent en première ligne :

  Italie.......... 25.460 kilos pour 17.136 piastres.
  Espagne .... 12.024 — 5.688 —
  France .... 5.012 — 3.298 —

Pour les champagnes, nous venons en tête et il est fort probable que les vins de champagne, indiqués comme ayant été importés par l'Angleterre, étaient des vins français; peut-être même aussi une partie de ceux introduits par les Etats-Unis.

  France .... 13.765 kilos pour 17.136 piastres.
  Angleterre ...... 11.118 — 12.470 —
  Etats-Unis ...... 5.449 — 5.215 —

Pour les cognacs, nous venons en tête de très loin, le chiffre donné de 119.514 kilos pour 125.345 piastres comprend à peu près uniquement des cognacs, alors que celui donné pour l'Angleterre, 136.762 kilos pour 114.457 piastres comprend surtout des whiskys.

Il est à noter que l'Espagne a introduit 16.490 kilos pour 11.091 piastres, alors qu'en 1915 elle n'en avait introduit que 3.512 kilos pour 1.669 piastres.

Ses « cognacs » sont meilleur marché que les nôtres, ce qui lui permet de nous faire une certaine concurrence.

Pour les liqueurs (crèmes, pousse-cafés), nous venons en tête :

  France .... 1.788 kilos pour 1.356 piastres.
  Etats-Unis ...... 508 — 326 —
  Espagne .... 379 — 221 —
  Italie .... 266 — 150 —

On indique comme principales maisons de vente :

Agustin Nieto, à Bogota.
Veuve Gonzales Bustamente, à Bogota.
Balen y Groot,   »
Aurelio Bermudez, »
Prieto de la Torre, »
El Escudo Catalan, »
La Puerto del Sol, »
Aldo Faccio (La Victoire), »

DROITS DE DOUANE — PROHIBITIONS

L'absinthe, l'anetol, les vins, cognacs et liqueurs de plus de 22° sont prohibés, ainsi que les alcools et extraits concentrés pour la fabrication des liqueurs et vins.

Les droits de douane sont les suivants :

Eaux-de-vie, par kilo, poids brut, emballage compris : Piastres 2.00
Cognacs — — — — 2.00
Liqueurs — — — — 2.00
Vins blancs et rouges jusqu'à 15°.................... — 0.05
Vins blancs et rouges au-dessus de 15°............. — 0.10
Vins de Saint-Raphaël, Banyuls, etc................. — 0.10
Vins généreux au-dessous de 22°.................... — 0.10
Vins blancs mousseux .... — 0.20
Vins rouges mousseux .... — 0.30
Champagnes .... — 1.50

DROITS DE CONSOMMATION ET ACCISE

En outre des droits de douane, il existe des taxes de consommation qui sont les suivantes :

Cognacs, liqueurs, pour chaque bouteille ou récipient d'un poids
non supérieur à 200 grammes, récipient compris.... Piastres 0.10
Vins rouges ou blancs jusqu'à 15° par kilo, récipient compris.... 0.02
Vins rouges ou blancs au-dessus de 15°........................ 0.05
Vins rouges mousseux 0.10
Vins blancs mousseux 0.20
Champagnes 1.00

SYSTÈMES COMMERCIAUX DES IMPORTATEURS ÉTRANGERS

Les négociants en vins étrangers ont souvent sur place des agents rétribués qui poussent les marques et leur font une forte réclame par les journaux.

LEURS PRIX ET CONDITIONS

Les négociants étrangers font jusqu'à six mois de terme, contre traites.

Le système d'acceptation de traite contre remise des documents d'embarquement est impossible pour les villes de l'intérieur, en raison de leur éloignement de la côte et des très longs retards dans les transports. (On cite des cas de marchandises qui ont mis plus d'un an à arriver.)

MOYENS D'AUGMENTER LES VENTES FRANÇAISES

On conseille aux exportateurs français : 1° d'être très libéraux et d'accorder des délais aux bonnes maisons; 2° de se grouper, s'il est possible, pour installer à Bogota et à la côte, à Barranquilla, un agent qui posséderait un certain stock des vins et liqueurs les plus demandés et serait ainsi à même de les fournir selon les besoins aux négociants, comme aussi de faire de la réclame; 3° de ne pas exiger, comme le font de très nombreuses maisons françaises, des agents qui leur sont indiqués, une vente minimum chaque année. Il faut, en effet, un certain temps pour introduire une marque, et, à ce point de vue, il est nécessaire de laisser toute latitude aux agents; 4° de vendre au meilleur marché possible et baisser les prix à mesure que remontera le franc.

COMMERCE DE VINS ET LIQUEURS

Colombie. — Importation.

Boissons, liqueurs, etc. :	1913		1914	
	Kgms y gms	$	Kgms y gms	$
Allemagne	1.251.087 081	121.904 37	565.775 483	55.673 03
Antilles Hollandaises......	81.540 594	12.363 45	55.468 028	8.675 70
Belgique	101.002 792	21.086 56	79.122 250	17.551 92
Espagne	1.962.714 262	248.594 55	1.475.483 444	188.719 41
Etats-Unis	657.081 185	86.018 54	600.821 330	73.398 53
France	1.027.401 332	362.457 »	663.850 737	255.196 31
Grande-Bretagne	1.263.748 830	139.225·32	940.714 366	95.608 25
Italie	286.802 522	37.203 22	209.949 562	29.890 42
Panama	1.789 »	431 »	2.464 »	540 67
Pays divers.............	185.475 285	22.127 70	132.199 096	22.402 94
Total	6.818.642 893	1.051.411 71	4.725.848 296	747.657 18

	1915		1916	
	Kgms y gms	$	Kgms y gms	$
Allemagne	»	»	»	»
Antilles Hollandaises.......	17.339 »	76.408 48	25.767 400	8.027 25
Belgique	»	»	»	»
Espagne	561.326 057	3.620 64	1 289.478 297	217.670 28
Etats-Unis	453.938 902	69.528 46	586.297 633	102.832 41
France	234.783 117	98.127 35	608.592 539	243.650 12
Grande-Bretagne	267.243 459	29.581 18	249.744 164	55.255 67
Italie	98.610 865	14.131 96	122.995 240	21.829 37
Panama	4.116 »	848 60	4.071 »	934 »
Pays divers.............	143.754 477	17.297 64	123.505 »	16.152 23
Total	1.781.111 877	309.544 31	3.010.451 273	666.351 33

Le Commerce
des Vins Français au Pérou

COMMERCE DE VINS ET LIQUEURS

Statistiques des douanes de 1913-1919

Pays d'origine et de provenance :	1913	1919
France	41.321	35.119
Grande-Bretagne	26.846	61.468
Italie	16.631	20.188
Allemagne	12.538	
Portugal	10.539	5.340
Espagne	10.759	42.115
Belgique	9.545	
Etats-Unis	2.149	36.808
Hong-Kong	1.283	1.206
Trinidad	464	565
Chili	459	8.100
Brésil	425	1.536
Autres pays	122	5.755

Quantités litres	1913	1919
France	444.315	132.461
Autres pays......................	2.440.779	1.503.251

Nota. — Les statistiques de 1921 n'ont pas encore paru.

On ne peut se fier au tableau ci-dessus pour savoir l'origine des boissons importées.

Il est presque certain qu'une partie des vins et liqueurs provenant d'Angleterre et de Belgique et qui figurent au compte de ces pays sont d'origine française.

Pays rivaux. — La France occupe encore sans doute le premier rang des pays importateurs, car ce sont toujours nos vins et nos liqueurs qui sont les plus répandus.

Mais la concurrence étrangère se développe à notre détriment. Nos champagnes notamment sont concurrencés par les vins mousseux italiens qui ne paient que s. 1,65 par litre à la douane, tandis que le champagne doit acquitter s. 2,23 par litre. L'Italie, l'Espagne, le Portugal et le Chili sont nos principaux rivaux (Chianti, Asti, Marsala, Jerez, Malaga, Porto).

Vins et liqueurs.

Détail importation italienne de 1913-1919.

	Quantité en kilos.	Liv. per.	Quantité en kilos.	Liv. per.
	1913		1919	
Anisette, cognac, kirsch et autres alcools dont la densité ne dépasse 30°	234	46.800	741	240.825
Eaux gazeuses, soda, eaux minérales, naturelles ou artificielles, gingerale	136.091	1.769.183	39.816	1.194.480
Wisky en bouteilles..............	450	59.850	»	»
Amers, bitters, etc..............	13.605	1.659.810	2.715	706.113
Sirops	10	550	»	»
Cacao, curaçao, chartreuse, bénédictine, etc....................	1.285	199.175	»	»
Marsala, Sauternes, Barsac.........	61.042	7.324.940	55.603	13.066.757
Rhin, Vermouth..................	7.016	701.600	709	127.620
Jerez, madère, malaga, moscatel, oporto, frontignan, malvasia, etc.	233	44.600	216	56.100
Bordeaux, bourgogne, chianti, catalan, valdepenas, etc.............	20.679	1.819.752	6.334	1.436.935
	6.626	278.292	471	84.780
Champagne	273	78.624	»	»

Vins et liqueurs.

Détail importation Portugal de 1913-1919.

	Quantité en kilos.	Liv. per.	Quantité en kilos.	Liv. per.
	1913		1919	
Anisette, cognac, kirsch...........	390	126.750	525	105.000
Eaux gazeuses..................	1.004	30.120	2.666	34.658
Vins marsala..................	732	172.020	87	8.700
Jercz	1.104	287.040	15.564	3.112.800
	1.151	224.445	162.900	436.212
Bourgogne	24.999	4.499.820	4.039	6.841.800

Vins et liqueurs.

Détail importation Espagne 1913-1919.

	Quantité en kilos.	Liv. per.	Quantité en kilos.	Liv. per.
	1913		1919	
Anisette, cognac, kirsch...........	20.057	4.070,400	42.573	13.826.225
	1.017	124.074	»	»
Eaux gazeuses..................	2.203	28.639	1.503	45.009
Amers, bitters, etc..............	861	191.142	3.964	1.030.692
	1.785	217.770	»	»
Sirops	24	1.320	»	»

	Quantité en kilos.	Liv. per.	Quantité en kilos.	Liv. per.
	1913		1919	
Vins marsala, Sauternes, etc.......	387	47.040	9.525	2.238.440
	746	74.600	4.050	729.000
Cacao, curaçao, chartreuse, bénédictine, etc....................	86	13.330	»	»
Jerez, madère, malaga, moscatel, oporto, etc....................	14.195	1.533.060	6.779	1.321.905
Bordeaux, bourgogne, chianti, catalan, valepenas, etc.............	201	17.688	7.626	1.754.099
Moscato, asti blanc...............	13.878	582.876	19.874	3.577.320
Champagne	112	32.256	2.157	1.176.023

Vins et liqueurs.

Détail importation Chili de 1913-1919.

	1913		1919	
Anisette, cognac, kirsch, etc........	11	2.200	350	10.500
Eaux gazeuses.....................	27	3.591	22.113	1.769.040
Bières	»	»	300	35.100
Jus de fruits.....................	»	»	2.261	531.554
Vins de Marsala..................	»	»	2.804	504.720
Bourgogne	»	»	5.154	1.185.496
Amers, bitters, etc...............	104	4.576	»	»
Marsala, sauternes, barsac..........	491	58.920	»	»
Jerez, madère, malaga, moscatel, oporto, frontignan, etc..........	»	»	»	»
Bordeaux, bourgogne, chianti, catalan, valdepenas, etc...............	4.386	385.968	»	»

Pour les eaux de vie et liqueurs, les marques françaises sont concurrencées par :

1° Le vermouth, italien, les liqueurs italiennes;
2° Le whisky et le gin de l'Angleterre et des Etats-Unis;
3° Les liqueurs hollandaises de Wyna et Focking.

Le commerce des vins et liqueurs autres que le champagne est entre les mains de détaillants italiens.

Concurrence nationale. — Seul, le commerce de nos vins de Champagne est prospère. Pour les autres vins et les eaux-de-vie, bières et liqueurs, notre importation aura beaucoup de peine à se développer, surtout en raison de la concurrence qui leur est faite sur place.

Le pays produit lui-même du vin, encore inférieur aux nôtres, mais fort buvable et qui est au Pérou de consommation courante. Grâce au climat méditerranéen dont jouit la côte péruvienne, la vigne prospère partout où le sol est convenablement irrigué. Quelques vignobles existent dans les environs mêmes de Lima et les Pères rédemptoristes français, établis dans un faubourg de la ville, tirent un excellent parti des vignes qui couvrent les toits de leur couvent. Ils obtiennent des vins blancs et rouges d'assez bonne qualité et du bon vin de dessert analogue aux frontignans, mais la région vinicole par excellence du pays se trouve plus au Sud, dans une région qui s'étend de Cerro-Azul à Ica en passant par Chincha et Pisco. On produit cependant plus d'eau-de-vie que de vin. Cette eau-de-vie de qualité inférieure est nommée pisco et se consomme dans tout le pays. Le Pérou produit aussi une grande quantité de rhum, mais c'est en général du rhum à brûler. La boisson favorite des Péruviens est la chicha, boisson fermentée fabriquée avec le maïs. C'est surtout sur le plateau des Andes, à Arequipa, à Cuzco, etc., qu'elle est en faveur. Enfin, il existe ici plusieurs grandes brasseries, dont les principales sont : la Fabrica Nacionale de Cerveza du Callao et la brasserie Backus et Johnston de Lima.

Les Péruviens concurrencent encore plus directement nos produits en fabriquant des vins et liqueurs, soi-disant similaires aux nôtres, au moyen d'extraits et d'essences qu'ils font venir d'Europe, notamment de Bordeaux et d'Argenteuil. Les restaurateurs sans scrupule servent à leur clients, sous le nom de bordeaux ou de bourgogne, des mixtures composées dans leur office par les garçons mêmes de l'établissement.

Il y a d'ailleurs à Lima deux grandes fabriques de ces liqueurs, celles de Zerga & Cie et A. Marchand & Cie.

Nos liqueurs de marque, Chartreuse, Bénédictine, Anisette, Curaçao sont imitées de la même manière. Tous ces industriels ont pris la précaution, d'ailleurs, de déposer leurs marques.

Principales maisons de vente :

	Maisons
C. Bert & Cie, rue Espaderos, à Lima	Française.
Henri Marron (Edouard Grellaud Succ.), Portal Botoneros, à Lima	Française.
Craham Roxe & Cie, rue Villalta, à Lima	Anglaise.
Broggi & Dora, rue Espaderos, à Lima	Suisse.
W.-R. Grace & C°, Banco Herrador, à Lima	Américaine.
Luis Zoletti, rue Correo, à Lima	Italienne.
Harth & Cie, rue Aldabas, à Lima	Française.
Jules Faurie, rue Divorciadas, à Lima	Française.
Schmitt & Fils, rue Plateros San Pedro, à Lima	Française.
Leckett & Cie, rue La Perced, à Lima	Anglaise.
Grand Hôtel Maury, Visconti & Volasquez, Calle Bodegones, à Lima	Italo-péruvienne
Ducan Fox & Cie, rue Melchormola, à Lima	Anglaise.
G. Berckemeyer, rue Villalta, à Lima	Péruvienne.
Giacolletti & Cie, rue Boza, à Lima	Italienne.
Beausire & Cie, Calle Melchormalo, à Lima	Anglaise.
Ph. Ott & C°, rue Judios, à Lima	Française.
Sociedad Jerezana, Calle Montas, à Lima	Espagnole.
Cotuzzo & Cie, rue Filipinas, à Lima	Italienne.

Maisons de demi-gros et détail important directement :

Azalia & Zoletti, Calle Coreo, à Lima	Italienne.
H. Marron (E. Grellaud Succ.), Portal Botoneros, à Lima	Française.
J. Faurie, Calle Divorciadas 698, à Lima	Italienne.
Fratelli Nagaro, Calle Abancay 1084, à Lima	Italienne.
Giacoletti Pedro, Calle Colmena 101, à Lima	
Gotuzzo Dionisio, Calle Carabaya 500, à Lima	Italienne.
Cotuzzo Bartolomé, Calle Melchormalo, à Lima	Italienne.
Maggiolo e Hijos, Calle San Francisco 318, à Lima	Italienne.
Nosiglia Hermanos, Estudios 141, à Lima	Italienne.
Etchecopar & Cie, Calle Virreyna Lima (Successeurs de J. Sbarbaro & C°), à Lima	Péruvienne.
E. Rampini, Calle Virreyna, à Lima	Italienne.
Tealdo Peri & Cie, Calle Virreyna, à Lima	Italienne.

Solari Hermanos, Calle San José, à Lima.......... Italienne.
Zolezzi Luis, Calle San Jose, à Lima............. Italienne.
Broggi Hermanos & Dora, Calle Plateros San Agustin,
    à Lima................................... Italienne.

Représentants de commerce :

G. M. & A. Petit-Jean, Calle Divorciadas, à Lima.... Française.
Attilio Olivari & Cie, Calle San Jose, à Lima........ Italienne dirigée par
    un Belge.

Droits de douane

	Droits de douane	Impôt fiscal Consom.
Marsala, Sauternes, Barsac, Rhin, Vermouth et autres vins blancs non dénommés, en bouteilles..Le litre	o 55	o 45
En autres logements...................... »	o 45	o 45
Bourgogne, Xérez, Opporto et autres non spécifiés, blancs ou rouges, en bouteilles.........Le litre	o 90	o 45
En autres logements...................... »	o 70	o 45
Vins mousseux de toute sorte............... »	1 »	1 45
Vins rouges non spécifiés de la classe du Bordeaux, Chianti, Catalan, St-Vincent et leurs similaires, en bouteilles.....................Le litre	o 40	o 45
En autres logements...................... »	o 20	o 37
Amers et Bitters de Angostura et ses similaires »	1 »	
D'autres classes........................ »	o 60	

N.-B. — Il y a en plus un droit additionnel de 10 o/o et un droit d'assainissement également de 10 o/o.

Prohibition. L'absinthe n'entre pas au Pérou.

Commerce des importateurs étrangers. Leurs prix et conditions. Moyens d'augmenter les ventes françaises

Les commandes sont expédiées aux importateurs moyennant l'envoi de la facture et des documents concernant l'expédition, soit directement à eux-mêmes, soit à une maison de banque ou agent établi à Lima. Ces documents ne sont livrés que contre acceptation d'une traite dont l'échéance varie entre 60 et 90 jours de vue. Quelquefois cette remise de documents a lieu contre paiement de la valeur de la facture, mais ce cas est assez rare.

Les grosses maisons de Lima ont presque toutes leurs commissionnaires en Europe (Paris ou Londres) qui se chargent de faire pour eux leurs achats.

Pour introduire un nouveau produit au Pérou, la consignation est une bonne solution (consignation simple ou avec ducroire), mais elle exige aussi des garanties qui ne peuvent être fournies que par les maisons de tout repos indiquées d'autre part. La présence d'un agent ou représentant à Lima serait encore préférable, car il pourrait traiter sur place les commandes et s'entourer des garanties nécessaires.

Confier la carte du producteur ou commerçant à une maison bien placée pour pouvoir faire une propagande active en sa faveur.

Des annonces sur les journaux les plus répandus sont indiquées pour cela et l'envoi d'objets de réclame, tels que calendriers, petits échantillons des produits et autres petits articles, destinés à être distribuées aux consommateurs par les maisons de détail, constituet également un excellent moyen de publicité.

Le Commerce
des Vins Français en Uruguay

Commerce des vins

Le ralentissement brusque dans le mouvement d'exportation des vins français en Uruguay doit être attribué à l'application des nouveaux droits douaniers.

Les prix auxquels les importateurs sont obligés de vendre ne sont plus abordables, et le consommateur se résigne à acheter tout au plus quelques produits de qualité inférieure.

Le Commerce
des Vins Chiliens au Mexique

Le Gouvernement chilien vient d'envoyer au Mexique un nouveau Consul Général, qui paraît avoir reçu la mission spéciale de travailler à créer entre les deux pays un intense courant d'affaires. Le Chili offre un important débouché à nombre de produits mexicains, tels que le pétrole, les cotonnades, le sucre, etc.; en échange, il peut expédier au Mexique ses nitrates, ses vins et ses conserves.

C'est en particulier sur ses vins que le Chili paraît compter pour alimenter un commerce d'échanges avec le Mexique. En effet, M. Marquez, le Consul Général dont nous parlons, est arrivé avec un lot de 15.000 bouteilles de différents vins chiliens qui lui a été confié par la « Asociacion de Vinicultores Chilenos » pour les placer sur le marché mexicain. Dans une entrevue qu'il a bien voulu accorder à un journal, *Le Courrier du Mexique*, M. Marquez a déclaré que ces vins ont été soigneusement sélectionnés, à la suite d'un grand concours ouvert entre les principaux producteurs de son pays, et il est convenu que, par leur qualité aussi bien que par leur prix, un large débouché leur est assuré au Mexique.

Comme, par suite de la Prohibition Law, les vins de Californie sont éliminés de la concurrence, ce sont, il n'en faut pas douter, les vins français que vise cette offensive, appuyée par le Gouvernement chilien et qu'à son tour, le Gouvernement mexicain peut avoir un intérêt à soutenir. La question mérite donc notre attention.

Ces vins, dont on prône si haut les qualités, peuvent-ils vraiment entrer en comparaison avec nos vins de France ? Le distingué directeur du *Courrier du Mexique* a été, en sa qualité de Bordelais et de fin dégustateur, du nombre des personnes auxquelles M. le Consul Général du Chili a courtoisement distribué quelques bouteilles pour les soumettre à leur appréciation et, dans son article du 12 avril, il nous a fait connaître son opinion, opinion raisonnée et impartiale.

Voici quelques passages de cet article :

« Sauf deux échantillons, dont l'un porte le nom de Santa Elena et l'autre

celui de Vina Lontué 1912, et qui, tous deux, ont quelques points de ressem-
blance avec nos petits vins du bas Médoc, les autres — malgré leurs années de
bouteille — sont âpres, durs.

Ce qu'il y a de curieux, dans ce lot de vins divers, c'est l'insuffisance de
bouquet. Il leur manque cette distinction, ce cachet racial et si délicat qui met
hors de pair les vins de France. Les vins chiliens sentent le vin — il serait
difficile qu'il en fût autrement — mais ce parfum, ce bouquet spécial et délicieux, cette sève que tout connaisseur exige d'un bon vin, au même titre que le
velouté et la limpidité, les vins chiliens n'en offrent que des apparences trompeuses. La race leur fait défaut; elle viendra peut-être plus tard... beaucoup plus
tard.

Quant aux vins blancs, nous en avons examiné trois : un vin du Rhin, une
sorte de Graves et une vague imitation de Sauternes.

Celui qui présente une certaine analogie avec nos petits vins de Graves et qui
s'intitule Vina Conchali, reservado, mérite une mention honorable. Nous le pla-
cerons au premier rang de cette série d'échantillons, à côté du Santa Elena et
du Vina Lontué 1912, dont nous parlions tout à l'heure.

C'est là, succinctement, tout ce que nous pouvons écrire sur les produits
chiliens que nous a présentés M. Marquez. Pour excuser notre franchise, nous
rappellerons le proverbe latin : *Amicus Plato, sed magis amica veritas.*

Il nous faut même ajouter, parce que ce détail n'est pas sans importance,
que la présentation de ces vins est aussi défectueuse que possible : Bouteilles
d'une fabrication ridicule — sauf celle d'un pseudo-Bourgogne et du vin du Rhin
— capsules déplorables, étiquettes de mauvais goût, bouchons laissant le plus
souvent à désirer ; en un mot, rien dans le contenant qui soit capable de faire
oublier les défauts du contenu. »

*
* *

La comparaison en qualité ne peut donc s'établir entre les produits chiliens
et les produits français. Mais il faut remarquer que M. Marquez, dans son
entrevue avec notre confrère, a particulièrement insisté sur les avantages que
les prix de vente devaient assurer aux vins de son pays. Or, ces prix, on ne les
a pas fait connaître jusqu'ici; nous ignorons, par conséquent, s'ils peuvent ou
non constituer une menace pour nos exportations de la Gironde et de la Bourgogne. Il est certain qu'au Mexique les consommateurs sont plus nombreux que
les vrais connaisseurs, et qu'une différence de prix, par ces temps de vie chère
et de dépression économique, peut avoir une influence déprimante sur la consommation des vins français, et cette concurrence devenir un danger pour notre
exportation si la Asociacion de Vinicultores Chilenos est en mesure de placer
ses produits à un prix sensiblement inférieur à celui de nos vins.

Quels sacrifices et quels efforts seront faits dans ce sens ? Nous l'ignorons
encore, mais nous remarquons que cette Association, dans un prospectus que nous
avons sous les yeux, se targue d'avoir reçu du gouvernement chilien la mission
de contrôler l'exportation des vins et qu'elle compte, à cet effet, sur le concours
de l'Inspection Générale des Alcools et Boissons, ce qui est pour le consommateur
la meilleure garantie. (*Vifs applaudissements.*)

Cette lecture faite, M. le Président remercie M. Lefaivre pour son rapport si
complet et si intéressant dont la discussion sera faite en fin de séance.

La parole est ensuite donnée à M. G. Chabaud, avocat à la Cour d'appel, secrétaire général du Comité France-Amérique, pour la lecture de son rapport.

La protection du Vin français en Amérique

Tous ceux qui fournissent un marché d'un produit déterminé et tous ceux qui entendent acheter ce produit sont également intéressés à ce que des mesures efficaces garantissent l'authenticité des marchandises mises en vente et répriment les agissements de nature à créer des confusions préjudiciables. C'est là un point sur lequel il paraît inutile d'insister, bien que cependant l'intérêt des producteurs ait, trop souvent, retenu seul l'attention.

Nous nous proposons, dans cette étude, de rechercher si de telles mesures assurent la protection de nos vins en Amérique, quel est leur degré de perfection ou d'imperfection et quelles sont les améliorations dont elles sont susceptibles. La question envisagée n'étant qu'un aspect particulier de la question générale de la protection de nos vins à l'étranger qui, elle-même, rentre dans celle plus vaste de la protection des produits d'origine, cette étude ne peut être entreprise avec fruit qu'autant qu'on a présents à l'esprit les principes qui régissent l'ensemble de la matière. Nous rappellerons ceux-ci succinctement en considérant le problème sous ses divers aspects de telle sorte qu'il soit ensuite aisé de tirer, des constatations que nous ferons relativement à l'Amérique, l'enseignement et les conclusions qu'elles comporteront.

La protection des produits contre les agissements qui tendent à usurper leur réputation et à leur substituer d'autres produits généralement inférieurs peut être assurée spécialement soit par des dispositions relatives aux marques de fabrique et au nom commercial, soit par des dispositions relatives aux appellations d'origine et aux fausses indications de provenance, les unes et les autres pouvant jouer ensemble ou séparément selon les cas. Les premières visent les signes distinctifs par lesquels un producteur ou un commerçant entend individualiser ses produits afin de s'assurer les fruits de la réputation que ceux-ci acquerront ou se sont acquis grâce à leurs qualités particulières ou à sa probité commerciale; les secondes ont pour objet de réserver le prestige du nom de certains lieux de production ou de fabrication aux produits qui en sont effectivement issus. Ces deux sortes de dispositions sont loin d'avoir atteint le même degré de développement et de perfection; il est à cela plusieurs raisons.

Les principes sur lesquels repose la protection des marques sont depuis longtemps dégagés et presque tous les pays possèdent aujourd'hui une loi sur la matière dont le bénéfice est spontanément offert à l'étranger ou lui est assuré soit par des traités spéciaux, soit par des traités de commerce conférant aux ressortissants des pays signataires le traitement des nationaux. Ces lois présentent de nombreuses similitudes; elles diffèrent cependant parfois sur des points essentiels. Ces divergences portent notamment sur la définition des signes, dénominations, etc., qui peuvent être employés comme marques, sur la reconnaissance ou la prohibition des marques collectives et sur le caractère attributif ou simplement déclaratif qui est conféré au dépôt de la marque. Certaines législations considèrent, en effet, comme propriétaire de la marque celui qui en effectue le premier le dépôt, alors que d'autres ne reconnaissent cette qualité qu'au premier usager qui seul peut faire un dépôt valable. Divers accords ont eu pour objet de faire disparaître ou d'atténuer les inconvénients résultant de ces différences au point de vue international. Au premier rang de ceux-ci figure, tant par sa perfection relative que par le nombre des pays signataires ou adhérents, la Convention de Paris du 20 mars 1883, revisée à Washington, le 2 juin 1911, et complétée par un arrangement signé à Madrid, le 14 avril 1891, organisant l'enregistrement international des marques (1).

La protection des indications d'origine est loin d'avoir marché de pair avec celle des marques. Ici les textes sont rares, divers, incomplets; ils témoignent de nombreux tâtonnements pour s'acheminer vers un véritable système que nous essaierons de dégager.

En France, la matière a été longtemps régie par une loi des 28 juillet, 4 août 1824, qui ne protégeait que les fabricants, à l'exclusion des commerçants, et dont l'application aux produits vinicoles, longtemps contestée, n'a guère été consacrée qu'en 1908 (2).

Une loi destinée principalement à garantir le consommateur contre les fraudes de plus en plus nombreuses et variées est venue, en 1905, orienter la protection dans une nouvelle voie en punissant expressément les tromperies sur l'origine des marchandises et en provoquant toute une réglementation administrative destinée à déterminer les produits qui ont droit à certaines appellations. (Loi du 1er août 1905, Décret du 3 septembre 1907, Décret de délimitation des régions vinicoles). Cette loi ne punissait la tromperie qu'autant que l'indication d'origine était la cause déterminante de la vente; d'autre part, elle ne consacrait pas le droit pour les syndicats et associations de poursuivre les fraudes. Elle a été complétée sur ce dernier point par une loi du 5 août 1908 et améliorée sur le premier par une loi du 6 mai 1919 qui, en outre, a confié aux tribunaux le soin de décider par des jugements dont la portée s'étend à tous les habitants et propriétaires d'une même commune si, d'après son origine ou des usages loyaux et constants, un produit a droit à une appellation régionale.

La France possède donc à l'heure actuelle un statut légal pour l'identification de ses produits d'origine qui la met en bonne posture pour demander aux pays étrangers, et obtenir d'eux, la protection de ceux-ci. Malheureusement l'état de l'opinion et du droit étranger et international ne permet guère d'espérer un succès prompt et facile, surtout en ce qui concerne les vins dont nous nous occupons plus spécialement ici.

La plupart des pays répugnent à faire une distinction entre les appellations appliquées désormais par habitude traditionnelle à certains produits de fantaisie, primitivement fabriqués dans certains lieux (gants de Suède, eau de Cologne, etc.), et celles sous lesquelles sont connus certains produits obtenus dans un lieu déterminé et possédant des qualités particulières dues au sol, au climat,

---

(1) a) *Pour les détails voyez notamment : Pillet et Chabaud : Le régime international de la propriété industrielle, Paris, Sirey.*

b) *Pays d'Amérique signataires de la Convention de Paris : Brésil, Cuba, République Dominicaine, Etats-Unis, Mexique.*

N. B. — *L'Equateur, le Salvador et le Guatémala qui avaient adhéré à la Convention dès le début l'ont dénoncée par la suite.*

Pays d'Amérique signataires de l'Arrangement de Madrid sur l'enregistrement international des marques : Brésil, Cuba, Mexique.

(2) *Cf. : F. Jacq et Marcel Plaisant : Traité des noms et des appellations d'origine, Paris, 1921.*

à l'espèce et aux soins spéciaux dont ils sont l'objet (Champagne, Bourgogne, etc). La tendance générale a été, jusqu'à présent, de considérer toutes ces appellations comme génériques. C'est elle qui prévaut dans l'application des lois, d'ailleurs généralement muettes ou imparfaites en ce qui concerne la répression des fausses indications de provenance; c'est également elle qui s'oppose à la conclusion de traités ou d'accords internationaux efficaces pour la protection de nos crus renommés.

Les traités relatifs à la protection des vins sont encore très peu nombreux. Ils s'inspirent tous plus ou moins de l'Arrangement sur la répression des fausses indications de provenance signé à Madrid, le 14 avril 1891, et revisé à Washington, le 2 juin 1911. Cet Arrangement a eu pour but de remédier aux insuffisances de l'article 10 de la Convention de Paris de 1883 qui ne déclarait la fausse indication de provenance répréhensible que lorsqu'elle était jointe à un nom commercial fictif ou emprunté dans une intention frauduleuse et dont la portée déjà restreinte pouvait être encore diminuée par l'application de la thèse des appellations génériques. Aux termes de cet Arrangement, la fausse indication de provenance est un délit par elle-même, en dehors de toute adjonction, et les appellations de provenance des produits vinicoles ne peuvent en aucun cas être considérées comme génériques par les tribunaux des pays contractants. Les produits portant les mentions délictueuses peuvent être saisis à l'importation ainsi que dans chacun des Etats exportateurs et importateurs. Si la législation d'un Etat n'admet pas la saisie à l'intérieur, cette saisie sera remplacée par les actions et moyens que la loi de cet Etat assure en pareil cas aux nationaux, clause qui risque d'être bien décevante si la loi nationale est muette ou insuffisante sur ce point. La saisie a lieu à la requête soit du ministère public, soit d'une partie intéressée, particulier ou société. Le texte la laisse malheureusement facultative en cas de transit.

Cet Arrangement n'est pas absolument parfait, les Etats qui l'ont signé sont peu nombreux et certains d'entre eux n'apportent ni empressement ni rigueur dans son application (1); il n'en constitue pas moins un instrument fort utile pour la poursuite du but que nous envisageons. Pour des raisons de convenance personnelle, certains pays lui préfèrent des accords particuliers. Quelques-uns de ces accords ont d'ailleurs réalisé sur lui quelques progrès, notamment en stipulant qu'à défaut de dispositions des lois nationales relatives à la répression des fausses indications de provenance, les sanctions des lois sur les marques de fabrique devront être appliquées. On ne peut pas dire cependant qu'ils procèdent d'une même conception doctrinale bien établie; par leurs divergences, par leurs perfectionnements sur certains points et leurs lacunes sur d'autres, ils révèlent, au contraire, l'absence d'une telle conception et apparaissent comme autant d'efforts fragmentaires.

Le traité de paix de Versailles a été l'occasion de faire faire un pas de plus à la question qui nous occupe. Non seulement l'Allemagne s'est engagée à prendre toutes les mesures nécessaires pour protéger les produits originaires des pays alliés, mais elle s'est également obligée à se conformer aux lois ainsi qu'aux

---

(1) *Cf. Jean Ch. Leroy :* La protection internationale des appellations d'origine (*dans la* Revue de droit international privé, *Paris,* 1921). Cet auteur rappelle le refus de l'Angleterre de prohiber la vente de vins étiquetés « Bourgogne d'Australie », « Porto d'Australie », il indique l'accord conclu avec le Portugal, en 1914, en vue de mettre fin à ce refus en ce qui concerne le Porto et il ajoute qu'à l'heure actuelle « il semble que le « gouvernement anglais soit décidé à abandonner son ancien point de vue suivant lequel « il serait licite de vendre un produit sous l'appellation d'une région autre que celle dont « il provient, *à condition de joindre à cette appellation l'indication de la provenance* « *réelle* ».

décisions administratives ou judiciaires déterminant et réglementant, conformément à ces lois, le droit à une appellation régionale pour les vins ou spiritueux produits dans le pays auquel appartient la région (1). Ce texte peut devenir le point de départ d'une évolution fort intéressante, qui aboutirait à compléter l'un par l'autre les régimes de protection dans le pays d'exportation et dans celui d'importation. La Convention, conclue avec la Tchécoslovaquie, a établi ce système et en a fort heureusement facilité l'application en décidant que les hautes parties contractantes pourront exiger que les produits et marchandises importés sur leur territoire soient accompagnés d'un certificat d'origine délivré par les chambres de commerce ou par toute autre autorité que le pays destinataire aura agréée. Il est légitime d'espérer, au surplus, que les pays signataires du traité qui n'ont pas de législation satisfaisante sur la matière se sentiront dans l'obligation de réaliser chez elles des réformes équivalentes à celles qu'elles ont exigées de l'Allemagne.

Du rapide examen auquel nous venons de nous livrer l'on peut déduire les mesures essentielles dont il est désirable et possible de poursuivre la réalisation méthodique. Il convient tout d'abord de faire reconnaître que les fausses indications de provenance constituent en elles-mêmes un délit et que les appellations régionales des produits vinicoles ne peuvent être considérées comme génériques. Il faut ensuite obtenir les sanctions nécessaires: prohibition d'importation, saisie dans le pays d'exportation et dans celui d'importation, saisie en transit, sanctions des lois nationales sur la matière ou, à défaut, sanctions des lois sur les marques. Il faut enfin conférer le droit de poursuite au ministère public, aux administrations (douanière et autres) et à tous intéressés, en comprenant parmi ceux-ci les groupements dont il semble qu'il faille surtout attendre l'initiative en ces matières d'intérêt général et dont les ressources permettront seules, dans la plupart des cas, de mener à bien les poursuites souvent longues et coûteuses. Il convient, d'autre part, de provoquer la collaboration des producteurs et des consommateurs également intéressés à la loyauté commerciale et de traduire pratiquement celle-ci en appuyant l'une sur l'autre leurs législations respectives.

Quant aux moyens juridiques d'atteindre de pareils résultats, ils pourront résulter tout à la fois de perfectionnements apportés aux lois nationales, de l'adhésion à l'arrangement de Madrid perfectionné, de la conclusion de conventions particulières ou de celle de traités de commerce, lorsque la protection ne pourra être obtenue, de la part de certains pays qui y sont rebelles, que moyennant une monnaie d'échange, abaissement de tarif douanier, par exemple.

*
* *

Quel est l'état de la question en ce qui concerne spécialement la protection de nos vins en Amérique ? C'est ce qu'il reste à examiner.

Pour être tout à fait complet et précis, cet examen comporterait pour chaque pays l'étude de sa législation intérieure et celle de son statut international. Ce serait là un travail considérable qui nous conduirait bien au delà des limites qui nous sont assignées. Après nous y être livré pour notre compte, il nous est fort heureusement possible de négliger certains détails, qu'il sera toujours facile de rechercher dans les textes pour résoudre les cas d'espèces, et de mettre en relief les traits principaux auxquels il convient de s'attacher pour mesurer le chemin parcouru et celui qui reste encore à faire.

---

(1) *Cf. : Georges Chabaud : Les traités de paix et la propriété industrielle, littéraire et artistique (Paris, Berger-Levrault, 1921), préface de M. Pillet, professeur de droit international à la Faculté de droit de Paris.*

De la situation au point de vue des marques de fabrique et de commerce, il n'y a rien à dire de spécial. Les divers pays d'Amérique possèdent des lois sur les marques dont la plupart sont relativement récentes. Presque toutes sont basées sur le système du dépôt, dit attributif, d'après lequel l'enregistrement confère au premier déposant un droit absolu sur la marque. Il n'y a guère d'espérance que ces pays abandonnent ce système pour adopter le système français du dépôt simplement déclaratif, et le meilleur conseil qu'on puisse donner à nos compatriotes qui entendent revendiquer la propriété d'une marque en Amérique est encore d'effectuer le dépôt de cette marque sans délai ou de charger sur place un représentant vigilant de surveiller les dépôts de marques, afin de recourir en temps utile, le cas échéant, à la procédure d'opposition — établie par certaines lois.

Presque tous ces lois également excluent de la possibilité du dépôt les termes génériques et usuels, ainsi que les noms géographiques. Les définitions des signes, des mentions, etc., qui peuvent être employés comme marques sont assez variables; aussi serait-il désirable de voir se généraliser les traités qui stipulent la protection des marques, telles qu'elles sont protégées au pays d'origine.

L'étranger est généralement assimilé au national par la loi elle-même. Cette assimilation existe partout au profit des Français, soit en vertu des lois américaines, soit en vertu de traités spéciaux relatifs aux marques, soit en vertu de traités de commerce.

Les pays d'Amérique témoignent peu d'empressement à adhérer aux grandes conventions qui tendent à établir une communauté vraiment internationale pour la protection de la propriété intellectuelle et industrielle (1). C'est ainsi que le Brésil, Cuba, les Etats-Unis et le Mexique sont les seuls qui fassent partie de l'Union de Paris (Convention de Paris de 1883) et que l'arrangement de Madrid sur l'enregistrement international des marques n'a recueilli d'adhésion que de la part du Brésil, de Cuba et du Mexique.

En Amérique, comme partout ailleurs, la protection des indications de provenance est loin d'avoir atteint le degré de développement et de perfection relative que l'on constate en matière de marques.

La diversité des situations et leurs différences s'opposent à une classification tant soit peu rigoureuse. Pour la facilité de l'exposition, nous grouperons cependant les Etats d'Amérique en deux grandes catégories, selon qu'ils sont ou non engagés vis-à-vis de la France dans les liens d'un traité ou d'une convention.

Ici encore nous retrouvons la tendance particulariste de ces Etats qui les éloigne des grandes conventions internationales. L'arrangement de Madrid de 1891 sur les fausses indications de provenance ne compte, en effet, que deux signataires en Amérique : le Brésil et Cuba. Encore n'est-il pas à notre connaissance que Cuba ait pris les mesures d'application que comportait son adhésion. Notons, d'ailleurs, qu'en ce qui concerne la France, cette abstention n'a rien de préjudiciable en raison de l'existence, entre les deux pays, d'une convention particulière en date du 4 juin 1904, qui assure une protection basée sur les mêmes principes que celle établie par l'arrangement.

Le Mexique, la Colombie et le Salvador, qui se sont abstenus de participer à l'arrangement de Madrid, se sont prêtés de leur côté à la conclusion avec la France de conventions particulières qui s'en sont grandement inspirées (conventions du 10 avril 1899 avec le Mexique, du 4 septembre 1901 avec la Colombie et du 24 août 1903 avec le Salvador). Notons en passant que celle avec la Colombie, qui se place à une date intermédiaire entre celles des deux autres, contient,

---

(1) *Leurs préférences sembleraient aller à des conventions ne groupant que des pays d'Amérique : Convention de Montevideo et de Rio de Janeiro.*

quant aux sanctions, des dispositions qu'on ne trouve pas dans celles-ci. Elle ne prévoit ni la prohibition d'importation, ni la saisie, mais alors que les conventions avec le Mexique et le Salvador se contentent de s'en remettre aux sanctions de la loi nationale sur la matière, à défaut de prohibition et de saisie, elle stipule qu'en l'absence de telles sanctions, celles contenues dans les lois sur les marques de fabrique seront applicables. Nous observerons d'ailleurs à ce propos que la Colombie s'est donné, le 10 décembre 1914, une loi sur les marques qui assure la protection des indications de provenance. Le Mexique et le Salvador possèdent également des lois sur les marques qui contiennent des dispositions relatives aux fausses indications de provenance (1), mais celles-ci ne nous paraissent pas répondre complètement au vœu des conventions, car elles ne répriment les fausses indications de provenance qu'autant qu'elles sont jointes à l'usage d'une marque.

Les pays signataires de l'arrangement de Madrid ou des conventions que nous venons de citer sont les seuls vis-à-vis desquels la France puisse invoquer des accords spéciaux à la protection des vins et stipulant, en outre, que les appellations régionales de ceux-ci ne peuvent être considérées comme génériques.

A côté de ce premier groupe de pays en existe un second comprenant le Costa-Rica, le Guatémala et le Pérou, qui sont liés à la France par des conventions sur les marques stipulant le traitement du national en matière de noms de lieux de fabrication, de provenance ou d'origine (2), mais il semble bien qu'il ne faille considérer le régime qui en résulte que comme une amorce pour des négociations ultérieures ou pour des réformes législatives rendant efficace la protection de nos vins, soit que les lois intérieures restent muettes sur les indications de provenance (3), soit que par leur texte ou par la manière dont elles sont appliquées elles permettent de considérer les appellations de nos crus comme génériques (4).

A part les pays que nous venons de citer, tous les autres se rangent dans la catégorie de ceux qui n'ont aucun traité avec la France ou dont les traités de commerce ne contiennent aucune clause visant spécialement les fausses indications de provenance.

Parmi ceux-ci, il faut faire une place à part au Canada et aux Etats-Unis, dont nous considérons que nous devons signaler ici les lois sans nous arrêter au fait que ces deux pays pratiquent, à l'heure actuelle, un système prohibitioniste, d'ailleurs partiel et tempéré en ce qui concerne le Canada. Ces deux pays possèdent, en effet, des lois sur les fraudes alimentaires qui prohibent les indications frauduleuses, tendant à faire croire qu'un produit provient d'un lieu ou d'un pays étranger dont il n'est pas véritablement originaire (5). Ces lois sont avant tout conçues dans l'intérêt des consommateurs et leur application pourrait donner lieu à la plus utile des collaborations entre ceux-ci et nos producteurs. Les garanties que présente désormais la mise en jeu de nos lois au point de vue de la certification d'origine ne peuvent que nous servir très utilement dans l'esprit des Canadiens et des Américains du Nord, dont un certain nombre, qu'on peut espérer aller voir grandissant, ne marquent d'hostilité à l'égard du

---

(1) *Loi mexicaine du 25 août 1903 (art. 5 et 20) ; loi salvadorienne du 11 mai 1910 (art. 26-5°).*

(2) *Convention avec le Costa-Rica, du 8 juillet 1896 ; avec le Guatémala, du 12 novembre 1895 ; avec le Pérou, du 16 octobre 1896.*

(3) *Costa-Rica : Loi du 26 mai 1896 ; Guatémala : Loi du 30 novembre 1897.*

(4) *Pérou : Loi du 19 décembre 1892.*

(5) *Canada : Loi du 16 juin 1920 et loi de la province de Québec du*
Etats-Unis : Loi du 30 juin 1905 et Règlement d'application du 17 octobre 1906.

vin qu'en raison des fraudes dont il est trop souvent l'objet. Il est à peine besoin de souligner ici les avantages qui résultent pour nous du système de ces garanties combiné avec celui de l'achat par des Commissions gouvernementales instituées par les provinces de Québec et de la Colombie britannique. (Cf. Rapport de M. Dastous sur : *La vente du vin français au Canada*.)

Des lois des autres pays, on peut dire qu'elles n'offrent guère de garantie pour la protection de nos vins. Non pas qu'elles négligent en général de prohiber les fausses indications de provenance (1), mais parce qu'elles n'édictent de prohibition qu'en faveur des produits industriels ou manufacturés (2) ou encore qu'elles lient la question de fausse indication à celui de l'usage d'une marque (3), et surtout parce que toutes, par leur texte et par leur esprit, autorisent les tribunaux, qui s'y montrent déjà enclins, à considérer les appellations régionales vinicoles comme génériques.

*
* *

De ce qui précède, il faut conclure, selon nous, à la nécessité d'un effort soutenu et méthodique en vue d'arriver à la protection de nos vins en Amérique. L'objet de cet effort devra être différent selon les pays. A l'égard de ceux qui sont déjà liés à la France par des conventions spéciales relatives aux vins, il devra tendre à perfectionner ces conventions et à obtenir que les Etats signataires mettent leur législation en complète harmonie avec elles. A l'égard de ceux qui, sans être dans de tels liens, ont cependant des traités ou des législations prévoyant la répression des fausses indications de provenance, il devra se donner principalement pour objet de faire admettre que les appellations régionales vinicoles ne doivent, en aucun cas, être considérées comme génériques. Vis-à-vis des autres, enfin, il aura à poursuivre l'édification d'un système complet de protection.

Parmi les réformes qu'il conviendra de ne pas oublier, se placeront notamment la stipulation de sanctions et la consécration du droit de poursuite au profit, tout à la fois, du ministère public, des administrations et des intéressés, ce dernier terme comprenant expressément les syndicats et associations.

Cette entreprise se heurtera souvent à une résistance tenace inspirée par des intérêts nés à la faveur d'une situation qu'un Etat arrivé à maturité, au point de vue social et juridique, se doit de ne plus tolérer. Elle pourra cependant mettre parfois à profit les bonnes dispositions que lui ont témoignées, à propos de tarifs sur les vins, par exemple, quelques Etats tels que le Guatémala, Haïti et le Nicaragua. D'autres fois, encore, il lui suffira de soutenir les initiatives

---

(1) *Voyez les dispositions spéciales à ces fausses indications dans les lois sur les marques des pays suivants :*
Honduras (Loi des 14-22 mars 1919) ; Nicaragua (Loi du 30 novembre 1907) ; Paraguay (Lois des 25 juin 1889 et 5 juin 1905) ; Panama (Lois des 9 novembre 1908 et 29 janvier 1911) et ci-dessous.

(2) *Equateur (Loi du 23 octobre 1908 et décret du 14 septembre 1914) ; Vénézuéla (Code pénal de 1897).*

(3) *Argentine (Lois des 14 octobre et 23 novembre 1900) ; Bolivie (Loi du 15 janvier 1918, art. 48) ; République Dominicaine (Loi du 16 mai 1907) ; Equateur (Voyez ci-dessus) ; Nicaragua (Loi du 30 novembre 1907) ; Uruguay (Loi du 13 juillet 1909).*

prises dans le pays étranger lui-même, comme c'est actuellement le cas en Argentine (1).

Quant aux moyens de réaliser les améliorations projetées, ce que nous avons dit des tendances particularistes et américanistes des pays envisagés montre que c'est plutôt de la conclusion de conventions particulières que d'adhésions à l'arrangement de Madrid qu'il faut attendre ces améliorations. Les circonstances indiqueront pour chaque pays si l'on peut légitimement espérer conclure ou améliorer une convention spéciale à la propriété industrielle ou si le résultat désiré ne doit pas être plus opportunément cherché dans l'insertion de clauses spéciales lors de la conclusion ou du renouvellement de traités de commerce.

Il ne faut pas se dissimuler du reste que les textes ne vaudront que par l'application qui en sera faite et, à ce point de vue comme à tous autres, on ne saurait trop recommander à nos compatriotes d'éclairer nos amis d'Amérique sur la valeur de nos vins, afin de provoquer leurs achats et leur concours dans la poursuite des fraudes; de gagner leur entière confiance en se conformant à nos lois sur les appellations d'origine et en assurant le respect de celles-ci; de se grouper, enfin, pour exercer en Amérique une action collective dont les divers pays ne peuvent manquer, en fin de compte, de reconnaître la légitimité et l'intérêt pour eux-mêmes. (*Vifs applaudissements.*)

M. le baron d'Anthouard remercie M. C. Chabaud du rapport clair et très documenté dont l'importance est appréciée par la réunion.

**

La discussion générale est ensuite ouverte, notamment sur la question examinée dans la séance du matin à propos du régime sec.

M. Léon Deleury appelle l'attention sur l'intérêt de concentrer des moûts pour en réduire le volume et les exporter à l'étranger où la demande est considérable. Il indique que l'exportation des moûts absorberait la surproduction et qu'elle serait de nature à assurer des débouchés pour l'avenir. Il fait ensuite une allusion aux plants hybrides contre lesquels s'élèvent MM. Poittevin, le comte Ferrand et Mme la comtesse Oberbech Clausen et qui motive une observation de mise au point de M. Dupeyrat.

Cette question, figurant d'ailleurs à l'ordre du jour d'une autre section, n'est pas examinée plus longuement.

M. Poittevin n'est pas de l'avis de M. Barbet et de M. Deleury sur ce qui M. Barbet appelle « la vinification rationnelle » et sur l'exportation des moûts. Il estime qu'il ne faut pas désespérer de conquérir le marché américain, pour les vins véritables. Il demande qu'on envoie des missions qui fassent des conférences, qui donnent des projections de films, etc., et s'étonne qu'on n'ait pas réagi plus tôt contre la campagne prohibitionniste aux Etats-Unis.

M. Antonin Cier redoute que les étrangers viennent acheter des moûts

---

(1) *Projet de M. Raffo de La Retta et projet de M. Lencinas.*

N. B. — *Ces projets révèlent la louable intention d'éviter que les vins nationaux prêtent à confusion avec des vins étrangers; ils exigent notamment que ces derniers ne soient vendus qu'avec des mentions indiquant leur provenance. Ce sont là des dispositions évidemment intéressantes mais elles gagneraient à être complétées par l'interdiction de considérer les appellations régionales vinicoles comme génériques. Il est certain, en effet, que si elles pouvaient être interprétées comme permettant la vente de « Bourgogne d'Australie » (Australian Burgundy), par exemple, elles laisseraient place à des pratiques très préjudiciables.*

en France et fassent sur le marché américain ce que nous pourrions y faire nous-mêmes en important des moûts et des boissons que les Américains veulent avoir, son observation laissant du reste intacte la question des grands crus.

M. Viala estime qu'il y a lieu d'espérer en un revirement de l'opinion aux Etats-Unis. Il signale que, d'après les informations qui lui sont parvenues ces derniers temps, un mouvement se dessine nettement. Il y a deux mois s'est constituée à Philadelphie une union des femmes contre la prohibition, et, il y a trois jours encore, le *New York Herald* publiait une protestation des ouvriers qui font valoir que, seuls, les riches sont en état de se procurer du vin en payant le prix élevé auquel on peut s'en procurer par fraude.

M. Charles Brunot, président de la Feuillette, insiste sur la nécessité de faire l'éducation des Américains avec des vins de premier ordre.

M. Dupeyrat note la tendance heureuse qui s'est manifestée tant dans les rapports que dans les discussions, d'arriver à :

Mettre sur pied un organisme méthodiquement établi et doté des moyens d'action nécessaires pour développer l'exportation de nos vins et en assurer la protection.

Si tel était l'avis des autres sections, il se proposerait de présenter une motion tendant à la création d'un tel organisme et il demande au président de mettre la question aux voix en ce qui concerne la section américaine.

M. le baron d'Anthouard appuie la proposition faite par M. Dupeyrat, lui fait remarquer qu'il ne suffirait pas de quelques campagnes, de conférences et de projections de films, mais qu'il faut une organisation solide, établie selon un plan bien conçu, et appuyée par les ressources de tous ceux qui, de près ou de loin, sont intéressés à la question.

Il signale notamment qu'en dehors des concours financiers puissants qui lui sont accordés par de riches Américains, la campagne contre la prohibition a été soutenue par les compagnies de chemins de fer, les assurances, etc. Si cette propagande prohibitionniste n'a pas été combattue plus efficacement jusqu'à maintenant, ce n'est ni la faute de nos agents à l'étranger, ni celle de notre Gouvernement. Les uns et les autres ont donné depuis longtemps des avis motivés dont les intéressés auraient pu tenir compte s'ils les avaient pris en considération.

Quant à l'exportation des moûts et de leurs dérivés, M. d'Anthouard estime qu'elle ne saurait être écartée de parti pris sous prétexte que l'on peut espérer conquérir le marché américain à nos vins. Il partage cette espérance, mais il ne voit pas pourquoi l'exportation des vins, si elle reprend un jour, s'opposerait à l'exportation des moûts et de leurs dérivés. Ceux-ci sont peut-être appelés à une grande consommation, car des efforts énergiques sont accomplis dans ce sens, et il y aurait alors des débouchés nouveaux offerts aux produits de la vigne. Ce serait une soupape de sûreté de plus contre la surproduction. Il serait peu prudent, de la part des viticulteurs français, d'y renoncer, car ils pourraient un jour le regretter.

M. d'Anthouard met ensuite aux voix la proposition faite par M. Dupeyrat, qui est adoptée à l'unanimité.

M. Ricard résume les travaux très intéressants et les échanges de vue très suggestifs qui ont eu lieu au cours de cette journée. Il est persuadé qu'on en pourra tirer les plus heureux résultats, mais ce ne sera qu'à la condition de s'organiser rapidement ainsi que l'on s'est accordé à le reconnaître au cours des travaux si remarquables de la section présidée par M. le baron d'Anthouard.

PREMIÈRE SECTION

Président : M. Pierre VIALA, membre de l'Institut, député de l'Hérault.

Secrétaire : M. Paul MARSAIS, ingénieur agronome, chef de travaux à l'Institut national agronomique.

Rapporteurs : MM. Marcel VAYSSIÈRE, sénateur de la Gironde ;

       Etienne HENRIOT, ingénieur agronome, viticulteur au Mesnil-sur Oger (Marne) ;

       A. AUTHELIN, Président de la Société Lorraine de Viticulture et d'Ampélographie ;

       G. BURCER, Directeur de l'Association des Viticulteurs alsaciens ;

       Commandant Eugène ROUSSEAUX, ingénieur agronome, directeur de la Station œnologique de l'Yonne ;

       G. COSTE, Président de la C. G. V. du Sud-Est ;

       J. Ch. LEROY, chef du Contentieux du Service des Appellations d'origine au Ministère de l'Agriculture ;

       Elie RAVEL, Président de la Cave coopérative de Marsillargues (Hérault) ;

       Paul MERCIER, député, Président de la Fédération des Coopératives des Charentes et du Poitou ;

       Ch. VAVASSEUR, député, viticulteur à Vouvray (Indre-et-Loire) ;

       Elie BERNARD, Secrétaire général de la C. G. V ;

       Mario ROUSTAN, sénateur de l'Hérault, Secrétaire de la Commission du Commerce du Sénat ;

       Ed.-G. FAURE, directeur du Comité régional du Sud-Ouest de l'A. N. d'E. E.

Bureau de la Première Section

M. Pierre VIALA.
Membre de l'Institut,
Député de l'Hérault,
Président de la Première Section

M. Paul MARSAIS,
Ingénieur-Agronome,
Secrétaire général
de la « Semaine Nationale du Vin »,
Secrétaire de la Première Section.

Travaux de la Première Section

La première Section de la Semaine Nationale du Vin a tenu ses séances dans la journée du mercredi 15 mars 1922, à l'Institut Scientifique d'Hygiène alimentaire, sous la présidence de M. Pierre Viala, membre de l'Institut, député de l'Hérault, inspecteur général de la Viticulture.

A ses côtés, prennent place M. J.-H. Ricard, président du Comité d'organisation de la Semaine Nationale du Vin; M. Jules Gautier, président de la Confédération Nationale des Associations agricoles; M. Prosper Gervais, président de l'Académie d'Agriculture; M. Dupeyrat, rapporteur général, et M. Paul Marsais, secrétaire de la section.

En ouvrant la séance, M. Pierre Viala félicite M. Ricard des résultats obtenus par le Comité d'organisation et remercie les rapporteurs qui ont bien voulu assurer leur bonne collaboration à la section qu'il préside. Le programme des travaux de cette section est, en bref, l'image même du Congrès puisque les questions qui intéressent plus spécialement les producteurs, d'une part, et, d'autre part, les négociants en vins, y sont rassemblées.

M. Viala demande aux rapporteurs, étant donné le nombre considérable des travaux à examiner dans cette seule journée, de résumer autant que possible leurs exposés et de donner seulement, dans certains cas, lecture de leurs conclusions; les rapports ayant tous été distribués en épreuves, avant l'ouverture du Congrès, chaque délégué a pu les étudier. Chacun pourra présenter ses observations au cours de la discussion, qui devra occuper la majeure partie du temps dont la section dispose.

M. Viala montre comment les rapports de la 1re section peuvent être groupés :

1° Influence de la guerre sur la viticulture et le commerce des vins;

2° Mesures prises en France pour assurer la loyauté des transactions;

3° L'action coopérative en ce qui concerne la production et le crédit;

4° Conditions actuelles du transport des vins.

M. Viala propose d'examiner, dans la séance du matin, cinq rapports : ceux de MM. Vayssière, Henriot, Burger, Authelin et Rousseaux, et, dans l'après-midi, les huit autres rapports, de MM. Coste, Leroy, Ravel, Mercier, Vavasseur, Elie Bernard, Roustan et Faure.

Ce programme étant adopté, aux applaudissements de l'Assemblée, la parole est donnée à M. Vayssière, sénateur de la Gironde. Son rapport, ainsi rédigé, est adopté à l'unanimité :

Influence de la Guerre sur l'Orientation
de la Production et du Commerce des Vins

Le sujet que j'ai mission de traiter : « *Influence de la guerre sur l'orientation de la production et du commerce des vins* », présente une ampleur qui aurait peut-être dû m'arrêter. Il exigerait, en effet, le talent et la compétence que possèdent les éminents organisateurs de cette manifestation viticole, appelée à un si grand retentissement.

De là, une confusion que je ne crains pas d'avouer. Je ne me reconnais d'autre titre à cette désignation flatteuse que ma qualité de propriétaire-viticulteur d'une des régions du Bordelais, la région des Graves, dont l'excellence des produits, vins blancs et vins rouges, a été notamment, délicatement louée par notre très distingué président de section, M. le député Viala, dans un de ses éloquents discours.

L'heure est venue, chacun des rapporteurs aura l'occasion de le dire, de grouper les efforts de tous ceux qui voient l'angoisse actuelle de la viticulture française et du commerce des vins, une de nos premières richesses nationales, et qui ont souci de son avenir.

Si nous avions à jeter un coup d'œil sur l'ensemble de notre territoire, nous verrions tour à tour nos grands vignobles sur leurs pentes et leurs coteaux réputés et nos vignes abondantes dans leurs plaines fertiles, exposés à des dangers qu'il est urgent de conjurer. Aussi les organisateurs de la *Semaine nationale du Vin* doivent-ils être hautement remerciés de leur initiative qui aura mis en présence les représentants de toutes les contrées viticoles de France, qui leur aura permis de coordonner leur action avec celle des autres professions qui s'intéressent au vin.

I

Si nous prenons l'année 1913 et les premiers mois de 1914, nous pouvons constater dans la situation viticole française une prospérité relative. Les viticulteurs, grâce à d'admirables efforts, avaient fait face à la destruction phylloxérique des années 1878 à 1888; ils avaient triomphé victorieusement de la crise économique de 1900 à 1910. La lutte contre les maladies de la vigne était menée vigoureusement; le perfectionnement de l'outillage, l'amélioration des méthodes de culture étaient poursuivis d'après les données les plus modernes de la science.

Le commerce des vins trouvait dans la consommation intérieure et dans l'exportation des débouchés suffisants pour absorber notre production nationale. La fraude avait été pour ainsi dire arrêtée par d'opportunes dispositions législatives.

En somme, propriété et commerce viticoles sortaient avec bonheur des plus dures épreuves et l'on aurait pu envisager une ère d'heureuse prospérité, s'il n'y avait eu une ombre réelle au tableau. Je veux parler des efforts des Allemands pour concurrencer nos vins français sur les marchés du monde. Ils en étaient arrivés, ces audacieux, à exporter nos vins, vins de Champagne ou grands vins d'origine, plus qu'ils n'en importaient; ils jouaient de l'étiquette et trafiquaient sur le produit. Cette concurrence, dans les années ayant précédé la guerre, se faisait de plus en plus âpre; avec une énergie sournoise, mais opiniâtre, elle poursuivait la réalisation de ses rêves d'emprise sur nos vins nationaux. Après avoir jeté son dévolu sur la Champagne d'abord, la pieuvre germaine avait tenté de s'attaquer à la Bourgogne et elle venait planter ses tentacules jusqu'au centre de nos plus belles régions bordelaises. Là, elle ne se contentait pas d'accaparer la production commerciale, elle s'emparait petit à petit de la propriété elle-même; des crus de marques passaient entre les mains du commerce hanséatique. Ainsi, j'ai pu voir, sur mon propre territoire communal, le domaine de Smith-Haut-Lafitte, grand cru de Graves, acquis par un négociant de Brême.

La guerre de 1914 éclate soudain. Les hommes jeunes et valides quittent en hâte comptoirs et propriétés pour prendre les armes et courir à la défense de la frontière.

Que vont devenir dans la tourmente nos grands intérêts viticoles?

Au premier abord, comme pour toutes les branches de l'activité économique, c'est l'arrêt complet. Les chemins de fer ont été repris par l'autorité militaire, les transports complètement suspendus; les échanges commerciaux sont absolument impossibles. Au surplus, dans l'angoisse générale du danger de mort qui menace la Patrie, ces préoccupations passent au second plan; toutes les forces vives de la Nation sont tendues vers la résistance à l'envahisseur.

Mais bientôt, l'anxiété première se dissipe; l'héroïsme de nos soldats a refoulé l'ennemi des rives de la Marne et le pays commence à entrevoir la longueur d'une lutte qu'il avait cru rapidement décisive. La nécessité d'assurer la vie économique de la nation et de ses vaillants défenseurs apparaît impérieuse; la viticulture est appelée à jouer son rôle dans cette partie du conflit qui, pour être plus effacée, n'en sera pas moins opiniâtre.

Sans tarder, viticulteurs et négociants non mobilisés s'organisent avec les moyens de fortune qui restent à leur disposition, et nous assistons bientôt à ce spectacle émouvant de femmes, de vieillards, d'enfants même, s'attelant à la dure besogne, fournissant cinq années durant un effort acharné et admirable. Par ceux-ci, la récolte de 1914, qui est abondante (59 millions d'hectolitres), est heureusement rentrée.

Mais c'est à dater de ce moment que la viticulture va entrer dans la phase la plus pénible qu'elle a connue au cours de la guerre, et cette phase s'étendra jusque dans le courant de 1916.

Tandis que la récolte de 1915 est compromise par une invasion de mildiou, contre laquelle le manque de bras et la rareté des produits chimiques rendent la lutte impossible, que celle de 1916 reste encore largement déficitaire, le commerce se trouve aux prises avec de non moins grandes difficultés.

Si les transports ont repris en principe, vers la fin de 1914, c'est dans une si faible mesure que vraiment ils ne comptent guère pour le commerce viticole, réservés qu'ils sont aux articles d'alimentation de toute première nécessité. En 1915 et 1916, la situation reste grave encore, pour atteindre son point aigu en octobre de cette dernière année. Le besoin d'expédier est si grand et la possibilité de le faire si réduite, que les demandes d'expédition ne peuvent guère obtenir satisfaction qu'au bout de six à huit mois d'attente.

A l'étranger, les relations commerciales, définitivement suspendues avec les pays ennemis, se heurtent déjà, dans les pays neutres ou alliés, à une certaine hostilité, que nous verrons plus tard s'affirmer et aller même dans certaines nations jusqu'à une prohibition totale de la consommation du vin. Les transports maritimes, d'autre part, ne peuvent être que très hasardeux avec les risques auxquels ils sont exposés; la conclusion financière des marchés à l'extérieur n'est pas sans inspirer aussi de vives inquiétudes.

Le commerce intérieur est sous le coup du moratorium qui suspend le recouvrement des créances antérieures au mois d'août 1914. Il en résulte fatalement une gêne qui se fera surtout sentir dans les régions viticoles, comme le Bordelais, par exemple, où se pratiquent les contrats dits d'abonnement. Ce ne sera que plus tard (1918) que la loi Faillot viendra régler le sort de ces contrats. Faudrat-il ajouter, toujours pour cette époque du début de la guerre, que le concours des établissements financiers se faisait des plus réduits?

La réquisition survient. Elle va faciliter, sans doute, dans une certaine mesure, l'écoulement des stocks; mais elle n'en fausse pas moins le libre jeu de l'offre et de la demande; le cours des prix s'en trouve naturellement altéré. Des contestations multiples naissent entre l'Intendance d'un côté et les réquisitionnés, propriétaires et commerçants, de l'autre. Réquisitions parfois excessives, prix souvent insuffisants : ce sont là les nouvelles tribulations dont souffre notre viticulture.

Ajoutons que nos coteaux de Champagne et de la Lorraine française sont sous le feu du canon ennemi et bouleversés par les lignes de tranchées, que leurs populations ont dû fuir en grande partie et qu'ici la culture viticole n'existe plus : c'est la détresse complète.

Tel est le rapide et sombre tableau de la France viticole pendant les deux premières années de la guerre; on peut dire que celle-ci l'avait cruellement atteinte.

II

Nous voici arrivés à ce que j'appellerai la seconde phase, phase ou période dans laquelle nous allons voir nos intérêts viticoles sensiblement s'améliorer.

A vrai dire, les causes de malaise que nous venons d'énumérer n'ont point disparu; mais, dès 1917, il semblerait qu'une certaine reprise des affaires va donner, tant au commerce qu'à la viticulture, un peu plus d'activité dans les régions non sinistrées.

La situation des transports s'améliore; une mesure gouvernementale classe les vins parmi les marchandises de grande nécessité.

Mais, le fait nouveau, capital, de cette période, c'est l'extension que prend la consommation du vin par nos braves soldats au front. Depuis que les lignes sont stabilisées, nos poilus ont pris l'habitude d'avoir leur « pinard » quotidien et ils vont même jusqu'à vouloir la bouteille de « bouché ». Ces habitudes gagnent bien vite les armées alliées et l'armée britannique, notamment, réclame à son tour du vin et du meilleur. On vend au ravitaillement; on vend aux coopératives et ainsi s'écoulent rapidement les stocks de nos chais et de nos celliers.

Notons, en passant, que l'on ne signalera jamais suffisamment l'importance qu'avait l'habitude de boire du vin, ainsi prise par les armées alliées, et tout le profit qu'aurait pu en tirer une propagande large et habilement menée.

A la faveur de ces événements, les affaires reprennent un élan assez marqué qui s'accentuera jusqu'en 1919, pour atteindre à cette époque son point culminant.

Il ne faudrait cependant pas laisser croire, comme d'aucuns l'ont insinué, que des bénéfices excessifs, anormaux même, ont été réalisés alors, par le commerce et par la propriété. Sans doute, les prix de vente avaient atteint des chiffres élevés qui n'empêchaient pas l'écoulement des produits. Mais il est juste de dire, par ailleurs, que les frais à la production se sont accrus au moins dans la même proportion. La main-d'œuvre, toujours rare, arrive à des exigences inconnues, dépassant toutes limites; le sulfate de cuivre et le soufre, sans lesquels toute culture de la vigne est impossible, se paient des sommes exorbitantes. On ne peut se procurer de vaisseaux vinaires qu'aux prix les plus extraordinairement élevés; la barrique dite bordelaise est vendue jusqu'à 230 francs.

Le commerce, de son côté, se trouve en face d'un même accroissement de frais généraux : très forte augmentation des salaires du personnel, toute une série d'impôts et de taxes nouvelles (impôt sur les bénéfices de guerre, impôt sur le revenu, taxe de luxe et taxe sur les paiements).

En définitive, les bénéfices qu'ont pu obtenir en cette période, d'ailleurs courte, producteurs et négociants en vins, ne dépassent pas la proportion de ceux qu'ont réalisés d'autres branches du commerce, de l'agriculture et de l'industrie.

III

Il convient d'envisager maintenant dans quelle situation se trouvent actuellement, à la suite de la guerre, notre viticulture nationale et son commerce.

Reconnaissons-le, notre situation viticole est prospère dans le courant de 1919. A ce moment-là, son développement ne semble pas d'ailleurs devoir s'arrêter en si bon chemin; de brillants espoirs s'ouvrent légitimement devant elle.

La victoire toute récente entoure la France d'une auréole et d'un prestige qui brillent jusqu'aux plus lointaines nations du monde. Chez les neutres, chez les alliés, nous pouvons sans crainte recommander nos produits. A nos anciens ennemis d'hier, vaincus d'aujourd'hui, nous aurions la possibilité d'imposer nos conditions et nos volontés. Nous sommes donc en droit de penser que notre vin, ce produit si français, où viennent pour ainsi dire se réunir et se fondre les qualités propres de notre sol national, les affinités de notre race, verra sa renommée s'étendre, sa consommation se multiplier.

Les soldats alliés de toutes les nations, qui sont venus combattre à nos côtés, ont pris goût à notre boisson nationale, pure de tout mélange et de toute falsification. Ils rentrent dans leurs pays, prêts à une campagne qu'il nous suffirait de déclancher, comme nous l'avons déjà dit.

Nous avons, d'autre part, recouvré nos provinces perdues en 1870. Les vins de la Moselle et des coteaux d'Alsace viennent, derechef, compléter la nuance de la gamme de nos produits, si riche et si variée qu'aucun pays du monde ne peut approcher d'un tel coloris.

Enfin, nous pouvons nous croire débarrassés à tout jamais des innommables préparations qu'une industrie allemande répandait à profusion avant la guerre, jusqu'au delà des Océans et qui, dénaturant nos vins naturels, les discréditaient irrémédiablement.

Jamais, on peut le dire, perspective plus encourageante n'avait souri à nos producteurs et à nos négociants.

Or, que deviennent en peu de temps tous ces brillants espoirs? Si nous rapprochons, de ce qu'elle était alors, notre situation actuelle, quelle déception, et quelle amertume!

Le rêve s'est évanoui : la plus sombre réalité s'impose à nos regards. Notre viticulture et notre commerce languissent dans un désarroi et un découragement qui risquent de devenir mortels.

*
* *

Jetons un rapide coup d'œil sur quelques-unes de nos régions viticoles et nous verrons à quel point on peut les considérer comme atteintes.

Qui contestera l'état particulièrement lamentable de la Champagne? Cette belle région a subi — et combien! — les horreurs et la mutilation de la guerre.

La superficie de ses grands crus a été dévastée pour une proportion de 40 o/o. Au lendemain même de ses désastres, alors que la démobilisation n'était pas encore terminée, il y eut une reprise de vie agricole si courageuse, si notable que l'on pouvait espérer une reconstitution totale en dix années.

L'activité commerciale suivit le même cours et faisait naître aussi les meilleurs espoirs.

Aujourd'hui, c'est l'arrêt complet, c'est la désespérance. Ici, plus que partout ailleurs, le manque d'exportation, que nous indiquerons bientôt comme une des causes générales, principales, du malaise, fait sentir ses plus néfastes effets. Non seulement on ne vend pas, on n'exporte plus du tout des vins de Champagne,

— M. le Rapporteur Henriot aura à vous le dire, — mais encore, on a lieu de craindre que l'Allemagne, non abattue, cherche, avec ses vins du Palatinat, à créer des mousseux pour supplanter nos produits champenois.

Ce n'est vraiment qu'un cri de pitié qui peut s'élever en faveur de ce malheureux pays.

La Bourgogne, dans cette guerre, n'a point connu, comme la Champagne, les horreurs de l'invasion. Bien mieux, il faut le dire, elle s'est trouvée par sa situation géographique, plus particulièrement favorisée que les autres régions viticoles. La proximité du front des armées lui a permis d'écouler, sans difficultés et sans grands frais, sa production et ses réserves. Elle a donc connu, au cours des hostilités, une période heureuse et féconde qui, en 1919, se traduisit, dit-on, par une prospérité des plus brillantes; mais cela n'eut qu'un temps.

Aujourd'hui, la Bourgogne, elle aussi, se trouve en proie à une détresse telle que son avenir est en jeu.

Arrêtons-nous un instant dans le Bordelais. D'autres que moi, au cours de ces assises, auront, avec documents en mains, à dire les tribulations présentes de cette région du Sud-Ouest.

Témoin attristé de cette sombre réalité, je suis mieux encore que pour les deux précédentes régions à même de m'en faire l'écho.

Après l'arrêt brusque du lendemain de la guerre, la vente du vin au front et les besoins du marché russe donnèrent au commerce bordelais une vive impulsion. De sérieuses difficultés provenaient cependant alors du manque de fournitures nécessaires aux expéditions : bouteilles, caisses, emballages. Nos relations avec la Russie se rompirent ensuite; une série de taxes et d'impôts vint successivement grever nos produits et en élever fortement le prix. La demande resta cependant active et la vente se poursuivit jusqu'en 1919 d'une façon très favorable.

A ce moment, les marchés extérieurs de Finlande, de Norvège, des Etats-Unis se ferment : en Angleterre, les droits de douane deviennent quasi prohibitifs; les fluctuations du change et la dépréciation du franc désorganisent les affaires; la récolte de 1920 vient apporter son contingent nouveau aux stocks existants qui ne s'écoulaient déjà qu'à grand'peine. C'est la crise qui sévit dans le courant de 1921, pour prendre en ce moment sa pleine acuité, sans qu'on puisse entrevoir une amélioration prochaine.

Voilà pour le commerce.

Quant à la propriété, la guerre la frappe dès les premiers instants. Le personnel spécialisé lui est enlevé et les soins attentifs et particuliers qu'exige la culture délicate de la vigne sont forcément négligés. Les remplacements de plantations ne se font plus, la production subit de ce fait une diminution sensible.

Le renouveau déjà signalé d'affaires commerciales amène bientôt une surélévation inattendue des prix. On pourrait même craindre, à un moment donné, qu'elle ne pousse à une culture intensive et ne laisse place qu'à la recherche de la quantité. Si cela s'était réellement produit, sur ce point encore, la guerre eût été funeste.

Mais le souci traditionnel qu'ont nos viticulteurs bordelais de maintenir la vieille et mondiale renommée de leurs vins les préserve de ce danger. La qualité reste encore, et toujours, l'un des caractères prédominants de nos vins de

Bordeaux, l'ambition première de ses producteurs et le souci primordial des négociants acheteurs.

Aussi, la crise prend-elle dans notre contrée une gravité toute particulière. La culture en qualité exige, en effet, des frais si considérables que la mévente constitue un véritable désastre. Dans certaines parties du Médoc, des propriétaires profondément découragés ont arraché et arrachent une grande partie de leurs vignobles : c'est ainsi que 5o hectares l'ont été dans la seule commune de Margaux.

Je n'ai plus à insister.

Parlerai-je des vins de l'Anjou, des côtes du Rhône, de ceux de la Lorraine et de l'Alsace? Ces derniers se trouvent actuellement concurrencés par une importation de vins allemands que le change facilite; et pourtant ceux-ci ne répondent pas aux prescriptions légales françaises. La situation reste partout sombre, quand il s'agit de nos grands vins de France.

*
**

Pour l'instant sans doute, ce sont nos vins de choix, nos vins fins qui sont particulièrement atteints par la crise de l'heure présente, nos vins ordinaires ont mieux résisté aux difficultés récentes.

L'explication de cette différence est facile. A peu de chose près, nos besoins intérieurs suffisent à absorber la plus grande partie de notre production nationale en vins communs. Nous devons, au contraire, demander à l'exportation d'enlever la part la plus importante de nos vins fins. Sur 1.600.000 hecto'itre que nous exportions annuellement, le tiers à peine représente des vins ordinaires : le défaut de débouchés extérieurs atteint donc gravement notre production de vins de crus, alors qu'il influence légèrement les vins courants.

Mais, pour être moins immédiat, moins apparent, le danger qui menace ces derniers n'en est pas moins grave et moins inquiétant. On oublie trop volontiers que notre grande colonie de l'Afrique du Nord se dirige irrésistiblement vers la culture extensive de la vigne, que ses facultés de production sont immenses. La récolte algérienne augmentait d'année en année, avant la guerre, suivant une progression de plus en plus marquée. Mais cette production de la colonie n'avait point trop influencé le marché de la métropole. Au lendemain de la guerre, après que les sacrifices communs ont cimenté l'union de la France et de l'Algérie de manière indissoluble, la France n'a-t-elle pas le devoir de prendre souci des intérêts de la colonie à côté des siens? Et si les marchés extérieurs nous restent fermés, comment écoulerons-nous notre surproduction commune?

IV

Il est temps de considérer les causes du mal actuel.

On l'a dit sous toutes les formes, on ne le répétera jamais assez : Lorsque la France fit front à l'agression de 1914, elle ne défendit pas seulement ses propres frontières territoriales; c'est la civilisation mondiale qui était l'enjeu de la lutte; c'est pour la défense de cette civilisation que notre pays se battit courageusement pendant cinq longues années. De vaillantes nations amies le comprirent si bien, qu'elles vinrent d'elles-mêmes se ranger à nos côtés et n'hésitèrent pas à verser largement leur sang sur nos champs de bataille.

Nous étions en droit de compter que cette fraternité du temps d'épreuve ne s'éteindrait pas, que le sacrifice accompli par nous en faveur de la cause de l'humanité trouverait sa récompense, chez les pays alliés et neutres qui bénéficiaient de la victoire.

Or, que voyons-nous? Progressivement et d'une manière quasi méthodique, qui pourrait paraître calculée, la France se trouve délaissée, isolée, non seulement au point de vue politique, mais encore et surtout au point de vue économique : elle ne demande pourtant que la réparation pure et simple de ses dévastations et de ses pertes, réparations que l'on semble vouloir lui contester, au mépris de la plus évidente justice. Nos amitiés les plus solides se refroidissent, nos intérêts à l'étranger se heurtent à un désintéressement désespérant, si ce n'est à quelque hostilité.

Il ne m'appartient pas de rechercher les motifs de cette triste et désolante évolution, mais je dois constater que nos produits viticoles souffrent cruellement de cet isolement économique. N'avons-nous pas vu les Etats-Unis — commettant une erreur qu'ils ne tarderont pas à reconnaître — édicter la prohibition totale de la consommation des boissons fermentées; l'Angleterre imposer des droits exorbitants à l'entrée de nos vins?

La Suisse pratique le contingentement, et ce même procédé — nous l'acceptons, nous le tolérons de l'Allemagne ! Nos exportations, déjà pénibles avant la guerre, diminuent maintenant avec une rapidité chaque jour accrue et des plus angoissantes.

D'un autre côté, disons-le aussi, nous assistons à une reprise des plus actives de la lutte antialcoolique. Associations et Groupements de toutes sortes intensifient leur action pour lutter contre le fléau et permettre à la population humaine, notablement diminuée par la guerre, de se reconstituer le plus rapidement possible.

Nous ne pouvons que louer ces efforts et les encourager. Mais ne fait-on pas fausse route lorsque, sous prétexte de combattre l'alcool à l'étranger, aussi bien qu'en France, on s'attaque à la consommation du vin?

La réponse n'est pas douteuse; elle est donnée par la plupart des études scientifiques sur l'hygiène et par des statistiques frappantes. Il est acquis que par ses vertus reconstituantes, stimulantes et digestives, le vin, loin d'être un danger pour l'organisme, exerce sur lui une action salutaire, pris à une dose raisonnable. Même absorbé accidentellement en quantité excessive, il ne cause que des troubles passagers s'effaçant rapidement. Le vin éloigne même l'homme de la consommation de l'alcool. La preuve irréfutable en a été souvent faite : les pays vignobles sont de beaucoup ceux où l'alcoolisme pratique, et de très loin, le moins de ravages.

A ces considérations d'ordre général viennent s'ajouter d'autres motifs plus particuliers de mévente et de dépréciation de notre boisson. L'instabilité des changes rend les relations commerciales incertaines ; la reconstitution des vignobles détruits par les opérations militaires constitue une charge écrasante à laquelle nous sommes obligés de faire face seuls devant la carence de l'Allemagne, notre débitrice. L'augmentation du prix de l'existence en France a nécessairement imposé à nos vins des prix qui éloignent les consommateurs. Enfin, les nécessités budgétaires ont poussé le pouvoir législatif à des impositions qui frappent parfois durement, injustement même, certaines branches de notre activité nationale. Sans contredit, parmi celles-ci se place notre viticulture.

La taxe de luxe qui frappe nos vins de crus accroît démesurément leur prix de vente et le coût des transports atteint une telle élévation qu'il peut être dit prohibitif. La taxe dite de circulation a été tellement exagérée que les parlementaires des régions intéressées ont dû énergiquement intervenir; ils n'ont pu en obtenir qu'une légère réduction. Notons enfin la fermeture du marché russe, et nous aurons ainsi, il semble, le tableau des principales causes de la crise actuelle.

Cette crise, manifestement, est fonction de la situation économique créée par la guerre. Alors que de la victoire, nous étions en droit de l'escompter, devait ressortir le plus large profit pour nos intérêts viticoles, celle-ci aboutit, en fait, à leur méconnaissance la plus certaine. Dès la signature de la paix, toutes les nations se sont cantonnées dans un protectionnisme étroit, dont la viticulture française et son commerce subissent à l'heure actuelle les conséquences les plus désastreuses.

V

Préciser les causes du mal, n'est-ce pas par cela même, en laisser entrevoir le remède? Certes, les mesures qu'il conviendrait de prendre se heurtent à des difficultés sérieuses : ces difficultés ne sont pas cependant insurmontables. Nous pouvons les vaincre encore si tous ceux qui ont souci de remédier au mal s'y emploient de toutes leurs forces et de toute leur énergie.

Il s'agit, d'abord, de rouvrir dans une large mesure les marchés extérieurs; l'expansion de notre commerce vinicole est, pour ainsi dire, la clef de tout problème. En raison de notre production qui excède les besoins de notre consommation nationale, en prévision aussi de l'accroissement probable de la production algérienne, c'est une nécessité vitale pour nous de chercher de nouveaux débouchés.

Par ailleurs, il faut entreprendre une véritable campagne de propagande, tant à l'extérieur qu'à l'intérieur, en faveur de la consommation du vin. Il ne suffit pas, ici, de s'en remettre aux groupements constitués; chacun doit entrer en action et ne pas négliger ses efforts.

Eclairons, persuadons, ne nous laissons pas rebuter par la propagande adverse. Cherchons à convaincre les ligues antialcooliques qu'elles n'ont de meilleur moyen d'atteindre leur but que de favoriser, de répandre l'usage du vin. Si nous obtenons ce résultat, les ligues pourront être pour nous les meilleurs des auxiliaires; sachons les gagner à une cause qui est juste, noble en soi.

Il est, en outre, du devoir de tous les groupements viticoles, de tous ceux aussi qui sont investis d'une fraction de l'autorité publique ou d'une certaine autorité sociale, d'éclairer nos gouvernants sur l'intérêt natonal que présente l'extension de la consommation du vin. L'Etat peut trouver là d'abondantes ressources financières s'il sait les ménager.

Un large accroissement de nos exportations peut amener une amélioration notable et stable de notre charge. Il ne faut plus, ainsi que l'a si justement dit M. Viala, que le vin serve « de rançon à nos traités de commerce avec l'étranger ».

Nous devons, d'ailleurs, rendre hommage à toutes les tentatives déjà faites pour remédier à la situation par tous les groupements et associations qui ont à cœur la défense du vin.

J'ai le devoir particulier de rendre hommage à ce groupe parlementaire du Sénat que préside avec tant d'autorité M. le président Léon Bourgeois (Groupe des régions des grands vins). Je dois aussi signaler, en la saluant comme une œuvre réellement patriotique, la constitution, sur l'initiative du comte Bertrand de Mun, de la Commission d'exportation des vins de France, qui réunit dans son sein des délégués de toutes les régions viticoles. Elle a tenu sa première Assemblée générale le 15 février dernier, honorée de la présence de MM. les Ministres du Commerce et de l'Agriculture.

Il appartiendra maintenant à MM. les rapporteurs particuliers, tout en examinant dans le détail les diverses causes qui ont influé sur notre situation viticole, d'indiquer les remèdes qui leur paraîtront les mieux appropriés.

Quant à moi, ma mission se bornait à exposer, à esquisser à grands traits l'évolution de nos intérêts viticoles pendant et après la guerre; je voudrais l'avoir remplie au gré des organisateurs de cette manifestation qui me l'ont confiée. (*Vifs applaudissements.*)

M. Viala félicite M. Vayssière de l'exposé magistral qu'il vient de faire.

M. Etienne Henriot résume son rapport, relatif à la situation actuelle de la Champagne et donne lecture des vœux adoptés par les groupements de viticulteurs et de négociants champenois, auxquels son rapport a été soumis avant l'ouverture du Congrès. Ces vœux représentent la liste des revendications les plus pressantes de notre première région viticole dévastée.

Après que M. Henriot a reçu les félicitations chaleureuses du Président de la section, il est décidé d'entendre la lecture des rapports relatifs à la Lorraine et à l'Alsace avant d'ouvrir la discussion.

M. Authelin, président de la Société Lorraine de Viticulture, résume le rapport qu'il a établi sur la viticulture et le commerce des vins de Lorraine.

M. Burger, directeur de l'Association des Viticulteurs alsaciens, donne lecture des principaux passages de son rapport sur les vins d'Alsace.

Une discussion est ouverte sur les conclusions de ces trois rapports, à laquelle prennent part, notamment, MM. Dupeyrat, Prosper Gervais, Bender, J.-H. Ricard, Carcassonne, Chappaz, Bernard, Cier, Authelin, Burckard, Burger.

Les conclusions de M. Henriot comportaient la phrase suivante :

« La prohibition des vins de France est une véritable déclaration de guerre économique. »

M. Dupeyrat considère que, si on se place du point de vue étranger, on ne pourra faire admettre que la prohibition ait été une mesure hostile aux produits français. C'est une mesure de préservation intérieure, du même ordre que celles que nous avons prises nous-mêmes, contre la consommation du whisky, de l'absinthe, etc. Il est donc exagéré de dire que les pays prohibitionnistes ont eu l'intention de nous déclarer la guerre économique. MM. Gervais, Bender et Viala sont d'avis qu'il faut, au contraire, faire connaître aux pays qui ont prohibé la consommation du vin que cette mesure a été considérée, à tort ou à raison, chez nous, comme une mesure hostile et qu'il convient de le redire dans les conclusions du rapport.

M. Bender met en cause aussi nos représentants qui ont participé aux accords commerciaux récents et rappelle que les intérêts viticoles italiens, par exemple, ont été sensiblement mieux défendus que les intérêts français.

M. Ricard précise le sens du troisième vœu adopté par les groupements champenois en montrant que les *démarches*, qui sont réclamées par les délégués de la Champagne et qui seront demandées sans doute par la Semaine Nationale du Vin, sont d'ordres les plus divers. Il ne s'agit pas seulement de démarches à entreprendre par les agents du Gouvernement, mais de l'action des viticulteurs et des négociants eux-mêmes, de la presse, etc., dans le but de bien faire comprendre aux pays prohibitionnistes comment leur attitude a été réellement accueillie dans les pays producteurs de vins.

Le rapport et les conclusions de M. Etienne Henriot sont adoptés à l'unanimité sous la forme suivante :

La Viticulture et le Commerce des Vins des Régions sinistrées

CHAMPAGNE

Historique de la situation avant la guerre. — La nature de son sol, son climat et sa situation géographique avaient permis à la Champagne viticole de lutter jusqu'en 1911 contre l'invasion du fléau phylloxérique; mais la sécheresse, cette année-là, en favorisa l'extension dans tous les terroirs.

Ainsi, suivant de trop près la calamiteuse année 1910, couronnement de dix années de malaise endurées par les vignerons, la crise de la reconstitution viticole intense s'était ouverte.

Cependant, le commerce qu'une exportation régulière rendait prospère comprit le danger que courait le vignoble ; ses prix d'achat à la vendange permettaient au vigneron d'envisager les frais de replantation sans trop de terreur.

Et tous ces malheurs devaient se dénouer grâce à la parfaite union qui s'était opérée entre les producteurs dévastés et le commerce prospère qui les pouvait soutenir.

Mais c'était là un équilibre bien fragile...

La guerre. — Soudain, un bien autre fléau souffla sur cette infortunée région : la guerre de 1914.

Tout était rompu, et le commerce cessant, le pauvre vignoble allait achever de se consumer.

L'invasion. — Ce n'était pas assez ; ce calvaire devait aller jusqu'aux horreurs de l'invasion et de la dévastation ! Et quelle dévastation !

Le bilan de la guerre. — Le bilan en est cruel :

Invasion totale avant la vendange 1914. — Après la première Marne, installation d'une ligne de combat, quatre années durant, devant l'un de ses trois plus riches coteaux. — Invasion nouvelle en 1918, ruinant un deuxième joyau champenois tout le long de la Marne. — Tranchées et défenses de tous genres, fils barbelés, gaz asphyxiants, inculture forcée, rien ne fut épargné.

Le vignoble qui avait connu 15.000 hectares en 1907, avant qu'il fût question des dégâts étendus du phylloxéra, était réduit des deux tiers quand sonna l'armistice.

Le commerce fut aussi maltraité : destruction méthodique, quatre ans durant, de ses somptueuses installations de Reims et d'Epernay. — Evacuation forcée de plusieurs mois. Caves inondées, détruites et pillées, rien non plus ne lui fut épargné. On conçoit les conditions de travail en semblable situation, sous la menace incessante d'envahissement, le déchet fabuleux, les cuvées manquées même.

Et pendant ce temps, toute la cohorte de mercantis qui suit les armées fabriquait une multitude de marques, disparaissant comme elles venaient, et la qualité de leurs cuisines discréditait le champagne réduit à l'impuissance.

Mais malgré tout cela, la mort manqua son coup ! Par un miracle de vitalité propre aux races bien nées, la Champagne respirait encore.

Après la guerre. — On sait comment, après ces années si sombres, les régions dévastées voulurent revivre.

Négociants et viticulteurs réalisèrent des miracles pour sauver ce qui restait et satisfaire partiellement aux demandes des affaires qui semblaient reprendre. La vente avait un moment repris les quatre cinquièmes de sa valeur d'avant-guerre.

Malgré les frais culturaux, passés de 4.000 à 15.000 francs par hectare, l'heureuse combinaison de deux belles vendanges payées notablement plus chères (1,5 fois) qu'avant-guerre donnait espoir que, sans nouvelle adversité, la Champagne à l'agonie pourrait encore trouver l'énergie nécessaire pour guérir.

Crise sans précédent. — Cette illusion dura jusqu'en 1920.

La Russie dans l'anarchie, l'Amérique sèche (le seul déficit de ces deux grandes nations représente le quart de l'expédition champenoise), avec elles une importante partie des pays scandinaves, l'effondrement des changes de l'Europe centrale et l'égoïsme douanier qu'il motiva, le tout rehaussé des plus injustes maladresses fiscales et de cette épidémique travers d'après-guerre qui veut que les idées les plus fausses connaissent des succès retentissants, je veux parler des Ligues de tempérance, tout cela engendra avec une soudaineté inouïe une crise sans précédent.

Et cette fois la Champagne est presque morte.

La situation actuelle. — Il est assurément pénible d'accumuler dans un rapport une série de faits aussi noirs. Votre rapporteur s'en excuse. Lassé par ces pénibles descriptions, il s'est efforcé de les écourter. Il espère toutefois que son manque de courage ne détournera pas l'attention de ceux qui ont la charge de porter remède à de telles situations.

Actuellement, la vente des grands vins de Champagne, pratiquement arrêtée, représente un déficit commercial annuel voisin du quart de milliard.

Les stocks accumulés frappent d'immobilisation une richesse de l'ordre de grandeur du milliard.

La situation, depuis la dernière vendange, permet de mieux mesurer la détresse dans le vignoble. Une récolte d'une soixantaine de mille hectolitres de qualité rarissime, minime résidu épargné par les désastreuses gelées du 16 avril, attend encore preneur dans les caves des vignerons, malgré des prix fixés qui semblent aujourd'hui, en de telles circonstances, tout à fait dérisoires.

Comme l'éminent M. Viala l'a magistralement résumé devant M. le président de la République, le vigneron champenois récolte par hectare 2.000 francs, péniblement réalisables, pour faire face à plus de 10.000 francs de dépenses.

Et la replantation qui devrait croître tombe d'un seul coup de 78 o/o, malgré l'énorme baisse des prix des bois de greffage (1).

-----

(1) De toutes dernières nouvelles commandent un complément de précisions sur ce point. Elles traduisent, de façon saisissante, la gravité de la situation et ses effets foudroyants.

Trois motifs imposaient, pour 1922, une accélération dans la replantation :

1° L'étendue des friches nettoyées pendant l'année dernière ;

2° La mauvaise reprise des dernières plantations par suite de la sécheresse ;

3° L'effondrement des prix des bois de greffage.

Au lieu de cela, la stupeur est telle en Champagne que le chiffre de 78 o/o donné ci-dessus, basé sur le déficit des commandes de bois de greffage comparativement aux années dernières, ne traduit pas l'importance de l'arrêt de replantation.

Beaucoup de vignerons brûlent les bois qu'ils ont reçus et l'arrêt en 1922 sera bien voisin de 100 o/o ! !

Ce qui est plus grave : on voit, ces jours-ci, *dans de très grands crus,* des vignerons ruinés « culbuter » des vignes en valeur ! !

On n'ose penser à la situation lors de la prochaine vendange.

Il est inutile de détailler ici la situation dans toutes les innombrables industries annexes : verreries, fabriques de machines, bouchonneries, fabriques de muselets, imprimeries, papeteries d'emballage, fabriques de paillons, menuiseries diverses (pupitres, caisses, etc.), etc., etc.

Le chômage est intense, parfois même total. C'est le cas de la plus importante de ces industries : la verrerie; toutes ses usines sont arrêtées.

Raisons de cette situation. — Il faut avoir le sang-froid de le reconnaître, la crise dont meurt la Champagne et souffre tout notre commerce des grands vins français est bien autrement grave et profonde que la crise de confiance commerciale et industrielle qui, momentanément, paralyse le monde.

Prix élevés commandés par la situation particulière de la Champagne. — Le rapide historique développé ci-dessus suffit à faire comprendre que le champagne souffrira longtemps du prix élevé qu'il faudra le vendre.

Du fait du retard dans les expéditions, les stocks actuels acquis à des prix élevés, par ces temps où l'argent est si cher, augmentent annuellement d'une fraction importante.

D'un autre côté, il n'est pas possible d'envisager avant longtemps un prix de revient réduit pour l'acquisition des prochaines vendanges. Le vignoble est si bas qu'il faut lui assurer la vie, ou bien, rapidement, le peu qu'il en reste ne sera qu'un souvenir.

Un prix de base oscillant autour de 3 francs du kilo limitera le prix de vente autour de 11 francs la bouteille, sans comprendre les taxes ; et j'aurais grand'peur des représailles en assurant que les vignerons agréeraient ce taux pour une vendange normale. Ils répondent, avec quelque raison, hélas ! « C'est un prix d'avant-guerre, la crise est terriblement plus aiguë et tout a au moins triplé. » Il faut maintenant 10.000 à 12.000 francs pour cultiver un hectare qui a coûté 25.000 francs à planter.

C'est au moins la preuve que les traditions sont conservées de cette culture irréprochable qui produit nos vins inimitables.

Les taxes fiscales. — Et c'est ainsi parce que l'infortune de ses producteurs et les frais de sa délicate fabrication exigent de le vendre cher, que le fisc frappe ce produit de taxes si exceptionnellement lourdes qu'aucun autre produit ne se les voit appliquer; 15 o/o lors de l'acquisition, 25 o/o s'y superposant au moment de la consommation, cela fait entre 55 et 100 o/o de taxe, suivant les cas. C'est une monstrueuse et criminelle iniquité! (1)

----

(1) (Les 25 o/o sont réduits à 10 o/o dans les établissements sans musique avant 12 heures.)

Exemple :

	Francs
Prix de vente net d'une bouteille millésimée chez le négociant..........	16 »
Pour escompte 3 o/o et commission 10 o/o à l'agent, *taxe 1,1o/o sur chiffre d'affaires, etc.*...................................	2 »
Frais divers de transport, *congé, taxe 1,10 o/o sur chiff. d'aff. (2ᵉ fois), droit de circulation, etc.*...............................	2 »
Voilà la bouteille au restaurant à.................................	20 »
et l'Etat a déjà pris 0,6o à 0,8o.	
A l'acquisition le restaurateur doit 15 o/o *de taxe de luxe*..............	3 »
S'il vend 5o fr. après 22 heures, l'Etat prend *une nouvelle taxe de 25 o/o*	12 5o

Et ainsi, sur une bouteille partie à 16 fr., l'Etat aura prélevé pas loin de 16 fr. 5o ! ! Plus de 100 o/o, non compris les taxes et impôts de la propriété et du négociant.

Indépendamment d'une contrefaçon effrénée, nous souffrons d'une erreur grave qui ravage le monde et dont la précédente n'est qu'une application, je veux parler des représailles aveugles et jalouses qui sévissent contre les produits de luxe ; et cependant ils assurent simplement la vie modeste de tous les humbles travailleurs qui coopèrent à leur production. On oublie trop que la richesse est notre unique cliente. Les détenteurs passagers de la fortune, qui sur quelque continent lointain se sentent brimés, se passent facilement de boire du bon vin, et, ce qui est plus grave pour nous, se déshabituent d'en boire.

Trop d'idées fausses en ces matières nous ont été soufflées de l'Est, et l'ébranlement de la guerre aidant, l'humanité en a perdu la tête ! C'est là le plus triste. Elle ne sait plus bien distinguer le vrai du faux, le beau du laid, ou le bien du mauvais. Pour le vin, comme pour l'art, *son éducation est à refaire.* En certaines contrées de la terre, les hommes s'adonnent aux plus extravagantes illusions d'ascétisme, en condamnant le vin; d'autres patronnent des ligues de tempérance; d'autres, enfin, ruinés par la tourmente, sont pour les vignerons de France la parfaite image de la « collectivité » sans capitaux. Pas de sous, pas de vins; on les appelle les pays à change déprécié.

Dans tout ce désordre, fines et bienfaisantes subtilités du champagne, richesse artistique incomparable des bourgognes et des bordeaux font place aux cidrinettes frelatées, aux plus dangereux stupéfiants pharmaceutiques, seuls breuvages des tempérants.

Voilà de quoi nous souffrons. Tout de même la saine notion de l'équilibre reviendra bien un jour !!!

C'est contre la prohibition, les ligues et leurs cortèges de taxes fiscales et douanières, armes brandies par quelques profiteurs démagogues sous de faux prétextes humanitaires et démocratiques, qu'il nous faut lutter.

Remèdes. — Les remèdes sont nombreux.

Et d'abord, pour être sans reproche, *conservons à nos vins leurs qualités historiques.*

Réduisons à néant les préventions qu'a fait naître la crise phylloxérique au sein de l'Académie de Médecine.

Aidés d'une adroite politique commerciale, facilitons la diffusion, par le plus grand abaissement possible des prix et la diminution des taxes. Combattons par le film la propagande des ligues prohibitionnistes. Demandons à la presse son concours, pour rééduquer le public français et étranger, en lui parlant souvent de nos vins et des joyeux agréments qu'ils procurent.

Prions MM. les Restaurateurs et Hôteliers, nos grands et puissants alliés, de se dévouer au professorat indispensable.

Allions nos efforts à ceux qui s'efforcent de diffuser dans le monde la consommation de nos vins ordinaires. Les uns font boire les autres. Nos amis du Midi y trouveront un remède aux crises de surproduction. Bien volontiers, nous accepterons de voir leurs prix augmenter, tant les services rendus par la diffusion de leurs vins dans le monde nous seront précieux.

Enfin, rappelons à l'Etat qu'en outre de son rôle de défense commerciale, il nous doit pour nos produits, auprès des Etats étrangers, défense et protection contre les fraudes et contrefaçons effrénées qui s'y opèrent.

Coordination des efforts par une vaste union. — Alors, nous serons unis. La guerre a montré qu'il le fallait pour être forts.

Avant la crise grave qui sévit actuellement, sans union et sans force, nous n'avons pu exiger l'abolition des taxes abusives qui nous ruinent; nous n'avons pu exiger une politique du vin, à opposer à celle de la prohibition.

Nous n'avons pu réussir à faire protéger l'une de nos principales richesses, partout falsifiée, malgré les lois internationales.

Et le Gouvernement était bien excusable, car nous ne lui avions longtemps soumis que des réclamations divisées et parfois contradictoires.

Vœux. — Puisse la Semaine du Vin ne pas se terminer sans sceller par une organisation pratique et puissante l'union déjà amorcée des producteurs, négociants, industriels et commerçants intéressés, et permettre ainsi l'indispensable coordination des efforts qui, sous l'impulsion de la Fédération des Associations Viticoles de France et de la Commission d'Exportation des Vins de France, s'organisent, pour que soit rendue la prospérité à nos vins.

Il est grand temps d'agir, car l'industrie viticole n'est pas une usine qui ferme momentanément : son arrêt, c'est la mort irrémédiable.

Vœux présentés par les délégués de la Champagne et adoptés par la Première Section.[1]

1° Que la taxe de luxe appliquée aux grands vins soit supprimée.

2° Subsidiairement, qu'en aucun cas, les taxes dites de luxe ne puissent se superposer, en frappant deux fois le même produit et ne s'appliquent qu'au prix de vente du vin

3° Que des démarches énergiques soient faites auprès des alliés et des neutres pour leur faire comprendre que la prohibition des vins de France est une véritable déclaration de guerre économique et qu'en particulier la prohibition du champagne ruine une région dévastée par la guerre.

Que la France use des moyens de défense les plus énergiques avant de contracter des traités de commerce avec toutes nations boycotant les vins qui sont des produits très importants du travail français.

4° Que la France prenne l'initiative d'une politique qui permette, par de judicieux équilibres de concessions, la reprise des relations commerciales entre nations, aidant à l'abaissement du coût de la vie et, par suite, du prix de revient de toutes choses.

5° Que la revision des traités de commerce soit poursuivie dans un sens favorable aux vins. Qu'on demande aux nations étrangères non seulement la réduction des tarifs douaniers, mais encore celle des taxes intérieures, qui sont très lourdes dans certains Etats. Que soit combattu autant que possible l'établissement des monopoles d'achats.

6° Que soient défendues énergiquement en France, conformément à la Convention de Madrid et au Traité de Versailles, les appellations d'origine, *pour les vins étrangers comme pour les vins français.*

---

(1) Ces vœux sont présentés au nom du *Syndicat général des Vignerons de la Champagne délimitée*, du *Syndicat du Commerce des Vins de Champagne*, de l'*Association Viticole Champenoise*, c'est-à-dire au nom de tous les groupements qui représentent la production et le commerce de notre première région viticole SINISTRÉE.

7° Que les démarches les plus pressantes soient faites auprès des nations qui se refusent à appliquer les mesures propres à la défense des appellations d'origine, portant ainsi un préjudice considérable à tous les vins.

8° Que les concessions les plus larges soient accordées, dans les accords commerciaux en cours, aux vins de grands crus d'origine étrangère, à charge de réciprocité par les nations intéressées, afin de favoriser l'exportation de nos grands vins.

9° Qu'il ne soit pas tenu compte du degré alcoolique pour l'admission des mêmes grands vins d'origine en France, pourvu qu'ils soient en bouteilles.

A la demande de l'Assemblée, après intervention de MM. Viala, de Mun, La Morinerie, Burger et Dupeyrat, les conclusions de M. Authelin sont modifiées en ce qui concerne les mesures spéciales demandées pour le sucrage des vins en Lorraine et le régime des bouilleurs de cru. A l'occasion de cette discussion, M. Viala propose :

« Que les droits intérieurs de circulation sur les vins soient réduits à 5 francs par hectolitre. »

Ce texte est adopté à l'unanimité et substitué à la proposition faite par le rapporteur de créer quatre catégories de droits de circulation, suivant que les vins circulent dans les limites de la commune, du département, entre les départements limitrophes ou qu'ils sont destinés à l'exportation.

Les rapports de MM. Authelin et Burger sont adoptés avec la rédaction suivante :

La Viticulture et le Commerce des Vins
des régions dévastées

LORRAINE

I. — Meurthe-et-Moselle, Meuse.

Il me paraît absolument indispensable, pour comprendre l'influence de la guerre sur la situation actuelle de la viticulture lorraine et sur le commerce de ses vins, de jeter tout d'abord un coup d'œil sur les désastres qu'elle y a accumulés.

C'est sur les coteaux couverts de vignes, des départements de Meurthe-et-Moselle et de la Meuse, que la bataille a fait rage; nombre de vignobles de nos crus les plus renommés ont été anéantis par le bouleversement du sol et par l'inculture forcée prolongée.

Zone dévastée

En Meurthe-et-Moselle, les ruines portent principalement sur les cantons de Pont-à-Mousson et de Thiaucourt, quelque peu sur ceux de Chambley et de Nomény. Ces trois premiers cantons comprenaient, en 1914, 1.376 hectares; 842 ont été détruits par la guerre; 332 ont été abandonnés par le manque de bras; la remise en état de ces vignes, restées incultes pendant quatre années, eût exigé un travail long, pénible et coûteux. Dans le département de la Meuse, toute la partie au nord de Commercy a vu ses vignes anéanties pour les mêmes causes.

En Meurthe-et-Moselle, le travail de remise en état et de reconstitution a commencé dès 1919-1920 (1); aujourd'hui, nous nous trouvons en présence de 201 h. 70 remis en état de productivité et de 67 h. 26 complètement reconstitués; les dépenses nécessitées par cet effort s'élèvent à plus de 1.568.480 fr. sur lesquelles les vignerons n'ont touché que des avances inférieures à 200.000 fr., et cependant, il n'y a point, parmi les cultures à remettre en état, à reconstituer, une seule qui exige une avance de capitaux, un labeur si pénible et si long que la reconstitution d'un vignoble dans notre région, où les travaux de défoncement ne peuvent se faire qu'à la main; nulle autre n'a à subir une période d'attente aussi prolongée avant d'être rémunérée par les produits. Et qu'a-t-on fait pour nos vignerons ? Rien; ils sont sans doute quantité négligeable.

En Meurthe-et-Moselle, j'avais obtenu primitivement que les dépenses de défoncement, considérées comme premières cultures, 1.500 fr. à l'hectare, leur fussent attribuées sitôt le travail effectué. « Comment vivrons-nous pendant quatre ans, disent-ils avec juste raison, si notre travail ne nous est payé que dans plusieurs années? » Il faut le dire et le redire bien haut, le terrible *Primum vivere* est à la base de notre reconstitution viticole lorraine. Est arrivée la circulaire de septembre 1920, qui a restreint les premières façons culturales aux champs, puis les circulaires 1028 et 1028 bis de 1921, dont nos vignerons sont exclus. Les cultivateurs ont ainsi pu toucher 1.500 à 1.800 fr. par hectare pour remise en culture, quelques-uns même sont allés jusqu'à 2.020 fr.; on accorde aussi 12 à 15 fr. par are de jardin, toutes cultures qui donnent des produits la première année ; et, pendant ce temps, nos vignerons attendent les décisions des Commissions cantonales plus ou moins compétentes, plutôt moins, et la délivrance de leurs titres... puis le payement lointain. C'est un déni de justice, un véritable scandale, qu'une certaine catégorie de sinistrés soient traités comme des parias.

Telle est, résumée en quelques mots, la situation actuelle de la viticulture dans la zone de combat qui comprend les meilleurs vignobles de Meurthe et Moselle et de la Meuse. Le commerce des vins de cette région n'existe plus.

Zone occupée par l'ennemi

Si nous passons aux vignobles occupés par l'ennemi, cependant encore sous le feu des canons, nous voyons les Allemands obliger les habitants à cultiver leurs vignes sous peine d'amende ou de prison, leur distribuer parcimonieusement un peu de sulfate de cuivre, à peine pour une pulvérisation ou deux; la récolte arrivée à maturité, les Allemands forçaient les habitants à vendanger, puis s'emparaient de la récolte. Aussi, en 1919, faute d'engrais, faute de sulfatages, les vignes ont peu de bois et paraissent épuisées; il faudrait acheter des engrais, mais où prendre de l'argent ? 1921 arrive, les gelées tardives anéantissent la plus grande partie de la récolte qui ne dépasse pas 16 hectol. à l'hectare. Le commerce ici ne peut donc encore être actif, les vins sont vendus sur place et la production ne suffit pas à la consommation..

Zone occupée par l'armée française

Dans la partie occupée par l'armée française, la vigne est cultivée par les femmes qui ne peuvent suffire à tout; le travail se fait à la main, par conséquent très long. Les troupes qui cantonnent dans les villages du vignoble ou à leurs abords immédiats, consomment le vin sur place et hâtivement, les vins de Lorraine ne paraissent plus guère dans les grands centres.

---

(1) Il commence seulement dans la Meuse.

Quelle a été la répercussion de la guerre sur la consommation des vins dans notre région ?

Malgré les difficultés de ravitaillement, la population, même dans les villages les plus exposés au feu de l'ennemi, n'ont jamais cessé de boire du vin.

Les prix de vente à la consommation étaient en rapport avec les difficultés, le danger et les frais onéreux qui grevaient, dans certains cas, la marchandise pour la conduire aux consommateurs. C'est ainsi que dans les localités bombardées, comme Nancy, les prix des vins à emporter ou chez le marchand de vins en gros, n'ont pas cessé, pendant toute la guerre, d'être à peu près les mêmes que ceux pratiqués à Paris ou dans certaines villes de l'arrière; au contraire, dans les villages appartenant à une zone plus proche de l'ennemi, les difficultés de ravitaillement et les exigences des vendeurs, qui entendaient récupérer leurs frais et compenser leurs risques, ont atteint parfois des prix de vente très élevés. Actuellement, le vin paraît rester la consommation favorite des classes laborieuses et de la petite bourgeoisie. Cependant, il y a un an, quand les vins étaient à un prix *si élevé*, la consommation de la bière tendait à remplacer celle du vin dans nombre de familles. En raison de l'importance des plantations qui ont été créées dans le Midi et le Centre de la France, de la concurrence possible que pourront faire bientôt les vins de Champagne, si leur exportation reste aussi compromise qu'elle l'est actuellement, il ne paraît y avoir d'orientation intéressante pour les vins de Lorraine livrés au commerce, que dans le *vin gris* dont la réputation est acquise et dans le vin rouge de cépage fin qui se défendra par sa légèreté et son bouquet.

II. — Moselle.

La situation du vignoble du département de la Moselle est assez précaire, mais les causes originelles en sont différentes.

Après la guerre de 1870, le commerce se trouva en face d'une nouvelle population immigrée qui ne connaissait point les vins rouges du pays et n'était point préparée pour les apprécier; habituée à la bière, à l'alcool, elle trouvait ces vins trop acides et trop légers; pour les faire accepter, le commerce dut recourir aux coupages avec les gros vins du Midi, d'Italie ou d'Espagne; à cette époque, le vignoble vendait ses vins néanmoins très couramment. Vers 1881, les Allemands pour concurrencer le champagne, commencèrent à acheter aux vignobles les raisins aux 100 kilos; si ce fut un avantage pour les vignerons, qui n'avaient plus à s'occuper du pressurage ni de la manutention de leur vin, ce fut aussi un grand mal dont la répercussion se fait vivement sentir aujourd'hui. Le commerce honnête a beaucoup souffert des pratiques et des manières de procéder de ces commissionnaires en raisins; il devint alors impossible de trouver au vignoble du vin de Lorraine, de sorte que l'ancienne clientèle perdit peu à peu le goût de nos vins légers qui étaient remplacés par un coupage de *vin blanc sucré* du Palatinat, avec ceux du Midi. En outre, le commissionnaire ne faisant aucune différence entre les raisins de grosse race (Gamay-Sinsoro) et ceux de petite race (Pinot), les payant tous le même prix, les vignerons ne plantèrent plus que des cépages d'abondance, des races à vins communs, d'où perte fatale de la réputation particulière de chaque vignoble. En résumé, on peut dire que le vigneron de la Moselle n'eut pas à se plaindre des cours des raisins et des vins de 1880 à 1914; de 1914 à 1918 inclus, il en fut de même, car les prix s'élevèrent pendant cette époque, de 80 marks à 400 marks, c'était trop beau. Arrive 1919, tout heureux d'être redevenu Français, le vigneron espérait continuer à vendre à un haut prix ses raisins aux Allemands, mais la baisse du mark, et aussi un peu de rancune, firent que les acheteurs de raisins pour l'Allemagne devinrent rares; le commerce local n'acheta point non plus, les prix étant trop élevés, il se trouva en face d'une toute autre situation et devant de sérieuses difficultés.

Gâté par les hauts prix pratiqués pendant la guerre, le vigneron juge que le prix de 90 à 100 fr. pour 100 kilos de raisins est trop minime; d'un autre côté, il n'a plus ni cuves, ni futailles pour rentrer sa récolte; enfin, les négociants et la population ne sont plus accoutumés à aller au vignoble acheter leur vin; le goût du vin de pays est perdu.

Il faut *refaire* à la fois l'*éducation* du *vigneron* et celle du *client consommateur*.

La situation de la viticulture en Lorraine et celle de son commerce local se présentent donc sous un triple aspect, dû à des causes différentes, mais qui comporte, en dehors de la solution adéquate à chacun d'eux, une solution générale s'appliquant à toute la région lorraine dont les intérêts économiques sont les mêmes. J'appelle avec une insistance toute particulière l'attention sur les conséquences inéluctables de la loi de Schayes : « Partout où la vigne disparaît, disparaît l'usage général du vin qui devient alors rapidement une boisson d'exception. » Toutes les régions viticoles de la France sont solidaires les unes des autres et rien de ce qui intéresse l'une ne doit laisser indifférentes les autres.

Le mot de paix est sur toutes les bouches. Aujourd'hui comme hier, la Lorraine reste le bastion avancé de la France vers l'Est; il importe pour le salut de la patrie qu'une population active et nombreuse s'accroche aux flancs des coteaux qui ont arrêté le barbare. La vigne n'est-elle pas un peu fille de la civilisation latine ? Le vin n'a-t-il pas une heureuse influence sur la pensée ? C'est pourquoi j'estime que c'est un devoir patriotique que de conserver à la Lorraine l'intégralité de son patrimoine viticole.

Quelles sont les mesures à prendre pour permettre à la viticulture lorraine de se relever et, par suite, soutenir son commerce local?

Mesure spéciale à la zone dévastée

La zone dévastée des départements de la Meuse et de Meurthe-et-Moselle renfermait les crus les plus renommés de la Lorraine; et les coteaux pierreux et ensoleillés où la vigne y était cultivée sont impropres à toute autre culture. Ne pas y replanter la vigne, c'est vouer toute cette région autrefois si prospère, si peuplée, si vivante, à une prompte dépopulation, à la mort; l'intérêt général exige qu'une aide rapide et efficace vienne leur tendre la main. Nos vignerons ne sont point exigeants, ils demandent seulement à être traités comme les cultivateurs et les propriétaires de jardin; ils demandent qu'on les admette au bénéfice de la circulaire du 17 septembre 1920, n° 519, assimilant les premières façons culturales aux travaux de déblaiement (terres labourables seulement, un défoncement) paiement hors dommage de guerre. Cette assimilation n'entraînerait point un gros trou dans le budget des régions libérées : environ 2.500.000 fr. pour les deux départements, échelonnés sur trois ou quatre ans.

Mesures générales.

Parmi les mesures générales qui peuvent avoir une heureuse influence non seulement sur le relèvement de la viticulture lorraine dont la nécessité s'impose au point de vue général, mais aussi sur toute la viticulture française, nous estimons que l'adoption du projet déjà préconisé l'an dernier par M. A. Berget mérite d'être envisagé très sérieusement. Il nous paraît aussi devoir favoriser l'exportation des vins de consommation courante. Ce projet, que nous avons repris et quelque peu modifié, prévoit une exemption de taxation pour les vins exportés à l'étranger.

Appellation d'origine (mesure spéciale à la Moselle). — Le département de la Moselle demande que la loi sur les appellations d'origine soit appliquée comme dans tous les autres départements français.

Répression des fraudes. — Nous demandons que la répression de la fraude sur les vins soit plus rigoureuse et que le nombre des agents soit porté à deux ou trois dans le département de la Moselle, par exemple.

Taxe de luxe sur les vins et eaux-de-vie. — Que la taxe de luxe sur les vins soit payée seulement au-dessus de 5 francs le litre, et celle sur les eaux-de-vie payée sur la valeur de la matière vendue seulement, et non sur l'impôt de 1.000 fr. par hectolitre d'alcool.

Les Vins d'Alsace

De tout temps, en Alsace, la viticulture a été considérée comme une des premières et des plus nobles cultures agricoles. Si l'on considère l'étendue considérable occupée par la vigne, relativement aux champs cultivés, sa grande importance au point de vue économique se justifie amplement.

La culture de la vigne se répartit dans 1.680 communes, et 20.000 hectares sont complantés en vignes. De tout le vignoble alsacien, à peu près 90 o/o donne du vin blanc et seulement 10 o/o du vin rouge. Le nombre d'hectolitres récoltés a atteint :

En 1913........	257.213 hect.	ou par hectare	6.7 hect.	à	36	marks.
1914........	144.827	—	5.8	—	36	—
1915........	388.040	—	16.3	—	52	—
1916........	149.233	—	6.3	—	65	—
1917........	121.469	—	5.2	—	300	—
1918........	478.513	—	21.1	—	200	—
1919........	734.000	—	33.3	—	180	—
1920........	725.000	—	32.7	—	170	—
1921........	368.850	—	16.6	—	220	—

Le déficit de la récolte de 1921 tient surtout aux dégâts occasionnés par les gelées nocturnes du 12 avril.

Les frais d'établissement d'un hectare de vignes qui, jusqu'à la fin de la quatrième feuille, étaient, en 1914, de 18.000 francs, s'élèvent en 1921 à 28.000. En 1914, les frais d'exploitation annuels d'un hectare de vignes étaient d'environ 750 francs, en 1921 de 7.000 francs.

Par suite du retour de l'Alsace à sa mère patrie, la situation de sa viticulture et de son commerce est changée. Mais néanmoins nous savons que la vitalité de la viticulture alsacienne prospérera si nous savons conserver à notre vin d'Alsace ses caractères spéciaux et si nous nous efforçons d'améliorer toujours davantage son traitement. L'Association des Viticulteurs alsaciens et le Syndicat des Négociants en vins viticulteurs font tout pour la réclame des vins d'Alsace. Espérons que le moment viendra bientôt où tant à l'intérieur de la France qu'à l'étranger les vins d'Alsace seront appréciés comme ils le méritent.

Sous le régime allemand, la viticulture fut d'un faible rapport, l'Allemagne n'ayant pas su et surtout n'ayant pas voulu assurer au vignoble alsacien-lorrain la protection qui lui revenait de droit, bien que l'Alsace-Lorraine, par la superficie et le rendement des vignes, occupât la première place parmi les Etats viticoles de l'Empire. Quand, après 1870, la concurrence des vins du Midi diminua, les vins du Palatinat à vil prix les remplacèrent. Cette concurrence fut encore supportable pendant les premières années de l'annexion ; mais à partir de 1892, date néfaste, qui vit sanctionner par la première loi allemande sur les vins la fabrication des vins artificiels avec des raisins secs, les « Kunstweine », commençait la crise redoutable qui étreignit le vignoble d'une façon lente, il est vrai, mais progressive. La loi du 24 mai 1901 réglementait la fabrication des vins de raisins secs, mais tolérait encore la fabrication des vins à l'aide de produits chimiques. Ce fut l'âge d'or pour les fraudeurs, « les fabricants de vins » qui n'avaient qu'à surveiller leur produit au point de vue analytique (extrait sec, acidité, matières minérales). Le trafic de ces vins, fabriqués surtout à Landau et à Neustadt, dans le Palatinat, causa un grand préjudice à la viticulture du pays. Rien qu'en 1904, 210.205 hectolitres de ces vins entraient en Alsace-Lorraine. Le contrôle des vins, institué en 1904, révéla par ses innombrables et retentissants procès, les manipulations honteuses et sans scrupules des commerçants allemands, de sorte qu'en 1908 l'importation n'était plus que de 49.500 hectolitres. Au fur et à mesure que le service du contrôle des vins réprimait les infractions aux lois, des boissons similaires aux vins, telles que vins de malt, cidre, etc., dont la fabrication n'avait pas encore été réglementée, surgissaient sur le marché. Alors seulement venait la loi du 7 avril 1909, qui devait amener une ère tranquille et heureuse pour le vignoble. Mais les vins d'Alsace restaient méconnus chez les Allemands; ce n'était certes pas par ignorance qu'ils péchaient, mais leur jalousie et leur pour de la concurrence ne tolérait pas la renommée des vins d'Alsace. Presque tout le vin, à de rares exceptions près, qui partit pour l'Allemagne ne fut jamais vendu comme vin d'Alsace, et beaucoup de vin de la Moselle et du Rhin, d'origine alsacienne, fit grand honneur à sa nouvelle étiquette. Il est vrai que surtout pendant les vendanges les Badois et les Wurtembourgeois ont acheté beaucoup de moût et de vin en Alsace, mais il n'existait guère de restaurants de l'autre côté du Rhin qui aient jamais consenti à faire figurer, sur leur carte, les vins alsaciens sous leur nom d'origine.

A présent les vignerons alsaciens sont bien heureux d'être redevenus Français, et ils sont convaincus que leur vin sera bu sous son vrai nom dans la mère patrie, qu'il se fera toujours plus d'amis. Il était tout de même bien regrettable qu'au temps de la domination allemande les crus exceptionnellement bons ne fussent guère mieux payés que les vins ordinaires. La différence de prix entre vin de première qualité et vin ordinaire était toujours minime, de sorte que le vigneron, en plantant de nouvelles pièces, oubliait parfois son ancien orgueil et abandonnait le cru fin pour cultiver la vigne ordinaire ou les producteurs directs, cépages de quantité. Mais il y a déjà du changement. Partout on ne plante ce printemps que le Riesling, le Traminer, le Silvaner, sachant que la nouvelle clientèle ne nous achètera pas les vins ordinaires, mais des vins fins, corsés, d'une grande netteté de goût et d'un bouquet qui n'ira que croissant par la mise en bouteilles.

Les vins d'Alsace se distinguent plutôt à la dégustation d'après les cépages, les espèces de raisins. Les vins ordinaires proviennent des cépages : Bourgeois, Chasselas, Kniperlé, Silvaner, et ressemblent, dans l'ensemble de leur caractère, aux vins de la Moselle allemande. Les vins fins sont récoltés avec les cépages fins de qualité, des types de vins tels que Gentil, Riesling, Pinot blanc, Traminer, etc. Ceux-là se rapprochent davantage des types de vins du Rhin allemand.

Les vins d'Alsace se classent également en deux grandes catégories : vins du Haut-Rhin et vins du Bas-Rhin. Les localités des vins les plus réputés (il est difficile de les classer par ordre de qualité, car tous ces vins sont bons) dans le Haut-Rhin sont : Ribeauvillé, Riquéwihr, Ammerschwihr, Mittelwihr, Hunawihr, Beblenheim, Turkheim, Eguisheim, Rouffach, Guebwiller, etc., et dans le Bas-Rhin : Barr, Kinzheim, Dambach, Gertwiller, Molsheim, Obernai.

De tout temps les vins d'Alsace se faisaient valoir par leur cachet tout spécial que l'on ne trouve nulle part et qui est caractérisé par une harmonie de fins bouquets agrémentés d'une acidité agréable, et par un moelleux qui, lui, donne de l'ampleur à l'ensemble de ces qualités. Les vins de qualité d'Alsace représentent pour la France une catégorie nouvelle, qui complétera d'une façon très heureuse la série des nombreux crus de France dont chacun a sa particularité. Quant aux vins blancs d'Alsace de quantité que produit le vignoble, ils constituent un type de vin de table qui, par son goût de fruité très prononcé, est recherché pour l'usage courant et par les débits de vins de grande consommation.

Aucun des vins d'Alsace n'a d'analogue parmi les vins blancs des divers autres vignobles français. Leurs prix relativement élevés, et cela forcément à cause du coût excessif de la main-d'œuvre considérable et pénible nécessitée par les difficultés de culture, ne leur permettent pas de lutter, dans la consommation courante, avec les vins ordinaires provenant du Midi de la France, mais ils doivent prendre dans la consommation française une certaine place à côté des autres vins français.

Le seul moyen pour les viticulteurs alsaciens de trouver un débouché vraiment intéressant est de diriger tous les efforts vers le remplacement des vins allemands dans tous les pays où la consommation de ces derniers se faisait dans les proportions assez grandes pour donner lieu à un courant d'affaires régulier et important. Et ces pays sont : Paris, la Belgique et l'Angleterre.

Messieurs, nous sommes au travail et nous saurons lutter avec toute l'énergie et la ténacité alsaciennes, afin de pouvoir envisager l'avenir de notre cher vignoble en pleine sécurité.

C'est aussi pour cela que l'Association des Viticulteurs d'Alsace et le Syndicat des Négociants en vins viticulteurs ont tenu à se perfectionner dans l'œnologie moderne; ils ont prié M. Mathieu, le célèbre œnologue de Bordeaux, de bien vouloir se rendre à Colmar, la métropole du vignoble alsacien, pour donner pendant une dizaine de jours des cours de vinification. De toute l'Alsace les viticulteurs, jeunes et vieux, sont accourus pour apprendre ce qui manquait encore à la perfection de nos vins. M. Mathieu a eu un auditoire qui buvait les paroles de sa bouche, et à la fin de ces réunions extrêmement intéressantes et instructives, tous les viticulteurs et marchands de vins ont été d'accord pour penser que c'est d'une vinification telle que M. Mathieu nous l'a enseignée que dépend le salut de notre viticulture. Je ne crois pas exagérer en prétendant que ces cours forment le point de départ d'une vinification rationnelle qui amènera certainement une amélioration et, espérons-le, la perfection de tous nos crus d'Alsace, afin que nous ayons toujours des vins sans reproche.

Nous le savons bien qu'il nous faut un travail incessant et même pénible pour arriver au rang que notre viticulture nous a destiné. Nous sommes exposés à bien des périls. Nous avons également à surmonter bien des accrocs; le gouvernement et nos représentants nous aident, mais avec un peu de bonne volonté la Chambre des députés et le Sénat pourraient nous aider bien davantage, afin que notre dur travail soit couronné de succès.

Messieurs, quand on parcourt les journaux récemment parus, des cris de détresse retentissent de la Champagne, qui se déclare ruinée par les taxes de luxe perçues sur les produits de la viticulture.

Si la Champagne, et avec elle tous les départements viticoles français produisant des vins de qualité spéciale, s'élèvent contre une surtaxe qui dépasse toute proportion acceptable, c'est cependant le vignoble alsacien qui en est touché de la manière la plus grave.

Nous sommes arrivés en Alsace au point que tous les vins de la récolte de 1921, même ceux de qualité courante, sont frappés de cette charge brutale qui manque certainement de souplesse française.

On parle de luxe, s'il s'agit d'un hectolitre de vin vendu à 300 francs, les droits de circulation compris. Pour le Midi, sans doute, un pareil prix serait un luxe. On nous permettra cependant d'objecter que ce qui est un luxe sous le ciel méridional ne l'est pas en Alsace, où la viticulture se fait dans des conditions plus difficiles, où le rendement est bien moins grand, où la vigne est souvent atteinte de gelée et où, par conséquent, les prix des vins doivent nécessairement être plus élevés, pour permettre à leurs producteurs de vivre honnêtement.

Faisons ressortir, avant d'aller plus loin, que l'avenir de la viticulture alsacienne est garanti indiscutablement surtout par la production de la qualité. Selon toute prévision, l'Alsace fera donc des récoltes de plus en plus faibles comme rendement, dont les prix doivent être de nature à rendre l'exploitation viticole possible pour les 60.000 viticulteurs alsaciens.

On se rappelle que, l'année passée, les droits de circulation ont été réduits sur les instances du Midi, de 5 francs par hectolitre. Nous sommes d'avis que pour les vins ne se payant souvent à la propriété que de 35 à 40 francs par hectolitre, les 19 francs de droits étaient trop forts. D'un autre côté, l'opération à laquelle le gouvernement de la République a procédé a gravement déséquilibré le budget de l'Etat, en même temps qu'elle n'a porté avantage qu'au détaillant, qui a maintenu ses prix de vente antérieurs. Le but visé n'a donc pas été atteint, car ni le producteur, ni le négociant, ni le consommateur n'en a retiré quelque bénéfice.

Comme nous l'avons vu au commencement de cet exposé, la récolte de 1921 a été très réduite comme quantité, mais la qualité obtenue est exquise. Rien de plus juste donc, pour permettre au vigneron de se tirer d'affaires, que des prix en rapport avec cette qualité. Les crus de 1921 ont été vendus aux vendanges au prix de 200 à 300 francs l'hectolitre, suivant leur qualité. Dès le début le négociant en vins d'Alsace ne pouvait donc plus songer à se lancer aux achats, parce qu'il n'aurait pas pu vendre sans perte au-dessous de la limite de la surtaxe et vu qu'aucun acheteur ne pourra accorder les 45 francs de majoration du premier trait. Les vins ont donc passé en d'assez grandes quantités relatives à l'étranger, notamment en Suisse, et de faibles stocks sont restés au pays même. Cet état de choses déplorable est le résultat indiscutable des fameux droits de luxe.

L'Alsacien aime son vin, et de nombreux débits des villes alsaciennes ne vendent exclusivement que du vin du pays. A l'heure actuelle, cependant, les transactions se heurtent à un obstacle infranchissable, c'est encore la limite de la surtaxe. La propriété demande, tous droits non compris, de 300 à 320 francs par hectolitre pour les faibles quantités du fameux 1921 dont elle dispose, et lorsqu'il s'agit des vins courants. Le débitant, qui doit vendre à un prix abordable, ne peut cependant, nous ne cessons de le répéter, en aucune façon consentir à payer de la surtaxe. On ne signale que trop d'exemples que des acheteurs amateurs sont rentrés chez eux sans avoir pu acquérir les quantités des vins dont ils auraient eu besoin, parce que la question des droits de luxe rendait une fois de plus toute affaire impossible. Non seulement le fisc n'obtient donc pas l'avantage prévu, mais en paralysant les affaires il fait surgir un malaise là où il n'en existait pas.

La viticulture alsacienne est la première à vouloir porter sa part des contributions dont la mère patrie a tant besoin. Il faut cependant qu'elles soient de nature à ne pas décourager celui qui travaille et à lui permettre de pouvoir élever ses enfants. Elle se déclare, en principe, contre toute surtaxe sur le vin qui est imposé fortement une première fois par les droits de circulation, mais ses sentiments patriotiques lui dictent de faire son possible pour le relèvement de son pays.

Elle s'associe à la demande formulée par M. Henriot, relative à la suppression ou tout au moins à la forte réduction de la taxe dite de luxe sur les vins.

La taxe de luxe comme elle existe à présent est pour l'Alsace sûrement exagérée, on peut même dire injuste. Si elle devait se maintenir, la viticulture et le commerce alsaciens en souffriraient à un tel point que ce serait en peu de temps presque la ruine de notre population intelligente et travailleuse. Si la viticulture ne prospère pas chez nous, tout le pays en souffrira.

Donnez-nous donc des impôts adaptés à nos besoins vitaux et à nos revenus réels, nous ferons alors le reste; nous travaillerons sans relâche et sans perdre courage.

Messieurs, le retour de notre chère Alsace, ce petit pays viticole, a nécessairement amené une situation toute nouvelle pour nous. Nous savions d'avance que dorénavant le marché alsacien serait inondé par les vins des autres départements et que nous aurions à lutter contre une concurrence des plus redoutables. Seuls, nous ne pouvons rien faire ; je vous prie donc, Messieurs, de nous aider pour le bien de votre chère Alsace reconquise et pour le relèvement de notre bien-aimée France. Veuillez comme nous une Alsace contente dans une France prospère, et alors vous aurez fait votre devoir.

> Amis, buvez le vin d'Alsace,
> Or liquide de nos coteaux :
> Dans vos menus faites-lui place
> Près du bourgogne et du bordeaux.
>
> Trinquons avec du vin d'Alsace
> A nos Poilus, à leurs succès...
> Puisque c'est par leur fière audace
> Qu'il est redevenu Français.

M. Eugène Rousseaux résume son rapport sur les effets de la propagande du vin par les armées sur le front.

Ce rapport est adopté à l'unanimité, après les félicitations de M. Viala et sans discussion :

Effets de la propagande du Vin
par les Armées sur le Front

Il est de notoriété publique que l'usage du vin par nos soldats leur a été très profitable. Nous exposerons très succinctement ici combien il était justifié, puis les mesures qui ont été prises pour leur assurer non seulement du vin, mais surtout du bon vin, enfin les effets de la propagande du vin par les armées sur le front.

I. — Valeur alimentaire et hygiénique du vin.

Le vin n'entre pas dans la ration journalière du soldat en temps de paix.

Avant la guerre, le légendaire « quart de vin » était distribué à l'occasion de fêtes, car le bon vin réjouit le cœur de l'homme. Le quart de vin était donné, en outre, sur le boni de l'ordinaire, lorsque des marches ou des manœuvres exigeaient un grand effort, tant il est indiscutable que le vin est un stimulant, un tonique, procurant une hygiène meilleure et un rendement plus grand. Il est pour les malades et les convalescents un réconfort, un précieux reconstituant et, pour tout le monde, un aliment à la fois nutritif, nervin et d'épargne.

Sa valeur à tous ces points de vue a été proclamée dans de multiples rapports et mise en évidence dans de nombreux travaux, parmi lesquels ceux d'Albertini et Rossi, d'Atwater et Benedict, Alquier, Brunet (1), Duclaux, Müntz et Ewald, Roos, Viala (2); des docteurs Arnozan, Bertillon, Brouardel, Charrin, Fabre, Laborde, Laguesse, Landouzy, Laveran, Lereboulet, Gautier, Guyot, Proust, Sellier, etc.

Grâce à ces personnalités scientifiques et médicales, l'ostracisme porté bien injustement contre le vin par beaucoup de médecins, il y a quelques années, s'est bien atténué ; il disparaîtra bientôt complètement, les médecins ayant été les mieux à même d'apprécier soit sur le front, soit dans les ambulances et les hôpitaux, son action bienfaisante.

Le Dr Armand Gautier, membre de l'Institut, professeur à la Faculté de médecine de Paris, dont les recherches sur l'alimentation font autorité, concluait dans l'un de ses mémoires à l'Académie des Sciences, « que le vin convient particulièrement à ceux qui ont à fournir un travail puissant et rapide, et plus spécialement au soldat qui se bat. Donner du vin à nos hommes à la dose très modérée de 5o à 75 centilitres par jour, dans les conditions habituelles où ils combattent, c'est, disait-il, leur éviter bien des maux (refroidissements, bronchites, pneumonies, diarrhées, etc.), c'est épargner à l'Etat beaucoup de journées d'hôpital, c'est conserver nos combattants, c'est entretenir leurs forces et leur bonne humeur. » (*Comptes rendus de l'Académie des Sciences*, 1915, t. CLX, page 166.)

Les faits ont surabondamment prouvé la justesse de ces appréciations.

D'autre part, le vin possède une action microbicide bien démontrée contre certaines maladies infectieuses et intestinales et contre la pollution des eaux suspectes, que les hommes assoiffés buvaient sans souci des dangers qu'elles leur faisaient courir.

Nulle part donc, ni plus complètement qu'à la guerre, le vin se justifiait mieux pour accroître les forces et l'énergie des combattants, comme cela avait déjà été nettement constaté dans de précédentes guerres, telles, par exemple, les guerres balkaniques.

Aussi, chaque fois que nos soldats, même ceux dont les ressources étaient plus que modestes, pouvaient s'offrir du vin, ils n'y manquaient pas, en raison du bien-être qu'ils en ressentaient.

Avant qu'il entrât dans la ration réglementaire, que de fois n'a-t-on pas observé le réconfort et l'entrain qu'il engendrait chez des hommes exténués. Pour des travaux particulièrement pénibles, dans des régions ou saisons les plus rigoureuses, ou encore avant certaines attaques, des médecins du front ont pris

---

(1) La Valeur alimentaire et hygiénique du vin, 1914.
(2) L'Avenir viticole de la France après la guerre. *Revue de Viticulture*, 1916. T. XLV.

l'heureuse initiative de faire servir aux hommes du vin chaud sucré, qui leur donnait plus de résistance au froid et à la fatigue et plus d'activité.

Dans les circonstances les plus variées où des comparaisons pouvaient être établies entre des formations voisines supportant, dans des conditions semblables, les mêmes privations, les mêmes fatigues, les mêmes combats, elles furent toujours au grand avantage de celles qui touchaient du vin.

Il est donc hors de doute qu'au cours de la Grande Guerre, où nos soldats eurent à subir toutes les intempéries, ayant constamment l'esprit en éveil pour être à tout instant prêts à l'attaque ou à la défense, l'usage du vin contribua pour une large part à entretenir leurs forces et leur moral, à exalter les qualités de notre race, la bonne humeur, la ténacité, le courage, qui leur permirent de « tenir » pendant quatre ans et demi, d'émerveiller le monde par leur héroïsme et de gagner la guerre.

II. — Mesures prises pour assurer le ravitaillement des armées en bon vin.

Ces bienfaits du vin avaient incité nos populations viticoles à souscrire spontanément pour envoyer des vins dans les hôpitaux et sur le front. Elles avaient ainsi devancé les appels faits par le gouvernement, par les préfets et par la presse en faveur du « vin aux soldats ». La *Revue de Viticulture* y consacra des articles dont les accents vibrants furent entendus. Des villages se cotisèrent pour acheter des vins en commun. A diverses reprises, les départements recueillirent par souscriptions des milliers d'hectolitres de vin : tels furent, parmi les premiers, la Charente-Inférieure, le Gers, le Maine-et-Loire, la Marne, l'Indre-et-Loire, le Loir-et-Cher, l'Hérault, la Haute-Garonne, la Vienne, l'Algérie, etc.

Ces dons généreux atteignaient, fin janvier 1915, 175.000 hectolitres, qui allaient être doublés. Mais ils ne pouvaient constituer qu'un faible apport pour les centaines de milliers d'hommes entre lesquels ils devaient être répartis. D'autre part, l'énormité des effectifs et les difficultés de transport rendaient à cette époque presque impossibles les achats par les unités. Quant aux soldats qui, au cantonnement, voulaient se procurer du vin, ils étaient fréquemment la proie de mercantis qui leur vendaient à prix d'or un liquide souvent malsain. Des dispositions furent donc prises pour assurer aux troupes un ravitaillement régulier en vin. Dès le mois d'octobre 1914, une ration d'un quart de litre fut allouée aux armées en campagne. En février 1915, le Gouvernement portait à un demi-litre par homme et par jour la ration dans la zone des armées. Indépendamment de cette ration distribuée à titre gratuit, l'Administration militaire fut appelée à fournir des compléments à titre remboursable, qui portèrent les envois journaliers aux quantités nécessaires pour que chaque combattant pût disposer d'un litre de vin par jour. L'invasion de maladies cryptogamiques ayant réduit la récolte de 1915 à 18 millions d'hectolitres, l'Intendance décida, pour obtenir tout le vin réclamé par les Armées, de remplacer les achats à l'amiable par la réquisition du quart des vins ordinaires, à l'exclusion des vins fins et de ceux titrant moins de 7 degrés. La réquisition, d'abord limitée aux régions les plus productrices (15 ,16, 17 et 18°) et à l'Algérie, fut étendue à tous les départements viticoles où la récolte atteignait quelque importance.

Nous laisserons de côté tout ce qui concerne le mécanisme de la réquisition. L'Administration, assurée du vin dont on avait besoin, n'avait pas à se préoccuper du logement des millions d'hectolitres réquisitionnés qui étaient laissés aux soins des producteurs, mais de leur transport, qui utilisa des centaines de milliers de demi-muids et fûts de toute contenance, et environ 4.000 wagonsréservoirs.

Pendant la dernière année de la guerre, il était expédié chaque jour

27.000 hectolitres de vin. Indépendamment du vin ordinaire, des vins en bouteilles achetés par l'Intendance et les Coopératives étaient vendus par celles-ci à raison de 3 millions de bouteilles par mois.

Il s'agissait d'envoyer à nos soldats non seulement du vin, mais, avant tout, du bon vin. Or, le vin mal soigné peut contracter des mauvais goûts et des maladies. Par suite de négligences inhérentes à l'état de guerre, il arriva souvent, en 1914-1915, que le vin parvint sur le front, cassé, piqué, imbuvable. Ces altérations étaient d'autant plus à redouter qu'il avait dû subir plusieurs transvasements à l'air, dont l'action répétée est nuisible aux vins mal constitués, comme le furent beaucoup de vins de la récolte exceptionnellement abondante de 1914 (56 millions d'hectolitres).

Les circulaires relatives à la réquisition prescrivaient bien aux présidents de Commissions d'exercer un contrôle permanent sur les vins réquisitionnés, de s'assurer qu'ils étaient bien logés et soignés, qu'ils ne risquaient aucune avarie et les priaient de prendre toutes mesures pour veiller à leur bonne tenue. Mais ces instructions, outre qu'elles imposaient aux présidents de Commissions une tâche incompatible avec leurs fonctions extrêmement absorbantes, eussent exigé d'eux une compétence qu'ils ne possédaient pas généralement pour apprécier les aptitudes des vins à la conservation et les traitements à prescrire contre leurs altérations éventuelles.

Cette situation n'avait pas échappé à l'attention de l'Inspection générale du Ravitaillement. Au commencement de 1916, M. le Sous-Secrétaire d'Etat consulta M. Roux, Directeur des Services sanitaires et scientifiques et de la Répression des fraudes, qui mit à sa disposition les œnologues de son Service, dont la mission allait consister à examiner, à faire soigner et faire traiter éventuellement les vins réquisitionnés.

En conséquence, les régions viticoles furent placées sous la surveillance des Directeurs des Stations œnologiques, qui devinrent des conseillers techniques de l'Intendance : MM. Roos (Montpellier), Semichon (Narbonne), Vincens (Toulouse), Gayon (Bordeaux), Fallot (Blois), Mathieu (Beaune), et plus tard MM. Andouard (Nantes), Vinet (Angers), Astruc (Nîmes).

La mesure essentielle et principale consista à faire expédier d'abord les vins qui, bien qu'encore de bonne qualité, pouvaient ne pas présenter les gages de conservation suffisants pendant les chaleurs de l'été. L'importance de cette mesure se manifesta par la quantité absolument insignifiante de vins qui durent être refusés aux prestataires au moment de l'agréage. Les vins qui, en raison de leur constitution, étaient assurés d'une longue conservation, étaient réservés pour les dernières expéditions; ceux qui présentaient des défauts ou des possibilités de maladies étaient l'objet de soins ou de traitements spéciaux (sulfitages, coupages, filtrages, etc.). L'examen et la reconnaissance des vins se faisaient dans les caves, dans les entrepôts et dans les gares, lors des réceptions. Très variés furent les problèmes relatifs à la surveillance des vins destinés aux Armées, particulièrement dans les départements grands producteurs du Midi qui en fournissaient la grande majorité.

Parallèlement à cette surveillance, les Stations-magasins, qui étaient les centres de réception de tous les vins du territoire avant leur expédition sur le front, étaient l'objet de fréquentes visites, en vue des soins à donner aux vins et à la vaisselle vinaire (1).

Il s'agissait de ne pas laisser passer inaperçus des vins qui y seraient parvenus en voie d'altérations; ces altérations, il fallait les reconnaître, en diagnostiquer la nature pour prescrire les dispositions à intervenir. Les soins étaient, d'ailleurs, réduits au minimum en raison du peu de jours pendant lesquels les vins y séjournaient. Mais lorsque des approvisionnements devaient être conservés quelque temps avant leur utilisation, comme dans certains ports, il y avait à se préoccuper du choix des vins à entreposer et de ceux à expédier les premiers et des précautions capables d'éliminer ou d'entraver toutes les causes d'altérations.

Pour que les dispositions techniques destinées à garantir la qualité du vin ne perdissent rien de leurs bons effets, il était indispensable que le matériel vinaire, qui contracte si facilement des goûts d'aigre et de moisi, fût entretenu en bon état. Les Stations-magasins possédaient chacune des installations très importantes pour l'étuvage à la vapeur, le rinçage, le méchage et la réparation des fûts, celle-ci étant confiée à des professionnels mobilisés des classes anciennes.

Toutes les organisations relatives aux vins ne sauraient être décrites ici. De même suffit-il de faire allusion aux problèmes variés auxquels les vins réquisitionnés donnèrent lieu sur tout le territoire.

Ces mesures, qui furent appliquées en collaboration étroite avec les Sous-Intendants militaires, secondés par les officiers et le personnel du Service des vins, ont permis de ravitailler nos armées en vins de qualité satisfaisante.

Les vins réquisitionnés étaient exclusivement des vins ordinaires qui se consomment dans l'année. Etaient exempts de la réquisition les vins fins ou de crus supérieurs, qui proviennent de vignes produisant ordinairement des vins de garde et possèdent un caractère spécifique constant et notoire dû au cépage et au mode de vinification; ils sont habituellement payés à un prix notablement supérieur à celui des vins ordinaires de composition analogue (2).

Pour prévenir ou solutionner les contestations qui devaient fatalement se produire au sujet des exonérations des vins de crus, des Commissions départementales de classement avaient été constituées pour diviser les communes en « communes produisant exclusivement des vins fins », « communes produisant exclusivement des vins ordinaires » et « communes mixtes » produisant à la fois des vins fins et des vins ordinaires, dans lesquelles les vins ordinaires seulement devaient être réquisitionnés.

Ces Commissions apportèrent généralement dans leur mission un jugement très sûr et la plupart des délimitations instituées respectèrent à la fois l'intérêt du Trésor et l'égalité des viticulteurs devant la prestation.

Quelques Commissions n'ayant pas compris exactement leur rôle et ayant prononcé des exonérations injustifiées qui auraient laissé échapper à la réquisition une grande partie de la production, une Commission centrale de classement fut chargée, en 1916, d'examiner les propositions des Commissions départementales (3).

___

(1) Nous avions été chargé de cette mission permanente, à la suite de blessure et de maladies imputables aux opérations du front. Ces stations-magasins étaient celles d'Ambonnay, Auxerre, Besançon, Brétigny-sur-Orge, Châlon-sur-Saône, Dijon, Dôle, Dunkerque, Le Mans, Les Aubrais, Lyon, Montereau, Moulins, Nevers, Pithiviers, Salbris, Sens, Sotteville, Saint-Cyr, Tonnerre, Le Tréport, Vernon.

(2) J. Vincens. Vins de crus et Réquisition. *Revue de Viticulture*, 1916. T. XLV, page 245.

(3) Cette Commission centrale était composée de MM. Audebert, Chatillon, Kessner, Prosper Gervais, Saillard, Viala ; des Sous-Intendants militaires Moizard et Pierrot. du Commandant Rousseaux, secrétaire de la Commission et du Capitaine Rabel.

Les propositions de quelques Commissions durent être revisées et ces Commissions les modifièrent en tenant compte des considérations techniques qui leur furent exposées, guidées qu'elles étaient, en outre, par le souci de fournir aux Armées le vin nécessaire et de respecter le principe de l'égalité qui, vis-à-vis de la prestation, devait exister entre les diverses régions viticoles.

Indépendamment des vins fournis aux Armées par les soins de l'Intendance, nos soldats trouvaient à s'approvisionner dans de nombreux débits, dont le vin n'était pas toujours exempt de fraudes et de falsifications, lesquelles diminuaient ses qualités nutritives et stimulantes.

Un contrôle sérieux devait donc s'exercer à cet égard.

La fraude se manifestait sous différentes formes : vins altérés, qui n'avaient plus les caractères de vins loyaux et marchands et dont la vente constituait une tromperie sur les qualités substantielles; mouillage ou addition d'eau; addition d'acide tartrique destiné à masquer la présence de mauvais vins; addition de substances alcalines employées au dépiquage des vins devenus trop fortement acétiques.

Ce contrôle indispensable fut assuré par les Laboratoires régionaux du Service de la Répression des Fraudes dépendant du Ministère de l'Agriculture, les uns pour les échantillons prélevés dans la zone des armées, les autres pour ceux qui étaient prélevés dans la zone de l'intérieur.

Bien que les achats directs effectués par les Corps de troupe pussent être contrôlés par le Laboratoire militaire du Corps d'armée, les Chefs de corps consultaient, en général, les Laboratoires régionaux dépendant du Ministère de l'Agriculture qui sont dotés d'un outillage approprié et d'un personnel très spécialisé dans la recherche des fraudes et des falsifications.

On voit que nos soldats ont été protégés contre ceux qui, assimilables à de véritables criminels, profitaient des circonstances tragiques que le Pays traversait pour réaliser des gains illicites par la fraude ou la vente de produits falsifiés.

Grâce à ces mesures qu'il nous a paru rationnel de signaler, nos armées ont pu consommer de bons vins qui, outre les bienfaits qu'elles en ressentaient, contribuèrent à faire apprécier notre boisson nationale, en particulier par ceux qui, originaires de pays non viticoles, la connaissaient le moins.

III. — Effets de la propagande du vin par les armées sur le front.

Si l'on consulte les statistiques officielles des Contributions indirectes, il ressort que la consommation des années 1911 à 1913, qui était de 38 millions d'hectolitres en moyenne, s'éleva à 44 millions d'hectolitres en 1921, en rapportant (pour que la comparaison soit rigoureuse) la population de 1921 à celle de 1911 (Alsace-Lorraine non comprise).

Si l'on considère, d'autre part, les quatre mois de la campagne vinicole actuelle (octobre 1921 à janvier 1922), on voit que la consommation a été, pour cette période, de 14.876.000 hectolitres contre 13.421.000 hectolitres pour les mois correspondants de la campagne précédente. L'accroissement de la consommation continue donc à s'accentuer.

Le principal facteur de la consommation est évidemment l'abondance de la récolte et l'on trouve forcément des fluctuations d'une année à l'autre. Cependant, on peut affirmer que la consommation du vin au front a eu une influence favorable, car elle a étendu l'usage du vin aux régions non productrices. On est frappé, en effet, de l'augmentation très notable de la consommation dans les départements non viticoles, aussi bien dans ceux du Nord et du Nord-Est que dans ceux de l'Ouest, et cela dès l'année 1920. C'est ce que montrent les chiffres suivants, relatifs à la consommation moyenne des trois années précédant la guerre et à celle de 1921 (rapportée à la population de 1911) : Ardennes, où la consommation est passée de 96.000 hectolitres à 240.000; Calvados, 61.000 à 115.000; Côtes-du-Nord, 39.000 à 88.000; Finistère, 222.000 à 414.000; Ille-et-Vilaine, 67.000 à 113.000; Manche, 33.000 à 50.000; Nord, 261.000 à 967.000; Oise, 211.000 à 437.000; Orne, 26.000 à 38.000; Pas-de-Calais, 92.000 à 350.000; Somme, 75.000 à 337.000; Aisne, 222.000 à 482.000; Eure, 71.000 à 117.000; Eure-et-Loir, 170.000 à 249.000; Mayenne, 36.000 à 43.000; Seine-et-Oise. 837.000 à 910.000; Seine-et-Marne, 441.000 à 541.000, etc.

Il n'y a donc aucun doute que l'accroissement de la consommation ne soit due à la propagande par les armées sur le front et à ce fait que nos poilus rentrés dans leurs foyers sont devenus consommateurs et propagandistes du « pinard ».

Leurs frères d'armes des armées alliées l'ont également fort apprécié et ne lui ont pas ménagé leurs sympathies; ils ne manquaient pas, à chaque occasion, de consommer le vin de France; le cordial échange des paquets de cigarettes de nos amis contre le pinard de nos poilus (pour ne citer que cet exemple) attestait tous les mérites qu'ils lui attribuaient. Beaucoup d'entre eux le considéraient, eux aussi, comme indispensable à leur alimentation, l'ont adopté et en sont devenus des partisans très convaincus.

Les exportations de nos vins auraient donc dû s'accroître après la guerre dans les pays alliés, si des mesures prohibitives de divers ordres ne les avaient pas considérablement réduites.

La moyenne de l'exportation des vins pour les années 1904 à 1913 était de 2.127.000 hectolitres, alors qu'elle n'a été que de 1.476.000 hectolitres pour les onze premiers mois de 1921, soit approximativement 1.600.000 hectolitres pour l'année entière.

Les vins français importés rien qu'aux Etats-Unis, en 1913, représentaient une valeur de près de 7 millions 1/2 de dollars, soit plus de 100 millions de francs au cours actuel du change et que la France viticole perd annuellement.

Il faut espérer que cette prohibition de nos vins dans certains pays sera endiguée et que leur exportation s'accroîtra, qu'elle s'étendra de nos grands crus à nos bons vins communs, dont la consommation subira alors une augmentation notable, justifiée par les bienfaits que nos frères d'armes ont reconnus à notre boisson nationale, à laquelle ils feront une plus large place dans leur alimentation habituelle.

Quant à notre poilu, son nom est presque devenu inséparable de celui du pinard. Il l'a aimé à l'extrême, parce qu'il entretenait ses forces, maintenait son moral, exaltait son patriotisme et ses vertus guerrières, et aussi parce qu'il est un des patrimoines de notre Pays et qu'il fut un des éléments de la Victoire.

Continuons donc à puiser dans le vin de France ses vertus non moins précieuses dans la paix que dans la guerre. Il a droit à notre reconnaissance.

*
**

A la séance de l'après-midi, M. Pallier donne lecture du rapport de M. Gustave Coste, ainsi rédigé :

Une séance de la « Semaine Nationale du Vin » dans le Grand Amphithéâtre de l'Institut scientifique d'Hygiène alimentaire.

Photo G. & L. Manuel frères, 47, rue Dumont-d'Urville, Paris.

Mesures prises pour assurer la Loyauté des Vins en France

L'Action Corporative

I

Les agents syndicaux de la répression des fraudes

L'organisation de la répression des fraudes sur le vin repose en France actuellement sur une collaboration étroite des syndicats viticoles avec l'administration.

L'action corporative et l'action administrative se sont manifestées simultanément, lorsque, en 1907, l'intensité de la crise viticole et les événements qui en résultèrent eurent démontré la nécessité impérieuse de constituer une organisation méthodique, en vue d'assurer la loyauté dans la production et la vente du vin.

Une recherche efficace de la fraude a pour base, ainsi que l'expérience l'a démontré, l'existence d'un corps d'agents spécialisés, chargés de découvrir les produits suspects et d'en prélever des échantillons, qui sont ensuite soumis aux laboratoires d'analyse. Or, il est intéressant de constater que l'institution des agents administratifs et celle des agents syndicaux a été à peu près concomitante : c'est un décret du 21 octobre 1907, portant organisation du Service de la Répression des fraudes, qui a créé, sous l'autorité du Ministre de l'Agriculture, un personnel d'inspecteurs ; et c'est une circulaire du même ministre du 23 décembre 1907, adressée aux préfets, qui a autorisé les syndicats viticoles à proposer à l'agrément des préfets des agents de prélèvement, choisis et rétribués par les syndicats, mais placés sous le contrôle de l'administration.

On peut dire que c'est seulement alors que la répression de la fraude est devenue effective. Depuis longtemps, les lois punissaient la falsification, mais le personnel chargé de l'exécution de ces lois était insuffisant ou incompétent, et surtout, il n'était pas spécialisé. La mission d'opérer les prélèvements était confiée à des fonctionnaires, tels que les commissaires de police, ayant déjà de multiples et importantes occupations, ou les agents des Contributions indirectes ou des Douanes, beaucoup plus préoccupés de l'intérêt fiscal que de celui de la santé publique ou de la sincérité des transactions. Ajoutons que les laboratoires chargés d'analyser les échantillons se réduisaient aux laboratoires du Ministère des Finances et à des laboratoires, ayant un caractère strictement municipal, établis dans une quinzaine de villes. On comprendra facilement combien la surveillance de la fraude était illusoire.

La situation s'est complètement transformée après 1907, lorsque, d'une part, le Service de la Répression des fraudes eût été constitué, avec un corps d'agents spéciaux, administratifs et syndicaux, et que, d'autre part, des laboratoires eurent été créés en nombre suffisant et dotés de crédits convenables.

La création de ces agents spéciaux est due surtout à l'action incessante des syndicats viticoles. Dès 1904, le Syndicat National de défense de la Viticulture française avait utilisé des agents officieux, qui, après avoir effectué une enquête, faisaient procéder à un achat de vin par un huissier, qui cachetait et scellait les bouteilles achetées, lesquelles constituaient des échantillons ; si incommode que fût cette manière d'opérer, elle avait donné quelques résultats, et surtout montré les services que l'on pouvait attendre d'un personnel spécialisé. (Le Syndicat National de la Viticulture française, créé en 1903, sous la présidence de M. Jean Dupuy, ancien ministre de l'Agriculture, fut le premier, avec un effectif de quelques centaines de membres et un budget de quelques milliers de francs, à entamer la lutte contre les fraudeurs; son rôle a pris fin vers 1910, lorsque les groupements viticoles constitués dans le Midi et en Bourgogne, en Champagne et en Gironde, furent parvenus à grouper les viticulteurs par dizaines de mille, et à consacrer chaque année à la répression de la fraude des centaines de mille francs.)

Cependant, même après la loi sur les fraudes du 1er août 1905, l'Etat ne se décidait pas à créer ce personnel; le décret du 31 juillet 1906, désignant les autorités qui ont qualité pour opérer des prélèvements, ne mentionnait encore que des fonctionnaires déjà pourvus d'attributions différentes, commissaires de police, agents des Contributions indirectes et des Douanes, etc. Le décret disposait seulement que les départements ou les communes auraient la faculté d'instituer des agents spéciaux, qui devraient être agréés et commissionnés par les préfets.

En fait, départements et communes n'usèrent pas — ou seulement en nombre infime — de la faculté qui leur était donnée; et il n'y a pas lieu de le regretter. Si cette disposition avait été mise en pratique, le défaut de cohésion de ce personnel départemental ou communal aurait offert de graves inconvénients.

Cependant les Syndicats viticoles, constatant l'insuffisance du personnel administratif chargé jusqu'alors de la répression des fraudes, insistaient vivement pour être autorisés à proposer, de leur côté, des agents spéciaux. C'est le vœu qui était exprimé par une Assemblée des Sociétés et Syndicats agricoles et des Syndicats des négociants en vins du Midi, réunie à Nîmes, le 15 octobre 1906, et par un Congrès des Associations agricoles du Sud-Est, comprenant 320 Associations, Sociétés ou Syndicats agricoles, réuni à Perpignan, le 6 décembre 1906.

En présence de la situation révélée par la crise de 1907, le Gouvernement se décida, comme on l'a vu, à donner satisfaction à ces vœux par la circulaire du Ministre de l'Agriculture du 23 décembre 1907, précédée de peu par le décret du 21 octobre 1907 qui avait constitué les cadres du service administratif. L'organisation syndicale ne pouvait, en effet, exister que comme élément d'un service unique de la répression des fraudes, fonctionnant sous le contrôle et l'autorité du ministre.

Le Syndicat National de Défense et les Syndicats de la Confédération Générale des Vignerons, qui venaient de se constituer, ne tardèrent pas à user de la faculté qui leur était offerte et firent commissionner des agents. L'exemple fut bientôt suivi par la Confédération des Vignerons du Sud-Est, le Syndicat de défense de la Viticulture bourguignonne et le Syndicat général des Vignerons de la Champagne délimitée.

Après quelques années, l'expérience fut jugée satisfaisante, et la loi du 12 février 1912, art. 65, fixa définitivement le statut des agents syndicaux. Cette loi a été commentée par une circulaire du Ministre de l'Agriculture du 30 mars 1912.

Désormais, à la demande des Syndicats agricoles et commerciaux, des agents devant concourir à la répression des fraudes peuvent être agréés par le Ministre de l'Agriculture. Ils sont rémunérés sur les fonds versés à cet effet, à titre de fonds de concours, par les Syndicats intéressés. Ils sont commissionnés par le préfet, si leur circonscription ne dépasse pas l'étendue d'un département, et par le ministre, si elle s'étend à plusieurs départements.

Ces agents, qui reçoivent le titre d'agents de la **répression des fraudes**, sont soumis aux mêmes obligations que les autorités chargées de l'application de la loi du 1er août 1905, et doivent se conformer aux règles de procédure fixées par le décret du 31 juillet 1906 (actuellement remplacé par le décret du 22 janvier 1919). Ils sont placés sous le contrôle des inspecteurs régionaux du Service de la Répression des fraudes, et, en outre, dans le département où ils opèrent, sous l'autorité du préfet.

Le contrôle administratif se manifeste notamment par les rapports que les agents syndicaux sont tenus d'adresser à l'inspecteur régional.

La commission est donnée pour un an et renouvelable chaque année; elle peut être retirée en cours d'année.

Les frais de prélèvement et le montant du traitement de l'agent doivent être versés, au préalable, à la caisse du receveur des Finances de l'arrondissement dans lequel se trouve le siège social du groupement intéressé. Au contraire, les frais de tournée des agents syndicaux leur sont versés directement par leur syndicat : l'administration exige simplement que les agents lui fournissent, en fin d'année, un état global des sommes qu'ils ont reçues à ce titre.

Tel est le régime sous lequel les agents syndicaux fonctionnent depuis la loi du 27 février 1912. Il n'a nullement été modifié par le décret du 22 janvier 1919, qui, complétant l'énumération contenue dans le décret du 31 juillet 1906, y ajoute, d'une part, *les inspecteurs du Service de la Répression des fraudes*, et, d'autre part, *les agents agréés et commissionnés à la demande des syndicats professionnels.*

Signalons que les agents syndicaux ont été admis à collaborer avec les vérificateurs des douanes pour l'examen des vins entrant en France; c'est ce qui résulte d'une décision du Ministre des Finances du 6 mai 1911. Signalons aussi que jusqu'à présent, en ce qui concerne les vins, les syndicats de producteurs ont seuls fait commissionner des agents; les syndicats du commerce n'ont pas usé de cette faculté (1).

Après quatorze années d'existence, on peut apprécier aujourd'hui la valeur de l'institution : elle a donné les meilleurs résultats.

Le contrôle de l'administration sur les agents syndicaux s'est toujours exercé sans difficulté; il a, du reste, toujours été plein de bienveillance. Les agents syndicaux collaborent très souvent dans leurs opérations avec les fonctionnaires du cadre administratif, inspecteurs divisionnaires et inspecteurs départementaux : leurs connaissances spéciales en matière de vin ont fait apprécier leurs services.

En même temps, le concours pécuniaire des Syndicats viticoles a permis de renforcer dans d'énormes proportions la surveillance de la loyauté du vin chez les producteurs et chez les négociants. Il ne faut pas oublier que les crédits du service administratif sont répartis, et la surveillance de ses agents partagée entre tous les produits sur lesquels s'exerce le contrôle du service : lait, beurres, graisses et huiles, cidres, bières, vinaigres, produits de la sucrerie, de la confiserie et de la chocolaterie, produits de la charcuterie, conserves, farines, etc. Sans l'effort considérable des Syndicats viticoles, la surveillance exercée sur les vins, ainsi que la répression de la fraude, seraient singulièrement diminuées.

La longue période de guerre que nous avons traversée a encore resserré les liens étroits des syndicats avec l'administration. Partout la mobilisation avait créé de grands vides; les crédits affectés aux prélèvements étaient insuffisants,

---

(1) Nous apprenons que le Syndicat des Hôteliers et Débitants de boisson d'Amiens vient, tout dernièrement, de faire agréer un agent.

alors que la fraude devenait plus audacieuse. Tantôt les syndicats ont rétribué des agents auxiliaires, mis à la disposition des inspecteurs divisionnaires et choisis par ceux-ci; tantôt ils ont fourni au service administratif des fonds de concours afin de multiplier les prélèvements de vin. On a même vu un inspecteur départemental investi par l'administration d'une commission d'agent syndical dans un département voisin, privé de son inspecteur départemental mobilisé, et exercer ainsi alternativement les fonctions d'agent administratif dans l'un de ces départements, et d'agent syndical dans l'autre : symbole frappant de l'entière union existant entre l'administration et les syndicats viticoles.

Enfin, l'expérience acquise par les syndicats viticoles en matière de répression des fraudes leur a permis plus d'une fois de constater les lacunes des règlements et de provoquer des réformes utiles (art. 14 de la loi du 13 juillet 1911 réglementant la fabrication des vins de diffusion; art. 1ᵉʳ du décret du 19 août 1921 interdisant de livrer à la consommation les liquides obtenus par surpressurage).

II

Intervention des Syndicats viticoles dans les poursuites
pour fraude sur les vins.

Si l'existence d'un personnel d'agents de prélèvements est la base nécessaire de toute organisation méthodique de la répression des fraudes, cette répression n'est vraiment efficace que lorsqu'elle aboutit à des sanctions judiciaires sérieuses. A cet égard encore l'effort syndical a été considérable, et il a renforcé heureusement l'action administrative.

Devant les tribunaux, la loi ne reconnaît à l'administration d'autre représentant que le ministère public; or, sauf de rares exceptions, le procureur de la République est un jurisconsulte peu familiarisé avec les questions techniques, qui sont fréquemment soulevées dans les procès de falsification.

Il était donc très important pour les viticulteurs d'avoir pour organes devant les tribunaux des avocats bien documentés et capables de réduire à néant les chicanes imaginées par les défenseurs des prévenus. Les magistrats sont, en effet, exposés très souvent à être induits en erreur par les déclarations intéressées de la défense. Nous citerons ce fait à titre d'exemple : à Nice, un agent avait prélevé chez un débitant un échantillon de vin, qui, après analyse, fut reconnu n'être qu'une *piquette*, c'est-à-dire une boisson fabriquée avec de l'eau versée sur du marc. Le prévenu, sans contester l'analyse, prétendait que c'était néanmoins du vin, mais que ce vin s'était *piqué*, c'est-à-dire aigri accidentellement, créant une synonymie abusive entre *vin piqué* et *piquette*. L'avocat du Syndicat dissipa l'équivoque et le fraudeur fut condamné.

Le but juridique de l'action civile des syndicats est l'obtention de dommages-intérêts tendant à la réparation du préjudice causé aux intérêts collectifs des producteurs. Mais ce but n'est pas toujours atteint, bien que dans l'intention du législateur, l'action civile des syndicats ait été consacrée pour obliger les fraudeurs à réparer sous forme de dommages le préjudice qu'ils causent à la collectivité. Lorsqu'il s'agit de fraudes sur la dénomination d'origine, en particulier pour le bordeaux, le champagne ou le cognac, les tribunaux ont accordé quelquefois des indemnités assez larges; mais, lorsqu'il s'agit de la falsification des vins ordinaires, les indemnités sont bien loin d'atteindre le montant des frais engagés, à peine le 20 ou le 30 o/o, quelquefois beaucoup moins, de sorte qu'en ce cas l'action civile des syndicats tend, avant tout, à fortifier l'action pénale : le syndicat, étant obligé, pour justifier son action, de démontrer l'existence et la gravité de l'infraction, devient, en fait, l'auxiliaire du ministère public.

L'action civile des syndicats a été, à l'origine, fondée uniquement sur la jurisprudence. L'article 6 de la loi du 21 mars 1884 ayant accordé aux syndicats le droit d'action en justice, de nombreuses décisions judiciaires avaient reconnu aux syndicats les plus divers, médecins, tapissiers, etc., le droit d'agir devant les tribunaux pour défendre les intérêts collectifs de la profession. (Cour de Cassation, Chambre criminelle, 26 juillet 1889, 21 janvier 1892, 5 janvier 1894, etc.)

L'événement qui détermina les viticulteurs à user de cette faculté, si féconde en résultats, fut la scandaleuse fabrication de vins de sucre, qui se produisit à la fin de l'année 1903. La Régie des Contributions indirectes dressa à cette occasion un certain nombre de procès-verbaux, qui n'intimidèrent pas les fraudeurs, à raison de la complaisance générale dont ils jouissaient à cette époque. Aussi les viticulteurs jugèrent-ils nécessaire de réagir vigoureusement.

Pendant longtemps l'état de l'opinion en France avait été indulgent pour la fraude. L'article 475, § 6 du Code pénal, publié en 1810, ne punissait que d'une amende de simple police de 6 à 10 francs, prononcée par le juge de paix, ceux qui vendraient ou débiteraient des boissons falsifiées. C'est en vain que la loi du 27 mars 1851 avait, depuis un demi-siècle, édicté contre la falsification des peines élevées d'amende et de prison; cette réprobation de la fraude n'était pas entrée dans les mœurs. Il y a une quinzaine d'années, bien des gens, même des magistrats, ne craignaient pas de dire : « Nous ne comprenons pas tout le « bruit que les viticulteurs font à propos de la fraude; ce bruit ne peut qu'être « nuisible à la réputation de nos vins. Chacun sait que le vin, que le lait qu'il « achète est plus ou moins additionné d'eau; il faut en prendre son parti. »

Depuis, l'opinion s'est heureusement modifiée, et, si l'intervention des syndicats comme partie civile présente toujours une grande utilité, elle a maintenant surtout pour but de prémunir les magistrats contre les arguments captieux des fraudeurs, et non de leur révéler le caractère malfaisant de la fraude et ses résultats néfastes. Mais, vers 1904, lorsque la crise viticole eut poussé les viticulteurs à poursuivre la fraude, l'objet essentiel des interventions syndicales fut d'attirer sur les coupables la sévérité des tribunaux. Ce but fut atteint, et plusieurs jugements et arrêts allouèrent des dommages au Syndicat National de Défense de la Viticulture française, en même temps qu'ils infligeaient aux fraudeurs des peines plus rigoureuses.

Un nouvel arrêt de la Chambre criminelle de la Cour de Cassation du 5 mars 1906 semblait avoir mis au-dessus de toute controverse l'intervention syndicale, lorsqu'un arrêt de la Cour de Paris du 11 janvier 1907 vint la remettre en question, en exigeant à l'appui de cette intervention la preuve d'un préjudice direct.

Le législateur, convaincu de l'utilité de l'intervention syndicale, eut certainement l'idée de trancher la controverse, par voie d'interprétation, dans les lois du 29 juin 1907 et du 5 août 1908; mais les dispositions de ces lois ne furent pas assez précises pour mettre fin au débat, jusqu'à ce que la question eût été résolue par un arrêt des Chambres réunies de la Cour de Cassation du 5 avril 1913. Cet arrêt donna gain de cause aux syndicats. Enfin la question a été tranchée d'une façon définitive par la loi du 12 mars 1920 qui reconnaît aux syndicats le droit « d'exercer, devant toutes les juridictions, tous les droits réservés à la « partie civile relativement aux faits portant un préjudice direct ou indirect « à l'intérêt collectif de la profession qu'ils représentent ».

Actuellement les interventions de syndicats comme parties civiles devant les tribunaux de répression sont devenues de pratique courante; les divers syndicats viticoles, concourant à la répression des fraudes, en réalisent chaque année plus d'une centaine.

Les syndicats, comme toute partie civile, peuvent intervenir, non seulement lorsque l'affaire est appelée devant le tribunal, mais aussi dès le début des poursuites, ou au cours de ces poursuites. Lorsqu'il y a intervention dans l'instruction judiciaire, une question a été soulevée : le syndicat, partie civile, a-t-il droit à la communication du dossier, au moins à la clôture de l'instruction? La logique semble l'exiger : le syndicat, en sa qualité de partie civile, est autorisé à soumettre ses observations au juge d'instruction. Comment pourrait-il, dans son mémoire, discuter les témoignages ou les rapports d'experts, s'il ne peut avoir connaissance de ces documents?

En fait, la communication des pièces est donnée sans difficulté au syndicat intervenant, comme à toute partie civile, dans la plupart des tribunaux. En droit, cette communication a été reconnue justifiée par un arrêt de la Cour de Nîmes du 2 juin 1912, rendu au profit de la Confédération des Vignerons du Sud-Est; mais un arrêt de la Cour d'Aix du 7 novembre a statué en sens contraire, et repoussé la demande de la même Confédération, en déclarant que « la « partie civile est sans droit pour se prévaloir de garanties exclusivement « édictées par la loi en faveur de l'inculpé ». Saisie d'un pourvoi par la Confédération des Vignerons du Sud-Est, la Chambre criminelle de la Cour de Cassation, par arrêt du 21 février 1913, refusa de trancher la question au fond, déclarant que l'action civile se trouvait éteinte par l'arrêt de la Cour d'Appel confirmatif d'une ordonnance de non-lieu, et que dès lors le pourvoi était irrecevable.

Cette situation est de nature à préjudicier gravement, dans certains cas, à l'exercice utile du droit d'intervention; le dossier de l'information est commun à toutes les parties en cause : il n'est pas admissible que le prévenu puisse y puiser ses moyens de défense, tandis que la partie civile se trouve laissée dans une ignorance complète des éléments de l'information.

La Fédération des Associations viticoles régionales de France, dans sa réunion du 16 avril 1921, a fait appel à l'autorité du législateur, demandant que le droit à la communication des pièces fût consacré au profit de la partie civile par une loi formelle.

III

Les résultats de l'action corporative.

Les groupements viticoles qui possèdent des agents pour la recherche des fraudes sont : 1° la Confédération Générale des Vignerons, dont le siège est à Narbonne, et qui comprend les Syndicats de Narbonne, de Béziers et Saint-Pons, de Montpellier et Lodève, de Carcassonne et des Pyrénées-Orientales; 2° la Confédération des Vignerons du Sud-Est, dont le siège est à Nîmes, et qui englobe les régions viticoles du Gard, des Bouches-du-Rhône, du Var, du Vaucluse et de l'Ardèche; 3° le Syndicat de Défense de la Viticulture bourguignonne, dont le siège est à Chalon-sur-Saône, et qui groupe des viticulteurs de la Côte-d'Or, de Saône-et-Loire, du Rhône et de l'Yonne; 4° le Syndicat Général des Vignerons de la Champagne délimitée, dont le siège est à Epernay, et qui comprend les régions délimitées de la Marne et de l'Aisne; 5° le Syndicat Girondin pour la répression des fraudes, dont le siège est à Bordeaux.

Les agents des syndicats viticoles du Midi sont particulièrement affectés à la répression de la fraude par falsification, notamment par mouillage; ils sont au nombre de vingt-cinq pour les Syndicats de la Confédération Générale des

Vignerons, et de sept pour la Confédération des Vignerons du Sud-Est: en tout
trente-deux. Le Syndicat de Défense de la Viticulture bourguignonne possède un
agent ayant la même affectation; ce Syndicat a organisé, en outre, un service
pour la répression des fraudes de substitution d'origine intéressant les crus bour-
guignons. Ces syndicats se sont entendus entre eux pour coordonner leurs efforts
et répartir méthodiquement les circonscriptions de leurs agents.

L'agent du Syndicat Général des Vignerons de la Champagne délimitée
a pour mission spéciale la recherche des fraudes concernant le vin de Champagne.

Enfin, la Fédération des Viticulteurs Charentais, dont la circonscription
s'étend sur la Charente et la Charente-Inférieure, et le Syndicat girondin pour
la répression des fraudes, dont le siège est à Bordeaux, exercent leur action
auprès de l'administration et devant les tribunaux pour la répression des fraudes
qui concernent le cognac et le bordeaux.

**Sommes affectées à la répression des fraudes (service des agents, frais
d'analyses, frais judiciaires) par la Confédération Générale des Vignerons depuis
1908, et par la Confédération des Vignerons du Sud-Est depuis 1910.**

C. G. V., Syndicat de Narbonne .... Fr.	652.097 50
— Béziers-Saint-Pons .... »	1.268.384 38
— Montpellier-Lodève .... »	794.143 80
— Carcassonne .... »	232.867 80
— Pyrénées-Orientales .... »	266.179 80
Confédération du Sud-Est .... »	758.109 80
Total .... Fr.	3.971.783 08

Les ressources sont fournies par les cotisations des viticulteurs fédérés, sans
l'aide d'aucune subvention de l'État; ces cotisations, fixées pendant longtemps
à 5 centimes par hectolitre de vin récolté, ont été portées à 10 centimes, à raison
des frais plus élevés nécessités actuellement par le service.

Les sommes appliquées à la répression des fraudes ont atteint, en effet, en
1920 et 1921, les chiffres suivants :

	année 1920	année 1921
C. G. V. Syndicat de Narbonne .... Fr.	85.115 10	91.472 80
— Béziers-St-Pons ..... »	231.098 60	296.952 55
— Montpellier-Lodève .. »	78.799 95	85.639 85
— Carcassonne .... »	26.315 85	26.860 95
— Pyrénées-Orientales .. »	48.167 90	60.516 85
Confédération du Sud-Est .... »	96.283 25	99.466 50
Totaux .... Fr.	565.780 65	660.909 50

Pour les mêmes années, les prélèvements effectués et les condamnations
prononcées à la suite de prélèvements d'échantillons faits par les agents donnent
les chiffres suivants :

	Prélèvements		Condamnations	
	1920	1921	1920	1921
C. G. V. Narbonne	415	507	179	61
— Béziers-St-Pons	574	582	151	132
— Montpellier-Lodève ..	603	704	122	134
— Carcassonne	126	154	24	37
— Pyrénées-Orientales..	173	219	81	83
Confédération du Sud-Est	1.068	1.061	405	294
	2.959	3.227	962	741

Ces chiffres comportent plusieurs observations.

Les résultats de Paris ne figurent pas dans ces totaux : le Syndicat de Béziers-Saint-Pons possède à Paris des agents, qui ne font pas eux-mêmes de prélèvements et se bornent à indiquer au service administratif de la Préfecture de police les établissements où il convient d'opérer des prélèvements comme suite à leurs enquêtes, achats et analyses; c'est ainsi que de novembre 1920 à fin août 1921, ces agents avaient procédé à 1.880 achats de vins, sur lesquels 186 ont été déclarés mouillés, 53 suspects, 50 à la limite, 2 avariés.

Une forte proportion des prélèvements, qui atteint souvent le tiers, est faite à titre de comparaison, pour établir la responsabilité du détenteur d'un vin suspect. Ces prélèvements de comparaison étant le complément du prélèvement opéré sur le vin suspect, il en résulte que la proportion des condamnations par rapport au nombre des prélèvements pouvant donner lieu à poursuite est encore plus élevée que semblerait l'indiquer le tableau qui précède.

Enfin, le nombre des condamnations, pour l'année 1921, devrait être majoré, le résultat de certaines affaires n'étant pas encore connu.

Les frais judiciaires nécessités par les interventions des syndicats comme parties civiles ont atteint :

Pour le Syndicat de Béziers-Saint-Pons, de 1908 à 1921 :	Fr.	102.685 10
Pour le Syndicat des Pyrénées-Orientales, de 1908 à 1921 :	»	22.931 95
Le Syndicat de Montpellier-Lodève a dépensé pour le même objet en 1921 : Fr.		5.221 25
La Confédération des Vignerons du Sud-Est :		
En 1920	»	5.852 05
En 1921	»	4.824 30

Le Syndicat de Défense de la Viticulture bourguignonne, fondé en 1912, coopère depuis cette époque à la répression des fraudes par falsification; en outre, depuis la loi du 6 mai 1919, il a organisé un service de la répression des fraudes concernant les appellations d'origine de la Bourgogne.

Les ressources affectées à cette œuvre sont de deux sortes :

1° Cotisation du sou à l'hectolitre, affectée à la répression des fraudes par falsification;

2° Cotisation du franc à l'ouvrée (4 ares, 28), 24 francs par hectare pour les vignes complantées en plant fin, affectée à la répression des fraudes sur les appellations d'origine.

Pour la répression des fraudes par falsification, ce Syndicat possède un agent depuis l'année 1912. Depuis cette époque (en laissant de côté les années 1915 et 1916, pendant lesquelles le service a été interrompu par suite de la mobilisation de l'agent), le Syndicat a dépensé une somme totale de 58.800 francs. Actuellement les dépenses de ce service s'élèvent à 7.900 francs (année 1921).

Le nombre des prélèvements a été de 34 en 1920, de 29 en 1921 : 10 condamnations ont été prononcées en 1920, 2 en 1921, et 8 affaires restent encore pendantes. Le montant des amendes prononcées par les tribunaux au profit de l'Etat s'est élevé, depuis la fondation du Syndicat, à 61.664 francs; le montant des dommages alloués au Syndicat s'est élevé seulement à 2.507 francs. L'insuffisance des réparations pécuniaires a déterminé le Syndicat à renoncer quant à présent à poursuivre ses interventions devant les tribunaux, qui constituaient une charge trop lourde.

Le service de la répression des fraudes sur les appellations d'origine fonctionne depuis 1921 : moyennant le versement d'un fonds de concours de 20.000 fr., l'administration a détaché en mission auprès du Syndicat un inspecteur spécialisé dans la recherche des fraudes de cette nature.

En 1921, cet inspecteur a dressé 11 procès-verbaux, sur lesquels sont intervenues jusqu'à présent 6 condamnations en première instance, et 4 en appel : les interventions judiciaires du Syndicat ont nécessité une dépense de 5 à 6.000 fr. Ces poursuites ont abouti à des amendes au profit de l'Etat s'élevant à 7.700 fr., et à des dommages au profit du Syndicat de 551 fr. On voit par cet exemple que, si l'intervention judiciaire des Syndicats est pour l'Etat la source d'une recette appréciable, elle grève au contraire fort lourdement, par suite de la parcimonie de certains tribunaux, la caisse des Syndicats.

La Fédération des Syndicats de la Champagne, fondée en 1904, a été remplacée, en 1919, par le Syndicat général des Vignerons de la Champagne délimitée : cette transformation a été uniquement motivée par des raisons de procédure, en vue de faciliter les interventions des vignerons devant les tribunaux. En fait, le Syndicat général a simplement continué l'œuvre de la Fédération.

La Fédération possédait, en 1914, deux agents; de 1909 à 1914, elle avait obtenu 32 condamnations. Ces poursuites avaient occasionné une dépense de 15.750 fr. et donné lieu, au profit des Syndicats de la Fédération, à des allocations de dommages atteignant 25.000 fr. La guerre, qui a dévasté la Champagne, arrêta le fonctionnement des services de la Fédération et l'abandon de nombreuses poursuites en cours.

L'organisation syndicale s'est reconstituée après la guerre. En 1919, le Syndicat général a fait agréer un agent pour la recherche des fraudes concernant la Champagne sur tout le territoire français. Ce service a nécessité, en 1921, une dépense de 41.000 fr., et 80 procès-verbaux ont été dressés au cours de cette année.

La Fédération des Viticulteurs Charentais a été fondée en 1908; ses ressources sont basées sur des cotisations fixées à 1 fr. par hectare de vigne possédé par l'adhérent.

La Fédération s'est préoccupée, d'une part, de prévenir le consommateur contre la fraude, en donnant la publicité nécessaire aux modèles d'étiquettes garantissant le cognac authentique, en organisant des concours de dégustation entre les sommeliers des grands restaurants de Paris, ainsi que des tournées au vignoble, pour apprendre à bien connaître et apprécier le cognac authentique et à le distinguer des imitations. La Fédération a, en outre, soutenu des procès importants contre les fraudeurs : ces procès, au nombre de 8, ont motivé des frais s'élevant à 20.200 fr., et ont abouti à des condamnations à l'amende, quelquefois à la prison, et à des dommages au profit de la Fédération s'élevant à 47.500 francs.

Les dépenses faites par la Fédération, depuis 1909, tant en vue de propager la connaissance du cognac authentique, qu'en vue de réprimer la fraude, se sont élevées à 109.747 francs.

Le Syndicat Girondin pour la répression des fraudes, a été créé en 1910. Il s'est pourvu presque aussitôt d'un agent de recherche, grâce auquel il a obtenu, au cours des années qui ont précédé la guerre, d'importants résultats : une vingtaine de condamnations à des peines d'emprisonnement variant de 1 mois à 6 mois, des amendes élevées, ainsi que des dommages.

Pendant la guerre, l'activité du Syndicat Girondin fut en grande partie suspendue par suite de la mobilisation des membres du bureau et de l'agent : le Syndicat a repris son action en 1919. Depuis cette époque, plusieurs affaires ont été engagées.

Les dépenses faites par le Syndicat Girondin pour la répression des fraudes sur les marques d'origine concernant les crus de Bordeaux se sont élevées, de 1910 à 1921, à 70.000 fr. : les dépenses annuelles sont actuellement de 6 à

7.000 fr. Les dommages alloués par les tribunaux à titre de réparations civiles ont été, de 1910 à 1921, de 60.000 francs.

*****

On voit, par cet exposé, que l'effort corporatif des viticulteurs, en vue d'assurer la loyauté de leur produit, après s'être manifesté avec énergie lors de la mévente provoquée par la fraude pendant les premières années de ce siècle, bien loin de faiblir, avec une répression plus active de la fraude, n'a cessé de se développer. Cet effort n'est certainement pas à son terme; car tous les viticulteurs ont la conviction que, si la répression de la fraude venait à se relâcher, la mévente ne tarderait pas à reparaître. Ils reconnaissent aussi de plus en plus les services que leur rendent leurs organisations syndicales dans la défense de leurs intérêts économiques. C'est pourquoi le progrès de ces organisations est incessant : le nombre de leurs adhérents et le chiffre de leurs ressources tendent à s'accroître, et nous voyons des Fédérations nouvelles se constituer dans les régions viticoles restées, jusqu'à présent, étrangères à ce mouvement corporatif.

S'il est donc vrai qu'aucun produit ne se prête plus que le vin aux entreprises de la fraude, il est également vrai qu'en France il n'en est aucun qui soit mieux défendu contre ces entreprises, et ce résultat est dû sans conteste à l'union étroite et à la collaboration active des Syndicats viticoles avec l'administration. (*Vifs applaudissements.*)

M. Viala montre combien la tâche des groupements méridionaux a été difficile, la fraude sur les vins étant, en France, depuis la loi du 1er août 1905, l'exception et sa recherche demandant des investigations méticuleuses. L'œuvre de la C. G. V., en ce qui concerne la répression de la fraude, est donc digne de recevoir les éloges de la Semaine Nationale du Vin.

M. J.-Ch. Leroy résume son rapport. En concluant, il montre les insuffisances de l'arrangement de Madrid et la nécessité qu'il y aurait à ce que les nations s'entendent à nouveau pour prendre des mesures plus efficaces pour la protection internationale des appellations d'origine.

Il serait bon de donner en exemple aux pays étrangers notre législation relative à la répression des fraudes. Déjà, des indices favorables se sont révélés récemment. Un jugement du Tribunal Fédéral Suisse a considéré comme une fraude au point de vue de la législation intérieure la dénomination donnée à un produit suisse de « vin type Bourgogne ».

Il faudrait aussi faire en sorte que les actions intentées par les Syndicats français fussent recevables à l'étranger; de même, et par mesure de réciprocité, les Tribunaux français admettraient l'intervention des groupements de producteurs ou de négociants étrangers. Un vœu général pourrait être ajouté aux conclusions du rapport demandant :

« *Que les nations étrangères reconnaissent les efforts faits en France pour assurer la loyauté de nos vins et qu'elles prennent elles-mêmes des mesures intérieures pour nous aider dans notre tâche.* »

Le rapporteur signale enfin les heureux résultats obtenus par les corporations et par l'Administration française, unies pour la répression des fraudes, et demande que producteurs et négociants redoublent d'efforts pour lutter ensemble contre les fraudeurs.

Le rapport de M. J.-Ch. Leroy est adopté, ainsi rédigé :

Mesures prises pour assurer la loyauté des Vins de France

Législation. - Action administrative

La puissance d'expansion économique de la France réside, pour une large part, on l'a souvent dit, on ne saurait trop le répéter, dans ses produits « de qualité » : produits rares, recherchés pour leur fini, leur élégance ou les dons précieux qu'ils tiennent d'un climat privilégié et d'un sol fertile habilement .travaillé, produits dont la renommée universelle constitue une richesse que nous devons activement exploiter et jalousement défendre.

Productrice et exportatrice de vins dont les noms fameux ont fait le tour du monde, la France se devait à elle-même et devait aux nations étrangères qui, depuis des siècles, apprécient ses grands crus, de faire tous ses efforts pour supprimer la fraude dans le commerce des vins.

Aussi n'y a-t-il pas lieu d'insister ici sur l'opportunité d'une étude consacrée *aux mesures prises pour assurer « la loyauté des vins de France »*.

Ces mesures se rapportent à deux ordres d'idées : défense du consommateur, contre la vente de produits sophistiqués, corrompus ou inexactement dénommés, et défense des intérêts économiques des producteurs et négociants victimes de la concurrence déloyale. Un commerçant qui mouille son vin trompe l'acheteur, lèse les producteurs par l'avilissement des prix qui résulte de cette fraude et exerce une concurrence malhonnête vis-à-vis de ses confrères qui vendent du vin « loyal et marchand ».

A la protection des intérêts économiques se rattachent plus spécialement les mesures tendant à garantir les produits des vignobles réputés contre les fausses indications de provenance et à protéger les « appellations d'origine ».

Nous étudierons, en premier lieu, la question de la pureté du produit et, en second lieu, celle de la loyauté dans la présentation, de l'exactitude des dénominations et indications de vente.

I. — Comment est garantie la pureté du vin.

Notre arsenal législatif contre les falsifications du vin est abondamment pourvu. Il l'est d'autant mieux que le Parlement s'est orienté résolument dans le sens d'une législation protectrice de la viticulture.

A la faveur de la crise phylloxérique, la fabrication et la vente des vins mouillés ou artificiels avaient pris, à un moment donné, une inquiétante extension.

Législation. — La réaction a été puissante, parfois violente dans ses manifestations, mais décisive, on va le voir. Les textes législatifs destinés à garantir la pureté du vin se sont multipliés et ont mis en vigueur les mesures de défense les plus ingénieuses.

La simple énumération des principaux d'entre ces textes suffit à donner une impression saisissante de l'effort accompli depuis une trentaine d'années :

Loi du 14 août 1889, donnant une définition du vin, réglementant la production et la vente des vins;

Lois du 26 juillet 1890 et du 6 avril 1897, contre les vins artificiels;

Loi du 11 juillet 1891, interdisant certains traitements et réglementant la tenue du compte des négociants en gros;

Loi du 24 juillet 1894, contre l'alcoolisation et le mouillage;

Loi du 1er août 1905, sur la répression des fraudes dans la vente des marchandises et des falsifications des denrées alimentaires;

Loi du 6 août 1905, sur le sucrage, la détention et la circulation du sucre, etc.;

Loi du 29 juillet 1907, instituant la déclaration de récolte, interdisant *la vente* de produits destinés à améliorer et à bouqueter les moûts et les vins, etc.

Essayons, tout d'abord, de dégager, sans entrer dans des détails ici superflus, une vue d'ensemble de la législation française du vin. Puis, nous examinerons les procédés mis en œuvre par l'Administration pour assurer aux règles édictées par le législateur leur maximum d'efficacité.

*
**

Lorsque le grand mouvement de réglementation vinicole a été entrepris en 1889, on a tout d'abord, procédant avec logique, donné une définition légale du vin : « Nul ne pourra, a décidé la loi du 14 août 1889, expédier, vendre ou mettre en vente, sous la dénomination de *vin*, un produit autre que celui de la fermentation des raisins frais » (1).

Cette définition a été complétée par les règlements administratifs pris en vertu de l'article 11 de la loi du 1er août 1905 (2). Aux termes de l'article premier du règlement du 19 août 1921, qui a remplacé celui du 3 septembre 1907, le vin est la boisson provenant « exclusivement de la fermentation du raisin frais ou *du jus de raisin frais* ». On tient ainsi compte des différents procédés de vinification, qui comportent ou non le pressurage avant toute fermentation.

Mais la préparation du vin est une opération savante et compliquée : il ne suffit pas d'exprimer le jus du raisin, de l'isoler des parties solides et de le laisser fermenter pour avoir du vin, digne de ce nom. Aussi a-t-on eu soin, en même temps qu'on prohibait toutes manipulations ayant pour but de modifier l'état naturel du vin ou d'en dissimuler certaines tares ou maladies (1), d'énumérer les opérations et les traitements qui sont, non seulement licites, mais nécessaires à une bonne vinification (2). Nous nous bornerons à indiquer que le coupage des vins entre eux est autorisé, dès lors que l'on n'attribue pas au mélange une appellation d'origine ou un nom de cru n'appartenant pas à la fois aux différents éléments dont il se compose. Le coupage ne comporte, en effet, en soi, aucune tromperie et il constitue un procédé légitime pour bonifier certains vins, auxquels on apporte les qualités « complémentaires » de certains autres.

Notre législation est allée si loin, en matière de fraudes sur les vins, qu'elle ne s'est pas bornée à réserver aux vins naturels le nom de « vin », mais qu'elle a purement et simplement interdit la vente des vins de marcs et des vins de sucre (3) et que la loi du 24 juillet 1894 a permis de réprimer la vente de vins additionnés d'eau ou alcoolisés, *même lorsque les opérations subies par le vin*

---

(1) Article 1er de la loi du 14 août 1889.

(2) Ce texte dispose, en effet, qu'il sera statué par des règlements d'administration publique sur les mesures à prendre pour l'exécution de ladite loi, notamment en ce qui concerne « la définition et la dénomination des boissons, denrées et produits, conformément aux usages commerciaux, les traitements licites dont ils pourront être l'objet en vue de leur bonne fabrication ou de leur conservation, les caractères qui les rendent impropres à la consommation ».

(1) Décret du 19 août 1921, article 2.

(2) *Ibid.*, art. 3.

(3) Boissons obtenues par addition d'eau ou d'eau et de sucre aux marcs de raisins frais. Loi du 6 avril 1897, article 3.

sont connues de l'acheteur ou du consommateur. Quant aux vins de raisins secs et *autres vins artificiels,* ils sont exclus du régime fiscal des vins et soumis aux droits applicables aux alcools (4), ce qui aboutit pratiquement à en interdire la vente, à raison des impôts formidables, eu égard à leur valeur marchande, qu'ils auraient à supporter.

Par la « définition » légale du vin et par les mesures draconiennes auxquelles il vient d'être fait allusion, on a différencié et isolé autant que possible le vin de tous les succédanés qui pourraient lui être frauduleusement ajoutés ou substitués.

Toute éventualité de fraude n'est cependant pas supprimée pour autant, bien entendu. Un contrôle du vin, aux diverses étapes par lesquelles il passe, restait donc nécessaire.

Contrôle chez les producteurs. — Suivons-le, de la vigne au magasin du détaillant, et notons en chemin les conditions dans lesquelles cette surveillance s'exerce.

Le producteur est astreint, en vertu de la loi du 29 juin 1907, à déclarer, chaque année, après la récolte :

1° La superficie de ses vignes;
2° La quantité de vin produite;
3° La quantité de vendange ou de moût expédiée ou reçue;
4° L'importance des stocks qu'il possède.

Ces déclarations, reçues dans les mairies, sont affichées. Tous les habitants de la commune sont donc au courant des déclarations effectuées par chacun d'entre eux. Or, le mieux informé de la récolte d'un vigneron, après ce vigneron lui même, c'est évidemment son voisin. Il en résulte que des déclarations frauduleuses sont peu à craindre.

Nous savons ainsi quelle est la quantité de vin maxima qu'un récoltant peut vendre en toute loyauté. La vente suppose une expédition. Or, le producteur se trouve, par le jeu des lois fiscales, dans l'impossibilité d'expédier une quantité de vin supérieure à celle qui ressort de sa déclaration de récolte. Voici comment.

Les vins supportent, depuis des temps très anciens, le poids d'une lourde fiscalité. Pour assurer le paiement des droits de consommation dont ils sont grevés, des formalités à la circulation ont été établies par la loi du 28 avril 1816. Il en résulte que le vin ne peut circuler sans être accompagné d'un titre délivré par la régie des contributions indirectes. Les employés de cette administration, à qui sont communiquées les déclarations de récolte, ne doivent délivrer de titres de mouvement aux récoltants que dans les limites des quantités figurant dans ces déclarations.

Voilà pour le contrôle chez les récoltants. L'importance de leurs expéditions est déterminée par leur déclaration, dont la sincérité est garantie par la publicité qui lui est donnée.

L'intervention de l'Administration fiscale ne se borne d'ailleurs pas à ce contrôle quantitatif. Elle surveille la régularité des soumissions d'enlèvement, c'est-à-dire des déclarations par lesquelles les expéditeurs demandent des titres de circulation. Des prélèvements d'échantillons ont lieu, des analyses sont faites. Si le produit expédié ne répond pas à la définition légale du vin, il y a contravention, les peines édictées par les lois fiscales et par la législation sur les fraudes sont applicables.

---

(4) Loi du 6 avril 1897.

Contrôle chez les négociants. — Ainsi surveillé, au départ et en cours de route, le vin parvient chez les négociants en gros, où un nouveau contrôle quantitatif est organisé. Ces négociants doivent, en effet, tenir un compte, connu sous le nom de « compte de gros », où ils inscrivent tous les liquides entrés et sortis. Ce compte est **suivi** par les employés de la régie (1), c'est-à-dire que ces derniers vérifient les entrées et les sorties et opèrent des recensements : la différence entre les entrées et les sorties correspond au stock qui peut exister en magasin. Si cette quantité est dépassée, c'est qu'il y a eu fraude. Des enquêtes, des prélèvements d'échantillons sont opérés par les emloyés du fisc et permettent de découvrir les fraudes de toute nature dont des négociants en gros se rendraient coupables.

Le détaillant, qui reçoit le vin, toujours accompagné de sa pièce de régie, n'est plus soumis au contrôle du fisc. Ici intervient seul le service d'inspection de la Répression des fraudes, créé par application de la loi du 1er août 1905, relative aux tromperies dans la vente des marchandises et aux falsifications des denrées alimentaires et des produits agricoles. Cette loi punit quiconque a trompé ou tenté de tromper sur la nature, les qualités substantielles, l'espèce ou l'origine des marchandises. Nous aurons à en reparler à propos de l'action administrative.

. Ayant ainsi jeté un rapide coup d'œil sur les principales dispositions législatives destinées à assurer la loyauté de nos vins, nous allons voir comment l'Administration chargée de l'application de la loi du 1er août 1905 intervient dans la pratique, pour procéder à la recherche et à la constatation des fraudes.

Cet examen comporte deux parties :

1° L'étude des mesures réglementaires et du contrôle actif (intervention d'un personnel d'inspection);

2° L'étude du contrôle scientifique (recherche des caractères normaux des différents vins, analyse des échantillons prélevés).

*
* *

Application de la loi du 1er août 1905. Répression des fraudes. — La loi du 1er août 1905, texte organique en manière de fraudes et de falsifications, contient des dispositions qui ont permis de réaliser, sur l'initiative et sous la direction de M. Eugène Roux, Directeur au Ministère de l'Agriculture, une œuvre vivante et féconde dont les résultats, au point de vue de la défense du consommateur et de l'assainissement du marché, ont été maintes fois et hautement appréciés.

Règlements. — L'article 11 de cette loi (2) prévoit, en effet, que des règlements d'administration publique statueront sur les mesures à prendre en ce qui concerne, notamment, *les inscriptions et marques qui seront apposées sur les marchandises, la définition des denrées et boissons conformément aux usages commerciaux, les formalités en matière de prélèvements d'échantillons, de saisies et d'expertises, le choix des méthodes d'analyses, les autorités qualifiées pour rechercher et constater les infractions.*

C'est en vertu de ce texte qu'ont été élaborés toute une série de décrets définissant certains produits ou réglementant leur mode de fabrication et les conditions de la vente, tel le décret du 19 août 1921 (remplaçant celui du 3 septembre 1907), sur les vins, vins mousseux et eaux-de-vie, auquel il a déjà

---

(1) Loi du 28 avril 1816, article 97 et suivants. Loi du 17 juillet 1891, art. 4.
(2) Le texte primitif a été modifié et complété par les lois du 5 août 1908, du 28 juillet 1912 et du 6 mai 1919.

été fait allusion. Nous avons vu qu'il définit le produit qui, seul, a droit au nom de vin et qu'il énumère et précise les méthodes permises en vinification et les procédés illicites. Ajoutons qu'il établit la distinction nécessaire entre les vins mousseux naturels et les gazéifiés, qu'il exige que ces derniers portent les mots : « Vin mousseux gazéifié » en caractères de dimensions égales à la moitié au moins de celles des caractères les plus grands figurant sur les étiquettes; enfin que, pour rendre plus facile la surveillance des maisons de détail, il prescrit que les vins porteront tous une dénomination de vente, suivie de l'indication du degré, s'ils ne sont pas vendus avec « appellation d'origine ». Les commerçants en détail sont toujours maîtres, pour éviter toute surprise, de réclamer eux-mêmes à leurs fournisseurs pareilles indications.

Inspection. — C'est également en vertu de l'article 11 de la loi du 1er août 1905 que le Gouvernement a créé, en 1907, le Service d'inspection de la Répression des fraudes (1). Développé par des mesures adoptées en 1905 et en 1920, ce service est actuellement régi, dans sa composition, par le décret du 16 novembre 1920. Il comprend 65 inspecteurs, plus quelques agents départementaux, plus environ 60 agents (leur nombre varie fréquemment) commissionnés par l'Administration à la demande des syndicats. Sur ces derniers, 35 sont spécialisés dans la surveillance des vins. M. Coste a mis fortement en lumière, dans son rapport, l'importance de l'action syndicale contre la fraude : le versement, par les syndicats, des fonds de concours au moyen desquels sont rétribués ces agents représente une faible partie de l'effort déployé par les associations professionnelles dans cet ordre d'idées.

Il y a lieu d'ajouter, pour donner un aperçu plus complet de la surveillance exercée, que de nombreux prélèvements d'échantillons sont également effectués par diverses catégories d'agents opérant accidentellement pour le compte du Service de la Répression des fraudes : commissaires de police, préposés d'octrois, agents des poids et mesures, etc. Au total, le Service de la Répression des fraudes fait opérer ainsi environ 10.000 prélèvements de vin, annuellement.

Rappelons que l'Administration des Contributions indirectes concourt, de son côté, à la répression des fraudes sur le vin en effectuant des prélèvements et en exerçant des poursuites à l'occasion desquelles les dispositions des lois fiscales et celles des lois dirigées contre la fraude trouvent leur application. Nous pouvons conclure, n'est-il pas vrai? que voilà un produit bien surveillé.

Comment opèrent *les inspecteurs et agents de la répression des fraudes?* Quelques indications à ce sujet s'imposent. Le décret du 22 janvier 1919 contient les précisions les plus complètes. Nous noterons seulement qu'ils peuvent, en principe, opérer dans *tous les locaux servant au commerce ou à la fabrication.* Dans les locaux appartenant à des non-patentés (chais, étables, etc.), ils ne doivent, cependant, procéder, s'ils n'ont pas l'agrément de ces personnes, qu'en vertu d'une ordonnance du juge de paix.

Ils *peuvent* opérer *des saisies,* en cas de flagrant délit de falsification, et ils *doivent* les opérer, lorsque les produits sont reconnus corrompus ou toxiques.

Lorsqu'ils se trouvent en présence d'un *flagrant délit* de falsification, fraude ou mise en vente de produits corrompus ou toxiques, les agents doivent dresser immédiatement un procès-verbal de constat, qu'ils transmettront dans les vingt-quatre heures au procureur de la République.

Prélèvements d'échantillons. — Les prélèvements sont effectués, sauf dans des cas spéciaux (trop faible quantité du produit, etc.), en quatre échantillons scellés :

---

(1) Décrets du 24 avril et du 21 octobre 1907.

l'un d'eux est destiné au laboratoire d'analyse, les trois autres sont réservés en vue des expertises possibles. L'un de ces derniers est laissé au propriétaire ou détenteur du produit, à moins qu'il ne le refuse.

Le procès-verbal du prélèvement et les échantillons sont transmis, par l'agent qui a opéré, à la Préfecture. Cette dernière enregistre le dépôt et envoie l'un des échantillons au laboratoire dans le ressort duquel le produit a été prélevé. Les seules indications que porte l'échantillon du laboratoire sont un numéro d'enregistrement, la date du prélèvement et l'indication de la nature du produit, ainsi que de sa dénomination de vente. En conservant le secret sur le lieu du prélèvement, on a voulu que la sereine impartialité qui convient à une épreuve toute scientifique fût défendue contre les influences extérieures.

*
**

Contrôle scientifique. — Réglementation légale, réglementation et surveillance administratives, *contrôle scientifique* : arrivés à cette troisième ligne de résistance, il importe que nous mettions en lumière son importance et le rôle qu'elle joue dans l'organisation moderne contre la fraude.

L'ancien régime connut, lui aussi, une réglementation minutieuse destinée à assurer la pureté des produits livrés à la consommation; mais elle s'obtenait au moyen d'une surveillance inquisitoriale, qui plaçait le travail de chacun sous l'œil des « gardes » des corporations.

C'est qu'alors *le concours de la science faisait défaut* (1). Grâce à la science, plus d'inquisition nécessaire, puisqu'un simple échantillon permet de découvrir, après coup, le vice de la fabrication. Multipliez les prélèvements d'échantillons, perfectionnez les méthodes d'analyse, punissez sans faiblesse les délits... et les fraudeurs seront bientôt contraints de renoncer à leurs pratiques dangereuses et déloyales.

Aussi, l'Administration chargée de l'application de la loi du 1er août 1905 a-t-elle mis tous ses soins à réglementer le fonctionnement de l'analyse des échantillons recueillis.

Un « laboratoire central de la Répression des fraudes » a été créé à Paris. De nombreux laboratoires ont été *agréés* en province pour la répression des fraudes : laboratoires municipaux, stations agronomiques, stations œnologiques, etc. Ces laboratoires reçoivent une rétribution fixe pour chaque échantillon analysé. Une inspection générale des laboratoires permet de s'assurer qu'ils offrent les garanties indispensables et que l'unité de méthode y est observée.

Des méthodes officielles d'analyse, auxquelles tous les chimistes agréés sont tenus de se conformer, ont été, en effet, déterminées et publiées par l'administration centrale.

Pour assurer la découverte du mouillage des vins, que l'analyse chimique ne peut pas toujours établir, le ministre de l'Agriculture a créé un « casier vinicole ». On réunit chaque année des échantillons des vins des diverses régions productrices. Ces échantillons sont prélevés par les maires, scellés par des employés des Contributions indirectes et transmis au Laboratoire central de la Répression des fraudes. On obtient ainsi des données précises sur la *composition minima* des différents vins. Communiquées à tous les chimistes des laboratoires, elles servent de termes de comparaison pour l'examen des vins prélevés par le Service de la Répression des fraudes.

---

(1) Eugène Roux. La répression des fraudes, hier et aujourd'hui, Annales des falsifications, février 1913.

On voit que les précisions les plus grandes ont été recherchées par les services administratifs compétents, dont la haute ambition est d'atteindre, en réduisant au minimum les restrictions apportées à la liberté de la production et des échanges, ce but : assurer la protection des intérêts légitimes du consommateur et la loyauté des transactions commerciales.

*
* *

Sanctions. — Pour qu'une réglementation soit efficace, il lui faut des sanctions suffisantes. L'ancien régime usait parfois contre les fraudeurs de terribles *représailles*, il n'y a pas d'autre mot. Une ordonnance de 1481 prescrivait, paraît-il, qu'à tout homme ou femme ayant vendu du lait mouillé « serait mis un entonnoir dedans la gorge et ledit lait mouillé entonné, jusques à quand qu'un médecin ou barbier dise qu'il n'en peut sans danger de mort avaler davantage » (1).

La tâche serait sans doute facilitée à ceux qui ont charge de veiller à la pureté du vin, si l'on faisait de semblables exemples. Mais nos mœurs se sont adoucies et nous ne saurions le regretter. Si le châtiment est moins exemplaire, le contrôle est aussi mieux organisé.

Les peines applicables à l'heure actuelle sont, dans la plupart des cas, celles de la loi du 1er août 1905 : emprisonnement de trois mois à un an et amende de 100 à 5.000 francs ou l'une des deux peines, s'il s'agit d'une fraude proprement dite; amende de 16 à 50 francs, qui peut aller jusqu'à 1.000 francs en cas de récidive, s'il s'agit d'une contravention à une disposition d'un règlement d'administration publique.

A ces pénalités viennent souvent s'ajouter les dommages-intérêts alloués aux syndicats qui se portent parties civiles et les amendes fiscales.

La loi du 29 juin 1907, qui a institué la déclaration de récolte, punit d'une amende de 100 à 1.000 francs toute déclaration frauduleuse. L'intention frauduleuse étant trop souvent impossible à établir, une proposition de loi, actuellement soumise à la Chambre des députés, tend à punir toute déclaration inexacte (2).

On peut estimer, croyons-nous, que les tribunaux sont suffisamment armés contre les fraudeurs par les textes auxquels nous venons de faire allusion. Mais il faut qu'ils frappent sans faiblesse toutes les fois que le délit est caractérisé.

Peut-être la sévérité du législateur a-t-elle même été trop grande lorsqu'il a fait *un délit, justiciable du tribunal correctionnel,* de la simple *contravention* aux règlements pris par application de l'article 11 de la loi du 1er août 1905, qui n'exigent aucune intention frauduleuse. Il faut certes que la simple négligence soit punie; mais, à vouloir la traiter trop sévèrement, on incite les tribunaux à des abandons regrettables.

II. — Protection des produits d'origine.

Consommateurs et Producteurs. — Envisageons maintenant ce que l'on pourrait appeler la « loyauté morale » des vins de France, c'est-à-dire l'exactitude des dénominations de vente. Il ne suffit pas au consommateur qu'on lui vende le pur jus de la vigne, il a aussi le droit d'exiger qu'on ne lui fournisse pas, pour un vin

---

(1) Cf. Georges Couanon, inspecteur général honoraire de la viticulture, Les vins et eaux-de-vie de France, p. 89.

(2) Proposition de loi de M. Barthe et de plusieurs autres députés (Chambre 1921, n° 3544).

de cru fameux, le plus ordinaire « pinard ». Les propriétaires du cru ont, de leur côté, intérêt à empêcher qu'on abuse d'un nom qui appartient exclusivement à leurs produits. *Bordeaux, Médoc, Champagne*, etc., autant de noms qui font l'office de véritables marques commerciales, dont l'usage irrégulier constitue un fait de concurrence déloyale.

La réglementation rigoureuse de l'ancien régime n'avait pas méconnu ce fait, elle qui avait été jusqu'à réserver à certains vins les récipients d'une certaine contenance. Une ordonnance de 1638 interdisait, en effet, de mettre les vins étrangers à la sénéchaussée de Bordeaux, dans des barriques de la jauge usitée dans cette sénéchaussée (les bordelaises) (1). Eternels recommencements de l'histoire, nous voyons aujourd'hui les Champenois réclamer, et nous ne saurions les en blâmer, le monopole de l'habillage des bouteilles et de leur contenance (2).

Le parlement de Bordeaux, qui ne perdait pas de vue les intérêts économiques de sa région, s'empressait de proclamer, en 1638, qu'on pouvait « être assuré chez l'étranger » de recevoir désormais les vins de Bordeaux dans toute leur pureté naturelle. C'est tous les vins de France qu'il faut que l'on soit aujourd'hui assuré, dans le monde entier, de recevoir dans toute leur pureté et doués, chacun, du bouquet que lui valent les qualités du terroir et l'habileté des générations de vignerons, amoureux de la vigne et du bon vin, qui s'y sont succédé.

Législation. — Trois grandes lois interviennent pour garantir l'authenticité des vins : loi du 28 juillet 1824, loi du 1er août 1905, loi du 6 mai 1919.

La loi du 28 juillet 1824 punit l'emploi d'un nom de lieu autre que celui de la fabrication. Son application est devenue assez rare, bien qu'elle soit loin d'avoir perdu tout intérêt.

La loi du 1er août 1905 réprime les tromperies sur l'origine dans la vente des marchandises, lorsque, d'après la convention ou les usages, la désignation de l'origine doit être considérée comme la cause principale de la vente.
vins ;

Dispositions règlementaires. — Pour l'application de cette disposition, le règlement du 19 août 1921 (3) contient les dispositions suivantes :

1° Interdiction de faire figurer sur les étiquettes, marques, factures, etc., une adresse fictive comportant *un nom de région ou de cru* où l'on ne possède pas d'établissement (article 11) ;

2° Obligation de faire précéder des mots « propriétaire à », « négociant à » ou « commerçant à », et de faire suivre de l'indication du département, le tout inscrit en caractères identiques, *les noms de régions ou de localités constituant des appellations d'origine*, lorsque les producteurs ou négociants résidant dans ces régions ou localités mettent en vente des produits n'ayant pas droit auxdites appellations (article 12). Ainsi, l'étiquette d'un vin n'ayant pas droit à l'appellation « Bordeaux », vendu par un négociant installé dans la ville de Bordeaux, devra être ainsi libellée :

X...,
Négociant à Bordeaux (Gironde).

Le même négociant vendant du « Bordeaux » authentique s'empressera, au contraire, de libeller ainsi son étiquette :

---

(1) A. Monis. La délimitation des régions de production. Paris, Roustan 1910.
(2) Cf. Journal la « Champagne Viticole », novembre 1921.
(3) Règlement pris par application de l'article 11 de la loi du 1er août 1905, pour la répression des fraudes dans la vente des vins, vins mousseux et eaux-de-vie (*Journal Officiel*, du 21 août 1921).

X...,
Bordeaux.

3° Interdiction d'employer « toute indication ou signe *susceptible de créer dans l'esprit de l'acheteur une confusion sur la nature ou sur l'origine des produits...*, en toutes circonstances et sous quelque forme que ce soit » (article 13), De cette interdiction, on peut conclure que des dénominations telles que « type bourgogne », « façon champagne », etc., sont inadmissibles. Les tribunaux ont fait application de la disposition dont il s'agit à des vins mousseux portant un habillage analogue à celui des Champagnes, sur lequel figuraient les mots « Epernay » ou « Reims » (1), indications considérées comme de nature à faire prendre ces vins pour des champagnes authentiques, si elles ne sont accompagnées d'un correctif leur donnant le caractère de simples adresses postales : « X... et Cie, négociants à Reims », « X..., maison de vente à Reims », par exemple.

Les dispositions relatives à la protection des appellations régionales qui se trouvaient inscrites dans les lois du 1er août 1905 et du 5 août 1908 ayant cessé de produire leur effet par suite de l'abandon des délimitations administratives en 1910, une loi spéciale à cet objet fut mise sur le chantier en 1911 (2). Elle n'a été définitivement votée par le Parlement qu'en 1919. C'est la loi du 6 mai 1919.

Légitimité de cette protection. — Peu à peu, la notion de l'existence d'un droit de propriété, d'une nature spéciale, sur les appellations d'origine, droit dont il fallait assurer la défense, s'était dégagée de l'ancienne conception d'une simple répression des fausses indications de provenance. La nouvelle formule permet de faire jouer plus aisément aux appellations d'origine leur rôle de *marques commerciales collectives*, dont l'usage doit être réservé aux populations qui les ont rendues célèbres.

C'est donc, en réalité, une sorte de droit de propriété que vise et protège la loi du 6 mai 1919, sur les appellations d'origine. Par elle ont été enfin légalement proclamés les droits exclusifs des producteurs régionaux sur un patrimoine dû aux efforts intelligents et persévérants de leurs ancêtres : la renommée acquise par les appellations d'origine désignant certains produits de leurs régions respectives. Qui oserait nier qu'il soit équitable de reconnaître aux habitants des régions devenues célèbres, dans tout l'univers, par l'excellence de leurs produits un droit exclusif au nom de ces régions, droit analogue à celui que consacrent, en matière de propriété industrielle, les législations des divers pays et les conventions internationales?

Et en aucun cas cette vérité n'apparaît aussi évidente que lorsqu'il s'agit des vieux vignobles de France, où l'effort de l'homme s'est si intimement associé, depuis des siècles, aux qualités du terroir pour créer les fruits merveilleux d'où un art consommé sait tirer ces vins admirables, amis de la joie, de la saine raison, de l'esprit le plus subtil.

Que de soins pour maintenir la vigne et le raisin en parfaite santé, pour obtenir une vendange réussie.

Nous ne saurions nous étendre sur le travail du vigneron sans dépasser le cadre de cette étude, mais que l'on nous permette de rapporter ici une simple anecdote empruntée à un opuscule instructif et vivant, publié par M. Couanon, inspecteur général de la viticulture. Ayant rappelé un vieux proverbe qui exige le beau temps pour les vendanges, sous cette forme poétique : « Il faut mettre

---

(1) *Revue Vinicole*, 19 janvier 1922, Jurisprudence, p. 48.
(2) Projet de loi du 30 juin 1911.

le soleil dans la cuve », l'auteur ajoute : « Jadis, au clos de Vougeot, un moine se tenait, lors des vendanges, dans l'une des tours du château et sonnait la cloche pour faire interrompre le travail, dès qu'il était aperçu un nuage pouvant apporter quelque pluie. » (1)

Pour affirmer et faire comprendre le respect dû aux grands vins de France et aux vignerons qui les produisent, nous ne saurions mieux faire que de reproduire l'éloge que faisait des uns et des autres, il y a près d'un siècle, l'un des historiens qui ont le mieux compris et décrit notre pays et notre race, Michelet. Parlant de la Bourgogne : « Bon pays, dit-il (2), où les villes mettent des pampres dans leurs armes, où tout le monde s'appelle frère ou cousin, pays de bons vivants et de joyeux Noëls ».

Et plus loin, il brosse avec amour ce tableau où la poésie de la description s'allie au sentiment le plus profond :

« Ici, dans cette naïve et maligne Champagne, se termine la longue ligne que nous avons suivie, du Languedoc et de la Provence, par Lyon et la Bourgogne. Dans cette zone vineuse et littéraire, l'esprit de l'homme a toujours gagné en netteté, en sobriété. Nous y avons distingué trois degrés : la fougue et l'ivresse spirituelle du Midi, l'éloquence et la rhétorique bourguignonne, la grâce et l'ironie champenoise. C'est le dernier fruit de la France et le plus délicat. Sur ces plaines blanches, sur ces maigres coteaux mûrit le vin léger du Nord, plein de caprice et de saillies. A peine doit-il quelque chose à la terre, c'est le fils du travail, de la société. »

Permettre aux droits si légitimes de nos viticulteurs de reposer sur des fondements solides, tel a été le but de la loi du 6 mai 1919. Pour l'atteindre, elle a donné aux producteurs régionaux la possibilité de faire délimiter leurs régions et définir leurs produits par les tribunaux (3), et elle a assuré la répression de l'emploi frauduleux des appellations d'origine (4).

Applicable à tous les produits, naturels et fabriqués, cette loi contient des dispositions spéciales très importantes en ce qui concerne les vins (5).

Elle proclame dans son article 10 que les appellations d'origine des produits vinicoles ne pourront jamais être considérées comme ayant *un caractère générique*, c'est-à-dire qu'elles devront toujours indiquer la provenance même du produit qu'elles désignent et non certaines qualités attribuées à ce dernier.

Contrôle. — En ce qui concerne la lutte contre les fraudes dans l'emploi des appellations d'origine, nous retrouvons ici le même parallélisme que nous avons précédemment constaté dans les mesures destinées à assurer la pureté du vin : déclaration du producteur, tenue d'un compte d'entrées et de sorties par le négociant en gros.

Chez les producteurs. — Les récoltants qui entendent donner à leur vin une appellation régionale ou de cru (Bourgogne, Chambertin, par exemple) doivent l'indiquer dans leur déclaration de récolte. Il est possible qu'une partie seulement de leur récolte ait droit au nom du cru, dont l'étendue peut être extrêmement limitée. Le récoltant indiquera alors quelle est la quantité du vin *qui a droit* à ce

---

(1) Georges Couanon, Les Vins et Eaux-de-Vie, Paris, Payot, 1920.
(2) Michelet, Histoire de France, Tome II, Tableau de la France.
(3) Articles 1 à 7.
(4) Articles 8 et 9.
(5) On consultera avec fruit le commentaire de la loi du 6 mai 1919 publié par M. Toubeau, chef de service au Ministère de l'Agriculture, dans « Les lois nouvelles » (Une brochure aux Lois Nouvelles, 1921).

nom. Les déclarations ainsi faites sont transmises, avec les déclarations de récolte, aux receveurs buralistes, qui ne délivreront de titres de mouvement avec appellation d'origine que dans les limites des quantités déclarées. Enfin, les déclarations d'appellations d'origine doivent être affichées dans chaque commune, à la porte de la mairie, avec les déclarations de récolte.

A ce contrôle local s'ajoute une publicité plus étendue, applicable aux déclarations faites par des récoltants dont les produits n'ont pas un droit reconnu à l'appellation en cause. Cette reconnaissance peut résulter d'une ancienne délimitation administrative (1), d'une prescription acquisitive d'un an, en ce qui concerne le champagne et les eaux-de-vie (2), ou d'une décision judiciaire rendue en vertu de la nouvelle loi (3). Ces déclarations sont publiées au *Journal Officiel* par les soins du service chargé de la protection des appellations d'origine au ministère de l'Agriculture, afin que toutes les contestations légitimes puissent se manifester. La publication à l'*Officiel* n'apporte donc aucune consécration aux appellations qui y figurent. Elle est seulement destinée à faire connaître aux producteurs intéressés l'emploi qui est fait des appellations d'origine auxquelles ils peuvent eux-mêmes prétendre.

Les Syndicats de producteurs surveillent, bien entendu, ces publications, vérifient la légitimité des déclarations, exercent ainsi le contrôle professionnel indispensable.

Par les diverses mesures dont nous venons de parler, on assure aux vins d'origine *un acte de naissance en règle*. Mais ce serait en vain, s'ils devaient perdre toute individualité chez les intermédiaires et se multiplier grâce à des opérations savantes, mais frauduleuses, aux dépens des seuls producteurs légitimes et des consommateurs.

Chez les négociants. — C'est pourquoi l'article 12 de la loi du 6 mai 1919 a institué, chez les négociants en gros, un compte spécial d'entrées et de sorties pour les produits achetés ou vendus avec appellation d'origine française. Suivi par les employés des contributions indirectes et par les inspecteurs de la répression des fraudes, ce compte mentionne, aux entrées et aux sorties, les quantités et les appellations d'origine des liquides reçus et expédiés. La différence entre les sorties et les entrées donne le stock que le négociant peut avoir en magasin pour chaque origine. Les factures doivent reproduire le numéro du titre de circulation fiscal et l'appellation d'origine appliquée au produit à son entrée ou l'appellation *plus générale* à laquelle il a droit (entré sous l'appellation Médoc, cru du Bordelais, un vin peut, bien entendu, être sorti sous l'appellation *Bordeaux*. Qui peut le plus peut le moins). Lorsque les vins sont destinés à l'exportation, les mêmes indications doivent figurer sur les titres de transport (lettres de voiture, etc.).

Les dispositions qui viennent d'être exposées peuvent être étendues, par décret, aux appellations d'origine des pays étrangers dont la législation offrira à nos vins des garanties équivalentes.

Il est intéressant de noter, à côté de ces dispositions, applicables à tous les vins, celles qui sont applicables aux seuls vins mousseux et au Champagne. Les vins mousseux sans appellation d'origine, ceux qui ne sont pas revêtus, en quelque sorte, d'un état civil, ne peuvent être vendus que dans des bouteilles

---

(1) Article 24 de la loi du 6 mai 1919.
(2) Articles 15 et 17 de la même loi.
(3) Articles 1 à 7 de la même loi.

portant, en caractères très apparents, les mots « vin mousseux » (1). S'ils sont additionnés d'acide carbonique ne provenant pas de leur propre fermentation, ils doivent porter les mots « vin mousseux gazéifié ». Quant au « champagne », il doit être emmagasiné et complètement manutentionné dans des magasins séparés, sans communication autre que par la voie publique, avec tous locaux contenant des vendanges ou vins n'ayant pas droit à l'appellation « Champagne » (2). Cet emmagasinage séparé est tenu sous la surveillance de l'administration des contributions indirectes.

Au sortir des magasins séparés, les bouteilles de Champagne doivent porter le mot « Champagne » en caractères très apparents. Ce même mot doit figurer sur le bouchon, dans la partie qui est à l'intérieur du col de la bouteille, et sur les caisses et emballages.

Ce que les consommateurs doivent retenir. — Essayons de tirer de la législation que nous venons de parcourir quelques conseils pratiques aux consommateurs.

Défiez-vous des apparences trompeuses, leur dirons-nous. Telle bouteille de vin mousseux est somptueusement habillée d'or ou d'argent, étiquetée : « Duc de X... » par exemple; mais elle ne porte pas le mot « *Champagne* » et elle est revêtue, par contre, de la mention « Vin mousseux ». C'est donc un vin mousseux d'une origine inconnue. Si les mots « Vin mousseux » ne figurent pas sur la bouteille, non plus que le mot « Champagne », c'est que le vin revendique hautement son origine : « Saumur », « Vouvray », par exemple, dont l'indication doit se trouver sur l'étiquette, en caractères suffisamment apparents.

Autre chose. Les mots « Bordeaux », « Nuits Saint-Georges », « Beaune », attirent-ils votre attention? Considérez s'ils ne sont pas précédés des mentions « négociant à », « propriétaire à », etc. Dans l'affirmative, vous saurez qu'il convient de ne pas attacher à leur présence trop d'importance : elle signifie seulement que le vendeur possède des biens au soleil ou un établissement commercial à Bordeaux, Nuits-Saint-Georges ou Beaune; mais nullement que l'on vous offre ou que l'on vous sert un vin de la région ou du cru dont le nom est inscrit sur la bouteille.

Nous avons dit que l'Administration de l'Agriculture avait été chargée par la loi du 6 mai 1919 de recueillir, d'enregistrer et de publier les déclarations d'appellations d'origine faites par les producteurs, que l'Administration de la Régie ne devait délivrer les titres de circulation avec appellation d'origine qu'à bon escient, que la tenue du compte spécial des produits vendus avec appellation d'origine par les négociants en gros était surveillée par les deux mêmes administrations. Il paraît inutile d'insister sur l'action du service d'inspection de la Répression des fraudes qui, bien entendu, apporte toute son attention à réprimer les infractions commises dans l'emploi des appellations d'origine.

L'administration centrale, pour documenter ce service, ainsi que les intéressés eux-mêmes, publie des brochures dans lesquelles sont réunis les principaux documents concernant la protection des appellations d'origine. Elles comprennent, à l'heure actuelle, trois séries :

1° La série verte : Recueil de textes et documents : législation, conventions internationales, règlements, jurisprudence, etc. (3);

---

(1) Loi du 6 mai 1919, article 21.
(2) Loi du 6 mai 1919, article 16.
(3) Trois fascicules ont paru.

2° La série jaune : Répertoire des déclarations d'appellations d'origine (1);

3° La série grise : Etat des délimitations régionales (2).

Ces brochures sont remises aux inspecteurs de la Répression des fraudes et aux associations professionnelles intéressées qui en font la demande.

Le service administratif chargé de la protection des appellations d'origine doit réunir les décisions judiciaires portant délimitation, et, en général, toutes les décisions de principe sur le droit aux appellations d'origine et les conditions auxquelles l'emploi de ces dernières est légitime. Il enregistre les prescriptions qui se réalisent (champagne et eaux-de-vie).

Il doit enfin se maintenir en liaison constante avec les administrations des Affaires étrangères et du Commerce, en vue de la conclusion d'accords garantissant la protection de nos produits d'origine à l'étranger contre la concurrence déloyale et en vue de l'application de ces accords.

**

Conclusion. — Nous avons ainsi examiné, aux divers points de vue auxquels elles se rapportent, les mesures prises pour assurer la loyauté des vins de France. On a pu constater que ces derniers présentent des garanties de pureté et de loyauté que sont loin d'offrir la plupart de leurs rivaux étrangers.

Nous exprimerons, en terminant, un double vœu. Tout d'abord, un vœu d'ordre interne, c'est que la législation si touffue que nous venons de passer en revue fasse l'objet d'une codification qui en facilite l'application et le perfectionnement. En second lieu, nous exprimerons le vœu que les efforts accomplis par la France pour assurer la loyauté de ses vins soient appréciés comme ils méritent de l'être à l'étranger.

Nous avons confiance qu'instruites de ces efforts, les nations du monde voudront que la loyauté des vins de France soit assurée sur leur propre territoire comme dans le pays d'origine. Elles procureront ainsi à leurs nationaux ce bienfait : la possibilité de boire, *dans toute leur pureté naturelle*, ces vins qui, quoiqu'on en ait dit, nourrissent le corps et vivifient l'esprit, ces vins où, selon une heureuse formule due à un fin gourmet, « la terre choisie, le soleil constructeur, l'expérience séculaire, le soin d'hommes experts et l'âge mûrissant ont mis le meilleur de leur collaboration » (3). (*Vifs applaudissements.*)

La discussion est ouverte sur les rapports de MM. Coste et Leroy.

M. Sabatier (Oran) donne lecture d'un vœu ainsi libellé : « *Demander à nos ambassadeurs et à l'Institut International d'Agriculture de Rome que les garanties d'élaboration, imposées aux viticulteurs français sur leurs revendications, le soient également aux viticulteurs des pays étrangers important des vins en France.*

« *En outre, pour éviter les contestations d'ordre chimique, ainsi que les contre-expertises en douane, en ce qui concerne les vins importés, il conviendrait que nos ambassadeurs obtiennent, pour l'avenir, que des délégations techniques françaises, autorisées à circuler et à prélever des échantillons en pays étrangers, puissent exercer leur mission, non pas seulement au cours de la campagne, mais surtout, voire même uniquement, pendant la période de vendange; car*

---

(1) Un fascicule.

(2) Un fascicule.

(3) Cf. *La confession d'un buveur d'eau*, Louis Forest. *Revue l'Œnophile.* Novembre-décembre 1921.

c'est la seule manière de déterminer la date, la nature, l'origine et la loyauté d'un produit.

« *Nous rappelons que M. Roos, directeur de la Station Œnologique de Montpellier, avait été autorisé à faire une enquête de ce genre en Grèce, en cours de campagne, mais non pendant la vendange.* »

Il est simplement donné acte de ce vœu, dont une autre rédaction avait été proposée : « *Que soit étudiée la possibilité de modifier la législation française, pour que, seuls, puissent entrer en France les produits répondant aux prescriptions de la loi et des règlements français.* »

M. Burckard, au nom de la Fédération des Syndicats des Négociants en vins de l'Alsace-Lorraine, intervient à nouveau pour demander : .

« *Que la législation française et les règlements relatifs aux vins soient introduits le plus tôt possible en Alsace-Lorraine.* »

M. Burger indique quelles sont les difficultés pratiques auxquelles l'application brutale de la législation française se heurterait. L'Administration et le commerce allemands ont imposé, avant la guerre, la culture de cépages à fort rendement, au détriment de la culture de variétés moins productives qui donnent des moûts plus riches en sucre. La transformation de l'encépagement, recommandée d'ailleurs par les associations de viticulteurs, ne peut se faire du jour au lendemain. M. Burger tient à déclarer d'ailleurs que c'est exceptionnellement que la correction des moûts est pratiquée en Alsace. Il ne s'agit, en aucun cas, d'une pratique générale et le sucrage-mouillage ne s'applique qu'à une petite minorité de vins.

La proposition de M. Burckard est adoptée après l'intervention de MM. de Mun, Authelin, Vavasseur et Castel.

M. Poittevin, député de la Marne, reprenant les conclusions de M. Leroy, insiste sur l'insuffisance du règlement du 19 août 1921, en ce qui concerne la garantie d'origine dans les cas où les étiquettes sont ainsi libellées : « *Grand Vin X...*, négociant à Bordeaux », par exemple. Il est certain, dit M. Poittevin, que le consommateur est porté à croire qu'il s'agit d'un vin originaire de la région de Bordeaux, alors qu'en fait, ce vin peut avoir une tout autre origine.

Une discussion générale s'engage, à laquelle prennent part MM. Leroy, Poittevin, Viala, Perrin, A. Fabre, Pradel, Jules Codi, Carcassonne, Mauvigney, Avisse, Checq, Combemale, Roos et Castel.

Dans cette discussion, sont envisagées d'abord les rédactions possibles d'un texte plus précis, interdisant l'emploi d'une fausse indication d'origine; les représentants du commerce de détail, soumis à l'affichage du degré de vins n'ayant pas droit à l'appellation d'origine, demandent en outre que cette mesure soit étendue à la propriété.

Le vœu de M. Poittevin, ainsi libellé :

« *Que, dans les régions à appellations d'origine, le nom d'origine ne puisse paraître d'une façon directe ou indirecte sur l'habillage de la bouteille et sur les emballages que si la bouteille contient un produit ayant droit lui-même à cette appellation d'origine, en vertu des lois et des arrêts de justice en vigueur* »,
est renvoyé à l'examen d'une Commission composée de MM. P. Viala, Dupeyrat, d'Angerville, Vavasseur, Leroy, Latour, Mehu, Mauvigney, Chappaz, Poittevin, Checq et Burckard (1).

---

(1) La Commission, chargée d'étudier le vœu proposé par M. Poittevin, s'est mise d'accord sur le texte suivant qui sera présenté à l'approbation de l'Assemblée plénière :
« *Que l'Administration s'entende avec les intéressés en vue d'une amélioration nouvelle dans les mesures de répression de la fraude sur les vins.* »
(Voir le compte rendu des travaux de la troisième section, page 323.)

Le vœu présenté par MM. Fabre, Codi et Pradel est accepté à l'unanimité, moins trois voix, sous la forme suivante : « *Que l'obligation d'indiquer le degré des vins de consommation courante offerts à la vente, déjà imposée aux détaillants, soit étendue aux viticulteurs et négociants expédiant par congé.* »

M. Elie Bernard fait adopter le vœu suivant :

« *Que la ville de Paris soit soumise, en ce qui concerne la surveillance du commerce des vins, au service de la répression des fraudes du Ministère de l'Agriculture.* »

M. Elie Ravel donne lecture des conclusions de son rapport. Après observations de MM. Gavoty et Castel, tendant à montrer que l'Etat doit continuer à encourager et à soutenir les Caves coopératives, le rapport de M. Elie Ravel et ses conclusions sont adoptés à l'unanimité, avec les rédactions suivantes :

Le rôle des Coopératives dans la vente du Vin

Exposé abrégé de la question.

En désignant comme rapporteur le Président de la *Fédération Méridionale des Caves Coopératives de Vinification*, Président de la *Cave Coopérative de Marsillargues* (Hérault), le Comité d'organisation a bien voulu tracer par ce choix les lignes du présent rapport.

Vins du Midi. (Vins de consommation courante, à l'exclusion des autres vins français qui seront traités par d'autres rapporteurs.)

D'abord faire connaître les Caves coopératives de vinification et de logement en commun par une succincte monographie de la Cave coopérative de Marsillargues, en détaillant plus spécialement son fonctionnement dans la vente de son produit.

Ensuite, aborder les marchés méridionaux (cotes officielles, cotes officieuses) et l'action de la Fédération Méridionale des Caves coopératives de vinification dans la publication journalière des ventes.

Enfin, montrer le rôle des Caves coopératives dans la vente du vin, par les avantages considérables qu'elles apportent au producteur, à l'intermédiaire, au consommateur et à la nation tout entière.

Exemple de cave coopérative de vinification et de logement.

Monographie de la Cave coopérative des Vignerons de Marsillargues

Cave commune pour loger, vinifier et vendre la récolte de chaque adhérent. Créée en 1910, au capital de 3o.ooo francs, par un groupement de 7o vignerons pouvant récolter 1o.ooo hectos, la Société, après des admissions successives, est aujourd'hui au capital de 19o.ooo francs; le nombre de ses sociétaires est de 397, récoltant et vinifiant en commun plus de 1oo.ooo hectos, exactement 12.6oo.58o kilos de vendanges. Pour vinifier et loger ces 1oo.ooo hectos, elle possède des bâtiments, du matériel vinicole, du logement vinaire, une distillerie, qui ont entraîné une dépense de plus de 4 millions.

La Cave peut recevoir en 2o jours 12.5oo.ooo kilos de vendanges (elle les a reçus en septembre 192o); elle peut recevoir en un jour 1.ooo.ooo de kilos (le 4 septembre 192o, elle a reçu 754.481 kilos); elle peut recevoir en une heure 2oo.ooo kilos (certaines fins de journées de vendanges, de 6 à 8 heures, les 4oo adhérents ont apporté chacun un voyage d'un poids moyen de 1.ooo kilos).

Recevoir signifie vinifier ces quantités selon leur cépage, leur maturité ou le goût de l'acheteur, à volonté en rouge, blanc, rosé ou paillet. Le coopérateur qui reçoit à chacun de ses vòyages un, bulletin mentionnant le poids de ses apports, a son compte crédité en fin de vendanges de 100 litres de vin par 150 kilos de raisins. Ces litres peuvent être, à son choix, en rouge, en blanc ou en rosé.

La Coopérative fait une vinification rationnelle, bisulfitant, levurant et surveillant les températures selon les instructions de la science œnologique. Elle unifie ses vins, ne conservant que trois types : rouge, blanc et rosé.

Le coopérateur peut venir prendre tout son vin pour sa consommation familiale ou l'expédier directement à un client, à un ami; il peut le vendre aussi individuellement au négociant de son choix; il peut enfin, et c'est ce qu'il fait en pratique, *le vendre en commun.*

Le coopérateur a donc le maximum de liberté et le maximum de protection. Ses droits de propriétaire sont intacts : il peut en user aussitôt qu'il juge ses intérêts lésés.

Avant d'expliquer la vente en commun, il est nécessaire de faire remarquer qu'à Marsillargues, la Coopérative fait l'hectolitre de vin en moyenne avec 125 kilos et comme elle ne crédite les comptes des coopérateurs que de 100 litres par 150 kilos, il lui reste comme « *part de cave* » un cinquième environ. Sur 100.00 hectos, par exemple, 80.000 sont « parts des coopérateurs » et 20.000 « part de cave ». Le Bureau — Commission de Ventes — a tout pouvoir pour liquider au mieux ces hectos « *part de cave* ».

Ventes en commun.

Le vin prêt, des échantillons sont donnés aux courtiers et la Société recherche les offres. Quand une offre jugée acceptable se produit, les coopérateurs sont informés qu'il y a preneur sérieux, au moyen d'une sirène (sirène électrique très puissante s'entendant à plusieurs kilomètres à la ronde). Les coopérateurs, entendant la sirène, savent qu'avant le soir il faut passer à la Cave où on leur apprend le prix offert, la quantité demandée, etc. Si la vente ne leur convient pas, ils se retirent; mais, pour ceux qui veulent vendre, un registre est ouvert, ils s'y inscrivent pour la quantité qu'ils désirent, n'étant pas obligés de liquider d'un seul coup la totalité de leur récolte. Le soir, on totalise. Supposons qu'il y ait 7.500 hectos coopérateurs vendeurs, sur 10.000 hectos demandés par l'acheteur, le Bureau décide de parfaire les 10.000 hectos avec 2.500 hectos « part de cave », et passe le contrat. Si le total des hectos vendeurs dépasse le marché, la quantité de chacun est diminuée au prorata des inscriptions reçues; si le nombre des vendeurs est infime, l'acheteur est prévenu de la réduction du marché.

Marché des Vins.

Dans la région méridionale, l'expédition directe au consommateur peut être considérée comme l'exception. Tous les vins se vendent sur nos huit places. Le négociant, le commissionnaire en vins achètent par l'intermédiaire d'un courtier directement à la propriété, l'hecto nu et pris sur place, paiement comptant.

L'embarras des acheteurs est aussi grand que celui des vendeurs en présence de la publication le même jour de cotes entachées d'inexactitudes.

Ce sont les Chambres de Commerce, conformément à l'art. 5 du décret du 22 décembre 1866, qui désignent des courtiers et des négociants de la place pour établir les cotes officielles.

Cotes officielles.

Les cotes officielles établies par des commerçants sont souvent inexactes, disent les producteurs qui n'y sont pas représentés. Les commissaires chargés d'élaborer la cote se basent, la plupart du temps, sur les ventes aux prix les plus bas qui, seules, sont portées à leur connaissance par leurs confrères, fiers d'avouer ce qu'ils considèrent une bonne affaire et se gardant bien de parler d'une affaire moins brillante.

Cotes officieuses.

La C. G. V. du Sud-Est publie une cote officieuse; mais cette cote, disent les commerçants, ne reflète pas exactement l'allure des marchés, les prix servant de base à l'établissement de ces cotes étant ceux signalés par les propriétaires ayant vendu des vins supérieurs aux plus hauts prix.

Cotes officielles aussi bien que cotes officieuses ne sont pas le reflet exact du marché des vins. Il en sera ainsi tant qu'il n'existera pas une commission mixte de courtiers, négociants et propriétaires, n'ayant qu'à *consigner des faits*, pour donner la note exacte du marché. Les associations de producteurs ont bien essayé de faire des publications de ventes, mais elles se sont heurtées à l'apathie des vendeurs et à leur orgueil qui leur faisaient connaître ces ventes trop tardivement ou qui oubliaient même de les signaler.

La Fédération Méridionale des Caves Coopératives, dès sa formation, décida la publication de toutes les ventes faites par chacune d'elles. Il y a, dans les Sociétés Coopératives, toute la gamme des vins, depuis les Roussillon, Minervois, jusqu'aux petits Aramons de plaine, toute la série des vins rouges, blancs, rosés, gris et paillets. Tous les lots vendus sont publiés dans les journaux régionaux sans retard, si bien qu'aujourd'hui, la lecture des cotes officielles et officieuses des vins est presque délaissée dans nos régions, le vigneron adhérent ou non d'une Coopérative est renseigné tous les matins sur les prix de vente exacts.

Et même si, par une loi ou par un décret, on modifiait la constitution des Commissions chargées d'établir les cotes, en instituant des Commissions mixtes composées de négociants, courtiers et propriétaires, le rôle des Coopératives serait grandi par la nécessité dans laquelle se trouveraient ces Commissions de recourir aux Coopératives pour avoir des prix exacts.

Le rôle des Coopératives, dans la vente du vin, pour l'avenir, est facile à démontrer par les avantages qu'en retirent ou qu'en retireront les producteurs, les intermédiaires, les consommateurs et la nation.

Avantages des Caves coopératives pour les producteurs.

1° Suppression des « non logés » qui, au prix actuel du vin, entraîne pour le « non logeur » une perte minima de 25 francs par hecto, et, pour la masse des producteurs, en raison de cet afflux intempestif sur le marché des vins, une baisse générale ayant sa répercussion sur les vins logés.

2° Proportionner l'offre à la demande et, par suite, stabilisation des cours. Mise sur le marché une quantité au plus égale aux quantités qu'il peut absorber.

3° Suppression des mauvais vins, des « mal vinifiés », des caves particulières, représentant non seulement une perte assez considérable pour le détenteur, mais encore ayant un influence très fâcheuse sur le marché, pouvant se traduire pour l'ensemble des vignerons non-coopérateurs par une perte minima de 5 francs par hecto récolté.

4° Plus-value de rendement. A Marsillargues, dans les caves particulières,

il faut 135 kilos de vendanges pour faire un hecto de vin, alors qu'à la Coopérative on fait l'hecto avec 125 kilos. Perte pour les non-coopérateurs de 7 1/2 o/o,
soit 6 francs environ par hecto.

5° En Coopérative, utilisation complète des sous-produits (marcs, tartres et
lies) rapportant une plus-value de 5 francs par hecto aux coopérateurs

6° Par suite de conditions d'enlèvement et de facilités de paiement pour nos
acheteurs, plus-value de 3 francs par hecto. (Voir *Marché des vins de Montpellier*
du 10 janvier 1922.)

7° Economie de main-d'œuvre : vendanges, 1 franc; soins annuels, 1 franc.
Total : 2 francs par hecto.

En résumé, de ces avantages techniques et économiques, avantages pour la
masse ou avantages pour les coopérateurs, il ressort une plus-value de 21 francs
par hecto coopérateur sur l'hecto vinifié dans une petite cave (au-dessous de
1.000 hectos).

En un mot, le petit ou moyen vigneron, qui a sa cave paysanne, est obligé
de vendre 21 francs de plus que le coopérateur, ses 100 litres de vin.

Avantages des caves coopératives pour le commerce.

1° Facilités pour l'acheteur de trouver pendant toute la campagne le même
type de vin (d'où suppression de tous ennuis avec sa clientèle) et possibilité pour
lui de proportionner ses achats suivant ses ressources. Réduction de son capital
immobilisé et, par suite, de ses frais généraux.

2° Facilités d'entonnage. Délais plus grands d'enlèvement. Par suite des
réductions des risques commerciaux répartis sur un plus grand nombre d'acheteurs, la Coopérative accorde des facilités de paiement, ce que ne peut faire le
récoltant isolé. Gains pour le négociant, pouvant aller jusqu'à 2 francs par hecto.

3° Trouvant des vins unifiés représentant le type homogène de toute une
commune, l'acheteur n'est pas obligé à se livrer avant l'expédition à des coupages
qui peuvent entraîner pour lui des difficultés avec son client.

4° Le commerce honnête se trouve quelquefois en présence de mercantis qui,
par des mélanges de vins inférieurs, lui font une concurrence déloyale. L'homo-
généité et la qualité des vins des Coopératives portent le fer rouge à cette plaie.

Avantages des Caves coopératives pour le consommateur.

1°, 2°, 3°, 4°. Mêmes avantages que pour le commerce.

5° Client même indirect d'une Cave coopérative, il pourra économiser
15 à 20 francs par hecto sur le prix d'achat. (Voir les conclusions des avantages
pour les producteurs.)

Avantages des Caves coopératives pour l'Etat.

1° Plus grande quantité de vins mise en circulation (un cinquième environ
en plus) payant les droits de circulation.

2° Par une meilleure utilisation des sous-produits, l'Etat perçoit sur les
alcools, par exemple, des droits qui seraient perdus.

3° Par la création des Caves coopératives, Coopératives de logement et de
transformation de produits agricoles, l'accession à la propriété pour les petits
travailleurs n'est plus un mythe et le dépeuplement des campagnes est enrayé.

4° Pour les petits propriétaires, les locaux où ils logeaient leurs futailles,
devenant disponibles, les familles rurales trouvent des logements plus spacieux
et plus salubres.

5° A Marsillargues, plus de cent coopérateurs qui, à la création de la Cave
coopérative, n'étaient que de simples ouvriers agricoles, sont aujourd'hui pro-

priétaires récoltants. Suppression des « sans-travail », du chômage, amélioration du bien-être social, plus grand rendement des impôts.

*****

Il ressort de tout cet exposé que le rôle des Caves coopératives dans la vente du vin, déjà d'une importance capitale, deviendra dans l'avenir un des principaux adjuvants de la stabilisation des cours et aidera efficacement au relèvement économique du pays. Les Caves coopératives, devenant de plus en plus nombreuses, les mauvais vins ne pesant plus sur les marchés au détriment de la bonne marchandise, et les économies réalisées par la réduction des frais généraux — deux facteurs que l'on peut évaluer sans crainte à un quart du prix du vin — peuvent, dans un avenir assez rapproché, avoir une répercussion heureuse sur les marchés et amener une diminution sensible du prix de la vie.

Deux points qui seront certainement traités par d'autres rapporteurs sont également à retenir. Ce sont les exportations de vins courants et les fabrications de moûts concentrés que, seules, de puissantes organisations comme les Caves coopératives peuvent entreprendre.

CONCLUSIONS

Résolution

L'Assemblée décide :

1° Qu'un effort important de propagande, par les moyens de publicité les plus puissants, soit fait pour faire connaître aux producteurs, aux commerçants, aux consommateurs, à l'Etat, l'œuvre réalisée par les Caves coopératives de vinification, de logement et de vente en commun, et par suite susciter un mouvement d'opinion en faveur de ces dernières.

2° Considérant les difficultés rencontrées la plupart du temps dans les essais de groupement pour constituer des Caves coopératives au moyen de ressources initiales fournies par les souscriptions locales, il est urgent qu'une Coopérative de construction de Caves coopératives, soit créée par les Associations intéressées dans chaque région viticole, en vue de remettre à des Coopératives communales de vinification, les bâtiments qu'elle aura édifiés pour le compte de ces dernières.

3° Que le Gouvernement et tout particulièrement M. le Ministre de l'Agriculture et l'Office National de Crédit Agricole, encouragent par des subventions et par des avances à long terme les producteurs qui se grouperont pour constituer une Cave coopérative de vinification, de logement et de vente en commun, ainsi que les Coopératives de construction de Caves coopératives.

De même, le rapport et les conclusions de M. Paul Mercier sont adoptés sans discussion.

Les Caisses de Crédit et les Coopératives vinicoles de Production

---

On a constaté depuis longtemps que les viticulteurs, pris isolément, peuvent rarement réaliser dans leurs celliers tous les perfectionnements que la technique moderne a permis d'apporter à la fabrication et à la conservation du vin.

Le viticulteur se trouve souvent, en effet, dans l'impossibilité d'engager les dépenses qu'il serait dans son intérêt de faire pour renouveler son matériel vinaire usagé, ou pour augmenter simplement ce matériel. Il y a là une sérieuse difficulté pour les petits producteurs si nombreux dans le vignoble français.

La situation devient particulièrement embarrassante dans les années de grande production où le viticulteur éprouve, non seulement des difficultés pour vinifier la totalité de sa vendange, mais aussi manque souvent des récipients nécessaires pour conserver ses vins. Il en résulte qu'il se voit contraint de vendre, dans le plus bref délai, aussi bien les vins de l'année précédente qu'il peut avoir gardés, que l'excès de production de la récolte de l'année. Cette nécessité inéluctable qui s'impose à lui de vendre, à tout prix, en jetant ainsi sur le marché des quantités anormales de vin, a pour conséquence l'avilissement des cours commerciaux.

Enfin, le viticulteur qui a besoin d'argent au moment de la récolte — et c'est très souvent le cas — n'a pas d'autre ressource que de céder à bas prix une partie notable de sa récolte.

Pour remédier à cette situation, les petits exploitants se trouvèrent tout naturellement amenés à chercher dans l'association les moyens de défendre leurs intérêts et c'est la forme des sociétés coopératives qu'ils adoptèrent pour unir leurs efforts dans un but commun.

La cave coopérative groupe généralement les viticulteurs d'une même commune. Elle est constituée le plus souvent sous la forme de société commerciale et les parts de son capital social sont réservées à ses membres exclusivement.

Les statuts déterminent la nature des opérations auxquelles se livrera la société et, à ce sujet, on peut dire qu'il n'y a pas de cave coopérative type. Chacune d'elles choisit, suivant les régions et les circonstances, les modalités les mieux adaptées aux besoins qu'elle doit satisfaire. Certaines d'entre elles ne limitent pas leurs opérations à la fabrication, à la conservation et à la vente du vin et de ses sous-produits pour le compte des coopérateurs, mais elles procurent aussi, à ceux-ci, les engrais, insecticides, et les outils ou machines dont ils peuvent avoir besoin.

Le développement des coopératives fut très rapide et l'Etat ne resta pas indifférent devant ce grand mouvement qui devait transformer les conditions de l'industrie agricole. Une loi fut votée par le Parlement qui porte la date du 29 décembre 1906 et qui autorisa l'attribution aux sociétés coopératives agricoles, par l'intermédiaire et sous la responsabilté des caisses régionales de crédit agricole mutuel, d'avances à 2 o/o pouvant atteindre le double du capital social versé et remboursables dans un délai maximum de 25 ans.

Les sommes affectées à la réalisation de ces avances étaient prélevées sur la dotation du crédit agricole. Aujourd'hui, ces attributions d'avances sont singulièrement facilitées par la nouvelle législation actuellement en vigueur.

Rappelons qu'avant 1920, l'instruction des demandes d'avances émanant des sociétés coopératives et qui étaient présentées par l'entremise des caisses régionales de crédit agricole était soumise à une procédure administrative comportant de longs délais avant qu'une solution pût intervenir. Malgré toute la diligence des agents du Ministère de l'Agriculture chargés du service des prêts, il arrivait que les sociétés coopératives devaient souvent attendre plusieurs mois avant d'être mises en possession des fonds destinés, dans la plupart des cas, à des besoins urgents.

Depuis 1920, cet état de choses a été amélioré notablement. La loi toute récente du 5 août 1920, complétée par le décret du 9 février 1921, constitue désormais le véritable code du crédit et de la coopération agricoles. Elle a eu surtout pour but de simplifier la procédure administrative pratiquée naguère et, par conséquent, de réduire les délais d'attente des agriculteurs ou des associations qui font appel au Crédit agricole. Ces heureuses innovations du législateur ont imprimé un nouvel essor au crédit collectif à long terme. Les sociétés vinicoles en particulier ont largement profité des avantages que la loi conférait aux coopératives et qui portaient notamment sur l'augmentation du chiffre des avances pouvant leur être accordées. Elles ont obtenu de l'Etat des avances importantes à un taux de 2 o/o et remboursables par annuités dans une période qui n'est pas inférieure à dix ans.

Les caves coopératives, qui doivent être affiliées à une caisse de crédit agricole pour pouvoir bénéficier des dispositions de la loi du 5 août 1920, ont obtenu d'importantes contributions de l'Etat sous forme d'avances consenties à un taux très réduit et remboursables par annuités échelonnées sur une période qui n'est jamais inférieure à dix ans.

Antérieurement à la loi de 1920, **74** caves coopératives avaient déjà bénéficié d'environ 4 millions et demi de francs d'avances remboursables.

Pendant les années 1920 et 1921, les avances consenties à **26** nouvelles caves et les compléments d'avances accordés aux anciennes ont atteint 13 millions et demi de francs.

Ces institutions relativement récentes, puisque la première en date est la cave coopérative de Toulouse, fondée en 1905, sont donc actuellement au nombre de **100** ayant obtenu environ 18 millions d'avances. Elles sont réparties dans 13 départements, principalement dans le Midi où elles se développent brillamment. Elles ont déjà fait leurs preuves et permettent d'augurer des meilleurs résultats pour l'avenir. Le commerce et les consommateurs accordent d'ailleurs, dès maintenant, une plus value justifiée aux vins qui en proviennent, ce qui est le meilleur indice de la qualité de leur production.

Les délais accordés pour le remboursement des avances et le taux de 2 o/o d'intérêt qui leur est appliqué constituent un encouragement des plus précieux pour la viticulture française. Les coopérateurs se rendent parfaitement compte que, sans cette aide de l'Etat, la réalisation de leurs projets leur aurait imposé de lourdes charges auxquelles les fluctuations des récoltes et des cours ne leur auraient pas toujours permis de faire face.

Nous souhaitons donc vivement que la fondation de nouvelles caves coopératives soit réalisée dans toutes les communes où leur utilité serait reconnue et en mettant à profit l'expérience acquise par les coopératives déjà constituées.

L'ordre du jour appelle la discussion des rapports relatifs au transport des vins.

Lecture est donnée successivement des rapports de MM. Vavasseur et Elie Bernard. Ces deux rapporteurs se sont mis d'accord sur un point réservé pendant les travaux préparatoires de la section et relatif à l'établissement d'un palier dans les barèmes des Compagnies de Chemin de fer.

Une discussion à laquelle prennent part MM. Bernard, Vavasseur, Chauvigné, Ginestet, Carcassonne, Henri Lorin, député de la Gironde, Castel et Fabre, met en relief les conséquences fâcheuses de l'application de la journée de huit heures, sans discernement, à tous les employés des Compagnies de Chemins de fer.

M. Burckard demande :

« Que les tarifs généraux appliqués sur les réseaux français soient mis en vigueur sur les chemins de fer d'Alsace-Lorraine, cette région étant actuellement placée dans une situation défavorable au point de vue du transport des vins. »

Les conclusions communes des rapports de MM. Elie Bernard et Vavasseur sont mises aux voix par division et adoptées à l'unanimité, de même que le vœu présenté par M. Burckard, et les deux rapports de MM. Elie Bernard et Vavasseur sont approuvés par la Semaine Nationale du Vin, avec la rédaction suivante :

Transport des Vins à l'intérieur

(Rapport de M. E. BERNARD)

En décembre dernier, le Comité d'organisation de la *Semaine nationale du Vin* faisait appel au concours de la Confédération Générale des Vignerons et la priait de bien vouloir rapporter trois questions parmi les plus importantes inscrites à l'ordre du jour.

Le Conseil d'administration de la Confédération Générale des Vignerons se souvenant que, soit à Tours, au deuxième Congrès de l'Agriculture française, soit à Paris, l'an dernier, à la deuxième Sous-Commission (Transports) de la Commission consultative interministérielle, je m'étais quelque peu préoccupé de la revision des tarifs de ch min de fer, m'a fait l'honneur de me désigner comme rapporteur de votre première section pour la question des transports à l'intérieur.

En acceptant, en ne craignant point de prendre la parole devant vous, devant une assemblée qui compte de si hautes compétences, j'ai peut-être quelque peu présumé de mes forces, je m'en excuse par avance et je vous prie de m'accorder toute votre bienveillance.

L'amélioration des transports par fer et par eau est l'une des conditions essentielles du relèvement économique de notre pays si durement éprouvé par cinq années de guerre.

L'important réseau de voies navigables qui sillonne la France a été depuis quelque temps trop délaissé et nombreux sont les canaux qui ne peuvent plus assurer en certaines périodes et sur quelques points le trafic des produits lourds auquel ils étaient destinés.

Nos équipages sont de plus en plus réduits, se renouvellent difficilement et notre flotte de bateaux, barques et chalands ne représente plus que les vestiges d'une armée flottante à passé pourtant glorieux.

De sérieuses améliorations à notre réseau navigable, à son entretien, à sa réfection, sont à envisager et nous y reviendrons plus loin.

Préoccupons-nous, au début de cette étude, plus spécialement des transports par fer.

Délaissant, parce qu'elle dépasserait par trop le cadre de ce rapport, la question de la création de nouvelles lignes de chemin de fer à but commercial ou stratégique, nous allons surtout nous employer à démontrer qu'il importe avant tout d'assurer la renaissance économique du pays par l'utilisation plus rationnelle de nos voies ferrées en les rendant plus accessibles au trafic par l'abaissement des tarifs.

La revision des tarifs de transports par fer, dans un sens de notable abaissement, est une nécessité impérieuse. Cette mesure est réclamée depuis bien longtemps, autant par les producteurs que par les commerçants et les consommateurs.

Assemblées délibérantes, Sénat et Chambre des Députés, Assemblées consultatives ou corporatives, Chambres de Commerce et d'Industrie, Offices de Transports, Syndicats locaux ou régionaux, en un mot, tous groupements politiques ou économiques proclament que l'heure est venue de travailler à la refonte des tarifs qui grèvent trop lourdement la production agricole et viticole pour s'appesantir ensuite sur le consommateur.

L'élévation excessive des prix de transport par fer étant une des causes indéniables de la cherté actuelle de la vie, c'est donc dire que tous efforts sont à tenter pour obtenir leur abaissement.

La tâche n'est pas nouvelle.

Déjà, en décembre 1919 et en février 1920, à la Chambre et au Sénat, lors de la discussion de la loi pour le relèvement de 115 o/o sur les transports de toutes marchandises, nos législateurs faisaient entendre leur voix et s'employaient à démontrer au ministre des Travaux publics et aux rapporteurs respectifs que le relèvement de 115 o/o demandé, se greffant sur une augmentation des prix de transport pour les vins réalisée par la refonte des tarifs anciens, par la suppression des prix fermes ou de tarifs spéciaux et leur remplacement par de nouveaux tarifs à base kilométrique, allait frapper le vin dans des conditions démesurées et constituer ainsi une majoration de charges allant de 400 à 457 o/o.

Au deuxième Congrès de l'Agriculture française, la viticulture tout entière protestait à nouveau, elle aussi, contre ces charges écrasantes et adoptait la résolution suivante : « Afin d'éviter que les répercussions prévues par avance, « soit par les intéressés, soit par leurs représentants au Parlement, aient des « effets encore plus désastreux sur la vie économique du pays, le Congrès de « l'Agriculture française demande au Ministre des Travaux publics d'envisager, « dans un sens d'abaissement notable des prix de transport par chemin de fer. « la suppression ou le remaniement des nouveaux tarifs de transport récemment « homologués après unification. »

Au cours des séances de la Commission consultative interministérielle, réunie à Paris en avril dernier, pour rechercher les causes de la crise viticole et préconiser les moyens propres à y remédier, la deuxième Sous-Commission, par l'organe de son rapporteur, M. Castel, député de l'Aude, présentait un cahier de modifications à apporter aux tarifs actuels, modifications dont nos conclusions s'inspireront en grande partie. Ensuite, au Sénat, la Commission de l'Agriculture et la Commission du Commerce s'intéressaient à cette question, et, dans un magistral rapport, M. Cadilhon, sénateur, demandait au nom de la Commission sénatoriale du Commerce, d'importantes corrections tarifaires.

Les pouvoirs publics, saisis de toutes ces doléances et de toutes ces revendications, semblaient vouloir se préoccuper de cette importante question et comme à l'habitude croyaient nous satisfaire en nous payant avec une monnaie aujourd'hui fortement dépréciée : de belles lettres de promesses.

Est-ce à dire que nos gouvernants se sont complètement désintéressés de nos revendications ?

Nous ne le pensons pas, mais ils se sont certainement butés à une sourde hostilité de la part des Compagnies de chemins de fer qui répondaient toujours dans un sens négatif en opposant aux désirs ministériels le trou béant d'un budget constamment en déficit.

Il serait peut-être possible de répondre que, depuis la fin de la guerre et l'imposition des tarifs excessifs dont nous subissons les tristes conséquences, les conditions d'exploitation des réseaux se sont améliorées, et de rechercher aussi si les marchandises ne sont point dans l'obligation de supporter des tarifs élevés pour équilibrer, dans le budget général des réseaux, les déficits du compte voyageurs.

La nouvelle convention conclue avec les réseaux comportant une centralisation des résultats d'exploitation et accordant au ministre des Travaux publics et au Comité supérieur des chemins de fer un droit de regard plus étendu sur les budgets des Compagnies, est de nature à nous rassurer pour l'avenir et à nous dispenser de ces oiseuses recherches.

Poursuivant notre étude, nous allons nous efforcer de démontrer qu'il y a lieu de tenter d'activer la production en lui procurant dans les meilleures conditions possibles les matières premières indispensables pour obtenir de plus importantes récoltes, de développer notre commerce en intensifiant les transactions, et d'augmenter la consommation nationale en rendant plus accessibles les prix de transport.

La tarification actuelle arrivant à expiration au 3o juin prochain et les Compagnies de chemins de fer se préoccupant actuellement de la revision des prix de transport, il nous paraît nécessaire de faire entendre à nouveau notre voix et d'indiquer quelles sont les améliorations que production et consommation sont en droit de demander afin de voir alléger le fardeau des charges qu'elles supportent.

On sait, et nous n'avons peut-être pas assez insisté tout à l'heure sur ce point, que le vin est un des produits qui supporte les plus lourds tarifs de transport.

Au cours de la guerre, les tarifs de chemins de fer étaient d'abord grevés d'un impôt de 10 o/o, d'une majoration de 25 o/o par la loi du 31 mars 1918, et puis d'une deuxième majoration de 115 o/o imposée au début de 1920.

En outre, dans le but de faciliter l'étude et la recherche des prix de transport à appliquer aux diverses marchandises, études et recherches si compliquées auparavant par la diversité des anciens tarifs intérieurs fermes ou spéciaux, il avait été demandé depuis de nombreuses années, soit par le commerce et l'industrie, soit par l'agriculture, que l'on procédât à l'unification des tarifs de chemins de fer sur tous les réseaux.

Mais si les usagers des chemins de fer avaient exprimé le désir que le *Chaix* devînt un instrument maniable, dans lequel ils se reconnaîtraient aisément, ils étaient loin de penser que les Compagnies profiteraient de cette circonstance pour majorer les prix de transport de façon telle qu'en certains cas, comme par exemple pour le transport des vins et des fûts vides, cette majoration revêtirait un caractère prohibitif.

Et contrairement à l'opinion de l'honorable rapporteur au Sénat de la loi sur le relèvement de 115 o/o, M. Imbart de La Tour, ces usagers ne sont pas encore convaincus que l'unification des tarifs entraîne nécessairement des remaniements de prix dans le sens de l'élévation, et ils déclarent nettement que ces remaniements ont constitué des majorations qui se sont traduites par des prix excessifs.

Ah! nous savons bien qu'au cours de la séance de la Chambre du 31 décembre 1919, le si regretté M. Claveille, alors ministre des Travaux publics, en réponse à M. Léon Blum, député, déclarait que le premier tarif remanié, qui s'appliquait aux vins, homologué le 11 novembre 1919 et applicable au 1" janvier 1920, ne comportait qu'une augmentation *moyenne* de 49 o/o, ce qui, en l'espèce, pouvait ne pas paraître trop élevé; mais il ne s'agissait que d'une augmentation moyenne calculée d'une façon quelque peu bizarre en additionnant les taxes payées sur les vins dans l'ensemble des réseaux français avec l'ancien et le nouveau tarif et en les comparant entre elles.

En réalité, les nouveaux tarifs P. V. 6 et 106, applicables au 1ᵉʳ janvier 1920, comportent sur les anciens prix des augmentations plus considérables qui, avec le relèvement de 115 o/o, arrivent à constituer des majorations allant de 400 à 457 o/o.

A titre de démonstration, nous donnons ci-dessous un tableau comparatif des prix de transport d'un hectolitre de vin de Béziers à certaines gares avant la guerre; avant le 1ᵉʳ janvier 1920, et après le vote de la loi portant relèvement de 115 o/o.

Pour expliquer cette majoration des prix, cette tarification nouvelle si onéreuse, les Compagnies ont déclaré que le prix du vin s'étant élevé, la surcharge représentée par le coût du transport restait peu importante par rapport à sa valeur marchande et ne pouvait ni mettre obstacle à l'écoulement de ce produit, ni réagir expressément sur son prix de vente.

Les arguments ainsi invoqués ne nous ayant point paru justes, nous les avons, à cette époque, énergiquement réfutés en observant d'abord que les prix des vins sont essentiellement variables et qu'aucun produit ne subit de fluctuations aussi sensibles, et que si l'on pense pouvoir faire peser sur les vins des tarifs de transports plus onéreux lorsque son prix s'élève, il est de toute justice de réduire les tarifs lorsqu'il subit un recul, ce qui nous conduirait à avoir des prix de transport variables pour les vins et en concordance avec l'échelle des cours. Comme il n'est point facile de concevoir un tel tarif, il résulte que le seul argument invoqué ne porte point.

Nous avons dit que l'unification des taxes avait provoqué en outre de l'abrogation des tarifs spéciaux pourtant si nécessaires à l'écoulement du vin des pays producteurs dans les grands centres de consommation, une nouvelle classification onéreuse lorsque le vin avait atteint un prix maximum que les Compagnies expliquaient de la manière que l'on sait.

Cette situation vis-à-vis du prix de transport, quoique quelque peu anormale, n'avait pas eu de répercussion trop profonde dans la vente et l'écoulement de notre produit à l'issue de la guerre, au moment où la situation économique de notre pays paraissait à tort si prospère.

Or, il n'en est plus ainsi aujourd'hui, et c'est de tout leur poids que les tarifs par fer grèvent les vins, qui arrivent sur les lieux de consommation majorés d'une façon excessive, et c'est si bien ainsi que l'on en arrive à étonner le consommateur lorsqu'on lui démontre que, dans le prix du litre de vin qu'il achète, la part qui revient au producteur pour la rémunération de son travail et la récupération de ses débours est minime et que ce sont les frais d'intermédiaire et de mise en route additionnés ajoutés aux prix de transport du plein et du vide qui comptent pour au moins la moitié dans le prix de vente.

Cette affirmation peut paraître à certains un peu audacieuse. Rappelons-leur pour mémoire que le coût de production d'un hectolitre de vin, en dehors des frais d'exploitation, se ressent aussi du transport des matières premières, engrais, soufres, sulfates et machines agricoles, etc.

D'où, par suite du coût élevé des transports : élévation du prix de revient de l'hectolitre de vin pour le producteur, renchérissement de son prix de vente sur les lieux de consommation.

En résumé, autant ou plus que tous autres, producteurs et consommateurs sont autorisés à présenter d'énergiques revendications en ce qui concerne la réduction des tarifs de transport des vins par fer.

Sans donc pousser plus loin nos explications, nous pourrions tout aussitôt présenter un programme d'abaissement de tarifs. Mais on pourrait nous répondre que les vins peuvent être transportés par voie d'eau et bénéficier, nonobstant les délais, de tarifs par eau moins élevés que ceux exigés par les Compagnies de chemins de fer.

A première vue, cette objection porte et il paraît rationnel que pour un écoulement des vins moins dispendieux, il soit fait appel à la voie d'eau. Néanmoins, nous répétons que notre réseau navigable a été négligé et qu'il est dans l'impossibilité de rendre les services que l'on devrait attendre de lui.

Les régions productrices du Centre, de l'Est et de la vallée de la Loire ont à leur disposition des canaux assez bien entretenus qui leur permettent de faire atteindre à leur produit les centres de consommation assez facilement et dans d'assez bonnes conditions.

Par contre, la région méridionale ne possède qu'une voie d'eau allant de Bordeaux à Cette et au Rhône, voie très négligée et entravée souvent dans son trafic soit par le manque d'eau, soit par un mauvais entretien.

Il est de notoriété publique que les relations entre Cette et le Rhône sont des plus précaires et que, de plus, le trafic par la voie d'eau de Bordeaux au Rhône est, lui aussi, très onéreux.

On sait que le canal du Midi et le canal latéral à la Garonne, propriété nationale, ont été livrés à la Compagnie des Chemins de fer du Midi pendant un certain temps et que, durant le bail consenti, cette Compagnie n'a apporté aucun entretien au canal, s'efforçant seulement d'obtenir l'homologation de tarifs ruinant la navigation. A l'expiration du bail qui est de date relativement récente, le trafic par eau dans la région méridionale était quasi-nul, concurrencé de bien loin par l'application d'une annexe aux tarifs généraux de petite vitesse réduisant dans d'importantes proportions les frais de transport d'un très grand nombre de marchandises, matières premières, produits ou boissons donnant lieu, dans la région méridionale, à un trafic intense.

Ruinée la navigation, la Compagnie du Midi a demandé et obtenu l'abrogation de ce tarif spécial et cette annexe aux tarifs généraux a été dénoncée et annulée. Toutefois, devant les unanimes protestations des intéressés, le ministre des Travaux Publics n'a pas cru devoir, d'un trait de plume, rendre caduques des dispositions très utiles à la viticulture et au commerce méridionaux.

C'est par paliers répartis en trois ans que nous allons avoir à supporter l'augmentation des tarifs de transport résultant de la différence de prix entre la voie ferrée et la voie d'eau sur un trop grand nombre de marchandises qui nous sont indispensables. Et encore, est-il spécifié qu'il reste et demeure entendu que le canal du Midi et le canal latéral à la Garonne seront mis en état de transport.

L'augmentation des prix de transport résultant de l'application de la suppression de l'annexe aux tarifs généraux a été supportée pour le premier palier par les usagers, mais aucune des réparations promises, aucun travail de recreusement ou de réfection des canaux n'ont été entrepris.

D'ores et déjà, les usagers sont résolus à s'opposer par toutes voies de droit à l'application des surtaxes du deuxième palier si les engagements pris par le ministre pour la mise en état de complète navigation ne sont pas tenus.

Ces points d'ordre particulier signalés et simplement effleurés, il nous appartient de revenir à la question générale des transports des vins à l'intérieur, qui est d'ordre national pour présenter en terminant, d'abord quelques conclusions d'ensemble, et ensuite concrétiser les desiderata de la viticulture, du commerce et de la consommation.

TABLEAU COMPARATIF DES PRIX DE TRANSPORT, PLEIN ET VIDE
D'UN HECTOLITRE DE VIN DE BEZIERS :

	(1)	(2)	(3)
Brest, expédition isolée, plein et vide............	7 80	10 72	52 46
Brest, wagon 7.000 kilos, plein et vide..........	5 86	8 05	24 80
Paris, expédition isolée, plein et vide............	6 40	8 80	34 52
Paris, wagon 7.000 kilos, plein et vide............	4 30	5 91	19 27
Troyes, expédition isolée, plein et vide..........	7 97	10 91	32 40
Troyes, wagon 7.000 kilos, plein et vide..........	5 96	8 19	18 20

(1) Avant la guerre. (2) Avant le 1er janvier 1920. (3) Actuellement.

CONCLUSIONS GENERALES

En principe, nous estimons qu'il y a lieu de demander :

1° Qu'à l'avenir nulle homologation ne soit accordée aux réseaux pour des tarifs de transport destinés à concurrencer la voie d'eau ;

2° Que dans le but soit de favoriser des courants de transport à l'intérieur, soit de parvenir à créer de nouveaux débouchés pour nos vins à l'étranger, des tarifs spéciaux soient étudiés et homologués par le ministre des Travaux publics ;

3° Que la limite du tonnage donnant droit à une sérieuse réduction du plein tarif soit portée au minimum ancien de 5.000 kilos ;

4° Que pour les transports à longue distance, à défaut de tarifs spéciaux, le barême kilométrique à appliquer soit à base de plus en plus décroissante ;

5° Qu'il soit procédé au plus tôt à une réduction des frais de magasinage, des droits d'embranchement, etc. ;

6° Que les gares soient ouvertes *sans interruption* de 6 à 18 heures pendant la période d'été, et de 7 à 17 heures pendant la période d'hiver ;

7° Que les tarifs de camionnage pour le service des transports à domicile soient révisés dans un sens de notable abaissement.

Et maintenant, pour mieux spécifier nos revendications en ce qui concerne les vins et les fûts vides, nous demandons :

1° *Tarif spécial P. V. 6 et Commun. 106 s'appliquant aux expéditions d'au moins 7,000 kilos.*

La substitution du barême R. F. au barême R. C., qui aurait pour effet de ramener le prix de la tonne à une distance de 800 kilomètres de 44 francs à 28 fr. 50, plus les majorations, soit une réduction de 35 o/o.

2° *Tarif général vins et fûts.*

La substitution du barême de la série 5 à celui de la série 3.

Le prix de la tonne à 800 kilomètres serait ainsi ramené de 78 francs à 46 francs, soit une réduction de 40 o/o.

3° *Tarif annexe pour les expéditions de détail.*

Une réduction de 20 à 25 o/o sur le tarif modifié selon les indications du *Journal Officiel* du 4 octobre 1920, de façon à réduire le prix par barrique de 200 à 300 kilos, transportée à une distance de 801 à 1.000 kilomètres, de 18 francs à 13 fr. 50.

4° *Fûts vides en retour. Tarif annexe.*

Une réduction de 20 à 25 o/o et établissement d'une nouvelle tranche pour les distances de 601 à 800 kilomètres, de façon à abaisser le transport d'une barrique de 220 litres, pour une distance de 801 à 1.000 kilomètres, de 4 fr. 25 à 3 francs, plus les majorations, et d'un demi-muid ou fût de 600 litres de 7 fr. 75 à 6 francs pour la même distance.

5° *Fûts vides en retour. Tarif spécial P. V. 26 et Commun. 126 relatif aux expéditions de 2.000 kilos.*

L'application du barême D au lieu du barême A, de façon à réduire le prix de la tonne pour le transport à 800 kilomètres de 66 francs à 57 francs, soit 14 o/o de réduction.

6° *Fûts vides en retour. Tarif spécial P. V. 21-126 relatif aux expéditions d'au moins 50 kilos.*

L'application du barême de la troisième série au lieu du barême de la première série, afin de réduire le prix de la tonne qui est de 110 francs pour 800 kilomètres à 78 francs, et celui de la tonne à 500 kilomètres qui est de 74 francs à 54 francs, soit une réduction moyenne de 28 o/o.

7° P. V. 29 et 129.

Le tarif de retour des wagons-réservoirs est trop élevé. Une réduction de 40 à 50 o/o est nécessaire. La réduction des taxes de chômage est également indispensable.

Les réductions demandées pour les différents tarifs ci-dessus sont toutes inférieures à la majoration dont les transports de vins ont été l'objet en novembre 1919, et qui, de l'aveu de M. le ministre des Travaux publics, s'élevaient à 49 o/o en moyenne.

Transport des Vins à l'intérieur

(Rapport de M. VAVASSEUR)

Les tarifs de transport des vins en P. V. ont subi des augmentations considérables et telles, que dans la plupart des cas ces augmentations, par rapport au tarif d'avant-guerre, sont de 350 à 450 o/o.

Ces augmentations proviennent :

1° De la majoration de 25 o/o applicable en vertu de la loi du 31 mars 1918;

2° De l'impôt de 10 o/o sur le prix total de transport des marchandises (article 32 de la loi du 29 juin 1920);

3° De l'augmentation des prix résultant du remaniement des tarifs P. V. 6 et 106 entrés en vigueur le 13 janvier 1920, augmentation qui, à elle seule, a relevé le prix du transport de 30 à 40 o/o comparé au tarif d'avant-guerre;

4° Relèvement de 115 o/o du 14 février 1920.

Le prix des transports pèse lourdement sur le prix de revient des marchandises. Aussi ces augmentations ont-elles donné lieu à de nombreuses réclamations de la part des associations des viticulteurs et négociants en vin, ainsi que de la part des Chambres de Commerce. Un grand nombre d'entre elles ont demandé le retour à l'ancienne tarification avec la majoration de 140 o/o applicable à ces tarifs, majoration votée par le Parlement.

Pour bien comprendre les difficultés de la situation présente, il a paru indispensable à votre rapporteur d'établir une comparaison entre le système actuel applicable au transport des vins et celui qui existait avant 1914.

Tarification ancienne

La tarification des vins prévue aux anciens tarifs spéciaux P. V. 6, particuliers à chacun des réseaux, de même que le tarif commun P. V. 106, étaient surtout composés de prix fermes ou de barèmes particuliers plus ou moins déformés par des paliers initiaux ou intermédiaires.

Cette tarification avait été établie au fur et à mesure des besoins, souvent modifiée et était le résultat d'une longue expérience, qui tenait compte des circonstances et des situations particulières des pays viticoles, ainsi que des besoins des centres de consommation.

Les Compagnies avaient été même amenées à baisser, dans certains cas jusqu'à l'extrême limite du prix de revient des transports, les tarifs susceptibles de retenir ou d'attirer sur leurs lignes un tonnage pouvant emprunter la voie fluviale ou maritime.

Les concessions de cette nature faites sur une relation déterminée à l'effet de maintenir l'équilibre entre les prix du chemin de fer et ceux de la navigation, avaient entraîné des sacrifices correspondants, même sur les réseaux et sur les relations que n'intéressait pas directement la concurrence des rivières ou des canaux.

Concurremment avec les tarifs à la tonne ainsi établis et de beaucoup les plus nombreux et, cédant aux sollicitations du commerce spécialisé dans la vente directe au consommateur, à celles principalement des négociants établis dans les quatre départements à grande production du Midi, les réseaux avaient établi des tarifs « par fût » en distinguant les deux sortes de barriques ci-après :

Bordelaise ou pièce d'une contenance de 250 litres au maximum;

Sixain ou feuillette d'une contenance de 125 litres au maximum.

Le type de cette tarification était donné par les deux barèmes particuliers du tarif commun P. V. 106, chapitre 9, applicable d'une gare quelconque à une gare quelconque de tous les grands réseaux, excepté celui de l'Est.

Ces barèmes comportaient trois paliers intermédiaires :

De 701 à 900 km.; 901 à 1.200 km.; enfin au delà de 1.200 km.

Mais leur caractéristique intéressante résidait dans le palier initial de 700 km., qui faisait de ces barèmes de véritables prix fermes profitables plus particulièrement aux régions viticoles du Midi, et exclusivement pour leurs envois sur Paris et les gares du Nord et de l'Ouest.

A cet égard, le tarif commun P. V. 106 avait réalisé, pour les transports à la pièce, le pendant de la tarification au wagon dont il a été parlé plus haut.

Le parallélisme entre ces deux types de tarification avait même dû être étendu à d'autres régions de production, qui ne pouvaient laisser passer sans protester les avantages consentis aux négociants du Midi.

C'est ainsi que la Compagnie d'Orléans avait introduit dans son tarif intérieur P. V. 6, deux barèmes à la pièce comportant, au point de vue de la contenance des fûts, les mêmes distinctions que le tarif commun P. V. 106.

Ces barèmes à paliers successifs de 25, 30 et 35 km. avaient, à leur origine, un palier initial de 300 kil. qui donnait en somme satisfaction aux producteurs de l'Anjou pour leurs envois sur Paris, d'autant plus qu'un régime identique était applicable par les voies du réseau de l'Etat et que l'on pouvait accéder, soit à Paris-Ivry, soit à Paris-Vaugirard indistinctement.

Poussant même plus loin la parité des situations faites aux négociants du Midi et à ceux des bords de la Loire, on avait dû permettre à ces derniers d'atteindre directement, non seulement la capitale, mais aussi les marchés des régions de l'Ouest et du Nord accessibles aux expéditeurs du Midi, grâce au tarif à la barrique du tarif P. V. 106.

On avait été amené, de la sorte, à introduire dans le tarif commun P. V. 106, chapitre II, deux barèmes à la pièce identiques à ceux de l'Orléans et de l'Etat applicables selon les mêmes distinctions de contenance des fûts et avec un palier initial de 300 km. également, « d'une gare quelconque des réseaux de l'Etat (ancien réseau) et d'Orléans à une gare quelconque des réseaux du Nord et de l'Etat (réseau racheté de l'Ouest) ».

Telle était, dans ces grandes lignes, l'ancienne tarification de transport des vins de consommation courante. Ce bref exposé montre combien les tarifs d'avant-guerre étaient parfaitement ajustés aux nécessités économiques des régions viticoles, exception faite toutefois de la Touraine, peu favorisée dans ses relations sur Paris.

Tarification nouvelle

Les grands réseaux et les chemins de fer de Ceinture de Paris, poursuivant la réalisation de leur programme de revision et d'unification des tarifs spéciaux de petite vitesse, soumettaient à l'homologation ministérielle, à la date du 31 octobre 1918, un tarif spécial intérieur P. V. 6 et commun P. V. 106 destiné à jouer de toute gare à toute gare des réseaux participants et à remplacer les anciens tarifs P. V. 6, le tarif commun P. V. 106, de même que les tarifs P. V. 206, 306 et 406.

Dans ce nouveau tarif, un seul barême kilomètrique était prévu pour les vins en fûts par expédition d'au moins 7.000 kilos ou payant pour ce poids. Tous les prix fermes et tous les barêmes particuliers disparaissaient avec leurs échelons et leurs paliers, ainsi que le mode de taxation à la pièce.

Un seul barême à la tonne pour toutes les expéditions comportant un tonnage minimum de 7.000 kilos et, pour le calcul des taxes, deux éléments seulement à considérer : le prix de la tonne correspondant, d'après l'unique barême, au nombre de kilomètres à parcourir et le nombre de tonnes à taxer.

Telle a été la règle simpliste qu'ont adoptée les réseaux en ce qui concerne la tarification des vins. Et pourtant, lorsque, après l'instruction réglementaire et sur l'avis du Comité consultatif des chemins de fer, le Ministre homologua, à la date du 11 novembre 1919, le nouveau tarif P. V. 6-106, celui-ci n'avait guère changé de physionomie. Les réseaux avaient été seulement amenés à prendre, vis-à-vis de l'administration, l'engagement de présenter un nouveau tarif d'exportation comportant une réduction de 10 o/o, ce qui est nettement insuffisant.

Relèvement des tarifs provenant de la tarification nouvelle

Pour les expéditions de détail, la cause principale dans l'augmentation des prix de transport des vins, réside dans la suppression de toute tarification réduite en tarif spécial.

Toute expédition, dont le tonnage n'atteint pas 7.000 kilos, se trouve rejetée obligatoirement sur le tarif général, à moins qu'il n'y ait intérêt à recourir au tarif de groupage P. V. 100, sensiblement plus cher lui-même que les anciens tarifs P. V. 6 ou P. V. 106.

La mise en vigueur de ces nouvelles dispositions a eu pour résultat immédiat de jeter la perturbation dans le commerce des négociants à la barrique.

En présence du mouvement d'opinion et des protestations du Midi provoqués par une gêne très réelle survenue dans le commerce, les réseaux durent mettre à l'étude le rétablissement d'un tarif à la barrique qui fut soumis à l'homologation ministérielle le 30 septembre 1920 et homologué le 11 mai 1921.

Ce tarif annexe concerne trois sortes de futailles :

La feuillette ou sixain pesant 150 kilos au maximum;
La bordelaise ou pièce pesant de 200 à 300 kilos;
Le 1/2 muid pesant de 600 à 800 kilos.

Par analogie avec les anciens barêmes correspondants du tarif P. V. 106, les barêmes proposés comportent six échelons avec un long palier qui rétablit partiellement les avantages de l'ancienne tarification pour les vins du Midi, mais les vins du Midi seulement.

L'annexe au tarif P. V. 6-106, appliquée depuis le 1er juin 1921, marque une amélioration, mais insuffisante :

1° Quant à la diminution de prix qu'elle réalise, puisque une barrique de vin pesant 250 kilos, paye encore de Béziers à Paris 43 fr., alors qu'avant la guerre, le même transport ne coûtait que 11 fr. 50 et qu'il y a encore, en réalité, une augmentation de 274 o/o;

2° Quant à sa portée, puisqu'elle n'est applicable, pratiquement, qu'aux régions éloignées de plus de 100 km. et qu'elle ne rétablit les prix fermés qu'au profit seulement de certains vignobles. **Il paraît de toute justice que le même avantage puisse être concédé à toutes les régions productrices.**

Pour les vins en bouteilles

Pour les vins en bouteilles, ils restent toujours aussi désavantagés. Ils ne sont pas acceptés au tarif 6-106 même par wagon complet et supportent l'application du tarif général. Aussi, si on compare les prix actuels à ceux de 1914, on constate une augmentation d'environ 600 o/o.

Effets économiques du tarif actuel

Vins en fûts. — L'application du tarif actuel a abouti à la suppression de tous les tarifs spéciaux, prix ferme. Or, ces tarifs spéciaux favorisaient les expéditions en fûts isolés et permettaient la diffusion des vins dans les centres éloignés des pays de production et cela par quantités.

Ils donnaient au commerce ayant une clientèle bourgeoise, la possibilité de vivre et même de se développer. Ces tarifs répondaient également à un besoin économique, en permettant l'échange facile de produits entre les diverses régions de France. Leur suppression a déterminé une diminution très notable dans la vente de nos vins en fût et a même favorisé l'importation des vins étrangers dans les régions situées à proximité des bords de l'Océan et de la Manche.

Vins en bouteilles. — La Champagne, la Touraine, l'Anjou, le Bordelais et la Bourgogne, qui expédiaient de grosses quantités de vins en bouteilles, aussi bien en France que sur toutes les parties du globe, sont actuellement extrêmement gênés par l'augmentation des frais de transport des vins en bouteilles qui sont, comme nous l'avons vu précédemment, augmentés environ de 600 o/o.

Ces frais de transport s'ajoutant aux lourdes charges créées et notamment par l'établissement de la taxe de luxe ont compromis gravement le commerce des vins fins.

Avant la guerre, l'exportation des vins en bouteilles était très florissante; actuellement elle est extrêmement réduite et les plus grandes maisons sont sérieusement menacées dans leur avenir.

Il est indispensable que des mesures soient rapidement prises en faveur de ce commerce et que l'on fasse un effort sérieux pour diminuer les frais de transports à l'intérieur et tout particulièrement les frais de transports à l'exportation. La réduction accordée pour ces derniers de 10 o/o est, comme nous l'avons dit, tout à fait insuffisante; elle nous semble pouvoir être portée, sans préjudice pour les Compagnies, à 30 o/o. Ce serait d'une aide appréciable pour toutes nos maisons d'exportation, qui sont menacées dans leur vitalité même.

Il est indispensable également qu'il y ait plus de stabilité dans les tarifs de transport, afin de permettre aux maisons d'exportation de reprendre l'établissement des prix de vente aux marchandises vendues franco à bord port d'embarquement.

L'établissement de ces prix de vente faciliterait grandement les affaires avec l'étranger.

Considérations financières.

Doit-on rechercher dans l'intérêt de la viticulture et dans l'intérêt général un abaissement des tarifs actuellement établis? Cette réduction est-elle nécessaire? Est-elle possible en l'état actuel?

Telles sont les questions que nous avons le devoir de nous poser.

Il est bien évident, par ce que nous venons de voir, qu'il est de l'intérêt de la viticulture et même du pays tout entier, d'obtenir une tarification moins élevée. Cette réduction est indispensable, parce que le maintien des tarifs actuels amènera la ruine certaine de nos industries viticoles.

Doit-on et peut-on demander un sacrifice aux Compagnies? Pourront-elles le supporter? A notre avis : Oui, si on examine attentivement la situation.

En effet, s'il semble à première vue difficile de demander aux réseaux une diminution de leurs recettes, puisqu'elles n'ont pas encore retrouvé leur équilibre financier et qu'elles accusent pour cette année encore un déficit considérable, il est néanmoins certain qu'ils peuvent considérablement diminuer leurs frais d'exploitation.

Les Compagnies ont, en effet, fait valoir, pour demander et obtenir les majorations de tarifs qui leur ont été accordées, une formidable augmentation de leurs frais d'exploitation sur :

1° *Les frais d'entretien du matériel.* — Ces frais, de l'aveu même du ministre des Travaux publics, n'ont pas une influence considérable. Mais étant données les diminutions des matières premières et des objets manufacturés, il ne peut y avoir de ce côté qu'une diminution sensible;

2° *Le charbon.* — Les prix ont considérablement diminué ces temps derniers par rapport à ceux qui étaient pratiqués au moment où les tarifs ont été augmentés et les charbons sont toujours en baisse;

3° *Enfin les traitements et le salaire du personnel.* — Là il nous apparaît nettement que l'on peut et que l'on doit indiscutablement faire de sérieuses économies, non pas par des diminutions de traitement, mais par une meilleure utilisation du personnel, par une interprétation plus serrée, plus logique de la loi de huit heures qui a été appliquée par trop généreusement en France et particulièrement dans les Compagnies de chemins de fer. Il est nécessaire d'opérer des réductions importantes dans le personnel. Si les congédiements étaient impossibles, il faudrait au moins que les Compagnies n'engagent pas du personnel nouveau. Le traitement du personnel qui était de 760 millions en 1913 a été en 1920 de 2.760 millions.

On y a trop souvent confondu les heures présence avec les heures travail.

La situation économique actuelle du pays est telle qu'aucune de ses forces actives ne doit être négligée, mal utilisée ou incomplètement utilisée. Les Compagnies ont le devoir strict de faire l'effort que nous indiquons plus haut et qui rendra au pays un nombre important d'ouvriers dont l'activité est insuffisante ou mal employée.

Pour toutes ces raisons nous pensons qu'il n'est pas impossible aux Compagnies de chemins de fer de supporter des diminutions de tarifs qui, par ailleurs, auraient l'avantage d'assurer à leurs lignes un trafic de plus en plus intense et, par là même, une augmentation certaine de leurs recettes, car les prix excessifs demandés par les Compagnies ont amené un abaissement important dans le trafic général, certaines marchandises ne pouvant pas supporter des frais de transport aussi élevés.

Il est à noter que, par suite de l'exagération des tarifs actuels, il y a une diminution considérable dans le transport des marchandises malgré l'augmentation des besoins provenant de la nécessité d'amener des matériaux, pour la reconstruction des pays dévastés. La diminution par rapport au tonnage d'avant-guerre serait de presque moitié.

Il est donc absolument indispensable de revenir à des tarifs moins élevés, plus en rapport avec les besoins du pays et pour cela les compagnies ont l'impérieux devoir d'apporter dans leur exploitation plus de travail, plus d'ordre et plus d'économie.

CONCLUSIONS.

Dans la séance du 14 février 1920, M. le ministre des Travaux publics reprenait devant le Sénat l'engagement de « ne pas homologuer le tarif proposé sans vérifier au préalable que du fait de l'unification des tarifs de transport l'ensemble des tarifs spéciaux ne supporterait pas une majoration supérieure à 50 o/o ».

Nous avons vu précédemment dans l'examen des expéditions par fûts isolés combien cette moyenne était largement dépassée en ce qui concerne les vins.

Il semblerait naturel et c'est le vœu exprimé par certaines chambres de commerce ou syndicats des négociants en vins de revenir aux anciennes bases, fruit d'une longue expérience, multipliées par un coefficient à rechercher, représentant l'élévation acquise des frais d'exploitation.

« C'est le seul moyen pratique d'arriver à rétablir un juste équilibre dans les prix de transport, déclarait tout récemment à la tribune du Sénat M. le sénateur Louis Michel. »

Mais, dans sa réponse, M. le ministre des Travaux publics a indiqué que « le retour à l'ancienne tarification verrait se reproduire les critiques que l'on a oubliées contre les complexités de tarifs existant avant la guerre, ainsi que les critiques des bénéficiaires de la tarification actuelle ». Il lui paraît qu'on peut trouver « une formule satisfaisante en prenant comme bases des modifications à édicter la tarification actuelle et en apportant dans le cadre de cette tarification les modifications nécessaires ».

Dans ces conditions, nous appuyant sur les considérations générales qui précèdent et d'accord avec les vœux renfermés dans les rapports adressés à la Semaine nationale du Vin par de nombreux corps commerciaux, nous proposons de demander à M. le ministre des Travaux publics :

1° *Expéditions en fûts isolés.* — La revision du tarif annexe P. V. 6-106, de manière à rapprocher plus sensiblement les tarifs de base de ceux pratiqués avant l'unification et de rétablir les proportions d'avant-guerre entre les transports de vin en wagons-réservoirs et les transports de vin en fûts isolés.

Ce dernier vœu pourrait être réalisé par une réduction de 36 o/o sur les prix du tarif annexe.

Nous demandons en outre que le palier initial de ce tarif soit établi de telle sorte que les intérêts de toutes les régions soient sauvegardés et que celles-ci soient toutes traitées sur le même pied d'égalité sans favoriser certaines contrées au détriment des autres.

2° *Expéditions en caisses.* — Pour les vins en bouteilles une réduction de 35 o/o sur le tarif actuel et des prix spéciaux par groupages de 100 caisses au moins.

3° *Fûts vides.* — Le rétablissement des avantages prévus par l'ancienne tarification à la condition, si l'on veut, que justification soit faite du retour à plein de ces fûts ou de leur envoi préalable à plein;

4° *Emballages vides, caisses, bouteilles, bonbonnes.* — Leur classement en cinquième série et que ceux en retour bénéficient d'une réduction de 50 o/o et leur acceptation en bagages comme avant la guerre;

5° *Étiquetage.* — La suppression de l'étiquetage des colis voyageant en P. V. en raison des marques et numéros dont ils doivent être munis pour en permettre l'identification.

Que dans le cas où une indication de gare devrait figurer sur le colis ce soit le nom de la gare expéditrice et non celui de la gare destinataire.

(Cela faciliterait les recherches d'un colis dévoyé et réduirait au minimum le nombre des vignettes.)

Que l'étiquetage de chacun des colis contribuant à faire le poids d'un wagon complet à l'adresse d'un même destinataire soit aboli;

6° Que les envois de fûts vides admis au bénéfice du barème R. A. soient acceptés simplement sous la condition d'un tonnage de 2.000 kilos minimum par expédition et non par wagon avec manutention à la charge de la compagnie;

7° *La réduction des frais de magasinage*, lorsque ces frais résulteront, non de la négligence du destinataire, mais d'un cas de force majeure (procès en litige, par exemple), dont le destinataire ne serait pas responsable.

Le camionnage dans un entrepôt public pourrait faciliter cette mesure;

8° *Les clauses d'exonération* des responsabilités des Compagnies ont pu être tolérées pendant la période de guerre mais doivent être abrogées aujourd'hui;

9° *La fermeture des gares de midi à 2 heures* présente les plus graves inconvénients pour les expéditions de vin. Les gares de petite vitesse devraient être ouvertes, sans interruption, de 6 h. du matin à 6 h. du soir en été et de 7 h. du matin à 5 h. du soir en hiver;

10° Qu'il soit obtenu des entreprises de camionnage des prix en rapport avec la réduction des fourrages et avoines et la baisse des frais généraux;

11° *Loi de huit heures.* — Qu'une nouvelle organisation, basée sur le travail effectif et non sur la présence, permette de réduire avec ce personnel trop nombreux les charges des compagnies et par voie de conséquence les frais de transport trop onéreux qui entravent le développement des affaires et sont une cause de vie chère.

M. Roustan, sénateur de l'Hérault, résume la première partie de son rapport, distribuée avant l'ouverture du Congrès, qu'il complète par des indications statistiques très précises relatives au tarif de transport des vins destinés à l'exportation. Ses conclusions proposent deux solutions aux difficultés créées par les tarifs exagérés actuellement en vigueur :

1° Abaisser les tarifs de transport de ces vins (*l'Assemblée demande que la réduction de 10 o/o sur le tarif général soit portée à 30 o/o*);

2° *Faire porter la réduction sur les frais accessoires pour lesquels le régime actuel n'en a pas prévu.*

Enfin, le Congrès pourrait *proposer l'institution de prix fermes très réduits pour le transport entre les ports et la frontière.*

Ces propositions sont adoptées, de même que celles relatives au *rétablissement des tarifs internationaux, le rétablissement de tarifs extrêmement réduits pour les fûts vides en retour et la gratuité de retour des wagons-réservoirs.*

Un vœu général relatif à *l'unification et à la simplification des règlements douaniers* est adopté à l'unanimité. Dans ces conditions, le rapport complet de M. Roustan et ses conclusions sont adoptés avec la rédaction suivante :

Le transport des Vins destinés à l'Exportation

Considérations générales

MESSIEURS,

Le rapporteur que vous avez bien voulu désigner pour étudier le problème des tarifs de transport pour les vins destinés à l'exportation peut, sans inconvénient, abréger tout ce qui a trait aux considérations générales. L'excellent ouvrage de MM. Prosper Gervais et Paul Gouy (Paris, Payot, 1922) le dispense d'insister. J'y renvoie tous ceux qui désirent se renseigner sur le recul continu du commerce international des vins en général, et sur la situation de la France parmi les pays exportateurs de vins. Ils y verront que le recul n'a pas cessé. De 1860 à 1870, la France exportait 8 o/o de sa récolte, et parfois même 10 o/o, (sans compter les vins représentés par nos eaux-de-vie, cognacs, etc., destinés à l'exportation). A présent, nous exportons à peine 3 o/o de notre production (et les eaux-de-vie exportées ont proportionnellement diminué davantage encore).

Quels seraient les résultats d'une exportation normale, je veux dire celle qui acheminerait vers l'étranger quinze ou vingt fois le nombre d'hectolitres de vins que nous lui vendons aujourd'hui? Quelles seraient les conséquences de ce trafic pour notre viticulture, pour notre industrie, pour nos ports et notre marine marchande, etc.? MM. Gervais et Gouy l'ont aussi montré. Mais, quand ils s'interrogent sur les causes de ce « phénomène économique déconcertant » qui consiste dans le fait que le vin est le seul article important « dont le trafic ait fortement baissé au lieu de s'accroître, dans le monde, ils ne font pas entrer parmi ces causes « les frais de transport ». Votre rapporteur a pour mission d'examiner dans quelle mesure le commerce d'exportation des vins est gêné par l'accroissement des charges de cette sorte. D'autant plus que ce qui était vrai avant le 1er janvier 1920 ne l'est peut-être plus à cette date; de là, les deux premières parties de cette étude, dont la troisième dégagera nettement les conclusions.

I

Tarification des vins destinés à l'exportation, antérieure au 1er janvier 1920

Pour les vins de consommation courante susceptibles d'être exportés par grandes quantités et de donner lieu à des transports par wagon complet entre les régions de production et les points de sortie, la seule tarification présentant un réel intérêt était celle qui figurait aux chapitres 1 et 2 de l'ancien tarif spécial commun P. V. 306 (Exportation), c'est-à-dire les barèmes III et V applicables respectivement :

1° *Le barème III par wagon de 5.000 kilos de vins en fûts ou 10.000 kilos de vins en wagons-réservoirs* de toute gare Midi, à tous les points frontières et à toutes les gares desservant les ports des réseaux de l'Est, de l'Etat, de l'Ouest, du Nord, d'Orléans, de P.-L.-M., ainsi que de toute gare desdits réseaux et des ceintures aux points frontières et aux ports des mêmes réseaux et du réseau du Midi, sous condition d'un parcours de 350 kilomètres ou payant pour cette distance ;

2° *Le barème V par wagon de 10.000 kilos,* d'une gare quelconque des réseaux de l'Est, de l'Etat, de l'Ouest, du Nord, d'Orléans, de P.-L.-M. et des Ceintures à toutes les gares desservant les ports de ces réseaux et à tous les points frontières de ces mêmes réseaux, sous condition d'emprunter au moins deux d'entre eux et d'effectuer un minimum de parcours de 35o kilomètres ou de payer pour cette distance.

Ces barèmes étaient légèrement inférieurs à ceux notamment du tarif P. V. 1o6 Midi, P.-L.-M. et Midi-Orléans, applicables aux envois des gares viticoles du Midi sur Paris, et que l'on peut prendre comme terme de comparaison, attendu que cette tarification était de beaucoup celle dont profitaient les envois les plus nombreux et les tonnages les plus importants.

A 6oo kilomètres, la différence en faveur du barème III (exportation) était de 1 franc par tonne, soit 4 o/o environ, et de 3 francs par tonne, soit près de, 12 o/o en faveur du barème V.

A 8oo kilomètres, l'avantage correspondant aux barèmes III et V exportation étaient également de 1 franc et 3 francs par tonne, soit 3,5 o/o et 10 o/o.

A 1.ooo kilomètres, les différences par tonne, qui étaient toujours de 1 franc et 3 francs suivant l'emploi des barèmes III ou V exportation, correspondaient à des pourcentages respectifs de 3,2 o/o et 9,8 o/o.

On a beaucoup discuté sur les situations respectives des tarifs métropolitains et des tarifs d'exportation le 1ᵉʳ janvier 1920. On a cité des exemples de ce genre :

Sur la relation de Marseille à Lyon, à laquelle correspond une distance de 361 kilomètres, le tarif P. V. 6 P.-L.-M. comportait pour les envois de vins, par expédition de 5 tonnes, un prix ferme de 17 fr. 5o. Or, à condition de tonnage égale et sur la même distance, le barème III du tarif P. V. 3o6 aurait donné un prix de 17 fr. 35 à la tonne.

On est même allé plus loin, et on a essayé de prouver que non seulement il y avait des cas où les barèmes de tarif d'exportation n'accusaient aucun avantage, mais encore qu'il y en avait où certains prix fermes des tarifs spéciaux ordinaires étaient plus avantageux que les barèmes d'exportation.

Il en était ainsi notamment, a-t-on dit, du prix de 18 francs pour les expéditions de 2o tonnes de Bordeaux sur Paris, puisque sur une distance de 6o4 kilomètres, qui correspond à cette relation, le barème V du tarif P. V. 3o6 aurait donné à la tonne 22 fr. 55.

Soit, mais je demande de qui on a pensé ici faire l'éloge. S'il est vrai que des cas de ce genre se soient produits sous l'ancien régime, quelle critique plus éloquente pourrait être faite de la façon dont en France était paralysé notre commerce extérieur, alors que tous les pays concurrents adoptaient la méthode exactement contraire? Et quelle réflexion cela peut-il nous inspirer, sinon que des situations de ce genre ne doivent plus se reproduire, même à titre exceptionnel.

II. — Tarification actuelle.

La proposition de 1918. — Les grands réseaux et les chemins de fer de Ceinture de Paris, poursuivant la réalisation de leur programme de revision et d'unification des tarifs spéciaux de petite vitesse, soumettaient à l'homologation ministérielle, à la date du 31 octobre 1918, un tarif spécial intérieur P. V. 6 et commun P. V. 1o6 destiné à jouer de toute gare à toute gare des réseaux participants et à remplacer les anciens tarifs P. V. 6, le tarif commun P. V. 1o6, de même que les tarifs P. V. 2o6, 3o6 et 4o6.

Dans ce nouveau tarif un seul barème kilométrique était prévu pour les vins en fûts par expédition d'au moins 7.ooo kilos ou payant pour ce poids.

La complexité des anciens tarifs faisait place, disait-on, à une tarification d'une simplicité extrême.

Non seulement tous les prix fermes disparaissaient et tous les barèmes particuliers, avec leurs échelons et leurs paliers, ainsi que le mode de taxation à la pièce, mais même *il n'était fait aucune distinction entre les transports effectués en totalité dans l'intérieur de la métropole et les envois destinés à l'exportation.*

Un seul barème à la tonne pour toutes les expéditions comportant un tonnage minimum de 7.000 kilos et, pour le calcul des taxes, deux éléments seulement à considérer : le prix à la tonne correspondant d'après l'unique barème au nombre de kilomètres à parcourir et le nombre de tonnes à taxer ; telle était la règle assurément un peu trop simpliste qu'avaient envisagée les réseaux en ce qui concerne la tarification des vins.

Conditions auxquelles l'homologation fut subordonnée. — Lorsque, après l'instruction réglementaire et sur l'avis du Comité consultatif des chemins de fer, le ministre homologua, à la date du 11 novembre 1919, le nouveau tarif P. V. 6-106, celui-ci n'avait guère changé de physionomie.

Le barème unique prévu pour les expéditions de 7.000 kilos au minimum ou payant pour ce poids était conservé tel qu'il avait été présenté ; il avait été simplement débaptisé, entre temps, du fait de la substitution des lettre R. C. au chiffre II qui était son indice primitif.

Une simple modification de détail était apportée par la voie d'une réserve, dans la rédaction d'une clause des conditions particulières du tarif, relative aux opérations de manutention.

Mais, au cours de l'instruction, les réseaux avaient été amenés à prendre vis-à-vis de l'administration des engagements particulièrement intéressants et dont la décision homologative prenait acte en les rappelant sous la forme suivante :

1° Présenter un nouveau tarif d'exportation comportant une réduction de 10 o/o sur les prix des barèmes du tarif intérieur et commun, à l'exclusion des frais accessoires, tarif qui sera mis en vigueur en même temps que le nouveau P. V. 6-106, et aura la même durée d'application ;

2° Proposer les modifications au taux de 10 o/o qui seraient ultérieurement reconnues nécessaires pour les marchandises visées au tarif.

Conformément à la règle adoptée par l'administration à l'égard de tous les nouveaux tarifs, le tarif P. V. 6-106 était homologué pour une période devant prendre fin le 30 juin 1922.

Rétablissement d'une réduction à l'exportation. — Dès le 30 novembre 1919 et en exécution de l'engagement qui avait été pris par elles, les administrations de chemins de fer soumettaient à l'homologation ministérielle la disposition ci-après à insérer aux conditions particulières du tarif P. V. 6-106.

Exportations. — Il est accordé aux marchandises désignées ci-dessus, expédiées sur une gare des réseaux participants desservant un point frontière ou un port de mer et exportées par ce point frontière ou ce port de mer, une réduction de 10 o/o sur les prix résultant de l'application du présent tarif. Cette réduction ne porte pas sur les frais accessoires.

En même temps, les réseaux demandaient que la partie de leur proposition de 1918, visant la suppression de divers tarifs P. V., fût approuvée à l'égard des marchandises susceptibles d'être reprises dans le nouveau tarif P. V. 6-106, de manière à éviter la complication qui serait résultée de l'existence d'anciens prix d'exportation concurremment avec les nouvelles dispositions du tarif P. V. 6-106 sur le même objet.

L'addition visant la réduction de 10 o/o à l'exportation et la mise au point qui en était la conséquence ayant été approuvées, le nouveau tarif P. V. 6-106 entrait en vigueur le 1er janvier 1920.

III. — Conséquences.

En somme, 10 o/o sur l'application des tarifs spéciaux pour toutes les marchandises, voilà le seul « avantage » consenti aux vins destinés à l'exportation. Est-ce un « avantage » ? Des calculs qui ont été faits et que nous avons eus sous les yeux, il est facile de répondre : Non.

M. le Directeur Général du Syndicat Général des Transports m'écrivait dernièrement :

« Si nous voulons écouter. les plaintes générales des négociants qui font l'exportation des vins, elles se résumeront par une insuffisance de réduction pour les tarifs de transport à l'exportation, qui se borne, à l'heure actuelle, à 10 o/o, alors qu'au tarif de 1914 elle dépassait 50 o/o, encourageant ainsi une des principales_productions françaises à l'exportation.

« La réduction actuelle est donc absolument insuffisante. »

Et il réclamait :

1° Une réduction plus importante ;

2° Un tarif spécial réduit pour les expéditions en fût de nos grands vins ;

3° Un tarif spécial pour le transport de nos vins ordinaires qui pourraient être expédiés en wagons-réservoirs pour l'Allemagne, la Belgique, la Suisse, etc.

La Fédération Méridionale du Commerce en Gros des Vins et Spiritueux adressait, le 29 octobre 1921, une lettre au ministre des Travaux publics, lettre signée de son président, M. Emile Génie Aîné ; j'y relève ces lignes :

« *Tarifs pour l'exportation.* — Une des plus grosses difficultés qui empêche l'exportation de nos vins du Midi réside dans l'élévation des tarifs qui nous ferme ainsi les marchés belge et suisse.

« La réduction sur les tarifs spéciaux, actuellement de 10 o/o sur les vins destinés à l'exportation, devrait être rapportée au moins à 30 o/o si nous voulons concurrencer avec succès les vins étrangers sur les marchés susceptibles de consommer de grandes quantités de vins ordinaires.

« Il y a là un effort *d'intérêt véritablement national* devant lequel les Compagnies de transport ne sauraient formuler aucune objection sérieuse. Nous serons certainement d'accord avec M. le Ministre du Commerce pour donner tous avantages possibles à l'exportation de nos vins. »

Arrêtons-nous à cette proposition tout à fait intéressante. Il s'agit de compenser la perte que le commerce d'exportation des vins a subie en passant de l'ancien régime au nouveau. Or, il est dit à la Table des Marchandises, fascicule 2, Exportation, qu'à côté de cette réduction de 10 o/o résultant de l'application des tarifs spéciaux pour toutes les marchandises, une réduction de 25 o/o était accordée sur les prix résultant de l'application des tarifs spéciaux n° 13 (minerais) et n° 14 (métaux).

La Commission du Commerce du Sénat a désigné une sous-commission des Transports, dont votre rapporteur a l'honneur de faire partie. Après de longues et patientes études de M. Cadilhon, des propositions ont été transmises par nous à M. le Ministre des Travaux publics, qui, le 24 février dernier, rendant hommage « à la remarquable compétence et à la précision d'esprit qui a pénétré jusque dans tous les détails d'une tarification complexe », déclarait que les propositions apportées par M. Cadilhon au nom de notre Commission du Commerce « servaient de base à la discussion que le ministre menait avec les réseaux ».

Notre Commission du Commerce a demandé que, pour les matières premières, une réduction de 40 o/o fût établie (soit 15 o/o d'augmentation). Pouvons-nous réclamer la même chose pour les vins destinés à l'exportation ? On nous répondra par un certain nombre d'arguments bien connus, mis en avant toutes les fois que nous voulons en toute justice assimiler les vins aux autres matières agricoles, et, à notre tour, nous répliquerons à ceux qui nous opposeront la distinction entre les vins de luxe et les produits d'usage commun et populaire, que, sur une récolte moyenne de 5o millions d'hectolitres, 3 à 4 millions sont des vins fins et grands ordinaires, et 46 à 47 millions des vins de qualité courante. Or, ce sont ces vins de qualité courante qu'on aurait grand tort de juger ne pas pouvoir être exportés en quantités beaucoup plus considérables qu'aujourd'hui.

La Commission du Commerce du Sénat est convaincue que la réduction de 4o o/o ne sera pas consentie aux transports de vins destinés à l'exportation. Je ne crois pas violer le secret de nos délibérations en disant qu'à la suite d'un long débat avec M. Cadilhon, ce dernier nous a déclaré qu'il demanderait à la Commission de proposer 25 o/o. Je m'en tiendrais volontiers à ce chiffre, inférieur à celui qu'indiquait la Fédération Méridionale du Commerce en Gros des Vins et Spiritueux, mais égal à celui que nous avons proposé pour les métaux, et je terminerai cette étude, dont je sens mieux que tout autre les imperfections et les lacunes, en formulant le vœu suivant :

« Que la réduction sur les tarifs spéciaux pour les vins destinés à l'exportation soit élevée à 3o o/o. »

IV. — Fléchissement de nos exportations de vins

Les deux tableaux suivants permettront de se rendre compte du « chemin parcouru » par notre commerce d'exportation des vins, en quelques années :

1912	hectos	1921	hectos
Vins en fûts exportés....	2.633.735	Vins en fûts exportés.....	2.341.641
Vins en bouteilles exportés	3o6.397	Vins en bouteilles exportés	187.886
Total	2.93o.132	Total	2.529.527

Certes, les chiffres de 1912 ne sont pas brillants. Ceux de 1921 le sont beaucoup moins encore. Le fléchissement est visible, mais il est particulièrement sensible dans la catégorie des vins en bouteilles.

Qu'il y ait à cette diminution d'autres causes que l'augmentation actuelle des tarifs d'exportation et de transit, cela est hors de doute. Mais il n'est pas moins certain que cette augmentation doit être dénoncée comme une des causes de ce fléchissement, c'est ce qu'on verra clairement dans ce rapport supplémentaire. Nous diviserons cette étude en cinq parties, et nous nous occuperons successivement :

Des vins en fûts (en wagons-réservoirs), des vins en bouteilles, des vins d'Algérie, du retour des fûts et des wagons-réservoirs, des formalités douanières.

Les conclusions se dégageront d'elles-mêmes.

A. — Vins en fûts

Avant la guerre, les vins en fûts bénéficiaient, avons-nous dit, des tarifs d'exportation réduits P. V. 2o6, 3o6, 4o6. Aujourd'hui ils paient les prix du tarif spécial P. V. 6-1o6 réduits de 1o %, cette réduction ne portant pas sur les frais accessoires de chargement, de déchargement, de gare, tant au départ qu'à la sortie de France. Quelles ont été les majorations subies de ce fait par les vins exportés, on en jugera par les tableaux suivants. Ils permettront de se faire une opinion exacte dans une discussion où, en prenant tels ou tels exemples, on a essayé de démontrer, non pas que les tarifs d'exportation d'avant-guerre étaient favorables à notre commerce extérieur des vins (ce qui serait un paradoxe), mais qu'ils n'étaient pas, à tout prendre, plus défavorables à ce commerce que les nouveaux.

Je dois ces tableaux à l'obligeance de M. Lamy, directeur de la Ligue de Défense contre les chemins de fer; je lui dois aussi bien des renseignements que j'ai utilisés. Je le remercie, ainsi que tous ceux qui ont bien voulu m'aider dans mes recherches et dont le concours m'a été tout à fait précieux.

Vins du Bordelais

(Prix calculés par tonne, frais accessoires, majoration et impôts compris)

COURANTS	PAR EXPÉDITION								
	de 50 kilos ou payant pour ce poids			de 5.000 kilos ou payant pour ce poids			de 10.000 kilos ou payant pour ce poids		
	Anciens	Actuels	Majoration	Anciens	Actuels	Majoration	Anciens	Actuels	Majoration
	francs	francs	%	francs	francs	%	francs	francs	%
Bordeaux-Jeumont................ (Pays-Bas et Belgique).	42 50	247 20	490	31 80	245 20	650	29 30	126 40	330
Bordeaux-Le Havre............ (Angleterre).	36 45	190 30	430	30 30	188 20	525	25 30	98 95	300
Bordeaux-Igny-Avricourt.......... (Allemagne).	39 85	223 10	460	30 05	223 10	643	27 25	114 50	285
Bordeaux-Marseille............ (Levant-Orient).	20 »	171 »	750	20 »	168 90	745	20 »	92 45	360
Bordeaux-Bellegarde............ (Suisse).	37 35	201 05	440	28 40	198 95	600	25 90	89 40	244

Le P. V. international 400 bis indiquait pour les vins en fûts en provenance des gares P. O. et à destination des ports de Dakar, Pernambuco et Bahia, Rio-de-Janeiro et Santos, Montévidéo, Buenos-Ayres et New-York, des prix globaux très réduits et qui permettaient aux exportateurs de déterminer rapidement le prix de revient de leurs produits sur les marchés d'outre-mer. Ce tarif n'existe plus à l'heure actuelle. Ai-je besoin d'ajouter que je ne considère pas cette suppression comme un avantage ?

Vins de Bourgogne

(Prix calculés par tonne, frais accessoires, majorations et impôts compris)

COURANTS	PAR EXPÉDITION								
	de 50 kilos			de 5.000 kilos			de 10.000 kilos		
	Anciens	Actuels	Majoration	Anciens	Actuels	Majoration	Anciens	Actuels	Majoration
	francs	francs	%	francs	francs	%	francs	francs	%
Beaune-Le Havre	30 60	194 90	500	24 15	189 90	700	22 30	89 45	300
Beaune-Marseille..................	29 »	165 70	450	27 50	163 70	500	27 50	82 85	200
Beaune-Bordeaux	31 70	200 25	560	24 90	198 25	700	22 80	94 55	300
Beaune-Vallorbe..................	17 95	71 70	400	16 »	69 70	400	16 »	44 25	120
Beaune-Givet..................	26 »	156 20	500	20 40	154 20	600	18 50	80 85	350

Vins du Languedoc

(Prix établis par tonne, frais accessoires, majorations et impôts compris)

COURANTS	Par wagons réservoirs de 10.000 kilos En fûts, par expéditions de 7.000 kilos		
	Anciens	Actuels	Majoration
	francs	francs	%
Narbonne-Genève-Cornavin...................	29 25	87 55	200
Narbonne-Belfort........................	31 10	97 05	200
Narbonne-Jeumont......................	36 85 ·	123 70	240

Remarquons que seuls les vins du Languedoc sont susceptibles, en raison de leur prix, d'être exportés par grosses expéditions; seuls ils bénéficient du barème R. C. par expédition de 7.000 kilos; ils jouissent en plus du tarif spécial P. V. 6-106 réduit de 10 % pour l'exportation; au contraire, les vins en fûts destinés à l'exportation ne jouissent que de cette dernière réduction uniquement. Je ne veux pas dire que l'exportation des vins du Languedoc est encouragée, au contraire; mais j'affirme que l'exportation des vins du Bordelais et de la Bourgogne est paralysée, ce qui est hors de contestation. Ces vins, exportés couramment par quantités inférieures à 7.000 kilos, sont actuellement taxés au prix de la 3ᵉ série du tarif général P. V., et supportent, de ce fait, des majorations qui vont de 500 à 700 %. Veut-on des chiffres qui nous dispensent de toute autre considération ?

Gironde :

> 1912 : vins exportés en fûts...............hectos 727.442
> 1921 :   —   .... —   229.154
>
> Différence....................hectos 498.288

Si nos vins du Midi avaient souffert, autant que ceux-là, du régime actuel, le chiffre des vins exportés en fûts serait tombé à une quantité très inférieure au chiffre total de 2.341.641 hectos que nous avons indiqué précédemment.

B. — Vins en bouteilles

Avant la guerre, des prix très réduits étaient prévus par expédition de vins en bouteilles, de 50, 5.000, 10.000 kilos, destinés à l'exportation.

A l'heure présente, les vins en bouteilles ne figurent dans aucun tarif spécial de P. V.; ils sont taxés aux prix très élevés de la 2ᵉ série du tarif général de P. V. : aucune réduction pour l'exportation.

Résultat : le Bordelais, la Bourgogne, la Champagne, le Saumurois, etc., ont expédié en 1912 pour l'exportation 316.397 hectos de vins en bouteilles, et 187.886 hectos en bouteilles, l'année 1921.

Rapprochons les prix anciens et actuels, et établissons les majorations :

VINS DU BORDELAIS

(Prix établis comme il a été dit plus haut)

COURANTS	PAR EXPÉDITION								
	de 50 kilos			de 5.000 kilos			de 10.000 kilos		
	Anciens	Actuels	Majoration	Anciens	Actuels	Majoration	Anciens	Actuels	Majoration
	francs	francs	%	francs	francs	%	francs	francs	%
Bordeaux-Jeumont..............	55 15	304 05	445	42 »	299 70	645	29 30	299 70	950
Bordeaux-Le Havre.............	47 05 (1)	227 »	380	35 95	225 »	600	25 30	225 »	800
Bordeaux-Avricourt............	54 65	273 45	530	39 35	271 45	530	27 25	271 45	900
Bordeaux-Marseille	20 »	203 55	915	20 »	204 50	900	20 »	204 50	900
Bordeaux-Bellegarde	48 30	240 90	400	36 85	238 85	560	25 90	238 85	820

(1) Par expédition de 4.000 kgr. (mille) pour les transports empruntant le réseau de l'Est.

La remarque faite pour les vins en fûts du Bordelais relativement aux prix globaux fixés par le tarif spécial international de petite vitesse 400 bis s'applique également aux vins en bouteilles du Bordelais.

Vins de Bourgogne. — Majorations sensiblement les mêmes que pour les vins de Bordeaux.

VINS DE CHAMPAGNE

COURANTS	PAR EXPÉDITION								
	de 50 kilos			de 5.000 kilos			de 10.000 kilos		
	Anciens	Actuels	Majoration	Anciens	Actuels	Majoration	Anciens	Actuels	Majoration
	francs	francs	%	francs	francs	%	francs	francs	%
Epernay-Dieppe.....................	21 30	108 30	400	21 30	106 25	400	15 »	106 25	600
Epernay-Bordeaux..................	48 »	229 04	375	29 »	228 »	685	25 40	228 »	800
Epernay-Marseille.................	52 50	245 60	375	29 »	243 45	700	26 10	243 45	800
Reims-Le Havre......	20 50	125 90	400	20 50	113 90	450	15 »	113 90	650

En outre, l'ancien tarif spécial international P. V. 406 prévoyait des prix très bas d'Epernay à Vienne (Autriche), à Budapest, et de Reims aux mêmes destinations, par wagons complets de 8.000 kilos ou payant pour ce poids. Ces prix qui comprenaient les frais de gare, de transmission et de déchargement en Autriche étaient les suivants par tonne :

> D'Epernay à Vienne, via Avricourt......... 68 fr. 25
> D'Epernay à Budapest, via Avricourt.......... 80 fr. 65
> De Reims à Vienne, via Delle................. 65 fr. 15
> De Reims à Budapest, via Delle............... 77 fr. 55

alors que les prix actuels d'Epernay à Avricourt et de Reims à Delle sont respectivement de 94 fr. 60 et 133 fr. 30.

VINS DU SAUMUROIS

(Prix à la tonne, par expédition de 50 kilos minimum)

COURANTS	Anciens	Actuels	Majoration
	francs	francs	%
Angers-Londres, via Caen....................	28 25	230 95	700
Angers-Marseille....................	33 »	356 30	960
Saumur-Marseille....................	30 »	247 20	700

Les majorations croissent avec l'augmentation de tonnage, par suite de l'absence, à l'heure actuelle, de tarifs spéciaux d'exportation; les majorations, même pour les expéditions de faible importance, sont prohibitives, puisqu'elles atteignent couramment 400 %.

C. — Vins d'Algérie

Les vins que l'Algérie exporte en Suisse, en Luxembourg, en Belgique, en Allemagne, etc., quand ils ne prennent pas d'autres voies, sont expédiés : soit en fûts sur tout le parcours, soit en fûts au départ des ports algériens et en wagons-réservoirs, des ports de Cette, Saint-Louis-du-Rhône, Marseille aux gares destinataires.

Avant la guerre, ils jouissaient (P. V. 406 international) des prix fermes suivants :

39 fr. la tonne, par expéditions de 10.000 kilos; 38 fr. la tonne, par expéditions de 50.000 kilos, des ports algériens à Genève, Cornavin, Vallorbe-frontière et Belfort.

Ces prix fermes comprenaient les frais d'embarquement et de débarquement à quai ou sous palan, suivant le cas, les droits de tonnage en Algérie et Tunisie, le péage dans les ports de Marseille, Cette ou Saint-Louis-du-Rhône, l'assurance maritime du plein et du vide jusqu'à concurrence de 350 fr. par tonne pour le plein et de 60 fr. par fût vide, les frais de formalités en douane à Marseille, Cette ou Saint-Louis-du-Rhône, les frais de chargement, de passage sur les voies des quais à Marseille et Saint-Louis-du-Rhône, les frais de transport maritime et métropolitain P.-L.-M.; ils ne comprenaient pas les frais de connaissement, de timbre, de régie, d'octroi, les droits de douane ni les frais éventuels de transvasement de fûts en wagons-réservoirs. Ils comprenaient également le transport ds fûts vides en retour jusqu'aux gares algériennes d'origine, ainsi que le retour des wagons-réservoirs vides jusqu'à Marseille, Saint-Louis-du-Rhône, Cette.

Les vins algériens à destination de l'Allemagne, de la Belgique et du Luxembourg bénéficiaient d'une taxation réduite du P. V. 406, pour les parcours algériens, les parcours maritimes et les parcours métropolitains P.-L.-M. et Est. Le fret méditerranéen était réduit à 10 fr. par tonne et comprenait les frais d'embarquement à quai ou sous palan, suivant le cas, de débarquement à Marseille, Cette ou Saint-Louis-du-Rhône, les frais de passage en douane, ainsi que la taxe pour le transport sur les voies du port de Marseille; il ne comprenait pas les droits de tonnage, d'assurance maritime, les frais de connaissement, de timbre, de régie et d'octroi, ni les droits de douane.

Les taxes métropolitaines actuellement applicables aux vins algériens, tran sitant sur notre territoire, sont actuellement celles du tarif spécial P. V. 6-106 réduites de 10 %.

Comparons-les à celles de 1914, et établissons les majorations subies :

RELATIONS	PAR EXPÉDITION de 10.000 kilos		
	Anciens	Actuels	Majoration
	francs	francs	%
Marseille-Igney-Avricourt.....................	26	103 90	3 00
Marseille-Mont Saint-Martin....	26 25	105 60	3 00
Marseille-Genève-Cornavin....................	21 »	81 40	3 00

Ajoutons, pour nous rendre compte de la majoration totale, le relèvement considérable du fret en Méditerranée et la suppression du retour gratuit des fûts et wagons-réservoirs vides.

Le tarif spécial P. V. 400 prévoyait des prix réduits par expéditions de 500 kilos et par wagons complets de 5.000 kilos et 10.000 kilos pour les vins algériens, à destination de la Suisse, transitant par Marseille et Genève. Ces prix étaient calculés de Marseille aux gares suisses désignées au tarif : Zurich, Lucerne, etc., et comprenaient les frais de chargement, de déchargement et de gare, ainsi que les frais pour formalités en douane à Bellegarde et dans les gares françaises dénommées.

La France importe une quantité appréciable de vins algériens utilisés pour les coupages. Ces vins sont destinés, dans un délai assez rapproché, à remplacer tous les vins espagnols et tous les autres vins « médecins » étrangers, qui permettent l'utilisation de certains vins français à faible degré alcoolique ou de conservation difficile. Les vins algériens importés étaient taxés aux prix réduits du tarif spécial P. V. 406, par expéditions de 10.000 et 50.000 kilos, en fûts ou wagons-réservoirs; ces prix, comparés à ceux du tarif spécial 6-106, le seul applicable à l'heure actuelle et sans réduction de 10 %, donnent, pour le courant Marseille-Bercy, les majorations ci-après :

RELATIONS	Par tonne, frais accessoires, majorations et impôt compris.		
	Anciens	Actuels	Majoration
	francs	francs	%
Marseille Bercy................................	39 »	116 90	270

(Le prix ancien comprenait le transport des fûts vides en retour jusqu'aux gares algériennes d'origine pour les expéditions en fûts et des wagons-réservoirs vides en retour jusqu'à Marseille pour les envois transvasés dans cette gare, ainsi que tous les frais énumérés plus haut au cours de l'étude des trafis de transit applicables aux vins d'Algérie.)

Répétons que les majorations accusées par le tableau ci-dessus sont à augmenter de celles du fret en Méditerranée qui sont très importantes. Elles ne tiennent pas compte non plus de la suppression du retour gratuit des fûts ou wagons-réservoirs vides.

V. — Fûts et wagons-réservoirs vides en retour

Fûts

Nous avons rencontré plusieurs fois au passage la question du retour des fûts et des wagons-réservoirs vides. C'est qu'il est impossible de ne pas la trouver dès qu'on touche au problème du transport des vins.

Avant 1914, la valeur des fûts était minime et leur nombre considérable. Afin d'encourager le rapatriement de ces fûts, des tarifs spéciaux très réduits étaient appliqués à ceux qui avaient servi au transport des vins d'exportation et de transit. Remarque curieuse : à mesure que la valeur des fûts augmentait, les réseaux diminuaient les avantages qui étaient accordés aux fûts vides en retour.

1.000 kilos de fûts vides en retour, Le Havre-Bordeaux, payaient avant la guerre 45 fr. 85; ils paient maintenant 236 francs (tous frais compris et déduction faite de la réduction de 10 % prévue par le tarif spécial P. V. 26-126) si l'expédition n'atteint pas 2.000 kilos, et 145 fr. 85 si elle dépasse 2.000 kilos. Majoration : dans le premier cas, 55 %; dans le second, 310 %.

Les fûts ayant servi au transport des vins algériens, transitant sur notre territoire et taxés aux prix du tarif spécial P. V. 406, chap. VI, bénéficiaient, nous l'avons vu, du retour gratuit aux gares d'origine. Ces avantages ont complètement disparu.

Wagons-réservoirs

Aux termes du tarif spécial P. V. 129 ancien, les wagons-réservoirs vides ayant servi au transport des marchandises d'exportation et de transit étaient transportés gratuitement par nos réseaux sur un parcours au plus égal au parcours taxé à l'aller. Le coût du transport à vide se réduisait donc aux droits de timbre et d'enregistrement. Mêmes avantages, par voie de détaxe, pour les wagons-réservoirs envoyés vides afin de prendre charge de marchandises d'exportation ou de transit. Ces dispositions très favorables pour nos exportateurs de vins du Midi ou d'Algérie ont complètement disparu.

Le tarif spécial P. V. 29-129 actuel prévoit pour le retour à vide des wagons-réservoirs ayant servi ou devant servir au transport des vins d'exportation ou de transit la même taxe que pour le trafic intérieur, avec une réduction de 10 % des prix applicables en trafic intérieur. Si l'on tient compte du relèvement des bases kilométriques applicables aux véhicules vides, on estimera que cet « avantage » est tout à fait insignifiant.

VI. — Formalités douanières

Quels obstacles sont opposés aux destinataires ou aux expéditeurs par les formalités douanières, il faudrait une étude spéciale pour les énumérer. Il nous suffira de signaler l'incertitude où se trouvent nos commerçants et les commerçants étrangers, par suite de la variété fâcheuse à tous les points de vue, qu'on constate d'une frontière à l'autre. Ici, c'est deux déclarations en douanes qu'on exige; là, c'est trois; ailleurs, c'est quatre. Ne parlons pas de la rétribution exigée pour les certificats d'origine, établis par les autorités française compétentes et qui doivent être parfois visés par les consuls étrangers en France, lesquels ne prêtent pas leur concours gratuitement.

Notons enfin que des trois services qui ont à connaître des exportations et du transit, il est fréquent que l'un n'entretienne pas avec l'autre ou avec les deux autres des relations d'une cordialité parfaite, et que contributions indirectes, douanes, chemins de fer ont parfois des rivalités dont le négociant fait les frais : le moindre oubli dans la rédaction des documents, la plus petite inadvertance dans la constitution des dossiers sont relevés avec un empressement d'autant plus grand qu'il s'agit de témoigner à l'administration voisine des sentiments, dont le moins qu'on puisse dire c'est qu'ils sont dénués de sympathie.

VII. — CONCLUSIONS

Quelles sont les conclusions qui s'imposent? Il en est une sur laquelle tout le monde est d'accord : c'est la nécessité d'abaisser immédiatement les tarifs d'exportation et de transit appliqués à nos vins de France et d'Algérie. Comment? Par quelle méthode? Ici, les avis diffèrent. Je résume rapidement ceux qui m'ont été exposés :

1° Augmentation du taux de la réduction de 10 o/o actuellement prévue par le tarif spécial P. V. 6-106 :

A) Etablissement d'un taux de 30 o/o;

B) Etablissement de la réduction sur les frais accessoires qui sont aujourd'hui beaucoup plus lourds qu'autrefois;

2° Institution de prix fermes très bas entre nos grands centres de production vinicoles et nos frontières terrestres ou maritimes :

A) Prix fermes par expéditions de 50, 1.000, 5.000 kilos pour les grands crus;

B) Prix fermes par 1.000, 5.000, 10.000, 20.000, 50.000 kilos pour les vins ordinaires;

C) Prix fermes très réduits pour les vins algériens destinés soit à la consommation française soit à la Suisse, la Belgique, l'Allemagne, par expéditions de 10.000, 20.000, 50.000 kilos;

D) En particulier pour les vins en bouteilles, les plus sacrifiés actuellement, établissement de prix fermes très réduits entre les frontières maritimes ou terrestres, et le Bordelais, la Bourgogne, la Champagne, la Touraine et le Saumurois.

Entre ces solutions, il faut choisir celles qui ont le plus de chances d'être adoptées par les Commissions parlementaires, par le ministre, par les réseaux,

Mais les quatre mesures ci-après indiquées n'auront que des approbations :

1° *Rétablissement des tarifs internationaux qui, seuls, permettent aux expéditeurs et aux destinataires de connaître rapidement et exactement le prix de revient d'un vin sur tel marché étranger;*

2° *Rétablissement de tarifs extrêmement réduits : pour les fûts vides ayant servi ou devant servir au transport des vins destinés à l'exportation ou transitaires sur notre territoire;*

3° *Gratuité pour le retour au point de chargement ou dans la zone de chargement des wagons réservoirs destinés au transport des vins d'Algérie et du Languedoc;*

4° *Unification, simplification des règlements douaniers.*

(Vifs applaudissements.)

M. Ginestet donne enfin lecture du rapport de M. Faure sur les transports maritimes des vins. Ce rapport est adopté à l'unanimité avec ses conclusions ainsi rédigées :

Les Transports Maritimes

Présenter un rapport sur le transport des vins par voie de mer semble quelque peu paradoxal en un temps où l'exportation paraît à peu près impossible; où les Etats-Unis, la Nouvelle-Zélande, l'Islande sont au régime sec; où la Russie nous est fermée; où l'importation est contingentée en Finlande, en Allemagne, en Pologne; où la Suède applique le monopole d'Etat; où la Norvège contingente l'importation des vins au-dessus de 12°; où, en Autriche, en Roumanie, en Serbie, en Bulgarie, la situation du change empêche tout trafic; où, en Italie, en Grèce, en Portugal, en République Argentine, nos vins sont concurrencés par les vins du pays ou par les vins fraudés; où, en tant d'autres pays, les droits d'entrée sont prohibitifs!!

Vers quels rivages embarquerons-nous donc nos vins et ne faut-il pas une foi robuste dans la qualité du fruit de nos vignes et dans l'avenir de notre produit national pour entreprendre le rapport qui nous a été demandé.

Cette foi, nous l'avons, et nous souhaitons que la *Semaine Nationale du Vin* fasse tomber bien des barrières et qu'elle nous ouvre à nouveau la route des pays d'outre-Océan.

*
**

Comment étudier la question des transports maritimes? Il semble que la méthode la plus simple soit de prendre un colis de vin, barrique ou caisse, à la sortie du chai du négociant et de le suivre jusque chez le destinataire. Nous aurons ainsi à nous préoccuper :

1° De la réception par le transporteur;

2° De la mise à bord et de l'arrimage;

3° Du fret;

4° Des connaissements et des clauses d'exonération qu'ils contiennent;

5° De l'assurance et du règlement des avaries;

6° Des transbordements et des connaissements directs.

Nous nous rendrons compte ainsi des difficultés auxquelles les chargeurs se heurtent et des mesures qu'il y a lieu de prendre pour les écarter.

1° *Réception de la marchandise par le transporteur.* — La marchandise sortie des chais du vendeur est déposée sur le quai d'embarquement. Qui en est responsable? Est-ce l'expéditeur? Est-ce le transporteur?

La réponse est nette : l'expéditeur, à moins que le transporteur n'ait reconnu la marchandise et n'en ait donné reçu. Dans beaucoup de ports, certaines Compagnies se refusent à donner des reçus de bord quand la marchandise est à quai pour l'embarquement. Le reçu n'est délivré que lorsque la marchandise est réellement embarquée et les avaries survenues avant l'embarquement sont à la charge de l'expéditeur. Une telle situation ne paraît point justifiée; les Compagnies de chemins de fer sont responsables des marchandises à elles confiées dès qu'elles les ont reconnues, que la marchandise soit ou non sur wagon. Pourquoi n'en serait-il pas de même des Compagnies de navigation? Nous devons dire que le nombre des Compagnies de navigation qui ne délivrent point de reçus diminue chaque jour.

Votre réunion pourrait émettre le vœu que toutes les Compagnies se conforment à une règle que la logique impose.

***

2° *Mise à bord et arrimage.* — La barrique ou la caisse une fois le long du bord, il faut l'embarquer et l'arrimer. C'est le transporteur qui assume cette tâche. A cet effet, il sous-traite avec un personnel spécial; celui-ci utilise l'outillage des ports qu'il loue aux Chambres de commerce concessionnaires. Les frais dépendent donc de ces deux éléments et aussi de certains droits perçus par la douane : droit de permis et de statistique qui atteignent 1 fr. 35 par colis. Avant la guerre, la mise à bord et l'arrimage coûtaient 2 francs par tonne. A la fin de la guerre, la hausse des salaires et du charbon a porté ce chiffre à 12 francs, pour la même quantité. Aujourd'hui, le prix moyen de la mise à bord et de l'arrimage est de 10 francs par tonne.

Il est hors de doute que de pareils frais ne sont pas en proportion de la valeur actuelle des vins. Il est à souhaiter qu'ils soient réduits. Certaines Chambres de commerce ont cherché à favoriser un abaissement de ces frais en diminuant le coût de location de leurs grues et engins. Il faut que les arrimeurs, tenant compte de l'abaissement de ces frais et des tarifs de main-d'œuvre, réduisent de leur côté les leurs.

***

3° *Du fret.* — La marchandise une fois à bord, la question qui se pose est celle du fret, c'est-à-dire du prix du transport des marchandises sur mer. Question de toute première importance, car elle a une répercussion directe sur le prix de revient à destination et par suite sur le prix de vente.

Le plus souvent, le fret est fixé à forfait d'après la quantité, le volume, le poids ou la valeur de la marchandise; presque toujours, le connaissement indique le mode de calcul et le taux du fret. Fréquemment, on s'en réfère aux usages du port. En ce qui concerne les vins, le fret se calcule de différentes manières :

Par exemple, on tare :

	Vins en caisses	Vins en fûts
Pour San-Francisco, New-York, aux..	1.000 kilos	1.000 kilos
Antilles, Mexique	m³	tonneau Bordeaux
Pacifique	m³	m³
Centre-Amérique, Costa-Rica, Salvador	4o P³	4o P³
Algérie, Maroc	1.000 kilos	1.000 kilos
Angleterre	tonneau Bordeaux (27 douz.)	4 barriques
Canada, ports	d°	1.000 kilos
Indes Anglaises	700 kilos	1.000 kilos
Australie	4o P³	4o P³
Chine, Japon	700 kilos	1.000 kilos

Et cependant, le vin est toujours chargé soit en fûts, soit en caisses d'un volume connu et d'un poids à peu près identique. Il semble donc facile, en ce qui le concerne, d'unifier les méthodes, car la diversité des modes d'évaluation complique inutilement le calcul des frais d'expédition.

Le mode le plus répandu est, en somme, le suivant :
Pour les vins en simples fûts : à la tonne, c'est-à-dire aux 1.000 kilos;
Pour les vins en doubles fûts : aux 700 kilos;

Pour les vins en caisses : au tonneau de Bordeaux, soit 27 caisses de 12 bouteilles de 75 centilitres, ou aux 324 bouteilles.

Il est à souhaiter que ce mode soit universellement adopté.

Il est également désirable que le fret soit coté en monnaie nationale, car les Compagnies françaises, en établissant des taux de fret en devises étrangères, provoquent un déplacement de capital, préjudiciable à la tenue du change français.

Théoriquement, le cours du fret, obéissant à certaines lois économiques générales, devrait être sensiblement le même pour le transport d'une marchandise donnée d'un point déterminé à un autre point déterminé. En fait, il est loin d'en être ainsi et les frets subissent des oscillations souvent considérables. Ces oscillations tiennent surtout à la concurrence que se font les armateurs; il en est résulté, au cours du XIXe siècle, une baisse énorme du taux des frets. Par contre, pendant la guerre, pour des raisons qu'il est inutile de rappeler ici, les frets ont subi, comme toutes choses, une hausse formidable; les taux excessifs et vraiment anormaux qui ont été alors pratiqués par les Compagnies et acceptés par les chargeurs n'ont pu se maintenir. Depuis la fin de la guerre, les frets ont subi une véritable dégringolade. C'est ainsi que, pour les vins et liqueurs à destination du Maroc, les 1.000 kilos sont taxés à 100 francs au lieu de 150, et les eaux-de-vie, qui étaient taxées à 200 francs, bénéficient de cette même taxe de 100 francs.

Pour la Belgique, on taxe 80 francs au lieu de 100 francs.

Pour le Canada : 90 francs par 700 kilos, au lieu de 130 francs par 40 P^3.

On ne peut guère espérer que les frets puissent encore baisser. Au cours actuel, ils permettent à peine aux Compagnies de couvrir leurs frais d'exploitation. Le marché des frets suivra naturellement le mouvement de reprise ou la persistance du marasme des affaires en général. Ce qu'il faut surtout demander à ce sujet, c'est que les frets pratiqués par les Compagnies françaises se rapprochent de ceux cotés par les Compagnies étrangères. La différence entre eux tient à ce que l'armement français est lourdement handicapé par le prix des charbons et surtout par l'application de la loi sur la journée de huit heures. Seule, en effet, malgré les conférences internationales et les engagements verbaux, la marine française supporte la charge de la journée de huit heures. Contrairement au texte même de la loi, les services chargés de son application confondent les heures de présence et les heures de travail effectif, ce qui encombre nos navires d'un personnel inutile. On voit quelle peut être la répercussion de ces frais sur l'exploitation du navire et partant sur le taux des frets.

Aussi, reprenant un vœu émis dans de précédents congrès, demanderons-nous:

« Que l'application de la loi de huit heures à la marine marchande française soit suspendue ou atténuée de façon à faire cesser l'inégalité économique marquée dans laquelle se trouve le pavillon français pour lutter vis-à-vis de ses concurrents. »

*
* *

4° *Des connaissements et des clauses d'exonération.* — Cette question a été souvent discutée. Elle a fait l'objet de nombreux vœux restés platoniques ainsi que de certaines propositions législatives.

Juridiquement, un transporteur qui accepte des mains d'un expéditeur une marchandise donnée, doit la rendre au lieu convenu en bon état. En fait, pour échapper à cette responsabilité, devenue de jour en jour plus lourde, les armateurs ont peu à peu introduit dans les connaissements des clauses spéciales qui ont abouti en fin de compte à l'exonération presque totale des obligations qui normalement doivent leur incomber.

Il s'est produit pour les connaissements un phénomène analogue à celui qui s'est produit pour les polices d'assurance. A chaque sinistre, le transporteur comme l'assureur ont cherché à réduire leur responsabilité. Il en est résulté des textes copieux, que le chargeur connaît mal et qui tendent dans des cas toujours plus nombreux à écarter la responsabilité du transporteur.

Exemple : de nombreux connaissements portent, et ceci intéresse tout spécialement les vins : « *Sans responsabilité pour avaries, casse, coulage et trous de fossets* ». D'autres excluent toute responsabilité, alors même que des actes illégaux, des négligences, des erreurs ou des fautes du pilote, du capitaine, de l'équipage ou d'autres auraient contribué à déterminer ou aggraver le dommage. D'autres stipulent que l'indication de « voleur » sur le connaissement n'implique pas dérogation à la limitation de responsabilité prévue en cas de perte ou de vol.

Et nous ne parlons ni de la faculté de transborder sur un autre navire, ni de la faculté de mettre les marchandises sur le pont, ni de la dispense d'expertise, ni de l'obligation de prendre livraison des marchandises les jours fériés et même la nuit!!!

Ces clauses des connaissements dont la légalité a été souvent contestée ont été reconnues licites par la jurisprudence.

Contre la validité de ces clauses imposées par les Compagnies, les chargeurs ont invoqué la loi du 17 mars 1905 qui a modifié l'article 103 du Code de Commerce; celui-ci a interdit l'insertion dans une lettre de voiture d'une clause contraire à la règle de responsabilité du voiturier, mais cette disposition est spéciale aux transports effectués par les chemins de fer. Il y a aussi, à ce point de vue particulier, une différence très sensible entre les transports terrestres et les transports maritimes. En toute justice, il faut bien reconnaître qu'on ne peut guère imposer aux Compagnies de navigation des règles aussi strictes que celles imposées aux Chemins de fer. Sans parler de la garantie d'intérêt, les conditions dans lesquelles s'effectuent les transports justifient la différence de régime. Les quais des gares donnent aux Compagnies de chemins de fer des garanties de sécurité qui sont bien loin d'exister sur les quais de nos ports, souvent mal installés, toujours insuffisamment clôturés et laissant les marchandises exposées à toutes les convoitises. D'autre part, il faut tenir compte des risques de mer. Enfin, il faut reconnaître que les chargeurs peuvent, et nous reviendrons plus loin sur cette question, trouver dans l'assurance de leurs envois une certaine garantie contre les risques de transports.

La jurisprudence qui reconnaît la validité des clauses d'exonération a cependant été très critiquée. A maintes reprises, les Chambres de commerce, les Congrès internationaux et le Parlement lui-même ont émis des vœux ou déposé des propositions tendant à interdire les clauses d'exonération. Tous ces efforts sont restés sans résultat et la jurisprudence continue d'admettre que ces clauses font partie des stipulations du contrat et que, volontairement acceptées par les chargeurs, elles ont force de loi contre eux.

Déjà, cependant, plusieurs pays ont réglé cette question des clauses d'exonération par des lois nationales; citons les Etats-Unis, le Canada, l'Australie, la Nouvelle-Zélande, et, plus près de nous, le Maroc.

Dans notre propre protectorat, plusieurs jugements rendus par le Tribunal de Casablanca, faisant application des dispositions très strictes du Code maritime marocain (inspiré par le projet du livre II du Code de Commerce français) a prononcé la nullité des clauses habituelles des connaissements qui privent les chargeurs de tout recours pour avaries ou pertes et déterminent la compétence des tribunaux métropolitains en cas de litige, et le transporteur a été condamné au paiement d'une indemnité importante à la suite d'une perte de marchandise.

En France, nous pensons qu'il serait désirable d'apporter quelques restrictions à l'irresponsabilité presque absolue des Compagnies de navigation. Il ne faut compter pour cela, nous l'avons vu, ni sur la jurisprudence qui est très ferme, ni sur l'intervention législative qui, à elle seule, serait inefficace, car elle placerait les nationaux du pays où elle serait édictée dans une situation d'infériorité vis-à-vis des nationaux des autres pays. Seule, une convention internationale permettrait d'aboutir au résultat cherché.

Ceci m'amène à parler du nouveau contrat international élaboré à La Haye en 1921 sous le nom de « Règles de La Haye ». Ce contrat paraît avoir recueilli l'adhésion tant des principaux transporteurs que des expéditeurs.

Les « Règles de La Haye » comportent sept articles renfermant chacun un certain nombre de clauses; la circulaire du 16 décembre 1921 du Comité Central des Armateurs de France (n° 1162) contient une étude de ces règles à laquelle il semble que l'on puisse bien peu ajouter. Je n'y reviendrai donc que pour en rappeler le principe et quelques points importants : l'article 3 décide que « sont nuls et ne peuvent produire effets tous accord, clause ou convention, par lesquels, dans un contrat de transport, le transporteur ou le navire sont exonérés de leurs responsabilités en cas de perte ou dommage aux marchandises ou s'y rapportant et provenant de négligence, faute ou carence dans les devoirs et obligations prévus dans cet article ou pour lesquels ces responsabilités sont atténuées ».

La question de principe étant ainsi tranchée, les « Règles de La Haye » prévoient en outre quelques modifications de détail qui ne sont pas sans importance. Les connaissements actuels contiennent presque tous une clause qui limite à une somme forfaitaire insignifiante le montant des indemnités éventuelles dues par les Compagnies, par exemple 1 franc par décimètre cube ou par kilogramme pour toute marchandise dont la valeur n'aura pas été déclarée sur le connaissement et avec cette restriction supplémentaire que, en aucun cas, le remboursement ne peut dépasser 500 francs par colis. Ces chiffres n'ont aucun rapport avec la réalité actuelle; aussi l'article 4, paragraphe 4 des « Règles de La Haye » décide très justement que « ni le transporteur, ni le navire ne seront en aucun cas responsables de perte et dommage des marchandises ou s'y rapportant, au delà d'une somme de 100 livres (ou son équivalent en autre monnaie) par colis ou par unité, sauf le cas où la nature et la valeur de ces marchandises auront été déclarées par le chargeur avant l'embarquement et auront été spécifiées dans le connaissement ». Cet article constitue une amélioration sensible par rapport au régime actuel.

Un autre inconvénient grave pour les chargeurs résulte aussi du délai qui leur est imparti par la loi pour mettre en jeu la responsabilité des Compagnies. L'article 435 du Code de Commerce, en effet, impose l'obligation au destinataire de faire ses réserves par lettre recommandée dans un délai de vingt-quatre heures et d'assigner devant les tribunaux dans le mois courant sous peine de forclusion. Ces délais sont manifestement trop courts; aussi l'article 3, paragraphe 3 des « Règles de La Haye », accorde-t-il très justement un délai de douze mois, à dater de la délivrance des marchandises, pour intenter l'action judiciaire.

En définitive, les « Règles de La Haye » apportent un correctif sérieux à la situation actuelle.

Mais la question d'application reste entière aujourd'hui. L'International Shipping Conference, tenue à Londres du 23 au 25 novembre 1921, sur l'initiative de la Chamber of Shipping of the United Kingdom, a recommandé les « Règles de La Haye », « en vue d'une application volontaire internationale et, si cela est nécessaire et dans la mesure jugée nécessaire, en vue d'une adoption par convention internationale passée entre les pays maritimes ».

Le très important résultat obtenu par la Conférence de Londres a été d'affirmer l'acceptation générale des « Règles de La Haye » par les armateurs, avec les seules exceptions d'une réserve formulée quant aux 100 livres, par le Japon et l'Italie et d'une abstention celle de l'Allemagne, dont les représentants ont déclaré ne pas avoir mandat. Ainsi disparaissent toutes chances d'opposition de principe de la part des armateurs.

De la part des autres intérêts en cause, il semble que l'acceptation aille de soi, puisque les « Règles de La Haye » donnent aux chargeurs, aux assureurs et aux banquiers les satisfactions qu'ils réclament depuis longtemps.

Déjà, à la fin de novembre 1921, on relevait en Angleterre l'approbation des Règles par les assureurs maritimes de Liverpool, par la Chambre de Commerce de Manchester et l'Association des Importateurs et Exportateurs de cette ville, par la Compagnie d'assurance le « Lloyd's », par la Chambre de Commerce de Liverpool, la Chambre de Commerce de Londres, l'Association des banquiers anglais, le Comité britannique de la Chambre de Commerce internationale, par les courtiers d'assurances maritimes de Glasgow, par l'Association des Chambres de commerce britanniques.

Aux Etats-Unis, de précieuses acceptations ont été déjà recueillies.

En France, depuis la Conférence de Londres, le Comité National des Conseillers du Commerce extérieur a voté, le 12 décembre 1921, une résolution qui approuve le texte des « Règles de La Haye » et qui insiste en vue de leur prise en considération par la prochaine conférence diplomatique internationale qui devra homologuer les conventions déjà préparées et traitant d'autres questions maritimes.

La « Semaine des Transports » a adopté, le 16 décembre 1921, un vœu dans le même sens.

L'accord est donc complet en France entre les représentants du commerce et de l'armement, car, dès le mois de novembre, antérieurement à la Conférence de Londres, le Comité des Armateurs déclarait adopter les « Règles de La Haye », à condition qu'une convention internationale et des législations nationales conformes à cette convention en rendent l'application universelle. Il importe, en effet, que tous les pays soient placés dans une situation identique à défaut de quoi le pays qui aurait pris l'initiative d'adopter les « Règles de La Haye » se trouverait en état d'infériorité vis-à-vis des autres.

En conséquence, votre rapporteur vous propose d'adopter le vœu suivant :

La « Semaine Nationale du Vin »,
Considérant qu'un accord de principe a pu se faire à La Haye sur les clauses d'exonération des connaissements, entre des représentants autorisés des divers intérêts en présence;
Que des règles précises ont été formulées sous le nom de « Règles de La Haye »;
Que l'application efficace de ces Règles est directement dépendante de leur adoption par une convention internationale sur laquelle chacune des nations intéressées adapterait éventuellement sa législation;
Que le Comité des Conseillers du Commerce extérieur et la « Semaine des Transports » ont déjà donné leur opinion favorable à ce sujet;
Emet le vœu :
Que les « Règles de La Haye » servent de base à une Convention internationale sur les clauses d'exonération des connaissements et à des lois nationales conformes à cette Convention;
Que, pour atteindre ce but dans le plus bref délai possible, la convention à intervenir soit provoquée au plus tôt par les milieux maritimes internationaux.

**

5° *Assurances maritimes et règlement des avaries*. — L'assurance maritime est, avons-nous dit, le moyen donné aux chargeurs pour se prémunir contre les conséquences de l'irresponsabilité de l'armateur telles qu'elles résultent des clauses des connaissements. La pratique de l'assurance maritime est devenue tellement générale qu'il n'y a pas lieu d'y consacrer de longs développements. Les deux questions essentielles qui se posent à ce sujet ont trait au cours des primes et au règlement des avaries.

Avant la guerre, le cours des primes, variant suivant les dangers de la navigation, a tendu constamment vers la baisse. Celle-ci, comme le fret, aurait dû s'accentuer par la concurrence très âpre que se font les assureurs. Sans doute, pendant la guerre, par suite de diverses circonstances et notamment de la guerre sous-marine, les primes ont atteint des taux très élevés mais, d'autre part, le défaut de surveillance et le pillage dont sont l'objet les envois de produits alimentaires et des vins en particulier, pillages et vols qui ont pris pendant la guerre des proportions considérables, tendent à maintenir les taux des primes excessifs et j'ajouterai même que des assureurs ont résilié leur police afin de pouvoir demander une élévation de tarifs.

Grevé déjà de par le fret, le prix de revient des marchandises est encore majoré par ces taux de primes qui s'élèvent quelquefois jusqu'à 12 o/o de la valeur de la marchandise assurée.

Comme pour le fret, on constate que les primes exigées par les Compagnies françaises sont sensiblement plus élevées que celles prélevées par les Compagnies étrangères. Cela tient, croyons-nous, à l'organisation surannée existant en France, par l'effet de l'obligation d'avoir recours au ministère d'un courtier juré d'assurance qui prélève déjà une commission qui, s'ajoutant à celle de l'agent des Compagnies, grève celles-ci de frais généraux excessivement élevés.

Le règlement des indemnités dues pour avaries par les Compagnies d'assurance, tel qu'il fonctionne actuellement, nous semble beaucoup trop compliqué et entraîne des retards préjudiciables aux intérêts des assurés.

L'assuré victime d'une avarie doit, en effet, constituer tout d'abord un dossier qui est transmis au courtier. Souvent, le premier dossier est insuffisant. Il faut le compléter, d'où retard dans le règlement. Dans le cas contraire au vu du dossier, le courtier établit le règlement d'avaries ou *dispache*. Celle-ci est transmise pour examen et visa au Comité des Assureurs. Ce Comité est une sorte de Conseil-contentieux qui est chargé de sauvegarder les intérêts des Compagnies et de garantir la régularité des règlements. La dispache une fois visée par le Comité est remise à l'agent de la Compagnie qui verse enfin l'indemnité à l'assuré. Ces règlements amènent très souvent une controverse entre le chargeur et l'assureur, ce dernier ne pouvant se résoudre à admettre la franchise de 5 ou 10 o/o, suivant que les liquides sont en caisses ou en fûts. De là, sa demande d'assurance « sans franchise »; mais cette clause est difficilement admise et, en cas d'acceptation, entraîne une élévation trop grande du taux de la prime.

Il y aurait lieu aussi de généraliser les règlements à destination. Beaucoup de frais et de perte de temps seraient ainsi évités et les constats sur place ne pourraient qu'aplanir toutes les difficultés soulevées par le rapport d'expertise.

Mais quelques Compagnies d'assurance, par suite des vols considérables dont elles ont été victimes depuis l'armistice, sont dans une situation financière plutôt mauvaise. Quelques-unes ont sollicité et obtenu un règlement transactionnel; beaucoup d'autres demandent des délais pour payer. Il y a là une situation fâcheuse et susceptible de léser gravement les intérêts des chargeurs qui ont payé des primes et ne peuvent se faire régler.

Des précautions doivent être prises sans délai pour parer à ces dangers. A cet effet, il semble désirable :

« Que les Compagnies d'assurances maritimes soient obligées légalement de constituer un dépôt de garantie analogue à celui qui est exigé des Compagnies d'assurance sur la Vie. »

Je vous demande, Messieurs, de vous associer à ce vœu que la « Semaine des Transports » a déjà adopté.

Enfin, si, comme il faut l'espérer, les « Règles de La Haye » sur les clauses des connaissements sont mises en vigueur par les Compagnies, les polices d'assurance devront être modifiées pour fixer exactement les risques à là charge du transporteur, de telle sorte que les chargeurs soient couverts par les assureurs des risques qui ne seront pas pris en charge par les armateurs.

Depuis peu de temps, certaines Compagnies de navigation assurent, moyennant une prime spéciale, les envois confiés à leurs soins et acceptent de régler les avaries à destination. Cette formule paraît la plus heureuse solution de la difficulté qui nous occupe. En effet, la Compagnie de transport assumant la double responsabilité du chargeur et de l'assureur, le destinataire n'est plus exposé à être renvoyé de l'un à l'autre sans obtenir règlement. Peut-être aussi les avaries seront-elles moins fréquentes, les Compagnies de transport ayant tout intérêt à surveiller spécialement les envois assurés par elles.

****

6° *Transbordements et connaissements directs.* — Il n'est pas toujours possible à un chargeur de confier ses marchandises à une Compagnie qui les transporte directement à destination. Tous les ports du monde ne sont pas réunis par des lignes régulières de navigation et très souvent le port de destination n'est atteint que par transbordement. Fréquemment, le chargeur doit employer cumulativement la voie de mer et la voie de terre, soit que la marchandise soit destinée à être livrée à l'intérieur en transitant par un port, soit au contraire que la marchandise qui se trouve à l'intérieur doive être acheminée dans un port pour être exportée.

Dans le cas de deux transports maritimes successifs, aucune difficulté ne se présente si le deuxième navire appartient à la même Compagnie que le premier; il y a alors un contrat de transport unique effectué après transbordement sur deux navires. Si, au contraire, le deuxième navire n'appartient pas à la même Compagnie que le premier ou s'il y a obligatoirement emploi cumulatif de la voie de mer et de la voie de fer, le chargeur doit avoir un représentant au port d'escale ou à la gare de destination. C'est le transitaire. Dans un sens général, les transitaires sont les agents terrestres de la navigation maritime. Leur rôle exact est assez difficile à établir et à délimiter, car leurs fonctions sont muliples et diverses. Dans certains cas, leur intervention va jusqu'à l'accomplissement total du transport du point de production ou de fabrication jusqu'au point de vente ou de consommation. Suivant les désirs ou les exigences de la clientèle ils enlèvent les colis à domicile, les font reconnaître par l'armateur, en assurent le chargement, soignent l'assurance, établissent les connaissements et factures consulaires, paient le fret, encaissent les remboursements, réservent, le cas échéant, le recours de leurs commettants contre le transporteur, avisent les destinataires, assurent les réexpéditions suivant le cas, suivent les litiges, etc. Ils sont donc ainsi à différents points de vue utiles au commerce, tant à l'exportation qu'à l'importation. Mais il y a lieu de leur demander l'abaissement de leurs tarifs qui, du fait de la guerre, ont suivi la même marche ascendante que ceux des transporteurs et des assureurs.

D'ailleurs, si l'entremise du transitaire est indispensable pour un chargeur qui doit emprunter le rail avant d'emprunter la voie de mer, l'emploi du transitaire pour assurer le transbordement peut le plus souvent être évité par l'emploi du connaissement direct. Les Compagnies de navigation désireuses de s'assurer un fret régulier, ont, en effet, par des contrats avec d'autres Compagnies, assuré les transports au moyen d'un titre unique et à un prix déterminé, du port de départ au port d'arrivée et même au delà, jusqu'à destination. Ce titre libère le chargeur de toute préoccupation et de toute incertitude. L'expéditeur ou le réceptionnaire calcule exactement son prix de revient, voit de quel côté est son intérêt véritable et comment il est placé vis-à-vis de ses concurrents. Ces connaissements directs sont de plus en plus entrés dans les usages.

Conclusions.

Voici, par les modalités que nous venons d'examiner, les marchandises rendues à destination, ou les avaries, s'il y en a, réglées.

Les contrats de transport et d'assurance sont accomplis.

Quels perfectionnements avons-nous demandé que l'on y apporte en ce qui concerne les vins?

Ce sont :

1° *La délivrance par toutes les Compagnies du reçu de bord dès la remise des marchandises à quai;*

2° *La diminution des frais de mise à bord et d'arrimage;*

3° *L'unification du mode de calcul du fret;*

4° *Sa réduction par la suppression de la journée de huit heures;*

5° *La modification des clauses des connaissements par l'adoption des « Règles de La Haye »;*

6° *L'amélioration du régime des assurances par la réduction des primes et le règlement des avaries à destination:*

Voilà ce que nous demandons aux armateurs et assureurs français. En retour, n'est-il pas juste de leur assurer notre préférence?

Aussi je terminerai mon rapport en demandant à la *Semaine Nationale du Vin* de s'associer au vœu que M. de Rousiers, Secrétaire général du Comité des Armateurs de France a présenté en juin 1921, à la « Semaine du Commerce extérieur » et qui se lit comme suit :

« *Que les industriels et commerçants français donnent toujours la préférence, à conditions égales, au pavillon français pour le transport de leurs marchandises à l'importation et à l'exportation.* »

Et je vous demande, Messieurs, d'adopter ce dernier vœu. (*Vifs applaudissements.*)

M. Ricard félicite les membres du Congrès d'avoir pu mener à bien en une journée la tâche considérable qu'ils avaient à accomplir. Il se félicite surtout des discussions parfois animées qui ont permis aux différents intérêts représentés dans l'Assemblée de faire entendre leurs arguments. Les congressistes ont su se mettre d'accord sur les résolutions importantes et l'unanimité des décisions prises sera d'un grand poids lorsqu'il s'agira de faire sanctionner ces vœux par des mesures législatives ou administratives.

M. Ricard rappelle que la section américaine, dans la séance de la veille, a émis un vœu très général, qui sera certainement ratifié par la Première section. Sur la proposition de MM. de Mun et Dupeyrat, cette section a demandé :

« *La création d'un organisme permanent méthodiquement conçu et doté de moyens d'action puissants pour développer l'exportation de nos vins et en assurer la protection.* »

Cette proposition est reprise par la Première section qui l'approuve à l'unanimité.

M. Ricard, s'adressant à M. Viala, le remercie très chaleureusement du concours si dévoué qu'il a prêté, dès le début, et sans répit jusqu'à ce jour, à l'organisation de la Semaine Nationale du Vin.

M. Viala reporte sur ses collaborateurs, et en particulier sur les rapporteurs éminents de la section, les éloges qu'il ne veut pas accepter pour lui-même. Il espère que des travaux de la section, comme des travaux de la Semaine Nationale du Vin tout entière, il restera quelque chose de favorable à la production et au commerce des vins de France.

M. Viala exprime le vœu que les Semaines du Vin se renouvellent dans les différentes régions et que, périodiquement, des Semaines Nationales du Vin soient organisées qui permettent de mesurer les progrès accomplis.

Avant de lever la séance, M. Viala tient à rappeler le rôle joué par M. J.-H. Ricard, non seulement à la naissance de ce Congrès, mais aussi dans les séances préparatoires où son action s'est fait sentir jusque dans les moindres détails. Non seulement M. Ricard a été l'animateur de la Semaine Nationale du Vin, mais il a poursuivi l'exécution des décisions prises par le Comité d'organisation avec une énergie, une activité et une précision qui méritent les plus vives félicitations. Le succès obtenu par les organisateurs est dû pour la plus grande part à la sympathie personnelle que M. Ricard a le bonheur de rencontrer dans les milieux gouvernementaux, administratifs, de la Presse, et aussi dans le monde de la viticulture et du commerce des vins.

Sur la proposition de M. Ricard, qui remercie en termes émus, un ban est battu en l'honneur de M. Viala, qui a dirigé les travaux de la section avec une impartialité à laquelle tous veulent rendre hommage.

DEUXIÈME SECTION

Président : M. Ch. CHAUMET, ancien Ministre, Président du Comité parlementaire du Commerce français.

Secrétaire : M. C. MARTINET, Secrétaire général du Comité international des Vins, Cidres, Spiritueux et Liqueurs.

Secrétaire-adjoint : M. J. CHAIGNE, Secrétaire du Comité parlementaire du Commerce français.

Rapporteurs : MM. F. GINESTET, Président du syndicat du Commerce en gros des Vins et Spiritueux de la Gironde ;

R. DE LUZE, Président du Syndicat des Vins mousseux de Saumur ;

SAILLARD, Vice-Président du Syndicat national des Vins ;

C. MARTINET, Secrétaire général du Comité international des Vins, Cidres, Spiritueux et Liqueurs ;

J. DUPEYRAT, Directeur de l'Association nationale d'Expansion économique ;

G. PASTRE, Administrateur de la C. G. V. ;

A. HAVY, Président honoraire du Comité international des Vins, Cidres, Spiritueux et Liqueurs.

Bureau de la Deuxième Section

M. Ch. Chaumet, ancien Ministre,
Président de la Deuxième Section.

M. C. Martinet,
Secrétaire-général-trésorier
de la « Semaine Nationale du Vin »,
Secrétaire de la Deuxième Section.

Travaux de la Deuxième Section

La deuxième section s'est réunie le jeudi 16 mars, à 9 heures, dans le grand amphithéâtre de l'Institut Scientifique d'hygiène alimentaire, sous la présidence de M. Ch. Chaumet, ancien ministre, président du Comité Parlementaire du Commerce français, assisté de MM. J.-H. Ricard, président de la Semaine Natio- du Vin, Dupeyrat, rapporteur général, Martinet, secrétaire de la section et Chaigne, secrétaire-adjoint.

M. Chaumet remercie les rapporteurs et les congressistes présents et fait l'exposé des travaux que la section aura à accomplir dans la journée qui lui est réservée.

La parole est donnée à M. Paul Saillard, pour la lecture de son rapport. Ce rapport est adopté sans modification, avec la rédaction suivante :

Relations du Commerce des Vins et des Banques

Le commerce des vins qui, de tous temps, fut en France un des premiers éléments de l'activité économique du pays, tant par l'importance de ses affaires que par le nombre considérable de personnes qui, soit directement, soit dans des professions dépendantes, y sont employées, a, par sa nature même, toujours été un gros employeur de capitaux.

Il n'est pas, en effet, seulement le répartiteur à la consommation d'un des principaux produits de notre sol, il en est l'entrepositaire et l'éleveur, conservant dans ses chais, pendant des mois, les vins de consommation courante et, pendant des années, les vins et eaux-de-vie des vignobles de cru.

Ayant, en outre, à consentir des crédits à la consommation, normaux à l'intérieur, très longs souvent à l'exportation, le concours des banques a été pour le commerce des vins l'appui toujours utile et souvent nécessaire.

Combien aujourd'hui ce traditionnel appui est devenu plus désirable ! La hausse considérable de la valeur du produit, qui multiplie les immobilisations par un même coefficient, tant au jour de l'achat qu'au cours du séjour en magasin et au moment de la vente, les exigences de plus en plus grandes du producteur au point de vue des acomptes et des retiraisons, tout contribue à créer, à certaines périodes, aux maisons les plus puissantes, des besoins inéluctables que l'aide bancaire paraît seule à même de satisfaire.

Dans le passé, cette aide leur fut généreusement et intelligemment donnée par les banques régionales qui ont, nous devons le proclamer ici, tant fait pour le relèvement et le développement économiques de nos provinces. Vivant la vie de la région, connaissant les hommes, aussi bien producteurs que commerçants, à même d'apprécier leur situation et leurs besoins réciproques, elles contribuaient largement à maintenir un équilibre nécessaire à la conclusion et à la bonne fin des transactions.

Leur rôle si important s'est malheureusement effacé. Beaucoup sont amoindries ou n'ont pu prendre un développement correspondant à celui des affaires; beaucoup d'autres ont disparu, absorbées ou frappées à mort par la formidable extension des établissements de crédit, auprès desquels de trop nombreux commerçants ont commis la faute de porter la totalité de leurs affaires, attirés par des avantages réels peut-être, mais au fond de peu d'importance, et chez lesquels, aux jours de crise, ils n'ont plus rencontré qu'un guichet anonyme, au lieu du banquier tutélaire d'autrefois.

A cette situation, de bons esprits ont cru trouver un remède en préconisant la constitution de banques corporatives. D'intéressants essais ont été tentés, mais l'expérience a démontré les défauts d'une formule trop spécialisée. La sécurité d'une banque réside dans la division des risques : elle ne peut, sans danger, vivre avec le risque unique que peut lui faire courir la crise générale d'une seule corporation. D'autre part, et surtout, une cause de faiblesse résulte pour elle du caractère saisonnier des besoins. C'est normalement aux mêmes périodes, périodes d'achat, que l'ensemble du commerce des vins retirera ses dépôts et présentera des demandes d'escompte ou d'avances que des moyens d'action anémiés ne permettront plus à la banque de satisfaire. Peu à peu, les organisations corporatives ont dû élargir leur champ d'action, s'intéresser à d'autres branches de l'activité nationale et rentrer dans le cadre général des banques d'escompte et de crédit.

C'est donc ailleurs qu'il faut chercher l'amélioration de la situation actuelle, amélioration qui peut ne pas être d'ordre exclusivement bancaire. Je ne crois pas sortir du cadre de l'étude qui m'a été confiée en reprenant un point auquel j'ai fait allusion au début de ce rapport : je veux dire les conditions de vente du producteur au commerçant. Si le commerce, et particulièrement celui d'exportation, est affaire de crédit, il faut que le crédit prenne à la base. Or, que constatons-nous actuellement ? Dans certains vignobles, les conditions imposées sont la retiraison sans délai, avec naturellement paiement immédiat. Dans les vignobles de grande production, les délais de retiraison sur la campagne sont beaucoup plus difficilement obtenus qu'autrefois, où ils étaient de règle, et la condition du marché est le versement d'un acompte, généralement du quart, et allant parfois au tiers de l'achat total, acompte à valoir sur les derniers enlèvements, et suivi de fortes mensualités indépendantes de la retiraison. Ces dures conditions peuvent déterminer des crises aussi préjudiciables à la production qu'au commerce. Lorsque le commerce, dans son ensemble, a effectué ses achats au maximum de sa puissance, les transactions s'arrêtent, une baisse peut intervenir, qu'une panique injustifiée peut accentuer dans la proportion que nous avons connue l'an dernier, semant les ruines et faussant les conditions normales du marché.

Nous attirons particulièrement sur ce point l'attention de nos amis, les représentants autorisés de la viticulture. Nous avons la conviction profonde que son intérêt bien compris est dans un élargissement du crédit, toutes les fois qu'elle aura comme contre-partie des commerçants sérieux, répartiteurs normaux de ses produits et non des spéculateurs avérés si néfastes aux uns comme aux autres.

Quant à la question bancaire proprement dite, il ne nous paraît guère possible de former, dans les circonstances actuelles, d'ambitieux projets de constitution d'organismes nouveaux. Contentons-nous donc d'envisager l'amélioration du rôle des banques existantes par des vœux, dont nous avons le ferme espoir qu'il sera tenu compte, à la suite de l'importante manifestation à laquelle vous avez été appelés à prendre part.

Tout d'abord, que les banques régionales, dont l'action peut encore être grande, se renforcent en faisant appel aux représentants de la viticulture et du commerce qui, dans chaque région, pourront étudier avec elles les bases sur lesquelles pourrait s'aménager une forme nouvelle de crédit au commerce, qui peut-être serait la création d'organismes de cautionnement.

Que les grands établissements de crédit, se rendant un plus juste compte des besoins de notre corporation, maintiennent à la tête de leurs grandes agences des organes de direction ayant acquis la connaissance de la région et à même d'en apprécier les besoins; qu'au point de vue de l'exportation, ils facilitent, à côté de la Banque Nationale du Commerce Extérieur, par l'escompte du papier à long terme, les relations avec les pays étrangers accessibles à la consommation du vin et des eaux-de-vie de France qui, malgré les mesures prohibitionnistes, demeurent un de nos meilleurs éléments de pénétration à travers le monde.

Enfin, que la Banque de France, arbitre suprême, facilite, par sa puissante intervention, dans les moments de crise principalement, la sécurité et le développement du commerce des vins si intimement uni à la prospérité de la viticulture française et à la richesse du pays tout entier.

(Vifs applaudissements.)

M. Ginestet donne lecture de son rapport sur les taxes et réglementations qui pèsent sur la vente des vins en France.

Une discussion s'engage à laquelle prennent part MM. Viala, Chaumet, Degrully, Fabre, Saillard, Elie Bernard, Génie et Combemale, dans laquelle il est rappelé que la première section s'est prononcée la veille pour la suppression de la taxe de luxe et pour la réduction à 5 francs par hectolitre des droits de circulation sur les vins.

Une proposition de M. Viala de suppression de la taxe sur le chiffre d'affaires et de son remplacement par les anciennes contributions directes n'est pas retenue, la question dépassant de beaucoup le cadre des travaux de la section.

Les orateurs précédemment indiqués s'élèvent contre les anomalies constatées dans l'application de la taxe de luxe, des droits d'octroi et se rangent aux conclusions du rapporteur relatives à ces différentes charges du commerce des vins.

M. Ginestet, sur une question de M. Dupeyrat, explique pourquoi la taxe de luxe est appliquée au vin à la sortie de chez l'entrepositaire; c'est surtout parce que le contrôle et la perception sont, de cette manière, considérablement facilités. L'Assemblée pourrait demander que cette taxe, si elle n'est pas supprimée, soit réduite à 10 % et appliquée au moment de l'achat par le consommateur.

MM. Guilbert, Maxwell, Perrin, Viala et Rogée Fromy, interviennent pour demander que la taxe, si elle ne peut être supprimée, s'applique en tous cas au vin seul et ne soit pas calculée d'après le prix de ce vin, déjà majoré du montant de différents droits.

Il y a un danger pour nos vins offerts à l'étranger, à leur faire supporter chez nous-mêmes des charges considérables. C'est un mauvais exemple que l'étranger n'hésite pas à suivre.

L'Assemblée demande :

« Que les vins de liqueurs soient, eux aussi, exonérés de la taxe de luxe. »

Après cette discussion, le rapport de M. Ginestet et ses conclusions sont adoptés avec la rédaction suivante :

Les Taxes et Réglementations
qui pèsent sur la vente des Vins de France

Messieurs,

Dans les notes qui suivent, nous voulons exposer les réglementations qui régissent la vente de nos vins, indiquer qu'elles sont de nature à donner aux acheteurs toutes les garanties voulues ; nous ferons connaître ensuite les taxes vraiment excessives qui frappent nos vins, et nous indiquerons dans quelles mesures ces taxes devraient être réduites.

Réglementations.

Devant un public aussi averti, il me paraît inutile d'énumérer les multiples règlements qui visent la production, la circulation et le contrôle des vins, ceux ayant trait aux manipulations permises ou défendues ; je voudrais simplement examiner les réglementations principales qui garantissent, en France, la quantité, la qualité et l'origine des vins.

La loi fondamentale du 28 avril 1816 a stipulé, dans son article 6, qu'aucun enlèvement ni transport de boissons ne pourra être fait sans déclaration préalable de l'expéditeur ou de l'acheteur, et sans que le conducteur soit muni d'un congé, d'un acquit-à-caution ou d'un passavant pris au bureau de la Régie.

La même loi assure le contrôle des existences chez les négociants ; tous manquants sont sujets au paiement des droits et tous excédents sont saisissables par procès-verbal.

Ainsi se trouve assurée d'une façon parfaite la surveillance de la circulation des boissons et le contrôle des quantités en stock chez les commerçants.

Pour rendre plus complètes les garanties à donner aux acheteurs, de nombreuses lois ont été votées ; je n'en examinerai que les principales, qui visent :

1° La déclaration de récolte.

Depuis 1907 les récoltants sont tenus de déclarer, chaque année, les quantités récoltées et les stocks restant en leur possession des récoltes antérieures, sous peine de n'avoir pas droit à la délivrance de pièces de Régie et de ne pouvoir, par suite, vendre leurs récoltes.

2° La loi du 1er août 1905 sur la répression des fraudes, qui punit de peines très sévères ceux qui trompent ou tentent de tromper l'acheteur sur les qualités substantielles et l'origine des vins mis en vente ou vendus.

Cette loi a été suivie de nombreux règlements visant la nature et les qualités des vins, notamment les décrets du 3 septembre 1907, 4 novembre 1913 et 19 août 1921 sur les manipulations permises ou défendues et sur les conditions de mise en vente et de vente des boissons.

Tout un service d'inspection, de contrôle de prélèvements et de poursuites est organisé par cette loi pour garantir l'honnêteté dans les transactions, les délinquants étant punis de peines très sévères comportant la prison.

3° La loi du 6 mai 1919 sur les appellations d'origine, qui a déterminé d'une façon précise ce que les récoltants et les commerçants devaient faire pour pouvoir donner aux vins vendus une appellation d'origine.

La réglementation est particulièrement rigoureuse pour les commerçants qui sont obligés de tenir, pour les vins qu'ils veulent vendre avec appellation d'origine, un registre spécial d'entrées et de sorties, sur lequel doivent être inscrits tous les vins achetés et vendus avec indication d'origine.

Quoique les dispositions législatives soient trop étroites, nous ne saurions cependant les critiquer, car elles ont pour but de garantir aux consommateurs que les vins qu'ils achètent sont purs, conformes à la loi, et répondent aux noms et appellations sous lesquels ils sont mis en vente ou vendus.

Par contre, nous nous élevons contre les règlements qui, à l'étranger, frappent nos produits et qui visent :

La prohibition comme aux Etats-Unis d'Amérique, dans la majeure partie des provinces du Canada, en Islande ;

Les restrictions, sous forme de contingent, de monopole d'achat et de vente comme en Allemagne, au Canada, dans la province de Québec et la Colombie britannique, la Suède, la Finlande ;

Les entraves sous forme de certificats d'analyse (Norvège), de droits de douane très élevés (tous les pays).

Pour combattre ces dispositions, intolérables de la part de pays avec lesquels se font normalement des échanges, divers organismes viennent de se créer; nous devons leur apporter tout notre appui, leur donner notre entier concours.

Ainsi secondés, ils pourront faire pression sur les pouvoirs publics et les amener à défendre nos intérêts à l'étranger.

Il nous faut obtenir :

1° Que lorsqu'un pays aura défini un produit de son sol, cette définition soit acceptée et protégée par les autres nations;

2° Que des mesures de représailles soient prises contre les produits des pays qui prohibent nos vins ou restreignent leur importation;

3° Que les milieux vinicoles propriétaires et commerçants soient consultés pour l'élaboration des traités de commerce, de façon à éviter que l'élévation des droits de douane sur les produits importés en France n'entraîne des représailles de la part de l'étranger, car ce sont nos vins assimilés à tort aux produits de luxe qui, généralement, paient avec eux la rançon d'une protection exagérée de certains produits nationaux sur le marché français.

Impôts et Taxes.

En cette matière, nous allons constater que c'est le commerce des boissons qui supporte les plus lourdes charges et que la législation semble s'être ingéniée, aidée en cela par l'administration fiscale, à compliquer la question et à créer taxes et surtaxes se greffant les unes sur les autres.

Comme tous les négociants français, les négociants en vin supportent :

1° L'impôt général sur le revenu;

2° L'impôt cédulaire sur les bénéfices commerciaux en faveur de l'Etat, et la patente en faveur des départements et des communes;

3° L'impôt de 1,10 o/o (taxe sur le chiffre d'affaires) sur toutes les transactions faites en France.

Mais ils supportent en plus :

1° L'impôt de la licence calculé sur l'importance de leurs expéditions et variant de 20 francs à 220 francs par trimestre, impôt qui fait double emploi avec l'impôt cédulaire et la patente;

2° Un droit de circulation sur les vins, fixé actuellement à 14 francs par hectolitre. Ajoutons que l'Administration, pour ne rien perdre, fait arbitrairement payer, malgré les protestations du commerce, les droits de circulation et d'octroi sur les vins en bouteilles de 75 centilitres comme si elles contenaient un litre;

3° Un droit de timbre de 20 centimes par chaque expédition de boissons;

4° Une taxe de luxe de 15 o/o sur les ventes de vins en fûts et en bouteilles, lorsque le prix du vin en fût est supérieur à 3 francs le litre et le prix par bouteille à 6 francs, avec cette aggravation inexplicable que la taxe de 15 o/o est calculée non seulement sur le prix de la marchandise, mais encore sur l'impôt de circulation et sur tous les frais généralement quelconques (transports, logements, débours) lorsque ces frais sont incorporés au prix de vente;

5° Une taxe de luxe ou supertaxe lorsque le vin qui a déjà payé la taxe de luxe est vendu ou consommé dans certains établissements classés comme étant de luxe;

Vous le voyez, Messieurs, nous n'exagérons rien en disant que notre commerce est celui qui est de beaucoup le plus imposé et que le législateur, en le frappant de taxes excessives, uniquement parce que la surveillance et le contrôle dont il est l'objet de la part de la régie, rend la perception des taxes faciles, risque fort de le ruiner définitivement en même temps que la viticulture. Ces charges énormes restreignent la consommation.

Reprenant ces diverses taxes, nous allons montrer combien elles sont mal établies et nous indiquerons dans quelle mesure il conviendrait de les modifier ou de les réduire.

Pour l'impôt de 1,10 o/o, qui semble cependant être le plus juste, nous estimons qu'il ne peut porter que sur la marchandise et que c'est par abus qu'il s'applique aux droits de circulation, ainsi qu'à toutes les dépenses, frais de camionnages, transports, etc.

Nous demandons que l'assiette de cette taxe soit modifiée dans ce sens.

Pour le droit de circulation, qui, de 3 francs par hectolitre avant la guerre, a été porté à 19 francs, puis réduit à 14 francs, nous estimons qu'en raison de toutes les charges qui grèvent le vin, cet impôt doit être diminué et ramené à 10 francs par hectolitre.

Nous demandons aussi, pour les vins en bouteilles, que l'impôt soit calculé sur la contenance réelle de la bouteille : 75 centilitres et non sur un litre.

En ce qui concerne la taxe de luxe de 15 o/o, il est inutile de signaler que l'établissement de cette taxe a été une des principales causes de la mévente des vins fins qui pèse si lourdement sur les régions produisant les bons vins de France. Que, en frappant ces produits, le Gouvernement français a amené tous les autres pays à agir de même et à grever nos vins de droits de douane ou de taxes intérieures très élevées, si bien qu'aujourd'hui le commerce d'exportation se trouve paralysé et que les viticulteurs produisant les vins fins arrachent leurs vignes, détruisant ainsi peu à peu la plus belle partie de notre domaine national.

Et qu'on ne nous taxe pas d'exagération : les deux exemples suivants, pris parmi tant d'autres, sont tristement significatifs :

On a arraché cette année, dans la célèbre région de Margaux, cinq cent mille pieds de vigne. Dans cette même commune, le grand cru classé Château Desmirail, mis récemment en vente par la liquidation des biens allemands, n'a pas trouvé de preneur malgré une très faible mise à prix. Or, ce grand domaine comprend, avec le château, de vastes bâtiments d'exploitation, maisons, parc, bois, vignes, prés, le tout d'une contenance de 75 hectares.

Doutera-t-on maintenant du profond découragement qui s'est emparé des viticulteurs des régions des grands vins?

Au surplus, et sans doute pour montrer l'intérêt qu'il portait au vin, le législateur a fixé la taxe à 15 o/o, alors que la taxe de luxe sur tous les autres articles, à part les eaux-de-vie, n'est que de 10 o/o, y compris les diamants et fourrures qui ne sont pas des productions nationales.

Nous croyons devoir ajouter que la perception de la taxe, telle qu'elle est calculée, à savoir : exonération jusqu'à un certain prix et taxation pour la totalité au delà de ce prix, a eu pour résultat de faire que tous les vins moyens ne sont plus vendus, un client ne pouvant admettre qu'un vin de 640 francs la barrique ne paie rien et qu'un vin de 650 francs supporte une taxe de plus de 100 francs.

Nous demandons par suite la suppression de la taxe de luxe, qui n'aurait dû, en aucun cas s'appliquer à la partie du prix inférieure à la base donnant ouverture à la taxe.

Si le vin est le seul produit qui paie la taxe de luxe de 15 o/o, c'est aussi le seul qui la paie deux fois, iniquité fiscale qui doit disparaître.

La taxe de luxe est un droit de consommation qui aurait dû être supporté par le consommateur et il est inique que le paiement en ait été fixé, pour les commodités de la perception, lors de la vente par le commerce de gros au détaillant, et que le produit supporte une deuxième taxe de luxe pour la vente ou la consommation dans le magasin de détail.

C'est pourquoi nous vous demandons d'émettre les vœux suivants sur les réglementations et les taxes qui grèvent nos vins :

En ce qui concerne la vente des vins français à l'Etranger,

Le Congrès, considérant que les prohibitions, les restrictions sous forme de contingent ou de monopole d'achat et de vente, les réglementations et tarifs douaniers ou intérieurs, interdisent ou paralysent, dans la plupart des pays étrangers, l'importation et la vente de nos vins,

Emet le vœu :

1° Que des mesures de représailles soient prises contre les produits venant des pays qui prohibent nos vins ou en restreignent l'importation;

2° Que, dans tous les pays, la réglementation française, assurant la qualité et la pureté du produit, soit reconnue suffisante pour donner toutes garanties aux importateurs et aux consommateurs de vins français;

3° Que les milieux vinicoles soient consultés, pendant l'élaboration des traités de commerce, afin d'éviter qu'une élévation des droits de douane sur les produits importés en France n'entraîne des représailles de la part de l'étranger, car, en général, ce sont nos vins et nos produits de luxe qui paient la rançon d'une protection exagérée de certains produits fabriqués chez nous par un petit nombre de gros industriels.

En ce qui concerne l'impôt de 1,10 o/o sur le chiffre d'affaires,

Le Congrès estime que cette taxe devrait seulement être perçue sur le prix de la marchandise, à l'exclusion des droits, frais de transports et autres qui la grèvent.

En ce qui concerne les droits de circulation,

Le Congrès demande qu'en raison des charges de toutes sortes qui pèsent sur le vin, le droit de circulation soit ramené à 10 francs par hectolitre; qu'en ce qui concerne les bouteilles, ces droits ne soient appliqués que sur la quantité de vin qu'elles contiennent.

En ce qui concerne la taxe dite de luxe,
Considérant :

Que, depuis son application, la vente des vins fins a considérablement diminué;

Que, sans parler des spiritueux, les vins seuls au-dessus de 3 francs le litre ou 6 francs la bouteille paient une taxe de 15 o/o, alors que les autres articles de luxe, notamment les dentelles, bijoux, fourrures (presque tous d'origine étrangère) n'acquittent qu'une taxe de 10 o/o;

Que, si certains articles doivent payer un taux plus élevé, ces derniers semblent tout désignés, puisqu'il n'y a pas pour eux de renouvellement fréquent, comme pour le vin;

Qu'en outre les vins sont frappés d'une deuxième taxe de luxe de 10 o/o lors qu'ils sont vendus au détail dans des dépôts ou consommés dans les établissements dits de luxe, à peu près les seuls où ils trouvent un écoulement;

Que ces deux taxes, qui atteignent un total de 25 o/o, ajoutées aux droits de circulation (la bouteille de 75 centilitres étant comptée pour un litre), ajoutées à la taxe sur le chiffre d'affaires, aux frais de transport et de toutes sortes, augmentées du bénéfice généralement important du restaurateur qui, lui aussi, a ses charges, grèvent trop lourdement le vin fin national;

Qu'il en résulte qu'une bouteille cotée 6 fr. 5o, par exemple, à son lieu d'origine, est vendue 20 francs au restaurant;

Qu'il n'est pas étonnant, dans ces conditions, de voir les tables garnies d'eaux minérales, ce qui est vraiment très regrettable, étant donné les nombreux étrangers qui fréquentent nos grands hôtels et restaurants et qui nous permettraient de réaliser l'exportation sur place de nos vins;

Que cet état de choses s'aggrave encore du fait que les prohibitions, restrictions, taxes et réglementations douanières et intérieures subies par les vins dans la plupart des pays étrangers, en ont interdit ou considérablement restreint la consommation; ce qui n'est d'ailleurs pas pour nous surprendre, puisque notre propre administration ne montre son intérêt pour nos vins fins qu'en leur faisant payer deux fois, injustement, une taxe de consommation, sous le prétexte qu'elle peut contrôler facilement les transactions dont ils sont l'objet;

Qu'en attendant l'amélioration des débouchés extérieurs, les viticulteurs doivent pouvoir compter sur le marché français pour écouler leurs produits;

Que notre joyau national — nos grands vignobles de France — est en péril, ainsi que le prouvent trop clairement de nombreux arrachages de vignes;

Emet le vœu :

Que la taxe improprement dite de luxe sur les vins fins et les vins de liqueur soit supprimée.

Que si l'on ne peut pas favoriser un des produits les plus intéressants de notre sol, au moins il ne soit pas traité en paria. (*Vifs applaudissements.*)

M. de Luze donne lecture de son rapport et de ses conclusions qui sont adoptés après intervention de MM. Dupeyrat, Buhan et de M. le général Plantey, (au sujet de la proposition faite de combattre le principe du monopole d'Etat), avec la rédaction suivante :

Les modes actuels
d'achat et de vente dans la métropole et à l'étranger
Améliorations à leur apporter

Les modes actuels d'achat dans la métropole et à l'étranger ne diffèrent pas sensiblement : ils peuvent être classés en deux catégories :

1° Achats directs à la propriété;

2° Achats par l'intermédiaire de courtiers ou de commissionnaires en vins.

La première de ces façons de procéder occasionne fréquemment de sérieux désagréments à ceux qui la pratiquent :

En effet, l'agréage des vins à la propriété ne peut généralement être fait par l'acheteur qui se trouve, de ce fait, exposé à recevoir des livraisons défectueuses, sans aucun recours contre le vendeur, puisqu'il n'est en mesure de constater l'infériorité de la marchandises qu'après l'avoir rentrée chez lui.

D'autre part, en achetant directement, le commerçant ou le consommateur n'a pas de précisions sur les cours pratiqués dans la région où il s'approvisionne, lesquels sont des plus variables suivant la réussite des récoltes, leur importance comparativement à la demande, etc...

Il paie fréquemment plus cher un vin dont la qualité ne lui donne pas toujours satisfaction.

Ces risques disparaissent lorsque l'acheteur a recours, pour le choix de ses approvisionnements, au courtier ou au commissionnaire en vins qui, moyennant une rémunération raisonnable, surveille ses intérêts.

Courtiers et commissionnaires vivent dans la région où ils opèrent, connaissent l'honorabilité, la bonne foi des récoltants avec lesquels ils sont en rapports constants.

Leurs renseignements, tant sur la valeur de chaque crû que sur les prétentions des propriétaires, sont des plus précis; ces intermédiaires se trouvent indiscutablement placés pour traiter avantageusement.

L'emploi de ces précieux auxiliaires met donc l'acheteur à l'abri de toute difficulté, en lui assurant le maximum de garanties.

Ventes dans la métropole et à l'étranger.

Elles peuvent également être classées en deux catégories :

1° Ventes directes du producteur au consommateur;

2° Ventes par l'intermédiaire du commerce et de ses représentants attitrés.

La vente directe du récoltant au consommateur est rarement profitable, elle devient même ruineuse lorsqu'elle est appliquée à l'exportation, car, outre la négligence fréquente des précautions nécessaires pour assurer la bonne arrivée de la marchandise à destination, mesures qu'il ignore souvent, le propriétaire n'est pas placé comme une maison organisée pour connaître et suivre le crédit des acheteurs.

Puis, le producteur dispose d'une denrée de nature très variable suivant les années, puisque la vigne est soumise à des actions très complexes, météorologiques et autres, ayant une influence énorme sur la qualité des récoltes.

Le consommateur exige une fixité presque absolue dans les propriétés du vin qui lui est livré. Seul, le commerçant peut, après étude de ses goûts, lui donner cette fixité en ne lui offrant que les récoltes susceptibles de lui convenir.

Il est donc de l'intérêt même du consommateur d'effectuer ses achats dans le commerce, en s'adressant à ses agents ou représentants.

Encore faudrait-il que ces derniers ne se heurtent pas à des obstacles infranchissables :

Ainsi, par l'élévation énorme du droit de circulation et, surtout, par l'institution de la taxe dite « de luxe », frappant nos grands vins, leur consommation dans la métropole devient de plus en plus réduite.

Cette taxe a les inconvénients suivants :

1° Elle entrave le commerce;

2° Diminue la vente en augmentant les prix;

3° Lèse à la fois le travail et la production;

4° N'atteint que certains vins, les meilleurs, ceux dont il serait nécessaire de favoriser la vente en raison de leur qualité;

5° Fait naître des industries à fabrication rapide qui vendent des vins inférieurs à des prix bas, vins qui ne sont pas taxés en raison de leurs prix n'atteignant pas 6 francs la bouteille;

6° Ne frappe pas la plupart des vins vendus directement aux consommateurs par les producteurs, ces derniers ayant la possibilité de déclarer les prix qu'ils veulent lors de la mise en circulation, le fisc — en raison de la petite quantité de vins de luxe expédiés de la sorte, — ne portant pas spécialement ses vérifications de ce côté;

7° Soumet le commerce à la tenue de livres inutiles, — à une perte de temps, — à des vérifications fréquentes qui viennent gêner le travail des comptables;

8° Au point de vue fiscal, ne rapporte pas ce que le législateur avait escompté, en raison de la tendance actuelle à ne produire que des vins inférieurs afin d'éviter la taxe.

Elle a rapporté, en 1920, 27 millions de francs environ pour une consommation globale de 38 millions d'hectolitres.

En résumé, cette taxe est une prime à la production des vins inférieurs, et sa suppression pure et simple s'impose.

A l'étranger, de profondes modifications ont été apportées au commerce et à la vente des vins depuis quelques années : Tel Etat, qui, pour des raisons diverses, avait limité ses importations, vient de supprimer complètement les licences et achète lui-même les boissons destinées à la nation, constituant ainsi du commerce des vins un quasi-monopole à son profit.

Cette manière d'opérer a malheureusement ouvert la porte à bien des abus. Elle permet à des marques secondaires d'inonder les marchés de produits inférieurs ne favorisant pas le bon renom de nos vins de France, au détriment des maisons sérieuses.

Enfin, notre commerce d'exportation traverse une crise grave dont il ne se relèverait vraisemblablement jamais si des remèdes efficaces n'y étaient apportés.

Un vent d'abstinence et de prohibition souffle actuellement sur le monde entier. Il nous vient d'Amérique, engendré par la guerre et l'après-guerre.

Si des mesures énergiques n'étaient pas prises pour l'arrêter, l'un de nos plus importants produits nationaux se trouverait appelé à disparaître. Il ne resterait plus à nos viticulteurs qu'à arracher leurs vignes, l'écoulement de nos grands vins ne se trouvant pas en France, mais presque totalement au dehors.

Il est donc d'un intérêt primordial de faire mieux connaître nos vins à l'étranger, de vulgariser par tous les moyens en notre pouvoir notre produit national « LE VIN » :

1° Sous forme de publicité collective (se reporter au remarquable rapport présenté par M. H.-L. Motti à la Semaine du Commerce Extérieur de 1921);

2° A l'aide de brochures, éditées en langue indigène, sur l'utilité de boire nos vins, l'art de les présenter et de les consommer;

3° Par films cinématographiques (vues de vignobles, d'installations de pressoirs, de caves, de chais, de mise en bouteilles).

La reproduction, sur l'écran, d'attestations que le vin est un stimulant, un réconfortant, qu'il doit être prescrit dans certaines maladies, non prohibé comme un poison, — attestations provenant de médecins en renom, — est également à recommander.

C'est le programme que la Commission d'Exportation des Vins de France s'est tracé, programme d'action qu'elle compte mettre à exécution immédiatement.

Or, cette campagne resterait sans effet si les barrières fiscales n'étaient pas renversées, si des traités commerciaux avec l'étranger ne garantissaient pas aux viticulteurs et aux négociants en vins l'avenir de leurs affaires.

Conclusions et vœux.

1° Les achats et ventes directs entre producteurs et consommateurs sont à déconseiller d'une façon générale, surtout quand il s'agit de l'exportation.

Tous les achats sont à recommander par l'entremise de courtiers ou de commissionnaires présentant les garanties d'honorabilité indispensables;

2° L'augmentation de la consommation et de la vente de nos grands vins de France ne peut être envisagée sans la suppression pure et simple de la taxe improprement dite « de luxe »;

3° Pour la reprise et le développement de la vente des vins à l'étranger, le principe des monopoles d'Etat devrait être combattu, et le retour à la liberté du commerce réclamé;

4° L'établissement de traités de commerce de longue haleine avec les Etats étrangers s'impose également, traités assurant aux vins français des droits n'en interdisant pas l'entrée.

Satisfaction nous étant donnée sur ces différents points, nous devrions nous attacher à la vulgarisation intensive de notre produit national « LE VIN », par la publicité collective, journaux spéciaux en langue indigène, brochures sur la façon de présenter les vins et de les consommer, films cinématographiques faisant passer sur l'écran la culture de la vigne et les soins donnés à son produit, ainsi que des attestations de grands médecins affirmant que le vin est un reconstituant indispensable à l'homme, non pas un poison comme veulent l'insinuer certains abstinents fanatiques. (*Vifs applaudissements.*)

M. Rogée Fromy signale une lettre récente reçue de notre attaché commercial à Christiania, relative à un ouvrage norvégien qui a été écrit et propagé en faveur du vin français. De même, notre attaché commercial à La Haye est intervenu énergiquement en faveur du vin de France. Ces initiatives doivent être signalées et leurs auteurs doivent être remerciés par la Semaine Nationale du Vin.

L'Assemblée s'associe à cette déclaration et vote des remerciements aussi aux rapporteurs, dont il vient d'entendre les exposés.

M. Grelault fait part d'un projet d'organisation de musée permanent du vin.

Sur la proposition de son président, l'Assemblée décide de renvoyer cette proposition à la Commission d'exportation des vins et à l'Office National du Tourisme.

La parole est donnée à M. Havy pour la lecture de son rapport.

Ce rapport donne lieu à une intéressante discussion à laquelle prennent part notamment MM. Burckard, Coste, de Boixo, Viala, Dupeyrat et de Mun. Quelques modifications sont demandées au rapporteur en ce qui concerne les tarifs douaniers qu'il indique comme base de son argumenta'ion.

Les tarifs actuellement en vigueur sont sensiblement plus élevés que les tarifs d'avant-guerre. On ne peut pas non plus prétendre que le coefficient de 2,6 de majoration des droits d'importation sur les vins en France ait rétabli l'incidence de ces droits.

M. de Mun prenant acte d'un article récemment paru dans un journal viticole demande à l'Assemblée de ratifier un vœu donnant une preuve éclatante de la loyauté des désignations des vins vendus par le commerce français. Ce vœu est ainsi rédigé :

« La Semaine Nationale du Vin réclame à son tour le respect absolu en France des appellations d'origine étrangères correctes et exige que des poursuites soient engagées par le service de répression des fraudes contre ceux qui les utiliseraient faussement. »

M. Rogée Fromy appuie très chaudement cette proposition et demande que, pour compléter l'arrangement de Madrid et le traité de Versailles, les Etats qui négocient entre eux s'engagent à protéger réciproquement leurs produits d'origine. M. Rogée Fromy rappelle la clause insérée dans un traité en préparation avec l'Esthonie, où il est prévu, pour les vins mousseux dont l'origine serait garantie par des certificats de laboratoire, une exonération de 20 % supérieure à l'exonération des autres vins. M. Fromy demande que ce précédent soit imité dans les transactions internationales futures.

M. Burckard rappelle que l'Allemagne n'applique pas les prescriptions de l'article 275 du traité de Versailles; elle n'a pas modifié, comme elle le devait, sa législation intérieure et continue à dénommer « kognak » les produits de la distillation de vins importés chez elle.

M. Fromy ajoute différents détails à cette information.

M. B. de Mun montre les inconvénients des certificats d'analyse lorsqu'il s'agit d'expéditions peu importantes faites en caisses.

M. de Roquette-Buisson intervient dans le même sens.

M. le Président rappelle que la section a prévu que chaque pays aurait toute latitude pour choisir la nature des pièces à exiger pour garantir l'origine des vins.

M. Fromy propose comme formule celle qui a été insérée dans le traité franco-norvégien.

M. Elbell, sous-directeur du Service des accords commerciaux, tient à bien établir la différence qui existe entre le certificat de pureté et le certificat d'origine. Il donne un exemple curieux pour montrer combien nous devons être stricts au sujet de la pureté des produits exportés de France. C'est seulement pour le commerce des produits purs que nous pouvons garder une situation privilégiée. C'est pourquoi la surveillance des produits offerts à l'étranger doit être soigneusement organisée et centralisée.

M. Viala tient à déclarer que la France est justement, à ce point de vue, le pays le plus avancé. Il rappelle que l'Institut de recherches agronomiques, récemment créé, a précisément dans ses attributions l'organisation et la direction d'établissements scientifiques chargés de reconnaître l'authenticité des produits végétaux (bulbes, oignons, boutures, produits de pépinières, etc.).

L'Assemblée émet le vœu que la création de cet Institut soit portée à la connaissance du public français et de l'étranger.

M. Leroy, en réponse à M. de Roquette-Buisson, établit la nature exacte des certificats dits « certificats d'origine », qui étaient délivrés avant la guerre pour l'exportation des vins. Leur nom vient de ce qu'ils étaient délivrés à *l'origine* du produit et en fait ils étaient bien des certificats de pureté. Actuellement, la législation française s'efforce de garantir à la fois la pureté et l'origine; le produit sera accompagné de pièces, dont les unes seront arrêtées à la frontière (acquit) et les autres suivront le produit jusqu'à sa consommation.

M. de Mun fait une éloquente déclaration pour montrer que le meilleur moyen de faire apprécier la pureté de nos produits, c'est de faire savoir partout combien notre législation, au point de vue de la répression de la fraude et des fausses indications d'origine, est sévère et combien sont grandes les garanties que les produits français offrent aux acheteurs. Mieux que des complications administratives, cette publicité faite autour de notre organisation de répression des fraudes permettra d'atteindre le but envisagé.

M. le Président met aux voix les conclusions de M. Havy et le vœu déposé par M. de Mun.

M. Viala rappelle sa qualité de député de l'Hérault et déclare qu'il s'associe entièrement au vœu déposé par M. de Mun. Il demande cependant que ne soient acceptés à l'entrée en douane que les vins étrangers accompagnés de certificats d'origine. Ces certificats peuvent être délivrés par les consuls français à l'étranger. M. Viala affirme qu'en ce qui concerne les vins de Porto, par exemple, les produits qui entrent en France sous cette dénomination sont loin d'être tous des portos authentiques. Il convient donc, si on se montre strict vis-à-vis des négociants français, de l'être aussi vis-à-vis des négociants importateurs.

Après cette intéressante discussion, le rapport de M. Havy est accepté avec la rédaction siuvante :

Régimes douaniers Français et Étrangers
Les accords commerciaux

Régime douanier français

Nous n'énoncerons rien qui puisse surprendre en disant que la France est le pays le plus grand producteur de vin et du meilleur vin. De ce véritable axiome, il devrait découler que la production vinicole française, ne craignant pas chez elle la concurrence étrangère, pourrait avoir, sans danger, un régime douanier très libéral pour l'importation des vins des autres pays. On n'imaginerait pas, par exemple, que l'ancien Empire de Russie, qui était le grenier du monde pour la fourniture du blé, eût mis sur cette céréale un droit de protection. De même pour le riz que la Chine produit en quantités immenses, on trouverait sans raison, que ce pays eût à se garder, par ses douanes, contre des apports étrangers.

Pourtant, dans le cas de la production et de la consommation française des vins, la logique n'a raison qu'en apparence. Et si la France a été amenée, malgré sa production dominante du fait des récoltes françaises et algériennes, à l'établissement pour ses vins d'un régime douanier protecteur, c'est que l'expérience acquise l'y a contrainte.

Il lui a fallu, tout d'abord, constater qu'avec un régime libéral, tel que celui qui existait en 1882, et qui ne taxait les vins qu'à deux francs l'hecto, le producteur espagnol et le producteur italien restaient encore bénéficiaires, à l'encontre du vigneron français, de prix de main-d'œuvre et de frais généraux si réduits que le récoltant français était préjudicié par une concurrence à bas prix.

La viticulture française a aussi constaté, avant qu'on ne fût arrivé à la grande modification établie par le régime douanier de 1892, que la tolérance qu'on laissait autrefois subsister, quant à la teneur en alcool des vins importés, était exploitée par les fournisseurs étrangers dont les vins étaient devenus de véritables véhicules d'alcool. Et cet alcool, au besoin ajouté, entrait ainsi en France en ne payant que les droits du vin. De là est née, dans notre législation douanière sur les vins, la surtaxe alcoolique pour les vins pesant plus de 12 degrés. Le droit de douane a été fixé à 12 fr. par hectolitre de liquide, au tarif minimum, pour les 12 premiers degrés, avec paiement, pour chaque degré ou fraction de degré en sus, d'une taxe de douane égale au montant de la taxe de consommation de l'alcool.

La révision douanière française de 1910 n'a pas apporté de changement à la tarification des vins qui restent taxés aux droits de 12 fr., tarif minimum, et de 35 fr., tarif général. Mais on a dû récemment, et à l'exemple de ce qui a été fait pour de nombreux produits et marchandises, rétablir approximativement l'incidence de ces droits, quant à l'augmentation des prix, en fixant un coefficient de majoration qui est de 2,6.

Les vins de 12 degrés, et au-dessous, acquittent donc actuellement, au tarif minimum, par hectolitre de liquide, et non compris les taxes intérieures, les droits de 12 fr. multipliés par 2,6, soit 31 fr. 20.

La nécessité d'une taxation douanière compensatrice à l'entrée d'un pays comme le nôtre, pourtant hautement et richement producteur, s'est enfin imposée par l'obligation de sauvegarder nos vins contre les importations étrangères qui ne cherchaient à entrer que pour en être ensuite exportées revêtues de l'estampille française.

La réputation de nos vins devait être sauvegardée, et pour les consommateurs étrangers, comme pour nous-mêmes, il fallait obtenir que ne sortît de France que du vin de France.

Dans cet ordre d'idées, on supprima la possibilité de réexportation de vins étrangers autrefois admis en France dans les entrepôts spéciaux. Et dans cet ordre d'idées encore, les facilités que pourraient obtenir les vins étrangers passant en France pour être réexportés à l'état naturel ou mélangés, par suite de la création en France de ports francs, rencontrent les mêmes objections que celles qui ont amené le législateur à supprimer les entrepôts spéciaux.

Le régime douanier français des vins, avec la définition même du vin donnée par le tarif, laquelle aux termes de la loi du 11 janvier 1892, est: « Vins provenant exclusivement de la fermentation des raisins frais », a donc été instituée en vue de donner toutes garanties aux consommateurs sur l'origine et la nature du vin.

Les pays étrangers, qui constituent pour la France une importante clientèle, n'ont peut-être pas discuté et suivi les étapes de la réglementation douanière à laquelle nous sommes arrivés, tant dans leur intérêt que dans le nôtre, pour assurer la défense de nos vins. Et quand notre Gouvernement s'adresse à eux pour obtenir sur leurs marchés des réductions tarifaires ou des facilités douanières susceptibles de faciliter la consommation, ils nous rétorquent notre système et ne manquent pas de nous dire que nous donnons l'exemple d'un régime de prohibition. Cette objection devrait tomber d'elle-même s'ils se rendaient compte que nous défendons un patrimoine et que, dans l'occurrence, nous sommes les producteurs marchands qui voulons leur donner, à eux consommateurs et non producteurs, le plus de garanties possible, comme nous voulons, en même temps, donner ces garanties à nos consommateurs nationaux, et enfin garantir à nos vignerons la protection de leurs risques et de leurs peines pour l'élaboration de leurs vins si soignés.

Le vin de France est et doit rester un produit de qualité, et même dans les vins courants on ne peut pousser à la quantité sans nuire à la qualité. Il en résulte, et maintenant plus que jamais, une nécessité de protection contre l'avilissement des prix, afin que le paysan ne se décourage pas et ne recherche d'autres cultures plus rémunératrices.

Le législateur français, en établissant les droits du tarif de 1892 sur les vins, n'a pas fixé les taxes de 12 fr. et de 35 fr. l'hecto d'une façon empirique. Il a calculé qu'une moyenne de protection de 30 o/o de la valeur était nécessaire. Aujourd'hui, est-elle rétablie par le coefficient 2,6 ? Cela n'est pas certain. L'encouragement à la viticulture ne sera évident que lorsqu'on verra se développer les surfaces cultivées. Pour le moment, elles sont d'environ 1.500.000 hectares et si nous nous reportions au passé, nous verrions que vers 1873, avant le phylloxera, les surfaces des vignes cultivées en France représentaient 2.380.000 hectares.

Le coefficient de 2,6 n'a fait que s'approcher du rétablissement de l'incidence du droit de 12 fr.; il n'a pas augmenté la protection, car s'il l'avait accrue, nous aurions vu s'augmenter les surfaces cultivées en vignes.

Ce patrimoine que nous devons conserver, sans l'étendre cependant inconsidérément, est une des grandes fortunes de la France, car si l'on pouvait compter, avant guerre, que la récolte annuelle de nos vins représentait plus d'un milliard de francs qui sortaient de la terre chaque année, aujourd'hui c'est plus de 4 milliards qu'il faut compter.

Le régime douanier français est la sauvegarde de cette fortune. On ne pourrait toucher aux droits du tarif minimum des vins, pour les réduire, que sous une impérieuse nécessité. A la vérité, et d'après l'esprit de notre loi douanière, ledit tarif minimum devrait être intangible à 12 fr. l'hecto de 12 degrés. La demande d'un pays intéressé à la diminution de notre tarif d'importation des vins ne devrait pouvoir porter que sur le tarif général pour obtenir une taxation intermédiaire, entre le maximum et le minimum. Toutefois, et actuellement, avant de toucher à la base qui est le tarif de 1892, non modifié depuis cette date, le pays intéressé devrait chercher à obtenir la réduction du coefficient de majoration temporaire 2,6, s'il pouvait prouver qu'avec ce coefficient ses ventes en France sont véritablement entravées. Il y a là une appréciation qui ne peut se formuler que d'après les cours moyens des vins courants qui se seraient stabilisés à des prix inférieurs, depuis un laps de temps assez long.

Quand on parle de pays intéressés à la baisse de nos droits sur les vins, on ne voit guère que l'Espagne et le Portugal, mais principalement l'Espagne pour la vente en France de ses vins de coupage. Les autres vins, tels que Porto, Madère, Xérès, sont des vins d'un prix élevé qui peuvent aisément supporter nos droits. Le défaut de notre tarification est de ne pas faire de distinction entre les vins de crus et les vins de coupage. Il faudrait peut-être envisager la création d'une rubrique à notre tarif pour ces gros vins ordinaires, à la condition qu'ils fussent importés en wagons-citernes ou wagons-réservoirs.

La politique française du vin doit continuer de s'inspirer des idées protectrices qui assureront une production rationnelle, en même temps qu'une meilleure qualité. C'est cette politique qui s'est affirmée chez nous de plus en plus par l'application rigoureuse des lois sur les fraudes; par l'obligation de la déclaration de récolte; par le contrôle des entrées et des sorties chez le récoltant, par la loi sur les appellations d'origine.

Cette politique du vin doit nous faire envisager du même œil la vente à l'intérieur et la vente à l'extérieur pour les mêmes garanties être données à tous les consommateurs.

Nous condamnons donc les mauvais conseils de ceux qui nous inciteraient à la concurrence à bas prix dans des pays tels que l'Argentine ou le Chili, qui, maintenant, produisent des vins. Si les consommateurs de ces pays ne voient pas la différence qui existe et donnent même la préférence aux vins de leurs crus, c'est à la vérité que leur éducation est à faire. Que l'on nous permette tout au moins, par des droits raisonnables, de pouvoir entrer et que l'on poursuive la fraude comme nous la poursuivons nous-mêmes.

L'Allemagne, avant la guerre, nous a fait un mal énorme dans ces pays et dans d'autres pays, en usurpant nos marques d'origine, en livrant à ces consommateurs des vins sophistiqués qui ont faussé leur goût. Notre exportation s'en était trouvée gravement atteinte; elle s'en ressent encore.

Pour ramener la compréhension de nos vins à l'étranger, nous devons soutenir notre renommée qui, heureusement, existe toujours, et chercher, par des conventions commerciales avec les divers Etats, à faciliter notre exportation.

Une question préjudicielle se pose à ce sujet, qui n'a peut-être pas encore été posée.

Notre capacité d'exportation n'est certainement pas sans limites.

L'on doit se demander la preuve par des chiffres que notre exportation des vins est en décadence ou en prospérité.

Il paraît tout d'abord évident que notre exportation doit être en fonction de notre production. Si nous avons des années déficitaires pour la satisfaction de la consommation française, l'exportation, doit s'en ressentir. Il pourrait même se produire que la consommation française absorbât toutes les disponibilités sans qu'il fût nécessaire, dans ces conditions, de rechercher des débouchés au dehors. En fait, cela ne s'est jamais produit, car nous avons toujours exporté des vins de choix et des vins de cru, en comblant les déficits alimentaires par des vins ordinaires de l'étranger.

Notre plus belle moyenne d'exportation annuelle se trouve dans les dix années de 1870 à 1880, qui ont précédé le phylloxera, et pour une moyenne de récolte annuelle de 51.700.000 hectos, nous exportions une moyenne de 3.280.000 hectos représentant 6,35 o/o.

Ensuite, et pendant vingt ans, de 1880 à 1900, notre production languissante donnait des moyennes de 32 millions d'hectos. L'exportation devait en être éprouvée, et en fait, elle diminua de plus d'un million d'hectos.

Puis, nous voyons, de 1900 à 1914, la prospérité vinicole revenir, pour dépasser les productions moyennes antérieures au phylloxera, avec un rendement de 52.800.000 hectos, mais avec une exportation simultanée toujours en débet de un million d'hectos.

Nous ne parlerons pas des exportations des années de guerre qui ont été anormales par suite des prohibitions de sortie.

On peut fixer ces quelques chiffres ainsi :

Production moyenne		Exportation moyenne	
1870-1880	51.700.000 hectos.	3.280.000 hectos.	
1880-1900	32.900.000 —	2.100.000 —	
1900-1914	52.800.000 —	2.000.000 —	

A la veille de la guerre, et par une récolte française de 52 millions d'hectos, analogue à celle de nos plus belles années 1870-1880, notre exportation moyenne était tombée à 2 millions d'hectos au lieu de 3.280.000 hectos. Nous avons donc la démonstration d'un déficit d'exportation de plus d'un million d'hectos que l'on devrait pouvoir retrouver.

Aujourd'hui, à la fin de 1921, notre exportation des vins a repris son étiage de près de 2 millions d'hectos.

Il nous faut nous attacher à la développer, en considérant qu'il nous est permis de tabler sur la possibilité d'un surcroît de nos ventes de vins à l'étranger dépassant 3 millions d'hectos.

L'exportation de nos vins est une branche intéressante de notre commerce. Elle doit être regardée dans ses proportions et dans sa valeur intrinsèque et relative. Elle paraît représenter aujourd'hui 500 millions de francs qui comptent pour un huitième de la valeur de 4 milliards de notre récolte annuelle.

Mais si 2 millions d'hectos d'exportation de vins valent 500 millions, nous pouvons estimer à ce prix qu'une exportation de 3 millions d'hectos représenteraient environ pour la France une vente annuelle à l'étranger de 750 millions de francs. Le surplus à récupérer serait donc, en valeur, de 250 millions de francs par an.

Régimes douaniers étrangers.

Pour obtenir ce résultat, la France devra, par des conventions commerciales à intervenir, s'assurer, en général, des conditions plus favorables que celles actuelles.

Quand un pays étranger, non producteur de vin, frappe ce produit, à l'importation, de droits élevés, il n'a pas la même raison que nous à invoquer. Il ne peut que prétendre à vouloir protéger chez lui sa boisson nationale, la bière ou le thé, sur lesquels il perçoit des droits intérieurs et qui font travailler ses nationaux. Nous ne saurions vouloir que les Etats suppriment, sur nos vins, des droits de consommation que nous percevons nous-mêmes dans notre pays. Et si nous admettons que les taxes douanières étrangères sur nos vins comportant, incorporées, une part pour les droits d'accise et un droit d'entrée, modéré, qui discréminera un peu nos vins pour favoriser la boisson nationale, il ne faut pas toutefois que le total des charges imposées empêche la vente de nos vins sur les marchés de l'extérieur.

Notre régime qu'on incrimine, et dont les pays étrangers font état pour nous taxer sévèrement, est un des plus modérés qui soit. Au droit de 12 francs l'hecto, majoré aujourd'hui temporairement par le coefficient 2,6, la taxe ressort à 31 fr. 20, mais l'Angleterre frappe nos vins à 35 francs l'hecto auxquels s'ajoutent 27 fr. 50 de droits additionnels, soit 62 fr. 50 l'hecto, c'est-à-dire le double des droits français.

La Belgique, qui ne produit pas non plus de vins, appliquait à nos vins en bouteilles un droit d'accise de 60 francs l'hecto et sur nos vins en fûts une taxe de 20 francs. Ces droits ont été majorés dernièrement. La différence entre les deux taxes est si grande que la mise en bouteilles en Belgique se trouve encouragée et, par suite, la fraude.

En Espagne, notre vin de Champagne payait au tarif le plus réduit 2 francs par bouteille, taxe qui se trouve par le change presque doublée.

La plus faible taxation pour nos vins en fûts était fixée, par le tarif minimum, à 50 francs l'hecto avant-guerre, tandis que notre douane, à l'entrée en France, n'est que de 31 francs après-guerre. Et, pour les vins en bouteilles, un droit de 62 francs était inscrit.

En Portugal, les droits de douane cumulés avec les impôts de consommation faisaient ressortir les taxes à plus de 2 francs par litre et à près de 3 francs la bouteille.

Lorsqu'on voit les droits appliqués à nos vins par ces deux pays, l'Espagne et le Portugal, on ne peut manquer de remarquer la disproportion de leur régime douanier des vins avec celui du tarif français. S'ils considèrent comme très élevée notre taxation, nous sommes en droit de leur objecter que la leur est prohibitive, et les conventions commerciales de la France avec ces deux pays devront, pour le moins, obtenir la réduction des droits d'importation des vins français.

L'Italie, mieux inspirée par des considérations logiques dans la rédaction de son tarif douanier des vins, a établi des droits qui sont égaux à ceux de notre tarif.

En Grèce, les vins sont exempts de droits à l'entrée.

La Suisse, qui est la grande hôtellerie internationale et qui a besoin de nos vins pour sa clientèle de touristes, a augmenté récemment les droits modérés qui résultaient de notre accord douanier avec ce pays.

En Suède et en Norvège, des lois de restriction ont donné le monopole d'achat des vins à des organismes officiels. Les droits restent élevés. Mais notre Ministère du Commerce a heureusement obtenu par des accords récents, notamment avec la Norvège, l'attribution, pour nos exportateurs, de contingents importants. Notre Gouvernement a remporté dans cette occasion une victoire sur les abstinents.

De même, en Esthonie, il a obtenu, par une convention récente, une détaxe des droits allant jusqu'à 5o o/o.

Hors d'Europe, nous voyons l'Australie protéger son vignoble par l'application aux vins étrangers de droits nettement prohibitifs. Les mousseux sont imposés à 3 fr. 5o le litre, les non mousseux en bouteilles paient 2 fr. 20, et en fûts 1 fr. 65. En outre, des droits additionnels sont applicables au-delà d'une certaine teneur d'alcool.

Le Chili a établi des droits sur les vins qui ressortent à plus de 2 francs le litre, auxquels droits vient s'ajouter une majoration d'environ 10 o/o.

En Bolivie, les droits ressortent à o fr. 25 ou o fr. 3o le litre, suivant qu'il s'agit de vins rouges ou de vins blancs. Les mousseux paient des droits qui équivalent à 7 fr. 5o la douzaine de bouteilles. Ce régime n'est pas de nature à entraver nos importations.

Au Canada, le régime de la tempérance a obtenu la quasi éviction des spiritueux, mais la consommation des vins reste encore possible et les droits de douane ne sont pas défavorables. Une Commission des Vins et Liqueurs vient de créer à Paris une service officiel pour recevoir les offres et échantillons, afin de les transmettre à une Commission de Montréal qui décide des achats.

En Colombie, à Cuba, en Equateur, les droits sur l'importation des vins ne sont pas très exagérés pour la clientèle, qui est une clientèle d'élite, et n'entravent pas la consommation. On peut concevoir, en effet, qu'en considération des prix, une bouteille de Champagne peut être taxée à Cuba jusqu'à 4 et même 5 francs, et l'expérience a démontré que cette taxation, assez forte, est favorable à nos champagnes qui, par leur prix, peuvent acquitter ces droits que les mousseux ordinaires, moins chers, ne peuvent payer.

Le régime douanier des Etats-Unis peut motiver les mêmes observations quant à l'incidence du droit d'entrée sur la consommation. Nous ne pouvons avoir la prétention d'approvisionner en vins, et même se joignant à nous l'Espagne, le Portugal et l'Italie, une nation de plus de cent millions d'habitants qui n'avait qu'une production indigène presque insignifiante. Les vins d'Espagne, de Portugal et de France y restaient destinés à des consommateurs d'élite qui payaient les prix énormes que leur réclamaient les restaurants et les hôtels, et de trop nombreux intermédiaires. Dans ces prix de vente à la consommation, la taxe douanière sur les champagnes qui ressortait à plus de 8 francs par bouteille, et les droits sur les vins en bouteilles qui s'élevaient à plus de 3 fr. 85 par bouteille, ainsi que le droit sur les vins en fûts qui approchait de o fr. 65 par litre, tous ces droits n'entravaient pas la vente et il était rien moins que certain qu'une réduction obtenue l'eût accrue d'une manière sensible. Il y a, comme on voit, une question d'adaptation aux droits dont nous devons tenir compte dans nos tractations commerciales. Sous le régime de ces droits, les vins français ont trouvé, aux Etats-Unis, des débouchés annuels importants qui ont parfois atteint une valeur de plus de 25 millions de francs.

Actuellement, les lois prohibitionnistes aux Etats-Unis nous ont à peu près fermé ce marché. Notre exportation de 1921 en vins de toutes sortes, se chiffre à peine par une valeur de 3 millions de francs.

En République Argentine, les droits d'entrée sur les vins qui représentent environ 1 fr. 25 par litre, ne sont pas un obstacle à nos ventes. Nous sommes cependant éliminés peu à peu de ce marché, autrefois assez important pour nous, par le développement continu de la production argentine et par une fraude énorme des viticulteurs et négociants argentins qui usurpent nos appellations d'origine.

Au Brésil, les droits d'entrée sur nos vins, de 5o o/o à la valeur, sont encore majorés par des droits de consommation qui portent la taxation prévue à 6o ou 7o o/o et, en réalité, par suite des estimations souvent exagérées, à des taxations encore supérieures.

Ce rapide aperçu, certainement incomplet et sommaire des régimes douaniers des vins à l'étranger ne peut être plus détaillé, sans risquer d'être confus. Il est cependant de nature à donner, croyons-nous, une appréciation de ce qui peut constituer, dans les divers pays, la tolérance d'admission ou la prohibition. Il nous paraît toutefois plus évident encore de nous attacher, dans les tractations futures, à l'adaptation plus ou moins facile des consommateurs étrangers aux tarifs douaniers qu'ils subissent. La Russie, par exemple, avant la guerre, nous achetait toujours pour 5 à 6 millions de francs de vins, notamment des champagnes, et les droits du tarif russe ont pu être surélevés sans atteindre cette consommation qui allait à une clientèle riche. Nous aurions été dans l'erreur de vouloir que, par des réductions considérables, nos ventes pussent aller jusqu'aux classes inférieures.

Les accords commerciaux.

Les négociations pour la conclusion de conventions commerciales de la France avec les divers pays, doivent porter, au premier rang de nos revendications, l'obtention de régimes douaniers favorables à l'entrée de nos vins dans ces pays. Nous avons vu que, par suite de l'abaissement continu de nos exportations de vins, nous avons actuellement, comparativement à des époques plus prospères, un manque à gagner qui peut se chiffrer par 25o millions de francs par an. Nos exportations actuelles qui atteignent 5oo millions de francs par an pourraient facilement atteindre 75o millions de francs, sans porter préjudice à la consommation intérieure puisqu'elle ne représenterait encore que le 6 o/o de la production annuelle.

La Direction des accords commerciaux de notre Ministère du Commerce est entrée dans cette voie, et nous devons, à la vérité, de reconnaître, pour l'en féliciter, que ses efforts n'ont pas été ménagés pour faciliter les débouchés de nos vins.

Mais son action se trouve singulièrement entravée par les campagnes des abstinents qui dénoncent comme poison nos sains produits de la vigne et du vin, et qui ont réussi, aux Etats-Unis, au Canada, en Finlande, en Suède et en Norvège, à en supprimer ou à en réduire considérablement la consommation.

Les efforts de notre Gouvernement ne peuvent pas être d'un grand résultat pour combattre les prohibitionnistes. C'est aux viticulteurs et négociants de la France, de l'Espagne, du Portugal et de l'Italie, qu'il appartient de montrer aux peuples travaillés par les abstinents, la lourde erreur de leur campagne; de leur prouver par leur exemple, que les Italiens, les Portugais, les Espagnols et les Français ne sont pas, par le vin qu'ils produisent en grande quantité, des peuples ravagés par l'alcoolisme et que, bien plutôt, ce fléau social porte ses ravages chez les nations qui ne boivent pas du vin.

Cela c'est l'évidence que, seul, le fanatisme des prohibitionnistes les empêche de voir. L'alcoolisme, comme son nom l'indique, provient de l'abus de l'alcool et si l'on tient à voir quel est l'alcool qui cause ces ravages, on ne trouvera ni nos cognacs, ni nos armagnacs, ni nos fines eaux-de-vie, mais surtout et principalement l'alcool à bas prix, de fabrication industrielle. Il existe des centaines de produits susceptibles de donner de l'alcool et tous, sauf ceux dérivés de la vigne et du vin, sont plus ou moins nocifs.

Pour combattre cet alcool, que les malheureux dévoyés trouveront toujours à se procurer, l'expérience a montré que la consommation du vin était le meilleur remède, et nos lois françaises qui tendent, elles aussi, dans le souci de la protection de la race, à réprimer l'alcoolisme, ont favorisé la consommation nationale des boissons hygiéniques, au premier rang desquelles se trouve le vin.

Nos viticulteurs, nos négociants, nos exportateurs doivent donc s'unir pour convaincre les consommateurs étrangers, et non leurs gouvernements, ni leurs législateurs des bienfaits de la consommation de nos vins. Une publicité habile, des articles dans les journaux, des tracts et des films cinématographiques, devraient répondre à tous ces mêmes moyens employés par les abstinents dans leurs campagnes acharnées. On peut prévoir, sans trop de peine, que l'évocation des noms célèbres de nos vignobles aura raison de la campagne des buveurs d'eau, si nos exportateurs qui lutteront pour leurs intérêts, en même temps que pour la défense de la vérité, savent mettre en commun les fonds nécessaires à une intelligente et active publicité.

Quand une majorité de consommateurs sera convaincue, elle fera rapporter toutes ces lois et décisions d'abstinence exagérée.

Mais les négociations officielles de la France avec les Etats ont leur champ tracé :

1° *La réduction des droits*, en tenant compte de la faculté des pays à s'adapter aux taxations, même élevées, et qui sont bien différentes suivant la clientèle de chacun de ces pays. On doit noter que, pour les « champagnes » avec leur appellation, une même taxation applicable aux mousseux favorise nos champagnes quand les droits sont élevés.

2° *Des dénominations à inscrire dans les tarifs conventionnels des pays étrangers* qui soient conformes à la désignation rationnelle du vin, comme produit exclusif de la fermentation du jus de raisin frais, afin de pouvoir interdire l'entrée des vins fabriqués.

Les législateurs étrangers ont leur excuse de ne pas connaître le vin, s'ils sont d'un pays qui n'en produit pas, et s'ils se réfèrent aux produits de certaines concurrences, fabriqués de toutes pièces avec du vin, des parfums, des essences et de l'alcool, le tout revêtu de somptueuses étiquettes aussi fausses que mensongères. Cette ignorance du vin, cette incompétence du législateur de certains pays à désigner, dans les tarifs, les produits naturels, se constate fréquemment. On voit rarement dans ces tarifs ce qui est écrit dans le nôtre, que ce qui doit s'appeler vin est le produit exclusif de la fermentation du jus de raisin frais. Cette omission permet l'entrée des vins de pommes, de fruits, de raisins secs. On voit rarement encore, dans les tarifs étrangers, qu'une limite alcoolique normale et de constitution soit prévue. La désignation du produit exclusif de la fermentation du jus de raisin frais doit pouvoir interdire l'importation de vins fortement vinés, et de ceux, notamment, contenant comme alcool ajouté, de l'alcool industriel.

3° *Le respect des appellations d'origine.* — Notre Gouvernement a fait inscrire, dans le traité de paix, un article n° 275, qui dit :

« L'Allemagne, à la condition qu'un traitement réciproque lui soit accordé en cette matière, s'oblige à se conformer aux lois, ainsi qu'aux décisions administratives ou judiciaires prises conformément à ces lois, en vigueur dans un pays allié ou associé, et régulièrement notifiées à l'Allemagne par les autorités compétentes, déterminant ou réglementant le *droit à une appellation régionale, pour les vins ou spiritueux produits dans le pays auquel appartient la région,* ou les conditions dans lesquelles l'emploi d'une appellation régionale peut être autorisée; et l'importation, l'exportation, ainsi que la fabrication, la circulation, la vente ou la mise en vente des produits ou marchandises portant des appellations régionales contrairement aux lois ou décisions précitées seront interdites par l'Allemagne et réprimées par les mesures prescrites à l'article qui précède. »

Ces dispositions sont de nature à combattre et à arrêter la concurrence déloyale.

Nos négociateurs ne sauraient mieux faire dans leurs tractations avec les divers pays que de chercher à les faire inscrire dans nos prochaines conventions commerciales.

4° Faire accepter par les réglementations douanières étrangères nos méthodes d'analyse des vins comme présentant les plus sûres garanties et comme émanant d'un pays qui, avec la science et la compétence vinicole, possède en fonctionnement les meilleurs techniciens et les laboratoires œnologiques les mieux organisés.

Dans cet ordre d'idées, il importerait notamment de faire accepter les dispositions de notre décret du 6 novembre 1913 en ce qui concerne l'acide sulfureux dans les vins.

Aux termes de ce décret, ne constituent pas des manipulations frauduleuses, aux termes de la loi du 1er août 1905, les opérations ci-après énumérées qui ont uniquement pour objet la vinification régulière ou la conservation des vins :

1° En ce qui concerne les vins, le traitement par l'anhydride sulfureux pur provenant de la combustion du soufre et par les bisulfites alcalins cristallisés purs. Les quantités employées seront telles que le vin ne retienne pas plus de 450 milligrammes d'anhydride sulfureux par litre, dont 100 milligrammes au maximum à l'état libre. Toutefois, un écart de 10 o/o en plus de ces quantités est toléré. En aucun cas, les bisulfites alcalins ne peuvent être employés à une dose supérieure à 20 grammes par hectolitre.

En définitive, si notre Gouvernement pouvait faire reconnaître et accepter, par les divers pays, les sévères réglementations que nous avons établies nous-mêmes sur le commerce des vins, et si les pays contractants reconnaissaient également toutes les garanties que peuvent donner à leurs consommateurs les dispositions de notre loi du 5 mai 1919 sur les appellations d'origine, pour les mettre de leur côté en pratique, il n'y a pas de doute que notre exportation des vins reprendrait un nouvel essor par suite de la disparition de la concurrence déloyale qui a faussé les goûts et discrédité nos produits. Le consommateur étranger a trop souvent bu et généralement trouvé mauvais des vins qui n'avaient de français que leur étiquette mensongère. (*Vifs applaudissements.*)

⁂

Dans la séance de l'après-midi, présidée par M. Chaumet, a été entendu d'abord l'exposé du rapport de M. Camille Martinet. Lecture est faite des conclusions qui donnent lieu à une discussion à laquelle prennent part : M. J.-J. Martin, M. le Président et M. Coignet, sénateur, président de la Chambre de Commerce de Lyon, président de l'Association Nationale d'Expansion Economique.

M. J.-J. Martin rappelle que la Société qu'il préside, l'Association Nationale des représentants et voyageurs du commerce extérieur, a émis un vœu général qui pourrait être substitué aux propositions de M. Martinet, qui sont seulement relatives aux vins. Ce vœu a été ratifié déjà à Londres et il serait rationnel de ne pas présenter dans des Congrès de cette importance des propositions contradictoires de celles que des groupements internationaux ont déjà ratifiées.

Sur la proposition de M. Coignet, qui s'offre à soutenir devant le Sénat et auprès du rapporteur, M. Herriot, une proposition de loi qui donne satisfaction à la corporation représentée par M. Martin, il est entendu que les conclusions de M. Martinet sont adoptées; au besoin, la rédaction du § 3 sera modifiée pour le mettre en accord avec la motion défendue par M. Martin. Sous cette réserve, le rapport de M. Martinet et ses conclusions sont adoptées à l'unanimité.

Les voyageurs français à l'étranger
et le régime de réciprocité

I. — Condition des voyageurs français à l'étranger.

Les négociations actuellement en cours pour le renouvellement des traités de commerce, ramènent au premier plan cette irritante question des patentes excessives, encore imposées par de nombreuses nations aux voyageurs étrangers.

Quand ces patentes ne sont pas exagérées, ce qui trop souvent constitue l'exception, les formalités concernant le transport des échantillons (déclarations, visas, estampilles, délais trop courts d'admission temporaire, etc.) s'accumulent comme à plaisir, occasionnant des pertes de temps, et par suite, des frais aussi préjudiciables qu'inattendus.

Et, trop fréquemment encore, ces deux difficultés ne font que s'ajouter l'une à l'autre, constituant en fait une véritable prohibition.

Il y a là un danger qui, avec les tendances protectionnistes qu'on constate partout, nous semble des plus redoutable.

Nous en avons la preuve dans un document que je vous demande la permission de vous communiquer, tel que je le trouve reproduit dans les journaux du 17 février 1922 (*Nouvelles Suisses*). Il s'agit d'une requête adressée par l'*Association suisse des Voyageurs de Commerce* au département suisse de l'Economie publique, et dans laquelle l'Association se prononce pour « la mise à l'étude immédiate de la révision de la loi sur les taxes de patentes », et fait en même temps des propositions concrètes pour la protection des voyageurs suisses « contre la vile concurrence étrangère » (*sic*).

Il s'agit surtout de « rendre plus sévères les conditions pour la remise de cartes de légitimation aux voyageurs étrangers en Gros, ainsi que d'interdire totalement l'activité en Suisse des voyageurs en détail de maisons étrangères ».

L'Association demande, en outre, « que les mesures suivantes soient prises pour empêcher les éléments malpropres et douteux d'exercer la profession de voyageur de commerce : inscription au registre du commerce, condition préalable à l'obtention d'une carte de légitimation; contrôle plus sévère du trafic des voyageurs, etc... »

L'Association suggère, en outre, de donner à la loi un titre plus conforme à sa véritable destination.

Cette requête, tant dans sa forme quelque peu virulente, que dans ses exigences, décèle une mentalité inquiétante pour les rapports entre nations.

Aussi, le *Comité International des Vins, Cidres, Spiritueux et Liqueurs* s'est-il immédiatement fait un devoir de protester auprès des autorités compétentes contre une semblable tendance de l'*Association Suisse des Voyageurs de Commerce*.

De tout ce qui précède, on peut conclure que nous ne sommes pas encore précisément dans la période de la « porte ouverte », pour les relations des voyageurs de commerce à l'étranger — même en Europe.

Il semblait en effet jusqu'ici, quand on parlait de patentes frappant nos voyageurs de commerce au dehors, qu'il s'agissait uniquement de quelques pays neufs, de l'Amérique du Sud, ou de l'Amérique Centrale, qui considéraient plutôt cette taxe comme une ressource fiscale.

Mais malheureusement, il ne s'agit pas seulement de ces lointains pays, car si nous nous reportons aux tableaux-annexes, qui forment la documentation de ce rapport, nous constatons qu'en Europe, ce régime subsiste encore, plus intolérant que jamais.

En effet, pendant que l'Allemagne, l'Espagne, l'Autriche, la Belgique, l'Italie, l'Angleterre (sauf pour certains produits), la Roumanie, la Turquie, la Tchécoslovaquie, n'exigent aucune taxe spéciale pour les voyageurs de commerce, à part une carte de légitimation peu onéreuse, nous restons surpris de l'exagération évidente des Pays Scandinaves en particulier.

En Danemark, 160 kr. par an pour une maison et 80 kr. en plus par chaque maison représentée.

En Suède, 100 kr. par mois.

Mêmes exigences pour la Norvège.

La Russie, sous l'ancien régime, avec sa patente fixe de 150 roubles et ses taxes municipales aussi compliquées qu'onéreuses, qui atteignaient le double dans quelques villes, détenait le record des nations européennes comme charges imposées aux voyageurs étrangers.

Pour en revenir aux Pays Scandinaves, les patentes frappant les négociants étrangers y sont appliquées de la manière la plus rigoureuse, et les portiers d'hôtel touchent une prime pour dénoncer les délinquants, à qui les tribunaux infligent la première fois de 1.000 à 1.500 kr.

Si j'en crois ce qui m'a été dit souvent à Stockholm, ces patentes viseraient surtout la concurrence allemande qui, principalement dans le commerce de détail, était déjà formidable avant la guerre.

Cette situation, bien connue de nos consuls et de la Légation française à Stockholm, aurait peut-être pu permettre, des négociations sérieuses étant entamées dans ce sens, une forte atténuation de patente en faveur des négociants français (et ils sont le plus grand nombre) qui s'adressent exclusivement au commerce de gros.

A plusieurs reprises, depuis plus de vingt ans, de nombreux rapports ont été adressés à ce sujet par des négociants français venant fréquemment en Suède, il n'en a jamais été tenu compte (1).

Si d'Europe, nous passons maintenant en Amérique, nous nous trouvons en présence de taxes invraisemblables, puisqu'elles peuvent atteindre, comme au Mexique, où elles sont d'ailleurs variables chaque année, de 200 à 500 piastres par mois (Etats de Sonora et de Simaloa).

Pendant que le Brésil n'applique cette taxe que dans une partie de ses Etats (les Etats de Bahia, Sergippe, Rio-de-Janeiro et Sao-Paolo n'ont pas profité du droit qu'ils avaient de prélever cet impôt spécial), et que la moyenne exigée annuellement ne dépasse pas 1.000 milreis par Etat, le Paraguay frappe le voyageur étranger de 1.200 piastres par semestre !

La Bolivie se tient dans une honnête moyenne; sous forme de taxes muni-

---

(1) Qu'il me soit permis de rappeler que, dans un ouvrage publié en 1905, *Les ports francs et l'exportation des vins*, m'appuyant sur des renseignements que j'avais puisés à Stockholm, dans les milieux officiels suédois, je signalais déjà l'avantage que la France aurait retiré de négociations avec la Suède, pour cette question de patente.

En 1909, j'en faisais l'objet d'un rapport au Ministère du Commerce, par l'intermédiaire du *Comité des Conseillers du Commerce Extérieur*.

cipales, elle ne demande par année que 100 à 300 bolivars par ville, suivant la catégorie dans laquelle on classe le voyageur.

Cette classification a lieu d'après l'importance de ses malles d'échantillons, ce qui constitue une assiette d'impôt plutôt fragile.

En Argentine, la patente varie suivant les divers Etats fédéraux, de 150 piastres-papier pour un an à La Riojat; à 1.100 piastres pour la même durée à Corrientes.

La Colombie, Cuba, l'Equateur, le Guatémala, Haïti, le Honduras, le Nicaragua, le Vénézuela accordent l'hospitalité la plus large, puisque les voyageurs peuvent y circuler librement sans payer aucune taxe spéciale.

Si aux Etats-Unis aucune perception particulière n'est exigée des négociants étrangers, il n'en est pas de même dans quelques Etats canadiens tels que Vancouver et le Jukon, où la patente ne dépasse pas 25 dollars par semaine, 100 dollars par mois ou 300 par an.

En revanche, les voyageurs français allant au Canada y trouveront quelques avantages appréciables en sollicitant leur admission comme membre de la « *Dominion Commercial Travellers Association* ». Cette affiliation leur permettra de bénéficier des avantages suivants : réduction sur le tarif des chemins de fer et les compagnies de navigation intérieure; droit à un supplément gratuit de bagages et réduction de prix dans les hôtels.

Dans les Dominions britanniques de l'Afrique du Sud, toute une série de patentes sont exigées des voyageurs étrangers.

Au Japon, on les frappe comme les négociants de leur catégorie établis dans le pays.

La Nouvelle-Zélande leur applique l'impôt sur le revenu et exige une somme de 10 liv. st. déposée en garantie à cet effet. L'impôt est de 1 sh. par liv. ster.

Telles sont les principales taxes, auxquelles sont soumis nos commerçants qui recherchent des affaires à l'étranger.

Comme nous avons donné dans les tableaux-annexes toutes les précisions désirables relatives aux nations exigeant des patentes et aux formalités auxquelles sont soumis les échantillons, nous arrêterons là cette énumération.

De ce rapide examen des pays étrangers, il résulte que, presque partout, nos voyageurs de commerce acquittent des taxes, quelques-unes formidables, alors que chez nous, nous allons le constater, le fameux *régime de réciprocité* reste *officiellement inapplicable* et surtout *inappliqué*.

Tout d'abord, puisque nous parlons de notre voyageur de commerce, bien que son existence et son rôle particulier en fassent un employé d'une nature toute spéciale, si bizarre que puisse nous paraître cette constatation, ce collaborateur indispensable n'a encore aucun statut personnel.

Dans toute la bibliographie du droit commercial, on ne trouve aucune trace d'un essai de codification de la condition du voyageur de commerce et de son travail à l'intérieur ou à l'extérieur de notre pays.

Autre constatation plus pénible à faire : notre compatriote, qui recherche des affaires à l'étranger, est ignoré des pouvoirs publics.

Alors que tant de gouvernements étrangers facilitent les déplacements de leurs nationaux, au point de vue commercial, il n'en est pas malheureusement de même chez nous, où le Gouvernement, l'administration se désintéressent la plupart du temps de ces véritables délégués du commerce et de l'industrie, dont le rôle si ardu exige pourtant des qualités de premier ordre. Ce sont eux, n'hésitons pas à l'affirmer, les véritables pionniers de notre influence dans le monde.

Et ceux de nos compatriotes qui s'expatrient régulièrement pour chercher à créer à leurs frais et à leurs risques (1) ces débouchés commerciaux et industriels que chacun réclame, sont absolument livrés à eux-mêmes, sans l'appui officiel que rencontrent tant de leurs concurrents !

Il y a donc de sérieuses réformes à apporter dans notre conception de l'exportation, tant en ce qui regarde le manque d'initiative de certains de nos industriels et de nos commerçants, qu'en ce qui concerne l'indifférence des pouvoirs publics.

Voyons la manière de procéder de nos concurrents de toujours : les Allemands.

Le voyageur de commerce allemand forme en quelque sorte une caste bien distincte dans le monde commercial germanique.

Toujours admirablement et méthodiquement préparé à sa mission, parlant correctement plusieurs langues, il est bien au dehors l'émanation particulière de sa maison et de sa patrie.

Je laisse de côté le rôle un peu trop spécial qu'on lui demande souvent et, auquel, comme tout bon Allemand, il est toujours prêt : l'espionnage.

Mais, qu'il représente une maison puissante ou un groupement d'industriels ou de commerçants, les frais les plus larges lui sont assurés pour qu'il puisse se produire dans un cadre digne de ces maisons.

Dans l'intérêt de sa mission, il semble dépenser sans compter, descendant dans les « palaces », recevant largement, fastueusement ses clients dans les restaurants ou les clubs de premier ordre.

Pendant que son concurrent français, dont les frais sont trop limités, recherche un modeste hôtel de deuxième classe et hésite devant des déplacements trop onéreux.

Il nous paraît donc indispensable que nos industriels et commerçants cherchent à se grouper pour envoyer à l'étranger des voyageurs préparés à cette mission, et surtout les mettre à même de la remplir dignement par des frais de voyage suffisants.

Ce qui évidemment est onéreux, et souvent impossible à une maison agissant seule, se trouve bien plus facile pour un groupement de quelques maisons.

Groupements ou mutuelles d'exportation, telle semble être la formule de l'avenir pour l'exportation, et qui s'impose dès maintenant.

II. — Régime des échantillons.

Nous arrivons maintenant au régime appliqué aux échantillons.

Ce régime, nous pouvons nous en rendre compte par les *tableaux-annexes*, présente en général des prescriptions tellement étranges, des formalités si compliquées, qu'il serait plus avantageux dans bien des cas, pour le voyageur, de faire taxer ces échantillons comme marchandises.

C'est donc qu'il y a beaucoup à faire pour améliorer cet état de choses, qui nous est particulièrement nuisible à nous Français.

Comme le disait fort justement M. Léon Millou, dans son rapport à la Conférence Permanente du Commerce Extérieur (1909) :

« Nous sommes d'autant plus fondés à demander l'amélioration du système actuel que les échantillons sont indispensables à nos nationaux, nos articles ne pouvant supporter la concurrence étrangère que si le voyageur peut faire toucher du doigt aux acheteurs et leur démontrer, pièces en mains, la qualité supérieure de ses produits. »

---

(1) D'après l'*Association des Voyageurs d'Exportation*, on peut affirmer que parmi nos voyageurs visitant l'étranger 65 o/o d'entre eux voyagent à la commission, autrement dit *à leurs frais.*

On ne saurait mieux exprimer à quel point cette situation est préjudiciable à notre exportation et combien urgentes sont les réformes à obtenir.

Si maintenant nous entrons dans le détail des formalités à observer, nous voyons que, presque partout, à chaque passage en douane, l'estampillage est exigé, compliqué d'une série de déclarations et de visas. Et toutes ces opérations, longues et souvent onéreuses, malgré les passavants délivrés par les douanes du départ qui, pourtant, devraient faciliter l'examen de ces échantillons et les faire reconnaître sans plus de difficulté.

Quant aux délais de réexportation, au delà desquels on ne rembourse plus les frais de douane, ils varient suivant les pays.

Certains, tels que la Chine, le Guatémala, le Nicaragua, la Perse, le Pérou, le Canada, les Etats-Unis ont peut-être trop simplifié la question : ils ne remboursent rien.

D'autres exigent des formalités tellement grandes qu'elles équivalent presque à une *impossibilité*. Surtout lorsqu'il est spécifié comme en Argentine et Equateur par exemple, que le remboursement ne peut être fait que par le bureau des douanes qui a constaté l'entrée et où le cautionnement a été consigné. C'est obliger parfois le voyageur à des déplacements longs et onéreux qu'il serait très simple de lui éviter.

En général, les délais de réexpédition varient de **deux mois à un an.**

C'est surtout en Amérique du Sud que l'on constate la lenteur exagérée qu'apporte la douane dans le remboursement des droits, même quand une douane quelconque peut opérer ce remboursement.

Aussi, n'est-il pas rare que, dans une ville plus ou moins bien desservie, les voyageurs ne soient exposés à attendre le bateau suivant, alors qu'il n'y a que deux services par mois.

Il y aurait donc lieu, pour ces questions d'échantillons, de provoquer une entente internationale, tous les pays étant également intéressés à obtenir, dans les cas que nous venons de citer, des facilités pour leurs nationaux.

Nous reportons à la fin de ce rapport le détail des vœux que nous désirons soumettre à l'appréciation de la *Semaine du Vin*, relativement aux échantillons.

III. — Condition du voyageur de commerce étranger en France

Nous venons d'examiner rapidement quel régime est applicable, et surtout appliqué à nos nationaux, voyageurs de commerce à l'étranger.

Et nous avons constaté que, trop souvent, des patentes élevées, disproportionnées avec l'importance commerciale du pays qui les exige, des formalités et des tracasseries continuelles pour le voyageur, ou ses échantillons, attendaient nos commerçants dans leurs voyages d'affaires.

Tout naturellement, nous sommes amenés à nous rendre compte du traitement auquel nous soumettons chez nous nos concurrents étrangers et quelle est leur *situation légale*.

La loi réglant la matière est celle du 15 juillet 1880, art. 24, qui stipule expressément le *régime de réciprocité*, nous autorisant à appliquer aux étrangers les taxes et les mêmes mesures qu'ils appliquent chez eux à nos compatriotes. Or, dans la pratique, que se passe-t-il ? Rien. Quelle que soit leur nationalité, ou celle des maisons qu'ils représentent, les voyageurs étrangers circulent chez nous librement, sans avoir à redouter le moindre ennui. On ne leur demande même pas la moindre *carte de légitimation*, exigée de leurs confrères français.

Pour essayer d'expliquer cette inertie, je suis obligé de remonter un peu loin et de faire un court historique de la condition légale du voyageur étranger en France depuis 1844. C'est, en effet, la loi du 25 avril 1844 qui, la première fois, réglemente la question. Et déjà, nous voyons que le texte de la loi de 1880 n'est pas nouveau, cette loi de 1844 voulait « que les commis voyageurs des « nations étrangères en France fussent traités, relativement à la patente, sur le « même pied que les voyageurs chez ces mêmes nations. »

La circulaire notifiant cette loi aux services compétents des contributions directes, annonçait l'envoi ultérieur d'une instruction spéciale.

Cette instruction, en date du 9 novembre 1846, donne une liste de dix-sept nations ou pays avec les droits à exiger, *par réciprocité*, de leurs voyageurs. Il y est dit que les préfets devraient recommander aux maires et aux commissaires de police : d'examiner attentivement les registres sur lesquels les maîtres d'hôtels sont tenus d'inscrire les divers renseignements sur tous ceux qui logent chez eux, de requérir l'exhibition de la patente du voyageur étranger et de faire prendre cette patente à ceux qui n'en seraient pas munis. L'instruction ajoute que, pour l'application des taxes, il faut considérer non pas la *nationalité du voyageur*, mais celle des *maisons de commerce* qu'il représente. Quelques années plus tard, une circulaire du directeur général des contributions directes aux préfets (25 août 1853) constatait qu'il était parvenu au Gouvernement des plaintes du commerce sur la sévérité avec laquelle les voyageurs français étaient, dans quelques pays étrangers, imposés aux droits de patente, alors que la plupart des voyageurs de commerce étrangers n'étaient pas soumis aux mêmes droits chez nous.

Nous le voyons, nos réclamations ne datent pas d'aujourd'hui, puisqu'il y a *soixante-huit ans*, l'administration les enregistrait déjà!...

Après enquête, l'administration constatait que l'inexécution de la loi de réciprocité paraissait provenir de ce que les autorités municipales et la police ne prêtaient pas un concours direct. Nouvelles recommandations aux maires et aux commissaires de police de vérifier attentivement les registres d'auberges et de n'accorder aux voyageurs étrangers le visa de leurs passeports qu'après production d'une patente régulière. En 1858, l'instruction générale sur les patentes, en date du 31 juillet, rappelle les règles applicables aux étrangers et établit une nouvelle liste des pays où les droits de patentes sont exigés de nos nationaux.

Et, comme suite à la loi déjà citée du 15 juillet 1880, art. 24, la direction des contributions directes donnait de nouvelles instructions dans une circulaire du 6 avril 1881.

Le 24 juin 1889, une circulaire ministérielle obligeait les agents des douanes des bureaux, formant la frontière de terre de Dunkerque à Nice, à percevoir les droits de patentes dus par les voyageurs venant exercer en France pour le compte des maisons étrangères.

Il est alloué à ces agents trois centimes par franc du produit des patentes recouvrées.

Quelques années plus tard, M. Pallain, directeur général de douanes, disait à son personnel dans une circulaire du 27 janvier 1890 :

« Le concours des douanes sera assuré uniquement à l'arrivée des étrangers sur notre territoire.

« Les agents *inviteront* l'étranger à montrer sa patente ou à acquitter le montant.

« Là se bornera l'intervention du service, intervention qui sera corroborée à l'intérieur par l'action de la police. »

D'autre part, à la suite de plaintes émanant de voyageurs étrangers, ce qui, vous le constaterez, ne manque pas d'une douce ironie, une circulaire du Ministre de l'Intérieur (26 décembre 1890) déclare que les agents des douanes n'ont aucun moyen d'obliger les voyageurs étrangers à faire connaître leur identité.

Cette circulaire dit, comme conclusion, que les maires et commissaires de police sont invités à prêter leur concours aux agents des douanes et à l'administration des finances, en exerçant une étroite surveillance sur les voyageurs étrangers.

En ce qui concerne le service des douanes, il paraît qu'en suite de ces instructions, les receveurs, pourtant intéressés, repoussaient carrément les voyageurs étrangers refusant de payer la patente.

Des observations leur ayant été faites à ce sujet, en suite de plaintes, ils déclarèrent qu'ils préféraient s'abstenir de toute intervention, plutôt que de s'exposer à des ennuis.

C'est, en effet, une situation bizarre que l'on crée à ces dévoués agents, puisqu'ils ne peuvent encore aujourd'hui, qu'inviter le voyageur étranger (circulaire Pallain) à exhiber sa patente, tout en n'ayant aucun moyen de l'y *contraindre*.

Le Préfet du Nord signale au Ministre de l'Intérieur l'inefficacité du *pouvoir limité* donné aux agents des douanes.

En suite de cette lettre, le Ministre de l'Intérieur saisit son collègue des Finances pour avoir une solution.

Le 19 août 1891, le Ministre des Finances répondait que les articles 32 et 33 de la loi du 15 juillet 1880 ayant expressément réservé le pouvoir coercitif à exercer en cette matière, aux maires et officiers de police judiciaire, les douaniers ne pourraient que faire appel à leur concours.

Telle est la situation actuelle au point de vue administratif.

Des instructions aussi incohérentes ne pouvaient donner que des résultats négatifs.

C'est ce qui s'est fatalement produit.

Et jamais le régime de réciprocité, instauré par la loi de 1844 et mis au point par les circulaires administratives successives que nous venons de voir, *n'a pu être appliqué*.

Il aurait fallu pour cela organiser chez nous, ce qui n'y existe d'ailleurs pas encore, nous voulons dire une sérieuse *police des étrangers*.

Ou bien il était indispensable d'imposer au voyageur étranger — comme le fait la Suisse — *une carte de légitimation* délivrée par les autorités françaises et basée sur un certificat sérieusement contrôlé (visa du Consul français de la région) constatant que le voyageur étranger représente telle ou telle maison étrangère.

N'oublions pas, en effet, que notre loi, qui, en cela, reste logique, ne s'occupe pas de la nationalité du voyageur, mais de celle des maisons pour lesquelles il cherche des affaires chez nous.

Dans l'application, nous nous heurtons à des difficultés inextricables, étant donné la variété, la multiplicité et le caractère spécial des régimes étrangers que ce malencontreux principe de réciprocité nous oblige à connaître et à imposer.

Et si nous envisageons l'hypothèse d'un voyageur représentant plusieurs maisons étrangères de *nations différentes*, chez lesquelles on exige des taxes municipales ou des patentes plus ou moins élevées, quel droit appliquera le fisc français ?

L'enquête faite à ce sujet nous a prouvé que, la loi de 1880 n'ayant rien précisé pour des cas de ce genre, les circulaires officielles, pourtant assez nombreuses, n'y faisant non plus aucune allusion, dans la crainte de réclamations, les agents des douanes *s'abstenaient*, solution négative qui ne contribue pas à enrichir le Trésor.

Il faut bien reconnaître aussi que, sans des instructions bien nettes de leurs chefs, il n'est guère possible aux modestes fonctionnaires affectés à ce service de résoudre par eux-mêmes ces délicates questions qui constituent autant de petits problèmes de droit international privé.

Donc, le *régime de réciprocité* est par sa nature même inapplicable, puisqu'il suppose une connaissance exacte de toutes les patentes, de toutes les modalités de taxes (impôt sur le revenu, taxes provinciales, municipales, etc.) qui frappent nos compatriotes à l'étranger.

Il doit donc être abandonné et remplacé par une loi *précise, très claire et facile à interpréter.*

Cette loi, avec des sanctions sérieuses vis-à-vis de ceux qui chercheraient à l'enfreindre, doit prévoir, pour toutes les maisons des pays étrangers qui maintiennent la patente et envoient des voyageurs en France, des taxes doubles de celles exigées par leurs nations. Plusieurs groupements commerciaux intéressés : l'*Association Nationale des Voyageurs du Commerce Extérieur*, le *Congrès de la Semaine du Commerce Extérieur* (1921), la *Chambre de Commerce Internationale*, dans son Congrès de Londres (juin-juillet 1921), ont émis des vœux dans ce sens.

Les conclusions que nous avons l'honneur de présenter ci-dessous, sauf pour quelques questions de détail, sont en conformité de vue avec les vœux adoptés par les groupements en question.

CONCLUSIONS

1° Abrogation de l'art. 24 de la loi de 1880 relative au régime de réciprocité, qui sera de fait supprimé.

2° Abrogation des art. 32 et 33 de cette même loi qui retirent tout pouvoir coercitif aux douaniers vis-à-vis des voyageurs étrangers refusant de payer une patente et de se soumettre aux taxes qui les concernent.

3° Promulgation d'une nouvelle loi comportant des taxes pouvant aller de 500 à 25.000 francs à appliquer chaque année aux commerçants établis en France, et sujets des pays qui imposent nos voyageurs de commerce.

4° Le voyageur étranger devra être porteur d'une *carte de légitimation française* qu'il demandera dès son arrivée. Il devra produire à cet effet un certificat délivré par la maison étrangère pour laquelle il veut travailler et visé par le Consul français de la région. Cette carte de légitimation servira, s'il y a lieu, pour le paiement de la patente qu'il pourra être obligé de payer en France.

5° Patentes à prévoir pour les maisons étrangères représentées en France par des voyageurs étrangers et obligatoirement au moins aussi élevées que celles payées par nos nationaux à l'étranger dans des conditions analogues. Amendes très élevées en cas de fraude. Prison en cas de récidive.

6° En ce qui concerne les échantillons, nous demandons :

a) La suppression de l'*estampillage* partout où cette mesure est appliquée;

b) Que les délais de réexportation soient acceptés partout pour au moins *un an;*

c) Remboursement immédiat à la sortie, en un point quelconque du territoire étranger, des frais de douane et des échantillons taxés ;

d) Que les droits de douane ne puissent pas être exigibles en or, mais dans la monnaie du pays.

9

Nations ou Pays exigeant une patente ou des droits pour les voyageurs de commerce

1. *Afrique du Sud (Dominions britanniques).* — 2. *Argentine.* — 3. *Australie.*
4. *Bolivie.* — 5. *Brésil.* — 6. *Canada.* — 7. *Chili.* — 8. *Costa-Rica.* — 9. *Danemark.*
10. *Equateur.* — 11. *Grèce.* — 12. *Japon.* — 13. *Mexique.* — 14. *Nouvelle-Zélande.*
15. *Norvège.* — 16. *Paraguay.* — 17. *Pays-Bas.* — 18. *Iles Philippines.* — 19. *Roumanie.* — 20. *Suède.* — 21. *Suisse.* — 22. *Uruguay.*

AFRIQUE DU SUD
(Dominions britanniques)

ÉTATS	VALEUR de la PATENTE	PIÈCES EXIGÉES	RÉGIME des ÉCHANTILLONS	OBSERVATIONS
Colonie du Cap....	Patente de : £ 50 pour un an. £ 25 six mois. £ 5 par maison représentée en plus de la première.	Certificat de la Maison.	La faculté de laisser sur place tout ou partie des échantillons est accordée, mais les droits ne sont remboursés que sur la partie réexportée.	La patente du voyageur est *personnelle* et n'est délivrée qu'au voyageur lui-même, à son nom, et jamais au nom, d'une raison sociale quelconque.
Province d'Orange	Patente de : £ 5 renouvelable tous les trois mois.	Id.	Le montant du dépôt à effectuer s'élève généralement à la consignation des droits prévus au tarif.	Dans tous les *Dominions* de l'Afrique du Sud, les patentes indiquées ci-contre, ne permettent pas de prendre des ordres de *vins, liqueurs ou spiritueux.*
Transvaal.........	£ 10 par an. £ 6 pour 6 mois.	Autorisation délivrée par le Consulat du voyageur au Cap.		
Natal...........	£ 10 par an.		Délais de remboursement : *six mois.*	
Rhodesia.....	£ 30 par an. £ 15 pour six mois.	Certificat de la Maison.		
Beïra	£ 50 par an.	Id.	Si le voyageur est accompagné de marchandises qu'il revend, taxe de colportage variant suivant les *municipalités.*	Il faut pour cela une autre patente *spéciale* coûtant £ 35 par an.
Laurençao-Marquès...	Patente de £ 50 par an, demande à faire au *Licensing-Board.* Patentes délivrées seulement du 1er au 30 juin ou du 1er janvier à fin décembre.	Id.		

RÉPUBLIQUE ARGENTINE

ETATS FÉDÉRAUX	VALEUR de la PATENTE	PIÈCES EXIGÉES et PÉNALITÉS	RÉGIME des ÉCHANTILLONS	OBSERVATIONS
	Piastres-Papier	*Passeport* visé par consul argentin.	Le voyageur doit payer pour tous ses échantillons les droits de douane prévus au tarif. Exception pour échantillons sans valeur.	On peut éviter la patente en prenant sur place un représentant ou commissionnaire qui, lui, paie déjà patente pour toutes les maisons qu'il représente.
Buenos-Ayres : Maisons établies dans la province	500	La Préfecture de Buenos-Ayres délivre, sur la demande du voyageur, des certificats d'*identité*.	L'importation en franchise temporaire n'est pas un *droit*, mais une *faveur* laissée à l'appréciation de l'administration fiscale.	S'adresser à l'agent consulaire de France qui a toujours des commissionnaires en vue pour une somme à débattre, pilotant le voyageur partout. Mais il faut que la présence de cet agent soit *permanente* chez le client.
Maisons établies hors de la province	600	Pour les contraventions : *Droit commun.*	En cas d'autorisation le voyageur est tenu de déposer au Trésor une caution représentant la valeur des droits.	Les hôteliers sont déclarés responsables des taxes non acquittées par les voyageurs de commerce étrangers descendus chez eux.
Entre-Rios : 1er semestre	600		Délais de réexportation, part de remboursement : *90 jours.*	
2e —	300		Le remboursement n'est effectué que par le bureau de douane où l'entrée a eu lieu.	
Cordoba : 1er semestre	400			
2e —	200			
San-Juan : Dans les 1er quatre mois	600			
Dans les 2e quatre mois	400			
Dans les 3e quatre mois	300			
Tucuman : 1er semestre	600			
2e —	300			
Santiago-del-Estero: 1er semestre	300			
2e —	150			
La Riojat : Annuellement	150			
Mendoza : 1er 4 mois	500			
2e —	400			
3e —	300			
Jujuy : Pour une seule maison, par an.	200			
Pour une maison en plus	100			
Corrientes : Annuellement	1.100			
Impôt additionnel	10			
Santa-Fé : Annuellement	400			
Catamarca : Annuellement	300			
San-Luis : Annuellement	400			
Territoires nationaux : Annuellement	400			

AUSTRALIE

PROVINCES FÉDÉRALES	VALEUR de la PATENTE	PIÈCES EXIGÉES	RÉGIME des ÉCHANTILLONS	OBSERVATIONS
Australie Occidentale. . . . . *Autres Provinces*. .	Impôt sur le revenu. Aucune taxe.	*Pour toute l'Australie.* Passeport légalisé par un consul britannique. Délivrance d'une carte d'inscription à l'arrivée en Australie que le voyageur doit présenter à toute réquisition	*Pour toute l'Australie.* Échantillons ou modèles de marchandises non prohibées, sont taxés d'après le tarif douanier en vigueur. Bénéfice de l'*admission temporaire* accordé sous caution. Délais de réexportation *six mois*. La douane n'accepte pas estampilles apposées par douanes étrangères.	Avant de voir aucun client dans *l'Australie Occidentale* s'adresser au *Commissaire des taxes* (State Commissionner of taxation).

BOLIVIE

PROVINCES FÉDÉRALES	VALEUR de la PATENTE	PIÈCES EXIGÉES	RÉGIME des ÉCHANTILLONS	OBSERVATIONS
	Aucune patente d'Etat, mais des taxes variant suivant les villes, *patentes municipales* de 100 à 300 boliv. par ville et par an. Si le voyageur livre des marchandises qu'il transporte avec lui, la taxe municipale peut aller jusqu'à 1.000 boliv. par an.	Aucune pièce imposée, même pour le colportage. Comme *pièce d'identité*, le passeport. Aucune démarche vis-à-vis des autorités fédérales.	Soumis au régime douanier, droits remboursés à la sortie par tous les bureaux de douanes, délais du récépissé renouvelables 40 jours. Les autorités boliviennes doivent accepter estampilles, cachets et plombs de la douane française. Délais de remboursement excessifs.	
Villes de	4 catégories.			
La Paz				
Oruro.	1re 500 boliv.			
Potosi	2e 300 —			
Santa-Cruz.	3e 200 —			
Tarija.	4e 100 —			
Par Municipalité. .	1re 150 boliv. 2e 100 — 3e 50 — 4e 40 —			

BRÉSIL

ÉTATS FÉDÉRAUX ou MUNICIPALITÉS	VALEUR de la PATENTE	PIÈCES EXIGÉES et PÉNALITÉS	RÉGIME des ÉCHANTILLONS	OBSERVATIONS
Maranhao.........	24 $ 000 par an.	Passeport constituant pièce d'identité. Amende imposée pour fausse déclaration à la douane ou non déclaration, est du double de l'impôt exigé. Confiscation des échantillons.	Echantillons sans valeur exempts de droit s'ils ont été mis hors d'usage intentionnellement. Passibles de droits s'ils peuvent être utilisés. Facture consulaire exigée pour échantillons dont la valeur et supérieure à 255 francs. Dans l'Etat de *Pernambuco* où l'importation des chaussures est très importante, pour que des chaussures envoyées comme échantillons puissent être considérées comme tels et ne pas payer de droits, il faut avoir soin : 1° de n'envoyer qu'un seul soulier dans chaque classe d'échantillon ; 2° chaque échantillon doit avoir au milieu de la semelle un trou de la grandeur d'un shiling.	Pour éviter les gros ennuis à la douane brésilienne, faire devant le consul brésilien de la région où l'on est, une déclaration accompagnée de l'inventaire complet et certifié des échantillons à réexporter. Le consul brésilien délivre alors un certificat, sur la vue duquel l'intéressé n'est plus tenu à l'arrivée au Brésil qu'à un simple dépôt provisoire, qui lui est remboursé après constat à sa sortie du Brésil.
Minas Gerses......	Aucune taxe.			
Piauhy............	25 $ 000 par an.			
Manaos.	500 $ 000 —			
Para.............	300 $ 000 —			
Nichteroy.........	15 $ 000 —			
S. Fidelis.........	30 $ 000 —			
Nva. Friburgo.....	100 $ 000 — 200 $ 000 — 300 $ 000 — selon chiffre d'affaires.			
Petropolis	300 $ 000 par an.			
Campos............	300 $ 000 par an.			
Espirito Santo.....	Aucune taxe.			
Bahia.............	300 $ 000 par an.			
Santa-Catharina...	Aucune taxe.			
Rio Grande do Sul (Etat)	150 $ 000 par an. au profit de l'Etat et des communes.			
Rio Grande do Sul (Ville)............	600 $ 000 par an.			
Pelotas	200 $ 000 —			
Bage	400 $ 000 —			
Porto Nègre.......	200 $ 000 —			
Pernambuco	240 $ 000 —			
Sergipe............	Aucune taxe.			
Parana : Curytibe.	400 $ 000 par an.			
Rio de Janeiro.....	Aucune taxe. (Si le voyageur ne circule pas pour vendre des marchandises à domicile ou s'il n'a pas de bureau.)			
Bahia (Etat).......	Patentes prévues par des lois, mais pas appliquées.			
Sao Paolo				

CANADA

PROVINCES FÉDÉRALES	VALEUR de la PATENTE	PIÈCES EXIGÉES	RÉGIME des ÉCHANTILLONS	OBSERVATIONS
Québec	Patentes supprimées depuis le 14 Mars 1907. *Exception.* — Les voyageurs en vins et spiritueux avant le régime actuel (monopole d'achat par l'Etat) payaient une licence annuelle de $500.	Pièce d'identité. En *Colombie britannique* une licence spéciale de $ 200 par an est exigée des voyageurs qui vendent des liqueurs et des cigares.	Les échantillons de marchandises imposables, introduits temporairement pour prendre des commandes en provenance d'un pays britannique, du Japon ou de tout autre pays bénéficiant du traitement de la nation la plus favorisée (la France est du nombre depuis le 29 Janvier 1924) sont admis moyennant le dépôt d'une somme égale aux droits. Mais délais de réexpédition : *un an.*	Quelques municipalités imposent une taxe aux voyageurs qui vendent directement aux consommateurs. Les voyageurs français se rendant au Canada auront intérêt à solliciter leur admission comme membres de la « *Dominion Commercial Travellers Association.* » Ils en retireront les avantages suivants : 1° Réduction sur les chemins de fer et les compagnies de navigation intérieure. 2° Droit à un supplément gratuit de bagage (68 k.) ainsi que réduction sur l'excédent à payer. 3° Tarifs réduits dans les hôtels.
Vancouver. (Colombie britannique)	L'ordonnance du 27 Mai 1919 astreint les voyageurs étrangers à une licence de $ 25 par semaine, $ 100 par mois, $ 300 par an.			
Yukon............	Licence de $ 500 à moins que la Maison représentée n'ait un établissement à Dawson.			

CHILI

PROVINCES FÉDÉRALES	VALEUR de la PATENTE	PIÈCES EXIGÉES	RÉGIME des ÉCHANTILLONS	OBSERVATIONS
	Loi d'Etat du 27 décembre 1916 frappant les voyageurs de commerce étrangers d'une taxe annuelle de *1.000 piastres* dans chaque chef-lieu de département où ils opèrent.	Passeport. Carte de légitimation.	Franchise temporaire moyennant réexportation dans un délai de *six mois.* Formalités peuvent s'accomplir dans tous les ports par l'intermédiaire d'un agent en douanes autorisé par le Gouvernement chilien à se porter garant des droits non acquittés. Echantillons évalués par la douane entrent sans payer. A la sortie, il n'est perçu que la différence entre les droits évalués à l'entrée et les droits des échantillons.	La sortie des échantillons peut avoir lieu par un autre port que celui qui a constaté l'entrée.

COSTA-RICA

PROVINCES ou MUNICIPALITÉS	VALEUR de la PATENTE	PIÈCES EXIGÉES	RÉGIME des ÉCHANTILLONS	OBSERVATIONS
San José de *Costa-Rica* *Limon* (Atlantique) *Puntarenas* (Pacifique)	Taxe de 50 colons. (Permission d'étaler les échantillons dans les hôtels ou bureaux.) Taxe de 25 colons.	Passeport visé par le consul du voyageur étranger	Doivent être déclarés en détail à l'entrée. Echantillons sans valeur payent un droit de 3 centavos par pièce. Droits de douane sur échantillons de valeur, soit sous forme de paiement effectif, soit sous forme de cautions. Délais de réexportation et de remboursement *trois mois.*	Les échantillons de valeur acquittent également dans les ports *Limon - Puntarenas* un droit spécial pour le môle, qui n'est pas remboursé.

DANEMARK

PÉNALITÉS	VALEUR de la PATENTE	PIÈCES EXIGÉES	RÉGIME des ÉCHANTILLONS	OBSERVATIONS
Amende de 500 kr. et saisie des échantillons et des bagages.	Patente de *160 kr.* par an pour une maison. Droit additionnel de *80 kr.* pour chaque maison en plus.	Passeport visé par consul danois. Patente doit être visée par le chef de police de chaque localité visitée.	Admission temporaire sous caution. Délais de réexportation et de remboursement *trois mois.* Pétition sur papier timbré pour obtenir le remboursement du cautionnement.	Interdiction de visiter la clientèle particulière et de vendre en dehors d'un certain nombre de localités désignées.

ÉQUATEUR

PROVINCES ou MUNICIPALITÉS	VALEUR de la PATENTE	PIÈCES EXIGÉES	RÉGIME des ÉCHANTILLONS	OBSERVATIONS
Guayaquil........ Quito	Patente d'État de 100 sucres quelle que soit la durée du séjour. En plus impôt municipal de 10 sucres.	Passeport à présenter aux fins d'immatriculation à la *Officina de Segudad* en débarquant.	Mêmes droits que les marchandises ordinaires. Admission temporaire en franchise sous caution, délais de réexportation *trois mois* par le même bureau qui a vérifié l'entrée.	Étant donnés les frais élevés, que nécessitent l'expédition et la réexpédition des échantillons déclarés comme *marchandises*, il est préférable de les embarquer comme *bagages*.

GRÈCE

PROVINCES ou MUNICIPALITÉS	VALEUR de la PATENTE	PIÈCES EXIGÉES	RÉGIME des ÉCHANTILLONS	OBSERVATIONS
Pas de taxes municipales.	Article 35 de la loi du 11 mars 1920 stipule une taxe annuelle de 25 *drachmes* pour toute personne exerçant un emploi. Cette taxe frappe donc les voyageurs étrangers venant prendre des commandes en Grèce.	Autorisation personnelle d'emploi délivrée par les Éphories des Finances contre reçu du paiement de la taxe ci-contre. Passeport.	Admission temporaire sous condition de réexportation, *délai d'un an.*	Remboursement des droits relatifs aux échantillons n'a lieu que par le bureau qui a constaté l'importation.

JAPON

PROVINCES ou MUNICIPALITÉS	VALEUR de la PATENTE	PIÈCES EXIGÉES	RÉGIME des ÉCHANTILLONS	OBSERVATIONS
Pas de taxes municipales spéciales pour les voyageurs de commerce étrangers.	Aucun régime particulier pour les voyageurs de commerce. Ils sont assimilés à leurs confrères japonais et *payent patente* comme tous les commerçants auxquels ils sont d'ailleurs entièrement assimilés et dans la même catégorie.	Passeport.	L'article 8 de la loi sur le tarif des douanes entrée en vigueur le 1er octobre 1906, stipule que les échantillons de marchandises ne pouvant servir à un autre usage sont exempts de droits d'importation. Cette clause s'applique aux échantillons et modèles dont sont porteurs les voyageurs de commerce.	Le commerce des *alcools en tous genres, des produits pharmaceutiques, du pétrole, des armes à feu*, des munitions, etc., fait l'objet d'une législation spéciale. L'administration japonaise est très sévère pour les fausses déclarations en douane.

MEXIQUE

PROVINCES ou MUNICIPALITÉS	VALEUR de la PATENTE	PIÉCES EXIGÉES	RÉGIME des ÉCHANTILLONS	OBSERVATIONS
Etats de *Sonora* et *Sinaloa*.	300 à 400 piastres par mois. Dans les autres provinces fédérales, les patentes sont moins élevées et varient de 100 à 200 piastres par mois, *variables chaque année*.	Passeport.	Délais de réexportation, *six mois*. Cautionnement des droits remboursé à la sortie. Délai de trois semaines à un mois. Bijoux d'or, argent et platine paient les droits sans aucun remboursement.	Un voyageur visitant tous les Etats du Mexique devrait acquitter des droits dépassant 4.000 piastres par an !

NOUVELLE-ZÉLANDE

PÉNALITÉS	VALEUR de la PATENTE	PIÉCES EXIGÉES	RÉGIME des ÉCHANTILLONS	OBSERVATIONS
Droit commun.	Dépôt préalable d'une somme minimum de *10 liv. sterl.* pour couvrir tout impôt sur le revenu qui pourrait être dû sur toute affaire résultant de la tournée. Pourcentage de 5 0/0 perçu sur le chiffre total d'affaires. Taxe payable d'après une échelle commençant à 1 shilling pour chaque livre sterling.	1° Autorisation délivrée par la commission des taxes conformément à la loi de 1915 ; 2° Déclaration conforme à la loi sur les indésirables, loi de 1919, et à la loi sur l'enregistrement des étrangers (1917) c'est-à-dire écrire *eux-mêmes* en français, en anglais ou dans toute autre langue européenne, une simple formule de demande d'admission.	Echantillons soumis aux droits. Admission temporaire. Délais de remboursement : *six mois*, et dans des cas spéciaux, *un an*.	Les autorités néo-zélandaises acceptent les estampilles, marques et cachets, etc., apposés par les douanes françaises.

NORVÈGE

PÉNALITÉS	VALEUR de la PATENTE	PIÉCES EXIGÉES	RÉGIME des ÉCHANTILLONS	OBSERVATIONS
Amendes atteignant 1200 kroners.	Patente de 100 kroners par mois ou de 1200 kroners par an.	Passeport visé. La patente doit être visée par le chef de Police dans chaque localité où le voyageur visite des clients et ce, à peine de nullité.	L'administration exige l'identification par marques. Délais de réexportation pour admissision temporaire et remboursement : *trois mois*.	La vente aux particuliers est sévèrement prohibée. Un régime spécial vient d'être appliqué pour les vins (Etat acheteur comme en Suède).

PARAGUAY

MUNICIPALITÉS	VALEUR de la PATENTE	PIÈCES EXIGÉES	RÉGIME des ÉCHANTILLONS	OBSERVATIONS
Aucune taxe municipale relative aux voyageurs de commerce étrangers.	Patente suivant l'importance de la maison : 1re cl. 1.200 piastres 2e — 800 — 3e — 550 — pour chaque semestre.	Aucune pièce exigée, mais il vaut mieux avoir le passeport pour prouver l'identité.	Admission temporaire. Délais, *six mois* pour la réexportation des échantillons non employés.	Les autorités du Paraguay sont assez strictes pour le paiement de la patente et prévoient des *pénalités* : amende du double du droit non acquitté.

PAYS-BAS

PÉNALITÉS	VALEUR de la PATENTE	PIÈCES EXIGÉES	RÉGIME des ÉCHANTILLONS	OBSERVATIONS
Droit commun, rien de spécial.	Patente de 16 florins 50 par année fiscale commençant le 1er Mai.	Passeport visé et patente.	Échantillons sans valeur admis en franchise mais sous caution. Autres échantillons acquit de transit. Délais de réexportation : *un an*.	La loi appliquée est celle du 2 oct. 1893. Les autorités néerlandaises ne sont pas très rigoureuses dans leur application de cette loi.

ILES PHILIPPINES

PROVINCES ou MUNICIPALITÉS	VALEUR de la PATENTE	PIÈCES EXIGÉES	RÉGIME des ÉCHANTILLONS	OBSERVATIONS
Aucune taxe municipale.	Le voyageur de commerce peut *librement prendre des ordres* sur échantillons ou non auprès des commerçants ou des particuliers. S'il désire vendre des marchandises, il doit se faire enregistrer au bureau de *l'Internal Revenue* et payer la patente annuelle de *2 pesos* et l'impôt personnel ou cédulaire de *2 pesos*. Considéré comme un commerçant établi il doit payer la taxe de 1 0/0 à fin du trimestre. Livre-journal obligatoire. Impôt progressif sur le revenu de 1 à 10 0/0 au-dessus de 6.000 pesos. Toutes les opérations ont lieu à *Manille* le seul port des Philippines.	Passeport.	Échantillons admis sous caution temporaire pour *trois mois* renouvelables. Production de la facture consulaire d'origine du départ pour être remboursé. Dans la pratique les marques des douanes françaises sont reconnues et admises.	Une réglementation spéciale est appliquée à la *vente* (non à la représentation) des *vins et liqueurs*, des *tabacs* et des *produits pharmaceutiques*. Vente active de produits chimiques.

ROUMANIE

PÉNALITÉS	VALEUR de la PATENTE	PIÉCES EXIGÉES	RÉGIME des ÉCHANTILLONS	OBSERVATIONS
Droit commun.	Une patente analogue à celle payée, par les négociants roumains de même catégorie, est perçue pour les commandes prises chez les *particuliers* ou dans une *chambre d'hôtel*.	Passeport visé par un consul roumain. Carte de légitimation délivrée par les autorités du Pays où est située la maison représentée par le voyageur étranger.	Échantillons sans valeur exempts de droit et de contrôle. Pour les autres, cautionnement remboursable à la sortie, délais : *un an*.	Les voyageurs étrangers visitant les agriculteurs pour la vente des machines ou instruments agricoles sont exonérés de *toute taxe*.

SUÈDE

PÉNALITÉS	VALEUR de la PATENTE	PIÉCES EXIGÉES	RÉGIME des ÉCHANTILLONS	OBSERVATIONS
Amende allant jusqu'à 1500 kroners et saisie des bagages et échantillons.	Patente de *100 kroners* par mois de séjour. Le titulaire d'une patente de 30 jours peut prolonger son séjour de 15 jours moyennant le paiement d'une demi-patente. Cette patente ne donne pas droit à la vente des échantillons et à plus forte raison des marchandises (Loi du 3 octobre 1889.)	*Passeport* visé par légation de Suède ou consulat suédois. (A Paris visa 4 kroners). *Carte de légitimation* et *certificat d'origine* pour les échantillons.	Paiement de la taxe douanière suivant catégorie. Les autorités suédoises n'admettent que les estampilles ou plombages posés par elles-mêmes. Délais de remboursement *trois mois*.	Les voyageures suédois qui se rendent en France achètent des modèles de modes ou de couture qu'ils écoulent librement dans leur pays, ce qui est interdit aux voyageurs français qui ne peuvent vendre leurs échantillons. Concurrence à l'avantage des suédois. En Suède les portiers d'hôtel touchent une prime pour dénoncer les voyageurs étrangers sans patente. Régime spécial pour les vins. (Éiat acheteur)

SUISSE

PÉNALITÉS	VALEUR de la PATENTE	PIÈCES EXIGÉES	RÉGIME des ÉCHANTILLONS	OBSERVATIONS
Amende atteignant *1.000 francs* et convertie en peine de prison en cas de non-recouvrement, à raison d'un jour par 5 francs d'amende. En cas de récidive la peine peut être doublée et la carte de légitimation annulée. En outre, le contrevenant pourra être déchu pour une période d'un an à cinq ans du droit d'obtenir la carte suisse de légitimation.	Patente portant *exclusivement* sur le voyageur étranger prenant des commandes chez les *particuliers* : 150 fr. pour un an, 100 fr. pour six mois. L'année prend fin, quelle que soit l'époque de la délivrance de la carte, le 31 décembre.	A son arrivée en Suisse le voyageur doit être porteur d'un *certificat* délivré par les autorités de la ville où est située la maison qu'il représente. Et c'est à l'aide de ce certificat qu'il se fait délivrer la *carte de légitimation suisse* qui lui est indispensable pour visiter la clientèle de gros ou de détail. Mais il n'y a que pour cette dernière clientèle qu'il est astreint à la patente ci-contre, s'il *visite les particuliers*. Le passeport a été supprimé récemment pour l'entrée en Suisse en ce qui concerne la France.	Droits de douane consignés à l'entrée et immédiatement remboursés à la sortie. Délais de réexportation, *un an.*	La loi appliquée actuellement est la loi fédérale du 24 juin 1892, modifiée par la loi fédérale du 29 juin 1893, supprimant les patentes qui allaient de 300 à 500 fr. par an sur les voyageurs visitant les *négociants en gros ou en détail.* Il est à remarquer que le système appliqué en Suisse et basé sur la *carte de légitimation* délivrée sur des garanties sérieuses (certificat officiel, etc.), a donné des résultats excellents en ce qui regarde le *contrôle des étrangers.*

URUGUAY

PÉNALITÉS	VALEUR de la PATENTE	PIÈCES EXIGÉES	RÉGIME des ÉCHANTILLONS	OBSERVATIONS
Amende du double de la patente exigée.	Patente de *100 piastres or* pour un an. Réduite de moitié si la patente est demandée dans le troisième trimestre. Pour la vente des montres et bijoux cette patente annuelle est de *500 piastres or.*	Passeport visé au consulat de France par la police locale s'il se rend dans l'intérieur.	Échantillons sans valeur : franchise. Droits ordinaires pour les autres. Admission temporaire, délais de remboursement : *60 jours.*	Aucu règlement spécial pour les industries ambulantes ou le colportage. Patentes spéciales.

M. Pastre donne lecture de ses conclusions.

Une discussion est ouverte à laquelle prennent part MM. Dupeyrat, Coste et Rogée Fromy.

M. Dupeyrat précise quel peut être le rôle du Gouvernement dans la conclusion des accords commerciaux et rend compte des difficultés auxquelles nos négociateurs sont exposés. A la suite de cette intervention, satisfaction est donnée à M. Dupeyrat en ce qui concerne les passages du rapport de M. Pastre, où un compte suffisant n'a pas été tenu de ces difficultés et dans lesquels des critiques exagérées avaient été faites à nos représentants à l'étranger.

Le rapport de M. Pastre est ainsi approuvé :

L'Exportation des Vins de Consommation courante

I

Les raisons et motifs qui militent en faveur de l'exportation

A. — L'augmentation de la surface plantée en vigne est probable en France, elle est certaine en Algérie. D'autre part, le rajeunissement progressif du vignoble français a, depuis l'armistice, été entrepris dans presque toutes nos régions viticoles et en particulier dans la zone méridionale où il se poursuit avec méthode et activité. Il est donc logique de prévoir que les récoltes futures seront de plus en plus considérables, nous pourrons même avoir des récoltes pléthoriques; et bien que la consommation soit appelée à se développer dans une proportion de plus en plus satisfaisante, comme tant d'heureux symptômes nous l'indiquent, aussi bien la consommation taxée (49 millions en 1907) que la consommation en franchise (de 15 à 20 millions), la population française n'augmentant pas sensiblement — le chiffre peu élevé des naissances en témoigne, — il est à craindre que le marché intérieur ne soit plus capable un jour d'absorber la totalité de la production nationale.

Or, le marché des vins est d'une sensibilité extrême; on peut le comparer à une balance de précision. De par la loi de l'offre et de la demande, il est désemparé très facilement. Nous avons vu souvent quelques millions d'hectolitres au delà des besoins normaux suffire pour faire baisser les cours hors de toute proportion avec les causes qui amenaient cette baisse, en particulier sur nos marchés méridionaux. Nous disons méridionaux, car les vins communs étant récoltés principalement dans les plaines à grand rendement de France et d'Algérie, le bloc méditerranéen, comme dit M. Prosper Gervais, domine de tout son poids, depuis l'invasion phylloxérique, le marché des vins de consommation courante.

Divers remèdes ont été proposés pour servir de *soupape de sûreté* au marché des vins de consommation courante et créer un équilibre stable entre la production et la consommation. Nous n'avons pas à les examiner ici; rappelons simplement pour mémoire : le privilège des bouilleurs de cru et le vinage, les coopératives de distillation, le contingent, le carburant national, etc.

L'exportation serait, semble-t-l, une solution élégante de ce problème. Car, si nous pouvions exporter 2 ou 3 millions d'hectolitres de vin de consommation courante, tout danger serait pour un temps écarté.

B. — Cette exportation, améliorant notre change dans une proportion notable, nous aiderait à assainir notre situation financière et monétaire, partant aurait la plus heureuse influence sur le relèvement de notre pays.

II

Le problème de l'exportation des vins est un problème délicat.

L'exportation est un problème difficile et complexe, qui fait entrer en jeu les questions les plus graves de l'économie politique, qui amène des conflits entre les écoles et les économistes. Il demande à être étudié avec minutie et impartialité. Ceci d'autant plus que dans la matière qui nous occupe, la France n'a jamais eu, à proprement parler, *une politique du vin.*

III

Le passé de l'exportation

A. — L'exportation des vins, même à l'époque où elle a été la plus florissante, fut toujours relativement faible. On trouvera dans les annexes de ce rapport les statistiques qui en témoignent. En 1873, où le maximum était atteint, nous exportâmes 3.981.431 hectos dont 35 o/o environ de vins ordinaires. Nos principaux clients étaient, à cette époque : l'Europe du Nord et du Centre, l'Empire Britannique, les Etats-Unis, l'Amérique latine, l'Empire Russe.

B. — MM. Prosper Gervais et Paul Gouy nous ont montré, dans un très remarquable ouvrage, auquel nous avons fait de larges emprunts, que de 1850 à 1914, la population des Etats civilisés avait augmenté des 2/5; que le trafic mondial avait quintuplé; que la consommation générale avait au moins triplé. Or, il se trouve que pendant la même période et surtout depuis la crise phylloxérique, l'exportation des pays viticoles n'a cessé de diminuer. Si nous en traçons un graphique, nous voyons la courbe aller sans cesse en fléchissant. Pour aussi paradoxale que la chose paraisse, la consommation du vin qui aurait dû augmenter avec la richesse générale, a suivi une route inverse. Présentement, nos exportations atteindront peut-être péniblement 2 millions d'hectolitres, dont environ 600.000 hectolitres de vins ordinaires. Depuis l'époque de leur maximum, elles ont donc diminué de 50 o/o. Et tous les pays producteurs de vins sont dans une situation semblable.

C. — Quelles sont les causes de cette situation anormale et alarmante? Nous pouvons en noter trois principales, en négligeant les secondaires.

1° La première, celle sur laquelle nous attirons votre bienveillante attention, car elle commande toutes les autres, *c'est le rétrécissement constant des débouchés à cause des droits de douane presque prohibitifs qui, dans la plupart des pays civilisés, frappent les vins* (les vins de consommation courante comme les vins fins). Malgré l'aridité des chiffres, voici les tarifs qui sont actuellement en vigueur dans quelques-uns des pays où nous tentons d'exporter. Depuis l'époque où nous rassemblions les documents qui ont servi de base à ce rapport, quelques chiffres ont pu varier, mais d'une façon si faible que cette variation ne peut affecter l'ensemble de notre thèse.

En Espagne, les droits de douane sont de 75 francs par hecto pour les vins en fûts payables en pesetas or, plus une surtaxe calculée sur le montant de la liquidation des droits de douane et variant de 3,87 à 27, 14 o/o. (Il n'est pas tenu compte, dans ces chiffres, de la guerre de tarifs que l'Espagne nous fait actuellement et qui a amené les incidents que vous savez.)

En Allemagne, nos vins ordinaires sont frappés d'un droit de 20 marks-or par 100 kilos plus un droit intérieur de 20 o/o sur la valeur marchande.

En Belgique, nous payons 60 francs pour les vins en fûts, 180 francs pour les vins en bouteilles.

En Suisse, 32 francs par 100 kilos bruts pour les vins ordinaires jusqu'à 13° d'alcool et moûts.

En Tchéco-Slovaquie, d'après le récent régime douanier — 1er janvier 1922 — les vins jusqu'à 22,5 o/o d'alcool en volume payent en douane, par 100 kilos, 420 couronnes tchèques pour les vins en fûts, 975 pour les vins en bouteilles.

En Pologne, nous payons pour les vins en fûts jusqu'à 16° d'alcool, 120 marks polonais par 100 kilos.

Au Canada, 55 cents le gallon jusqu'à 26 o/o d'esprit de preuve.

En Italie, pour les vins en fûts, 30 lire or par hectolitre jusqu'à 12° d'alcool.

En Argentine, 0,25 piastre par litre jusqu'à 35/1000 d'extrait sec.

Aux Pays-Bas, les vins en fûts jusqu'à 20° payent 20 florins par hectolitre.

Au Brésil, sans compter les droits de consommation, 900 reis par kilogramme.

En un mot, et pour ne pas alourdir cette étude par trop de chiffres, si nous prenons les droits tels qu'ils étaient en novembre 1921, au lendemain des dernières vendanges, c'est-à-dire dans le temps où nos commerçants pouvaient songer à l'exportation, et si nous tenons compte du change, car dans les rares pays où il nous est favorable, comme l'Allemagne et l'Italie, nous ne pouvons en profiter puisque les droits sont payables en or, nous avons le droit de dire que ces tarifs sont *quasi prohibitifs*.

Comme le notait un de nos économistes, une pièce de vin payait, en novembre 1921, en Danemark 154 fr. 50, en Suède 225 fr. 50, en Norvège 287 fr. 50, en Hollande 218 fr. 33, en Suisse 207 fr. 36, en Angleterre 296 fr. 17, en Espagne 323 fr. 80. Alors qu'une pièce de vin qui vient d'Espagne en France ne paye que 72 fr. 13 de notre monnaie et 43 fr. 10 en francs espagnols. Et c'est nous qu'on accuse d'intransigeance protectionniste!

Citons maintenant un cas concret qui montre bien l'influence néfaste de tarifs aussi draconiens sur la consommation du vin.

A la fin du siècle dernier, l'Uruguay frappait les vins étrangers de tarifs très élevés : du coup, la consommation était tombée à un litre par tête et par an. Quelques années plus tard, les tarifs furent très sensiblement abaissés, presque supprimés en fait. La consommation s'éleva à 20 litres par tête et par an. Les anciens droits de douane ayant été rétablis, la consommation fléchit rapidement et retomba à un litre par tête. Est-il un exemple plus frappant?

Il est bon de faire remarquer que ces droits de douane frappent en outre indistinctement tous les vins, indépendamment de leur valeur vénale. A supposer que certains vins de grande marque puissent les supporter, ce qui est douteux, les vins ordinaires ne le peuvent pas.

Il en résulte que, seuls, les possesseurs de grosses fortunes peuvent boire nos vins; les classes moyennes et *a fortiori* ce qu'on est convenu d'appeler les classes laborieuses en sont totalement privées. Or, nos vins de consommation courante constituent, nul ne l'ignore, une boisson populaire au premier chef.

2° La deuxième cause qui retiendra notre attention est liée aux campagnes violentes des ligues de tempérance et des ligues antialcooliques, qui, dans plus d'un pays, ont conduit la population à confondre le vin avec l'alcool, d'où des restrictions sensibles de consommation et, dans certains Etats, *la prohibition absolue de tous nos vins.*

3° La troisième cause, enfin, est que, depuis la crise phylloxérique, de nouveaux concurrents sont entrés en ligne. Certains pays, hier nos clients, sont aujourd'hui des pays producteurs, tels l'Argentine, l'Australie, le Chili, la Californie, où la viticulture, rencontrant un sol favorable et des conditions climatériques qui le sont aussi, s'est développée rapidement.

IV

**L'importation des vins étrangers en France. Les zones et les ports francs.
La situation présente.**

A. — Certains économistes, dans le but de développer nos exportations et de faire de nos vins ce que l'un d'entre eux a appelé un *article de trouée*, ont demandé qu'il leur soit permis d'importer en franchise des vins étrangers destinés à améliorer par le coupage nos vins nationaux destinés à l'exportation; ils estiment ainsi pouvoir présenter à la clientèle étrangère des vins d'un type approprié à ses goûts.

Cette thèse, qui peut être favorable aux intérêts privés de quelques maisons d'exportation françaises ou étrangères, est dangereuse au premier chef pour nos populations viticoles, en particulier pour les viticulteurs méridionaux et algériens, principaux producteurs des vins de consommation courante; et, quel que soit notre respect pour l'opinion des économistes éminents qui l'ont présentée, il est de notre devoir de la combattre énergiquement.

Dire que nous avons besoin de vins étrangers pour préparer notre vin d'exportation, est à notre sens une erreur.

Le commerce trouve en France et en Algérie les qualités de vins naturels qui lui sont nécessaires pour satisfaire le goût de tous les consommateurs. Il trouve dans notre vignoble national toute la gamme des vins nécessaire à ses coupages.

Il ne faut pas dire que nos vins n'ont pas assez de « corps » pour être exportés. Depuis quelques années, la vinification a fait chez nous d'immenses progrès, en particulier sous l'heureuse influence des coopératives de vinification. Vinifiés avec soin, nos vins de consommation courante peuvent aller à l'exportation avec ou sans coupage et soutenir victorieusement la concurrence avec les vins d'Espagne, d'Italie, de Grèce, de Turquie ou de Portugal. Il y a plus : de récentes expériences, qui ont été multipliées avec succès, montrent que des vins de 9 à 10°, convenablement vinifiés, résistent au climat des tropiques. Exporter des vins remontés artificiellement à un haut degré, comme le propose une haute personnalité du commerce, a pu avoir, jadis, son utilité; c'est une méthode qui n'est plus en rapport avec la science vinicole moderne. Sans compter que ces vins à haut degré sont propres à donner des armes aux Sociétés de tempérance.

B. — Corollairement, et bien que la question ne puisse être discutée ici, nous ne voyons aucun avantage à la création de zones franches et de ports francs.

V

Plan de l'étude de nos possibilités d'exportation des vins.

Pour mener à bien l'étude de l'exportation des vins de consommation courante, une première section devra traiter de nos colonies : à savoir des pays dont nous pouvons modifier nous-mêmes dans une large mesure les tarifs douaniers. Dans une deuxième section, nous passerons en revue les pays dont la porte est entr'ouverte et dans lesquels des tarifs douaniers favorables peuvent nous être accordés si nos négociations diplomatiques et commerciales sont bien conduites. La troisième section traitera des Etats abstinents et examinera rapidement, sans vouloir empiéter sur les attributions des autres rapporteurs, comment on peut modifier par une propagande bien conduite les fausses opinions que ces pays ont de nos vins.

VI

Exportation aux colonies.

A. — Nos colonies peuvent absorber des quantités considérables de vins ordinaires, non seulement nos vieilles colonies comme les Antilles et la Réunion, mais aussi les autres. M. Adrien Artaud, l'éminent économiste que nous combattons souvent énergiquement, mais dont nous n'hésitons pas à adopter les conclusions lorsque nous les croyons justes, a pu écrire que, dans tous les pays coloniaux où nous introduisons le vin, il est grandement apprécié. Les Annamites, les Malgaches, les indigènes de l'Afrique en consomment et, à partir de ce moment, délaissent les boissons alcooliques importées ou du cru.

C'est ainsi que, dans nos possessions coloniales, nous assistons à une sorte d'éveil de la consommation du vin. Un des vice-présidents de la C. G. V., dont tous les économistes ont pu apprécier la haute compétence, M. Burguin, disait tout dernièrement que, dans l'Afrique du Nord, les populations musulmanes elles-mêmes, sous l'influence de la guerre, semblaient vouloir consommer du vin, ce qu'elles ne faisaient pas auparavant. Certains orientalistes ont même prétendu que la prohibition du *Coran* n'était pas aussi absolue que ce qu'on avait bien voulu le dire. Nous avouons notre incompétence absolue en cette matière. Mais la chose valait d'être signalée.

Quoi qu'il en soit, le *Bulletin de l'Agence Générale des Colonies* (numéro juin-juillet 1921) nous donne la statistique des vins français importés dans nos colonies pendant cette période décennale :

Sénégal	171.078	hectolitres
Haut Sénégal, Niger	25.939	—
Guinée Française	30.974	—
Côte d'Ivoire	14.763	—
Dahomey	17.569	—
Gabon	17.771	—
Moyen-Congo, Oubanghi-Chari	18.845	—
Réunion	86.579	—
Madagascar et dépendances	239.647	—
Côte Française des Somalis	12.304	—
Etablissements Français de l'Inde	6.072	—
Indo-Chine	511.381	—
Saint-Pierre et Miquelon	16.296	—
Guadeloupe et dépendances	100.973	—
Martinique	94.206	—
Guyane Française	121.950	—
Nouvelle-Calédonie	202.590	—
Etablissement Français en Océanie	202.590	—

Les colonies ont donc fait une consommation de 1.703.571 hectolitres de vins de France pendant cette période de dix années. Ces chiffres sont très intéressants, car ils nous montrent qu'avec certaines de nos possessions, le commerce des vins est très actif. Toutefois, il est nécessaire de tenir compte de la guerre : cinq de ces années, c'est-à-dire la moitié de cette période, nous paraissant avoir apporté une perturbation dans l'appréciation de ces chiffres.

Ce sont là, certes, de simples indications et il est impossible de citer le chiffre auquel pourront s'élever nos exportations dans nos colonies. Mais ces indications, ces symptômes sont si encourageants que nous pouvons nous y arrêter avec complaisance.

B. — L'exportation dans nos colonies dépend uniquement d'une bonne politique coloniale et commerciale. Nous demandons donc au Ministère compétent, et sans vouloir en rien empiéter sur ses attributions, d'intervenir, de négocier des accords, de faire établir des tarifs favorables et aussi peu variables que possible. En un mot, de prendre une série de mesures qui permettront à nos vins ordinaires de devenir la boisson courante de nos possessions d'outre-mer.

VII

L'action du Gouvernement et l'exportation des vins.

Comme l'a fort bien dit M. Savot : de la connaissance des causes résulte celle des remèdes à apporter à une situation. Le remède, ici, est à la fois du ressort de notre Gouvernement et des collectivités ou des individualités qui ont un intérêt direct à cette exportation.

La viticulture représente une des principales richesses de la France, puisqu'elle possède à elle seule les 3/7 de la production mondiale. C'est dans la production des vins que nous affirmons notre supériorité. C'est la culture de la vigne, ne l'oublions pas, qui enracine le mieux l'homme à la terre, c'est dans nos pays viticoles que les populations sont le plus attachées au sol natal.

Le Gouvernement a donc le devoir de faciliter l'exportation du vin, non seulement des vins fins, mais des vins ordinaires. Nos vins ordinaires sont une boisson de *luxe populaire*, suivant la très heureuse expression de MM. Gervais et Gouy. Mis à la portée des classes moyennes et même des classes laborieuses, ces vins de consommation courante doivent avoir une clientèle de plus en plus nombreuse et fidèle. Et cette clientèle peut s'étendre hors des pays de race latine. Ceux d'entre nous qui ont combattu auprès des troupes britanniques et américaines ont vu combien nos alliés, si différents de nous par la race et les mœurs, appréciaient les vertus de notre vin. Ils étaient aussi friands de notre boisson nationale que nos propres soldats. Ajoutons, car la chose est d'importance, que vins fins et vins ordinaires ne sont pas des frères ennemis. Au contraire, ils se complètent; et la consommation des uns entraîne toujours la consommation des autres dans une proportion directe. Il a été dit que *les vins ordinaires sont les ambassadeurs des vins de marque* : rien de plus exact.

Nous demandons donc en toute logique et en toute justice que nos vins ordinaires acquittent dans les pays étrangers des taxes extrêmement modérées, calculées de manière à ne pas entraver nos exportations.

Ceci, le Gouvernement seul peut l'obtenir.

Il est bon maintenant de faire observer que, par l'exagération des droits de douane, les pays importateurs ont nui à leurs propres intérêts. Les taxes trop élevées deviennent vite prohibitives et leur rendement ne tarde pas à être nul. Une taxe moyenne est au contraire productive. C'est un point d'économie politique bien connu, que Bastiat avait mis en lumière dès 1845 avec sa maîtrise accoutumée.

En outre, ces exagérations douanières ont poussé à la fraude, à la fabrication de liquides innommables qui n'ont de vin que le nom. Tous ceux qui ont voyagé à l'étranger, dans l'Amérique du Sud en particulier, ont vu servir, sous le nom de vin de France, des boissons imbuvables et qui étaient anti-hygiéniques au premier chef.

Signalons encore que dans la négociation des accords commerciaux l'agriculture et principalement la viticulture ont été trop souvent sacrifiées aux articles de luxe.

Pour nous résumer, nous demandons que l'expansion de nos vins à l'étranger soit facilitée dans toutes nos conventions douanières et en particulier par ce que M. Savot appelle le principe *de loyale réciprocité et d'égalité*.

Nous demandons que si la France paye 10 o/o pour une denrée de consommation courante importée de tel pays, le vin ordinaire français exporté dans ce même pays ne paye également que 10 o/o.

Nous demandons que si des aliments exotiques de consommation courante entrent en franchise chez nous, notre vin jouisse également et par réciprocité de cette même franchise dans les pays importateurs.

Nous n'avons pas à donner de conseils à notre diplomatie ni même des directives, ce serait sortir de notre compétence. Mais nous voudrions que les agriculteurs et les négociants soient toujours représentés à la Commission des coefficients douaniers, et que corollairement les grandes associations agricoles et viticoles soient toujours consultées avant la conclusion de tout traité de commerce.

N'oublions pas enfin que les droits élevés de circulation qui frappent notre vin sur notre propre territoire sont d'un bien mauvais exemple pour les étrangers. Logiques avec nous-même nous souhaitons l'abaissement de ces droits à un taux raisonnable, 5 francs par hectolitre, par exemple. Il faut en finir avec une fiscalité malfaisante qui, semblable bientôt à celle de l'empire romain, appauvrira le pays sans enrichir le trésor.

Sans vouloir passer en revue tous les pays dans lesquels nous pouvons exporter, ni examiner les conventions douanières qui nous lient avec eux, ceci ne pouvant guère être fait que dans un gros volume et non pas dans un modeste rapport, l'étude des statistiques et la lecture aussi des conventions douanières montrent que si notre diplomatie, aidée par nos commerçants et nos associations viticoles, fait un effort suffisant, nous pourrons développer nos exportations.

Tout d'abord en Suisse et en Belgique, c'est une question d'accords douaniers que notre amitié séculaire avec la Suisse doit faciliter et que notre fraternité d'armes avec la Belgique doit rendre plus aisée encore. Tous ceux qui ont lu le rapport très documenté de M. Malaquin se souviennent qu'à l'Exposition de Liége, en 1905, les Sociétés d'agriculture de l'Hérault, du Gard, etc., avaient ouvert des *bars* de dégustation; l'affluence de la foule montrait combien le Belge deviendrait pour nos vins ordinaires un consommateur régulier si ce vin était mis à portée de sa bourse. Pour la Belgique, réduction des droits de douane et amélioration du régime des transports, tout le problème est là. Puis viennent la Rhénanie et l'Allemagne; ici nous avons le droit de parler haut et clair et d'exiger un traitement de faveur.

En Suisse, en Belgique, en Rhénanie, en Allemagne, les classes populaires aiment le vin, celles même qui n'en boivent pas habituellement en prennent très facilement le goût dès qu'il leur est présenté. Tous ceux qui ont voyagé dans ces pays ont pu s'en rendre compte. Pour l'exportation de nos vins, c'est là, à notre avis, que nous trouverons nos meilleurs clients dès que les barrières douanières seront moins élevées.

Viennent ensuite l'Angleterre et les Dominions, la Scandinavie, la Hollande et les Iles de la Sonde, l'Europe Centrale, la Tchéco-Slovaquie et la Pologne. Dans ces derniers pays il faudra tenir compte du change. Il est bien certain que dans les pays à finances avariées et compromises, les exportations ne pourront prendre une certaine ampleur que tout autant que la situation financière se sera améliorée. Nous passons sous silence la Russie. Présentement c'est le parti le plus sage.

VIII

La propagande dans les pays dont la porte est entr'ouverte et dans les pays abstinents.

Nous n'avons pas à nous occuper tout spécialement de la propagande, puisqu'elle sera traitée ailleurs avec toute l'ampleur nécessaire. Il est cependant quelques indications qui entrent dans notre sujet.

Le vin est la boisson classique des rivages méditerranéens, foyers de toute haute civilisation et de toute culture, comme le disait un jour M. Chaumet, avec la haute autorité qui s'attache à son nom. Il sera bon de montrer par l'exemple de notre population viticole et par l'opinion de nombreuses sommités scientifiques, que le vin est le meilleur antidote de l'alcoolisme. Partout où l'on boit du vin, on boit peu d'alcool. Là où la consommation du vin se développe, la consommation de l'alcool diminue. Nos populations méridionales qui boivent du vin, qui en boivent largement, et qui sont saines et vigoureuses, ne consomment par tête d'habitants et par an que 80 centilitres d'alcool environ. Par contre, dans les départements éloignés des centres viticoles, là où la population ne boit pas de vin, nous voyons la consommation de l'alcool s'élever par an et par tête à 11 et même à 13 litres. En résumé, répandre la consommation du vin ordinaire, c'est combattre l'alcoolisme. Mais, lorsque nous parlons d'alcoolisme, il est bien entendu que c'est uniquement l'abus de l'alcool que nous visons. « Rien de trop », dit la sagesse antique. L'homme doit savoir user sans abuser. Nous voulons dire par là que les bonnes eaux-de-vie, consommées avec modération, ne présentent nul danger, et qu'une telle consommation n'a rien à voir avec l'alcoolisme.

La propagande devra se préoccuper enfin de faire connaître nos vins de France et d'Algérie à l'étranger, en faisant pour eux ce que les sociétés de consommation anglo-saxonnes ont fait pour le thé et le café.

IX

Quelques propositions annexes.

A. — Il nous appartiendra encore de développer les banques d'exportation qui permettront au commerce français d'engager des capitaux dans des crédits à long terme à l'étranger. Il faudra que nos banques créent à l'étranger des succursales de plus en plus nombreuses.

B. — Nos grandes associations viticoles, nos coopératives, devront étudier la création de bureaux à l'étranger. Elles devront se demander si elles n'auraient pas intérêt à entretenir dans les pays où nous voulons exporter des agents spéciaux. Non pas que nous ayons l'intention de supplanter le commerce, *organisme indispensable à la vie des États modernes*, mais on peut concevoir les organisations qui travailleront à côté de lui, ou avec lui, en collaboration plus ou moins étroite suivant le cas. Commerce et viticulture ont parfois des intérêts divergents, plus souvent ils ont des intérêts communs. Efforçons-nous d'atténuer ce qui nous divise et occupons-nous surtout de ce qui nous unit.

C. — Pour faciliter l'exportation, nous demandons des tarifs de transports spéciaux, en particulier des tarifs de chemins de fer en ce qui regarde la Suisse, la Rhénanie, l'Allemagne, la Belgique.

D. Primes à l'exportation. — C'est là un procédé artificiel, empirique, délicat et complexe, un peu démodé et certes très critiquable en bien des cas. Cependant il y aura lieu d'étudier de très près si dans certaines circonstances et pour un temps déterminé nous n'aurons pas à établir de primes à l'exportation.

E. — Nous demandons enfin que nos honorables commerçants, qu'on a vraiment par trop brimés depuis quelques années, soient débarrassés des entraves administratives qui paralysent leurs tentatives. Il faut qu'on renonce aussi à les accabler de taxes aussi odieuses que vexatoires, et qui tueront, si nous n'y prenons garde, notre commerce.

Nota. — Nous n'avons pas cru devoir parler ici des vins sans alcool. Ce serait, ce semble, sortir de notre cadre.

CONCLUSION

Gardons-nous d'un optimisme exagéré. Certains économistes très éminents entrevoient des exportations s'élevant à des chiffres tels que nous aurions besoin d'augmenter notre production au moins d'un bon tiers pour y faire face; nous hésitons à les suivre. Pour le moment, tous les espoirs demeurant certes permis, nous avons des ambitions plus modestes, mais nous espérons secrètement qu'elles seront dépassées.

Exportons nos vins dans nos colonies; nous avons essayé de le montrer, la tâche sera relativement aisée.

Pour les autres pays, grâce à des conventions douanières avantageuses, développons nos exportations, tâchons de lutter heureusement contre nos concurrents qui d'ailleurs présentement n'exposent guère plus que nous.

Si nous trouvons auprès des pouvoirs publics l'appui sur lequel nous croyons devoir compter, si nous savons aussi nous aider nous-mêmes, nous parviendrons à développer nos exportations de manière satisfaisante.

Ainsi nous n'aurons plus à craindre la surproduction, dont le funeste souvenir hante nos populations viticoles.

En apportant sur les marchés extérieurs la boisson qui a soutenu et vivifié nos soldats pendant la Grande Guerre, cette boisson que nous avons bien le droit d'appeler le Vin de la Victoire, non seulement nous servirons nos populations viticoles, qui sont si dignes d'intérêt, mais corollairement nous travaillerons au relèvement de la France.

Quantités de vins de France
exportées à l'étranger

Années	Hectolitres	Années	Hectolitres	Années	Hectolitres
1803	1.101.041	1843	1.429.925	1883	2.538.000
1804	1.144.464	1844	1.402.925	1884	2.472.000
1805	1.499.111	1845	1.491.854	1885	2.593.000
1806	1.503.670	1846	1.360.324	1886	2.602.000
1807	1.190.533	1847	1.488.270	1887	2.402.000
1808	1.017.566	1848	1.548.381	1888	2.118.000
1809	1.118.734	1849	1.872.416	1889	2.167.000
1810	726.807	1850	1.910.654	1890	2.162.000
1811	697.839	1851	2.269.030	1891	2.044.000
1812	791.517	1852	2.438.572	1892	1.845.000
1813	761.181	1853	1.976.026	1893	1.569.000
1814	877.269	1854	1.330.213	1894	1.724.000
1815	1.345.743	1855	1.214.977	1895	1.697.000
1816	1.151.842	1856	1.274.917	1896	1.784.000
1817	619.872	1857	1.124.474	1897	1.775.000
1818	974.391	1858	1.619.700	1898	1.636.000
1819	1.183.421	1859	2.519.039	1899	1.717.000
1820	1.195.291	1860	2.020.786	1900	1.905.000
1821	1.007.784	1861	1.857.707	1901	2.022.000
1822	1.035.079	1862	1.893.913	1902	2.050.000
1823	1.227.945	1863	2.084.456	1903	1.726.000
1824	906.725	1864	2.336.137	1904	1.642.000
1825	1.053.844	1865	2.868.398	1905	2.605.000
826	1.190.066	1866	3.372.902	1906	2.110.000
1827	1.070.275	1867	2.591.169	1907	2.789.000
1828	1.244.090	1868	2.806.413	1908	2.273.000
1829	1.114.736	1869	3.063.050	1909	2.279.000
1830	874.651	1870	2.866.005	1910	2.292.000
1831	805.751	1871	3.319.256	1911	1.569.000
1832	1.307.798	1872	3.429.970	1912	2.058.000
1833	1.337.896	1873	3.981.431	1913	1.659.000
1834	1.193.394	1874	3.232.484	1914	1.155.000
1835	1.300.671	1875	3.730.872	1915	1.013.000
1836	1.305.219	1876	3.330.911	1916	788.058
1837	1.114.298	1877	3.101.638	1917	480.000
1838	1.453.316	1878	2.794.987	1918	450.000
1839	1.193.775	1879	3.046.737	1919	1.132.723
1840	1.333.580	1880	2.488.013	1920	1.527.127
1841	1.478.292	1881	2.572.000	1921	1.671.371
1842	1.367.508	1882	2.618.000		

PAYS	TOTALITÉS exportées durant les 9 années (1905-1913)	MAXIMUM	MINIMUM
A. — Vins ordinaires (en fûts).			
	Hectolitres		
1°) Suisse	2.968.479	756.653 (1905)	100.284 (1911)
2°) Allemagne	1.688.880	332.799 (1907)	106.225 (1911)
3°) Belgique	1.305 988	153.980 (1907)	101.513 (1911)
4°) Zones franches	684.035	108.509 (1906)	32.163 (1911)
5°) Indochine	378.720	71.138 (1906)	12.476 (1907)
6°) Grande-Bretagne	288.181	39.950 (1910)	26.775 (1905)
7°) Nouvelle-Calédonie	240.396	52.515 (1917)	18.167 (1909)
8°) Madagascar	184.613	33.143 (1906)	3.576 (1907)
9°) Guyane	160.315	22.804 (1906)	13.182 (1911)
10°) Rép. Argentine	154.883	31.544 (1910)	2.668 (1905)
11°) Réunion	143.795	24.895 (1907)	9.757 (1913)
B. — Vins ordinaires (en bouteilles).			
	Hectolitres.		
1°) Grande-Bretagne	39.166	8.293 (1905)	1.705 (1913)
2°) Belgique	28.545	4.641 (1910)	2.239 (1908)
3°) Algérie	20.383	3.093 (1913)	1.589 (1909)
4°) Indes Néerlandaises	17.495	2.916 (1912)	1.355 (1905)
5°) Madagascar	16.013	3.105 (1905)	619 (1908)

(*Vifs applaudissements.*)

M. Dupeyrat donne lecture de son rapport. Il expose comment cette étude sera complétée en tenant compte des déclarations faites à la séance du matin.

La discussion est ouverte sur ce rapport. Y prennent part : MM. Coste, J.-H. Ricard, Genie aîné, Elie Bernard, Checq, de Mun, Henriot.

Le vœu déposé par M. de Mun à la section américaine et repris par la première section sera incorporé aux propositions du rapport de M. Dupeyrat. A ce sujet, qui touche à la création d'un Comité permanent, un intéressant échange de vues a lieu entre Mme la comtesse Oberbeck-Clausen et M. le Président. MM. Prosper Gervais, Rogée-Fromy, Checq, de Mun, Elie Bernard, Coste, Mathon, Henriot, Pastre, etc...

M. Ricard inaugure cette discussion en montrant que les viticulteurs et les négociants intéressés à l'exportation du vin doivent faire le principal effort et compter surtout sur eux-mêmes. Il rappelle que récemment la Commission d'Exportation des vins de France, créée sur l'initiative de M. Bertrand de Mun, et présidée par M. Guestier, s'est donné un programme bien défini et a pu s'assurer des moyens de propagande très puissants. L'organisme à créer, plus général encore que la Commission d'Exportation des vins de France, serait en quelque sorte le résultat immédiat et pratique des travaux du Congrès. Sous quelle forme pourrait-il être conçu? C'est la question que les organisateurs posent à la deuxième section et que M. Dupeyrat est spécialement chargé d'élucider.

M. Dupeyrat montre comment les autres corporations extrêmement puissantes sont représentées par des organismes spéciaux uniques pour chaque groupe d'intérêts, qui savent faire entendre leur voix au cours des conférences économiques nationales ou internationales. Dans les débats où les intérêts opposés sont en présence, il arrive que les pays étrangers battus sur certains points prennent leur revanche sur les produits moins bien défendus ou pour lesquels les solutions proposées aux défenseurs des intérêts français sont souvent contradictoires. Le vin jusqu'ici a fait partie de la catégorie des produits nationaux qui ont souvent subi les conséquences de cette mauvaise organisation. Il est apparu dans ces assises que les divergences d'opinion et d'intérêts entre les viticulteurs et négociants et les autres industries intéressées à la production et à la consommation du vin étaient plus apparentes que réelles et la possibilité de créer un organisme commun pouvant se placer sur le même rang que les comités ou syndicats les plus puissants de l'industrie ou du commerce semble démontrée.

Ce principe pourrait dès maintenant être acquis et il appartiendrait à des personnalités choisies au sein de ce Congrès d'étudier les moyens de le réaliser. L'improvisation en cette matière ne pourrait donner que de mauvais résultats.

M. Checq propose qu'une Commission où tous les intérêts seraient représentés soit nommée à la séance plénière et que M. Dupeyrat, rapporteur général, présente aussi tôt que possible à cette Commission un projet de constitution de cet organisme commun.

Il est entendu que *la deuxième section à son tour ratifie les vœux déjà émis par la section américaine et par la première section, en faveur de cette création.*

M. de Mun souligne la nécessité qu'il y a pour cet organisme d'être puissamment doté. Il rappelle que ce sont les faibles qui sont toujours sacrifiés dans les transactions. Une véritable alliance de tous les intérêts doit se faire autour du vin. Déjà le commerce des boissons a une importance de premier ordre. Quels sont les alliés qui pourraient se joindre à lui, chaque groupement gardant d'ailleurs sont indépendance, mais tous étant disposés à s'unir lorsque les intérêts généraux seront menacés ?

M. de Mun est d'avis lui aussi, que négociants et viticulteurs doivent compter d'abord sur eux-mêmes. Il montre par l'exemple des sociétés de tempérance ce que peuvent faire la volonté, la conviction tenace et la persévérance dans l'action.

M. Elie Bernard donne à son tour en exemple l'œuvre de la C. G. V. qui n'a compté que sur elle-même et qui a obtenu des résultats auxquels le Congrès a rendu plusieurs fois justice.

M. de Mun montre que si ses idées sont admises, l'action à entreprendre sera très délicate, demandera beaucoup de temps et d'argent. La contribution de tous, sous les formes les plus différentes est indispensable, car il faudra disposer de moyens extrêmement puissants. Pour cela, M. de Mun entrevoit le fonctionnement d'une part, dans la création et l'action des viticulteurs et des négociants groupés par région et celle d'une Commission centrale avec son siège à Paris, fédérant en quelque sorte ces groupements régionaux. Il faut prévoir des difficultés, l'entente ne pouvant être réalisée dans les différentes régions du jour au lendemain, mais de plus en plus la nécessité de s'unir apparaît dans les différents centres et les travaux même de la Semaine Nationale du Vin feront certainement faire un grand pas à la campagne déjà commencée.

M. Coste montre que, de leur côté, les viticulteurs ne sont pas restés inactifs, ils ont su créer d'abord l'Association des Viticulteurs de France, puis, en 1913, la Fédération des Associations Viticoles Régionales de France, qui comprend vingt associations importantes, groupées. Une première entente pourrait être faite entre cette Fédération et la Commission d'Exportation des Vins de France. M. Coste s'appuie sur son expérience personnelle en ce qui concerne les difficultés d'établissement des cotisations respectives. Les associations fédérées sont d'importance tout à fait diverses et leurs ressources sont extrêmement inégales.

Malgré ces difficultés prévues, il convient de se mettre à la tâche et de tenter la réalisation de cette œuvre utile.

M. Mathon encourage les congressistes à suivre la voie qui a été choisie à la suite de la Semaine du Commerce Extérieur dont il fut le rapporteur général. Se plaçant à un point de vue plus général, M. Mathon estime que même au cas où l'organisme commun dont il s'agit serait créé pour le Vin, celui-ci devrait garder le contact avec les organismes permanents s'intéressant à d'autres produits. Il est important que dans le programme d'action du Comité Permanent à créer figure :

1° L'étude avec les autres organismes des conditions fixées par l'étranger conduisant à la prohibition ou à la limitation des importations;

2° Les questions de l'instabilité des changes, des modes de recouvrement et des moyens de crédit. (La Semaine de la Monnaie qui fera suite à la Semaine du Vin aura plus spécialement à étudier cette question et à rechercher les moyens de faciliter les transactions avec les pays à change déprécié.);

3° L'union des efforts de propagande et de publicité;

4° Les moyens d'agir d'accord sur nos représentants à l'étranger, ces moyens étant très différents suivant les pays auxquels on s'adresse.

M. Henriot demande que dans le Comité Permanent figurent les industries annexes, à côté des viticulteurs et des négociants en vins.

Mme la comtesse Oberbeck-Clausen signale que, dans la région bordelaise, les propriétaires n'ont pas hésité à verser une cotisation proportionnelle à leur production, dans le but spécial de défendre les vins de France.

M. Dupeyrat se propose, dans son rapport général qui sera lu à la séance du samedi soir, d'insister tout spécialement sur cette création de l'organisme représentatif des intérêts des vins de France, en tenant compte des observations qui ont été faites par les orateurs précédents.

Le titre, qui pourrait être celui de « Comité Central des Vins de France », sera également proposé à l'Assemblée.

Tout en laissant à chaque région la latitude de s'organiser dans le même but, M. Dupeyrat pense que le mieux est de centraliser dès maintenant les efforts en confiant à une première Commission peu nombreuse le soin de préparer les statuts et d'envisager les moyens de doter ce Comité des ressources qui lui sont nécessaires.

Après observations faites par M. Prosper Gervais et M. Pastre, une entente intervient entre M. Dupeyrat et M. Pastre pour que leurs conclusions relatives aux droits spécifiques des vins soient identiques.

Après intervention des mêmes personnes, il est entendu que l'égalité des taxes demandée par le rapporteur pour les vins en bouteilles et pour les vins en fûts est fondée surtout sur ce que les vins en bouteilles offrent des garanties d'authenticité plus grandes.

Le dernier vœu présenté par M. Dupeyrat qui dit que :

« Comme complément de ces mesures principales, des dispositions utiles soient étudiées et prises en vue de faciliter la consommation des vins français à l'étranger; qu'à cette fin soit notamment organisée l'éducation professionnelle des maîtres d'hôtel, sommeliers et cavistes, et qu'une aide intelligente soit offerte aux consommateurs pour le choix et la présentation des vins de France; qu'à titre d'exemple et d'enseignement, le vin soit toujours fourni dans les repas à prix fixe, tant dans les restaurants et hôtels français que sur les paquebots de nos Compagnies de navigation et dans les wagons-restaurants »,
est renvoyé à la troisième section, avec avis favorable.

Le rapport de M. Dupeyrat est ainsi adopté :

L'exportation des vins de marque ou d'origine
et des grands ordinaires
Protection internationale des appellations d'origine
Traité de paix

C'est avec raison que les rédacteurs du programme de la Semaine Nationale du Vin ont voulu qu'une étude de l'exportation de ce produit fût précédée d'un exposé des mesures prises pour en garantir l'authenticité. La fraude, qui motiva, dans une si large mesure, la crise viticole française de 1907 est aussi, en effet, une cause principale de la décroissance continuelle de nos ventes de vins classés à l'étranger.

Toute protection au dehors des marques et appellations d'origine devant avoir pour base l'effort initial réalisé à l'intérieur aux mêmes fins, il apparaît nécessaire de résumer ici, au moins succinctement, les mesures prises en France par les pouvoirs publics pour assurer, sur notre propre marché, la loyauté des transactions.

Ces mesures visent un triple but moral, hygiénique et économique : défendre le consommateur contre les tromperies de toutes sortes dont il pourrait être victime, et notamment contre les falsifications dont la santé publique risquerait de souffrir, protéger les producteurs et les commerçants honnêtes contre la concurrence déloyale.

On trouvera ci-après (annexe A) la liste des dispositions légales et réglementaires mises en vigueur en France, à cet effet. Nous ne croyons pas utile de les analyser toutes successivement et pensons qu'il suffira d'essayer d'en dégager brièvement les principes qui caractérisent le régime français aux yeux mêmes des services du ministère de l'Agriculture chargés de l'appliquer.

Propriété. — La loi du 29 juin 1907 oblige le propriétaire, fermier ou métayer récoltant du vin, à déclarer, à la mairie de la commune où est le pressoir, d'une part, la superficie des vignes en production qu'il possède ou exploite, et, d'autre part, la quantité totale du vin produit et, s'il y a lieu, la quantité de vendanges fraîches ou de moûts expédiée ou reçue. Le déclarant ne peut faire sortir de sa propriété une quantité de vin supérieure à celle qu'il a déclarée; car le receveur buraliste de la localité, auquel la mairie communique le relevé des déclarations, lui refuserait les titres de mouvement indispensables. Toute déclaration frauduleuse est d'ailleurs punie d'une amende de 100 à 1.000 francs. Les déclarations sont affichées à la porte de la mairie.

Le sucrage, qui permettrait de masquer dans une certaine mesure le mouillage, a été minutieusement réglementé : une déclaration préalable est nécessaire et la quantité de sucre ajoutée ne peut dépasser 10 kilos pour 3 hectolitres de vendange. La fabrication de « vins de sucre », seulement pour la consommation familiale, n'est autorisée que conditionnellement (loi du 29 juin 1907, art. 6). Elle doit être faite sous le contrôle des employés de la régie. Les peines sont de 500 à 5.000 francs d'amende, en cas de contravention.

La détention des sucres et glucoses, en même temps que des vins destinés à la vente, a même été réglementée pour enrayer plus sûrement la fraude et la circulation des sucres et glucoses a été mise sous le contrôle de la régie (lois du 6 août 1905 et du 29 juin 1907).

Commerce de gros. — L'élément essentiel de la surveillance chez les négociants en gros est le compte d'entrées et de sorties. Les employés de la régie contrôlent les arrivées chez ces négociants et inscrivent sur un registre (le portatif) les entrées reconnues régulières. Ils inscrivent de même les sorties. La différence entre les entrées et les sorties constitue le stock qui doit exister en magasin. L'existence d'un excédent constitue une présomption de fraude. Pour garantir la régularité dans l'emploi des acquits, des visas en cours de route, sur les chargements de vins, ont été prévus (lois du 6 août 1905 et du 15 juillet 1907).

Commerce de détail. — On est tenté, à première vue, de se demander pourquoi les débitants ne sont pas, comme les négociants en gros, soumis au contrôle du service des contributions directes. Interrogée sur les causes de cette apparente anomalie, l'Administration explique que, si des vérifications efficaces peuvent être effectuées en l'objet chez les marchands en gros, c'est parce que :

1° L'article 12 de la loi du 6 mai 1919 impose à ces commerçants la tenue d'un registre spécial d'entrées et de sorties pour tous les produits achetés ou vendus avec appellation d'origine;

2° L'exercice n'existe plus chez les débitants depuis la suppression du droit qui frappait autrefois les ventes au détail, tandis que les marchands en gros sont exercés par la Régie qui leur tient un compte d'entrepôt, en sorte que toutes leurs réceptions et livraisons sont accompagnées de titres de mouvement, lesquels doivent mentionner, le cas échéant, les appellations d'origine données aux vins.

Les indications du compte d'entrepôt et celles figurant sur les acquits ou congés permettent de s'assurer de l'exécution des inscriptions faites par les intéressés sur le registre spécial prévu à l'article 12 précité de la loi du 6 mai 1919.

Mais cet article visant uniquement les personnes qui font le commerce en gros des boissons, les débitants n'ont pas à tenir le registre spécial d'entrées et de sorties susvisé. Cette obligation ne pourrait leur être imposée que par un texte nouveau et qui, semble-t-il, ne suffirait pas à rendre possible un contrôle utile. En effet, il serait facile d'obliger les débitants à inscrire sur un registre les vins achetés sous appellations d'origine, mais il n'en serait pas de même pour les ventes, lesquelles sont généralement faites par petites quantités, souvent même à la bouteille et à des acheteurs inconnus.

D'autre part, si les détaillants doivent recevoir toutes leurs boissons en vertu de titres de mouvement, ils n'ont pas à lever d'expéditions pour les livraisons qu'ils opèrent dans les limites de la tolérance à la circulation (10 litres dans les villes et 4 litres à la campagne pour les vins).

Enfin, non seulement les employés des contributions indirectes ne tiennent pas de compte chez les débitants, mais dans les villes ils ne pourraient intervenir chez ceux-ci qu'en observant les formalités prescrites par la loi pour les visites domiciliaires.

En fait, les vérifications relatives à la protection des appellations d'origine sont donc exclusivement effectuées dans les débits par les agents du service de la répression des fraudes, lesquels sont spécialement chargés de l'application des lois et règlements en matière de fraudes commerciales et ont qualité pour pénétrer dans tous les locaux servant au commerce.

Pour faciliter cette surveillance, le décret du 19 août 1921 (1) a prescrit l'indication de la dénomination sous laquelle le vin est mis en vente et l'indication du titre alcoolique, sauf lorsqu'il est vendu sous une appellation d'origine. Dans ce dernier cas, la recherche du mouillage peut, en effet, se faire plus facilement par comparaison avec des vins de même origine.

Le mouillage des vins est très difficile à établir par l'analyse chimique lors-

---

(1) Pris par application de la loi du 1er août 1905, art. 11.

qu'il est fait dans des proportions modérées. La comparaison avec des vins de même origine est une mesure indispensable. C'est pourquoi a été créé un « casier vinicole », au moyen de prélèvements annuels d'échantillons de vins types, recueillis de façon à donner la composition minima des vins d'une certaine provenance.

Vins impropres à la consommation. — L'acheteur est trompé et lésé non seulement s'il reçoit de l'eau au lieu de vin, mais s'il reçoit du vin « malade », corrompu ou ayant simplement un mauvais goût.

Le décret du 19 août 1921, reprenant les dispositions de celui du 3 septembre 1907, stipule que la dénomination *Vin* ne peut être appliquée qu'au produit de la fermentation du raisin frais ou du jus de raisin frais, et il exclut du commerce les vins impropres à la consommation.

Il énumère certaines maladies et la composition chimique qui les caractérise. Il vise les vins de surpressurage, dont la composition diffère profondément de celle du vin.

Enfin, l'emploi du sel, du plâtre, de l'acide sulfureux, des bisulfites alcalins, etc., est limité. Bref, les conditions d'une vinification régulière sont soigneusement définies. Celui qui s'en écarte est passible des peines prévues par la loi du 1er août 1905.

Ainsi qu'on le voit par ce bref exposé, la législation française a mis sur pied un système de répression des fraudes qui constitue, à tout le moins, un ensemble de garanties remarquable et qui nous a mis en droit de réclamer de la part des gouvernements étrangers des mesures correspondantes. Nous n'y avons pas manqué.

Aussi bien la question n'était-elle pas neuve en matière de droit international et divers accords avaient-ils été conclus en vue de faire disparaître ou d'atténuer la diversité des législations nationales à ce sujet. Un résultat important avait été acquis en ce qui concernait l'enregistrement des marques par la Convention de Paris du 20 mars 1883, complétée par l'arrangement de Madrid du 14 avril 1891 et revisée à Washington le 2 juin 1911. Malheureusement, la protection ainsi organisée laissait subsister une double lacune : d'une part, un trop grand nombre d'Etats demeuraient étrangers aux arrangements conclus, ou, les ayant signés, mettaient peu d'empressement à les sanctionner sur leur territoire; d'autre part, seules les marques étaient visées et non les appellations d'origine.

Un pas de plus fut fait en 1908, au Congrès de Genève, où M. Mandeix, d'accord avec M. Roux, obtenait le vote de la motion suivante :

« Lorsqu'un pays a défini l'un des produits de son sol ou de son industrie et établi des règlements pour protéger ledit produit contre l'imitation frauduleuse qui pourrait en être faite par ses nationaux, les autres pays devront, sur leur territoire, accorder à ce produit une protection identique. »

Les applications pratiques à faire de ce principe furent forcément négligées pendant les cinq années de la guerre, mais l'idée fut reprise lors des négociations pour la paix.

Dispositions du Traité de Versailles. — En janvier 1919, le comité consultatif chargé de l'étude des questions agricoles d'après-guerre s'était préoccupé de la nécessité d'imposer à l'Allemagne et à ses alliés l'obligation de réprimer toute usurpation des appellations régionales intéressant des produits français et avait, sur la proposition de M. Ricard, voté dans ce sens un vœu aussitôt transmis au ministre de l'Agriculture et du Commerce.

Finalement, nos plénipotentiaires réussirent à faire insérer dans la partie X, section 1, chapitre III du Traité de Versailles, les articles 274 et 275 dont voici le texte :

« ART. 274. — L'Allemagne s'engage à prendre toutes les mesures législatives ou administratives nécessaires pour garantir les produits naturels ou fabriqués originaires de l'une quelconque des puissances alliées ou associées contre toute forme de concurrence déloyale dans les transactions commerciales.

« L'Allemagne s'oblige à réprimer et à prohiber, par la saisie et par toute autre sanction appropriée, l'importation et l'exportation ainsi que la fabrication, la circulation, la vente et la mise en vente à l'intérieur, de tous produits ou marchandises portant sur eux-mêmes ou sur leur conditionnement immédiat, ou sur leur emballage extérieur, des marques, noms, inscriptions ou signes quelconques, comportant, directement ou indirectement, de fausses indications sur l'origine, l'espèce, la nature et les qualités spécifiques de ces produits ou marchandises. »

« ART. 275. — L'Allemagne, à la condition qu'un traitement réciproque lui soit accordé en cette matière, s'oblige à se conformer aux lois ainsi qu'aux décisions administratives ou judiciaires prises conformément à ces lois, en vigueur dans un pays allié ou associé et régulièrement notifiées à l'Allemagne par les autorités compétentes, déterminant ou réglementant le droit à une appellation régionale, pour les vins ou spiritueux produits dans le pays auquel appartient la région ou les conditions dans lesquelles l'emploi d'une appellation régionale peut être autorisé; et l'importation, l'exportation, ainsi que la fabrication, la circulation, la vente ou la mise en vente des produits ou marchandises portant des appellations régionales contrairement aux lois ou décisions précitées, seront interdites par l'Allemagne et réprimées par les mesures prescrites à l'article qui précède. »

Des stipulations analogues se retrouvent dans les articles 226 et 227 du traité de Saint-Germain avec l'Autriche, l'article 210 du traité de Trianon avec la Hongrie, les articles 154 et 155 du traité de Neuilly avec la Bulgarie et les articles 266 et 267 du traité de Sèvres avec la Turquie.

La signification et la portée de ces textes nouveaux ont été étudiées déjà par des jurisconsultes tels que MM. Pillet et Chabaud, Jacq et Marcel Paisant, dans de récents ouvrages et aussi par des spécialistes de la répression des fraudes tels que M. Jean Ch. Leroy, chef du contentieux des appellations d'origine au ministère de l'Agriculture, et M. Toubeau, chef du service de la répression des fraudes.

M. Leroy estime que les garanties inscrites dans le traité de Versailles pour mettre les Alliés à l'abri d'une concurrence déloyale ruineuse, de la part de leurs anciens ennemis, sont des plus sérieuses. Il ajoute, il est vrai, qu'il nous reste à en poursuivre l'observation avec vigilance et fermeté ; mais il en va de même pour toute disposition contractuelle et les termes de l'article 275 sont assez clairs pour qu'aucune difficulté d'interprétation ne soit à redouter à leur sujet. Grâce à eux, il dépend désormais de notre volonté que demeure toujours abrogée la législation tristement fameuse qui, permettant de qualifier un mélange du nom de son principal élément, donnait aux marchands de Hambourg le droit de vendre sous l'étiquette de vins ou eaux-de-vie de France des mixtures où il pouvait entrer légalement jusqu'à 49 % de produits de n'importe quelle origine. Il suffira, pour que ces fructueuses opérations ne soient plus possibles, que notre gouvernement prenne soin de notifier à l'Allemagne les lois et les décisions administratives ou judiciaires déterminant ou réglementant chez nous le droit de nos vins ou spiritueux à une appellation régionale. Du fait de cette simple notification, l'importation, l'exportation, la vente et à plus forte raison la fabrication des faux vins français devront être interdites et réprimées sur le territoire du Reich.

M. Toubeau montre quelque regret qu'on n'ait pas fait mieux encore. Du fait que le traité du 28 juin 1919 porte la signature de vingt-sept nations, il conclut qu'il aurait suffi de peu de chose peut-être pour que des dispositions relatives à l'organisation entre elles d'un contrôle réciproque des transactions fussent adoptées.

Faute, en effet, d'un accord formel à cet égard, il n'apparaît pas que les obligations imposées à l'Allemagne par les articles 274 et 275 au profit des autres puissances signataires engagent celles-ci entre elles.

S'ensuit-il, se demande M. Leroy, que chacun des Etats signataires puisse se désintéresser des violations qui seraient commises sur son propre territoire au détriment d'un des cosignataires? Il lui semble difficile qu'une des puissances alliées ou associées puisse considérer comme *res inter alios acta* l'obligation mise à la charge de l'Allemagne; mais il craint, d'autre part, que le droit d'intervenir, en vertu du traité, risque d'être contesté à l'Etat qui y serait disposé, si l'on admet que cet Etat n'est pas lui-même lié envers ses cosignataires. Quoi qu'il en soit, il croit, en dernière analyse, que l'obligation assumée par l'Allemagne permettra au moins, dans la plupart des cas, aux intéressés français de poursuivre, à l'étranger, pour concurrence déloyale, l'emploi de dénominations auxquelles les produits allemands ne peuvent plus avoir droit selon la loi même de leur pays d'origine.

Ajoutons qu'en toute hypothèse, les articles 274 et 275 du traité de Versailles nous fournissent un point de départ excellent pour la conclusion d'arrangements particuliers avec nos anciens alliés et même avec les neutres. Déjà, la convention signée par la France avec la Tchéco-Slovaquie, le 4 novembre 1920, rend applicable à tous les produits qui tirent du sol ou du climat leurs qualités particulières la clause de garantie réciproque contenue dans l'article 275 du traité de Versailles. Il y a là un précédent dont il est permis d'espérer que notre gouvernement s'inspirera dans la négociation de tous nos futurs accords commerciaux. Un vœu dans ce sens, émis à la *Semaine Nationale du Vin* ne pourrait que l'y encourager et l'aider.

II.

L'exportation des vins de marque ou d'origine et des grands ordinaires

Parmi les problèmes inscrits à notre programme de travail, il n'en est guère, Messieurs, qui, par sa complexité et sa gravité, mérite mieux de retenir toute notre attention. C'est un grave et complexe problème, en effet, parce que si, pour la viticulture comme pour toute autre branche de la production nationale, le seul moyen d'éviter l'écrasement des cours est de vendre au dehors ce que le marché intérieur ne peut pas absorber, le vin est le seul de nos produits qui semble mettre en opposition systématique l'intérêt du producteur et celui du commerce intermédiaire. Aussi bien d'ailleurs parmi les producteurs euxmêmes, il est loin d'y avoir toujours concordance d'intérêts ou, si l'on préfère, unité de vues.

Si la réalité correspondait exactement à cette apparence, on pourrait considérer la difficulté comme à peu près insoluble et l'avenir de notre fortune vinicole comme irrémédiablement compromis. Fort heureusement, un examen attentif de la question permet de se défendre contre l'excès de pessimisme et de ne pas désespérer. La collectivité viticole est simplement logée à la même enseigne que toutes les autres collectivités, depuis la plus grande jusqu'à la plus petite, depuis l'Etat jusqu'à la famille : les intérêts communs et les intérêts contraires se juxtaposent, mais en fin de compte une égale bonne foi suffit à créer l'union pour la sauvegarde de ceux-là et à fournir la formule transactionnelle qui concilie ceux-ci. L'adhésion unanime de la viticulture et du commerce à la *Semaine Nationale du Vin* prouve que, de part et d'autre, on est animé du même désir d'entente. Recherchons donc ensemble comment elle est possible et comment elle sera féconde.

Le présent rapport n'a pour objet que les vins de marque ou d'origine et les grands ordinaires, une étude spéciale étant, d'autre part, consacrée à l'exportation des vins de consommation courante par M. Pastre, administrateur de la C. G. V. Nous tâcherons ici de ne pas sortir de notre cadre, mais par la force même des choses, vos deux rapporteurs seront conduits à émettre sur quelques points qui intéressent toutes les catégories de vins français des opinions qui pourront être divergentes. Il appartiendra à la Section d'abord, à l'Assemblée plénière ensuite de rétablir l'unité de doctrine.

Les statistiques nous montrent que les plus fortes exportations de vins français se placent dans la période comprise entre 1869 et 1879, c'est-à-dire immédiatement antérieure à l'invasion phylloxérique : les chiffres annuels y oscillent entre 2.794.987 et 3.981.431 hectolitres. A partir de 1880, on voit se dessiner une décroissance presque régulièrement constante qui aboutit, pour l'année 1921, au total de 1.671.371 hectolitres. Cette ligne descendante correspond à peu près exactement, en sens contraire, à la ligne ascendante des quarante années allant de 1830 à 1869.

Les registres de la douane ne permettent pas de préciser d'ailleurs la qualité des vins exportés : ils ne font de distinction, en effet, qu'entre les vins de la Gironde et ceux des autres régions, qu'entre les vins en bouteilles et les vins en fûts. En outre des vins très différents sont tantôt confondus et tantôt séparément enregistrés sans qu'on puisse discerner les motifs de cette diversité de classification. C'est ainsi, par exemple, que les vins mousseux ont, jusqu'en 1893, été englobés dans la catégorie des vins « autres que ceux de la Gironde ». Il ne faut d'ailleurs pas compter sur le relevé des valeurs pour corriger celui des quantités : qu'on se reporte, si on en doute, aux valeurs successives attribuées par la Commission permanente des valeurs de douane à l'hectolitre de vin durant les quarante dernières années, et on sera édifié. Quoi qu'il en soit, on semble, d'une façon générale, être d'accord pour admettre que la proportion des ventes au dehors était de deux tiers environ pour les vins de marque ou d'origine contre un tiers pour les vins ordinaires.

Dans un autre ordre d'idées, il y a lieu de noter que les chiffres des statistiques de la douane française ne concordent pas avec ceux des statistiques étrangères auxquels ils sont, en règle générale, très sensiblement supérieurs toutes les fois qu'il s'agit de pays qui sont pour nous des marchés de transit. Tels qu'ils sont cependant, ils fournissent des indications d'une exactitude relative suffisante. Ils deviennent même très instructifs dès qu'on les rapproche de quelques autres et notamment de ceux de la production française et de la production étrangère, comme aussi de ceux de la consommation au dedans et au dehors de nos frontières.

Ces comparaisons font ressortir en premier lieu que la crise phylloxérique a gravement affecté notre exportation, qui baissait d'un million et même plus tandis que notre consommation nationale restait à peu près stationnaire.

C'est un fait important à retenir à un double point de vue. Le commerce, ne trouvant pas chez nous les quantités dont il avait besoin, les a demandées aux vignobles étrangers qui, en même temps, se voyaient sollicités de suppléer à l'insuffisance de nos expéditions aux divers pays consommateurs. De là un double encouragement à la culture de la vigne partout où les conditions de climat et de terrain la rendaient possible. On comprend sans qu'il soit besoin d'insister que, lorsque nos récoltes sont redevenues à peu près normales, leur placement s'est heurté à une concurrence dont il ne leur a pas toujours été possible de triompher.

Mais si, nous plaçant à un autre point de vue, nous observons non plus les chiffres de notre exportation totale, mais ceux de nos exportations par pays de destination, nous aurons aussi à faire quelques constatations utiles. Grâce à elles nous essaierons de mettre en lumière les causes auxquelles est due la baisse de notre exportation. De ces causes, les unes jouent chez nous-mêmes, les autres se manifestent dans les pays de consommation.

On peut classer les premières en deux groupes principaux, selon qu'elles alourdissent le prix de la marchandise ou contrarient autrement son placement. Les causes qui alourdissent les prix peuvent elles-mêmes se subdiviser en deux catégories :

1° Causes affectant directement le prix de revient chez le producteur, c'est-à-dire renchérissement de la main-d'œuvre, du matériel d'exploitation, des engrais sulfates, soufre, etc.;

2° Causes indirectes de l'élévation du prix à la sortie du territoire français, c'est-à-dire charges fiscales de toutes sortes grevant le produit, majoration des tarifs de transports terrestres, etc.

Les causes d'élévation du prix de revient à la propriété sont malheureusement impossibles à faire disparaître. Tout ce qu'on peut raisonnablement espérer, c'est que l'amélioration progressive de la situation économique générale fasse, dans un avenir plus ou moins prochain, sentir, ici comme partout, ses bons effets.

Il est de même bien certain que nous ne sommes pas près de voir diminuer les charges fiscales qui pèsent sur le pays; mais il est permis de penser que l'Etat ne refusera pas d'en rendre la répartition plus équitable. Il remplira ainsi un de ses devoirs essentiels, mais en même temps il fera œuvre de sage, prévoyante et profitable administration. Un impôt qui tarit la source de richesse où il s'alimente est doublement condamnable puisqu'il appauvrit la nation et ne fournit au Trésor que des recettes passagères. Or, tel est pourtant le cas de la plupart des taxes que le vin supporte; elles ont été tellement exagérées que leur influence sur la consommation est désastreuse.

La même observation s'applique aux tarifs de transport sur nos voies ferrées; mais, ici, un premier pas a été fait dans la bonne route, bien timidement, il est vrai, mais qui permet d'espérer mieux pour l'avenir.

D'autres causes, chez nous-mêmes, s'ajoutent à celles-ci pour nuire à l'exportation des vins. C'est d'abord la mode des repas arrosés de simples infusions de thé ou d'eau coupée d'alcools divers ou même pure. Cette forme de snobisme, encouragée par un certain nombre de médecins, pour des raisons que la raison ne comprend guère, et par les marchands d'eaux minérales, dont la conduite s'explique mieux, a pu être considérée parfois comme d'importance secondaire au point de vue qui nous occupe. Elle est, en réalité, des plus malfaisantee par l'exemple qu'elle nous fait donner. Comment, en effet, pourrions-nous tenter utilement de critiquer chez les autres le régime sec si nous le mettions en pratique pour notre propre compte?

Enfin, s'il faut tout dire, nous ne saurions passer sous silence les effets de l'apparente opposition d'intérêts de la propriété et du commerce, et des polémiques qui s'en sont suivies.

La résistance passionnée qu'a rencontrée et que rencontre encore en certains milieux l'application de la loi sur les appellations d'origine, n'a pas cessé d'être exploitée contre notre commerce. L'Allemagne en avait fait un *leit motiv* de sa propagande. Partout, les négociants de Hambourg et de Brême allaient disant que nous n'exportions plus de vins purs et qu'il y avait donc tout profit à s'adresser à eux, plus capables que nous de doser scientifiquement des coupages. Il serait temps de tuer cette légende. Les vins de France sont les meilleurs, mais il n'est pas de produit plus facile à frauder, puisqu'il ne peut porter aucune marque. Il n'en est donc pas non plus qui risque davantage de trouver le consommateur en méfiance. Quoi qu'on ait pu dire et penser, l'expérience de tous les observateurs désintéressés démontre que producteurs et commerçants français sont en cette matière étroitement solidaires. Il leur importe également que, partout, s'enracine la conviction que, pour avoir du vin français authentique, c'est en France qu'il faut l'acheter. Il n'est pas non plus douteux que le meilleur moyen, sinon le seul, d'obtenir ce résultat est non seulement d'obéir avec scrupule, comme le fait notre commerce dans son immense majorité, à toutes les prescriptions légales ou réglementaires sur les appellations d'origine, mais aussi de proclamer bien haut ce respect et d'en faire la base de notre propagande commerciale.

Pour ce qui concerne les causes de mévente qui jouent à notre détriment et qui ont leur origine hors de France, il est facile d'observer que nos anciens marchés se subdivisent, sauf quelques exceptions, sur lesquelles nous reviendrons tout à l'heure, en trois grandes catégories :

1° Pays qui, ruinés ou bouleversés par la guerre, ne peuvent plus acheter parce qu'ils ne peuvent plus payer : c'est le cas de la Russie, de l'Allemagne et de presque tous les Etats de l'Europe centrale et des Balkans;

2° Pays où est en vigueur un régime de prohibition absolue ou relative : c'est le cas des Etats-Unis d'Amérique, de la Finlande, de la Suède, de la Norvège et d'une partie du Canada;

3° Pays devenus producteurs ou dont la production s'est largement développée, tels que le Chili, l'Argentine, l'Australie, etc.

Dans les pays appartenant à la première de ces trois catégories, nous n'avons rien à attendre que de l'action du temps; seule, l'amélioration de la situation économique générale leur rendra peu à peu leur ancienne capacité d'achat.

Pour ce qui concerne les pays à régime prohibitif, le remarquable rapport de M. le baron d'Anthouard conduit à des conclusions assez pessimistes, tout au moins pour le temps présent et pour l'avenir le plus immédiat. L'exposé de notre collègue montre clairement la force et le caractère de la campagne menée depuis cent cinquante ans par les Sociétés de tempérance des Etats-Unis. Basé au début sur une idée morale, le mouvement anti-alcoolique a aujourd'hui un caractère tout différent : il s'inspire de considérations presque uniquement économiques et utilitaires. On comprend que, dans un pays où la consommation des « boissons intoxicantes » a atteint annuellement et par tête jusqu'au chiffre énorme de 90 litres, on se soit à juste titre préoccupé des conséquences qui pouvaient en résulter au point de vue de la capacité de production industrielle. Ce n'est ni par des railleries, ni par des arguments d'ordre sentimental qu'il serait raisonnable d'espérer enrayer ce mouvement. Si nous voulons atteindre un résultat utile, il n'est pas d'autre moyen de l'obtenir que d'organiser et de poursuivre une campagne méthodique qui fasse peu à peu comprendre au peuple américain que le vin, loin de favoriser l'alcoolisme, fournit au contraire le moyen le plus sûr de le prévenir. La documentation recueillie à cet égard par la Ligue anti-alcoolique française et utilisée dans ses beaux travaux par M. le docteur Bertillon, est précieuse ; il faudrait la compléter en relevant soigneusement, en Amérique même, les faits qui démontrent que la prohibition telle qu'elle est appliquée, c'est-à-dire s'étendant à toutes les boissons fermentées, même les plus légères, est une arme à double tranchant et constitue non seulement une prime à la fraude, sous toutes les formes, mais encore un encouragement à la consommation de toute une série de poisons, infiniment plus nocifs que l'alcool lui-même. Mais cette campagne d'enseignement, ce n'est pas à l'Etat que nous pouvons demander de l'entreprendre : elle ne peut et doit être qu'une œuvre d'initiative privée résultant de la collaboration de la propriété et du commerce français. Il ne faut d'ailleurs pas se dissimuler qu'elle sera une œuvre de longue haleine et très coûteuse.

Le développement de la production du vin, encouragé par la crise phylloxérique française dans des pays qui étaient antérieurement nos clients pour la presque totalité de leur consommation, a fatalement réduit nos ventes dans la proportion même où les vignobles nouveaux étaient créés ou élargis. Si l'on consulte les statistiques, on y voit que ce sont surtout les vins de consommation courante qui ont cessé de nous être demandés; c'est là un phénomène trop naturel pour qu'il puisse nous surprendre. La production locale, outre qu'elle correspond toujours au goût de la population, s'offre à celle-ci plus facilement et à des prix beaucoup moins élevés que la production étrangère. C'est ce que nous voyons notamment au Chili et en République Argentine. Dans ces deux pays, les viticulteurs ont maintenant à rechercher chaque année l'écoulement d'une récolte dont l'ensemble varie entre 8 et 10 millions d'hectolitres, ce qui dépasse de beaucoup les besoins nationaux, à tel point que la mévente est devenue, là-bas aussi, un danger auquel on s'efforce de parer. Ce danger est si grave qu'en Argentine, par exemple, on a pris des mesures pour empêcher les plantations nouvelles dans le plus important des centres viticoles, la province de Mendoza. En même temps, le Chili et l'Argentine s'appliquent à créer des courants d'exportation de leurs produits et leurs efforts en ce sens sont favorisés par la tendance qu'ont de plus en plus les Etats sud-américains de se considérer comme destinés par la nature même à former tôt ou tard une grande union douanière et, en attendant, à s'accorder mutuellement des régimes douaniers préférentiels. Si l'on ajoute que, pour ce qui reste possible d'importation de vins exotiques, la demande émane à peu près uniquement de l'élément latin de la population, c'est-à-dire de l'élément dont la majorité est italienne ou espagnole, on comprendra que ce sont surtout des vins italiens et espagnols qui gardent encore un débouché de quelque intérêt.

La conclusion à tirer de cet ensemble de faits, c'est que, dans le continent sud-américain, il y a peu d'espoir que nos vins ordinaires puissent retrouver des chances de placement en quantités appréciables; mais nos vins classés ou d'origine et nos grands ordinaires sont eux-mêmes menacés : les vins du Chili s'essayent à prendre leur place et il ne servirait à rien de nier qu'ils y parviennent dans une certaine mesure.

Si ces vins, en effet, sont nettement inférieurs à ceux de chez nous dont ils se prétendent les similaires et dont, trop souvent, ils usurpent le nom, non pas peut-être pour créer une confusion d'origine, mais pour affirmer une équivalence de qualité, ils sont du moins supérieurs à bon nombre de nos vins communs. Cette qualité relative jointe au prestige de l'étiquette dont ils se parent, et à l'avantage d'avoir été récoltés sur un territoire américain, fait qu'ils jouissent d'une faveur particulière. Leur succès est fait aussi d'un autre élément dont on ne saurait assez souligner l'importance. Tous les voyageurs qui connaissent quelque peu le vin signalent la médiocrité habituelle de ce qui leur a été servi dans l'immense majorité des hôtels, des restaurants, et même des tables particulières les plus soignées, sous le nom de Bordeaux ou de Bourgogne, même avec étiquette indicative de crus classés ou de maisons françaises justement réputées. Comment cela s'explique-t-il ? D'une seule manière : trop de vins sont exportés en fûts et passent par les mains d'un trop grand nombre d'intermédiaires avant leur mise en bouteilles pour que leur pureté n'ait pas couru de grands risques en chemin. La mise en bouteilles, faite n'importe où et par n'importe qui, n'offre aucune garantie sérieuse et il n'est pas douteux que, trop souvent, elle a fourni l'occasion d'appliquer le principe dont s'inspirait le commerce de Hambourg qui qualifiait ses mixtures du nom de leur principal élément. Quoi qu'il en soit, les consommateurs et, ce qui est particulièrement grave, ceux d'entre eux dont le goût est le mieux éduqué, se détournent dès lors de plus en plus des prétendus vins de France en l'authenticité desquels ils croient de moins en moins.

Par surcroît de malheur, quand des vins authentiques de nos bons crus ont pu échapper au danger de falsification, une autre menace les attend : celle d'être mal présentés et mal servis. Deux de vos rapporteurs, MM. Guillon et Drouant expliquent avec quel soin, en Allemagne, étaient conduites l'éducation et l'instruction des maîtres d'hôtel, sommeliers et cavistes; nous ferons bien de nous inspirer de cet exemple et de tâcher d'enseigner l'art de soigner le vin français partout où nous voulons le faire boire.

Ces remarques relatives à la falsification trop fréquente de nos vins et à leur présentation défectueuse ne s'appliquent pas uniquement aux pays où ils ont à subir la concurrence des vins nationaux. Elles sont à retenir tout aussi bien pour la défense de notre exportation sur les marchés que n'ont encore fermés ni la ruine, ni la prohibition ni le développement d'un vignoble local.

De ces marchés, devenus malheureusement bien peu nombreux, les uns comme la Belgique, la Hollande et le Danemark, ne peuvent s'approvisionner qu'au dehors; les autres, comme la Suisse, l'Allemagne et la Grande-Bretagne, ne trouvent chez eux — territoire métropolitain ou colonial — qu'une faible portion de ce qui leur est nécessaire.

De 1875 à 1920, les exportations que nous leur avons faites ont subi les fluctuations ci-après (statistique française) :

PAYS de destination	ANNÉES				
	1875	1903	1913	1920	1921
Suisse	698.312	157.015	129.466	297.981	321.692
Allemagne	638.810	221.172	251.073	220.084	304.162
Belgique	328.277	281.881	285.957	302.800	262.524
Grande-Bretagne	317.002	226.539	164.645	242.417	93.424
Pays-Bas	149.530	88.684	58.987	67.415	»

La Suisse fut longtemps notre principale cliente. Ses achats chez nous commencèrent à décroître avec la période phylloxérique et descendirent à leur niveau le plus bas entre 1886 et 1889. Ils remontaient déjà de la façon la plus encourageante (le total de nos ventes fut, en 1891, de 307.754 hectol.) lorsque la guerre de tarifs survenue en 1892 accentua la crise qui semblait conjurée. La reprise des relations économiques en 1895 provoqua un nouveau relèvement. Depuis lors, les chiffres des affaires ont, d'une année à l'autre, subi des variations de grande amplitude. L'Espagne et surtout l'Italie sont nos principales concurrentes; celle-ci expédie non seulement des vins tout faits, mais aussi des raisins de cuve. Une loi fédérale du 7 mars 1912 a interdit l'importation des vins artificiels. Les droits de douane sont :

Pour les vins en fûts : (1)
Jusqu'à 13° : 32 fr. par 100 kilos.
De 13°,1 à 15 : 50 francs.
Au-dessus de 15° : 3 fr. 50 par degré d'alcool et par 100 kilos.
Pour les vins en bouteilles :
Jusqu'à 15° : 50 francs.
Au-dessus de 15° : 3 **fr.** 50 par degré et par 100 kilos.

L'Allemagne produit du vin, mais dans des conditions climatériques qui rendent irrégulière, en quantité et en qualité, sa récolte qu'elle exporte pour une grande partie. On sait qu'une véritable « industrie » du vin, protégée à la fois par une législation complaisante et par une habile tarification douanière, s'était organisée sur le territoire impérial et notamment à Hambourg au moyen des raisins de cuve et des vins de coupage importés qui servaient de matière première. Malgré le « foisonnement » de vins de nom français qui en résultait, le marché allemand demeurait pour notre viticulture un important débouché.

Depuis le rétablissement de la paix, le gouvernement du Reich a fixé, pour l'importation des vins en Allemagne, un contingent général (2) auquel se sont ajoutés certains contingents distincts dont nous avons réclamé le bénéfice (3). Le marché allemand n'a donc à l'heure actuelle qu'une capacité d'achat limitée, mais il est d'autant plus intéressant à surveiller pour l'avenir que les articles 274 et 275 du traité de Versailles nous permettent de tenir la main à ce que la fraude et la contrefaçon n'y soient plus comme autrefois impudemment pratiquées.

La Belgique a toujours été pour nos vins un marché de choix; nous en sommes les principaux fournisseurs. C'est d'ailleurs un marché de transit et ceci explique que les chiffres de nos statistiques soient souvent plus élevés que ceux des statistiques belges. Nos ventes pourraient être encore plus importantes si l'authenticité de nos produits était plus efficacement protégée qu'elle ne l'est. Nous avons, à cet égard, de justes sujets de plainte à faire valoir et, lors des prochaines négociations, il faut espérer que le gouvernement de la République saura obtenir du gouvernement royal son adhésion à la Convention de Madrid et des mesures inspirées des articles 274 et 275 du traité de Versailles.

---

(1) Pendant les travaux d'impression du présent rapport, ces droits ont été modifiés comme suit (21 mai 1922) :

Vins en fûts jusqu'à 13°............................ 24 fr. les 100 kilos
Au-dessus de 13° :

    Vins rouges....................................... 30 fr.   »
    Vins blancs....................................... 33 fr.   »

(2) Les envois de vins de France motivés par la présence de nos troupes dans les régions occupées n'entrent évidemment pas en compte pour les quantités prévues à ce contingent.

(3) Contingentement des vins admis à l'entrée en Allemagne en 1922 ;

Rappel de contingent............................ 55.000 hectolitres
Contingent général.............................. 120.000   »
    »   français .... 27.000   »
    »   italien .... 27.000   »
    »   portugais .... 27.000   »
    »   pour la fabrication du « sekt »........... 40.000   »

                                       296.000 hectolitres

Nous aurons à nous faire concéder également de sérieux dégrèvements sur les droits qui frappent nos vins (1).

L'Angleterre a, pendant une assez longue période, inquiété nos producteurs et M. Tallavignes se faisait l'interprète de leurs réflexions attristées dans une excellente étude sur l'exportation des vins français publiée par la *Revue de Viticulture* en 1905. De fait, la consommation britannique, qui était de 789.925 hectolitres en 1899, s'était mise à décroître avec une singulière régularité. Ceux qui en avaient cherché les causes les avaient découvertes nombreuses et complexes : tantôt ils y voyaient un effet de la guerre sud-africaine, tantôt ils incriminaient soit l'influence des sociétés de tempérance, soit les fantaisies de la mode, soit surtout le développement de la fabrication des vins artificiels.

Quoi qu'il en fût, la diminution mise en relief par M. Tallavignes pour la période 1875-1903 a continué dans la suite. Elle paraît avoir atteint son plus bas niveau en 1913, les années de guerre ne devant pas entrer en ligne de compte. Un relèvement notable s'est dessiné en 1919 et surtout en 1920. Mais à la fin de ce dernier exercice et en 1921, la situation a de nouveau empiré en raison cette fois, à ce qu'il semble, de la crise générale qui a déterminé les Anglais à supprimer toutes les dépenses somptuaires ou considérées comme telles. C'est ce que montrent les statistiques (chiffres anglais), dont voici les totaux :

Importations des vins de toutes origines et de toutes catégories :

1920 .... 17.736.000 gallons, soit environ 798.000 hectol.
1921 .... 9.623.000 gallons, soit environ 432.000 hectol.

Sur ces quantités, nous ne fournissons plus que 93.424 hectol. en 1921 et l'on ne saurait évaluer ce que donnera l'exercice 1922 au sujet duquel les prévisions ne sont toutefois pas optimistes. La tendance anglaise est, en effet, de ne nous acheter que des champagnes. La grosse concurrence nous est faite, pour les autres vins, par le Portugal (5.739.572 gallons en 1920) et l'Espagne (3.437.615 gallons dans la même année). Ces vins espagnols et portugais sont certainement en grande partie consommés comme vins de liqueur; mais il est à craindre qu'il en soit employé aussi une certaine quantité à des coupages qui se substituent à notre production. Il est donc souhaitable que nous obtenions des garanties nouvelles en matière de répression de la fraude et de la contrefaçon, la protection britannique de l'indication de provenance étant en fait plus apparente que réelle quand il s'agit de produits étrangers. Au point de vue douanier aussi, nous avons à souhaiter un régime plus favorable : les taxes qui frappent nos vins, surtout au change actuel, sont excessives.

La Hollande qui n'est pas plus que la Belgique productrice de vins est, comme elle aussi, un marché de transit : une partie de nos envois ne fait que traverser Rotterdam à destination de l'Allemagne. Mais la consommation nationale pourrait se développer dans de notables proportions si elle n'était pas contrariée par des taxes trop lourdes. La Hollande, en effet, est libre-échangiste et son

---

(1) Importation de vins français en Belgique en hectolitres :

	1921	1920
Chiffres belges..	269.484	255.185
Chiffres français.....................................	262.524	302.803

tarif douanier reste un modèle de libéralisme. Malheureusement, le droit de douane est suppléé par le droit d'accise dont les répercussions sur nos ventes sont des plus inquiétantes, non seulement à cause du renchérissement de prix qui s'ensuit, mais encore en raison de la prime offerte à la fraude qui se pratique au moyen des vins espagnols vinés à 18°.

Le Danemark n'a jamais constitué qu'un marché assez restreint. Les droits de douane élevés et l'action des sociétés de tempérance n'y favorisent pas la consommation, mais le port franc de Copenhague était, avant la guerre, un entrepôt de distribution assez intéressant, malgré les coupages qui pouvaient y être opérés.

D'après les statistiques françaises, notre clientèle danoise nous a acheté :

En 1875..........................	23.166 hectolitres
En 1903..........................	24.909 »

Voici, d'autre part, d'après les statistiques danoises, les importations de vins de France, d'Algérie et d'Espagne en 1919 et 1920 (quantités en hectolitres) :

NATURE	PAYS D'ORIGINE	1919	1920
Vins en fûts jusqu'à 15° :	France	46.540	»
	Algérie	7.260	»
	Espagne	12.980	»
	Totaux et autres..................	83.920	44.800
Vins en fûts de plus de 15° :	France	920	»
	Portugal	43.486	»
	Espagne	36.780	»
	Totaux et autres..................	87.780	117.200
Vins mousseux :	Suisse	156	»
	France	17	»
	Totaux et autres..................	183	343

A côté de ces marchés anciens, il convient de citer d'un mot, pour que ce rapport sommaire ne soit pas par trop incomplet, quelques marchés nouveaux qu'a créés la division territoriale de l'Europe telle qu'elle résulte des derniers traités de paix.

La Tchéco-Slovaquie a signé avec la France une convention commerciale le 4 novembre 1920. Cet instrument diplomatique prévoyait à notre profit un contingent de 40.000 hectol. pour les vins en fûts, mais quelques mois plus tard l'Italie obtenait, par son accord du 23 mars 1921, un contingent plus élevé (100.000 hectol.).

Cette situation avantagée était la conséquence de l'échange de la clause générale de la nation la plus favorisée insérée dans la convention italo-tchèque et que le gouvernement de Prague considérait comme assurant à son commerce d'exportation un traitement plus favorable que celui que stipulait son arrangement avec notre pays.

De nouvelles négociations ont été engagées au début de la présente année en vue d'un remaniement de l'accord du 4 novembre 1920; elles semblent devoir nous faire obtenir les mêmes contingents que l'Italie.

La Finlande s'est engagée par l'article 6 de la convention du 13 juillet 1921 à se pourvoir chez nous des boissons alcooliques nécessaires à sa consommation, à l'exception des spécialités que la France ne produit pas. Ainsi a été entr'ouvert un marché fermé en principe par le régime de la prohibition absolue.

Au point de vue pratique, le dernier alinéa du susdit article 6 prévoyait l'ouverture à Helsingfors d'un magasin d'exposition de vins français. D'après les renseignements officieux que nous avons pu recueillir, ce magasin serait en bonne voie d'installation.

La Pologne a conclu avec la France un accord commercial signé à Paris le mois dernier (6 février 1922). Une réduction tarifaire de 50 % y est prévue en faveur des boissons alcooliques françaises à leur entrée en territoire polonais. Cet accord limite nos ventes éventuelles à un contingent annuel de 26 millions de francs pour les vins et de 4 millions pour les alcools. C'est moins que ce que nous pouvions espérer. Mais il faut tenir compte de la dépréciation de la monnaie polonaise (un franc vaut environ 420 marks). Dans ces conditions le contingent qui nous est attribué semble au moins suffisant pour créer un courant des affaires et préparer une importante clientèle à notre commerce.

L'Esthonie, aux termes de l'accord commercial conclu à Paris le 6 janvier dernier, nous concède, paraît-il, des détaxes de 35 % des droits de douane pour les vins titrant jusqu'à 16° et de 25 % pour les vins mousseux. Ces détaxes seront portées respectivement à 45 et 35 % lorsque les vins en cause seront accompagnés de certificats délivrés par les laboratoires officiels français et attestant leur pureté ainsi que leur droit à une appellation régionale d'origine.

D'après ce que nous croyons savoir, des pourparlers sont déjà engagés ou sur le point de l'être avec la Lettonie, la Lithuanie et la Yougo-Slavie pour la conclusion de conventions commerciales. Ces pays, les deux premiers surtout, constituent des marchés restreints. Nous n'en devons pas moins tâcher d'assurer à nos produits les débouchés qu'ils peuvent leur offrir.

Il en va de même pour ce qui concerne l'Autriche, la Bulgarie et la Hongrie avec lesquelles des projets d'accord sont à l'étude.

La rapide revue que nous venons de passer nous a montré à quel point partout l'avenir de nos ventes dépend de la confiance que le public aura dans l'authenticité des produits qui sollicitent son choix.

Nous sommes ainsi ramenés à insister une fois de plus sur la nécessité de poursuivre la fraude partout et sous toutes ses formes. Or, plus on examine avec soin la question, plus on considère attentivement ses aspects divers, plus on se sent confirmé dans la conviction qu'il n'y a de terrain solide pour notre défense que celui qu'a préparé notre législation des appellations d'origine. Grâce à celle-ci, quand un ensemble d'accords commerciaux l'aura sanctionnée et généralisée, il n'est pas d'intermédiaire étranger qui pourra tenter de vendre impunément des coupages internationaux sous l'étiquette de vin français. Il faut donc que notre commerce adopte comme règle sans exception de ne vendre que des vins qualifiés de leur nom d'origine et que la viticulture se joigne à lui pour organiser en tous lieux la poursuite et la répression des atteintes portées à l'application de ce principe. Il va de soi que conformément à l'un des vœux des délégués de la Champagne, nous devrons en cette matière nous inspirer d'un esprit de parfaite réciprocité.

Plusieurs de vos rapporteurs vous ont signalé, parmi les causes générales qui entravent l'exportation de nos vins, les droits de douane sans cesse plus élevés qui les frappent et ils vous ont suggéré d'émettre un vœu invitant le Gouvernement de la République à réclamer des abaissements de tarifs de la part de tous les pays avec lesquels il contractera des accords commerciaux. Nous serons unanimes sans doute à voter ce vœu, mais, si nous tenons à ce qu'il ne demeure pas platonique, nous devrons ne pas exiger que nos négociateurs aient pour consigne de tout obtenir et de ne rien accorder.

Tous les pays, depuis la fin de la guerre, revisent l'un après l'autre leurs tarifs et les majorent avec une double préoccupation protectionniste et fiscale. Il s'ensuit qu'il devient de plus en plus difficile de négocier. Avec certains Etats, comme, par exemple, la plupart des Républiques de l'Amérique du Sud, qui demandent à la douane le plus clair de leurs revenus et qui, n'ayant à nous vendre que des matières de première nécessité, n'ont guère de représailles à redouter, les chances de succès sont très faibles : nous n'avons pas de valeurs d'échange à offrir et, d'ordinaire ce n'est donc que par voie de contre-partie indirecte que des concessions peuvent être obtenues. Avec d'autres Etats, ceux tout spécialement dont le marché conserve une réelle capacité d'absorption en ce qui concerne nos vins, ce sont, par dessus la tête des négociateurs, les industries productrices rivales elles-mêmes qui s'affrontent et qui s'opposent à tout abaissement des barrières protectrices. En ce cas assurément, vous avez le droit d'en appeler aux pouvoirs publics et de solliciter le Gouvernement de remplir son rôle d'arbitre. Mais c'est alors le moment de vous souvenir de ce sage conseil : « Aide-toi, l'Etat t'aidera. » Pour que l'Etat vous aide, il vous appartient de lui rappeler ce que le vin représente dans la fortune de la France, ce qu'il crée de richesses chaque année, le contingent de ressources qu'il fournit au Trésor. Mais vous ne devrez pas borner là votre effort. Après avoir scellé l'union, déjà bien près d'être faite, de la viticulture et du commerce, vous devrez confier à vos représentants communs le soin d'entrer en rapports directs avec ceux des autres formes de la production française. Ensemble ces délégués chercheront les moyens de concilier les intérêts dont ils auront respectivement la charge. Nul doute que, par des concessions réciproques, ils n'arrivent à s'accorder et à présenter au Gouvernement un programme qui, au lieu de l'affaiblir en le plaçant entre des revendications contradictoires, lui donne l'appui de toutes les forces vives de la nation groupées autour de lui pour la réalisation d'un plan d'action unanimement accepté.

CONCLUSIONS

Si les observations résumées dans le présent rapport ont votre approbation, elles pourraient être sanctionnées par les vœux ci-après :

La deuxième section de la Semaine du Vin émet le vœu :

1° Que le Gouvernement de la République s'inspire des dispositions inscrites aux articles 274 et 275 du Traité de Versailles pour la conclusion d'arrangements particuliers avec toutes les Puissances ; que, dans tous les accords commerciaux qu'il aura à conclure, il exige notamment l'insertion d'une clause semblable à celle qui, dans la convention franco-tchéco-slovaque du 4 novembre 1920, rend applicable aux produits tirant du sol ou du climat leurs qualités particulières, la garantie réciproque contenue dans l'article 275 dudit traité de Versailles ;

que lui-même, d'ailleurs, tienne la main à ce que les appellations d'origine étrangères soient l'objet, en France, d'un respect absolu, et que toute utilisation injustifiée de ces appellations soit sévèrement réprimée ; qu'enfin l'action des pouvoirs publics en cette matière soit énergiquement secondée par les efforts concertés de la viticulture et du commerce ;

2° Que les charges fiscales qui pèsent sur la circulation et la vente des vins soient revisées en vue d'être rendues plus équitables et de favoriser l'exportation d'un produit qui constitue l'un des éléments essentiels du commerce extérieur de la France;

3° Qu'il soit procédé dans le même esprit à la revision des tarifs de transport par mer et par terre;

4° Qu'une active campagne soit organisée tant en France qu'à l'étranger dans tous les milieux où le « régime sec » est préconisé ou appliqué, en vue de démontrer que l'usage du vin est le plus sûr moyen d'enrayer l'alcoolisme;

5° Que le Gouvernement s'applique, par tous les moyens en son pouvoir, à obtenir un abaissement des droits de douane excessifs qui frappent nos vins à leur entrée sur la plupart des marchés étrangers;

Qu'il cherche à obtenir, au double profit du consommateur étranger et de l'exportateur français, que les vins en bouteilles, en vue de garantir leur authenticité, ne soient pas frappés de taxes plus élevées que les vins en fûts;

6° Que la viticulture et le commerce des vins créent, pour la sauvegarde de leurs intérêts communs, un organisme permanent, fortement constitué et doté des ressources nécessaires, capable notamment de fournir au Gouvernement toutes informations utiles à la préparation des accords commerciaux, après entente avec les représentants qualifiés des autres formes de la production française. (Vifs applaudissements.)

Annexe A

I. — Méthodes permettant de prévenir et de réprimer le mouillage et la fabrication de vins artificiels à la propriété, dans le commerce de gros et dans celui de détail.

A. — A la propriété.

Loi du 29 juin 1907 créant la déclaration de récolte.

Article 6 de la même loi limitant la fabrication des piquettes pour la consommation familiale.

Article 7 de la loi du 6 août 1905 édictant des pénalités.

Loi du 28 janvier 1903, art. 7, parag. 1er. Sucrage en première cuvée.

Loi du 29 juin 1907, art. 5. Taxe sur le sucre employé.

Loi du 29 juin 1907, art. 6 modifiant et complétant le 2e parag. de l'art. 7 de la loi du 28 janvier 1903. Fabrication du vin de sucre.

Décret du 21 août 1903, rendu en exécution de l'art. 7 de la loi du 28 janvier 1903. Conditions pour le sucrage en 2e cuvée.

Loi du 29 juin 1907, art. 7. Pénalités.

Loi du 31 mars 1903, art. 32. Complicité.

Loi du 6 août 1905, art. 7. Vins artificiels, destruction.

Loi du 29 juin 1907, art. 8, parag. 1er. Détention de sucre.

Loi du 31 mars 1903, art. 32. Détention de glucose.

Lois du 28 janvier 1903, art. 7 et du 6 août 1905, art. 5. Pénalités.

Loi du 29 juin 1907, art. 8. Vente du sucre.

B. — Dans le commerce de gros.

Loi du 6 avril 1897, art. 3, parag. 1er. Interdiction de la fabrication et de la circulation des vins de marc et des vins de sucre, en vue de la vente.

Parag. 3. Interdiction aux négociants et entrepositaires de la détention de ces vins.

Réglementation concernant la détention, la circulation et la vente des sucres et glucoses (voir ci-dessus).

Loi du 6 août 1905, art. 8 et loi du 29 juin 1907, art. 3. Formalités pour la circulation des marcs. lies sèches et levures alcooliques.

Loi du 28 avril 1816, art. 100. Comptes de gros.

Même loi, art. 101. Vérifications.

Contre les fraudes par « acquits fictifs » : Loi du 6 avril 1897, art. 4.

Loi du 18 juillet 1904, art. 1er.

Loi du 6 août 1905, art. 12.

Loi du 15 juillet 1907, art. 2.

Loi du 6 août 1905, art. 10.

C. — Chez les détaillants.
> Loi du 29 décembre 1900, art. 5. Visites des employés.
> Loi du 28 avril 1816, art. 237.
> Loi du 6 août 1905, art. 14.
> Loi du 30 janvier 1907, art. 21.
> Décret du 19 août 1921, art. 4. Affichage du degré.

1 bis. — Méthodes chimiques pour déceler le mouillage.
> Analyse chimique, proportion des éléments.
> Casier vinicole.

1 ter. — Législation contre les vins artificiels.
> Loi du 28 avril 1816, art. 10.
> Loi du 14 août 1889 (Loi Griff).
> Loi du 6 avril 1897, art. 1er.
> Loi du 24 juillet 1894, art. 1 et 2.

1 ter. — Législation contre les vins artificiels (suite).
> Loi du 5 mai 1855 et Loi du 27 mars 1851.
> Code pénal, art. 423.

Textes abrogés par la loi du 1er août 1905.

1 quater. — Assimilation aux vins impropres à la consommation des vins altérés et des vins résultant du surpressage de la vendange ou des marcs.
> Décret du 19 août 1921.

II. — Introduction dans le vin de substances étrangères.

A. — Principaux produits autorisés à doses limitées.
> a) *Sel* : Loi du 11 juillet 1891, art. 2.
> Décret du 19 août 1921, art. 3.
> b) *Plâtre* : Même loi, art. 3.
> Décret du 19 août 1921, art. 3.
> c) *Acide sulfureux et bisulfites* : Décret du 19 août 1921.

B. — Produits toxiques nettement interdits, ainsi que la coloration.

Exception pour la coloration des vins blancs par le caramel de raisin.

C. — Enumération limitative des manipulations autorisées.
> Loi du 11 juillet 1891, art. 2.
> Art. 3 du décret du 19 août 1921.
> Art. 3 du décret du 19 août 1921.

Pénalités.
> Art. 11 et 13 de la loi du 1er août 1905.
> Art. 1er de la loi du 1er août 1921.
> Art. 2 de la loi du 1er août 1921.
> Art. 3 et 4 de la loi du 1er août 1921.
> Art. 4 de la loi du 28 juillet 1912, même loi (étiquetage), art. 10 du décret.

ANNEXE B. — I.

LA PRODUCTION DU VIN EN FRANCE

Années.	Hectares.	Hectolitres.
1788	1.546.616	25.000.000
1808	1.613.739	28.000.000
1815	1.754.573	31.012.452
1829	2.003.365	30.973.000
1840	2.145.260	45.486.000
1850	2.181.609	45.266.000
1851	2.179.990	39.429.000
1852	2.158.854	28.636.500
1853	2.168.491	22.662.000
1854	2.173.129	10.824.000
1855	2.176.084	15.750.000
1856	2.170.307	21.294.000
1857	2.180.094	35.410.000
1858	2.183.809	45.805.000
1859	2.193.231	53.910.000
1860	2.205.409	39.558.000
1861	2.219.693	29.738.000
1862	2.235.818	37.110.000
1863	2.273.906	51.372.000
1864	2.256.235	50.753.000
1865	2.293.567	68.924.000
1866	2.287.821	63.917.000
1867	2.314.846	38.869.000
1868	2.332.470	50.109.000
1869	2.350.104	71.000.000
1870	2.238.178	53.538.000
1871	2.369.484	57.084.000
1872	2.373.139	50.528.182
1873	2.380.946	35.769.617
1874	2.440.862	63.146.125
1875	2.421.247	83.632.391
1876	2.369.834	48.846.748
1877	2.346.497	56.405.363
1878	2.295.989	48.720.553
1879	2.241.477	25.769.552
1880	2.204.459	29.677.442
1881	2.099.923	34.438.715
1882	2.135.349	30.886.352
1883	2.095.927	36.029.182
1884	2.040.759	34.780.726
1885	1.990.586	28.536.151
1886	1.959.102	25.063.345
1887	1.944.159	24.333.284
1888	1.843.580	30.102.151
1889	1.817.784	23.223.572
1890	1.816.544	27.416.327
1891	1.763.374	30.139.555
1892	1.782.558	29.082.134
1893	1.793.299	50.069.770
1894	1.766.841	39.052.809
1895	1.747.002	26.687.575
1896	1.728.433	44.856.153
1897	1.688.931	32.350.722
1898	1.706.513	32.282.359
1899	1.697.734	47.907.680
1900	1.730.451	67.352.661
1901	1.735.345	57.963.514
1902	1.733.338	39.883.783
1903	1.689.087	35.402.336

1904	1.641.142	66.016.576
1905	1.669.000	56.666.104
1906	1.651.904	52.079.052
1907	1.649.157	66.070.270
1908	1.654.366	60.345.265
1909	1.625.629	54.415.860
1910	1.617.659	28.529.964
1911	1.679.200	44.885.550
1912	1.562.727	59.531.358
1913	1.550.331	44.336.872
1914 (1)	1.534.731	59.981.492
1915 (1)	1.533.303	20.442.817
1916 (1)	1.574.988	36.068.273
1917 (1)	1.516.063	38.272.541
1918 (1)	1.511.534	45.160.396
1919	1.505.038	54.514.746
1920 (2)	1.158.356	59.280.569
1921 (3)	1.520.000	45.017.315

ANNEXE B. — II.

LA CONSOMMATION TAXEE DU VIN EN FRANCE

Hectol.

1850	20.832.000		1886	26.460.000
1851	21.167.000		1887	26.188.000
1852	19.771.000		1888	25.990.000
1853	16.672.000		1889	27.228.000
1854	12.811.000		1890	28.021.000
1855	10.342.000		1891	27.579.000
1856	12.314.000		1892	28.930.000
1857	13.641.000		1893	29.976.000
1858	18.568.000		1894	32.843.000
1859	21.592.000		1895	34.152.000
1860	17.041.000		1896	33.291.000
1861	18.534.000		1897	34.331.000
1862	20.617.000		1898	34.987.000
1863	22.539.000		1899	35.270.000
1864	22.638.000		1900	35.963.000
1865	25.279.000		1901	43.438.290
1866	28.465.000		1902	45.906.045
1867	26.055.000		1903	42.048.451
1868	27.059.000		1904	40.354.913
1869	27.487.000		1905	43.680.127
1870	24.593.000		1906	47.137.122
1871	23.846.000		1907	47.403.883
1872	27.753.000		1908	48.429.282
1873	27.277.000		1909	49.239.540
1874	23.918.000		1910	46.317.745
1875	29.415.000		1911	36.612.604
1876	32.070.000		1912	41.292.641
1877	29.904.000		1913	39.877.752
1878	28.746.000		1914	35.065.257
1879	28.891.000		1915	47.700.808
1880	26.000.000		1916	33.982.931
1881	28.587.000		1917	35.892.143
1882	27.539.000		1918	34.739.919
1883	27.906.000		1919	42.106.919
1884	28.777.000		1920	39.228.307
1885	28.087.000		1921	43.425.474

(1) Non compris les parties envahies du territoire.

(2) Y compris l'Alsace et la Lorraine.

(3) Ces chiffres ont été empruntés d'une part à M. Viala (*Préface de Matériel vinicole*, par M. Brunet, chez Baillière), d'autre part aux publications de l'Office des renseignements du ministère de l'Agriculture.

ANNEXE B. — III

EXPORTATIO

ANNÉES	MISTELLES (1)		VINS DE GIRONDE en fûts		VINS D'AUTRES RÉGIONS en fûts		VINS DE GIRONDE en bouteilles	
	Quantités en hect.	Valeur en francs	Quantités en hectolitres	Valeur en francs	Quantités en hectolitres	Valeur en francs	Quantités en hect.	Valeur en francs
1869.............	»	»	1.229 845	107.294 983	1.514.479	72.694.984	93.862	24.404.125
1873.............	»	»	1.326 188	95.369.225	2.246.744	101.103.458	109.783	21 956.572
1879.............	»	»	1.334 199	122.225.017	1.359.689	67.984.447	103.635	15 545.295
1880.............	»	»	1.033.393	112.225.915	1.059.436	52.087.786	106.844	17.629.204
1885.............	»	»	1.058.797	114.636.446	1.199.248	71 954.831	96.223	15.876.734
1890.............	»	»	967.549	136.115.930	848.535	49.112.100	81.269	20 317.250
1895.............	»	»	651.757	78 117.405	731.545	43.892.700	46.782	11.695 500
1900.............	»	»	695 315	66.472 988	857.890	47.183.912	40.127	10.031.800
1905.............	»	»	741.677	63.736.400	1.482.062	74.103.100	61.964	13.941.900
1907.............	1.090	38.150	816.066	53.673.700	1.572.947	62.917.880	56.841	8.810.335
1908.............	213	7.455	698.755	44.644.725	1.228.866	55.298.970	43.376	8 075.200
1909.............	713	28.520	697.220	49.130.415	1.189.982	53.549.190	43.350	8.670.000
1910.............	486	34.020	842.503	64 752.320	1.039.443	62.366 700	44.963	8.392.600
1911.............	370	25.900	552.324	39.447.305	619 952	37.195.920	40.470	7.082 250
1912.............	156	12.480	727.442	52.315.545	899.568	53.974.080	41.135	7.198 625
1913.............	736	51.360	543.730	39.405.931	683 756	34.187.800	40.767	6.726.553
1914.............	184	15.640	398 853	28.772.868	484.713	24.085.650	33.523	5.587.295
1915.............	127	10.795	207.780	17.535.105	590.020	41.304.400	20.391	3.568.425
1916.............	11	1.100	212 564	21.266.900	228.890	22.889.000	27.862	5.293.780
1917.............	36	5.400	102.284	16.365 440	212.159	23.337.490	18 396	5.510.800
1918.............	52	10.400	155.292	33 171.830	152.358	17.206.540	20.267	6.080 000
1919.............	84	16.800	444.672	133.401.600	451.021	62 478.045	58.685	23.474.000
1920.............	417	104.250	588.098	97.024.500	1.014.330	147.077.850	71 957	28.782.800

(1) Les blancs de cette statistique, proviennent de ce que, dans les années qui y correspondent, le ser
 seux et les vins de liqueur.

ANNEXE B. — III

E FRANCE

	CHAMPAGNE (1) et autres vins mousseux		VINS DE LIQUEUR (1) en fûts		VINS DE LIQUEUR (1) en bouteilles		TOTAUX GÉNÉRAUX		
S	Quantités en hectolitres	Valeur en francs	Quantités en hectolitres	Valeur en francs	Quantités en hectolitres	Valeur en francs	Quantités en hectolitres	Valeur en francs	ANNÉES
	»	»	»	»	»	»	1.944.354	233.898.848	1869
	»	»	»	»	»	»	2.793.830	248.550.888	1873
	»	»	»	»	»	»	2 004.924	251.743.016	1879
	»	»	»	»	»	»	2.439.640	238.684.557	1880
	»	»	»	»	»	»	2 572.730	251.617.404	1885
	»	»	»	»	»	»	2.124.926	262.824 205	1890
	161.330	74.344.500	»	»	»	»	1.034.470	245.894.305	1895
	196.090	88.735.734	»	»	»	»	1.746.527	999 879 445	1900
	199.529	80.988.800	»	»	»	»	2 538 478	237.773.860	1905
	205.187	80.804.125	31.683	3.963.375	58.486	11.637.200	2.787.547	228.674.335	1907
	170.024	70.497.775	26.972	3.374.500	58.174	8.726 100	2.267.544	196.796.325	1908
	208 307	82.559.800	27.664	3.457.625	71.709	10.756.350	2.280.762	214.424.900	1909
	217.617	85.249 375	28.902	3 612.750	75.031	13.430.425	2.292.230	243.325 565	1910
	205.547	79.596.950	32.788	4.098.500	73.484	14.626.800	1.569.261	187.614.375	1911
	218.023	84.326.025	31.597	3.949 625	93.104	21.398.400	2.058.302	228.834.405	1912
	204.138	89.480.825	34.362	5.464.300	103.208	23 221.800	1.637.742	203.110.221	1913
	146.660	52.004.775	26.353	3.952.950	64.706	14 558.850	1.455.210	132.629.888	1914
	77.224	35 898 250	19.344	2.904.600	67.703	15.233.475	1.002.947	118.993 300	1915
	103.429	53.272.975	23.049	3.457.350	65.289	16.522.250	688.329	126.518.603	1916
	67.214	40.972.225	16.104	2.818.200	42.385	3.972.600	483.309	99.170.635	1917
	64.802	45.224.600	14.392	2.518.600	29 104	8.731.200	454.393	117.459.670	1918
	147 634	116.840.809	17.587	3.077.725	40.703	14.246.030	1.199.837	364.920.829	1919
	233 405	180.770.000	19 188	3.357.900	64.836	22.692.600	2.070.805	503 382 100	1920

n'enregistrait pas encore sous des rubriques spéciales les mistelles, les champagnes et autres vins mous-

ANNEXE B. — IV

Superficie et production du vignoble mondial. (1)

	1890		1901		1910		1918		1920	
	Hectares	hectolitres	Hectares	hectolitres	Hectares	hectolitres	Hectares	hectolitres	Hectares	Hectolitres
Allemagne......	»	»	119.560	»	112.506	846.139	103.876	1.004.947	72.700	2.440.100
Autriche.......	»	»	253.459	4.795.898	223.077	2.546.897	218.699	4.352.848	36.800	292.500
Bulgarie.......	»	»	»	»	79.406	770.588	60.000	»	43.200	754.000
Espagne........	»	»	1.400.523	22.398.643	1.292.940	11.283.433	1.250 160	17.105.203	1.331.900	26.771.100
France.........	»	»	1.787.586	60.074.110	1.684.013	28.723.404	1.616.624	44.336.872	1.560.000	56.034.100
Hongrie........	»	»	263.964	3.402.808	350.111	2.764.026	371.892	4.411.824	207.400	2.820.000
Italie.........	»	»	3.990.000	44.180.000	4.462.800	29.293.240	4.346.700	52.240.000	4.236.000	42.234.000
Luxembourg.....	»	»	»	»	4.459	32.233	4.545	3.817	4.600	170.200
Roumanie.......	»	»	134.597	891.240	88.277	1.743.328	90 026	1.518.883	132.000	2.201.900
Serbie.........	»	»	50.936	120.293	34.000	153.569	»	»	»	»
Suisse.........	»	»	31.827	1.356.302	24.239	243.582	22.173	481.497	18.600	470.000
Mexique........	»	»	»	11.839	»	»	4.461	7.500	»	»
Chypre.........	»	»	»	»	»	»	19.020	»	19.100	»
Russie.........	»	»	»	»	269.547	2.310.442	»	»	»	»
Algérie........	»	»	167.916	5.738.342	152.129	8.414.634	174 915	7.370.449	168.400	7.044.200
Egypte.........	»	»	»	»	»	»	1 724	»	»	»
Tunisie........	»	»	40.344	470.000	45.764	350.000	17.942	300.000	21.400	498.100
Argentine......	»	»	48.008	4.360.453	104.860	3.817.744	106 220	5.144.262	116.300	4.412.900
Chili..........	»	»	29.680	1.348.800	52.308	1.331.529	65.923	2.943.299	70.000	2.201.900
Uruguay........	»	»	»	»	5.608	447.036	6.445	464.839	6.400	208.100
Australie......	»	»	25.769	264.397	23.922	266.668	24.766	214.140	27.400	344.400
Nouv.-Zélande..	»	»	220	»	316	»	316	4.407	»	»
Afrique du Sud.	»	»	»	»	»	340.993	»	»	19.100	552.200
Totaux et autres	9.236.756	113.444.699	8.344.386	145.812.845	8.977.429	95.649.475	8.509.668	144.303.348	8.082.200	152.514.300

(1) Chiffres extraits des documents de l'Institut International d'Agriculture de Rome. Cet institut n'existant pas encore en 1890, il n'a pas été possible d'avoir le détail par pays de la superficie plantée et de la production obtenue, pour cette année.

ANNEXE B. — V.

Droits de douane payés par les vins français

Tarifs en vigueur au 1ᵉʳ avril 1922

ALLEMAGNE
Vins en fûts   jusqu'à 14°, 24 marks par hectolitre
—   —   de 14 à 20°, 30 —   —   agio de l'or 4.400 %
—   en bouteilles   48 —   —

ANGLETERRE
Vins en fûts   2 sh. 6 par gallon (4ˡ543)
—   en bouteilles 4 sh. 6   —

AUSTRALIE
Vins en fûts   12 sh. 6 par gallon
—   en bouteilles 15 sh.
—   dépassant 40° de preuve, 31 sh. par gallon

BELGIQUE
(Droits d'accise)
Vins en bouteilles 60 fr. × 3 par hectolitre 180 fr.
—   en fûts   20 fr. × 3   —   60 fr.
—   —   + 18 fr. par hectolitre et par degré au-dessus de 15°
—   —   + 16 % du montant de ladite taxe, au quel cas le coefficient 3 ne joue pas.

CANADA
Vins en fûts ou en bouteilles 55 cents par gallon n'excédant pas 26° de preuve
3 cents par degré de preuve au-dessus

CHILI
Vins en fûts $ 3,60 par litre
—   en bouteilles 3 0
Taxe 10 % des droits de douane

DANEMARK
Vins en fûts jusqu'à 15°   0 k 75 ores le kilo
—   —   de plus de 15° 1 k 15 —   —
—   en bouteilles   4 k 00 —   le litre
Champagne   6 k 00 —   —

ESPAGNE
Vins en fûts   225 pesetas par hectolitre
—   en bouteilles 300 —   —
Paiement en or : 100 or = 124,81 papier
Coefficient : 1,52

ETATS-UNIS
Vins en fûts   45 cents par gallon jusqu'à 14°
—   —   60 —   —   au-dessus de 14°
—   en bouteilles $ 1,85

GRÈCE
Exempt.

HOLLANDE
20 florins par hectolitre ne contenant pas plus de 22 litres d'alcool à la température de 15°.
(C'est un droit d'accise et non de douane.)

ITALIE
Vins en fûts   30 lire or par hectolitre
—   en bouteilles 40 —   —
1 lire or = 2,92 papier

PORTUGAL
Vins en fûts   4 escudos par 10 litres
—   en bouteilles 1 escudo par bouteille

SUISSE
Vins en fûts   jusqu'à 13° 32 fr. par 100 kilos
—   —   de 13° à 15° 50 fr. —
—   —   au-dessus de 15°, 3,50 par degré d'alcool et par 100 kilos
—   en bouteilles jusqu'à 15° 50 fr.
—   —   au-dessus de 15°, 3,50 par degré d'alcool et par 100 kilos.

TCHÉCO-SLOVAQUIE
Vins en fûts   cour. 60 × 7 par hectolitre (couronnes tchéco-slovaques)
—   en bouteilles —   75 × 13   —

M. Chaumet, avant de lever la séance, remercie chaleureusement les organisateurs et en particulier M. J.-H. Ricard, et ses collaborateurs directs, M. Martinet et M. Chaigne, ainsi que les nombreux rapporteurs qui ont établi ces travaux importants et remarquables.

M. Ricard tient à protester contre les félicitations qui lui sont adressées et à rendre un juste hommage à l'autorité et à l'activité avec lesquelles M. Chaumet a dirigé les travaux de la deuxième section.

TROISIÈME SECTION

Président : M. Fernand DAVID, Sénateur, ancien Ministre, Président de l'Office national du Tourisme.

Secrétaire : M. Anselme LAURENCE, Publiciste, ancien Attaché du Cabinet des Ministres de l'Agriculture et du Commerce.

Rapporteurs : MM. Georges RISLER, du Conseil supérieur des Consommateurs ;

LEQUIME, Vice-Président de la Chambre nationale de l'Hôtellerie française ;

DROUANT, Président d'honneur de l'Union des Sommeliers de Paris ;

J.-M. GUILLON, Inspecteur général de la Viticulture ;

CAILLET, Vice-Président de la Chambre syndicale de l'Épicerie française et du Comité de l'Alimentation parisienne ;

PRADEL, Vice-Président de l'Union syndicale des Débitants de vins ;

G. FAMECHON, Directeur de l'Office national du Tourisme.

Conférencier : M. L. MATHIEU, Directeur de la Station Agronomique et Œnologique de Bordeaux.

Bureau de la Troisième Section

M. Fernand David, Sénateur,
Ancien Ministre,
Président de la Troisième Section.

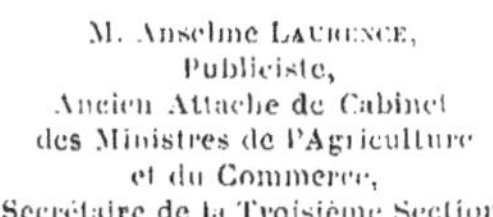

M. Anselme Laurence,
Publiciste,
Ancien Attaché de Cabinet
des Ministres de l'Agriculture
et du Commerce,
Secrétaire de la Troisième Section.

Travaux de la Troisième Section

La séance est ouverte à 10 heures du matin par M. Fernand David, sénateur, président de l'Office National de Tourisme, entouré de MM. J.-H. Ricard, président de la Semaine Nationale du Vin; Viala, président de la première section; Dupeyrat, rapporteur général de la Semaine; Anselme Laurence, secrétaire de la section, etc.

M. Fernand David remercie M. J.-H. Ricard de lui avoir demandé de présider cette section, où on s'occupera de la présentation du vin de France, et du concours que les hôteliers, les restaurateurs et les épiciers peuvent apporter à la diffusion des vins de France. Il n'aurait garde d'oublier qu'une part a été réservée à la question du vin dans la consommation familiale.

En sa qualité de président de l'Office National de Tourisme, d'ancien ministre de l'Agriculture, il est heureux d'avoir pu apporter son concours à une œuvre d'un si haut intérêt national et d'adresser à son ami M. J.-H. Ricard ses félicitations les plus cordiales pour avoir conçu, organisé et réalisé dans des conditions aussi excellentes la Semaine Nationale du Vin. Ces félicitations, il les adresse aussi aux divers rapporteurs, ainsi qu'au secrétaire de la section.

Puis, il donne la parole à M. Famechon, directeur de l'Office National du Tourisme, qui a traité la question du tourisme et du vin, les circuits des vignobles.

« Les questions de tourisme, de viticulture et d'agriculture sont intimement « liées, dit M. Fernand David. Il est nécessaire de faire rentrer en France une « grande partie de l'or que nous avons été obligés d'exporter au cours de la « guerre. L'industrie du tourisme nous aidera à atteindre ce résultat. »

M. Famechon lit ensuite son rapport, qui est fréquemment applaudi :

Le Tourisme et le Vin
Les Circuits des Vignobles

La France, qui étend ses coteaux et ses plaines sous le climat le plus tempéré qui soit, mûrit en abondance tous les produits du sol.

Nous avions constaté que la fertilité de la terre frappait l'esprit d'une catégorie très importante de touristes et de voyageurs au même titre que les sites, les monuments qui se déroulaient sous leurs yeux, et nous recherchions les moyens d'établir des projets de voyage qui nous permettraient d'utiliser à la fois l'attrait des paysages et la fécondité du sol.

Les travaux entrepris à l'occasion de la « Semaine Nationale du Vin » nous permettent enfin de réaliser cette partie de notre programme.

Aujourd'hui, le tourisme est considéré comme une véritable industrie, une industrie même qui joue un rôle des plus importants dans la vie économique de la nation; il est un facteur de son relèvement.

Il contribue à faire rentrer en France une partie de l'or que les nécessités de la guerre nous avaient contraints d'exporter; en quelque sorte, il appelle l'argent de l'extérieur.

La mission dévolue à l'Office National du Tourisme est d'organiser méthodiquement le tourisme dans notre pays, de mettre en valeur ses beautés naturelles afin de susciter ces grands mouvements de voyageurs qui grandissent d'année en année.

Mais à côté des sites, des monuments, des paysages, des curiosités naturelles ou artistiques, des légendes, des traits de mœurs caractéristiques, notre pays offre des agréments incomparables: sa cuisine et ses vins.

Leur attrait est tel que nous avons décidé de les mettre en valeur au même titre que ces chaînes de montagnes, ces côtes découpées qui forment l'ovale du visage aimé de la France.

Il ne suffit pas d'attirer dans notre pays les touristes étrangers: il faut les recevoir dans des conditions telles qu'ils ne puissent pas oublier les régions qu'ils ont visitées, l'accueil qu'ils ont reçu.

L'éloge de la cuisine française n'est plus à faire et nous nous attachons à ressusciter dans toutes les provinces la vieille hôtellerie française.

En accordant leur patronage aux fêtes commémoratives de Brillat-Savarin, dont le retentissement, à l'intérieur comme à l'extérieur, a été énorme, nos amis du Touring-Club de France ont déjà montré l'importance qu'ils attachent à l'union de la propagande touristique et de la vieille cuisine française.

Ce sont aussi nos amis du Touring-Club qui, à l'instigation de l'Office National du Tourisme, ont depuis longtemps engagé une active campagne destinée à développer la consommation du vin et à faire connaître les qualités de nos crus.

Par les puissants moyens d'information dont elle dispose, par tracts, par la voix de ses conférenciers, de sa revue — tribune retentissante — notre grande association de tourisme préconise, on le sait, que dans les repas à prix fixe les hôteliers et les restaurateurs fassent figurer sur leurs menus les plats régionaux, les spécialités locales, et aussi les vins du cru.

L'étude des vins, de leur récolte, de leur fabrication, des chais qui les abritent est particulièrement attachante.

Bien rares sont les touristes ou voyageurs qui, après avoir contemplé les ruines de la cathédrale de Reims, ne visitent pas les caves de Champagne.

L'Office National du Tourisme est donc intervenu déjà auprès de la Compagnie Française du Tourisme, dont il a provoqué la création pour régulariser la circulation en France, et lui a demandé d'organiser « des circuits des vignobles ».

La direction de cette Compagnie a accédé avec le plus grand empressement à notre désir.

Je puis annoncer aujourd'hui que la Compagnie Française du Tourisme a établi une série de programmes d'horaires et d'itinéraires qui comportent la visite de nos grandes régions de vignobles.

Pour la Bourgogne, par exemple, les touristes seront conviés à visiter Dijon, ses églises, les collections du palais ducal, les anciens hôtels, la station préhistorique de Solutré-Pouilly, où l'on découvre encore tant de vestiges de l'âge de pierre, les hospices de Beaune, etc., mais ils parcourront également les coteaux et les vignobles fameux et prendront contact avec les Corton, les Chambertin, les Pomard, etc...

En Touraine, les touristes visiteront, sans doute, les châteaux historiques, se promèneront sur les bords de la Loire, mais seront appelés ensuite à goûter aux vins de l'Anjou, du Saumurois et, en suivant le fleuve, au Muscadet nantais.

Dans le Sud-Ouest, les crus du Bordelais, les chais seront inscrits au programme du voyage en même temps que la visite de Biarritz, d'Arcachon, de

Saint-Jean-de-Luz, et, en remontant la Chaîne des Pyrénées, de Pau, du Cirque de Gavarnie, de Lourdes, Cauterets, Bagnères-de-Bigorre, etc.

En Alsace, les vins de la province reconquise seront goûtés après la visite de cet admirable témoignage de l'art du moyen âge qu'est la cathédrale de Strasbourg, ou de Sainte-Odile.

Pour nous permettre de donner au programme, dont je viens de tracer rapidement les grandes lignes, toute l'ampleur que je souhaite, nous préconisons une entente entre les Corporations, les Syndicats de producteurs et de négociants, et nous leur demandons d'envisager la possibilité de publier une brochure spéciale, avec carte, rédigée en plusieurs langues, qui contiendrait les renseignements les plus précis, les plus détaillés sur les vins français, leur origine, et énumérant toutes les garanties de leur authenticité.

Je me propose d'appeler l'attention du Conseil d'administration de l'Office sur l'intérêt que présente l'édition de cette brochure et de lui demander d'aider à son impression en votant une subvention.

Cette brochure serait vulgarisée, j'en prends ici l'engagement, par l'intermédiaire des Offices français du tourisme créés à l'étranger, et tous nos autres bureaux correspondants. Elle serait diffusée dans les mêmes conditions que les documents de propagande qui sont édités soit par l'Office National du Tourisme, soit par les Compagnies de Chemins de fer, les Etablissements Thermaux, les Syndicats d'Initiative, etc...

Le Ministère des Affaires étrangères et l'Office National du Tourisme organisent en commun, dans un but d'information directe et de propagande, des voyages dans les grandes régions de Tourisme où sont conviés les représentants qualifiés de la grande presse étrangère.

Par les articles qu'ils consacrent à ces visites, par les câblogrammes qu'ils envoient aux organes qu'ils représentent, ces journalistes font à notre pays la plus large et la plus efficace des publicités.

Dans ces mêmes conditions, l'Office est tout disposé à demander la collaboration morale et financière du département des Affaires Etrangères pour organiser des voyages spéciaux dans les centres de production viticole.

Comme conclusion de ce rapport, je demande à MM. les membres du Congrès l'adoption de quatre vœux tendant à :

1º L'établissement, après entente entre les Corporations, les Syndicats de Producteurs et de Négociants et l'Office National du Tourisme, d'une brochure spéciale, avec carte, sur les vins de France et les régions viticoles, brochure qui serait traduite au moins en trois langues afin de permettre sa distribution dans la plupart des pays étrangers ;

2º Demander aux Syndicats d'Initiative et aux Fédérations de Syndicats d'Initiative de mentionner dans tous leurs documents de propagande les crus les plus célèbres en même temps que les spécialités locales et régionales ;

3º Intervenir auprès de la Compagnie Française du Tourisme pour qu'elle poursuive et accentue l'œuvre qu'elle a déjà entreprise et complète l'organisation des « Circuits des Vignobles » dans les différentes régions françaises ;

4º Demander aux groupements régionaux et aux grands producteurs de vins de prévoir la réception des personnalités étrangères, désireuses de visiter spécialement les vignobles de France. (*Vifs applaudissements.*)

Avant que ses vœux ne soient mis aux voix, M. Famechon insiste sur la nécessité de réaliser pratiquement ce qu'ils contiennent.

La brochure qu'il préconise pourrait être intitulée **Le vin et les beaux sites de France.** Pour la préparer, on pourrait s'adresser à la Société des Agriculteurs de France, ainsi qu'aux grandes Sociétés agricoles, à tous ceux qui ont avantage à voir se développer à l'étranger et en France la propagande en faveur du vin.

Le premier vœu du rapport de M. Famechon, mis aux voix, est adopté à l'unanimité.

Il en est ainsi du deuxième.

Le troisième donne lieu à quelques observations. M. Famechon précise ce que sont les « Circuits des Vignobles ». M. Maxwell fait connaître que des circuits en auto sont déjà organisés dans les vignobles du Bordelais et qu'ils sont très appréciés du public. Il y a encore à ce sujet beaucoup de progrès à réaliser, mais avec quelques efforts on les réalisera.

M. le marquis d'Angerville indique que la Bourgogne à elle aussi ses circuits, très suivis et très bien compris.

M. Maxwell insiste sur ce fait que des dioramas sur la culture de la vigne seront installés à l'exposition alimentaire de Genève, et qu'on attirera l'attention du public sur les bouteilles et sur les étiquettes par des moyens appropriés.

M. Fernand David demande qu'on fasse dans les autres régions vinicoles de la France ce qu'on a fait en Bourgogne et dans le Bordelais, et qu'on prenne une large part à l'exposition de Genève. Le marquis d'Angerville lui répond que c'est chose faite en ce qui touche la Bourgogne.

Le troisième vœu est ensuite adopté à l'unanimité.

A propos du quatrième vœu, la réception des personnalités étrangères, désireuses de visiter spécialement les vignobles de France, M. J.-H. Ricard explique à ses collègues ce qu'est l'œuvre de la *Bienvenue française* et les services qu'elle rend aux étrangers, ainsi qu'aux Français, puisqu'elle permet de resserrer les liens entre les étrangers et nous. Elle leur donne les noms et adresses des familles où ils trouveront un accueil courtois et confortable. C'est ainsi qu'ils connaîtront *la vraie France, la belle et doulce France*.

Le quatrième vœu ayant été adopté, M. Prosper Gervais demande ensuite la parole au sujet de l'établissement de la brochure spéciale avec carte sur les vins de France et les régions viticoles. Il rappelle que beaucoup de travaux ont été faits dans ce sens et qu'il suffirait peut-être de les remettre au point.

A son avis, il faut se méfier d'une brochure d'ensemble. Il préfère, quant à lui, une série de petites brochures. Il demande que le vignoble méridional ne soit pas oublié, parce que, dit-il, le vignoble méridional est le plus grand vignoble producteur du monde. Toute la gamme des vins y est représentée.

M. Famechon insiste sur la nécessité qu'il y a de faire un **lexique** complet **du vin** à l'usage des étrangers, et ce lexique ne peut naturellement qu'être unique. M. Prosper Gervais approuve l'idée de ce lexique unique.

Après observation de M. J.-H. Ricard, qui indique que les idées de M. Famechon et de M. Prosper Gervais se complètent heureusement, et que l'étude de la carte sur les vins de France est à l'étude, on conclut :

L'Office National du Tourisme est chargé de centraliser les concours pour faire une brochure qui donnera satisfaction à toutes les régions viticoles de la France. MM. Famechon, directeur de l'Office National du Tourisme, et Guillon, inspecteur général de la Viticulture au ministère de l'Agriculture, sont chargés de la préparation de ce travail.

La parole est donnée à M. Georges Risler pour la lecture de son rapport.

Au cours des travaux préparatoires de la troisième section, deux ou trois passages du rapport ont été modifiés, modifications que M. Risler a très volontiers acceptées.

M. Fernand David remercie, au nom de ses collègues, M. Georges Risler d'avoir bien voulu donner son concours à la Semaine Nationale du Vin et lui apporter ainsi l'autorité qui s'attache à son nom. Il le félicite d'avoir fait entendre au Congrès la voix des consommateurs et, encore que certaines paroles de M. Georges Risler puissent à première vue, peut-être, étonner les représentants du commerce, il est sûr d'avance que l'entente se fera sur tous les termes.

C'est aussi l'avis de M. Avisse, qui prend la parole au nom du Syndicat des Boissons, et qui, en un langage très mesuré, demande que certaines phrases du rapport de M. G. Risler soient retirées, tout simplement parce que dans le public elles pourraient être mal interprétées, et parce que le commerce de détail des boissons en pourrait prendre ombrage.

Dans un but de conciliation, M. Georges Risler consent à retirer de son rapport deux ou trois phrases qui pourraient peut-être prêter à confusion.

Quelques congressistes ayant émis des doutes sur l'opportunité de publier le rapport en discussion, M. Fernand David répond en remerciant M. G. Risler de son travail, si documenté, si clair, si net, si précis, et en même temps si utile. M. Risler a rendu hommage à la Semaine Nationale du Vin en lui présentant un rapport. Par là, il a servi la cause du vin, aussi bien celle du commerce des vins que celle de la production. Tous les congressistes lui en doivent savoir gré. M. J.-H. Ricard prend ensuite la parole pour insister sur ce fait qu'il faut respecter avant tout les desiderata des consommateurs.

La Semaine Nationale du Vin a fait une œuvre extrêmement large, et c'est en toute liberté que consommateurs, aussi bien que négociants et viticulteurs, peuvent faire connaître leur opinion.

Aussi bien, le rapport de M. G. Risler a été fait à la demande des grands industriels, de ces industriels de toute la France, du Nord surtout, qui veulent développer chez eux, autour d'eux, la consommation du vin, par suite sa production et sa vente. L'avis de ces représentants des grands centres de consommation est des plus utiles à connaître.

Un rapport comme celui de M. G. Risler est une bonne action, en même temps qu'un précieux appui pour le commerce et la production du vin.

— « Que ferions-nous ici, dit ensuite M. Anselme Laurence, que ferions-nous ici, nous qui ne sommes que des consommateurs, si d'aventure on ne voulait pas entendre notre voix. Car nous comptons, je suppose, autant que les producteurs et les marchands ! Sans nous, ces derniers n'auraient aucune raison d'être, et s'il n'y avait pas de consommateurs, il n'y aurait pas eu de Semaine Nationale du Vin, et c'eût été dommage.

Aussi bien, la propagande par le consommateur est excellente. C'est celle-là qui compte. Parce qu'on peut bien dire que celle-là n'est pas intéressée.

En venant avec nous, M. G. Risler a continué l'œuvre sociale à laquelle il ne cesse de s'attacher : améliorer le bien-être de tous, qu'ils soient commerçants, producteurs ou consommateurs.

On ne peut que le remercier et le féliciter. »

Après un dernier mot de M. Fernand David, qui dit qu'il faut se placer au-dessus des intérêts particuliers pour ne voir que les intérêts généraux, le rapport de M. G. Risler est adopté, avec la rédaction suivante :

Le Vin dans la Consommation Familiale

Les plus hautes autorités médicales de notre pays proclament que le vin, produit naturel et particulièrement apprécié de la terre de France, ne peut être nocif que s'il est consommé avec excès, et reconnaissent, au contraire, les qualités physiologiques qu'il procure à ceux qui en usent avec modération.

On ne peut donc pas être accusé de faire œuvre malsaine en cherchant les moyens de développer la consommation du vin, boisson hygiénique dont l'exportation et la vente à l'intérieur de notre pays constituent une importante source de richesse pour de vastes régions de la France.

*
**

Quelqu'importantes que soient ces considérations, elles ne nous eussent pas décidé à nous charger de ce rapport, pour lequel nous ne nous reconnaissons aucune compétence spéciale; c'est pour un autre motif que nous avons accepté de le faire.

Nous nous y sommes décidé parce que nous avons la conviction « que le vin chasse l'alcool » et que le développement de sa consommation constitue l'un des plus puissants moyens de lutte contre l'alcoolisme.

Il y avait donc là, nous a-t-il semblé, un devoir à remplir, l'un des plus importants, dans la lutte contre les fléaux sociaux.

Une simple constatation permet de mesurer immédiatement l'énorme différence qu'il y a entre la consommation du vin et celle de l'alcool. Le vin se boit surtout au repas familial, dont il forme l'un des agréables éléments.

Quelle joie apporte sur la table familiale la vue du rouge et clair vin de France scintillant dans les verres !

Ici, la modération est toute naturelle; on ne s'enivre pas en présence de sa femme et de ses enfants; il faut, lorsqu'on est décidé à s'abaisser au-dessous de la bête, se soustraire à leurs yeux, aller dans un lieu spécial où les saintes affections et les devoirs sont plus facilement oubliés.

Quelle différence encore entre la bonne bouteille de vin qu'on va chercher à la cave, derrière les fagots, lors de la visite d'un ami, pour la boire en famille, en causant gaiement, et le départ furtif du travailleur fuyant seul la maison familiale.

Par suite de la guerre, la consommation du vin s'est généralisée; il a fait partie de l'ordinaire de nos soldats; huit millions d'hommes mobilisés s'y sont habitués et, en rentrant dans leurs foyers, ont voulu continuer à en boire.

Beaucoup appartenaient à des régions où, à côté d'autres boissons hygiéniques, la consommation de l'alcool avait pris un énorme développement.

Ces hommes, appréciant le vin, ne changèrent pas leurs habitudes, et les statistiques montrent, par les diminutions qu'elles accusent dans la consommation de l'alcool, qu'ils sont prêts à s'en détacher. C'est ce mouvement vers l'augmentation de la consommation du vin que vous voulez accélérer et ce sont les moyens d'y parvenir que vous m'avez chargé de rechercher.

Dans ce domaine, comme dans la plupart des autres, les deux plus puissants sont : l'enseignement et l'exemple.

*
**

L'enseignement ménager n'en est, en France, qu'à ses débuts; un nombre chaque jour plus considérable de nos concitoyens en comprend maintenant l'importance et il commence enfin à pénétrer dans nos écoles.

Cette admirable organisation qu'est la Fédération des Syndicats agricoles du Sud-Est a organisé un enseignement élémentaire d'agriculture dans un grand nombre d'écoles primaires de cette région où la viticulture constitue certainement l'exploitation agricole dominante. Nous serions surpris si les procédés les meilleurs de production viticole ne figuraient pas dans les programmes.

Dans d'autres régions agricoles, ce sont des conférences sur tous les modes d'activité de la ferme qui ont été organisées, et assez souvent, elles sont faites par des professeurs itinérants; ce sont de véritables chaires ambulantes qui ont été créées.

Comment serait-il possible que l'enseignement ménager ne trouvât pas, dans cette institution, la place qui lui est due?

Et l'un des éléments les plus importants de cet enseignement n'est-il pas tout ce qui a trait à l'alimentation de la famille?

Pour tous ceux qui ont étudié les questions de cet ordre, il n'est pas douteux que le salaire du travailleur ne procure pas à sa famille la moitié du bien-être qu'il pourrait lui apporter. Il en est ainsi parce que les femmes ne connaissent pas la valeur relative des aliments. Elles s'acharnent à payer des prix énormes des biftecks qui n'ont pas plus de valeur nutritive que tel autre morceau beaucoup moins coûteux. Elles ne savent pas qu'un hareng parfaitement frais qui, dans les régions voisines de la mer, se vend quelquefois moins d'un sou, est aussi nourrissant qu'une tranche de gigot.

Il est de toute nécessité que cet enseignement ménager soit organisé partout et qu'en y parlant de ce qu'on doit manger, on traite aussi la question de ce qu'on peut boire. Ce sera le moment de parler de la part à réserver au vin dans l'alimentation familiale.

Les auditeurs apprendront à quels caractères on peut reconnaître un bon vin naturel d'un vin frelaté; on leur dira dans quelle proportion ce liquide peut être consommé pour contribuer, dans l'alimentation générale, à la réparation des forces corporelles. Dans les régions, maintenant assez rares, où l'usage du vin n'a pas encore pénétré de manière appréciable, on indiquera les avantages et la supériorité qu'il offre sur d'autres boissons. L'enseignement donné à l'Ecole primaire est, on le sait, celui qui jouit des plus larges répercussions.

A côté de l'enseignement, il y a l'exemple.

Le temps est passé (et il n'y a pas lieu de le regretter) où l'on pouvait dire aux populations : « Faites ce que je dis, et ne faites pas ce que je fais. » Il est même tellement passé, qu'un grand scepticisme s'est développé, qui oblige à rendre éclatants les exemples qu'on désire voir suivre.

Si l'on veut développer la consommation du vin, il ne faut pas le délaisser soi-même pour le remplacer par d'autres breuvages de toutes sortes.

A une certaine époque, l'usage de l'alcool s'est largement développé dans certaines régions vinicoles.

Et l'on gémissait sur la mévente des vins!

Quelle force de persuasion ces hommes pouvaient-ils avoir auprès des populations du Nord et du Midi, lorsqu'ils les engageaient à boire un vin pour lequel ils montraient eux-mêmes du dédain?

En même temps qu'une propagande bien organisée agira pour faire connaître et apprécier partout le vin, il sera indispensable que les moyens de production soient sans cesse perfectionnés (ce qui n'est pas facile, mais doit cependant être recherché) et que les prix de vente soient abaissés.

Il ne suffit pas que le vin soit bon, il faut qu'il puisse être acheté à un prix abordable.

A côté des moyens de production, il y a d'autres mesures susceptibles d'abaisser le prix : les économies réalisées dans le transport et les conditions de vente.

Au point de vue des tarifs de chemins de fer, il y aura lieu de rétablir les tarifs spéciaux en vigueur avant la guerre; on y travaille déjà.

Mais dés tarifs spéciaux ne peuvent naturellement s'appliquer qu'à de grosses quantités.

C'est alors aux viticulteurs à grouper leurs envois, afin de pouvoir jouir des conditions avantageuses qui leur sont offertes pour expéditions par wagons complets.

Des organisations qui constitueraient de véritables coopératives devraient être créées à cet effet.

Au point de vue de la vente, nous tenons à indiquer que des groupements commerciaux ont déjà installé, notamment à Paris, des dépôts dans les quartiers suburbains où la vente du vin s'est certainement accrue depuis une dizaine d'années.

On y a pratiqué la vente avec prime, réclame, etc., etc.

Dans les centres industriels du Nord, des Etablissements de ce genre ont été créés même par des viticulteurs algériens cherchant à offrir les avantages de la vente directe du producteur au travailleur. En Normandie et en Bretagne, dans les agglomérations, de tels dépôts de vente pourraient être organisés.

Nous croyons savoir que les quantités de vin transportées par eau : mer, fleuves ou canaux, sont très peu importantes. Ne serait-il pas possible d'utiliser plus largement ces moyens si économiques?

Si nous admettons qu'une sérieuse amélioration a été réalisée sous ce rapport, nous nous trouverons en présence du problème de la mise à la disposition du consommateur dans les meilleures conditions possibles, et il n'est pas non plus aisé à résoudre.

Ici encore, c'est la coopération, cette merveilleuse fée de bien-être, de progrès et de paix sociale, qui peut apporter la solution. Mais en France, elle est encore dans l'enfance.

Le vin n'arrive quelquefois à la portée du travailleur qu'après la perception, par les intermédiaires, d'un tant pour cent considérable. L'idéal serait, au contraire, qu'il soit acheté par lui en barrique, ou en demi-barrique; mais les prix élevés actuellement pratiqués rendent la chose difficile et même à peu près impossible.

Nous demanderons alors si les viticulteurs ne jugeraient pas possible d'envisager la vente en quart de barriques ou même dans des récipients encore moins considérables?

Malgré cela, il est hors de doute que, pour beaucoup de travailleurs, l'approvisionnement continuerait à se faire en bouteilles.

Cette fois encore, c'est la coopération qui peut seule résoudre le problème, et c'est du Nord que nous vient l'exemple.

Dans ce pays où les préoccupations sociales sont si répandues chez les grands industriels profondément imbus de la pensée de leurs devoirs envers ceux qu'ils emploient, ils ont formé une très importante société de consommation, dans le but d'acheter aux producteurs mêmes les principales denrées et de les mettre à la disposition non seulement de leur personnel, mais du public.

La plus importante difficulté est solutionnée puisque le capital est constitué; la réalisation ne saurait nous inquiéter, la reconstitution miraculeuse de l'industrie de toute cette région, ruinée par les sauvages déprédations de nos ennemis, nous ayant prouvé une fois de plus que les problèmes les plus difficiles étaient au-dessous de la puissance de réalisation et de l'énergie de nos concitoyens du Nord.

Voilà enfin une initiative qui aura certainement pour effet de faire baisser le prix de la vie; cela nous changera agréablement des mesures gouvernementales qui, toutes, ont abouti à l'augmenter.

Comme les autres denrées, le vin sera offert au consommateur par un seul intermédiaire, ne percevant que le minimum du prix de ses services, et, par suite, dans les conditions les plus avantageuses pour lui.

Pas d'intermédiaire dans ce cas entre la coopérative viticole et la coopérative d'alimentation.

Il dépendra alors presque uniquement du viticulteur de provoquer une large augmentation de la consommation du vin.

Celle-ci s'était — nous l'avons dit — beaucoup accrue après la guerre, dans cette région si peuplée par des familles nombreuses de travailleurs qu'est le Nord de la France. L'habitude prise sous les drapeaux avait amené ce développement auquel avait encore aidé le prix élevé de la bière. Pour que ce mouvement favorable aux viticulteurs s'accentue, il aurait fallu que les livraisons de vins soient de qualité régulière et qu'aucune ne soit trop pauvre en degré pour supporter le voyage sans dommage.

C'est d'autant plus indispensable que les brasseurs du Nord, si industrieux — en même temps que d'esprit si industriel pour la recherche constante du progrès — ne cessent de s'efforcer, en même temps que d'améliorer la qualité de la bière, d'en diminuer le prix.

Nous le répétons, il y a un point essentiel : c'est que les livraisons soient bien conformes aux échantillons et que la qualité varie le moins possible.

Si ces conditions sont remplies et si les coopératives de production arrivent à se mettre en rapports directs avec les coopératives de consommation et les grandes entreprises d'alimentation, les prix s'abaisseront certainement à des limites qui permettront un large accroissement de la consommation encore augmentée d'autre part par les mesures de propagande indiquées plus haut.

Signalons également l'excellente initiative de quelques industriels qui, profondément pénétrés de leurs devoirs sociaux, ont fondé des cantines situées à la porte même de leurs établissements.

Une demi-heure avant le commencement du travail, on donne à des prix tout à fait réduits, aux ouvriers de l'usine, du thé, du chocolat, du vin, des petits pains, etc. Ainsi, la mère de famille n'est pas obligée de se lever à des heures indues, et elle sait que, cependant, son mari et ses fils ne s'arrêteront pas en route.

Les restaurants populaires du type créé à Lyon par la fondation Mangini et à Paris par la fondation Rothschild, où le vin naturel et l'eau figurent seuls au menu, sont aussi excellents.

Il ne faudrait cependant pas que, lorsqu'il se produit un déficit, on s'appliquât à le combler uniquement par une augmentation du prix du carafon de vin.

Il y a une fâcheuse tendance à faire peser sur lui toutes les hausses d'autres produits ou même de salaires.

C'est poussé à ce point que, dans certains établissements dits « populaires », l'habitude s'étant instaurée de prélever d'énormes bénéfices sur le vin, on en est venu à faire payer un supplément à ceux qui n'en boivent pas. Cela rappelle cette scène de vaudeville où le maître d'hôtel, dictant à la caissière la note d'un client, s'écrie : « Pas de fromage : deux francs! »

La presse peut avoir un rôle très important dans l'augmentation de la consommation familiale du vin.

Un moyen puissant consisterait entre autres à faire pénétrer des idées de ce genre par le roman feuilleton qui est lu aujourd'hui par un nombre inouï de gens situés à tous les degrés de l'échelle sociale.

Nous avons indiqué plus haut combien il serait souhaitable que le travailleur puisse acheter une petite provision de vin en barrique, et cela nous amène à insister pour que, dans les logements populaires, on donne toujours aux locataires une cave qui, si petite soit-elle, puisse contenir, en plus du charbon, des pommes de terre, etc., un certaine quantité de vin.

La même observation pourrait être faite pour les caves des habitations bourgeoises, souvent trop exiguës.

Les prix élevés du vin ont amené beaucoup de familles aisées à s'approvisionner par boutcilles; on paie cher le bon vin dans ces conditions; on ne s'en occupe pas; on en perd le goût et l'on en consomme certainement moins.

Signalons aussi que beaucoup de caves sont dans de mauvaises conditions au point de vue de la conservation du vin; d'autres sont exposées, à Paris, à de constantes trépidations; tout cela est fâcheux et tend à restreindre la consommation.

Une association a pris la louable initiative de construire à Paris de grands immeubles dans lesquels existeront de véritables services d'alimentation organisés sous la forme coopérative. Dans ces maisons, il y aura des caves parfaitement installées, dont le soin sera confié à un garçon de cave travaillant pour le compte de tous les locataires, chacun ayant cependant son compartiment spécial.

Le goût du bon vin est heureusement très en honneur en province, et notamment dans le Nord. Des renseignements qui nous sont parvenus, il résulte que les grands crus ont retrouvé, dans cette région, leur vogue passée, et que les débouchés ainsi offerts à notre production de vins fins se multiplient chaque jour.

La Belgique est tout près de notre Nord; les goûts des populations habitant les deux pays voisins sont à peu près identiques; il paraît certain que nos viticulteurs, si la folie protectionniste ne provoque pas des tarifs ridiculement élevés, retrouveront chez nos alliés leur précieuse clientèle d'avant-guerre.

En vue du développement d'exportations plus lointaines, une des conditions les plus importantes paraît être la prospérité de notre marine marchande. Il semble qu'elle se produira quand l'Etat voudra bien lui laisser la liberté et la tranquillité dont jouissent les marines étrangères. Autrement, sauf pour les matières premières dont la vente est forcée, le transporteur étranger arrivera bien vite et toujours à devenir le fournisseur, surtout quand il est doué de l'infinie délicatesse qui caractérise le Boche.

A l'étranger, nos consuls pourraient aider puissamment à l'exportation des produits français, à condition, toutefois, qu'on consente à négocier des traités de commerce dans un esprit de réciprocité.

Il est indispensable que nous ayons, au dehors, de bons représentants, en relations constantes avec nos consuls.

*
* *

Nous voudrions, en terminant, indiquer un dernier moyen qui nous paraît susceptible d'aider à atteindre le but poursuivi.

Les Etats-Unis, depuis qu'ils ont proscrit toutes les boissons fermentées, font un très large usage des sirops de fruits, et, en particulier, de raisin, non fermenté.

Or, il est possible, en chauffant nos vins avant qu'ils aient fermenté, en les faisant réduire, de produire des extraits ressemblant à des confitures un peu desséchées auxquels on peut faire subir de longs voyages dans les meilleures conditions sans qu'ils s'altèrent et sans aucun risque de fermentation. En délayant ensuite ces extraits dans l'eau, on fait des sirops de fruits non fermentés que les Américains apprécient infiniment.

Il y a là un élément d'exportation actuellement à peu près illimité et qui nous apparaît comme très précieux pour les années de grandes récoltes où l'on est obligé de vendre le vin à des prix dérisoires.

En développant cet usage, rien ne devrait plus être sacrifié.

Nous voulons espérer que les divers modes d'action que nous avons préconisés dans ce rapport, et plus encore ceux que de plus compétents feront connaître, seront mis en œuvre.

Alors, le bon vin de France prendra place sur la table familiale d'un nombre chaque jour plus considérable de braves travailleurs.

Tout différent des stupéfiants qui, au prix d'un horrible réveil et d'une folie progressive, donnent pendant un instant une impression de quiétude et de puissance absolues, le pur jus de la vigne ne laisse que le sentiment de bien-être qu'on éprouve après un bon repas dont il est l'un des éléments essentiels.

Souhaitons que le nombre des travailleurs français qui pourront s'offrir en famille ces repas agréables et bienfaisants aille chaque jour s'accroissant. (*Vifs applaudissements.*)

La parole est ensuite donnée à M. Lequime, vice-président de la Chambre Nationale de l'Hôtellerie française, pour la lecture et le commentaire de son rapport sur le concours des hôteliers et des restaurateurs à la diffusion des vins de France.

Du concours des Hôteliers et Restaurateurs à la diffusion des Vins de France

De tous temps, les hôteliers ont été les plus actifs propagateurs de nos bons vins de France. L'hôtellerie est, avec les restaurateurs, les débitants de boissons, la principale industrie auxiliaire des producteurs de nos vins.

C'est pourquoi nous ne voyons pas quel effort nouveau les hôteliers pourraient faire pour favoriser la vente du vin dans leurs maisons ou au dehors. Ils ont fait déjà tous les efforts possibles et cela s'explique, puisque la vente des vins constitue précisément une part importante de leurs bénéfices. Certains hôteliers dans les régions vinicoles agissent non seulement comme détaillants, mais font, en outre, fonction de courtiers lorsqu'ils vendent à certains clients des vins que ceux-ci ont pu apprécier pendant leur séjour à l'hôtel. Les producteurs et négociants peuvent favoriser ce mode de procéder en consentant dans ce cas aux hôteliers la rétribution ordinairement payée aux intermédiaires.

On a manifesté le désir de voir renaître dans les hôtels l'usage de comprendre dans le repas le prix du vin. Il ne nous paraît pas que nous puissions actuellement recommander avec succès la renaissance de cet usage, à l'heure où l'hôtellerie supporte une augmentation telle de ses frais généraux, que ses prix ne peuvent être mis en harmonie avec cette augmentation et que, néanmoins, une campagne qui ne se lasse point présente comme exagérés les prix d'hôtels. Lorsque les impôts exceptionnels qui frappent l'hôtellerie n'existeront plus, quand cette industrie sera revenue aux conditions d'exploitation d'avant-guerre, la question pourra, peut-être, être reprise. Elle ne peut, quant à présent, être l'objet d'une règle générale.

Il est souhaitable que les producteurs de vins et les négociants favorisent, dans toute la mesure possible, l'instruction professionnelle des sommeliers et cavistes qui sont appelés à soigner et à vendre des vins dans les hôtels.

Enfin, toute publicité qui aura pour objet de favoriser la vente des vins et de faire connaître nos vignobles recevra le meilleur accueil de nos hôteliers, qui feront de leur mieux pour en assurer la diffusion parmi leur clientèle.

M. Lequime ne saurait trop engager les négociants en vins et les viticulteurs à donner aux petits hôteliers et aux aubergistes des conseils sur les soins à apporter aux vins.

Il fait observer que si tous les hôteliers n'ont pas encore rétabli le vin dans les repas à prix fixe, cela tient à trois causes :

1° Les taxes importantes qui grèvent l'hôtellerie;

2° Les protestations des clients qui ne boivent que des vins fins et pas de vins de table;

3° La nécessité de ne pas élever les prix de pension, afin d'attirer les étrangers, qui sont très sollicités dans les autres pays.

M. Coste dit qu'il serait bon que le Syndicat de l'Hôtellerie française menât campagne dans son journal pour veiller à ce que les hôteliers ne fissent pas tout leur bénéfice sur le vin, comme la chose se produit trop souvent.

C'est aussi l'avis de M. Lequime. Et il promet que cette campagne sera faite.

M. Dupeyrat, appuyé par M. Fernand David, insiste pour qu'à titre d'exemple et d'enseignement, le vin soit toujours fourni dans les repas à prix fixe, tant dans les restaurants et hôtels français que sur les paquebots de nos Compagnies de navigation et dans les wagons-restaurants.

Pour les raisons énumérées plus haut, M. Lequime combat le vœu.

M. Fernand David fait remarquer qu'il vaudrait beaucoup mieux que le vin fût compris dans le prix du repas, mais à titre de transaction, il demande que le mot *toujours* soit remplacé par *autant que possible*.

Le vœu, ainsi amendé, est adopté à l'unanimité.

La parole est ensuite donnée à M. Pradel, vice-président général de l'Union Syndicale des débitants de vins et liquoristes de Paris et de la banlieue, qui lit son rapport sur le concours des restaurateurs et des détaillants à la diffusion des vins.

Le Concours des Débitants à la vulgarisation des Vins de France

Messieurs,

Après m'être très hautement félicité d'avoir été désigné pour apporter à l'œuvre si intéressante de la *Semaine nationale du vin* la contribution des débitants de boissons, mon premier devoir est de rappeler, au nom de ces derniers, qu'en maintes circonstances le commerce de détail a prouvé aux viticulteurs et aux négociants de vins en gros qu'il se solidariserait avec eux. Chaque fois qu'il s'agit de célébrer et de défendre les vins de France et leurs dérivés; chaque fois qu'il s'agit de protester soit contre les thèses outrancières des abstinents, soit contre les abus de la fiscalité, soit contre les anomalies et les injustices de la législation répressive, soit, enfin, contre l'exagération des tarifs de transports, nous répondons toujours : Présent !

Mais, aujourd'hui, plus que jamais, au cours de cette *Semaine nationale du vin*, nous tenons, nous, débitants, à remplir un devoir envers le viticulteur et envers le commerce de gros...

Ce devoir consiste à rendre hommage d'abord à ceux qui, depuis plus d'un demi-siècle, ont si courageusement lutté contre toutes les maladies qui ont assailli la vigne, afin de maintenir le bon renom des vins français; ensuite à ceux qui, malgré les difficultés inouïes au milieu desquelles nous nous sommes débattus pendant et après la guerre, ont assuré le ravitaillement du commerce au détail des boissons.

Quel concours, ce commerce au détail — débitants, limonadiers, hôteliers, etc. — apporte-t-il à la vulgarisation des vins français ? C'est sur cette question que j'ai reçu mission de vous présenter un rapport.

Pour se rendre compte de l'importance de notre rôle, il suffit de considérer ce qu'il adviendrait si, par impossible, nous n'étions pas là pour répartir à travers le territoire, et à toute heure de la journée dans le moindre recoin des cités comme dans le moindre hameau, le produit par excellence du sol français. la boisson la plus hygiénique qui se puisse rencontrer, ce vin dont M. Jules Gautier, président de la *Confédération nationale des Associations agricoles* disait encore, tout récemment, qu'avec son frère le pain — le bon pain de pur froment — il avait réussi à faire la race française, robuste, franche, gaie, amie de la clarté, de la justice et de la liberté.

Que le citoyen relativement aisé puisse se passer de nous, en remplissant sa cave suffisamment spacieuse de quelques barriques de vin et de quelques rangées de bouteilles fines, c'est l'évidence même. Encore celui-ci éprouve-t-il fréquemment le besoin, soit pour se délasser, soit pour répondre à des rendez-vous d'affaires, de franchir la porte d'un limonadier où il espère retrouver des produits répondant à son goût éclairé.

Mais combien plus nombreux sont, dans les villes, les citoyens obligés d'acheter au détail leur boisson quotidienne ! Combien d'autres sont légitimement désireux de pouvoir se réconforter, dans n'importe quel quartier et à n'importe quel moment, en prenant un verre de bon vin ! Combien d'autres, forcés pour des raisons multiples, à prendre leurs repas hors de chez eux, sont heureux de trouver, chez nous, la boisson qui a leur préférence !

Et si des villes, je passe aux campagnes, comment concevoir, sans le concours du détaillant de boissons, la répartition et la distribution du vin, surtout dans les parties du territoire où le vin ne pousse pas et où celui-ci seul pourrait boire du vin qui serait en situation d'en faire venir de la ville voisine ou des pays de production !

Mais à quoi bon insister sur le rôle capital, sur le rôle indispensable du débitant, quand il s'agit d'assurer, d'un bout à l'autre de la France, l'écoulement de la récolte et les stocks des négociants ?

Ce que nous devons rappeler, par contre, en y insistant davantage, puisque notre programme porte « vulgarisation des vins de France », c'est que le détaillant ne se contente pas, généralement, de tenir des vins de consommation courante. Il tient, également, des vins dits d'origine : Bordeaux, Bourgogne, Beaujolais, Anjou, Touraine, Corbières, Minervois, etc. Il tient aussi des vins dits de crus. Il tient, enfin, du champagne.

Donc, dans cette cave de détaillant, de limonadier, d'hôtelier, le premier passant venu — et disant ces mots je pense surtout à l'étranger dont il est bon d'exciter la curiosité et de perfectionner le goût — dans cette cave, dis-je, le premier passant venu doit pouvoir retrouver presque toute cette admirable gamme des vins de France.

Mais cela entraîne pour le débitant au détail des obligations de divers ordres que, dans nos grandes associations, nous ne cessons de lui rappeler par la plume et par la parole.

Avant tout, par-dessus tout, il doit pratiquer la plus parfaite loyauté commerciale. Il doit servir le vin demandé. S'il ne le possède pas, il doit le dire. Outre une carte sincère de vins, il doit posséder des tableaux bien encadrés, bien visibles, de façon à indiquer au public, aux voyageurs, aux étrangers, tous les genres de vins dont l'établissement dispose. De même la marchandise versée doit toujours correspondre comme prix, comme qualité, comme âge, aux indications énoncées sur les cartes et sur les tableaux.

Pour certains vins, il doit soigner la présentation qui a son importance. Ces vins doivent être logés dans des bouteilles d'origine bien étiquetées et consommés dans une verrerie appropriée, suffisamment fine.

Encore faut-il ne chercher tout particulièrement à ne vendre et consommer sur place que des vins de bonne qualité.

Et, pour cela, ce sont de nombreuses connaissances techniques (lesquelles ne s'acquièrent que par une longue pratique) que le débitant doit posséder... Ne faut-il pas qu'il montre du discernement, de l'intelligence dans ses achats, dans le choix de ses fournisseurs ? Ne faut-il pas qu'il constate, que le vin qu'on lui offre est limpide; que sa robe est vive et brillante; qu'il est franc de goût, fruité, bouqueté; qu'il a du corps, du moelleux, de la finesse; que, selon le cas, il est suffisamment sec, pétillant ou liquoreux; qu'il est ou bien léger ou généreusement corsé . Ne faut-il pas qu'il discerne le moindre mauvais goût de cuve, de fût, de bouchon, de moisi, de terroir, etc., etc. ?

Mais il ne suffit pas au détaillant d'être ainsi un commerçant avisé et un dégustateur émérite. Il faut aussi qu'il devienne un œnologue... je m'explique.

Le vin est un produit, on pourrait dire même un organisme d'une très grande complexité. Pratiquement, on n'analyse dans le vin, que l'eau, l'alcool et aussi l'extrait sec, c'est-à-dire toutes les substances solubles (acides, sels, gommes, matières colorantes, etc.), que le raisin abandonne pendant la fermentation et que le vin tient en dissolution. Entre ces substances, nous ne distinguons pas pratiquement, je le répète. N'empêche que le vin est composé, en réalité, d'éléments liquides et solides très nombreux. Et ce vin, pourrait-on dire encore, est vivant. Il évolue avec le temps. Il a une jeunesse, une maturité, une vieillesse. Il se modifie, dans sa jeunesse surtout, selon les saisons, selon même le temps qu'il fait. Et c'est avec raison, par exemple, que nous choisissons nous, pour nos soutirages, un temps clair et sec... Il faut donc surveiller le vin en fût, suivre son évolution, savoir lui donner opportunément tels ou tels soins. Il faut, en quelque sorte, procéder à une sorte d'élevage. D'où des précautions à prendre quant à la température et au degré d'humidité de la cave, quant aux soutirages qui doivent généralement correspondre aux changements de saison — février ou mars; juin et septembre — pendant les premières années, sauf à en réduire le nombre par la suite. Il faut aussi combattre les maladies du vin, aussi nombreuses, hélas ! que les maladies de la vigne. Mais ici c'est plus spécialement aux négociants que je m'adresse, car ils sont seuls à posséder l'outillage et aussi, disons-le, toutes les connaissances nécessaires à cet effet.

Eh oui ! les vins sont trop souvent d'une santé délicate, d'une constitution trop faible. Ils sont aussi comme nous, plus ou moins prédisposés à l'invasion des infiniment petits...

Tantôt, il faut combattre un microbe qui s'attaque aux vins dont l'acide tartrique est insuffisant et qui prennent, sous l'influence de cette bactérie, une couleur brun jaunâtre.

Tantôt il faut combattre des bactéries qui rendent filants, plats et fades des vins présentant une insuffisance de tanin.

Tantôt, il faut combattre d'autres microbes qui vivent aux dépens de l'alcool, du sucre, des matières extractives, ce qui empêche le vieillissement et communique au vin un goût d'éventé.

Tantôt, il faut combattre certains goûts de terroir — dus sans doute à une cuvaison trop prompte —, par des brassages à l'huile d'olive pour les vins blancs et au charbon pour les vins rouges.

Et puis, c'est à la pousse, c'est-à-dire à l'excès d'acide carbonique qu'il leur faut parfois remédier, parce qu'un certain microbe vit aux dépens de l'acide tartrique, ce qui fait apparaître dans le vin des filaments soyeux.

Dira-t-on que la pasteurisation — la vraie — a pour effet de détruire ces ferments, ces microbes, ces végétations cryptogamiques? Oui, et elle a encore d'autres heureux effets. Mais elle ne peut réparer les dégâts déjà produits. D'où, encore une fois, la nécessité des collages, des soutirages, etc.

Ah ! combien il serait préférable d'avoir moins de soins à donner à nos vins !

Aussi, dans le Bulletin de cette *Union Syndicale des Débitants* qui m'a fait l'honneur de m'appeler à sa vice-présidence, nous arrive-t-il, parfois, de soutenir cette thèse que, tout en s'attachant à produire beaucoup, le viticulteur ne doit jamais, jamais, sacrifier la qualité à la quantité.

Nous disons cela, non seulement en ce qui touche le choix et les mélanges des cépages, pouvant élever encore et toujours la qualité moyenne des vins ordinaires, mais aussi en ce qui touche les soins à donner à la vinification et au premier **soutirage**.

Notre pays, ajoutons-nous, est si effroyablement grevé d'impôts qu'il ne peut lutter avantageusement contre la concurrence étrangère que par l'excellence de ses produits. Ceci dit, bien entendu, non seulement pour les vins, mais pour bien d'autres productions essentiellement françaises. Oui, notre devise doit être: *Excelsior !*

Mais, au point de vue de la consommation intérieure de notre vin, nous pourrions ajouter que c'est justement parce que le prix de ce vin a atteint des proportions encore inconnues, que nous devons consoler, en quelque sorte, le consommateur, en lui offrant un produit irréprochable, ou du moins aussi bon, sinon supérieur, que par le passé.

Cette qualité, dira-t-on, ne dépend pas toujours de la volonté humaine. Oui, il faut compter avec les caprices des saisons, avec les maladies renaissantes de la vigne, peut-être même, avec un certain épuisement du sol qui expliquent, d'ailleurs, la diversité et le nombre des maladies. Mais raison de plus, alors, pour redoubler d'attention en ce qui touche la distribution judicieuse des plants, la fermentation et les soins ultérieurs à donner aux vins.

Pour ceux de ces soins qui nous incombent, on peut compter sur nous, débitants ! C'est, d'abord, notre intérêt de conserver à nos vins leur valeur marchande. C'est aussi notre amour-propre de bons Français, profondément attachés au bon renom des produits de notre cher pays.

Ces derniers mots m'amènent à parler de l'amour que beaucoup d'entre nous conservent pour leur petite patrie, pour la province dont ils sont originaires et dans laquelle se récolte souvent un vin qui, pour n'avoir pas la réputation de nos grands crus, n'en est pas moins excellent quand il a été bien fabriqué. C'est ainsi que nombre de débitants, à Paris, s'efforcent de faire connaître à leur clientèle, des crus secondaires, des vins de « pays », en réalité de leur pays d'origine. Et il faut les applaudir. Ces vins sont généralement recherchés et absorbés par la clientèle bourgeoise des villes de province qui avoisinent le terroir privilégié. C'est ainsi, par exemple, que, dans la grande banlieue de Toulouse, on récolte à Fronton, à Grenade, à Villaudric, etc., des vins localement réputés qui arrivent trop rarement jusqu'à Paris. Il en est de même des excellents vins rouges récoltés dans les environs de Clermont-Ferrand, ainsi que des muscadets blancs cultivés dans la région nantaise.

Dans d'autres localités, sur les rives du Lot, par exemple, aux environs de Cahors, et notamment à Luzech, les vins — surtout ceux des anciennes vignes — sont si remarquables que les négociants de Bordeaux viennent les acheter. C'est dire qu'ils ne sont pas perdus pour nous. Mais, à la condition qu'ils soient judicieusement traités sur place, ne vaudrait-il pas mieux qu'ils nous arrivent sans avoir été mélangés avec d'autres crus ? Cela viendra un jour. Cela viendra quand l'esprit d'association aura fait des progrès jusque dans nos campagnes, quand des coopératives de production se seront mises en rapport constant avec les détaillants, quand les producteurs se mettront en rapports directs avec le commerce de détail. Cela ne portera aucun tort sérieux au commerce en gros des vins dont le champ restera toujours très vaste. Et cela contribuera à mieux faire connaître, à Paris et dans nos grandes cités, l'admirable diversité des vins de France.

Ah ! les vins de France !

Ils ont déjà été et seront encore si justement vantés, au cours de cette grande *semaine*, que je n'ai pas besoin d'en célébrer une fois de plus les mérites. Mais, alors que les détracteurs du vin, soit en France, soit à l'étranger, redoublent en les amplifiant leurs efforts erronés et alors que les débitants sont, par voie de conséquence, l'objet des plus injustes attaques, des plus sottes calomnies, vous me permettrez bien, messieurs, pour finir, de rappeler (en ma qualité d'ancien combattant) aux fanatiques abstinents le rôle que le pinard a joué au cours de la guerre. Ne fût-il pas un facteur de la résistance ? Et le poilu, buveur de vin, ne se dressa-t-il pas de toute sa hauteur, pour répondre à ceux qui nous représentaient la France comme une nation d'alcooliques dégénérés ?... Oui, le vin de France fait partie intégrante de la gloire française. Il est un des éléments de notre génie.

Mais où donc l'ont-ils trouvé ce vin de France, à travers les âges, nos plus grands écrivains, nos plus grands poètes ? Où l'ont-ils trouvé, à Paris, sinon dans les cabarets ? C'est au cabaret de « la Pomme de Pin », que Rabelais, voisinant Villon, a écrit son « Gargantua ». — C'est faubourg Saint-Marcel, au « Sabot », que Ronsard fréquentait. — C'est dans les environs des Tuileries, au cabaret du « Renard », qu'on rencontrait Cyrano de Bergerac. — Molière aimait à retrouver ses amis, rue du Pas-de-La Mule, au cabaret de « la Fosse aux Lions ». — Racine a écrit ses « Plaideurs » au « Mouton Blanc », que fréquentait également Boileau. — Marivaux était un assidu de « l'Epée de Bois », rue Quincampoix. — L'abbé Prévost visitait souvent le cabaret de « la Huchette ». — Plus tard, c'est au cabaret de la « Mère Saget » que se rencontraient souvent Victor Hugo, Alexandre Dumas, David d'Angers, pendant que Murger, Baudelaire, Alphonse Daudet fréquentaient le cabaret Dinocheau, autrefois appelé le Petit Rocher et pendant que toute une génération d'hommes politiques et d'artistes s'attablait au Café Procope...

Et c'est bien, en partie, parce que du sol de notre cher pays jaillit un vin spirituel et généreux; c'est bien parce que, sous des dénominations diverses — cabaretiers, aubergistes, traiteurs, hôteliers, marchands de vins, etc... — des débitants se sont trouvés, au cours des siècles, pour servir à leur clientèle la boisson par excellence que la France, à travers le monde, rayonne d'un incomparable éclat.

Conclusions

Messieurs,

Les conclusions à tirer de l'exposé ci-dessus sont les suivantes :

1° *Développement des rapports commerciaux entre producteurs et détaillants;*

2° *Assortiment de vins, aussi variés que possible, chez le débitant;*

3° *Laisser suffisamment vieillir les vins de crus avant de les livrer à la consommation;*

4° *S'attacher à ne vendre à consommer sur place que des vins de bonne qualité;*

5° *Soigner la présentation, bien énumérer sur des tableaux placés à propos les vins dont l'établissement dispose;*

6° *Organisations de conférences annuelles publiques, faites par des œnologues, par des viticulteurs et par des commerçants.*

(Vifs applaudissements.)

Les conclusions de ce rapport sont adoptées à l'unanimité. M. Fernand David remercie M. Pradel de son excellent exposé, qui, dit-il, fait honneur à M. Pradel et à la corporation qu'il représente, et qui n'a d'ailleurs donné lieu à aucune discussion.

Avant la clôture de la séance du matin, l'Assemblée revient sur un vœu (qui avait été renvoyé à la Commission) de M. Poittevin, député de la Marne, demandant que dans les régions à appellation d'origine, le nom d'origine ne puisse paraître sur les emballages et les bouteilles ni directement ni indirectement, que si le vin de la bouteille a droit à cette appellation.

Une vive discussion s'engage alors. Discussion à laquelle prennent part MM. Mauvigney, Fromy, Rogée, de Mun, Saillard, Viala, Ricard, Fernand David, etc., etc.

Finalement, sur la proposition de M. Avisse, l'Assemblée émet le vœu « *Que l'administration de la répression des fraudes recherche, d'accord avec les intéressés, les modifications susceptibles d'assurer toute la sincérité et toutes les garanties propres à éviter les confusions en ce qui concerne l'étiquetage des produits d'origine, que le décret du 19 août 1921 ne garantit pas* ».

** **

Au début de la séance de l'après-midi, M. Anselme Laurence lit le télégramme suivant, envoyé par les Syndicats agricoles d'Oranie.

Sur appel Fédération Syndicats agricoles Oran et sous présidence effective son bureau, grande majorité délégués financiers, conseillers généraux, membres Chambre agriculture, maires Oranie, deux mille agriculteurs, commerçants, industriels, ouvriers toutes professions et représentant Comité Fédéral des Sociétés d'après-guerre, démobilisés, mutilés, etc., réunis grande salle Bastrana pour la défense de leurs intérêts communs, après avoir montré le péril qui résulterait d'une politique de concessions douanières au moment où toutes les forces de la nation doivent être tendues vers production intérieure et récupération or français, qui ne saurait sans nécessité impérieuse passer à l'étranger, au moment où forces contributives producteurs doivent être consolidées et élargies pour permettre au pays faire face charges écrasantes : relèvement ses ruines, dettes de guerre, service pensions familles grands morts et glorieux mutilés, Assemblée, dans un sentiment haut patriotisme et de confiance au Gouvernemnt, désirant profondément que prochaine visite Président République aux trois départements français d'Algérie s'accomplisse dans ambiance sereine et enthousiaste, proclame sa résolution inébranlable d'obtenir que rien ne soit modifié des dispositions douanières actuelles trop modérées concernant importation vins primeurs et légumes exotiques;

Convaincue que son appel sera entendu et que la satisfaction qu'elle espère et à laquelle producteurs ont droit leur sera accordée, assure Gouvernement et Parlement de son dévouement passionné à l'œuvre de travail et de production qui peut seul permettre le développement du progrès et le salut de la France bien-aimée.

Voici texte vœu voté à l'unanimité par deux mille viticulteurs présents pleins d'une respectueuse confiance en M. Poincaré, président Conseil et ministre Affaires étrangères, qui ne peuvent admettre qu'il ait autorisé M. Serruys à faire des concessions à l'Espagne contraires au vœu précédemment émis et ruineuses pour la viticulture algérienne si elles devenaient un fait accompli.

Ils supposent qu'il n'a traduit que les prétentions espagnoles jugées par lui inadmissibles ;

Prient nos représentants au Parlement d'interpeller le Gouvernement et de protester avec la dernière énergie contre l'application dans le cas qui nous occupe de la loi qui autorise le Pouvoir exécutif à signer des traités dans le genre de celui qu'on veut nous infliger, sans en référer aux Chambres ;

Chargent le Président de la Section viticole de transmettre le vœu ci-dessus aux ministres intéressés, nos députés et sénateurs aux bureaux des groupes viticoles du Sénat et de la Chambre des députés, aux Syndicats viticoles Alger et Constantine et Confédération générale des vignerons des quatre départements du Midi.

BORIES, *président.*

La Semaine Nationale du Vin prend acte des vœux énoncés dans ce télégramme.

La parole est ensuite donnée à M. Caillet, vice-président de la Chambre Syndicale de l'épicerie française, pour la lecture de son rapport sur le concours de l'épicerie française pour la diffusion et la vulgarisation des vins de France.

Après les félicitations du président, M. Fernand David, le rapport de M. Caillet est adopté sans observation avec la rédaction suivante :

Du concours de l'Epicerie française pour la diffusion et la vulgarisation des vins de France

---

Le Comité de la semaine nationale des vins demande au Syndicat de l'Epicerie Française son concours pour indiquer à ses adhérents le rôle qu'ils pourraient jouer pour la vulgarisation et la diffusion des vins en France.

Nous pourrions résumer cette question en quelques mots :

1° Donner au public des vins avec le maximum de qualité et le minimum de prix ;

2° Et pour les vins supérieurs, vins de qualité et de crus, les plus grandes garanties d'authenticité. Pour cela, il nous est indispensable d'entrer dans les explications nécessaires.

L'Epicerie est, sans aucun doute, la corporation (surtout dans les grands centres d'activité) qui répand dans le public les quantités les plus fortes de vin; cela tient à ce que cette répartition se fait dans des conditions telles de prix et de qualités, qu'elle a obtenu depuis de longues années la faveur du grand public.

Cela veut-il dire que nous avons obtenu la perfection dans cette importante branche de notre commerce? Certainement non. Nous devons et nous pouvons faire mieux encore? Dans quelles conditions? C'est ce que nous allons essayer de démontrer.

Un commerçant en épicerie qui tient à s'attacher une clientèle spéciale en vins doit y apporter les soins tout à fait spéciaux que je vais essayer d'indiquer ci-dessous :

1° Il doit s'assurer le concours de fournisseurs honnêtes et consciencieux. Cela est tout à fait facile, car, à côté de quelques négociants en vins peu scrupuleux, nous constatons avec plaisir que la majorité de nos fournisseurs nous donnent sur ce point la plus entière satisfaction;

2° Il doit veiller au bon état des locaux où est opéré le travail de soins donnés aux vins et de mise en bouteilles.

En général les caves où sont traités les vins, tant vins supérieurs que vins ordinaires, manquent de tout ce qui serait nécessaire à un travail si délicat.

Les caves ou chais doivent être bien aérés, blanchis à la chaux au moins une fois par année, bien éclairés au gaz ou à l'électricité. On doit éviter l'emploi de l'éclairage avec des lampes à pétrole, essence ou huile qui dégagent une odeur pouvant avoir, au moment de la mise en bouteilles, les plus graves conséquences. Caves ou chais doivent être pourvus de courants d'eaux abondants, afin d'assurer un rinçage de bouteilles parfait. Je ne m'étendrai pas aux soins à donner aux vins, ouillage des fûts, soutirage aux différentes époques de l'année, principalement après les grands froids, vers le mois de mars. Cette dernière opération doit se faire par un temps sec et clair.

Collage. — Opération souvent incomplète et très délicate (un proverbe dit que le vin est comme la femme : « plus il est battu, plus il est content », proverbe dont on ne tient pas assez compte. Vient ensuite la mise en bouteilles, la dernière et la plus délicate opération :. bouteilles bien rincées, bouchons bien échaudés à la vapeur ou à l'eau bouillante, et pour les vins de choix, bouteilles et bouchons doivent être passés à l'eau-de-vie, le choix des bouchons joue un rôle énorme dans la mise en bouteille et la conservation du vin, il est indispensable, pour une bonne conservation, de bien sélectionner les bouchons et de n'employer que des qualités bien saines.

Mise en bouteilles. — Les mises en bouteilles doivent se faire également par un temps sec et clair, surtout les vins blancs. Le tirage doit se faire sans arrêt avec canelle demi-ouverte afin d'éviter de troubler le vin par fermeture et ouverture brusque du robinet de débit.

Ces recommandations générales s'appliquent principalement aux vins de choix ou vins de crus, mais néanmoins sont aussi indispensables pour les vins de qualités moindres que l'on dénomme sous la qualification de crus bourgeois.

Maintenant, revenons aux vins plus ordinaires et de consommation plus courante, les mêmes dispositions doivent être prises afin de donner des soins élémentaires pour obtenir le maximum de qualité.

Le commerçant habile s'attachera, pour ses qualités de vins courantes, à donner à sa clientèle des vins de qualités bien suivies, toujours bien clairs, brillants et limpides. Ces vins doivent avoir au moins six à huit jours de colle et quinze jours à trois semaines de bouteille afin de donner comme il est dit plus haut le maximum de qualité pour le minimum de prix. Malheureusement nous voyons souvent des commerçants recevoir du vin le jour, le coller le soir et le tirer le lendemain : ceci souvent faute de place ou d'autres moyens. Ce sont des pratiques que nous devons déconseiller et condamner, car elles ne peuvent donner satisfaction, ni au négociant ni aux consommateurs.

Tous ces motifs exposés, un facteur des plus importants, si ce n'est le plus pour la vulgarisation du vin, ce produit si essentiellement national, est la question de transports, puisque nous constatons qu'un litre de vin venant de la région du Bordelais par quantités moindres de cinq tonnes est grevé à l'arrivée à Paris de o fr. 32 à o fr. 35, tant de transport que de droits de circulation, soit : transport o fr. 20, droits de circulation o fr. 14 : o fr. 34.

Nous considérons que cette seule cause a pour cause l'abstinence de la consommation du vin par les classes ouvrières qui remplacent ce produit par des boissons de fantaisie, qui sont loin d'avoir la valeur nutritive du vin. Cette question du transport est du reste traitée par les honorables MM. Ch. Vavasseur, viticulteur, député d'Indre-et-Loire, et Ch. Bernard, secrétaire général de la C. G. V., et sera plus amplement développée que par moi.

Enfin comme conclusion à ce rapport, nous considérons que le rôle de l'épicerie, guidée en cela par ses groupements professionnels, dans la diffusion et la vulgarisation du vin peut et doit être considérable.

Nous applaudissons de tout cœur à cette manifestation économique d'ordre national persuadés en cela que l'Epicerie Française saura comprendre son rôle vis-à-vis du public consommateur en livrant à la consommation des vins de qualités parfaites à des prix modérés, participant par là au bon renom de la France et à la prospérité nationale. (*Vifs applaudissements.*)

La parole est ensuite donnée à M. Guillon, inspecteur général de la Viticulture, qui, au nom de M. J.-M. Drouant, président d'honneur de l'Union des Sommeliers de Paris, et au sien propre, lit le rapport présenté sur l'éducation professionnelle des sommeliers et des maîtres de chais.

L'Education Professionnelle des Sommeliers et des Maîtres de Chais

Si nous sommes au premier rang des nations du monde par la quantité et la qualité incomparables de nos vins, il faut d'autant plus s'efforcer de les faire connaître et apprécier qu'ils représentent une des sources les plus grandes de la richesse nationale. Il ne suffit pas de produire, il faut vendre, et tous ceux qui, par leur situation, ont pour mission de guider le goût des consommateurs peuvent avoir sur l'écoulement des vins un rôle d'autant plus efficace que leurs connaissances professionnelles seront plus étendues.

S'il existe pour l'étude de la culture de la vigne des écoles d'agriculture plus ou moins spécialisées, il faudrait aussi compléter, par des cours spéciaux, les connaissances pratiques de tous ceux qui sont chargés d'acheter, de conserver ou de présenter le vin. Dans cet ordre d'idée, nous parlerons plus spécialement des sommeliers dont nous nous sommes surtout occupés.

Le rôle des sommeliers. — Les sommeliers ne doivent pas se borner à être de simples déboucheurs de bouteilles; mais ils peuvent intervenir utilement pour favoriser le développement de la consommation du vin de différentes manières.

D'abord, par une action directe, immédiate, en collaborant d'une façon méthodique à la constitution des caves des établissements auxquels ils sont attachés et en donnant au vin dont ils ont la garde tous les soins nécessaires pour en assurer la conservation et l'amélioration. Un hôtel ou un restaurant possédant une bonne cave sera fréquenté de préférence par tous les gourmets, qui seront mieux en mesure d'apprécier la cuisine, dont les mets sont d'autant plus délectables qu'ils sont accompagnés d'un vin agréable. Non seulement, le vin doit être présenté d'une façon élégante, mais il faut aussi le servir en même temps qu'un plat susceptible d'en faire développer les qualités.

Les sommeliers peuvent aussi exercer une propagande très utile auprès de la clientèle de ces établissements. Ils peuvent donner des suggestions capables de faire apprécier un cru en fournissant des indications sur la situation géographique de sa production et la manière de se le procurer. La clientèle des grands hôtels et restaurants est très souvent composée d'étrangers qui ne sont pas toujours des connaisseurs, et les conseils judicieux peuvent avoir les plus heureuses conséquences.

Les sommeliers devraient avoir à l'étranger la même réputation que les cuisiniers français et, de ce fait, exercer une action de propagande très efficace pour nos débouchés dans les grandes villes et stations balnéaires où afflue la clientèle riche.

Enfin, les sommeliers peuvent être aussi d'excellents agents d'informations pour renseigner les producteurs et les commerçants sur le goût de la clientèle, même au delà de nos frontières. Si utile qu'il soit de former le « goût » du client, il convient aussi de respecter ses préférences et d'essayer de s'y adapter. Les Allemands tenaient le plus grand compte des besoins et même des caprices des consommateurs; les sommeliers pourraient renseigner les exportateurs sur ces différents points.

L'Union des Sommeliers de Paris. — L'Union des Sommeliers de Paris, qui est une Société de prévoyance et d'instruction professionnelle, a été fondée, en 1907, par un groupe de sommeliers parisiens désireux de s'entr'aider et de s'instruire.

Cette association, aujourd'hui très prospère, compte plus de 800 membres. Elle est la première fondée en France, et fait le plus grand honneur à l'esprit d'initiative de ses adhérents.

Sur le terrain de la mutualité, l'Union des Sommeliers a réussi à donner à ses sociétaires :

1° Une allocation journalière de maladie;
2° Des secours supplémentaires;
3° Des prêts d'honneur;
4° Payer les frais médicaux;
5° Faire obtenir une réduction de 20 o/o sur les produits pharmaceutiques;
6° Une allocation de retraite;
7° Payer les frais funéraires.

Dans le domaine professionnel, l'Union, aussitôt fondée, s'est préoccupée de placer ses membres dans les grands restaurants et hôtels de Russie, Roumanie, Belgique, Espagne, Egypte, Maroc, etc.

Encouragés par les résultats obtenus, les sommeliers ont pensé, avec juste raison, qu'il y avait lieu d'instituer des cours œnologiques, des concours de dégustation et des voyages d'études dans les différents pays vignobles. Ils se sont même organisés pour suivre des cours de langues étrangères.

Après quelques conférences comme celles données par l'un de nous en 1909, des cours d'œnologie leur ont été régulièrement faits par M. Raymond Brunet à partir de 1910. Interrompus par la guerre, ces cours ont été repris, en 1920, par M. Philippe Malvezin. Ils ont lieu une fois par semaine à la mairie du 9ᵉ arrondissement. Ils comprennent une partie théorique et une partie pratique. Cette dernière est la plus développée; les élèves apprennent l'art de la dégustation et celui de servir et de faire boire le vin. Ils sont instruits sur la façon dont s'élaborent les principales natures de vin, ainsi que les méthodes d'analyse qu'ils devront pratiquer eux-mêmes. Les élèves sont également exercés aux diverses manipulations licites telles que : collage, soutirage, filtrage, etc. Des visites de chais et de caves sur place complètent ces enseignements.

La partie théorique comporte l'étude très résumée de quelques données chimiques indispensables à la compréhension des cours et exercices pratiques. Elle comprend également l'étude des maladies de la vigne et leurs répercussions sur la constitution du vin; celle de la vinification et des maladies ou accidents œnologiques. Enfin, un aperçu de la géographie viticole de la France avec un résumé de la législation des fraudes complète cet enseignement théorique.

Les sommeliers ont souvent organisé des excursions à travers la Gironde, les Charentes, la Bourgogne, la vallée de la Loire, l'Alsace, etc., où ils ont pu apprécier sur place la valeur et les caractères des principaux crus.

Mais cette organisation, de l'avis même des membres de l'Union des Sommeliers de Paris, est loin d'être parfaite. Il faudrait tout d'abord pouvoir mettre à la disposition des cours et applications des locaux mieux appropriés. Enfin, il y aurait lieu de rechercher la possibilité de pouvoir donner un diplôme sanctionnant les efforts des sommeliers qui ont le plus travaillé et conférant certains avantages.

L'enseignement à l'étranger. — M. l'abbé Wetterlé, député du Haut-Rhin, qui, représentant une région très viticole de l'Alsace, s'est toujours occupé de ces questions d'éducation professionnelle, a bien voulu nous donner les très intéressants renseignements, que nous reproduisons textuellement.

« Avant la guerre, les sommeliers allemands étaient très recherchés dans tous les pays étrangers, et nombreux étaient ceux d'entre eux qui s'étaient établis, comme restaurateurs et comme hôteliers, sur la Riviéra et à Paris où ils pouvaient librement fournir à leur pays des renseignements de toute nature.

« Leur succès s'expliquait par la formation soignée à laquelle ils avaient été soumis dans leur pays d'origine. Dans toutes les grandes villes allemandes, le futur sommelier entre à l'âge de quatorze ans dans les grands hôtels comme chasseur; il y est logé et nourri, mais ne touche aucun salaire; bien mieux, il paye une redevance au propriétaire de l'hôtel pour l'usure de son uniforme. Pendant deux ans, il vit ainsi des pourboires des clients. La loi l'oblige à suivre, à raison d'un jour ou deux demi-journées par semaine, l'enseignement post-scolaire qui est spécialisé, suivant les professions, partout où le nombre des élèves le permet.

« A seize ans, il devient aide-sommelier. Un an plus tard, il quitte l'hôtel pour suivre les cours de l'école spéciale où, pendant six mois, on lui donnera un enseignement pratique : service, langues étrangères, comptabilité.

« Devenu sommelier en titre, il ne tarde pas, grâce aux agences, à trouver un emploi à l'étranger. Il passe ensuite un an en France, autant en Angleterre, autant en Italie. Quand il revient en Allemagne, il est polyglotte et connaît les goûts, les besoins, voire même les manies des clients étrangers. S'il est débrouillard, il obtient vers la trentaine une gérance de petit hôtel de province ou une sous-direction dans un grand hôtel ; sa formation professionnelle est parfaite. Pourquoi? Parce que rien n'a été laissé au hasard; il ne s'est pas improvisé sommelier. Il a reçu un enseignement théorique et pratique qui l'a mis au courant de son métier à tous les points de vue; il est poli, serviable, discrètement empressé. Il va au-devant des désirs du client, sans jamais l'obséder de prévenances exagérées. On lui a appris à rester à sa place tout en étant prêt à rendre service. Ce sont là des qualités que rarement l'individu peut acquérir par la seule pratique de son emploi; l'expérience des anciens est nécessaire pour les donner à l'apprenti.

« L'enseignement professionnel est donc nécessaire; pour l'avoir organisé, les Allemands s'étaient imposés partout; on sait les avantages de tout ordre qu'ils ont su en retirer. »

Enfin, dans un autre ordre d'idées, le Club des vins et spiritueux de Londres fait donner aux fils des négociants des conférences spéciales qui sont très suivies et crée des bourses de séjour à l'étranger pour les meilleurs élèves.

Programme d'enseignement. — D'accord avec MM. Roux et Lesage, directeurs au Ministère de l'Agriculture, et avec la collaboration de M. Filaudeau, directeur du laboratoire central du Ministère de l'Agriculture, nous avons cherché à élaborer un programme pouvant servir de base à un enseignement œnologique, tant à Paris que dans les principaux centres de production et de consommation.

Cet enseignement destiné au perfectionnement de ceux qui sont appelés à soigner les vins doit comporter : des cours théoriques, des exercices pratiques, des séances de dégustation, des excursions et des stages. Il y aura également lieu d'examiner dans quelles conditions il pourrait être sanctionné par un diplôme.

Nous expliquerons plus loin les raisons pour lesquelles il doit être donné séparément aux sommeliers et aux maîtres de chai.

Sommeliers

Enseignement théorique. — Il importe que les sommeliers connaissent à fond les produits qu'ils auront à soigner et à faire apprécier à la clientèle. Il est donc nécessaire, avant toute chose, de compléter leurs connaissances sur ce qu'est exactement le vin. La première partie de l'enseignement théorique doit, par suite, comporter une étude sommaire de la vigne et les notions élémentaires de la viticulture. Ce qu'était la vigne avant la crise phylloxérique, effets de celle-ci, vins de plants français directs, vins de vignes greffées, vins d'hybrides producteurs directs, — influence, sur la qualité des vins, de la situation des vignobles, de la nature du sol, des procédés culturaux (taille, fumures et engrais), — des conditions climatériques de l'année de production, des maladies cryptogamiques, etc.

On étudiera ensuite la fabrication du vin : vendanges, procédés de vinification, cuvage, pressurage.

Passant à l'étude du vin proprement dit : Composition chimique du jus de raisin. Principes de la fermentation alcoolique Modification qu'elle apporte dans le moût. Composition chimique du vin fait, en insistant sur les principaux constituants. Alcool. Matières extractives. Acides fixes et volatils. Ethers. Matière colorante. Importance et rôle de ces divers constituants sur la qualité du vin. On pourra, à ce sujet, donner quelques notions élémentaires de chimie, mais il paraît inutile de faire aux sommeliers un véritable cours de chimie œnologique. On ne pourrait, en effet, leur donner en quelques leçons que des idées trop incomplètes qui ne manqueraient pas de se traduire, chez la plupart des élèves, par des conceptions fausses ou tout au moins inexactes.

Il y aura lieu, par contre d'insister sur ce fait que le vin n'est pas une espèce chimique : c'est un milieu vivant, qui va subir, au cours de sa conservation et de son vieillissement, des modifications continuelles, jusqu'au jour où il sera complètement « usé ». C'est précisément le rôle du sommelier de surveiller et de guider cette vie du vin, de rechercher et de favoriser les transformations heureuses, d'éviter et d'écarter les conditions mauvaises ou nuisibles qui aboutissent à des tares ou à des maladies. Ici se placera naturellement l'étude du milieu où le vin sera conservé et des soins à donner aux vins en cercles et en bouteilles : conditions que doit remplir une bonne cave, entretien du matériel de cave et de la vaisselle vinaire, ouillages, soutirages, coupages, collages, filtration, mise en bouteilles et étude des maladies des vins, et de leur traitement.

Lorsque le sommelier connaîtra bien ce qu'est le vin et comment on le soigne, on lui décrira le vignoble français dans tous ses détails. On y ajoutera quelques indications sur les crus étrangers réputés : Xérès, Porto, Asti, Tokaï, vin de Chypre, etc. Il y aura lieu d'insister dans cette étude géographique sur les caractéristiques de chaque vignoble et des vins qu'il produit.

On enseignera ensuite l'art de la dégustation. Quelques conférences faites par un spécialiste montreront ce qu'est le goût, la mémoire du goût et comment on doit procéder à la dégustation. Elles feront ressortir les caractéristiques d'un bon vin, d'un vin jeune et susceptible de faire de la bouteille, les tares apportées au vin par les récipients ou par les maladies. Elles seront complétées par des précisions sur l'art de servir et de boire le vin : toutes notions de la plus grande importance dans l'enseignement qui nous occupe, car elles constituent en quelque sorte le critérium du parfait sommelier.

Il serait utile de les faire suivre de considérations sur le rôle du sommelier à l'étranger. Ces spécialistes peuvent, en effet, exercer hors de France une très heureuse influence au point de vue du commerce d'exportation du vignoble français. Il serait même à souhaiter que certains d'entre eux se livrent à l'étude des langues étrangères.

A côté du vin, le sommelier sera appelé à soigner et à faire apprécier les autres produits de la viticulture. Il sera indispensable, à ce point de vue, de lui exposer les principes de la distillation et de la fabrication des eaux-de-vie. Le cours devra insister notamment sur l'existence, l'origine et la nature des principes volatils autres que l'alcool qui, passant avec celui-ci dans le distillat, lui communiquent ses qualités et montrer ensuite les différences qu'apporte la séparation de ces composés ou rectification, laquelle transforme les eaux-de-vie naturelles en produits neutres au point de vue du bouquet.

Cet enseignement théorique devra être complété par des notions de législation concernant les vins et les eaux-de-vie. En rappelant sommairement les lois antérieures non abrogées : loi du 1er août 1905 sur la répression des fraudes; loi du 6 mai 1919 sur les appellations d'origine; décret du 19 août 1921; législation fiscale (droit de circulation, droits d'entrée, etc., d'octroi, droit de détail, acquit-à-caution, taxe de luxe, etc.).

Enfin, quelques leçons devront être consacrées au côté économique : statistiques vinicoles; importations et exportations; consommation intérieure; état actuel du commerce des vins; intermédiaires et courtiers; transports et droits de douane.

Cet enseignement théorique porte, comme on le voit, sur les matières les plus diverses. On doit donc, à côté du cours proprement dit, envisager une suite de conférences qui seraient confiées à des spécialistes de bonne volonté.

Travaux pratiques. — Pour acheter et surveiller le vin, un bon sommelier doit être capable de procéder par lui-même, avec exactitude, aux déterminations chimiques les plus courantes concernant ce produit : Prise de densité. Dosage de l'alcool avec les ébullioscopes ou le Salleron et par distillation. Détermination de l'extrait sec en fonction de l'alcool et de la densité, au moyen du densimètre de Houdart. Essai qualificatif du plâtrage avec la liqueur de Marty. Dosage des acidités totale et volatile, examen rapide de la matière colorante par le procédé au mouchet de laine. Dosage de l'acide sulfureux dans les vins blancs. Examen microscopique de vins sains et de vins malades. Au cours de ces exercices, on indiquera les principes des grandes règles œnologiques, de façon à ce que l'attention soit mise en éveil et qu'en cas d'anomalies par eux constatées, les sommeliers n'hésitent pas à soumettre le vin qui leur paraîtrait suspect à l'examen approfondi d'un chimiste compétent.

Dégustation. — Les élèves qui auront suivi avec assiduité les cours et travaux pratiques pourront, après interrogations et sur avis favorable des professeurs, être admis aux séances pratiques de dégustation. Celles-ci, qui seront immédiatement précédées des conférences indiquées plus haut, devront porter sur des vins d'origine. Il importera de faire ressortir et apprécier les caractères de différents crus, de montrer les différences entre les vins jeunes et les vins vieux d'un même vignoble, de souligner les caractères des vins jeunes et de ceux susceptibles de bien faire en bouteilles. Enfin, on soumettra aux élèves des vins usés et des vins plus ou moins tarés ou malades.

Une ou deux séances seront consacrées aux eaux-de-vie de façon à bien montrer la façon particulière de les apprécier et le rôle primordial que joue l'odorat dans cette dégustation spéciale et particulièrement délicate.

Excursions et stages. — Chaque année, en fin de cours, une ou deux excursions au vignoble, sous la conduite de personnes compétentes, compléteront heureusement ce programme. Des facilités de stage dans des établissements cotés pourront même être accordées aux meilleurs élèves. Il serait superflu d'insister sur l'intérêt que pourront présenter ces visites où les élèves pourront vérifier par eux-mêmes nombre de points dont on leur aura parlé dans leurs cours et dans les exercices.

Maîtres de chais

L'éducation professionnelle du maître de chai doit être légèrement différente de celle du sommelier. Alors que ce dernier a surtout pour rôle de soigner en cave le vin prêt à la consommation, le maître de chai doit au contraire conduire la vinification, surveiller le vin en cercles, alors qu'il est encore jeune, soit dans le cellier du récoltant, soit dans le magasin du négociant en gros. D'autre part, les heures de liberté des deux professions ne sont pas les mêmes : le maître de chai, qui travaille aux heures normales, n'est libre que le soir à l'heure où le sommelier est pris par le dîner et le souper des établissements qui l'emploient. Dans ces conditions, il est logique de prévoir un enseignement légèrement différent pour les uns et les autres.

En ce qui concerne les cours théoriques, si les grandes lignes restent les mêmes, il y aura lieu pour les maîtres de chais d'étudier longuement l'établissement et l'aménagement rationnel des celliers et du matériel vinaire : cuves en bois, cuves en ciment, pressoirs, batteries de diffusion, futailles, etc...

La partie relative à la vinification et à sa conduite devra être amplement développée : caractère que doit présenter un moût normal : correction des moûts (tartricage et chaptalisation), sulfitage, levures sélectionnées, pieds de cuve, conduite de la fermentation, influence de la température, remontage des moûts, décuvaison, fabrication des vins blancs de raisins rouges, des vins rosés, vins de goutte et de presse, utilisation des marcs et des sous-produits.

Le maître de chai ayant à surveiller de plus près les diverses maladies des vins, plus dangereuses pour ceux en pièces que pour ceux en bouteilles, c'est surtout au regard de ces tares et de leur prévision qu'on devra exercer ses aptitudes de dégustateur.

Enfin, il devra connaître à fond l'art des coupages qui lui permettra de corriger les défauts d'un vin par addition d'un autre possédant les qualités contraires à un degré exagéré.

En un mot, le cours à faire aux maîtres de chais sera plutôt un cours de vinification pratique, très analogue à ceux institués par M. Mathieu à la station œnologique de Beaune et plus récemment à celle de Bordeaux. Dans ces conditions, il pourrait être suivi avec fruit par des négociants et même par des propriétaires.

Les mêmes travaux pratiques et les mêmes excursions compléteront heureusement cet enseignement.

Diplôme. — Il serait à souhaiter qu'un diplôme signé par des personnes faisant autorité soit décerné en fins d'études aux sommeliers et aux maîtres de chais qui auraient suivi avec assiduité les cours et exercices et obtenu une moyenne déterminée aux différents examens.

Conclusions. — Nous proposons comme conclusions de ce rapport les vœux suivants :

1° Que des cours et exercices pratiques d'œnologie soient créés dans les principaux centres de production et de consommation pour la formation des sommeliers et des maîtres de chais;

2° Que les associations corporatives intéressées soient sollicitées à l'effet de subventionner et de faciliter par tous les moyens le développement de ces institutions;

3° Que le Ministère de l'Agriculture veuille bien s'intéresser à cet enseignement pratique œnologique.

(Vifs applaudissements.)

M. Fernand David remercie les rapporteurs de leur substantiel exposé, et tous les vœux présentés par eux sont adoptés à l'unanimité.

Un congressiste, M. Bender, demande que l'enseignement œnologique soit donné aux futurs médecins, qui doivent connaître les qualités du vin, et l'utilité qu'il présente dans le traitement de certaines maladies.

Il demande aussi qu'on donne aux futurs sommeliers des notions de psychologie, qui leur permettront d'acquérir, en connaissant bien le client, l'art de bien lui faire goûter et apprécier le bon vin.

M. Fernand David, en s'associant aux paroles de M. Bender, dit que dans les conférences faites aux sommeliers, on ne néglige rien de tout ce qui peut favoriser une bonne propagande en faveur du vin de France, et il donne la parole à M. Mathieu, qui termine la séance par sa conférence sur l'art de bien goûter le vin.

L'Art de bien Goûter les Vins

Goûter le vin, c'est l'apprécier par son action sur nos organes des sens; bien goûter, c'est de plus savoir se servir des fonctions de ces organes pour éprouver au maximum ces sensations délicates, véritables jouissances de dillettante, que seuls peuvent procurer ces chefs-d'œuvre de la nature que sont les grands vins, et que, seuls aussi, sont aptes à percevoir ceux qui joignent à l'affinement de leurs sens une éducation spéciale de ceux-ci résultant d'exercices répétés.

Art et Science

Bien goûter est donc un art, sans aucun doute, mais c'est aussi un peu une science, car c'est mettre en jeu nos organes sensoriels et notre cerveau dont les fonctionnements, s'ils nous étaient bien connus, pourraient être dirigés méthodiquement pour donner leur rendement le plus élevé, comme le fait le chauffeur qui possède bien sa voiture et lui fait rendre la vitesse maxima; mais la physiologie, la psychologie expérimentales sont des sciences relativement récentes; cette dernière n'a des laboratoires à la Sorbonne que depuis quelques années seulement; néanmoins, quoique encore bien obscur, le mécanisme de la genèse de nos sensations présente déjà assez de faits bien établis tant par l'observation journalière que par la science, pour que leur connaissance soit fort utile au dégustateur ou à l'amateur.

Jointe à l'expérience, laquelle jouera toujours un rôle prépondérant par les notions acquises qu'elle seule peut procurer, cette connaissance permet de diriger rationnellement la dégustation et, par suite, donne au professionnel une supériorité évidente; elle assure à l'amateur de vins toutes les jouissances de dilettante que recèle le grand vin, cette synthèse incomparable des produits d'un sol privilégié, élaborés par les nobles ceps d'origine millénaire, sous l'énergie fécondante des chauds rayons de soleil.

En effet, les sensations perçues sont la résultante de nombre de facteurs très divers que l'on peut rapporter à trois chefs : le vin, le dégustateur et les conditions extérieures.

Considérons chacun de ces groupes pour déduire de cet examen des règles pratiques.

Le Vin

Le vin, pour le scientiste, est un liquide coloré, odorant et sapide, propriétés dues à des corps très divers, originaires du raisin ou produits de la fermentation; la **couleur** est donnée par les tannoïdes des peaux ou de la pulpe des raisins, avivée par les corps acides; les corps volatils dont l'ensemble constitue le **bouquet** ou le nez du vin, alcool, acides, éthers, aldéhydes, etc., sont surtout des produits de fermentation des sucres de raisins auxquels s'ajoutent les substances peu connues, caractéristiques des cépages et des crus et qui, bien qu'en petite quantité, sont l'élément qui a le plus de prix dans les vins de cru.

La saveur ou **bouche** du vin est due à la fois aux corps volatils et à diverses substances sans **odeur**; les corps acides fixes dominent en général quand ils ne sont pas atténués par le goût spécial de l'alcool, ou par les saveurs sucrées des sucres et de la glycérine; les saveurs salées des sels organiques et minéraux ne sont jamais perceptibles qu'accidentellement dans les vins normaux; l'astringence des tannoïdes n'est que temporaire dans les vins jeunes.

En résumé, nous percevons dans les vins :

1° Des couleurs qui se différencient par leurs intensités, leurs tons et les nuances de ceux-ci révélatrices de l'âge, de l'état de santé;

2° Des odeurs et des saveurs variant avec les doses des constituants essentiels communs à tous les vins, avec des éléments plus subtils spéciaux aux cépages, aux crus, au degré d'affinement par le vieillissement, etc.

Or, la manifestation de ces propriétés dépend des modes de présentation. Nous les étudierons mieux quand nous connaîtrons les organes sur lesquels elles doivent agir.

Le Gourmet

Il semble au premier abord que goûter un vin est une opération fort simple: on regarde la couleur, on flaire le bouquet, on goûte et on savoure, d'où sensation agréable ou désagréable qu'il n'y a plus qu'à faire durer ou oublier.

En réalité, goûter, ou plus exactement déguster, je dirais examiner organoleptiquement si cette expression ne paraissait un peu prétentieuse, ne dure que quelques secondes, mais cependant met en jeu des organes très compliqués, et il est nécessaire, pour bien comprendre le mécanisme de la dégustation, de connaître d'abord, dans leurs grandes lignes, nos organes sensoriels et leur fonctionnement:

Tous nos organes sensoriels présentent les mêmes parties essentielles. Prenons comme exemple ceux de l'olfaction ou odorat, qui comprennent schématiquement les éléments suivants :

Une partie sensible externe tapissant la partie supérieure des fosses nasales et où s'épanouissent les ramifications des *nerfs olfactifs* qui pénètrent ensuite dans le cerveau, groupés dans la partie appelée lobes olfactifs et de là se prolongent jusque dans l'écorce grise par une chaîne de *neurones*.

C'est le contact des particules volatiles dissoutes dans le mucus nasal, avec les *cellules olfactives* qui déclenche l'olfaction; ce contact est la cause de l'excitation, celle-ci est transmise par les filaments nerveux jusqu'à la substance grise où se produit la PERCEPTION, laquelle donne conscience de la cause de l'excitation.

Cette perception en réveille d'autres analogues antérieurement enregistrées [remémoration] les compare, d'où des associations d'idées mettant en œuvre des notions acquises [discussions] pour aboutir [jugement] à préciser la nature, l'origine, l'intensité, etc., de l'agent de l'excitation, c'est-à-dire de l'élément du vin qui l'a provoquée; si le dégustateur aime à transmettre ses sensations, il les formulera ensuite et essaiera de les traduire par le langage, ce qui est souvent bien difficile; la perception a donc déclenché une série d'actes psychiques plus ou moins conscients, en un mot un *travail mental*.

En résumé, l'organe sensoriel extérieur est récepteur *des excitations*, les filets nerveux sont les canaux de *transmission* de ces excitations très probablement modifiées par une *élaboration* dans les centres sensoriels spéciaux, et conduites par eux au lobe cérébral où se produit la *perception*, point de départ du *travail mental*, œuvre des localisations spécifiques de la substance grise.

On conçoit donc tout d'abord, pour qu'un appareil sensoriel puisse fonctionner, qu'il est indispensable que ces trois parties soient en parfait état de santé; ainsi, le coryza ou inflammation de la muqueuse olfactive, l'état subbural de la langue dans la fièvre, etc., entravent les fonctions de ces organes.

Mais, même dans le parfait état de santé, les *excitations* et le *travail mental* peuvent, soit séparément, soit simultanément, subir des influences qui, modifiant la sensibilité des organes des sens ou agissant sur la mentalité, ont pour résultat de fausser le jugement du dégustateur. Examinons ces deux éléments de la dégustation: *excitation* et *perception*.

Loi de Fechner

Envisageons, en premier lieu, ce qui se passe au niveau de l'organe sensoriel. Les excitations transmises sont-elles en relation avec la grandeur de l'agent qui les a produites ?

Considérons la saveur d'un mélange d'eau et d'alcool; nous savons qu'une dose d'alcool plus élevée produit une excitation plus intense des papilles gustatives; on est porté naturellement à admettre qu'une dose double, par exemple, un alcool à 20°, produit une excitation deux fois plus grande qu'un alcool à 10°, en un mot, qu'il y a proportionnalité entre l'intensité de l'excitation et l'intensité de la cause excitatrice.

S'il est difficile de faire des mesures de la force des excitations dans le cas de saveurs, les physiologistes ont pu en faire sur d'autres sens où les excitations, si elles ne sont pas mesurables directement, le sont au moins par des artifices (méthode des plus petites différences de poids pour la sensation du toucher); on est arrivé ainsi à établir que l'impression croît moins vite que la cause excitatrice; très exactement, les excitations croissent comme les logarithmes des causes excitatrices (loi de Fechner).

Supposons qu'il s'agisse de solutions alcooliques de 10°, 20°, 30°, 40°, 50°, doses comprises dans les limites de la sensibilité gustative.

Ecrivons, sur une ligne horizontale, les richesses en alcool qui représenteront l'agent excitateur et au-dessous les logarithmes de ces nombres qui, d'après la loi de Fechner, représentent les intensités des excitations provoqués par ces doses d'alcool :

Agent excitateur	10	20	30	40	50
Excitations	1	1,3	1,5	1,6	1,7

On se rend ainsi compte qu'une dose double d'alcool ne donne pas une impression double, mais 1/3 plus intense au lieu de 2; qu'à mesure que les doses croissent, les différences des impressions diminuent; cette dernière remarque nous explique pourquoi nous distinguons avec beaucoup plus de précision les doses voisines faibles que les doses fortes élevées et cependant très différentes.

Ainsi, si on demande à un professionnel de classer ces divers liquides alcooliques en ayant soin d'éviter les causes de troubles dus à la température, la suggestion, etc., on observe qu'il les classera par ordre croissant de richesse alcoolique, sans aucune hésitation pour les premiers termes, mais il devra mettre une attention plus soutenue pour les derniers. Si on lui demande d'évaluer les degrés d'alcool, on verra que, pour les derniers termes, il pourrait s'éloigner notablement des doses réelles; de même, il est manifestement impossible d'évaluer, même approximativement, des doses de sucre un peu élevées, comme dans les sirops.

La loi de Fechner est donc un obstacle à l'appréciation quantitative des substances par nos organes des sens. Elle justifie encore la supériorité de l'analyse chimique quand il s'agit de déterminer les quantités des constituants du vin, mais, par contre, les sensibilités de notre olfaction, de notre sens du goût, sont telles, qu'ils nous révèlent des traces de substances que l'analyse chimique usuelle la plus soignée est impuissante à déceler. Dégustation et analyse sont donc deux moyens d'investigation qui se complètent, mais ne peuvent se remplacer.

Constante psycho-sensorielle

Quand on expérimente un peson à ressort, on observe que des poids égaux placés sur son plateau donnent des déformations identiques du ressort indiquées par l'aiguille sur le cadran; là, les mêmes causes produisent les mêmes effets; s'il en est de même pour nos organes sensoriels, des agents identiques doivent y produire des perceptions également identiques; cette simplicité du fonctionnement semble logique, et nombre de praticiens la considèrent comme un dogme; la réalité est bien différente, un même agent produit des excitations qui varient d'abord avec les personnes, et ensuite les mêmes perceptions donnent des appréciations variables avec la perfection du travail mental des individus; en un mot, chacun de nous a une acuité sensorielle moyenne et une faculté propre de travail plus ou moins parfaites; ce sont là des qualités individuelles qui résultent de l'hérédité, de l'âge, du sexe, de l'éducation de nos organes et de notre cerveau, des notions enregistrées et conservées dans la mémoire; notre sensibilité excitable pour un sens donné est une faculté acquise et que l'on peut mesurer comparativement à celle d'autres personnes; de même pour la perfection de nos actes psychiques; on peut même les représenter par des chiffres, la perfection étant cotée 100, par exemple, chacun de nous aurait un chiffre compris entre 0 et 100 qui symboliserait sa valeur moyenne, ce serait une sorte de constante fonction de deux termes, exprimant l'un sa sensibilité excitable S et l'autre la perfection du travail mental T, appelons-la: **constante psycho-sensorielle** C = S. T.

Pour la même personne, le même agent excitateur produira-t-il toujours la même appréciation, en un mot, cette constante est-elle réellement constante ?

Non, elle subit des variations sous l'influence de nombreuses causes passagères, dont la plupart échappent souvent, même aux professionnels, lesquelles agissent séparément ou simultanément sur l'excitation et sur le travail mental.

La **fatigue** est l'une des plus fréquentes, non seulement la fatigue de nos organes actifs, mais la fatigue quelle qu'elle soit, même la fatigue musculaire à la suite d'une course, d'un exercice prolongé, etc. A la chasse, on trouve tous les vins exquis.

Les excitations répétées ou de longue durée atténuent la sensibilité, un parfum longuement respiré n'est plus perçu, comme un son continuel, le tic-tac d'une montre, d'un moulin, les bruits d'une usine, d'une rue; mais remettez votre organe au zéro-excitation, par exemple, avant de flairer à nouveau un parfum en respirant quelques minutes dehors un air pur et vous retrouverez votre acuité olfactive; de même, après des épreuves gustatives répétées, remettez-vous la bouche au zéro-excitation en la rinçant longuement avec de l'eau.

Les **excitations antérieures** ont également une action atténuante sur celles qui suivent; ainsi l'œil ébloui par le soleil ne voit plus une bougie, le goût et l'olfaction **éblouis** par du cognac ne distinguent plus les divers vins de crus qui paraissent plats. Il semble que nos organes des sens ne sont capables d'enregistrer des excitations consécutives que si elles sont d'intensités croissantes; une excitation donnée créerait une sorte de palier momentané d'insensibilité, d'où la nécessité de classer les vins à goûter par ordre d'intensités gustatives croissantes; de même il faut tenir compte de leur liaison avec les mets et les mettre en harmonie avec ceux-ci.

L'expérience établit encore que la dégustation ne doit pas être trop rapide; il faut quelques instants pour que nos organes donnent leur fonctionnement normal; en un mot, il y a une période de mise **en train** dont on doit tenir compte; de même que le passage du courant dans une lampe électrique met quelques instants avant de donner son régime normal de lumière.

Rôle de l'attention.

La perception et le travail mental sont surtout influençables par **l'attention**.

C'est un fait d'observation bien connu que telle odeur, telle saveur vous échappent si votre attention n'est pas éveillée sur sa recherche ou sur son existence; elle vous paraît, au contraire, exagérée si vous désirez trop la trouver; il y a donc dans cette influence de **l'attention** un facteur considérable d'action sur l'intensité des perceptions, soit que l'attention n'ait pas été éveillée, soit encore qu'elle ait été distraite par une conversation, une cause extérieure quelconque; d'où la nécessité, pour le dégustateur, de **concentrer** toute son **attention** sur les points qu'il doit rechercher et en même temps d'éloigner toutes causes de distraction, conversation, bruits extérieurs, préoccupations quelconques ; le défaut d'attention laisse des impressions non perçues, tandis que d'autres le sont avec une moindre valeur.

Cette influence prépondérante de l'attention sur la perception semble résulter de la constitution même des filets nerveux organes de transmission de l'excitation au centre de perception. Ces filets sont constitués par une série de cellules allongées (neurones) dont les extrémités ramifiées peuvent se juxtaposer, mais aussi s'écarter en créant une discontinuité, de sorte que dans ce cas, l'influx nerveux ne pourrait se transmettre; on peut comparer cette transmission à celle du courant électrique qui ne passe que dans un circuit fermé; la volonté serait pour les cellules nerveuses, peut-être par une pression sanguine, l'agent de leur connexion, et par suite du cheminement de l'excitation à la substance grise; ne serait-ce pas là la cause, par la légère congestion consécutive à un travail cérébral prolongé, qui à ce moment rend sa réalisation si facile?

Travail préparatoire.

Dans le même ordre d'idées, l'expérience a également appris que la préparation de l'esprit à l'exercice des sens développe leur sensibilité, par exemple, par une conversation, des recommandations sur le produit à déguster ou la manière de déguster. Ce travail préparatoire agit certainement aussi sur l'attention et facilite également le travail mental en remémorant les sensations éveillées par la conversation. On peut rapprocher cette excitation préalable de l'esprit de la mise en train signalée plus haut.

Là encore, la disposition des cellules nerveuses avec leurs ramifications les reliant les unes aux autres par l'effort volontaire, donne une explication matérielle de cette influence de travail préparatoire, c'est une sorte de mise en place pour le fonctionnement immédiat de tout l'appareil cérébral à mettre en jeu; dans l'inattention la rétraction des ramifications des neurones interrompt la communication et supprime la perception, ce serait ce qui se passe aussi, mais d'une manière plus absolue, dans le sommeil.

Il n'y aurait pas que la volonté pour établir les connexions des ramuscules nerveux et faciliter le travail cérébral; le thé, le café ont à ce point de vue une réputation bien connue, et ne faut-il pas attribuer à nos grands vins pris à une dose modérée, une influence de même nature qui explique leur action bien connue également, qui donne de la vivacité à la conversation, de l'esprit à tous, de la gaieté aux plus moroses.

Mais si la préparation mentale, l'appel de l'attention ont une influence heureuse, il y a l'écueil inverse; exagérés ils peuvent conduire à percevoir des excitations par suggestion.

Suggestion.

Il est bien entendu que, par suggestion, je n'entends pas ici les phénomènes d'hypnose, mais les seules réactions, sur les esprits sains et normaux, des causes habituelles d'action : conversation, lectures, images, verres, forme des bouteilles, étiquettes, millésimes, etc., etc. Nous venons de voir que la préparation mentale à la dégustation étend les limites ordinaires du champ de notre perception. On conçoit qu'un excès de cette excitation préalable peut fausser nos perceptions en exagérant notre sensibilité et donnant à l'objet qui a excité notre attention, une importance anormale. Il peut arriver même ainsi que nous percevions des impressions non existantes et que nous soyons victimes de véritables illusions, non seulement sous des suggestions extérieures, mais même par des auto-suggestions.

Maintes fois j'ai observé le fait suivant à l'époque où je cherchais à détruire cette opinion erronnée que la pasteurisation donnait nécessairement le goût de cuit aux vins; c'est une supercherie que nombre d'intéressés qui en ont été victimes m'ont certainement pardonnée; je priais un dégustateur qu'une conversation m'avait montré comme convaincu de la production nécessaire de ce goût de cuit, de déguster deux échantillons du même vin, l'un pasteurisé et l'autre non pasteurisé, sans lui indiquer lequel avait été chauffé; invariablement sa première impression désignait l'un comme ayant un goût de cuit. En insistant pour qu'il recommence, afin d'être assuré de ne pas se tromper, j'observais une hésitation, puis après quelques secondes il ne distinguait plus les deux vins, et je lui donnais alors la preuve que ces deux vins étaient le même vin non pasteurisé.

Je n'aurais pas insisté que ce dégustateur, se fiant à sa première impression, eût été persuadé d'avoir perçu un goût de cuit; il était de très bonne foi, il l'avait réellement perçu et il avait cru à son existence; tout s'était passé exclusivement dans son cerveau par un phénomène d'auto-suggestion, car pour lui, jusqu'à cet instant, vin pasteurisé était synonyme de vin à goût de cuit.

Il serait facile de multiplier les exemples établissant les erreurs causées par la dégustation, vin de Bourgogne pris, un instant, pour du vin de Bordeaux, parce qu'on l'a présenté dans une bouteille forme et étiquetée Bordeaux, goût de bouchon constaté par diverses personnes, bien qu'il n'existe pas, mais que quelqu'un a cru d'abord trouver, etc., etc.

Il semble que la tension d'esprit que crée la suggestion et que provoque l'attente de la perception fasse naître celle-ci sous la moindre influence extérieure. C'est ainsi que tous les chasseurs qui ont attendu pendant quelques minutes le passage d'un gibier dans une chasse au chien courant, sont souvent victimes de cette sorte de suggestion qui leur fait prendre un oiseau traversant une ligne en un point éloigné, pour un lièvre ou même un chevreuil? Ou encore, n'ont-ils pas cru voir la silhouette de l'animal attendu dans un fouillis de sous-bois, ou, avec l'attention, l'image prend corps... dans l'esprit du chasseur, il tire, et ne foudroie qu'un amas de feuilles?

Doit-on s'étonner de cette influence de la suggestion? Non, car elle a encore des conséquences fort curieuses sur l'organisme, et elle est bien connue du monde médical. Un médecin pratiquant en Algérie ne m'affirmait-il pas que les piqûres des scorpions, rarement mortelles pour les Européens, le sont presque toujours pour les Arabes qui s'imaginent dans leur fatalisme, que cette piqûre est un arrêt de mort? « Mektoub, c'était écrit », et ils meurent par inhibition. Tout récemment, un autre médecin me citait cette réflexion d'un malade dont il prenait la température. « Ah! Monsieur, je me trouve bien mieux depuis que vous m'avez mis votre petit instrument sous le bras. » Ne pourrait-on en dire autant de nombre de spécialités qui guérissent pendant un certain temps. N'a-t-on pas préconisé, récemment, les guérisons par persuasion?

Ce que nous percevons dépend donc aussi de ce que nous nous attendons à percevoir; la suggestion joue donc un rôle des plus considérable dans la dégustation, même chez les personnes prévenues qui, souvent, doivent faire un effort pour constater que tel goût n'existe que dans leur imagination.

Chacun peut vérifier autour de soi combien il est facile d'égarer par la suggestion, même des professionnels. Ce ne sont, pour ceux-là, que des impressions fugitives, dont ceux qui se défient de la suggestion se libèrent bien vite, mais combien de personnes ne connaissant pas ces particularités et, par suite, de très bonne foi, accordent confiance à des impressions réellement perçues, mais en fait n'existant que dans leur imagination?

Le rôle de la préparation mentale dans la dégustation est, d'ailleurs, parfaitement connu et appliqué par certains vendeurs qui savent, par des conversations persuasives avant de faire déguster, s'en faire un auxiliaire précieux.

L'annonce, les divers moyens de publicité, la rédaction ou l'illustration de l'étiquette, le nom du produit, ne constituent-ils pas une préparation mentale destinée non seulement à faire remarquer les qualités du produit, mais encore parfois à y faire trouver celles qui y sont annoncées ou évoquées? N'y avait-il pas autrefois, à Paris, au fond d'une cour de l'ancienne ferme de la Grange-aux-Merciers, dans un sous-sol, un spécialiste comme vieillisseur de bouteilles auquel on apportait des bouteilles qu'il rendait poudrées avec tous les caractères d'un long séjour en caves?

De la suggestion résulte donc un travail mental très exagéré par rapport à l'excitation, laquelle peut même être nulle.

Il y aurait encore bien d'autres influences à examiner, les excitations superposées, les perceptions masquées, les saveurs par réaction, etc., etc.

Coefficient passager

On peut exprimer l'action de ces influences sur la sensibilité, la perception et le travail mental en disant qu'elles viennent modifier la constante psycho-sensorielle normale définie plus haut; elles la diminuent ou l'accroissent, en un mot, elles la multiplient par un coefficient plus grand ou plus petit que 1. Autrement dit, cette constante varie et cette variation est fonction de nombreuses causes dont quelques-unes énumérées ci-dessus; si notre valeur moyenne comme dégustateur s'exprime par $C = S. T.$ à un moment donné, il faut la multiplier par le coefficient passager p, pour avoir sa vraie valeur, elle devient $C = S. T. p.$, à cet instant, p étant essentiellement variable.

Conditions extérieures

De l'étude précédente du vin et du gourmet, il résulte que l'appréciation d'un vin dépend non-seulement des qualités de ce vin, mais qu'il faut mettre :

1° Le vin dans les conditions où ses qualités se manifestent avec le plus d'intensité;

2° Le gourmet dans un état de réceptivité qui lui fera enregistrer des excitations maxima et élaborer un travail mental aussi parfait que possible.

Etat du vin

Le premier soin du gourmet doit être de contrôler la conservation du vin par sa limpidité, jugée par la transparence du vin à la hauteur du col de la bouteille, placé entre l'œil et une lumière, de préférence dans un endroit obscur, à la cave, et sans que l'œil voie directement la lumière.

Ensuite de vérifier l'état du bouchon en flairant son miroir en contact avec le vin après l'avoir isolé en entourant le bouchon d'un linge propre qui empêche les odeurs de la partie libre d'être perçues. Tout goût de liège ou de bouchon moisi doit faire écarter le vin qui est dit bouchonné.

Doit-on décanter le vin?

Le vin doit être versé limpide dans le verre, d'où la nécessité de précautions avec les vieilles bouteilles qui ont le plus souvent un peu de dépôt; le maintenir limpide soit par décantation, soit par couchage de la bouteille en panier, dès sa prise sur le tas à la cave même, puis transport sans heurt; ne pas faire comme je l'ai vu, le sommelier qui remontait la bouteille debout dans le panier retenu droit sous son bras.

Doit-on décanter le vin ou le servir dans la bouteille même? Si le vin est limpide et que le dépôt adhère au verre (bouteille masquée), la décantation est inutile. Si le dépôt est sec et non adhérent, il suffit de tenir la bouteille debout pendant son séjour à la chambre pour que le dépôt se rassemble au fond et que l'on puisse verser le vin limpide jusqu'au dernier verre, si on prend soin de ne pas agiter la bouteille.

La décantation est une nécessité quand le dépôt est léger et visqueux, mais nous devons ajouter que de tels dépôts correspondent généralement à des vins atteints de maladies bactériennes et doivent faire suspecter la conservation du vin.

D'un autre côté, si le scintillement du cristal d'une carafe est mieux en harmonie avec l'ensemble d'une table bien servie, la vieille bouteille poudreuse a aussi sa noblesse et son charme, surtout présentée dans le panier spécial, jauni par l'usage.

A un autre point de vue, beaucoup de vins vieux ont une oxydabilité telle qu'il suffit de les transvaser ou de les laisser débouchés pour qu'ils soient modifiés désagréablement; il est donc indiqué pour ceux-là, non seulement de les servir dans leur bouteille, mais même d'amener les convives à les boire rapidement; par contre, d'autres vins gagnent à être exposés à l'air, leur bouquet s'affinant ainsi : si ces derniers sont l'exception, ils existent néanmoins, et pour ceux-là une décantation ou un transvasement sont à recommander.

Température

Les vins blancs, surtout les vins moelleux, gagnent à être goûtés froids sans cependant être glacés. Si, en effet, le froid atténue la dominante de l'alcool et laisse mieux percevoir les bouquets du non-alcool des cognacs, que l'on hume à petites gorgées, la sensation de froid trop prononcée produite par le vin atténue la sensibilité gustative; c'est donc une hérésie de goûter des vins blancs trop froids ; ajoutons qu'il arrive aussi que des troubles de l'estomac peuvent en résulter.

Les vins rouges développent leur bouquet avec la température, cependant ils doivent plutôt produire une légère impression de fraîcheur à la bouche, ce qui permet aux différents éléments volatils de se manifester en un bouquet évoluant lentement avec des variantes sensibles; mais plus les vins sont alcooliques plus ils doivent être bus frais et au-dessous de 18 à 20°.

Le verre, le cadre

Le verre à vin doit faciliter à la fois la vue et l'odorat; le verre à pied en cristal très mince, forme ballon, est le préféré des amateurs; il permet d'observer la teinte sur toute l'épaisseur du verre ou en l'inclinant légèrement, sur une couche d'épaisseur variable, permettant la visibilité des nuances diverses; de plus, il peut être agité sans risque pour le liquide d'être projeté sur les voisins; quelques personnes préfèrent les verres taillés à cause des jeux de lumières des facettes, d'autres les verres décorés artistement.

Le cadre, le décor, les convives, en un mot, le milieu dans lequel on goûte le vin concourent à l'impression générale apportée par le repas dont le vin n'est plus qu'un des éléments; par contre le vin profite indirectement des agréments de ce cadre qui ne peut avoir qu'une influence heureuse sur les satisfactions données par le cru lui-même. Un grand vin versé d'une cruche de terre dans un gobelet d'étain ou un verre grossier, goûté au milieu des habitants d'une cour de ferme, serait certainement moins apprécié que présenté au cours d'un repas bien ordonné, dans une salle harmonieusement décorée et parmi les conversations de convives spirituels?

Le véritable gourmet sait cependant s'abstraire de l'ambiance pour fixer toute son attention sur le fameux nectar, mais peut-il échapper complètement au travail mental inconscient qu'éveille le cadre? Un des charmes des grands vins, c'est qu'ils sont l'accompagnement habituel des banquets, des fêtes de famille et que leur présence seule, ou leur nom même, évoquent naturellement des souvenirs agréables, des heures de joie dont ils sont un des éléments.

Carte des vins

Etablir une carte des vins ne peut être laissé au hasard ou à l'inexpérience. car c'est choisir les crus, puis les mettre en ordre et faire servir chacun avec les mets lui convenant, pour aboutir à produire le plus possible de sensations délicates, mets et vins se rehaussant mutuellement.

Il faut donc tenir compte à la fois du goût des convives, du menu, de la saison, de l'heure, de la journée, pour choisir un ensemble de vins blancs ou rouges, légers ou corsés, vieux ou jeunes.

Mais, dans tous les cas, l'ordre adopté devra être basé sur les degrés de sapidité et de bouquet respectifs des vins et des mets les accompagnant, d'après la règle suivante :

L'expérience montre que chaque fois que l'on goûte deux vins différents, si l'on déguste le vin le moins corsé le premier, les deux vins conservent leur valeur relative; mais, si l'on fait le contraire, le vin le moins corsé paraît beaucoup plus faible; il a été « tué » par le précédent, disent les dégustateurs; c'est là une conséquence de cette loi générale qui fait qu'une sensation succédant à une autre n'est perçue avec sa valeur que si elle est due à une excitation différente ou plus intense; il faut donc graduer l'ordre des vins par ordre d'intensités excitatrices croissantes, c'est-à-dire des plus légers aux plus corsés; toute infraction à cet ordre sera fatale aux vins de moindre constitution que celui qui les a précédés.

C'est ainsi qu'on a été conduit à offrir d'abord les vins blancs avant les rouges, mais, là, encore, il faut tenir compte de la sapidité relative des blancs et des rouges; en général, le degré alcoolique correspond assez bien à l'intensité d'excitation des vins dont il est, d'ailleurs, un des éléments essentiels; on peut donc, à défaut d'autre indication, se baser sur leur richesse alcoolique.

Quant aux relations des vins avec les mets, s'il y a une certaine élasticité, il y a par contre des fautes qu'il faut éviter; du vin sec après un plat sucré produit une impression de dureté, d'amertume; au contraire, le même, après du fromage, paraît bouqueté et sans âpreté. D'ailleurs avec des fromages de haut goût, tous les vins paraissent bons et bien meilleurs qu'avec d'autres mets; aussi le Roquefort a-t-il été qualifié par Grimod de La Reynière « le biscuit des ivrognes ». Les vins blancs secs ou à peine moelleux s'allient bien avec le poisson; dans un déjeuner aux vins blancs, on terminera par un vin corsé : Meursault, Montrachet ou Sauternes.

Les vins rouges sont l'accompagnement obligatoire du rôti et rien n'encadre mieux un gibier de grand fumet, par exemple une bécasse, qu'un grand bourgogne très corsé : Romanée, Clos-Vougeot, Nuits, Corton, etc., ou qu'un Château de grande année, Lafite, Latour, Margaux, Haut-Brion, etc.

Présentation des vins

Doit-on se borner à indiquer les vins sur le menu ou simplement à les annoncer en les versant : On risque ainsi au milieu des conversations, de laisser passer inaperçues les qualités des crus; il est nécessaire d'attirer l'attention par quelques mots sur les caractères spéciaux du vin, pour que les esprits soient mieux aptes à percevoir les sensations qu'il leur apporte. Et, à ce point de vue, n'est-ce pas une faute de décanter les vieilles bouteilles, nobles avec leur forme pansue, leur col tendu, leurs flancs recouverts de la poussière des ans? Doit-on priver ses invités de la petite mise en scène de l'introduction de la noble Dame :

multiples recommandations au sommelier de la prendre avec les plus grandes précautions, entrée majestueuse dans son berceau d'osier, même de métal artistique; la gravité du maître de maison débouchant avec mille précautions le précieux flacon, flairant avec satisfaction le liège ratatiné par le long contact du vin, puis levant le verre à la hauteur de l'œil, le contemplant longuement et enfin le dégustant les yeux mi-clos avant d'initier ses voisins à la merveille d'art qu'il va leur verser?

Comment déguster les vins

Se préparer mentalement aux délicates sensations olfactives et gustatives par l'observation de la couleur; le verre étant à demi plein l'incliner légèrement au-dessus de la nappe blanche, pour saisir les variations de nuance avec l'épaisseur; l'élever ensuite à la hauteur de l'œil pour jouir de la teinte plus ou moins ambrée des vins blancs, et des divers rubis des vins rouges.

Votre vue, réjouie par ces tonalités changeantes, vous invitera alors à flairer les bouquets : commencez par aspirer légèrement en passant doucement le verre sous les narines; ensuite, vous intensifiez les impressions olfactives par un artifice, destiné à saturer votre muqueuse le plus possible des effluves odorants. Cet artifice consiste à donner un mouvement progressif de rotation au liquide afin d'en faciliter la vaporisation des principes volatils par l'agitation et une grande surface de contact avec l'air.

Ce mouvement de rotation du liquide s'obtient avec un peu d'habitude par le mouvement circulaire du verre sur la table, ou encore en lui imprimant ce même mouvement le pied du verre posé sur l'index replié et en le maintenant avec le pouce; exercez-vous à effectuer cet exercice qui caractérise le professionnel ou l'amateur, et vous acquerrez de suite auprès des profanes, l'autorité de l'initié aux mystères de la dégustation; je ne veux pas dire que vous rendrez des oracles, mais vous aurez au moins l'air d'avoir la science du gourmet.

Ce mouvement de rotation transforme la surface horizontale du vin en une surface parabolique plus étendue, il enrobe de vin toute la surface intérieure libre de votre verre; vous allez alors vous délecter le sens olfactif par cette gamme de parfums, les uns subtils, les autres plus pénétrants; si vous êtes un amateur très documenté vous chercherez à les individualiser, à les caractériser en les comparant à des parfums que vous connaissez ou vous vous laisserez simplement charmer par cette succession de flairs délicieux qui seront la meilleure préparation aux impressions gustatives.

Il y a donc aussi un **art de boire** qui s'acquiert d'ailleurs très rapidement par l'exemple, lequel est un des devoirs qu'il incombe au maître de maison de donner discrètement; ajoutons qu'il faut aussi un peu d'exercice, mais c'en est un des plus agréables. Jugez-en plutôt par le joli petit tableau si finement brossé par Luchet. « Voyez ce vieux Bourguignon prendre un large verre, le réchauffer paternellement dans ses deux mains, y verser un peu de vin, l'agiter, le mirer, le tourner, le placer entre la lumière et son œil pour être sûr de sa limpidité, le flairer pieusement, amoureusement; enfin, le boire peu à peu, en s'y reprenant et le mâchant, comme boivent les oiseaux. »

Vous humerez ensuite le fin nectar, à petites gorgées que l'on déplace chacune dans la bouche, que l'on retourne pour ainsi dire, pour mieux les analyser car les plages de la langue ont chacune leur sensibilité spécialisée; cela ne va pas sans quelques grimaces : si vous voulez tout à fait avoir l'allure du dégustateur émérite, avant d'avaler vous ferez avec les lèvres (je vous prie d'excuser l'expression qui fait image, bien que s'appliquant à des choses totalement différentes, mais elle est consacrée par l'usage), vous ferez donc le cul de poule et vous aspirerez de l'air à petits coups pour le faire barboter dans le vin à la température de la bouche; une nouvelle séries d'odeurs perçues par les fosses nasales sera le bénéfice de cette grimace.

Vous recommencerez ces exercices tant qu'ils auront du charme et chaque fois vous découvrirez quelque chose de nouveau; enfin, si vous pouvez échanger vos impressions avec un voisin, si vous pouvez faire des comparaisons, vous éprouverez les intenses satisfactions que procurent les grands vins, mais il n'y a pas que celles-là, il y a aussi l'influence heureuse sur la mentalité collective des convives, influence qu'Antony Réal a ainsi traduite avec un rare bonheur d'expression :

« Les Grands Vins joueront toujours un rôle prépondérant dans les relations sociales, ils seront toujours un trait d'union entre gens de bonne compagnie. Que d'heures enchanteresses nous leur devons! Sous leur magnétique influence, l'âme s'ouvre aux sentiments généreux, l'esprit devient plus subtil, la parole plus éloquente; ils ont le don de développer les délicatesses de goût et spiritualiser les plaisirs de la table. »

Le vin et la diplomatie

Nous avons connu un diplomate qui affirmait que son meilleur collaborateur avait toujours été sa collection de vins, laquelle avait valu une renommée européenne à ses dîners. Par ces temps où la diplomatie a un rôle historique si important, espérons que nos représentants n'oublieront pas cette préparation mentale au succès de nos justes revendications. Nos grands vins doivent toujours « être un peu là » comme disent les poilus.

Inutile, ici, d'insister sur le rôle de nos vins dans l'influence française, M. le ministre de l'Agriculture l'a dit en termes si éloquents que le moindre commentaire serait superflu.

Conclusion

Le bon vin a de tous temps exercé un attrait puissant sur les hommes.

N'en a-t-on pas dit qu'il avait été cause de la durée du schisme d'Occident, les offres de vins de Beaune retenant les cardinaux en Avignon ? Et les provinces qui produisent nos grands vins de France n'ont-elles pas été un objet de convoitise pour nos ennemis d'hier qui, avant 1914, faisaient figurer sur leurs cartes la Bourgogne et la Champagne comme des pays de l'Empire allemand.

Néanmoins, le culte du vin n'a-t-il pas subi l'influence de l'évolution de la vie moderne, est-il toujours en honneur dans la classe aisée comme il l'a été chez nos pères, à une époque où la vie familiale était plus resserrée, quand il n'y avait pas tous les moyens de déplacement qui nous entraînent vers les pays lointains?

N'a-t-il pas subi une atténuation pour ne pas dire plus, du fait de la restriction du nombre des personnes qui savent encore apprécier la bonne cuisine ?

De bons esprits ne déplorent-ils-pas la suractivité cérébrale de nombre de nos contemporains laquelle visant avant tout l'économie de temps et de digestion, est un obstacle aux satisfactions de la table; dans combien de dîners officiels la rapidité de succession des plats du menu n'est-elle pas un obstacle à l'appréciation de la bonne chère et des vins qui devraient l'illustrer ?

Le culte du vin, du bien manger, ont évidemment subi un recul dont les causes sont diverses, évolution des mœurs, diminution de l'aristocratie terrienne, déplacement des fortunes, etc., etc. Mais la fine cuisine française, synthèse de ces plats qui font la gloire de nos diverses provinces, la réputation de nos grands vins mise en valeur dans le monde entier par l'activité et les sacrifices de plusieurs générations de nos commerçants, sont des patrimoines nationaux que nous devons nous efforcer non seulement de conserver, mais de développer.

Le Club des Cent a déjà montré le chemin dans cette voie en remettant en honneur nos cuisines et nos crus régionaux, dans les régions à grands crus où le goût affiné par l'hérédité a développé les industries alimentaires de luxe, où la bonne cuisine est une des attractions pour le touriste, où le culte des bonnes choses est entretenu par de petits cénacles d'amateurs qui apprécient les merveilles de l'art culinaire, arrosées des bons crus des coteaux ensoleillés; telles sont les petites Académies de fin gourmets qui se réunissent à Dijon, à Bordeaux, etc.

Conservons ce culte avec soin, faisons plus, propageons-le; si apprendre à apprécier les œuvres d'art élève l'homme à un niveau supérieur, pourquoi ne pas donner à l'art de savourer nos aliments, nos boissons, une place égale à celle que nous donnons aux autres arts, musique, peinture, littérature, etc ? Ignorer les satisfactions de la table, n'est-ce pas se priver d'une catégorie de jouissances qui rendent la vie agréable et il n'y a pas tant de sources de bonheur pour qu'il faille en négliger une seule.

N'y aurait-il que cette raison qui militerait en faveur de nos grands vins qu'elle mériterait la considération de tous ceux qui veulent, pour l'humanité, le mieux-être.

Mais il n'y a pas seulement une propagande à faire, à instaurer même dans nos programmes d'éducation, il y a aussi depuis quelques années, une lutte qui s'impose contre le prohibitionnisme qui veut bannir le vin, lequel est cependant le meilleur auxiliaire de l'antialcoolisme rationnel. Un verre de bon vin n'a jamais rendu personne alcoolique. Pourquoi les prohibitionnistes confondent-ils sans raison l'abus des alcools avec l'usage modéré du vin consacré par des siècles chez les peuples les plus civilisés, et de plus haute culture morale?

Toutes ces questions se sont imposées à votre attention, la nécessité de défendre une des sources les plus fécondes de notre richesse nationale, a réuni ici vos bonnes volontés; cette belle manifestation de la « Semaine Nationale du Vin » a trouvé un terrain où l'entente des intéressés va décupler l'effort des activités concourant au même but; elle est la promesse de mesures qui faciliteront le retour d'une ère de prospérité pour notre production et notre commerce. Vous aurez la satisfaction, tout en travaillant pour vos intérêts particuliers, d'avoir aussi collaboré à une œuvre éminemment patriotique.

Des applaudissements répétés accueillent les dernières paroles de M. Mathieu, auquel M. Fernand David adresse les plus vifs éloges.

Avant de lever la séance, M. Fernand David tient à remercier à nouveau M. J.-H. Ricard d'avoir organisé la Semaine du Vin, qui est venue à son heure, qui était nécessaire et qui portera avant peu ses fruits.

Il remercie aussi tous les rapporteurs et son collaborateur direct à la troisième section, M. Anselme Laurence, qui lui a apporté une aide précieuse.

Séance Solennelle de Clôture

tenue le Samedi 18 Mars 1922, à 15 heures
dans le Grand Amphithéâtre de l'

Institut scientifique d'Hygiène Alimentaire

sous la présidence de

M. DIOR

Ministre du Commerce et de l'Industrie

M. J. Dupuyrat, ministre plénipotentiaire, directeur de l'Association nationale d'Expansion économique,
Rapporteur général de la « Semaine Nationale du Vin ».

Photo G. & L. Manuel frères, 47, rue Dumont-d'Urville, Paris.

Séance Solennelle de Clôture

La séance solennelle de clôture de la Semaine Nationale du Vin a été tenue, le samedi 18 mars 1922, à 15 heures, dans le grand amphithéâtre de l'Institut scientifique d'hygiène alimentaire, sous la présidence de M. Dior, ministre du Commerce et de l'Industrie.

Aux côtés de M. Dior prennent place : MM. J.-H. Ricard, ancien ministre, président de la Semaine Nationale du Vin; Fernand David, sénateur, ancien ministre; P. Viala, membre de l'Institut, député; Ch. Chaumet, ancien ministre; le baron d'Anthouard, ministre de France, président des sections de la Semaine; Coignet, sénateur, président de l'Association Nationale d'Expansion économique; P. Gervais, président de l'Académie d'agriculture; Tisserand, membre de l'Institut, président de la Société des Viticulteurs de France; MM. Vayssière et J. Cazelles, sénateurs; R. Gavoty, député; de Fontgalland, président de l'Union des Associations agricoles du Sud-Est; Dupeyrat, ministre plénipotentiaire rapporteur général de la Semaine; C. Martinet et P. Marsais, secrétaires généraux, etc., etc.

Une très nombreuse assistance occupe les gradins de la vaste salle.

M. Dior ouvre la séance et donne la parole à M. J. Dupeyrat, ministre plénipotentiaire, directeur de l'Association Nationale d'Expansion économique, pour la lecture de son rapport général.

Rapport général sur les Travaux de la Semaine Nationale du Vin

Monsieur le Ministre,

Le 24 juin dernier, au cours de la séance de clôture de la Semaine du Commerce Extérieur, que vous aviez bien voulu présider, vous disiez, en félicitant les organisateurs des premiers résultats acquis : « Si, comme j'y compte bien, la Semaine du Commerce Extérieur est une création durable et prend le caractère d'un Congrès annuel, le Ministre du Commerce, par ma bouche, vous donne rendez-vous à un an. »

Quelques moments plus tard, dans le rapport général dont aucun de ceux qui l'ont entendu ou lu n'a oublié ni l'élévation de pensée, ni la force d'expression, M. Mathon reprenait l'idée que contenaient vos bienveillantes paroles et en tirait cette conclusion pratique :

« Ces semaines ne doivent pas être limitées au commerce et à l'industrie; pourquoi ne verrions-nous pas la Semaine de l'élevage, des cultures maraîchères, des céréales et du vin ? Quels progrès ne réaliserait pas notre agriculture si, pour une de ces grandes catégories de producteurs, elle réunissait tous ceux qui ont une communauté d'intérêts... Ils étudieraient les moyens de développer la production, de faire de l'exportation, de mettre en valeur tout ce que notre pays renferme de richesses dans un sol si varié; l'essentiel est d'attirer l'attention sur la complexité des problèmes en même temps que la solidarité des intérêts de tous ceux qui participent à cette branche d'activité; alors l'esprit français, esprit de clarté et de méthode, fera le reste. »

Moins d'un an a passé depuis lors et nous voici non pas exacts, mais en avance au rendez-vous que vous nous fixiez.

Mesdames, Messieurs,

En votre nom et sûr d'être l'interprète de vos sentiments unanimes, je salue respectueusement M. le Ministre Dior et je lui demande la permission d'exprimer la joie que nous éprouvons tous à le retrouver à notre tête aujourd'hui comme naguère et à voir ainsi assurée, suivant le vœu que formulait votre éminent porte-parole, M. Mathon, la permanence de direction qui nous est indispensable. Il appartiendra à notre président de le remercier du nouveau témoignage que nous donne sa présence, de l'inlassable intérêt dont il honore nos efforts et, en sa personne, le Gouvernement de la République tout entier pour le patronage qu'il nous a accordé; mais votre rapporteur général ne saurait se dispenser de rendre hommage à la collaboration précieuse que les délégués des divers ministères intéressés à nos travaux nous ont apportée.

Avant de résumer, aussi brièvement qu'il me sera possible, l'ensemble de vos délibérations et d'essayer d'en dégager les conclusions, je dois, pour que ce rapport général ne soit pas trop incomplet, rappeler, après M. le Président, pourquoi c'est au vin qu'est consacrée la première des semaines spéciales que les organisateurs du grand Congrès de l'an dernier avaient prévues.

Sans doute, c'est d'abord parce que la culture de la vigne est, depuis les temps les plus reculés, au tout premier rang de celles dont la France a tiré honneur et profit et qu'en donnant au vin, dans le cycle d'études que nous allons poursuivre, la place prééminente à laquelle il a droit, nous rendons hommage à la tradition même de notre pays.

M. Camille Jullian affirme sa conviction que, chez nous, la plus ancienne connaissance du vin remonte à l'âge néolithique ou de la pierre polie, aux générations qui ont défriché et discipliné notre sol, il y a quatre ou cinq mille ans.

J'avoue que j'ai été, un instant, bien près de céder à la tentation de vous proposer non pas tout à fait d'explorer ce lointain passé, mais de faire, à la suite du savant historien de nos origines, une excursion dans nos souvenirs nationaux sans guère remonter plus haut qu'à l'an 600 avant notre ère. Je n'ai point osé, en définitive, vous entraîner dans ce pèlerinage. J'en éprouve quelque regret, car il eût été instructif. Nous aurions appris, grâce à lui, que les vignerons de jadis ont eu leurs tribulations comme ceux de notre époque. Même il paraît que dans la Gaule d'avant la conquête romaine, la plantation des vignes fut interdite. Mais M. Jullian nous assure que les Gaulois ne perdirent pour si peu ni le goût ni la passion de boire. Seulement au lieu de l'ivresse légère et vite dissipée que procure le jus du raisin, ils eurent la lourde et mauvaise ivresse de liqueurs moins inoffensives et peut-être même déjà celle de l'absinthe. Voilà, n'est-il pas vrai, un enseignement bon à retenir et surtout à recommander même de nos jours aux méditations des utopistes qui, sur quelques points du monde, oublient que généralement le mieux est l'ennemi du bien.

Le vin eut d'ailleurs sa revanche, comme il faut espérer qu'il l'aura toujours, et c'est à Marseille qu'il la prit. Oui, Marseille est, en date, le premier vignoble de France et c'est de son territoire que la vigne partit à la conquête de la Gaule par deux voies, qui furent pour elle des voies triomphales, la vallée du Rhône, d'une part, et, de l'autre, la route du Languedoc. Des étapes de cette conquête, je ne vous donnerai pas le détail : je vous laisse le plaisir de le demander à M. Camille Jullian lui-même (1) et, sans plus m'attarder en digressions historiques, je passe aux temps modernes.

La situation de la viticulture française à la veille de la Révolution et pendant le premier tiers du xix° siècle nous est décrite dans la troisième édition d'un ouvrage célèbre : la « Topographie de tous les vignobles connus », publiée en 1833 par Jullien, auteur par surcroît du « Manuel du Sommelier, inventeur des poudres pour clarifier les vins, des cannelles aérifères, d'un Cœcographe pour écrire sans voir clair et de plusieurs autres instruments ».

D'après Jullien, la vigne était, en 1788, cultivée dans 76 départements et occupait une superficie de 1.572.926 hectares.

A cette époque, le plus faible rendement à l'hectare était relevé dans la Dordogne et dans la Loire (8 hectolitres en moyenne pour les années 1786 à 1788) et le plus fort dans Eure-et-Loir (67 hectolitres). Les départements, gros producteurs d'aujourd'hui, donnaient à l'hectare : l'Aude, 12 h. 25; le Gard, 14 h. 60; l'Hérault, 22 h. 15; les Pyrénées-Orientales, 9. Quant à ceux qui se glorifient de posséder sur leur territoire les plus grands vins classés, ils produisaient en moyenne : la Gironde, 20 hectolitres à l'hectare; Maine-et-Loire, 15; la Marne. 32; Saône-et-Loire, 26. Les chiffres manquent pour la Côte-d'Or. La récolte totale pour 1788 était évaluée à 25.000.000 d'hectolitres.

Dans les années qui suivirent, la production augmenta considérablement : la moyenne, pour les onze années allant de 1804 à 1814, est de 31.000.000 d'hectolitres. Elle continue à progresser dans la suite, et atteint, vers 1830, 39.000.000 d'hectolitres.

« Nos vins moelleux, dont le goût et le parfum sont aussi variés qu'agréables,
« dit le bon Jullien, ne connaissent pas de rivaux hors des limites de notre
« territoire : ils ont surtout ces qualités que les meilleures variétés de la vigne
« ne peuvent fournir que lorsqu'elles végètent dans des terrains choisis et sous
« un ciel tel que le nôtre. Les vins de nos premiers crus sont les seuls dans
« lesquels on trouve réunis cet arome spiritueux nommé bouquet, qui
« précurseur du goût, flatte l'odorat et promet les plus douces jouissances,
« avec cette sève délicieuse, qui, moins légère que le bouquet, ne se dilate que
« dans la bouche, l'embaume et survit au passage de la liqueur. »

En 1850, le vignoble français couvrait 2.181.609 hectares et produisait plus de 45.000.000 d'hectolitres, dont nous exportions 1.900.000. Mais nos vignerons allaient subir leur première grande épreuve, la pyrale n'ayant, en 1837, provoqué qu'une alarme passagère. Cette fois c'était plus grave : les Etats-Unis, devançant l'avenir, faillirent faire sur nous une expérience de « régime sec » par l'action de l'oïdium qu'ils nous avaient envoyé sur des plants de vignes et dont les ravages furent tels, que la récolte tombait, en 1854, à moins de 11.000.000 d'hectolitres. Le découragement fut général et les propriétaires, gémissant sur leurs « grappes délabrées, miséreuses, aux grains crevassés, éventrés, salis, les pépins à découvert » (1), se demandaient si le plus sage n'était pas de renoncer à la lutte contre un ennemi qu'on ne savait pas combattre. Ils se ressaisirent heureusement et le soufre les mit hors de danger. La production reprit; elle était de 45.800.000 hect. en 1858 et de près de 69.000.000 en 1865; elle dépassa 83 millions et demi en 1875. Ce fut un beau temps, que j'ai entendu, dans mon enfance, un paysan qualifier en disant

<hr>

(1) Pro Vino, n° 1, mars 1922, p. 9.

(1) Georges Conanon, Les Vins et Eaux-de-vie de France. t. 1, p. 17.

qu'il suffisait presque de planter un échalas pour qu'un pied de vigne poussât
à côté. Hélas ! on allait bientôt, après avoir planté le pied de vigne, ne plus
retrouver que l'échalas en place; l'Amérique, cette fois, nous avait expédié le
phylloxéra, que les savants ont justement flétri de l'épithète de « vastatrix ».
Frappé le premier, le vignoble français fut, en quelques années, presque entièrement détruit, mais, de chez nous, le mal déborda chez les autres peuples
viticoles et il n'en fut guère aucun qui demeura épargné. Cette fois encore,
l'opiniâtreté de nos vignerons triompha de la nature hostile.

Encouragée par l'offre d'un prix de 3oo.ooo francs, qu'avait institué la loi
du 22 juillet 1874, l'imagination de toute une armée d'inventeurs se donna
libre carrière et quatre ou cinq mille procédés furent, de toutes les parties du
monde, soumis à la Commission supérieure du phylloxéra.

« Pour une idée à peu près raisonnable, écrit M. l'Inspecteur général Couanon, que d'élucubrations plutôt bizarres, que d'inepties folles avons-nous eu à
enregistrer ? Tel parlait d'enterrer sous la souche de vigne un crapaud vivant
pour attirer à lui le venin phylloxérique; tel autre proposait d'empoisonner
l'insecte en lui faisant manger du foie de cochon mâle; un plus avisé encore
voulait arroser les ceps avec du vin blanc. Naturellement y ont passé toute la
pharmacopée, tout l'arsenal des produits de la chimie et de l'herboristerie,
avec chaux, sel marin, arsenic, cyanures, onguent gris, belladone, quassia
amara, euphorbe, valériane, camomille, datura stramonium, assa fœtida, suie,
cendres, brou de noix, etc.

« Etaient proposées les cultures intercalaires de chanvre, de pyrèthre, de
tabac, d'ail, de fraisiers, de tous végétaux qui pourraient être plantes-pièges.
Avaient également de nombreux partisans, la dynamite, les forces électriques,
la trépidation et le pavage du sol; de même l'empoisonnement de la sève, la
vaccination de la vigne et de son greffage sur la ronce, sur le bouleau, sur le
figuier, sur l'arbre de Sainte-Lucie, etc., etc.

« Heureusement, furent reconnus efficaces des moyens de lutte qui, sans
prétendre au prix mirifique pour l'obtention duquel l'Assemblée nationale avait
mis des conditions bien hasardeuses, ont reçu la consécration du temps pour
la défense des vignes... »

Nos savants, ayant à leur tête J.-B. Dumas et Thénard, préconisèrent une
série de remèdes qui donnèrent des résultats partiels : la submersion, l'emploi du
sulfure de carbone ou du sulfocarbonate de potassium et d'autres encore. Mais
c'est l'Amérique elle-même qui répara le mal qu'elle avait fait. Les vignes à
racines résistantes au parasite, qu'elle nous fournit pour servir de porte-greffes,
permirent la reconstitution du vignoble français et, malgré le mildew, malgré
le blackrot, la production tombée, en 1889, à 23.000.000 d'hectolitres environ,
remontée à 67.862.661 en 1900, redescendue à 28 millions et demi en 1910,
était de 56.134.000 en 1914 et de 58.555.562 en 1920.

Entre temps, un vignoble nouveau avait été créé dans notre Afrique du
Nord, Algérie et Tunisie. Il a donné, en 1920, 7.136.220 hectolitres, portant
notre récolte totale à 66.816.789 hectolitres.

Je m'excuse, Messieurs, de vous avoir infligé tant de chiffres, mais il m'a
semblé vraiment qu'ils parleraient mieux que des mots et que leur aride énumération constituerait le plus éloquent éloge de l'admirable courage avec lequel le
vigneron français, penché sur sa vigne, la soignant comme un enfant très cher,
l'a arrachée à la mort tant de fois menaçante et a ainsi sauvé l'une des gloires
et l'une des richesses de la Patrie.

C'est là une seconde raison qui justifie le choix du vin comme objet de la
première des Semaines d'application du principe posé par la Semaine du Com-

merce extérieur : ainsi, nous apportons notre tribut de gratitude à une œuvre dont toute la France a le droit d'être fière.

Mais il y a un troisième motif du Congrès que vous allez clôturer et il est tout simplement dans ce que vous représentez des forces vives de ce pays. Pour en donner l'idée, pardonnez-moi encore quelques chiffres :

Année 1919

Surface cultivée en vigne : France...........	1.500.000	hectares
Algérie	180.000	—
	1.680.000	—
Production : France.....................	54.600.000	hectol.
Algérie	7.800.000	—
	62.400.000	—
Moyenne à l'hectare......................	36	hectol.
Valeur moyenne de l'hectolitre..............	115	francs
Main-d'œuvre employée...................	1.490.000	personnes

1) Valeur des terres plantées en vigne :

Estimation des contributions directes.........	4	milliards
Estimation du Ministère de l'Agriculture......	10	—
Estimation de M. Viala...................	20	—
Valeur locative, estimation des contributions directes	115	millions

2) Ressources fournies au Trésor :

Impôt sur la circulation du vin.............	336	—
Taxe sur la consommation.................	850	—
Impôt foncier...........................	60	—
Bénéfices agricoles......................	2	—
Taxe de luxe............................	20	—

Ce court tableau se passe de commentaires. Je veux ajouter pourtant que, d'après les calculs de M. Viala, la vigne à l'apogée de sa carrière donnait en 1875 plus que le quart du produit total agricole, sur la seizième partie du sol français cultivé, soit quatre fois plus que les grandes cultures. Seul, le blé peut lui être comparé comme rendement, puisqu'il fournit à peu près le même produit brut annuel, mais il lui faut pour ce résultat occuper une superficie quatre fois plus étendue. La vigne se contente, en outre, de terres beaucoup plus pauvres et qui, si elle n'existait pas, seraient parfois difficilement utilisables.

Enfin, on a observé que le vignoble français est réparti entre plus de 1.500.000 propriétaires, en sorte que, s'il est un des facteurs essentiels de la production et l'une des grandes sources de recettes du Trésor public, il est aussi un élément d'équilibre social, comme il n'en existe peut-être pas de pareil dans tout notre organisme national.

Et puis, à côté de la viticulture, il y a le commerce, associé à son effort séculaire, compagnon des jours heureux et des crises douloureuses; le commerce qui prend le vin au sortir de la cuve, quand il vient de naître, le soigne et le choie, veille sur sa croissance, le conduit à sa maturité et l'envoie alors au travers du vaste monde montrer aux peuples ce que donne l'union féconde de la terre et du soleil de France.

J'aurais voulu vous dire à combien s'élève la somme des capitaux investis dans le commerce des vins et quelle est la part contributive de celui-ci dans les ressources de l'Etat. Je n'ai pas ces chiffres. Je rappelle simplement que l'ensemble de personnes que la vigne fait vivre est de 7 millions et demi, soit plus du 1/6 de notre population totale.

Ainsi justifiée la sollicitude que vous réclamez des pouvoirs publics, j'aborde la seconde partie de ma tâche qui est de résumer à grands traits vos travaux.

Tous ceux qui les ont suivis ou qui en étudieront le compte rendu seront frappés de la préoccupation de faire œuvre pratique, qui les a, d'un bout à l'autre, inspirés.

On observera aussi que, grâce au programme méthodique si magistralement élaboré par M. Ricard avec le concours de ses secrétaires généraux MM. Marsais et Martinet et à l'autorité personnelle des présidents de nos quatre sections, MM. d'Anthouard, Viala, Chaumet et Fernand David, toutes les questions dont dépend l'avenir de la viticulture française ont pu être examinées et, malgré leur nombre et leur complexité, ont donné lieu à un ensemble de conclusions qui tracent les lignes directrices d'une politique nationale du vin.

Un premier classement de ces questions répartit tout naturellement en deux groupes celles qui concernent la production et celles qui ont trait à l'écoulement du produit. Subsidiairement, à l'un ou à l'autre groupe se rattache tout ce qui concourt soit à favoriser l'activité productrice ou commerciale, soit à lui faire obstacle. Quant aux vœux, dont la liste vous sera tout à l'heure soumise, les uns s'adressent aux Pouvoirs publics, les autres attendent leur réalisation de l'initiative privée.

Si vous le voulez bien, dressons ensemble une sorte de table des matières qui nous servira de guide pour passer en revue les résultats acquis.

1° La production :

a) Conditions que la guerre lui a faites; situation et vœux des vignobles de Champagne, d'Alsace et de Lorraine; garanties de loyauté du produit; rôle des coopératives et des caisses de crédit;

b) Transports terrestres et maritimes.

2° Commerce et consommation :

a) Modes d'achat et de vente en France et à l'étranger; relations du commerce et des banques; taxes et réglementations; problèmes généraux de l'exportation : marchés extérieurs, accords commerciaux et régimes douaniers; patente du voyageur de commerce à l'étranger;

b) Mesures propres à développer nos ventes : concours et rôle des hôteliers, restaurateurs et détaillants; éducation des sommeliers et maîtres de chais; la consommation familiale; le tourisme et le vin.

L'exposé général de l'influence de la guerre sur la production viticole et le commerce des vins, dont dépend son écoulement, a été fait par M. Vayssière, sénateur de la Gironde, en quelques pages qui éclairent la situation actuelle sous tous ses aspects : dépeuplement du vignoble par la démobilisation, arrêt des transports, conséquences du moratorium et des réquisitions, invasion de la Lorraine et de la Champagne, puis rétrécissement de nos débouchés par l'effet des barrières douanières, des campagnes abstentionnistes et de l'instabilité des changes, charge écrasante de la reconstitution de nos vignes, encore alourdie par le manquement de l'Allemagne à ses obligations, augmentation des impôts et cherté de la vie, toutes ces causes de paralysie sont décrites en termes brefs et saisissants. En regard, l'honorable rapporteur note les heureux effets de la consommation au front et exprime très justement le regret que l'habitude de boire du vin prise par les armées alliées n'ait pas été mieux mise à profit pour une large propagande.

Le tableau qu'il esquisse du vignoble dévasté, après avoir dit la détresse de la Bourgogne et du Bordelais, forme une sorte de préface à la description que MM. Authelin, Burger et Henriot nous ont tracée de l'état de leurs régions respectives; l'émotion profonde avec laquelle les délégués de la Lorraine, de l'Alsace et de la Champagne ont été écoutés, l'ovation qui les a salués, l'accueil empressé réservé à leurs vœux ont exprimé une fois de plus les sentiments de toutes les régions de France ici représentées pour nos provinces reconquises ou libérées.

Par les rapports de M. Coste et de M. Leroy, votre première section a été édifiée sur l'admirable effort que l'action corporative des vignerons, en étroite liaison avec l'administration de l'agriculture, n'a pas cessé de poursuivre pour assurer la loyauté des vins en France. Ces deux exposés, clairs et complets, ne sauraient être résumés : il faut qu'on les lise et qu'on les relise d'un bout à l'autre, chez nous et au dehors. Il n'y a pas de meilleure préface possible à la propagande que nous devons enfin organiser pour la défense de nos vins à l'étranger et sur laquelle nous aurons à revenir, dans quelques instants, en traitant des problèmes généraux de l'exportation.

Les explications de M. Leroy sur l'une des dispositions du règlement du 19 août 1921 ont motivé un vœu de la part de l'un des représentants des viticulteurs champenois et provoqué un échange de vues qui passionna l'assemblée et qui mérite de n'être pas passé sous silence ici. Il s'agissait du libellé des étiquettes d'un vin n'ayant pas droit à une appellation d'origine et mis en vente par un négociant installé dans une région ou localité dont le nom constitue cette appellation. M. Poittevin, député de la Marne, estimant que le texte du décret laissait place à une fraude possible, proposa au vote de la section une rédaction nouvelle qui tendait à la réprimer. Des représentants du commerce, jugeant que cette rédaction portait atteinte à la propriété commerciale, la combattirent avec énergie et l'on put croire un instant que deux camps adverses allaient se former mettant viticulteurs et commerçants aux prises. Mais la bonne foi était égale de part et d'autre. Les viticulteurs ne voulaient pas plus mettre à mal la propriété commerciale que les commerçants n'étaient désireux de couvrir une fraude. On s'expliqua et, dès que l'ardeur de la discussion permit qu'on se comprît, tout le monde fut d'accord pour renoncer à une improvisation de texte qui pouvait être dangereuse et pour émettre un vote de principe dont il appartiendra à l'administration de faire l'application, d'accord avec les représentants qualifiés des groupements corporatifs intéressés. Rien de plus instructif qu'un incident pareil par la preuve évidente qu'il apporte de ce qu'il y a de trompeur dans certaines apparences d'opposition d'intérêts entre le commerce et la viticulture; rien de plus honorable non plus pour les uns et pour les autres que leur égale bonne volonté à s'accorder sur le fond en sacrifiant la forme.

La monographie consacrée par M. Elie Ravel au rôle des coopératives dans la vente du vin met remarquablement en lumière les avantages que ces institutions offrent à la fois aux viticulteurs, aux commerçants, aux consommateurs et même à l'Etat. Aussi votre première section a-t-elle été unanime à voter une résolution tendant à susciter un mouvement d'opinion en leur faveur et à leur assurer les encouragements des pouvoirs publics.

Le crédit à la production est d'une importance particulière, le viticulteur se trouvant, en bien des cas, dans l'impossibilité d'engager les dépenses nécessaires pour le renouvellement de son matériel vinaire ou d'éviter une vente hâtive de sa récolte. La question a été traitée devant votre première section sous le double aspect des caisses de crédit et des coopératives vinicoles de production, par M. Mercier.

Les conditions de transport du vin sur terre et sur mer intéressent à la fois la production et le commerce. Elles auraient donc pu être traitées par la première ou par la deuxième de vos sections, car en raison de leur connexité il ne fallait pas songer à les scinder en deux catégories. C'est à la première section qu'elles ont été rattachées. Elles y ont fait l'objet de quatre rapports de MM. Vavasseur et Bernard pour les transports à l'intérieur, de M. Roustan pour les tarifs d'exportation et les tarifs internationaux, de M. Edouard Faure pour les transports maritimes.

Ces quatre études, d'un caractère technique accusé, ne laissent dans l'ombre aucun des points intéressant la viticulture et le commerce. Les trois premières, consacrées aux transports terrestres, mettent en lumière l'élévation des prix actuels et la nécessité d'en obtenir la réduction. Les conclusions très étudiées et très précises des trois rapporteurs, mises en concordance les unes avec les autres, ont été adoptées par la section et sont aujourd'hui recommandées à votre vote en séance plénière. Un vœu complémentaire présenté par M. Burckard et tendant à ce que l'Alsace et la Lorraine obtiennent les tarifs français présents et à venir, comme elles le demandent, a été également accueilli et vous êtes sollicités de l'approuver à votre tour.

Le travail de M. Ed. Faure est une monographie brève, mais complète, de toute la question des transports maritimes. Elle aboutit à une série de conclusions qui, si elles passaient dans la pratique, faciliteraient l'exportation des vins par la délivrance par toutes les compagnies du reçu de bord dès la remise des marchandises à quai, la diminution des frais de mise à bord et d'arrimage, l'unification du mode de calcul du fret, sa réduction par la suppression de la journée de huit heures, l'adoption des « Règles de La Haye », l'amélioration du régime des assurances. En retour de ses demandes aux armateurs français, M. Faure pense qu'il serait équitable que vous fissiez vôtre le vœu, émis par la Semaine du Commerce extérieur, que les industriels et commerçants français donnent toujours la préférence, à conditions égales, au pavillon français pour l'importation et l'exportation de leurs marchandises.

Le problème de la vente du vin, avec tout ce qui en peut faciliter ou compliquer la solution, était confié à vos deuxième et troisième sections, qui ont reçu d'une section spéciale américaine une contribution précieuse, extrêmement instructive sur les deux Amériques et même souvent d'une portée plus générale. L'étude des marchés extérieurs et de leur capacité actuelle d'achat formait en quelque sorte le pivot autour duquel sont venues successivement se juxtaposer les questions d'intérêts plus particulier ou d'ordre subsidiaire.

De cette étude, MM. Ginestet et de Luze ont écrit l'avant-propos nécessaire dans leurs rapports relatifs aux taxes et réglementations qui pèsent sur la vente des vins de France et aux modes d'achat et de vente dans la métropole et à l'étranger. Avec une énergie qui ne consent à ménager ni les abus ni les erreurs, M. Ginestet a dressé la liste des entraves de toutes sortes qui risquent de ruiner notre commerce en même temps que la viticulture. Comme conclusion de son exposé, il a demandé :

A) En ce qui concerne la vente des vins français à l'étranger :

1° Que des mesures de représailles soient prises contre les pays qui prohibent nos vins ou en restreignent l'importation;

2° Que, dans tous les pays, la réglementation française, assurant la qualité et la pureté du produit, soit reconnue suffisante pour donner toutes garanties aux importateurs et aux consommateurs;

3° Que les milieux viticoles soient consultés pendant l'élaboration des traités de commerce;

B) En ce qui concerne les charges fiscales :

Que l'impôt de 1,10 o/o sur le chiffre d'affaires soit perçu sur le prix de la marchandise à l'exclusion des droits, frais de transport et autres qui la grèvent;

C) Que la taxe de luxe sur les vins fins soit supprimée.

M. de Luze, lui aussi, a mis en lumière les inconvénients de cette taxe si « improprement dite de luxe » et en a réclamé à son tour la suppression. Après avoir expliqué le mécanisme des achats à la propriété, soit directement, soit par l'entremise de courtiers ou de commissionnaires et déconseillé les achats directs, il a très justement insisté sur l'urgence de mieux faire connaître nos vins au dehors et sur la nécessité d'en faciliter l'écoulement par le retour à la liberté du commerce et par l'établissement de traités de longue durée.

Ainsi, en effet, que l'explique fort bien M. Pastre, « le marché des vins est d'une sensibilité extrême; on peut le comparer à une balance de précision. De par la loi de l'offre et de la demande, il est désemparé très facilement. Nous avons vu souvent quelques millions d'hectolitres au delà des besoins normaux suffire pour faire baisser les cours hors de toute proportion avec les causes qui amenaient cette baisse, en particulier sur nos marchés méridionaux ». De là l'idée qu'une exportation de 2 ou 3 millions d'hectolitres de vin de consommation courante donnerait un moyen élégant de sortir de difficulté. Et pourquoi cette vente supplémentaire ne serait-elle pas possible? De 1850 à 1914, la population des États civilisés n'a-t-elle pas augmenté des 2/5 ? Alors que le trafic mondial avait quintuplé, que la consommation générale avait au moins triplé, comment et pourquoi, demande notre collègue, notre exportation de vins et celles des autres pays viticoles d'Europe a-t-elle diminué?

Trois causes principales lui paraissent expliquer ce fléchissement : la première, la plus grave et qui commande toutes les autres à ses yeux, c'est le caractère presque prohibitif des droits de douane qui frappent les vins dans la plupart des pays civilisés; la seconde résulte de la politique de « régime sec » qui triomphe chez certaines nations; la troisième enfin tient à la production même des vignobles nouveaux créés, depuis la crise phylloxérique, dans des régions où nous avions une clientèle.

Ces trois causes de mévente pour nous sont malheureusement trop réelles et nous allons revenir sur chacune d'elles dans un instant. Votre rapporteur général croit seulement devoir noter ici que toutes trois réagissent particulièrement sur les produits de consommation ordinaire et que dès lors il est permis de se demander s'il serait sage de porter notre effort unique ou même principal sur l'exportation des vins courants. Qu'il convienne de mettre en œuvre tous les moyens dont nous pouvons disposer pour généraliser partout l'usage du vin, nul ne saurait raisonnablement le contester; que bien des contrées, où cet usage est nul ou exceptionnel à cette heure, soient capables d'acquérir une capacité importante d'absorption, c'est possible et cette possibilité suffit à nous conseiller d'y entreprendre une active propagande; mais aller au delà serait dangereux et risquerait de nous faire lâcher la proie pour l'ombre. Il y aurait quelque chose d'artificiel et d'arbitraire à vouloir établir une distinction fondamentale entre l'exportation des vins de marque et des autres. En réalité, le problème de l'exportation des vins français est un; briser son unité serait une imprudence.

Les statistiques nous montrent que les plus fortes exportations de vins français se placent dans la période comprise entre 1869 et 1879, c'est-à-dire immédiatement antérieure à l'invasion phylloxérique; les chiffres annuels y oscillent entre 2.794.987 et 3.981.431 hectolitres. A partir de 1880, on voit se dessiner une décroissance presque régulièrement constante qui aboutit, pour l'année 1921, au total de 1.671.371 hectolitres. Cette ligne descendante correspond à peu près exactement, en sens contraire, à la ligne ascendante des quarante années allant de 1830 à 1869.

Les registres de la douane ne permettent pas de préciser, même approximativement, la qualité des vins exportés; ils ne font de distinction, en effet, qu'entre les vins de la Gironde et ceux des autres régions, qu'entre les vins en bouteilles et les vins en fûts. Mais, d'une façon générale, on semble être d'accord pour admettre que la proportion des ventes au dehors était de deux tiers environ pour les vins de marque ou d'origine contre un tiers pour les vins ordinaires.

Il s'ensuit que les marchés extérieurs n'ont jamais offert, comparativement à l'importance de nos récoltes, que des possibilités d'écoulement assez faibles pour nos vins ordinaires. C'est en France même que ces derniers ont toujours trouvé la presque totalité de leurs débouchés. La consommation taxée y a dépassé 49.000.000 d'hectolitres (1), en 1909; elle était, il est vrai, redescendue aux environs de 39.000.000 en 1920, mais il n'y a pas de raison de ne pas la voir se relever au niveau des plus hauts chiffres anciens et même se développer davantage encore, surtout après l'accoutumance au vin de tous les poilus originaires de régions où il n'était pas une boisson habituelle, comme M. Rousseaux l'a indiqué dans son rapport. On peut être bien assuré que, rentrés dans leurs foyers, les anciens soldats démobilisés ont gardé et garderont le goût du pinard contracté au front. Pour qu'ils puissent le satisfaire, il faut que l'Etat favorise de tout son pouvoir la consommation familiale par l'abaissement des taxes de circulation et des tarifs de transport; mais il faut aussi que la capacité générale d'achat du marché français soit portée à son maximum par l'application d'une politique économique concertée entre toutes les formes de la production, solidaires les unes des autres.

Nos plus fortes récoltes, immédiatement avant la crise phylloxérique, sont celles de 1874 et 1875. Rapprochons-en les chiffres de ceux de la consommation taxée, de l'exportation et de l'importation, en 1875 et 1876 :

Récolte française de 1874..................	63.146.125	hectolitres.
— — de 1875...................	83.632.391	—
Consommation taxée en France en 1875....	29.415.000	—
— — en 1876....	32.070.000	—
Exportation en 1875......................	3.730.000	—
— en 1876......................	3.330.000	—
Importation en 1875......................	291.000	—
— en 1876......................	676.000	—

Et voici la même statistique pour 1880-1881 :

Récolte française en 1880..................	29.667.442	hectolitres.
Consommation taxée en 1881..............	28.587.000	—
Exportation en 1881......................	2.572.000	—
Importation en 1881......................	7.703.000	—

Mais si, nous plaçant à un autre point de vue, nous observons non plus les chiffres de notre exportation totale, mais ceux de nos exportations par pays de destination, nous avons aussi à faire quelques constatations instructives. Nous voyons notamment que nos débouchés dans certains pays se resserrent progres-

---

(1) Exactement 49.239.540 hectolitres.

sivement et qu'à cette diminution de nos ventes correspond exactement la création ou le développement dans ces pays ou dans les pays voisins d'un vignoble nouveau. Tel est, en particulier, le cas de l'Amérique du Sud, où l'Argentine et le Chili produisent aujourd'hui de 8 à 10 millions d'hectolitres et tendent à devenir les fournisseurs de leur continent au moyen des vins dont ils n'ont pas besoin pour leur propre consommation.

Entre les deux dates considérées (1874-1881), la production a baissé de moitié et l'exportation d'un tiers environ, tandis que la consommation est demeurée presque stationnaire et que nos importations ont décuplé. Les faits s'expliquent aisément. Notre commerce ne trouvant pas chez nous les quantités dont il avait besoin, les a demandées aux vignobles étrangers qui, en même temps, se voyaient sollicités de suppléer à l'insuffisance de nos expéditions aux divers pays consommateurs. De là un double encouragement à la culture de la vigne partout où les conditions de climat et de terrain la rendaient possible. On comprend, sans qu'il soit besoin d'insister, que lorsque nos récoltes sont redevenues à peu près normales, leur placement s'est heurté, surtout pour les vins que ne protégeait pas une marque d'origine supérieure, à une concurrence dont il ne leur a pas toujours été possible de triompher.

Comment dès lors notre ancien monopole de vente ne serait-il pas sérieusement atteint et quel but, dans ces conditions, doit viser notre effort ?

Revenons, pour répondre à cette question, sur l'ensemble de causes auxquelles est due la baisse de notre exportation. De ces causes, les unes jouent chez nous-mêmes, les autres se manifestent dans les pays de consommation.

On peut classer les premières en deux groupes principaux, selon qu'elles alourdissent le prix de la marchandise ou contrarient autrement son placement. Les causes qui alourdissent les prix peuvent elles-mêmes se subdiviser en deux catégories :

1° Causes affectant directement la production, c'est-à-dire renchérissement de la main-d'œuvre, du matériel d'exploitation, des engrais, sulfates, soufre, etc.;

2° Causes indirectes de l'élévation du prix de revient à la sortie du territoire français, c'est-à-dire charges fiscales de toutes sortes grevant le produit, majoration des tarifs de transport terrestres, etc.

Les causes d'élévation du prix de revient à la propriété sont malheureusement impossibles à faire disparaître. Tout ce qu'on peut raisonnablement espérer, c'est que l'amélioration progressive de la situation économique générale fasse, dans un avenir plus ou moins prochain, sentir, ici comme partout, ses effets.

Il est de même bien certain que nous ne sommes pas près de voir diminuer les charges fiscales qui pèsent sur le pays; mais il est permis de penser que l'Etat ne refusera pas d'en rendre la répartition plus équitable. Il remplira ainsi un de ses devoirs essentiels; en même temps il fera œuvre de sage, prévoyante et profitable administration. Un impôt qui tarit la source de richesse où il s'alimente est doublement condamnable puisqu'il appauvrit la nation et ne fournit au Trésor que des recettes passagères. Or, tel est pourtant le cas de la plupart des taxes que le vin supporte; elles ont été tellement exagérées que leur influence sur la consommation est désastreuse.

La même observation s'applique aux tarifs de transport sur nos voies ferrées; mais, ici, un premier pas a été fait dans la bonne route, bien timidement, il est vrai, mais qui permet d'espérer mieux pour l'avenir.

D'autres causes chez nous-mêmes s'ajoutent à celles-ci pour nuire à l'exportation des vins. Vos divers rapporteurs en ont signalé l'importance relative et vos sections ont préconisé les moyens qui leur paraissent le plus propres à les supprimer.

Au dehors, à côté des trois grandes causes de mévente signalées par M. Pastre, il en faut noter une quatrième non moins grave et dont, au contraire, les effets sont peut-être pires que ceux des autres : c'est la falsification, la fraude et la contrefaçon, dont partout nos vins sont l'objet. Le rapport si bien documenté de M. Jules Lefaivre sur l'Amérique du Sud est, à cet égard, convaincant, mais ne fait d'ailleurs que confirmer les déclarations de tous les observateurs désintéressés qui ont constaté le mal sur place.

La protection au dehors de nos marques et appellations d'origine ne peut avoir de base plus solide que l'effort initial réalisé à l'intérieur aux mêmes fins. C'est pourquoi les rapports de MM. Coste et Leroy vous ont été signalés déjà comme particulièrement utiles au point de vue de la connaissance qu'ils généralisent du plus complet système de répression des fraudes qui existe vraisemblablement dans le monde.

C'est pourquoi aussi il importe de souligner l'intervention de M. le comte Bertrand de Mun, demandant à votre deuxième section, au nom du Comité International du Commerce des vins, cidres, spiritueux et liqueurs, dont il est le président, d'affirmer une fois de plus la nécessité du « respect absolu, en France, des appellations d'origines étrangères correctes et d'exiger que des poursuites immédiates soient engagées par le Service de la répression des fraudes contre ceux qui les utiliseraient faussement ».

La rigueur dont nous usons chez nous-mêmes nous donne le droit d'exiger que justice nous soit faite au dehors. M. Chabaud, avec sa compétence toute spéciale, votre rapporteur général, avec, à défaut d'autre mérite, une application égale, ont défini la situation créée par les dispositions des traités de paix et montré que l'article 275 du traité de Versailles fournit un point de départ excellent pour la conclusion d'arrangements particuliers avec nos anciens alliés et même avec les neutres. Vous serez certainement unanimes, en félicitant M. le ministre du Commerce de la clause de cette nature qu'il a fait insérer dans la Convention franco-tchécoslovaque du 4 novembre 1920, à lui demander de s'inspirer de ce précédent lors de la négociation de tous autres accords commerciaux.

Il apparaît d'ailleurs que la doctrine juridique et la jurisprudence internationale commencent à s'orienter dans ce sens.

Plusieurs de vos rapporteurs ont signalé, parmi les causes générales qui entravent l'exportation de nos vins, les droits de douane sans cesse plus élevés qui les frappent et ils vous ont suggéré d'émettre un vœu invitant le Gouvernement de la République à réclamer des abaissements de tarifs de la part de tous les pays avec lesquels il contractera des accords commerciaux. Nous voterons tous ce vœu sans doute, mais, si nous tenons à ce qu'il ne demeure pas platonique, nous devrons ne pas exiger que nos négociateurs aient pour consigne de tout obtenir et de ne rien accorder.

Toutes les nations, depuis la fin de la guerre, revisent l'une après l'autre leurs tarifs et les majorent avec une double préoccupation protectionniste et fiscale. Il s'ensuit qu'il devient de plus en plus difficile de négocier. Avec certains pays comme, par exemple, la plupart des Républiques de l'Amérique du Sud qui demandent à la douane le plus clair de leurs revenus et qui, n'ayant à nous vendre que des matières premières ou des produits de première nécessité, n'ont guère de représailles à redouter, les chances de succès sont très faibles; nous n'avons pas de valeurs d'échange à offrir et, d'ordinaire ce n'est donc que par voie de contre-partie indirecte que des concessions peuvent être obtenues. Avec d'autres, ceux tout spécialement dont le marché conserve une réelle capacité d'absorption en ce qui concerne nos vins, ce sont, par-dessus la tête des négociateurs, les industries productrices rivales elles-mêmes qui s'affrontent et qui s'opposent à tout abaissement des barrières protectrices. En ce cas, assurément, vous avez le droit d'en appeler aux Pouvoirs publics et de solliciter le Gouvernement de remplir son rôle d'arbitre. Mais vous devez l'aider vous-mêmes non seulement en limitant vos demandes au nécessaire, mais aussi en le secondant de toutes vos forces pour modérer les exigences dont il pourrait être par ailleurs saisi et qui risqueraient de provoquer des représailles au détriment du vin.

Ainsi l'ensemble d'accords commerciaux que M. Havy demande pourra être conclu dans un esprit d'utile réciprocité et sans que soit oubliée ou méconnue cette vérité économique qu'un peuple achète là où il vend.

Pour ce qui concerne les pays à régime prohibitif, le remarquable rapport de M. le baron d'Anthouard conduit à des conclusions assez pessimistes, tout au moins pour le temps présent et pour l'avenir le plus immédiat.

L'exposé de notre collègue montre clairement la force et la nature de la campagne menée depuis cent soixante ans par les sociétés de tempérance des Etats-Unis. Basé au début sur une idée morale, le mouvement antialcoolique a aujourd'hui un caractère tout différent : il s'inspire de considérations presque uniquement économiques et utilitaires. On comprend que, dans un pays où la consommation des boissons intoxicantes a atteint annuellement et par tête jusqu'au chiffre énorme de 90 litres, on se soit à juste titre préoccupé des conséquences qui pouvaient en résulter au point de vue de la capacité de production industrielle. Ce n'est ni par des railleries ni par des arguments d'ordre sentimental qu'il serait raisonnable d'espérer enrayer ce mouvement. Mais les indications mêmes que nous donne M. d'Anthouard permettent de penser que, si les tenants de la prohibition ont gagné leur partie aux Etats-Unis, leur victoire cependant n'est pas telle qu'ils puissent dormir tranquilles sur leurs lauriers. La faiblesse des « tempérants » résulte d'abord évidemment de la « vive résistance » opposée à leur croisade par les « intérêts énormes » qu'ils sacrifient; elle est aussi et surtout faite de l'outrance de leur programme et de l'aveuglement passionné qui les empêche de voir que la prohibition comme ils la font appliquer, c'est-à-dire s'étendant à toutes les boissons fermentées les plus légères, est une arme à double tranchant et crée non seulement une prime à la fraude sous toutes ses formes, mais encore un encouragement à la consommation de toute une série de poisons infiniment plus nocifs que l'alcool lui-même. Sans doute il n'y a pas lieu de penser que « le retour à l'état de choses anciens » contre lequel s'élevait M. le président Harding, dans les paroles rapportées par M. d'Anthouard, soit vraisemblable. Mais il n'est pas téméraire d'imaginer que la suggestion formulée par M. le Président Wilson, dans son message de 1919, finira par être entendue et que, dans le plein exercice de leur souveraineté, les Etats-Unis établiront, tôt ou tard, une dérogation en faveur de la bière et du vin. Il ne nous est pas interdit, même par le respect le plus scrupuleux du droit qu'a un peuple libre d'être maître chez lui, de travailler à hâter la venue de cette heure de justice et de raison. Il est déjà bien étrange et bien inquiétant que la viticulture et le commerce français des vins aient assisté en spectateurs impassibles à la longue lutte où leurs intérêts étaient si directement en cause; il serait incompréhensible que cette apparente indifférence se prolongeât. Si nous voulons atteindre un résultat utile il n'est d'autre moyen de l'obtenir que d'organiser et de poursuivre une campagne méthodique qui fasse peu à peu comprendre au peuple américain que le vin, loin de favoriser l'alcoolisme, fournit au contraire le plus sûr moyen de le prévenir. La documentation recueillie à cet égard par la Ligue antialcoolique française et utilisée dans ses beaux travaux par M. le docteur Bertillon, est précieuse; il faudra la compléter en relevant soigneusement, en Amérique même, les faits qui en confirment la signification, en vérifiant, par exemple, l'exactitude des informations du genre de celle donnée par la « Metropolitan Life Insurance Company » que, si la mortalité, dans l'ensemble, a été moindre en 1921 qu'en 1920, les morts dues à l'alcoolisme ont augmenté de 5o % (1). Ce n'est point, au surplus, la matière qui manque pour une campagne antiprohibitionniste. Qu'on se place au point de vue physiologique, moral ou économique, il n'y a guère de sujet qui ait inspiré plus largement les savants et les philosophes : leurs œuvres contiennent un inépuisable arsenal d'arguments Je ne dis rien des poètes qui risquent .d'être suspects à la froide raison des puritains; mais la Bible elle-même plaide pour le vin.

Cette campagne d'enseignement, ce n'est pas à l'Etat que nous pouvons demander de l'entreprendre; elle ne peut et ne doit être qu'une œuvre d'initiative privée résultant de la collaboration de la propriété et du commerce français. Ne nous dissimulons pas d'ailleurs qu'elle sera une œuvre de longue haleine et très coûteuse.

Les régimes de monopole instaurés dans plusieurs pays ont lieu de nous inquiéter presque autant que la prohibition pure et simple; car, si nous sommes portés à croire que les gouvernements intéressés n'en obtiendront pas les résultats bienfaisants pour la santé publique qu'ils escomptent, nous sommes très sûrs du manque de garanties qui en est pour nous la conséquence fatale et nous pouvons dès maintenant apprécier le dommage qu'ils nous causent.

Vous avez fait l'accueil qu'il méritait à l'excellent rapport de M. Dastous; vous avez attentivement écouté son exposé très clair de la législation nouvelle et compliquée aujourd'hui en vigueur dans les diverses provinces du Canada et vos applaudissements ont marqué votre reconnaissance à M. Guibert, délégué de la Commission canadienne d'achats, pour les explications complémentaires qu'il a bien voulu fournir au cours de l'une de nos séances de section. Vous retiendrez, cela va de soi, le conseil que ce dernier, comme M. le baron d'Anthouard, vous a donné, de vous « adapter » à la situation qui vous est faite. Mais la force des choses limite votre bonne volonté et nous voyons mal les vignes de la Champagne, de la Bourgogne et de la Gironde, pour n'en point citer d'autres, condamnées à ne plus produire que des sirops ou des jus sans couleur, sans parfum et sans goût. L'adaptation ne pourra donc être que partielle; c'est un expédient qu'il ne faut pas dédaigner, mais dont il n'y a pas beaucoup à attendre. C'est pourquoi, sans doute, vous avez pris soin de souligner votre accord avec M. Dastous sur la nécessité de revendiquer pour le seul jus de raisin frais fermenté le nom de vin et de consacrer à sa défense un effort bien ordonné et vigoureux.

De cet effort il vous a paru que l'Etat doit prendre sa part; toutefois, les vœux par lesquels vous lui demandez de faire pression sur les pays étrangers en vue d'y éviter l'exclusion de nos vins, par un régime de prohibitions ou la limitation de leur vente par des monopoles, garderont forcément un caractère un peu platonique si nous ne savons pas, dans ces pays, intéresser la population à notre cause, et la convaincre de sa communauté d'intérêt avec nous.

Le développement de la production du vin, encouragée par la crise phylloxérique française, dans des pays qui étaient antérieurement nos clients pour la presque totalité de leur consommation, a fatalement réduit nos ventes dans la proportion même où les vignobles nouveaux étaient créés ou élargis. Si l'on consulte les statistiques, on y voit que ce sont surtout les vins de consommation courante qui ont cessé de nous être demandés; c'est là un phénomène trop naturel pour qu'il puisse nous surprendre. La production locale, outre qu'elle correspond toujours au goût de la population, s'offre à celle-ci plus facilement

---

(1) **New York Times**, 5 février 1922

et à des prix beaucoup moins élevés que la production étrangère. C'est ce que nous voyons, notamment, au Chili, en République Argentine et en Australie.

De ces trois pays, c'est la République Argentine qui fournit les chiffres les plus caractéristiques. La superficie du vignoble y est passée de 33.459 hectares, en 1895, à 116.000, en 1918, et la production du vin de 961.243 hectolitres à 4.749.819 hectolitres. En 1895, l'importation était de 400.400 hectolitres environ et l'exportation nulle; en 1918, il n'était plus importé que 36.638 hectolitres et, par contre, l'exportation arrivait déjà à 51.629 hectolitres, puis continuait à s'élever à 95.648 hectolitres, en 1919, et 114.349, en 1920. Entre temps, la population avait plus que doublé; elle est aujourd'hui de 8.652.127 habitants contre 2.956.060, en 1895. Enfin, la consommation moyenne par tête qui était, en 1895, de 4 l. 22 de vin français + 5 l. 90 d'autres vins étrangers + 24 l. 29 de vin du pays, soit, au total, 34 l. 41, est montée, en 1920, au total de 59 l. 92 se décomposant en 0 l. 09 de vin français, 0 l. 45 d'autres vins étrangers et 59 l. 38 de vin du pays. Quant au détail de nos ventes aux deux dates extrêmes de cette période, il était le suivant (1) :

En 1895 :
    Vins de la Gironde................... 70.525 hectolitres.
    Vins d'autres régions................. 22.597   —
    Champagne .... ?   —

En 1920 :
    Vins de la Gironde................... 8.187 hectolitres.
    Vins d'autres régions................. 1.544   —
    Vins de Champagne................... 5.462   —
    Vins de liqueur..................... 4.946   —

On voit par là que la production locale barre de plus en plus la route aux vins étrangers et que seuls les vins fins peuvent encore se faire accepter.

Au Chili, où la vigne est plus anciennement établie qu'en Argentine et donne de meilleurs produits, le recul de nos vins est encore plus accusé. Récolte nationale et droits de douane combinant leurs efforts, nous n'avons pu vendre, en 1918, que 1.466 hectolitres de champagne et 290 de vins de liqueur en bouteilles. Nos dernières ventes tout au moins directes de vins de table remontent à 1907. Ce n'est pas pourtant que la consommation par tête soit faible : elle était de 52 l. 26, en 1918, et varie d'ailleurs d'année en année en proportion exacte de la récolte : c'est ainsi qu'elle atteint 80 l. 95, en 1913, et 82 l. 91, en 1914, années de grande production.

Mais, si dans les pays nouveaux producteurs il y a peu d'espoir que nos vins ordinaires puissent retrouver des chances de placement en quantité appréciable, nos vins classés ou d'origine et nos grands ordinaires gardent de belles perspectives de vente, pourvu que nous sachions les défendre contre les falsifications et les fraudes.

Nous demandons, dans cet ordre d'idées, que les exportations en bouteilles soient, autant que possible, généralisées, et que les tarifs douaniers ne leur fassent pas obstacle.

Aux difficultés qui viennent d'être énumérées s'ajoute celle qui résulte de l'insuffisance de l'aide bancaire. M. Jules Lefaivre l'avait signalée déjà en ce qui concerne le marché sud-américain. M. Saillard s'en est expliqué d'un point de vue plus général dans son rapport et a préconisé des palliatifs que vous avez reconnus recommandables. Nous espérons que les grands établissements de

---

(1) D'après les statistiques des douanes françaises.

crédit, la Banque du Commerce Extérieur et la Banque de France, s'en inspireront.

La nécessité de rendre aux vins un marché correspondant à notre capacité de production est si urgente que vous n'avez rien voulu négliger de ce qui peut affecter nos ventes favorablement ou dans le sens contraire.

M. Martinet vous a exposé la situation faite aux voyageurs français à l'étranger. Le moins qu'on en puisse dire est qu'elle est affligeante : patentes excessives, formalités vexatoires et onéreuses, réglementations compliquées et variables de province à province dans un même pays, régime si peu libéral pour les échantillons qu'il y aurait souvent avantage à faire taxer ceux-ci comme marchandises, tels sont les traits principaux qui la caractérisent, chez un trop grand nombre de nations. En France, au contraire, les voyageurs étrangers circulent librement et le régime de réciprocité, prévu par la loi du 15 juillet 1880 est inappliqué parce qu'inapplicable, ainsi que notre collègue le démontre clairement. Pour remédier à cette singulière inégalité de conditions, M. Martinet préconise un ensemble de mesures qui semblent tendre à supprimer le régime de réciprocité, mais qui, en réalité, ont plutôt pour but de le rendre effectif, puisque des taxes allant jusqu'à 25.000 francs seraient appliquées aux ressortissants, établis en France, des pays qui imposent nos voyageurs de commerce. Le défaut de ce système, par ailleurs recommandable, est qu'il ne saurait être efficace qu'à l'égard des pays qui envoient chez nous soit des industriels ou commerçants à demeure, soit des voyageurs de commerce. Or, le simple examen des tableaux annexés par M. Martinet à son rapport montre que les pays les moins libéraux sont d'ordinaire ceux qui n'ont pas ou qui n'ont guère à craindre de représailles de notre part dans cet ordre d'idées. Peut-être conviendrait-il donc de demander, à titre subsidiaire, au Gouvernement de rechercher par quelles contre-parties à accorder ou à refuser il pourrait intéresser les gouvernements étrangers à se montrer plus équitables envers de si utiles agents de notre expansion commerciale.

Ce n'est point seulement par la suppression des obstacles gênant leur action personnelle que nos voyageurs peuvent être aidés dans leur tâche. MM. Guillon et Drouant vous ont, on ne peut mieux, montré l'importance du concours que sommeliers et maîtres de chais sont capables de fournir. « Nos sommeliers, disent-ils, devraient avoir à l'étranger la même réputation que les cuisiniers français. » On ne saurait dire plus vrai. La mauvaise présentation de nos vins nous fait en certains pays autant de mal que la fraude et les contrefaçons. Ne manquons donc pas de méditer la leçon que, sur ce point, les Allemands nous ont donnée. Organisons ou développons, nous aussi, l'enseignement professionnel de ces utiles auxiliaires. Même tâchons, s'il est possible, de ne pas faire bénéficier de leur compétence la seule clientèle des hôtels et des restaurants. C'est malheureusement un fait que la tradition de posséder une belle cave est, un peu partout, perdue dans une large mesure. Nous sommes tous d'accord qu'il est désirable de la remettre en honneur. N'y aiderait-on pas, en facilitant aux maîtres de maison l'entretien de leur cave par la mise à leur disposition de spécialistes compétents et sûrs ? Et ne pense-t-on pas que le chapitre des vins serait amélioré dans les grands dîners privés si les intéressés savaient où trouver de sages conseils pour le choix des crus à servir, en même temps que des hommes expérimentés pour les bien présenter ?

Ce n'est pas seulement à l'étranger, mais en France même, qu'il y a d'utiles initiatives à prendre dans ce sens. C'est aussi tout autant chez nous qu'au dehors que les hôteliers et restaurateurs doivent concourir à la diffusion des vins. M. Lequime ne voit pourtant pas quel effort nouveau ils pourraient faire et notamment il déclare qu'on ne leur demandera avec succès de comprendre le vin dans le prix des repas que lorsque leur industrie sera revenue aux conditions d'exploitation d'avant-guerre. Deux de vos sections ont fait preuve de plus d'optimisme : la seconde en émettant le vœu que le vin soit, autant que possible, fourni sans supplément dans les repas à prix fixe et la troisième en donnant son assentiment à cette observation de M. Risler « qu'il ne faudrait pas que, lorsqu'il se produit un déficit, on s'appliquât à le combler uniquement par une augmentation du prix du carafon de vin ».

A côté des hôteliers et restaurateurs, les épiciers et les débitants ont un rôle des plus utiles à jouer. Aux premiers, M. Caillet donne d'excellents conseils d'ordre général et professionnel. Au nom des derniers qui, d'après lui, doivent être à la fois commerçants avisés et de loyauté parfaite, bons dégustateurs et même quelque peu œnologues, M. Pradel affirme que « le premier passant venu doit retrouver presque toute l'admirable gamme des vins de France » dans la cave du détaillant et même dans ces cabarets dont il cite les plus célèbres et où fréquentèrent traditionnellement nos prosateurs et nos poètes.

Enfin, M. Famechon a résumé en quelques pages attachantes ce que l'Office National du Tourisme, dont il est le directeur, a déjà fait dans le passé et se prépare à faire dans l'avenir pour que soient mieux connus et par suite mieux appréciés notre vignoble et ses produits. C'est tout un programme de « circuits » que la Compagnie Française du Tourisme, créée à son instigation, s'est chargée de réaliser; grâce à quoi nos hôtes étrangers parcourant la Bourgogne, la Touraine, le Bordelais ou l'Alsace, pourront, après avoir admiré nos monuments et goûté le charme de nos paysages, apprécier, sur les coteaux qui leur donnent naissance et dans les chais où ils vieillissent, nos crus les plus fameux. Comme conclusion de son rapport, M. Famechon a formulé quatre vœux préconisant la publication d'une brochure, avec carte, sur les vins de France et les régions viticoles; demandant aux syndicats d'initiative et à leurs fédérations de mentionner dans leurs documents de propagande les crus les plus célèbres, en même temps que les spécialités locales et régionales; invitant la Compagnie Française du Tourisme à poursuivre et achever l'organisation des « Circuits de vignobles »; sollicitant les groupements régionaux et les grands producteurs à prévoir la réception des personnalités étrangères désireuses de visiter les vignobles français. Votre troisième section a adopté ces vœux à l'unanimité, ne faisant, à coup sûr ainsi, que devancer votre décision définitive.

Comme préface de vos travaux, vous deviez entendre M. le docteur Bertillon démontrer le mérite alimentaire du vin. L'état de santé de l'illustre savant l'a condamné au repos pour un temps qui sera court, nous l'espérons bien; son absence fut pour nous tous une cruelle déception. Par contre et pour couronner, j'allais dire pour récompenser, l'étude en quelque sorte encyclopédique à laquelle vous vous êtes livrés, vous avez écouté et applaudi la plus érudite et la plus agréable conférence sur l'art de goûter les vins. Avec une clarté et un bonheur d'expression rares, M. Mathieu, directeur de l'Institut œnologique de Bordeaux, nous a dévoilé les mystères de la déguslation et démontré son utilité : une des causes qui ont permis la prohibition dans certains pays, c'est qu'on n'y sait pas boire, que l'éducation du goût du vin n'y existe pas; il nous faut donc nous employer à combler cette lacune.

Messieurs, vous voici enfin presque au bout de la longue épreuve qu'il m'a fallu infliger à votre patience. Si incomplètement et si mal que j'aie résumé vos travaux, il me semble néanmoins que la conclusion d'ensemble apparaît et que nous en pouvons dégager les grandes lignes d'une politique nationale du vin :

Production protégée par la loyauté même de ses produits et du système répressif qui la garantit, aidée, pour la réalisation de ses récoltes, par un ensemble de plus en plus complet de coopératives de crédit, allégée de ce qu'il y a d'excessif dans les charges fiscales qui pèsent sur elle, secondée enfin par un régime de transport moins onéreux.

Vente facilitée par la collaboration plus étroite du commerce et de la banque, par l'élargissement de la capacité d'achat des marchés intérieurs et par le développement de l'exportation; étude attentive des marchés étrangers, exploitation de ces marchés, préparée par des campagnes de propagande destinées à mieux faire connaître la valeur alimentaire et le mérite bienfaisant de nos vins; conclusion d'accords commerciaux favorables au moyen d'un échange de concessions mutuelles entre nations et poursuite de la concurrence déloyale, basée en même temps sur le régime français de la répression de la fraude et l'utilisation des principes posés par les traités de paix.

Cette politique, si vous la faites vôtre, méritera à coup sûr d'inspirer les actes du Gouvernement.

Mais, pour qu'elle passe de nos désirs dans la réalité, il faut qu'enfin l'étroite union du commerce et de la viticulture, que vos travaux viennent de consacrer, crée cet organisme commun que la plupart de vos rapporteurs et que tant de vos délégués ont recommandé presque à chaque heure de vos débats, et dont toutes vos sections ont acclamé le principe. Faites le Comité National du Vin de France à l'image des comités nationaux semblables que possèdent déjà quelques-unes des autres formes principales de la production française. Gardez-vous, pour ses débuts, de lui assigner une charge trop lourde ou trop vaste, car vous risqueriez de décourager certaines initiatives infiniment heureuses et qui déjà font apercevoir les premiers effets de leur action. Faites de lui l'agent de liaison entre vos divers groupements déjà existants et qui ont le droit de prétendre conserver une autonomie dont ils ont fait un si bel usage; mais chargez-le de l'étude immédiate de toutes les questions urgentes qui se posent; servez-vous de lui pour prendre contact avec les autres grandes branches de l'activité nationale, pour concerter avec elles le programme de sauvegarde de vos intérêts communs et pour trouver la formule transactionnelle de vos intérêts spéciaux plus ou moins opposés.

Ainsi, après avoir affirmé votre force, vous lui donnerez son porte-parole et son agent d'exécution. Par là, vous aurez à la fois travaillé pour votre intérêt corporatif et pour le bien public, qui est votre essentiel souci. (*Longs applaudissements.*)

M. Dupeyrat, rapporteur général, demande à l'assemblée de prendre dès maintenant une décision en ce qui concerne la création de l'organisme central proposée par les quatre sections de la Semaine Nationale du Vin.

M. Dior, M. Jean Cazelles, M. Checq, M. J.-H. Ricard et M. le général Plantey font connaître leur opinion. A la suite de leurs déclarations, il est décidé que M. Dupeyrat voudra bien établir un projet de statuts du *Comité National des Vins de France* et solliciter les avis des principaux groupements représentés à la Semaine Nationale du Vin.

Le rapport général de M. Dupeyrat est adopté à l'unanimité. Les vœux émis par les quatre sections sont ratifiés par l'Assemblée.

M. J.-H. Ricard, ancien ministre, président de la Semaine Nationale du Vin, prononce alors l'allocution suivante :

Allocution de M. J.-H. Ricard

Mesdames, Messieurs,

Au moment de clôturer la Semaine Nationale du Vin il me semble que chacun de nous est amené à s'interroger et à se demander quel souvenir il emportera des séances qui viennent de se dérouler. Cherchons donc ensemble à dégager quelle a été la physionomie générale de ce vaste Congrès.

Nous avons vu des délégués accourir de toutes les régions viticoles de France, des représentants d'Associations professionnelles et de Confédérations les plus diverses. Cela était prévu, désiré, mais des pessimistes avaient prédit : « Rassembler tant de personnes est une erreur, on aboutira à une réunion « d'intérêts trop divisés entre eux pour faire œuvre utile. Ce ne sera que « confusion ».

Eh bien! qu'avons-nous vu? Rappelez-vous les séances, de la première à la dernière : Toutes ont été vivantes. Les discussions se sont poursuivies en bon ordre, et ont donné lieu à de multiples échanges de vues non pas platoniques mais des plus instructives. Cela tient à ce qu'elles ont eu pour point de départ des rapports sérieusement préparés par des hommes de haute compétence auxquels je tiens à adresser l'expression chaleureuse de notre gratitude (*applaudissements*), et qu'ils ont été soumis aux observations de délégués vraiment qualifiés qui ont apporté les compléments permettant d'unifier les points de vue de l'ensemble des corporations intéressées à un plus grand développement de la consommation des vins français.

Si on a pu aboutir à des conclusions, même sur bien des points délicats qu'on n'a pas hésité à aborder de front, cela tient ainsi au bon vouloir de tous, à l'excellente préparation qui s'est faite en sections depuis plusieurs mois et grâce, permettez-moi de le rappeler, au concours et à l'autorité que n'ont pas cessé un instant de mettre au service de la Semaine Nationale du Vin les sympathiques présidents de sections : MM. le baron d'Anthouard, Viala, Chaumet et Fernand David. (*Applaudissements.*)

Constatons-le hautement, nous avons vu apparaître une situation grave pour l'avenir de nos vins, nombreux sont certainement aujourd'hui ceux qui pensent avec moi que nous sommes en présence d'une crise d'un aspect nouveau qui risque de devenir aiguë et dont le pays pâtira fortement tôt ou tard, si on ne parvient pas à trouver des améliorations suffisantes.

De là s'impose à tous la nécessité d'intensifier et de coordonner les efforts en faveur du vin. Et par là j'entends non pas la création d'une forme spéciale d'entreprise commerciale en vue du placement rapide des marchandises à offrir à l'étranger, mais plutôt l'organisation d'une défense générale de nos vins de toute catégorie. Ce serait une faute de se limiter à des initiatives simplement locales, ou de région, ou d'une seule corporation. C'est sur tous les marchés, français et étrangers, qu'il faut déployer une activité plus grande que jamais.

Oui, il faut agir et avec méthode, avec persévérance, et oserai-je ajouter avec sérieux. Ce n'est pas avec des plaisanteries d'un goût plus ou moins heureux que nous ferons triompher notre cause (bien au contraire, nos adversaires s'en emparent souvent pour les faire servir contre nous), c'est par des arguments bien présentés, des raisonnements solides, et une organisation nationale capable de répandre nos idées dans les milieux éclairés et dans les masses populaires.

Seulement qu'on ne s'y trompe pas. Cela n'implique pas que nous songions à demander qu'une telle institution dépende de l'Etat. Non. Nous savons trop ce que coûtent les organismes d'Etat, en argent et en fonctionnaires, pour que nous ayons un instant cette pensée, surtout en ces temps de difficulté des finances publiques et après tant d'expériences commerciales confiées à des administrations bureaucratiques. L'œuvre doit être entreprise et conduite par les corporations mêmes qui en tireront profits directs. (*Applaudissements.*) J'achève de préciser ma pensée en répétant ce que j'ai déjà eu l'occasion de dire maintes fois que cette opinion ne tend nullement à faire fi du concours de l'administration. Celle-ci, en effet, a elle aussi un rôle à jouer en venant en aide aux initiatives privées, en leur préparant la voie sur les marchés extérieurs et en se tenant en collaboration étroite avec elles. Nous comptons sur elle, dans la mesure même de sa fonction propre.

Cette œuvre à double effet, corporative d'un côté, administrative de l'autre, est urgente. Il ne faut pas attendre une aggravation de la crise, car au cours des heures trop difficiles on ne peut le plus souvent que recourir à des mesures artificielles d'une portée relative.

Monsieur le Ministre, pour la partie de cette œuvre qui incombe aux pouvoirs publics, nous avons pleine confiance dans le Gouvernement que vous représentez et dans votre action personnelle. Nous savons avec quelle activité et quel souci de hâter le relèvement économique du pays vous vous consacrez à votre lourde tâche. Aussi notre plaisir de vous avoir parmi nous en ce moment est-il grand et plus vifs sont nos remerciements pour avoir bien voulu faire suivre nos travaux par des délégués dont nous avons apprécié les éminentes qualités et pour avoir bien voulu nous réserver un peu de votre temps si précieux en acceptant de venir présider vous-même cette séance de clôture. (*Applaudissements.*)

Nos vœux vous seront transmis, nous les remettrons également aux parlementaires qui ont bien voulu s'associer à nos études et à tous ceux qui portent intérêt à la production viticole. En les parcourant, chacun se persuadera qu'ils répondent à une préoccupation d'ordre national, celle-là même qui a inspiré les promoteurs de la Semaine Nationale du Vin et qui a dominé les débats, à savoir que : défendre les intérêts de la viticulture et du commerce vinicole c'est travailler à la prospérité de notre belle et radieuse Patrie. (*Longs applaudissements.*)

M. Dior prononce le discours suivant :

Allocution de M. DIOR
Ministre du Commerce et de l'Industrie

Mesdames, Messieurs,

Le problème que la Semaine Nationale du Vin s'est proposé de résoudre était particulièrement difficile; vous venez d'en avoir le sentiment très net à l'audition du remarquable rapport général que M. Dupeyrat, directeur de l'Association Nationale d'Expansion économique, vient de soumettre à votre approbation. Ce rapport montre que des solutions nombreuses et judicieuses ont été présentées par les quatre sections de votre brillant Congrès.

Les membres du Gouvernement qui ont assisté à vos séances solennelles et ceux qui ont fait suivre vos travaux sont particulièrement intéressés par les suggestions que vous venez d'entendre. Ce sont leurs administrations qui doivent vous aider à réaliser vos vœux, et les conseils éclairés que vous voulez bien leur assurer ont pour eux la plus grande valeur.

Le rapport général synthétise dans des conclusions formelles les travaux qui ont absorbé six jours de votre activité. La plus importante de ces conclusions, c'est l'affirmation que la situation actuelle de la viticulture et du commerce des vins de France exige une soupape permettant d'écouler l'excédent de nos vins de grands crus et de nos vins de consommation courante. Vous vous êtes tous mis d'accord pour dire que c'est du côté de l'exportation qu'elle devait être recherchée. Je puis déclarer que cette solution est celle qui s'impose non seulement pour les vins, mais encore pour la plupart des produits de notre sol national.

Dans vos délibérations, il a été rendu justice aux efforts que nous avons accomplis pour conserver à nos vins leurs marchés à l'extérieur. Vous pouvez être assurés, Messieurs, qu'à l'avenir cette même action sera énergiquement poursuivie. N'oubliez pas, cependant, qu'une atmosphère favorablement entretenue dans les pays consommateurs aidera puissamment l'action gouvernementale à obtenir les résultats espérés.

Pour créer cette atmosphère favorable, c'est une vaste publicité, au sens le plus large du terme, qu'il convient d'organiser, et c'est à vous, Messieurs, qu'incombe la plus large part de son organisation. Vous pouvez entreprendre cette nouvelle œuvre avec confiance. N'avez-vous pas eu le sentiment, en écoutant votre rapporteur général, que l'existence économique de la viticulture était une succession de crises, de luttes et de victoires qui se sont suivies au cours des siècles? Nous vaincrons, croyez-le bien, car le bon sens l'emportera cette fois encore : le bon sens doit l'emporter toujours.

Je ne veux pas m'appesantir sur le caractère étrange de la campagne de prohibitions dont vous vous êtes plaints à si juste titre. Retenons seulement que nous sommes les victimes d'une campagne très bien organisée et puissamment soutenue et que nous devons mettre nos efforts en commun pour la combattre. Pour cela les moyens les plus enfantins, comme les plus subtils, devront être mis en œuvre de façon à nous mettre à la portée de tous, à nous faire comprendre des peuples déjà très anciens dans la civilisation comme des nations plus jeunes. Il faut dire bien haut et dire sans cesse que, dans nos régions viticoles, l'alcoolisme n'existe pas, que l'ivrognerie est presque inconnue, et montrer combien elle est fréquente dans les pays qui se disent *secs*. La raison vous en a été abondamment démontrée par les techniciens qui vous ont fait profiter de leurs expériences, de leurs travaux scientifiques. Elle réside surtout dans la différence de composition chimique entre nos excellents produits naturels, produits et sous-produits de la vigne, et les alcools obtenus par la distillation clandestine.

Quel plus magnifique exemple pourrait-on trouver des vertus alimentaires et hygiéniques du vin et des produits de la vigne, que l'état dans lequel s'est maintenu notre peuple, malgré quatre années de vie épuisante et démoralisante, dans les tranchées ou au travail intensif? N'avons-nous pas le sentiment aujourd'hui que notre belle race se renouvelle parce qu'elle continue à consommer du vin !

Ce sont des arguments irréfutables de ce genre qui doivent convaincre les esprits les plus prévenus et que votre propagande devra accumuler et répandre partout. Il faut que vous soyez tous unis, producteurs, négociants, hôteliers, tous les représentants des industries qui s'intéressent aux vins, pour mener ce nouveau combat jusqu'au triomphe définitif.

Votre distingué président, M. Ricard, ancien ministre de l'Agriculture, se rappelle certainement les efforts faits dans ce sens en accord avec ses services par l'industrie des engrais. Pour donner un exemple des moyens qui peuvent être employés, permettez-moi de citer la propagande par le cinéma. Les appareils nécessaires ayant été mis à la disposition du ministère de l'Agriculture par les services de la liquidation des stocks, les bons effets du vin pourraient être ainsi présentés au grand public sous la forme la plus intéressante; de nombreux documents illustrés publieraient les preuves anecdotiques de l'heureux caractère et de la bonne santé des buveurs de vin. Par l'image humoristique ou sérieuse, par la démonstration répétée sous des formes variées, attirant et retenant l'attention des foules, s'adressant aux petits comme aux grands, nous aboutirons à rétablir la vérité et à détruire les légendes contraire à nos intérêts.

D'ailleurs, il ne faut pas croire que les pays soumis au régime sec soient enchantés de leur sort. Un mécontentement croissant se manifeste parmi les classes qui savent user sans abuser. D'un autre côté, les propagandistes sincères sont obligés de se rendre compte que, loin de diminuer avec la consommation des boissons que nous appelons hygiéniques, le nombre des crimes reste égal s'il ne s'accroît pas dans les pays où règne la prohibition. L'action « intoxicante » des alcools préparés clandestinement, non rectifiés, est incomparablement plus grande que celle des produits que nous offrons aux peuples voisins ! Cela aussi il faut le dire et le prouver, par des expériences exécutées sur les cobayes ou sur tous les autres animaux et projetées au cinéma.

Dans vos discussions si animées et si courtoises, on vous a dit quel était l'état d'esprit des peuples de Norvège, du Canada, et que, dans plusieurs pays, un revirement pouvait être espéré, soit vers l'atténuation des mesures prohibitives, soit vers la conclusion d'accords qui pourraient nous donner satisfaction.

Vous pouvez être assurés, Messieurs, que le ministre du Commerce fera son devoir et qu'il sera heureux de pouvoir vous aider dans votre œuvre, à laquelle l'intérêt national est si directement associé. Ce n'est pas seulement par la conclusion de conventions commerciales qu'il pourra contribuer à la réalisation de vos vœux; vous savez quelle importance ont les conversations entre diplomates, et après quelle longue préparation les accords de pays à pays sont généralement conclus. Soyez convaincus que les intérêts de la viticulture et du commerce des vins ne seront pas négligés à cette occasion.

Nos attachés commerciaux, dont la tâche principale consiste à renseigner nos négociants, à leur signaler les occasions de vente qui surgissent, les débouchés à créer, seront vos meilleurs auxiliaires en organisant avec vous des expositions d'échantillons, des réunions, des conférences, en vous demandant d'envoyer des vendeurs sur place, jouant ainsi un rôle de première importance dans la campagne générale que vous allez entreprendre.

En venant présider cette séance solennelle, qui termine les travaux si importants que vous avez réalisés, je tiens à remarquer avec satisfaction que vous avez judicieusement choisi, pour siège de cette Semaine, la première en son genre, et pour bien marquer le caractère hygiénique de notre boisson nationale, le temple de l'hygiène elle-même, l'Institut scientifique d'Hygiène alimentaire.

Messieurs, au nom du pays tout entier, je vous félicite de l'initiative heureuse que vous avez prise en organisant cette superbe manifestation et je vous remercie de l'œuvre accomplie. J'en remercie tout particulièrement votre éminent président M. Ricard, qui en a été l'âme et l'apôtre, ne comptant ni son temps ni sa peine, et les collaborateurs distingués qui l'entourent. Je vous exprime à l'avance aussi ma reconnaissance pour l'œuvre que vous continuerez dans les Semaines que vous vous proposez d'organiser au cours des années prochaines, car vous savez la nécessité de la continuité de l'effort.

C'est convaincu que mon optimisme est parfaitement justifié et que nous ne pouvons douter du succès après l'audition de votre si complet rapport général, que je garde une absolue confiance dans l'avenir de notre viticulture et dans la prospérité de notre belle France. (*Acclamations.*)

BANQUET

DE LA

Semaine Nationale du Vin

donné le Samedi 18 Mars 1922 à 20 heures
dans les salons du GRAND HOTEL

sous la Présidence de

M. Raymond POINCARÉ

Président du Conseil
Ministre des Affaires étrangères

BANQUET

Les travaux de la Semaine Nationale du Vin se sont terminés par un brillant banquet, donné le samedi 18 mars 1922, à 20 heures, dans les salons du Grand Hôtel.

M. Raymond Poincaré, président du Conseil, ministre des Affaires étrangères, avait bien voulu accepter de le présider.

A la table d'honneur prennent place, aux côtés du chef du Gouvernement : MM. J.-H. Ricard, ancien ministre, président de la Semaine Nationale du Vin; Henry Chéron, ministre de l'Agriculture; Dior, ministre du Commerce et de l'Industrie; Fernand-David, sénateur, ancien ministre; Doumergue, sénateur, ancien ministre; Ch. Chaumet, ancien ministre; Coignet, sénateur, président de l'Association Nationale d'Expansion économique; Pierre Viala, député; membre de l'Institut; Ch. Deloncle, Jean Cazelles, Vayssière, Courrègelongue, Buhan, sénateurs; Barthe, Chastenet, Lorin, Poittevin, de Rodez-Bénavent, Vavasseur, députés; l'Hon. juge Caroll, du Canada; le baron d'Anthouard, ministre de France; J. Dupeyrat, ministre plénipotentiaire; Prosper Gervais, président de l'Académie d'agriculture; Bertrand de Mun, président du Comité international des vins, cidres, spiritueux et liqueurs; Dabat, conseiller maître à la Cour des Comptes; le général Plantey, le Commandeur de Taverne de Miramont, le baron du Teil du Havelt.

Mmes la princesse Argendona, la marquise d'Andigné, de Rodez-Bénavent, la comtesse Oberbeck-Clausen, Maréchal, Devaux; MM. Avisse, Antoine, député, Attinger, Anthonay (René d'), Andigné (Marquis d'), Ain, C. Benard, Boissard (Vicomte de), Bertrand, Bourget, Bourcier, Burckard, Bouchard, Burger, Bonnet, Boullant, Brancher, Brunet (R.), Billard, Bouffet, Carcassonne, Cattin, Caillet, Cointreau, Coste, Chaigne, Chaix, Chanson, Cierco, Calmette, Codi, Crozet, Cier, Cauvin, Combemale, Devaux (M.), Delannoy, Daul, Dolle, Drouant, Fabre, Famechon, Ferrand (Comte de), Fabre (Charles), Fourbier, Fort, Fees, Guibert, Gaillard, Grandjean, Gariel, Génie (Emile), Guillon, Guerre, Guérillon, Garnier, Havy, Henriot, Heurtault, Hiorth, Heidsieck, Larmandier, Laglenne, Laurence, Lœvy, Luze (de), Lemaître-Lemercier, Latour, Labeyrie, Monmessin, Mallet, Massé, Marsais (P.), Martin (de), Méniaud, Martin, Martinet, Maxwell, Massignon, Mercier (Jules), Michel, Méhu (Jean), Maréchal (M.), Malvezin, Ozanon, Pallier (Georges), Piat, Pabion, Pagès, Pradel, Pithois, Prévost, Péquignot, Rague (P.), Renard, Rivoire, Roquette-Buisson (de), Rogée-Fromy, Rousseaux, Roche, Saillard, Siffert, Sahic, Troude, Thévenot, Teil (du), Tailliez, Verneuil, Vincens, Vial, Verdier, Weissenburger, Zimmermann, avaient également pris place dans le grand hall, brillamment éclairé. La presse française et étrangère était largement représentée.

Le service des vins était fait par les membres de l'Association des Sommeliers de Paris. Les vins avaient été offerts par les Associations représentées au Congrès :

Vins de Bourgogne offerts par la Chambre syndicale du Commerce en gros des Vins et Spiritueux de l'arrondissement de Beaune :
    Clos de Vougeot 1915 (Laligant-Chameroy).
    Clos de Vougeot 1908 (Chanson père et fils).
    Chambertin 1911 (Coron père et fils).
    Chambolle Musigny 1915 (P. de Marcilly frères).

Château de Grancey-Corton 1911 (Louis Latour).
Nuits-Saint-Georges 1911 (J. Calvet et Cie).
Hospices de Beaune (Guigone de Salins) (A. Bichot et Cie).
Pommard 1911 (P. de Marcilly frères).
Pommard (L. Violland).
Beaune 1906 (Champy père et Cie).
Beaune (Clos Landry) 1915 (Bouchard père et fils).
Beaune (Clos Champimont) 1911 (Coron père et fils).
Volnay 1916 (Poulet père et fils).
Savigny 1re 1915 (Dumoulin aîné).
Savigny-Serpentières 1915 (Albert Brenot).
Mercurey 1906 (L. Tramier et fils).
Chambertin 1877 (Paul Court).
Nuits mousseux et Clos de Vougeot mousseux (Labouré-Gontard).
Bourgogne mousseux (Vve Ambal).

Vins d'Anjou offerts par la Compagnie des Grands Vins d'Anjou à Angers :
Chavagnes 1919.

Vins de Bordeaux offerts par le Syndicat du Commerce en gros des Vins et Spiritueux de la Gironde :

Médoc.
Château-Larose 1914.
Château La Conseillante 1911.
Château Pape Clément 1917.
Grands vins blancs de Sauternes.

Vins de Pouilly offerts par la Chambre syndicale du Commerce en gros des Vins et Spiritueux des arrondissements de Mâcon, Charolles et Louhans :

Pouilly-Fuissé.

Vins de Champagne offerts par le Syndicat des Vins de Champagne :
Champagnes de grandes marques.

Vins d'Alsace offerts par l'Association des Viticulteurs alsaciens :
Grands crus d'Alsace.

Vins de Frontignan offerts par la Société Coopérative des Caves de Frontignan :
Muscats de Frontignan.

Liqueurs offertes par la Maison Louis Cointreau, d'Angers.

Cognacs offerts par les Maisons :
Cognac J. et F. Martell.
Cognac Rogée-Fromy (Saint-Jean-d'Angély).

Le menu, illustré par l'artiste Neumont, avait été ainsi conçu par la Commission spéciale du banquet, présidée par M. Ogier, ancien ministre, membre du Club des Cent :

MENU

La Crème d'Écrevisses d'Urville	*Les Vins de Pouilly-Fuissé*
Le Consommé Juanita	*Les Vins du Beaujolais*

*

L'Aiguillette de Saumon de la Loire au Vin de Turckheim	*Les Grands Vins d'Alsace* *Les Grands Vins d'Anjou* *Les Grands Vins de Sauternes*

*

La Selle d'Agneau de Pauillac à la Française	*Les Grands Vins de Bordeaux*

*

La Poularde de Bresse truffée à la Périgourdine Salade Mimosa	*Les Grands Vins de Bourgogne*

*

Les Fonds d'Artichauts à la Brillat-Savarin	*Les Grands Vins de Champagne*

*

Le Parfait Juliette-Récamier Friandises	*Les Vins de Liqueurs*

*

Les Corbeilles de Fruits

*

Café	*La Fine Champagne*

A l'heure des toasts, M. J.-H. Ricard prend la parole en ces termes :

Mesdames, Messieurs,

Au moment où va se terminer la **Semaine Nationale du Vin**, vous comprendrez que je tienne à évoquer, tout au moins par une simple allusion, la reconnaissance que nous avons pour les hauts patronages qui lui ont apporté leur concours. Ils vous sont trop connus pour que j'aie besoin de vous les énumérer un à un.

Du moins, qu'il me soit permis de rappeler avec quel plaisir, à la première journée, à la séance inaugurale dans le grand amphithéâtre de la Sorbonne, nous avons entendu M. le Ministre de l'Agriculture, M. Henry Chéron, faire le rappel des lois et des efforts administratifs favorables à la viticulture française; avec quelle sympathie nous avons suivi aujourd'hui, à la séance de clôture, M. le Ministre du Commerce, M. Lucien Dior, dans son exposé du concours apporté au développement du commerce des vins par les Gouvernements successifs ! Ajoutez à cela les manifestations de nos écoles et stations viticoles, ainsi que les travaux de l'œnologie française, toujours encouragée par les pouvoirs publics, et vous comprendrez qu'en présence de l'œuvre d'ensemble, si vaste, accomplie déjà par la IIIe République en vue de favoriser la viticulture nationale et le commerce des vins, mon premier geste soit pour vous convier à lever nos verres en l'honneur du chef de l'Etat : à M. Alexandre Millerand, Président de la République française. (*Applaudissements prolongés.*)

Quelques instants après, M. J.-H. Ricard prononce le discours suivant :

MONSIEUR LE PRÉSIDENT, MESDAMES, MESSIEURS.

Il y a quelques minutes j'appelais vos esprits à envisager l'ensemble des efforts poursuivis par les Gouvernements de la IIIe République en faveur de la viticulture et du commerce des vins. Que ne pourrions-nous dire ce soir du Gouvernement actuel en voyant parmi nous son chef éminent, entouré des Ministres du Commerce et de l'Agriculture ? Dans votre présence nous voyons, Monsieur le Président, l'attestation d'une haute sympathie, d'un grand encouragement à la viticulture et au commerce viticole français. Nous vous prions d'agréer l'expression respectueuse de nos remerciements. (*Vifs applaudissements.*)

J'adresse également nos remerciements à MM. les membres du Parlement venus ici ce soir, après avoir suivi nos travaux avec une attention dont nous leur sommes reconnaissants. Je suis privé du plaisir de pouvoir exprimer ces sentiments à chacun d'entre eux; mais je tiens à les rassembler dans une seule pensée, pour les offrir à M. le Président du Groupe viticole du Sénat, M. Gaston Doumerque, et à M. le Président du Groupe viticole de la Chambre, M. Edouard Barthe, qui représentent si activement les forces parlementaires mises au service de la défense des vins de France.

Nos remerciements vont aussi aux représentants des institutions étrangères, qui nous ont fait l'honneur d'assister à la réunion de ce soir. (*Applaudissements.*) Dans les débats qui se sont déroulés au cours de la « Semaine Nationale du Vin », bien des idées se sont dégagées qui nous semblent susceptibles de porter au delà des mers quelques germes des mesures efficaces qui, tôt ou tard, aideront à l'écoulement des vendanges heureuses. Nous comptons, pour y contribuer, sur le concours de nos amis étrangers, qui suivent les efforts de la France au travail. Nous avons d'autant plus de raisons d'y compter que nous savons que, déjà, plusieurs d'entre eux ont pris d'intéressantes initiatives. Et je sais répondre à votre désir en adressant tout particulièrement nos hommages aux femmes étrangères qui, soit loin de nos frontières, soit en France même, visent à établir, notamment avec l'Amérique, une sympahie d'intérêts économiques aussi large que possible, et à faire surgir, malgré tout, à l'égard des vins de France, une entente cordiale. (*Vifs applaudissements.*)

Il est en quelque sorte d'usage, à la fin des travaux d'un Congrès, que le président se complaise à rappeler les mérites des collaborateurs principaux qui ont participé au succès de la manifestation. Je voudrais pouvoir ce soir suivre cette tradition, mais bien que, à la séance de clôture, nous ayons exprimé notre gratitude à MM. les Présidents de section et à MM. les Rapporteurs, il ne m'est guère possible de proclamer en ce moment devant nous ce que nous devons, par exemple, à MM. les membres du Comité d'organisation, et à bien d'autres, tant les concours ont été nombreux. Toutefois, je tiens à citer quelques noms, tels que : M. Marsais, secrétaire général de la Semaine Nationale du Vin, qui, par son travail assidu et sa grande compétence, a apporté à l'organisation un facteur de réussite de premier ordre; M. Martinet, qui veille avec dévouement sur notre trésorrie; M. Dupeyrat, notre distingué rapporteur général..., mais je n'ose continuer. Pourtant, vous m'en voudriez si, en présence de la belle ordonnance de ce banquet, je n'avais un mot spécial pour les membres de la Commission qui ont eu la charge de l'organiser. Je me garderai bien de les citer, de crainte d'oublier, ou M. Drouant, ou M. Bénard, ou M. Avisse, ou bien encore le si aimable et si vigilant commissaire, M. Gerbault. Je me bornerai à les remercier tous en la personne de leur éminent président, M. l'ancien ministre Ogier. (*Applaudissements.*)

Enfin, je voudrais pouvoir dire avec quelle joie nous avons vu l'ensemble de la presse française, de Paris ou de province, s'appliquer à donner de larges échos aux travaux de la « Semaine ». Grâce à elle, cette « Semaine Nationale » a pris une grande ampleur. A tous les journaux qui ont ainsi participé à son succès, nous adressons de vifs remerciements. (*Bravos prolongés.*)

Mesdames, Messieurs, la « Semaine Nationale du Vin » est terminée. Dès son origine, chacun a pu constater, en jetant un coup d'œil sur la liste des membres du Comité d'organisation et sur celle des rapporteurs des quatre sections, qu'il avait été fait largement appel à toutes les bonnes volontés, à toutes les compétences. Ces vues larges ont été maintenues durant toutes les séances. On peut dire qu'on n'a rebuté aucun concours; tous ceux qui ont voulu participer à la Semaine ont été inscrits, tous ceux qui ont voulu faire entendre des observations ont eu la parole, et, aujourd'hui, c'est avec le sentiment d'avoir fait œuvre aussi complète que possible que les congressistes peuvent se retourner vers le « Comité central des semaines du commerce extérieur », en particulier vers son distingué et dévoué président M. Coignet, qui est en même temps celui de l'Association nationale d'Expansion économique, laquelle Association a hébergé la Semaine du Vin et lui a apporté le concours le plus actif et le plus généreux pour lui demander si satisfaction a été donnée à la pensée qui fit naître la Semaine Nationale du Vin. J'espère, mon cher président, que nos travaux ne vous auront pas apporté de désillusion, au contraire, et que vous vous en réjouirez avec nous.

Maintenant, après les exposés faits dans la séance d'ouverture, puis dans le courant des réunions de la Semaine, enfin dans la séance de clôture, où ont été tirées les conclusions de cette Semaine, je n'ai plus rien à ajouter si ce n'est un mot pour dégager l'esprit qui a plané dans nos discussions. Je pense que cela pourra être agréable au chef du Gouvernement que nous avons l'honneur d'avoir parmi nous ce soir, ne pouvant oublier qu'au moment de la Patrie en danger. l'appel de celui qui était alors chef de l'Etat fut un cri de ralliement autour de l'Union sacrée. (*Vifs applaudissements.*) Je pense, dis-je, qu'il lui sera agréable de savoir dans quelle atmosphère de cordialité se sont déroulés tous nos travaux. Au lendemain de la Victoire dans la lutte des armes, sur le terrain des luttes économiques, l'union étroite de toutes nos forces reste un facteur indispensable du succès.

Nous avons vu, monsieur le Président, une union parfaite s'établir entre les représentants de la viticulture des différentes régions de France. Par moments on pouvait craindre des divergences de vues par exemple entre producteurs de vins de consommation courante et producteurs de vins de grandes marques et d'origine. Heureusement, il n'y en a eu aucune et même des relations se sont créées de telle sorte qu'une sympathie étroite s'est développée entre viticulteurs de toutes les régions de France. C'est ensuite l'union entre les régions viticoles et les représentants des négoces différents qui s'est affirmée. Une véritable cordialité interprofessionnelle est née au sein de la Semaine Nationale du Vin, et nous l'avons vue encore se manifester sur un autre terrain : entre les différentes corporations intéressées et les administrations publiques. Il y a eu un enseignement mutuel extrêmement fructueux pour l'administration comme pour les corporations. Souhaitons que ces différentes unions se perpétuent et s'étendent à travers le pays.

Nous avons tous le sentiment que nous avons, dans l'avant-guerre, perdu beaucoup de temps et beaucoup de terrain dans l'ordre économique par le fait de dissensions intestines qui n'avaient pas leur raison d'être. En ce qui concerne les vins, il n'y a pas à opposer tel vin à tel autre, le Bordeaux au Bourgogne, le mousseux au Champagne. Il y a une marque à défendre qui prime toutes les autres : la marque française. Il y a le vin de France, et quand, partout dans le monde, nous aurons fait connaître la loyauté des vins de France, quand nous aurons fait savoir les mesures de rigueur prises pour garantir au consommateur un produit authentique, vous pouvez être tranquilles, Messieurs, la confiance raisonnée qui entourera les vins d'origine française profitera à toutes les marques locales.

Je disais à la séance d'ouverture qu'il y avait sept millions de personnes en France intéressées à la production et à la vente des vins, et il faut tenir compte que beaucoup de commerces, beaucoup d'industries qui de prime abord semblent n'avoir aucun rapport avec les vins, vivent de leur prospérité à tel point qu'une crise dans le vignoble entraîne une situation difficile dans de nombreuses villes de province. Cette observation montre encore la nécessité au point de vue national d'une propagande générale, non pas pour le placement de telle marque, mais pour tous les vins de France. Allant même plus loin, je considère, étant donnée les mesures prises dans certains pays sur la question même du principe du vin, qu'il ne faut pas se limiter dans la propagande d'ensemble aux seuls vins de France, mais considérer comme solidaires au point de vue économique toutes les nations productrices de vin. Par conséquent, sous réserve du règlemen de leurs intérêts respectifs, j'estime désirable qu'elles s'entendent pour maintenir de par le monde la liberté de consommation de tous les vins.

C'est dans cette pensée que je lève mon verre aux unions que je viens d'énumérer étant donné que nous avons le sentiment qu'en les fortifiant, nous travaillons à la prospérité économique indispensable au relèvement de la France mutilée. (*Longs applaudissements.*)

M. Coignet, sénateur, président de l'Association Nationale d'Expansion économique, s'adresse alors à M. J.-H. Ricard dans les termes suivants :

Monsieur le Président, puisque vous avez remercié l'Association Nationale d'Expansion Economique en termes si sympathiques pour les services et le concours qu'elle a pu vous apporter dans l'organisation de cette brillante Semaine du Vin, permettez-moi de vous remercier, au nom de cette Association, de l'hommage que vous venez de lui rendre.

L'Association ayant pour but principal de développer par tous les moyens possibles l'exportation des produits français, agricoles ou industriels, exportation dont le développement est une nécessité pour la restauration économique de notre pays, après la réussite merveilleuse de cette Semaine du Vin, je tiens à vous dire que le concours de l'Association Nationale d'Expansion Economique est absolument acquis à toutes les organisations que vous ferez pour développer notre commerce extérieur, l'exportation du vin de France.

Toutes les fois que nous aurons l'occasion de répondre aux demandes de renseignements des Pouvoirs publics lors de la préparation des conventions commerciales, vous pouvez, j'en prends l'engagement au nom de notre Association, être sûrs qu'après le brillant exposé que vous avez fait de l'état de la viticulture, nous n'oublierons jamais les vins de France que nous avons si bien eppréciés ce soir.

La parole est donnée à l'Hon. Juge Caroll, du Canada. qui prononce l'allocution suivante ·

On me prie de vous adresser la parole. A titre de Canadien et de vice-président de la Commission des Vins et Liqueurs de Québec, je ne puis me soustraire au devoir qui m'incombe. Cette tâche difficile est compensée par le grand honneur qu'il y a de parler devant une si éminente assemblée.

On est sous l'impression, paraît-il, dans certains milieux, que l'étranger n'attache pas grande importance aux marques de vins français. Pour ce qui concerne la province de Québec, permettez-moi de vous dire que cette opinion est erronée. C'est parce que dans le passé l'ivraie a été mêlée au bon grain, c'est parce que la province de Québec a eu la preuve qu'on consommait et qu'on vendait trop de mauvais vin, c'est à cause d'autres abus d'un genre différent qu'elle a assumé le contrôle exclusif du commerce des alcools et des vins, et qu'elle a nommé une Commission d'achats.

Nous avons établi un bureau à Paris, sous la gérance de M. Guibert, en qui repose toute notre confiance et qui devra traiter directement avec les producteurs. L'établissement de ce bureau est sûrement dans votre intérêt, Messieurs les producteurs négociants. Vous faites un commerce loyal, et notre gérant, qui est des vôtres, ne se laissera pas imposer, pour peu que vous lui facilitiez le travail, les marques étrangères de qualité inférieure qui se glissent trop souvent d'insidieuse façon à côté de vos produits et nuisent à votre commerce.

Gardez soigneusement vos marques de fabrique. N'ayant par elles-mêmes aucune valeur intrinsèque, elles prennent toute leur signification quand elles sont attachées à des marchandises dont elles certifient l'origine. En effet, pour nous l'étiquette que vous apposez sur vos produits nous est garant de la bonne qualité du contenu.

La province de Québec n'a pas été atteinte par la vague prohibitionniste qui a submergé toute l'Amérique du Nord. Cette résistance de 2 millions et demi d'habitants d'origine française tient au fait qu'on a conservé là-bas quelque chose de cette qualité si française : la mesure.

Mais ce ne sont pas seulement des relations commerciales plus étroites que nous voulons développer entre la France et notre province, ce sont aussi des relations intellectuelles.

A l'heure présente, plus de deux cents étudiants canadiens d'origine française suivent des cours à Paris. Vous les accueillerez, j'en suis sûr, avec sympathie, afin que nos enfants, en prenant leur premier contact avec la France, puissent se dire : En effet, c'est bien là notre mère.

Ils sont venus étudier dans vos maisons d'enseignement pour assouplir, enrichir cette langue à la source même, cette langue forte et douce, si claire et si franche.

Je suis très honoré, Messieurs, de parler en présence du président du Conseil, comme vous l'êtes, j'en suis convaincu, de le voir présider à votre banquet.

Permettez, Monsieur, à un homme qui n'est pas de chez vous de dire : Chez nous, votre nom personnifie, dans ce qu'elle a de meilleur, cette France qui, suivant le mot d'un de vos grands écrivains, n'a jamais laissé personne indifférent, cette France admirable et respectée de l'humanité tout entière. (*Vifs applaudissements.*)

Enfin M. Raymond Poincaré, président du Conseil, ministre des Affaires étrangères, prononce le discours suivant, qui est accueilli par les acclamations de l'assistance :

Mesdames, Messieurs, je vous remercie de m'avoir convié ce soir à clore avec vous la Semaine Nationale du Vin, et d'avoir bien voulu penser que le chef du du Gouvernement ne serait pas trop dépaysé parmi ceux qui ont si heureusement consacré, depuis quelques jours, leur activité aux intérêts de la viticulture française.

M. le ministre de l'Agriculture et M. le ministre du Commerce vous ont donné, dans des discours éloquents et précis, l'assurance que les Pouvoirs publics ne resteraient pas indifférents à aucun de vos efforts. Quant à moi, je veux seulement vous renouveler et vous confirmer en deux mots, au nom du Cabinet tout entier, les déclarations qu'ils vous ont faites.

Comment la viticulture n'aurait-elle pas à la sollicitude du Gouvernement des droits particuliers, imprescriptibles et, je dirai volontiers, privilégiés ? Comment pourions-nous ne pas veiller avec une scrupuleuse attention au régime fiscal qui la touche, à la détermination des tarifs douaniers qui la concernent et, à l'ouverture des marchés extérieurs dont elle a aujourd'hui, plus que jamais, un si pressant besoin ?

La viticulture, messieurs, mais elle est une des sources les plus abondantes en France du travail et de la production. Dans les soins qu'elle exige, nos viticulteurs dépensent tous les jours des trésors d'énergie et d'ingéniosité ? Ils n'ont pas seulement, comme les autres cultivateurs, à façonner la terre par une série d'interventions renouvelées, ils n'ont pas seulement, comme les autres, à lutter contre les intempéries, à se défendre contre la grêle ou contre la gelée; ils ont encore à se débattre constamment contre les parasites animaux ou végétaux dont la multitude semble défier la patience humaine.

Nous avons donc droit de dire que si la viticulture est une des plus grandes écoles de labeur et de persévérance, et l'influence morale qu'elle exerce sur les 7 millions de population dont on vous parlait tout à l'heure n'est pas de celles que puisse dédaigner un Gouvernement, et comme le travail est créateur de richesses, la viticulture est, en même temps, un des éléments les plus précieux de la prospérité publique. Et, en un temps où rien ne doit être négligé de ce qui peut servir au relèvement de la France, un Gouvernement, tout Gouvernement, a une obligation d'autant plus impérieuse de protéger cette part si importante de la fortune nationale.

Mais que dis-je? La vigne et le vin ne sont pas seulement pour la France un patrimoine matériel, ils sont aussi quelque chose de ses traditions, ils ont été de tout temps, mêlés à son histoire économique, sociale, domestique et littéraire.

Notre poésie perdrait, sans le vin et sans la vigne, quelques-unes des plus belles fleurs de sa couronne; nos vieux monastères, nos vieilles abbayes, sans le vin et sans la vigne, n'auraient pas eu leurs jolies peintures de pampre, nos communes n'auraient pas connu le ban de vendange, nos ancêtres auraient ignoré les vins d'honneur et les vins de noces qu'ils offraient au curé le jour des mariages, et jusqu'au vin du « coucher » (j'en demande pardon à ces dames) que les mariés eux-mêmes offraient à leurs invités, à l'heure parfois trop tardive où ils allaient enfin être seuls...

Et enfin, messieurs, notre langue, la langue française elle-même se serait, sans la vigne et sans le vin, appauvrie d'une multitude d'expressions les plus pittoresques, car enfin, lorsque nous disons que le vin a une robe brillante, ou que le vin a du corps, qu'il a de la chair, qu'il a de l'étoffe ou que le vin est fruité ou qu'il est bouquet, eh bien, nous répétons, au xxe siècle, des mots qui autrefois déjà avaient volé joyeusement sur les lèvres de nos aïeux.

Messieurs, ce qui ajoute encore à nos devoirs, car il faut que j'emploie le mot, à nos devoirs envers la viticulture, ce sont les souffrances qu'elle a endurées et qu'elle endure encore dans la crise générale que nous traversons et qu'aggrave, hélas, la fermeture de certains débouchés.

Après la guerre de 1870, nos vignerons avaient accompli des efforts prodigieux pour triompher du phylloxéra. A la vieille souche française qui se contentait, pour se nourrir, des sols les plus indigents, ils ont substitué peu à peu des ceps américains et ils ont enfin réussi, dans une entreprise gigantesque; il est arrivé un jour que dans leur esprit le mot de cep américain a été synonyme pour eux de sauvetage.

Puis, voici qu'aujourd'hui, l'Amérique, dans la plénitude, du reste. de sa liberté, prononce contre le vin une condamnation dont nous n'avons assurément pas le droit de demander la révision, car l'Amérique est entièrement maîtresse de sa législation intérieure... Mais, tout de même, nous pouvons sans doute espérer qu'un jour... plus tard... dans un avenir plus ou moins lointain, elle voudra bien reconnaître qu'il y a quelque chose de juste, dans l'appréciation portée sur le vin, par le charmant poête anglo-saxon : « I am health, I am heart, I am life, Je suis la santé, je suis le courage, je suis la vie... »

Mais, Messieurs, si le vin était nuisible, voulez-vous me permettre de vous le dire, eh bien, on le saurait. On le saurait depuis très longtemps, on le saurait depuis les Latins, on le saurait depuis les Grecs, on le saurait depuis les Hébreux, on le saurait depuis Homère, qui nous montre la vigne sur le bouclier d'Achille, on le saurait depuis la Genèse et depuis la vigne du Seigneur.

Que le vin soit toxique ou que le vin soit tonique, c'est, Messieurs, un très vieux procès. C'est un procès jugé depuis des siècles. Voulez-vous que je vous le dise ? C'est un procès jugé depuis Bacchus.

Bacchus se promenait un jour, quand il trouva sur son chemin une plante gracieuse et délicate qui lui plût infiniment. Il s'arrêta, il se pencha, il cueillit la plante et voulut en garder un sarment. Il l'introduisit dans le creux d'un os d'oiseau, mais la plante grandit, elle s'épanouit, elle s'élargit et, pour la conserver, Bacchus fût obligé de la transporter dans le creux d'un os de lion... Et puis, la plante grandit encore et, un peu embarrassé, Bacchus finit par la placer dans le creux de l'os d'un âne. Il apprit ainsi, pour son propre compte, et il enseigna aux hommes que le vin, suivant la mesure dans laquelle on en faisait usage, était joyeuseté légère, force léonine ou bestialité stupide.

Messieurs, gardons pour nous, comme du reste nous autres Français, nous l'avons toujours fait, gardons pour nous l'os de l'oiseau et l'os du lion, car la vigne de France dépérirait dans le creux de l'os de tout autre animal.

C'est, Messieurs, à cette vigne de France que je demande la permission de boire, à elle et aux innombrables crus dont elle est la mère éternellement féconde.

(La salle, debout, fait une ovation à M. Raymond Poincaré.)

PROJET DE STATUTS [1]

DU

COMITÉ NATIONAL DU VIN DE FRANCE

Constitution

ARTICLE PREMIER. — Il est constitué par les groupements représentant les intérêts généraux de la production et du commerce intéressés une Union dénommée « Comité National du Vin de France ».

ART. 2. — Le C. N. V. F. est placé sous le régime des Associations déclarées prévu par la loi du 1er juillet 1901. Son siège est à Paris.

Objet

ART. 3. — Le C. N. V. F. a pour objet d'assurer par l'union et par la collaboration continue de la propriété et du commerce, la sauvegarde en France et à l'étranger des intérêts vinicoles français dans les cas et par les moyens au sujet desquels il aura réalisé l'accord unanime de ses membres.

Composition

ART. 4. — Le C. N. V. F. n'a pas d'adhérents individuels. Il est composé : de délégués en nombre égal de la propriété et du commerce des produits vinicoles.

Les représentants des industries et commerce connexes seront sollicités de participer aux réunions où seront traitées des questions d'intérêt commun.

ART. 5. — La France métropolitaine et l'Algérie sont divisées pour la désignation des délégués de la viticulture en sept régions, comme suit :

Région algérienne,
Région Nord-Est (région alsacienne et région lorraine),
Région Est,
Région méditerranéenne,
Région Sud-Ouest,
Région vallée de la Loire.

Chaque région désigne quatre délégués.

ART. 6. — Le commerce du vin et de ses dérivés dispose, comme la propriété, de vingt-huit sièges, répartis entre les centres de production, les centres de consommation, le commerce de gros et le commerce de détail.

Durée du mandat. — Gratuité

ART. 7. — Les membres du C. N. V. F. sont nommés pour un an et rééligibles. Leurs fonctions sont gratuites.

---

(1) Texte soumis, en conformité des décisions de l'Assemblée plénière de clôture de la Semaine du Vin, par M. J. Dupeyrat, rapporteur général, aux Associations intéressées.

Bureau

Art. 8. — Le C. N. V. F. nomme chaque année un bureau composé de :

1 président,
4 vice-présidents,
1 trésorier, 1 trésorier adjoint.

Les membres de ce bureau sont rééligibles.

Administration

Art. 9. — Le bureau pourvoit à l'administration intérieure et assure l'exécution des décisions du C. N. V. F. Il désigne un secrétaire général permanent. Celui-ci, en outre de ses fonctions administratives, remplira celles de secrétaire du bureau.

Le bureau tient au moins une séance chaque mois. Ses décisions sont prises à la majorité des voix, la voix du président étant prépondérante au cas de partage égal.

Réunions du C. N. V. F.

Art. 10. — Le C. N. V. F. s'assemble au moins une fois par semestre. Chacun de ses membres peut confier des pouvoirs à un collègue sans que toutefois un même délégué puisse disposer de plus de quatre mandats.

Les réunions ont lieu sur la convocation du président. Il n'y peut être statué que sur les questions portées à l'ordre du jour, soit d'après les ordres du président, soit sur la demande d'un membre du Comité, formulée quatre semaines avant la séance.

L'ordre du jour est communiqué par les soins du secrétaire général à tous les membres du Comité quinze jours avant la réunion.

Les décisions du Comité devront être prises à l'unanimité pour être valables, sauf en ce qui concerne les questions d'administration intérieure, pour lesquelles la majorté des voix sera suffisante, la voix du président étant prépondérante en cas de partage égal.

Budget

Art. 11. — Le budget du C. N. V. F. est alimenté par les cotisations des collectivités représentées par les subventions d'origine officielle ou privée, par des dons individuels, etc.

Le montant des cotisations est fixé au cours du troisième trismestre chaque année, en même temps qu'est établi le budget de l'exercice suivant.

Art. 12. — Toute modification des présents statuts devra être précédé d'une consultation des collectivités représentées au C. N. V. F. Elle ne pourra être votée qu'à la majorité des trois quarts des voix.

Dissolution

Art. 13. — Le C. N. V. F. pourra être dissous par un vote réunissant les trois quarts de ses membres. En cas de dissolution, le reliquat de l'actif, après extinction des charges, sera attribué à une ou plusieurs œuvres s'intéressant à la viticulture.

TABLE DES MATIÈRES

✣ ✣ ✣

Imp. Dubois et Bauer, 34, rue Laffitte, Paris.

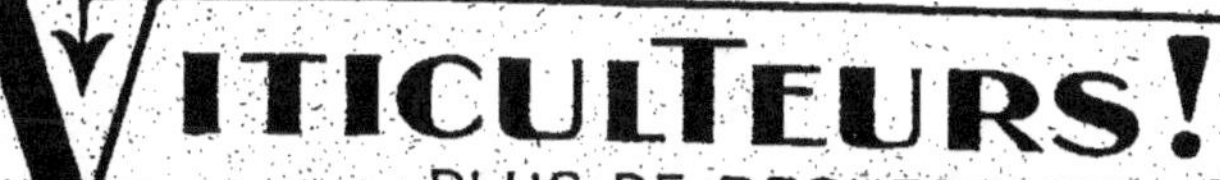

VITICULTEURS !
PLUS DE RECHERCHES
PLUS D'EMBARRAS DE CHOIX
PLUS DE DÉCEPTIONS

Employez
L'INCOMPARABLE BOUILLIE CUPRIQUE PULVÉRULENTE
à base de CASÉINE SOLUBLE (Nouveau Procédé Brévété I. PONIS)

"SANAVIGNE Ipaix"
ACTIVE — HOMOGÈNE
EXTRA-ADHÉRENTE
MOUILLANTE

Pas
de lait de chaux à préparer
de dissolution séparée de la caséine
de dosage ni de titrage à faire

Énorme Économie de Temps — d'Argent & de Main d'Œuvre
Efficacité certaine.

La BOUILLIE
"SANAVIGNE
Ipaix"

— S'emploie par simple délayage dans l'eau.
— Contient des Composés qui produisent par réaction chimique le dépôt sur les feuilles mêmes ou sur les grappes d'une certaine quantité de CUIVRE COLLOÏDAL, particulièrement actif. (Procédé Bte I. PONIS.)
— S'emploie non dissoute pour les POUDRAGES INTERCALAIRES — La poudre très fine, rendue très adhérente par sa préparation préserve les grappes parfaitement.
— Est la plus EFFICACE, la plus RATIONNELLE, la plus SCIENTIFIQUE.

Employez la contre
MILDIOU — BLACK-ROT & aussi contre OÏDIUM
car elle libère les composés soufrés

Adressez de suite vos demandes d'échantillons gratuits & vos ordres à

I. PONIS
Propriétaire-Préparateur des Produits "Ipaix"
12, rue Pavée, PARIS (IVe)
MAISON FONDÉE
— EN 1903 —

Télégrammes
PONISI-PARIS

Téléphone
ARCHIVES
42-88